westermann

Michael Bablick, Miriam Maier

Das Meisterbuch

für das Maler- und Lackiererhandwerk

Band 1

5. Auflage

Bestellnummer 02118

Druck und Bindung: Westermann Druck GmbH, Georg-Westermann-Allee 66, 38104 Braunschweig

ISBN 978-3-427-**02118**-6

Vorwort

Dieses Fachbuch wurde aus der Praxis für die Praxis geschrieben und entspricht dem aktuellen Ausbildungsrahmenplan für die Meisterschulen im Maler- und Lackiererhandwerk und den Lehrplänen der Berufsschulen. In diesen wird der Handlungsorientierung auf Basis eines Kundenauftrags ein großer Stellenwert eingeräumt. Dies entspricht auch der beruflichen Praxis.

In einem hochentwickelten Industriestaat wie Deutschland ist kaum etwas dem Zufall überlassen, sondern fast alles durch Gesetze, Vorschriften und Normen reglementiert. Dies mag im ersten Moment befremden, ermöglicht aber oftmals die kompromisslose Unterscheidung zwischen „richtig“ und „falsch“. Trotzdem entstehen bei der Ausführung von Kundenaufträgen immer wieder Situationen, in denen auf der Basis von Herstellerangaben und den „Allgemein geltenden Regeln der Technik“ eine Entscheidung zu treffen ist. Die Herstellerangaben können in den Technischen Merkblättern und auf den Gebinden nachgelesen werden. Unter den „Allgemein geltenden Regeln der Technik“ versteht man das Wissen und Verhalten, das sich in einer bestimmten Situation über einen längeren Zeitraum als richtig herausgestellt hat.

Das vorliegende Buch wurde für die Ausbildung geschrieben und enthält in präziser, knapper Form das zur Gesellenprüfung, Meister- und Technikerprüfung erforderliche Wissen. Darüber hinaus soll dieses Buch Gesellinnen und Gesellen, Vorarbeiterinnen und Vorarbeitern sowie Meisterinnen und Meistern eine verlässliche Hilfe im Berufsalltag sein. Die bisherigen Auflagen wurden auch von Sachverständigen gerne zur Vertiefung ihres Fachwissens genutzt. Bei dieser Neuauflage wurden vor allem die zahlreichen Veränderungen beim Gesundheits- und Umweltschutz, aber auch bei anderen Richtlinien und Vorschriften berücksichtigt.

Die Texte dieses Lehrbuchs sind knapp verfasst. Dass das Buch einen beachtlichen Seitenumfang erreicht hat, liegt an der Vielfalt der Arbeiten, die im Maler- und Lackiererhandwerk üblich sind. So mussten die überaus wichtigen Bereiche der Anwendung der Werkstoffe und Arbeitsverfahren, die Stilkunde und Berufsgeschichte sowie der Denkmalschutz in einen zweiten Band ausgelagert werden. Die zahlreichen Fotos erläutern die Problematik und bieten Lösungsmöglichkeiten.

Die Kundenaufträge im Maler- und Lackiererhandwerk entstehen aktuell aus der Praxis und werden in den beruflichen Schulen als Arbeitsaufträge vorgegeben. Die in diesem Buch angegebenen Aufträge können diese Leistungsbreite naturgemäß nicht abdecken. Die Aufträge bieten jedoch eine Hilfe und weisen den richtigen Weg.

Das Meisterbuch Band 1 und 2 für das Maler- und Lackiererhandwerk wird trotz der einfachen und knappen Formulierungen manchmal als anspruchsvoll bezeichnet. Die in diesem Handwerk abzulegenden Prüfungen beweisen, dass dies notwendig ist. Es ist Sachverstand gefordert.

Der Autor Michael Bablick hat den Beruf des Malers und Lackierers „von der Pike auf“ gelernt, hat die Meisterprüfung in diesem Handwerk abgelegt, war über Jahrzehnte als Lehrer und stellvertretender Schulleiter in der Städtischen Meisterschule für Maler- und Lackierer und der Städtischen Fachschule für Farb- und Lacktechnik in München sowie im Meisterprüfungsausschuss und im Werkstoffausschuss des Landesinnungsverbandes tätig und ist als öffentlich bestellter Sachverständiger für Maler- und Lackierarbeiten nicht nur bei Streitfällen vor Gericht gefragt.

Ab der vorliegenden 5. Auflage arbeitet Frau Miriam Maier als Autorin bei allen Aktualisierungen und Neufassungen von Das Meisterbuch Band 1 und 2 mit. Miriam Maier ist Schulleiterin der Städtischen Meisterschule für Maler- und Lackierer, der Meisterschule für das Vergolderhandwerk, der Städtischen Fachschule für Farb- und Lacktechnik sowie der Berufsschule für Farbe und Gestaltung in München. Gleichzeitig leitet sie den Werkstoffbereich und den Bereich der Anwendungs- und Prüftechnik dieser Schulen. Frau Maier ist auch in der Kommission zur Erstellung der Meisterprüfungen im Bundesverband, im Werkstoffausschuss des Landesinnungsverbandes Bayern und in zahlreichen Ausschüssen tätig. Außerdem hat Frau Maier zahlreiche Publikationen in Fachzeitschriften verfasst.

Die Autoren

Michael Bablick
Miriam Maier

Die folgenden Symbole kennzeichnen die verschiedenen, wichtigen Bereiche des Fachbuches, um dem Leser einen leichten Zugang zu den unterschiedlichen Informationen zu gewähren. Da im Maler- und Lackiererhandwerk zusätzlich zahlreiche andere Symbole, z. B. zum Unfallschutz oder als Kennzeichnung der Eigenschaften der Tapeten usw., zu beachten sind, wurden diese Symbole zur besseren Unterscheidung als Fotos gestaltet.

Symbole	
	Mit diesem Symbol wird auf besonders wichtige Lerninhalte hingewiesen. Naturgemäß kann das so gekennzeichnete Wissen allein jedoch nicht ausreichen, die Gesellenprüfung oder gar die Meisterprüfung zu bestehen.
	Weitergehende, bedeutende und aktuelle Informationen, z. B. Normen, werden so gekennzeichnet. Gleichzeitig werden wichtige Internetadressen und Begriffe für die Internetsuche angegeben. Da sich Inhalte im Internet häufig ändern können, sind die Angaben dazu nur als Empfehlungen zu verstehen.
	Dieses Symbol kennzeichnet Aufträge.
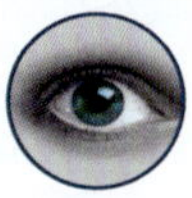	Damit werden wichtige Untergrundprüfungen gekennzeichnet, die im Maler- und Lackiererhandwerk auch durch Richtlinien und DIN-Normen bedingt sind.
	Kennzeichnung für geeignete Werkstoffe und die Beschichtungsausführung.
	Inhalte zu Umweltproblemen, zur Abfallentsorgung und zum Beitrag des Maler- und Lackiererhandwerks zum Schutz der Umwelt. Da der Umweltschutz das Leben auf der Erde maßgeblich beeinflusst, wird dieser Bereich in jedem Teil des Fachbuches besonders berücksichtigt.
	Erste-Hilfe-Maßnahmen und alle Maßnahmen zum Schutz der Gesundheit werden so hervorgehoben. Diese Maßnahmen sind zum Schutz der im Maler- und Lackiererhandwerk Tätigen besonders wichtig. Daher findet dieser Bereich in jedem Teil des Fachbuches besondere Berücksichtigung. Die Kennzeichnung der Gefahrstoffe erfolgt entsprechend des GHS-Systems mit den zutreffenden Piktogrammen. Die Gefahrenhinweise sind mit einem H, die Sicherheitshinweise mit einem P gekennzeichnet. Die in diesem Buch enthaltenen Informationen zu den Gefahrstoffen sind wichtige Hinweise, entscheidend ist jeweils das Sicherheitsdatenblatt der Werkstoffe.

Inhaltsverzeichnis zu Band 1*)

A Der Maler- und Lackiererberuf

B Der Kundenauftrag

*) Alle in Band 1 vorkommenden, in Blau gesetzten Seitenverweise im Inhaltsverzeichnis und im folgenden Text, in den Fußnoten sowie im Stichwortverzeichnis beziehen sich auf Band 2.

C Naturwissenschaftliche Grundlagen

D Gesundheitsschutz und Unfallverhütung

E Umweltschutz

F Arbeitsverfahren, Werkzeuge, Geräte und Arbeitsmittel

G Werk- und Hilfsstoffe

Inhaltsverzeichnis zu Band 2*)

H Anwendungstechnik

*) Alle in Band 1 vorkommenden, in Blau gesetzten Seitenverweise im Inhaltsverzeichnis und im folgenden Text, in den Fußnoten sowie im Stichwortverzeichnis beziehen sich auf Band 2.

I Stilkunde, Kunst- und Berufsgeschichte

J Denkmalschutz und Denkmalpflege

Anhang

Der Maler- und Lackiererberuf

Wie kaum ein anderes Handwerk verschönert der Maler- und Lackiererberuf unser Umfeld, schützt Sachwerte und die Umwelt und bringt Farbe in unser Leben. Es zählt zu den kreativsten Handwerken und bietet einem Menschen sehr viele Möglichkeiten, sich in der Gestaltung zu verwirklichen.

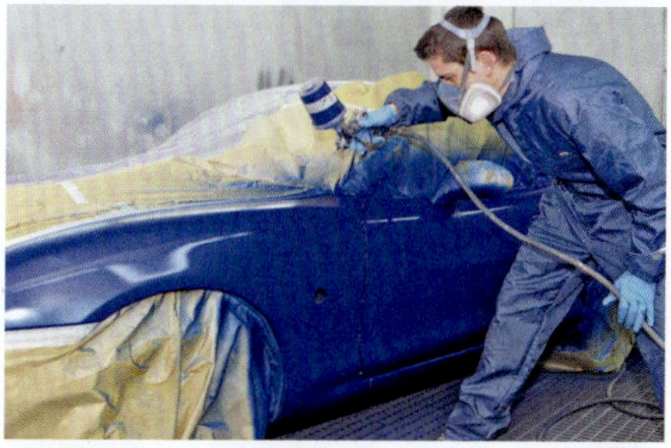

Aufträge

1. Erläutern Sie die Rollen der Innung und des Hauptverbands.
2. Welche Institutionen gehören dem Bundesverband Farbe, Gestaltung, Bautenschutz an?
3. Was versteht man im Maler- und Lackiererhandwerk unter der „Stufenausbildung"?
4. Erläutern Sie die Möglichkeiten der beruflichen Fortbildung im Maler- und Lackiererhandwerk. Erstellen Sie für sich einen Fortbildungsplan für die nächsten zwei Jahre.
5. In welchen Schwerpunkten können Sie die Meisterprüfung zum/zur Maler/-in und Lackierer/-in generell ablegen?
6. Welche Voraussetzungen müssen Sie erfüllen, um im Maler- und Lackiererhandwerk die Meisterprüfung ablegen zu können?
7. Welche Organisation ist für die Ablegung der Gesellenprüfung und der Meisterprüfung verantwortlich?
8. Welche selbstständigen Prüfungsteile enthält die Meisterprüfung?
9. Welche Aufgabe hat das Fachgespräch im Teil I der Meisterprüfung?
10. Worauf ist das Meisterprüfungsprojekt in den verschiedenen Schwerpunkten ausgerichtet?
11. Welche Handlungsfelder umfasst Teil II der Meisterprüfung?
12. Zeigen Sie die Inhalte dieser Handlungsfelder auf.
13. In welchen Schwerpunkten können Sie die Fortbildungsprüfung zum Restaurator im Maler- und Lackiererhandwerk ablegen?
14. Nennen Sie die rechtlichen Voraussetzungen, die Sie benötigen, wenn Sie diese Prüfung ablegen wollen.
15. Erläutern Sie die Beziehungen Ihres Betriebs und der Beschäftigten zu Wirtschaftsorganisationen, Berufsvertretungen und Gewerkschaften.
16. Welche Arbeiten führt Ihr Betrieb vorwiegend aus? Wie können Sie Ihr Leistungsangebot erweitern?
17. Welche Rollen übernehmen Ausbildungsbetrieb, Überbetriebliche Unterweisung und Berufsschule bei der Ausbildung?
18. Welche Prüfungen müssen Maler/-innen und Lackierer/-innen bis zum Ende der Ausbildung ablegen? Welche grundsätzlichen Inhalte haben diese Prüfungen?
19. Welche Interessensgruppen vereinbaren in Ihrem Beruf die Tarifverträge? Für welche Beschäftigten gelten die Tarifverträge?
20. Sind in Ihrer Firma Betriebsräte gewählt? Welche Aufgaben übernehmen die Betriebsräte generell?

1 Organisation des Maler- und Lackiererhandwerks

Das Maler- und Lackiererhandwerk zählte in der Bundesrepublik Deutschland im Jahr 2022 39 722 Betriebe mit ca. 210 000 Beschäftigten, davon sind ca. 3 500 Fahrzeuglackiererbetriebe und ca. 2 000 Mischbetriebe. Organisiert sind die meisten der Betriebe in 350 Innungen. Diese bilden 16 Landesinnungsverbände.

Der aus den Landesinnungsverbänden gebildete Bundesverband Farbe, Gestaltung, Bautenschutz vertritt als Bundesinnungsverband die Interessen des deutschen Maler- und Lackiererhandwerks.

Der Bundesverband ist Mitglied der Bundesvereinigung der Fachverbände des Deutschen Handwerks (BFH), des Zentralverbandes des Deutschen Handwerks (ZDH) und in deren Vollversammlung, Ausschüssen, Handwerksrat, Vorstand und Präsidium sowie im internationalen Malerverband (UNIEP) vertreten. Als bauwirtschaftlicher Fachverband ist er dem Arbeitsausschuss Ausbauhandwerk und der Bundesvereinigung Bauwirtschaft angeschlossen.

Organisation des deutschen Maler- und Lackiererhandwerks[1]

[1] *Die Zahlenangaben entsprechen dem Stand des Bundesverbandes 2022.*

Struktur des Bundesverbands Farbe, Gestaltung und Bautenschutz

Bundesverband Farbe, Gestaltung, Bautenschutz
Bundesinnungsverband des deutschen Maler- und Lackiererhandwerks

Ausschüsse	Bundesfachgruppen	Arbeitskreise	Betreute Einrichtungen
Bildung	Fahrzeuglackierer	Schulen	Gesellschaft für Betriebswirtschaft
Sozialpolitik	Putz-, Stuck- und Trockenbau	Werkkunst (AWM)	Gesellschaft für Technik
Technik, Werkstoffe, Umwelt		Korrosionsschutz	Bundesgütegemeinschaft Betonflächeninstandsetzung
Wirtschaft		Sachverständige/-r Maler/-in und Lackierer/-in	Gütegemeinschaft Wärmedämmung von Fassaden
Öffentlichkeitsarbeit		Sachverständige/-r Fahrzeuglackierer/-in	Bundesausschuss Farbe und Sachwertschutz
			Institut für Fahrzeuglackierung
			Gesellschaft für Fahrzeuglackierung
			Wirtschafts- und Verwaltungsgesellschaft
			Helmut-Frincke-Stiftung

Union Internationale des Entrepreneurs de Peinture (UNIEP)

Die „International Association of Painting Contractors“ vertritt über 60000 Malerbetriebe in 18 Mitgliedern und 3 Förderern in 15 Europäischen Ländern, in denen 280000 gewerbliche Maler/-innen beschäftigt sind. Seit 1953 ist UNIEP der maßgebliche Fachverband, der die gewerblichen Malerbetriebe vertritt.

In Europa und international vertritt und verteidigt UNIEP die Interessen des Malerhandwerks und arbeitet am Image des Berufsstandes durch Förderung der Aus- und Weiterbildung und der Verbesserung der Kompetenzen ihrer Mitglieder. UNIEP ist Mitglied von SMEunited, dem Europäischen Sozialpartner für KMU, und der „Bau Allianz 2050“.

2 Zentrale Organisation des Handwerks

Das Handwerk in der Bundesrepublik Deutschland zählt rund 1 Million Betriebe und beschäftigt in 130 Handwerksberufen ca. 5,4 Millionen Menschen, davon sind 360000 Auszubildende.
Die Basis der Handwerksorganisation bilden die Innungen der 130 Handwerksberufe. Die einzelnen Betriebe sind eingebunden

1. in die öffentlich-rechtliche Organisation durch ihre Zugehörigkeit zur zuständigen Handwerkskammer (eingetragen in die Handwerksrolle),
2. in die Fach- und Arbeitgeberorganisation durch ihre (freiwillige) Innungsmitgliedschaft.

Aufbau der Handwerksorganisation

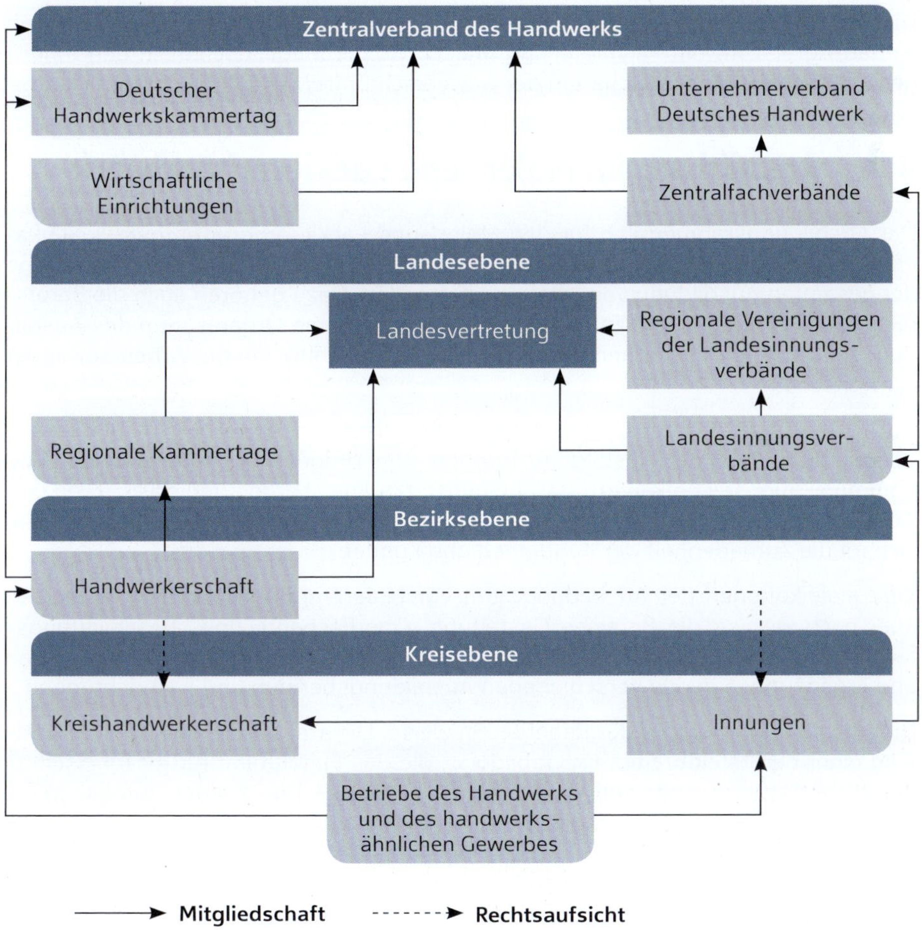

Zentralverband des Deutschen Handwerks e. V. (ZDH)
Im Zentralverband mit Sitz in Berlin sind die 53 Handwerkskammern, 48 Fachverbände des Handwerks sowie bedeutende wirtschaftliche und wissenschaftliche Einrichtungen des Handwerks in Deutschland zusammengeschlossen. Der ZDH vertritt die Gesamtinteressen des Handwerks gegenüber Bundesregierung, Bundestag und den zentralen Behörden, der Europäischen Union (EU) und internationalen Organisationen.

Bundesvereinigung der Fachverbände des Deutschen Handwerks (BFH)
Dieser Dachverband der 51 Fachverbände des Deutschen Handwerks mit Sitz in Bonn vertritt die gemeinschaftlichen Interessen gegenüber Politik und Öffentlichkeit.

3 Arbeitnehmerorganisation

Die Arbeitnehmervertretung im Maler- und Lackiererverband ist die Gewerkschaft IG Bau-Agrar-Umwelt, Fachabteilung Maler. Wie die Mitgliedschaft in den Innungen, ist auch die Mitgliedschaft in der Gewerkschaft freiwillig und kostenpflichtig.

4 Ausbildung im Maler- und Lackiererhandwerk

Der Ausbildungsrahmenplan für den Maler- und Lackiererberuf enthält Qualifikationseinheiten, die für alle Auszubildenden von Bedeutung sind und die während der gesamten Ausbildung vermittelt werden sollen. Dazu gehören auch die Berufsbildung, das Arbeits- und Tarifrecht, der Aufbau und die Organisation des Ausbildungsbetriebs, die Sicherheit und der Gesundheitsschutz bei der Arbeit sowie der Umweltschutz.

Das Maler- und Lackiererhandwerk ist ein Dienstleistungsgewerbe. So hat die Kundenorientierung in der Ausbildung Priorität. Der Umgang mit Informations- und Kommunikationstechniken ermöglicht selbstständiges Lernen und das Lernen und Arbeiten im Team. Qualitätssichernde Maßnahmen fördern die Kritikfähigkeit und sichern die Zufriedenheit der Kundinnen und Kunden.

Kernqualifikationen der Ausbildung zum/zur Maler/-in und Lackierer/-in bleiben aber nach wie vor die Bereiche Gestaltung, Oberflächentechnik, Beschichtungstechnik, Instandsetzung und Instandhaltung mit unterschiedlichen Gewichtungen und Ergänzungen in den verschiedenen Ausbildungsberufen und Fachrichtungen.

Die Ausbildung erfolgt in der Regel stufenweise. Die erste Stufe dient der Vermittlung einer berufsfeldbreiten Grundbildung, die das Fundament für eine vielseitige berufliche Tätigkeit legen soll. Zu Beginn der Fachstufe 1 im 2. Ausbildungsjahr erfolgt eine erste Differenzierung in die Ausbildungsberufe Maler/-in und Lackierer/-in sowie Fahrzeuglackierer/-in. Allerdings kann der Ausbildungsberuf Fahrzeuglackierer/-in auch ohne Stufenausbildung erlernt werden.

Der Ausbildungsgang zum/zur Maler/-in und Lackierer/-in kann in fünf Fachrichtungen erfolgen:

- Gestaltung und Instandhaltung,
- Energieeffizenz- und Gestaltungstechnik,
- Kirchenmalerei und Denkmalpflege,
- Bauten- und Korrosionsschutz oder
- Ausbautechnik und Oberflächengestaltung

Die Entscheidung für eine der fünf Fachrichtungen hängt vom jeweiligen Tätigkeitsspektrum des ausbildenden Betriebs ab. Parallel dazu ist die Ausbildung zum/zur Fahrzeuglackierer/-in möglich.

Struktur der Stufenausbildung

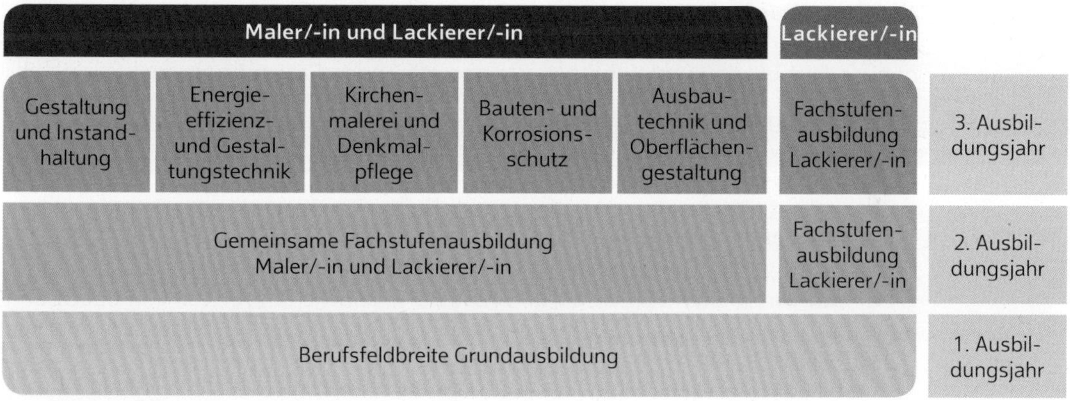

Gesellenprüfung

- Die Gesellprüfung teilt sich in zwei Abschnitte auf. Der erste wird nach vier Ausbildungshalbjahren abgelegt und ersetzt die frühere Zwischenprüfung.
- Nach dem dritten Ausbildungsjahr wird der zweite Teil der Gesellenprüfung zum/zur Maler/-in und Lackierer/-in in der jeweiligen Fachrichtung oder zum/zur Fahrzeuglackierer/-in abgelegt.
- Die Prüfungsleistung setzt sich aus fünf Teilen zusammen, hier am Beispiel der Fachrichtung Gestaltung und Instandhaltung:
  1. Herstellen von Oberflächen sowie Durchführen von Instandsetzungsmaßnahmen (Abschnitt 1)
  2. Ausführen eines Kundenauftrages (Abschnitt 2)
  3. Durchführen von Fassaden-, Raum- und Objektgestaltung
  4. Durchführung von Instandhaltungs- und Bautenschutzmaßnahmen
  5. Wirtschafts- und Sozialkunde

Prüfungsteile	Abschnitt	Gewichtung in %
Herstellen von Oberflächen sowie Durchführen von Instandsetzungsmaßnahmen	1	30
Ausführen eines Kundenauftrages	2	40
Durchführen von Fassaden-, Raum- und Objektgestaltung	2	10
Durchführung von Instandhaltungs- und Bautenschutz-maßnahmen	2	10
Wirtschafts- und Sozialkunde	2	10

Ausbildungsberufsbild Maler/-in und Lackierer/-in
Gegenstand der Berufsausbildung in den Fachrichtungen sind mindestens die folgenden Fertigkeiten und Kenntnisse in den folgenden Fachrichtungen:

1. Gestaltung und Instandhaltung
- Gestalten von kundenorientierten Arbeitsprozessen sowie Planen, Vorbereiten und Organisieren von Arbeitsaufgaben
- Entwerfen und Umsetzen von Konzepten für die Raum- und Fassadengestaltung, Gestalten von Oberflächen mit Mustern, Werkzeugstrukturen und Beschichtungsstoffen
- Be- und Verarbeiten von Werk- und Hilfsstoffen sowie Bearbeiten von Bauteilen
- Verlegen von Wand-, Decken- und Bodenbelägen sowie Bekleiden von Decken und Wänden
- Herstellen von Beschriftungen und Kommunikationsmitteln
- Durchführen von Maßnahmen zum Holz- und Bautenschutz sowie zum Brandschutz
- Durchführen von Energieeffizienzmaßnahmen an Decken-, Wand- und Bodenflächen
- Durchführen von qualitätssichernden Maßnahmen und Übergeben der Leistungen an Kundinnen und Kunden

2. Energieeffizienz- und Gestaltungstechnik
- Gestalten von fachrichtungsbezogenen, kundenorientierten Arbeitsprozessen sowie Planen, Vorbereiten und Organisieren von Arbeitsaufgaben
- Prüfen, Bewerten und Vorbereiten von Untergründen für Energieeffizienzmaßnahmen im Innen- und Außenbereich
- Durchführen von Energieeffizienzmaßnahmen an Außenflächen durch Erstellen von Wärmedämmverbundsystemen
- Durchführen von Energieeffizienzmaßnahmen an Außenflächen durch Auftragen von Wärmedämmputzen
- Durchführen von Energieeffizienzmaßnahmen an Außenflächen durch Montieren von System- und Fertigelementen
- Durchführen von Energieeffizienzmaßnahmen an Innenflächen
- Gestalten der Oberflächen von Fassaden und Räumen

- Durchführen von qualitätssichernden Maßnahmen und Übergeben der Leistungen an Kundinnen und Kunden

3. Kirchenmalerei und Denkmalpflege
- Gestalten von fachrichtungsbezogenen, kundenorientierten Arbeitsprozessen sowie Planen, Vorbereiten und Organisieren von Arbeitsaufgaben
- Herstellen von Werk- und Beschichtungsstoffen nach historischen Rezepturen
- Ausführen von historischen und gestalterischen Arbeitstechniken
- Durchführen von Instandsetzungsmaßnahmen im Rahmen der Denkmalpflege
- Ausführen von Reproduktionen von historischen Objekten und Rekonstruktionen an historischen Räumen und Objekten, unter Berücksichtigung von Untergründen, nach historischen Vorlagen
- Durchführen von qualitätssichernden Maßnahmen und Übergeben der Leistungen an Kundinnen und Kunden

4. Bauten- und Korrosionsschutz
- Gestalten von fachrichtungsbezogenen, kundenorientierten Arbeitsprozessen sowie Planen, Vorbereiten und Organisieren von Arbeitsaufgaben
- Einrichten von Baustellen sowie Bedienen und Instandhalten von Werkzeugen, Geräten, Maschinen und Anlagen
- Durchführen von Instandhaltungsarbeiten an und in Bauwerken sowie an zu beschichtenden Anlagen, auch jeweils deren Bestandteilen
- Durchführen von Korrosionsschutzmaßnahmen an Metallen
- Durchführen von Schutz- und Instandsetzungsmaßnahmen von Bauwerken und Bauteilen aus Beton
- Aufbringen von Sicherheitskennzeichnungen und Straßenmarkierungen
- Durchführen von qualitätssichernden Maßnahmen und Übergeben der Leistungen an Kundinnen und Kunden

5. Ausbautechnik und Oberflächengestaltung
- Gestalten von fachrichtungsbezogenen, kundenorientierten Arbeitsprozessen sowie Planen, Vorbereiten und Organisieren von Arbeitsaufgaben
- Ausführen von Ausbau- und Montagearbeiten
- Montieren und Gestalten von Systemelementen und Fertigteilen, einschließlich Unterkonstruktionen
- Verarbeiten von Dämm- und Isolierstoffen
- Vorbereiten und Herstellen von Untergründen und Oberflächen, insbesondere Putzoberflächen, für die weitere Gestaltung
- Ausführen von Raum- und Fassadengestaltungen
- Durchführen von qualitätssichernden Maßnahmen und Übergeben der Leistungen an Kundinnen und Kunden

4.1 Duale Ausbildung

Die Berufsausbildung findet im Betrieb und in der Schule statt. Dies wird als duale Ausbildung bezeichnet. Die Ausbildung wird in überbetrieblichen Ausbildungsstätten ergänzt und vertieft, wenn nicht bereits im Ausbildungsbetrieb alle im Ausbildungsrahmenplan enthaltenen Kenntnisse und Fertigkeiten vermittelt werden können.

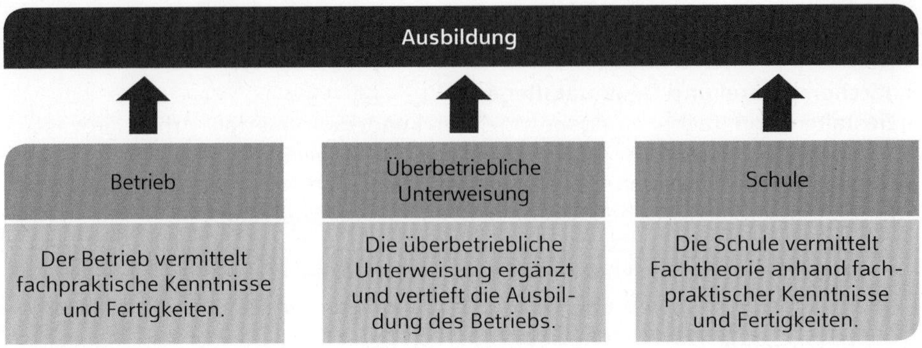

Berichtsheft
Die Auszubildenden haben ein Berichtsheft in Form eines Ausbildungsnachweises zu führen. Den Lehrlingen ist Gelegenheit zu geben, das Berichtsheft während der Ausbildungszeit zu führen. Die Ausbildenden haben das Berichtsheft regelmäßig durchzusehen.

4.2 Prüfungen

Die einzelnen Ausbildungsabschnitte werden mit einer Prüfung abgeschlossen. Verantwortlich für die Prüfungen sind die Handwerkskammern, die die Prüfungen aber in aller Regel an die Innungen delegieren.

4.2.1 Prüfungen zum/zur Maler/-in und Lackierer/-in

Gesellenprüfung
Die Gesellenprüfung erstreckt sich auf die in den Anlagen 1 und 2 der Ausbildungsverordnung aufgeführten Fertigkeiten, Kenntnisse und Fähigkeiten sowie auf den im Berufsschulunterricht vermittelten Lehrstoff, soweit er für die Berufsausbildung wesentlich ist.

Die Prüflinge sollen in Teil I der Prüfung einen Kundenauftrag bearbeiten, der sich aus drei Teilen zusammensetzt. Der schriftlich zu bearbeitende Teil beträgt 90 Minuten, für das Prüfungsprodukt sollen die Prüflinge insgesamt höchstens 14 Stunden benötigen. Anschließend wird ein maximal zehnminütiges auftragsbezogenes Fachgespräch geführt.

In Teil II der Gesellenprüfung werden das Ausführen eines Kundenauftrages sowie der Bereich Wirtschaft und Sozialkunde in allen fünf Ausbildungsschwerpunkten gleich abgeprüft. Die anderen beiden Prüfungsleistungen prüfen spezifische Inhalte der Fachrichtung ab.

Die Zeit für die Ausführung des Kundenauftrages beträgt maximal 20 Stunden, inklusive eines situativen, maximal 15-minütigen Fachgespräches.

Die beiden fachrichtungsabhängigen Prüfungsbestanteile sind in schriftlicher Form jeweils in 75 Minuten abzulegen.

Der Prüfungsbereich Wirtschaft- und Sozialkunde ist schriftlich in maximal 60 Minuten zu bearbeiten.

Innerhalb des Kundenauftrages sollen die Prüflinge zeigen, dass sie die Arbeitsabläufe unter Beachtung wirtschaftlicher, technischer und organisatorischer Vorgaben selbstständig und kundenorientiert planen, Arbeitszusammenhänge erkennen, Arbeitsergebnisse kontrollieren und dokumentieren sowie Maßnahmen zur Sicherheit und zum Gesundheitsschutz bei der Arbeit sowie zum Umweltschutz durchführen können.

Durch das Fachgespräch sollen die Prüflinge zeigen, dass sie fachbezogene Probleme und deren Lösungen darstellen, die für die Arbeitsaufgabe relevanten fachlichen Hintergründe aufzeigen sowie die Vorgehensweise bei der Ausführung der Arbeitsaufgabe begründen können.

Gewichtung am Beispiel der Fachrichtung Gestaltung und Instandhaltung

Prüfungsteile	Abschnitt	Gewichtung in %
Herstellen von Oberflächen sowie Durchführen von Instandsetzungsmaßnahmen	1	30
Ausführen eines Kundenauftrages	2	40
Durchführen von Fassaden-, Raum- und Objektgestaltung	2	10
Durchführung von Instandhaltungs- und Bautenschutzmaßnahmen	2	10
Wirtschafts- und Sozialkunde	2	10

Die Prüfung ist bestanden, wenn in Teil 1 und 2 insgesamt eine mindestens ausreichende Leistung erreicht wird und Teil 2 ebenso mit mindestens ausreichend abgelegt wird. Eine Nachprüfung kann nur in einem Prüfungsbereich abgenommen werden, der entweder in den beiden fachspezifischen Fächern oder in Sozialkunde liegen muss.

4.2.2 Prüfungen zum/zur Lackierer/-in

Zwischenprüfung für den Ausbildungsberuf Lackierer/-in

Stand 2022 gilt die bisher bekannte Fassung, die in eine Zwischenprüfung und eine Gesellenprüfung mündet.

Zur Ermittlung des Ausbildungsstands ist eine Zwischenprüfung durchzuführen. Sie soll am Ende des zweiten Ausbildungsjahres stattfinden.

Für die Berufsausbildung zum/zur Lackierer/-in gilt die Abschlussprüfung im Ausbildungsberuf Bauten- und Objektbeschichter als Zwischenprüfung im Sinne der Handwerksordnung.

Gesellenprüfung
Die Gesellenprüfung erstreckt sich auf die in den Anlagen 1 und 2 der Ausbildungsverordnung aufgeführten Fertigkeiten und Kenntnisse sowie auf den im Berufsschulunterricht vermittelten Lehrstoff, soweit er für die Berufsausbildung wesentlich ist.

Die Prüflinge sollen in Teil A der Prüfung in insgesamt höchstens 20 Stunden eine Arbeitsaufgabe, die einem Kundenauftrag entspricht, durchführen und dokumentieren und innerhalb dieser Zeit in insgesamt höchstens 15 Minuten hierüber ein Fachgespräch führen.

Dabei sollen die Prüflinge zeigen, dass sie die Arbeitsabläufe unter Beachtung wirtschaftlicher, technischer und organisatorischer Vorgaben selbstständig und kundenorientiert planen, Arbeitszusammenhänge erkennen, Arbeitsergebnisse kontrollieren und dokumentieren sowie Maßnahmen zur Sicherheit und zum Gesundheitsschutz bei der Arbeit sowie zum Umweltschutz durchführen können. Durch das Fachgespräch sollen die Prüflinge zeigen, dass sie fachbezogene Probleme und deren Lösungen darstellen, die für die Arbeitsaufgabe relevanten fachlichen Hintergründe aufzeigen sowie die Vorgehensweise bei der Ausführung der Arbeitsaufgabe begründen kann. Das Ergebnis der Arbeitsaufgabe ist mit 85 % und das Fachgespräch ist mit 15 % zu gewichten.

Die Prüflinge sollen in Teil B der Prüfung in den Prüfungsbereichen Gestaltung, Instandhaltung und Bautenschutz sowie Wirtschafts- und Sozialkunde schriftlich geprüft werden.

Die Prüfung ist bestanden, wenn jeweils in den Prüfungsteilen A und B mindestens ausreichende Leistungen erbracht sind. Weiterhin sind in zwei der Prüfungsbereiche mindestens ausreichende Leistungen zu erbringen. Werden Prüfungsleistungen in einem der Prüfungsbereiche mit ungenügend bewertet, so ist die Prüfung nicht bestanden.

Haben die Prüflinge die Gesellenprüfung nicht bestanden, erfüllt in dieser Prüfung jedoch bestimmte Anforderungen, so hat er den Abschluss Fahrzeugbeschichter erreicht. Die Anforderungen gelten dann als erfüllt, wenn in dieser Prüfung in Teil A sowie in einem der fachbezogenen Prüfungsbereiche in Teil B (Absatz 3, Nr. 1 und 2) jeweils mindestens eine ausreichende Leistung erbracht wurde. Außerdem darf in keinem der fachbezogenen Prüfungsbereiche eine ungenügende Leistung erbracht worden sein.

5 Weiterbildung im Maler- und Lackiererhandwerk

Maler/-innen und Lackierer/-innen werden ständig mit veränderten Situationen bei den Untergründen, neuen Werkstoffen, neuen Vorschriften, Normen und Regeln, veränderten und neuen Arbeitsverfahren und den aktuellen Kundenwünschen konfrontiert. Das heute Gelernte kann morgen nicht mehr richtig sein. Deshalb ist es unverzichtbar, dass sich Maler/-innen und Lackierer/-innen ständig weiterbilden.

5.1 Fortbildungen

Innungen, Handwerkskammern, Fachzeitschriften, Hersteller von Beschichtungsstoffen, Tapeten, Geräten usw. bieten Kurse zur Weiterbildung an.

Beispiele:

- Vorarbeiterkurse
- Baustellenleiterkurse
- Spezialbeschichtungen
- Schmucktechniken
- Vergoldung
- Restaurierung
- Tapezieren
- Betoninstandsetzung
- Wärmedämmung
- Spritztechniken
- Aufmaß
- Unfallverhütung

5.2 Meisterprüfung

Die Meisterprüfung ist im Maler- und Lackiererhandwerk Voraussetzung zur Betriebsführung und damit zum selbstständigen Führen eines Betriebs. Sie kann nach bestandener Gesellenprüfung in einer der Fachrichtungen abgelegt werden. Die Durchführung der Meisterprüfung ist in den §§ 45 bis 51a der Handwerksordnung (HwO), in der Meisterprüfungsverfahrensverordnung (MpVerfVO) und der Verordnung über gemeinsame Anforderungen in den Meisterverordnungen im Handwerk und in handwerksähnlichen Gewerben (AMVO) geregelt.

Die Meisterprüfung wird von den Meisterprüfungsausschüssen der Handwerkskammern abgenommen.

Durch die Meisterprüfung wird festgestellt, dass die Prüflinge befähigt sind, einen Betrieb selbstständig zu führen, Leitungsaufgaben im technischen, kaufmännischen und personalwirtschaftlichen Bereich wahrzunehmen, die Ausbildung durchzuführen und seine berufliche Handlungskompetenz selbstständig an neue Bedarfslagen in diesen Bereichen anzupassen.

Gefordert sind ganzheitliche Qualifikationen, die Planen, Durchführen und Kontrollieren umfassen. Von Meisterinnen und Meistern wird erwartet, dass sie sich laufend weiterbilden und weiter qualifizieren.

Der Besuch einer Meisterschule ist nicht Voraussetzung für die Zulassung zur Meisterprüfung, aber dringend zu empfehlen. Träger der Meisterschulen sind Innungen, Handwerkskammern, Kommunen (Städte) und die Länder. Der Unterricht findet in Vollzeit, Teilzeit und in Abendkursen statt.

Die Meisterprüfung berechtigt in einigen Bundesländern zum Studium an den Fachhochschulen und Universitäten. Mit einem pädagogischen Studium ist auch die Ausbildung zum Lehrer an berufsbildenden Schulen möglich.

Die Meisterprüfung im Maler- und Lackiererhandwerk umfasst folgende selbstständige Prüfungsteile, die getrennt voneinander abgelegt werden können:
Teil I: Prüfung der meisterhaften Verrichtung der wesentlichen Tätigkeiten
Teil II: Prüfung der erforderlichen fachtheoretischen Kenntnisse

Teil III: Prüfung der erforderlichen betriebswirtschaftlichen, kaufmännischen und rechtlichen Kenntnisse

Teil IV: Prüfung der erforderlichen berufs- und arbeitspädagogischen Kenntnisse

5.2.1 Meisterprüfung Teil I

Im Teil I der Meisterprüfung sind die folgenden vier Schwerpunkte gebildet worden:
- Gestaltung und Instandhaltung
- Kirchenmalerei und Denkmalpflege
- Bauten- und Korrosionsschutz
- Fahrzeuglackierung

Mit Änderung der Ausbildungsordnung wird eine Anpassung der Meisterprüfungsordnung notwendig, diese ist aber Stand 2022 noch nicht erfolgt. So sind die bisherigen vier Schwerpunkte weiterhin gültig.

Struktur der Meisterprüfung

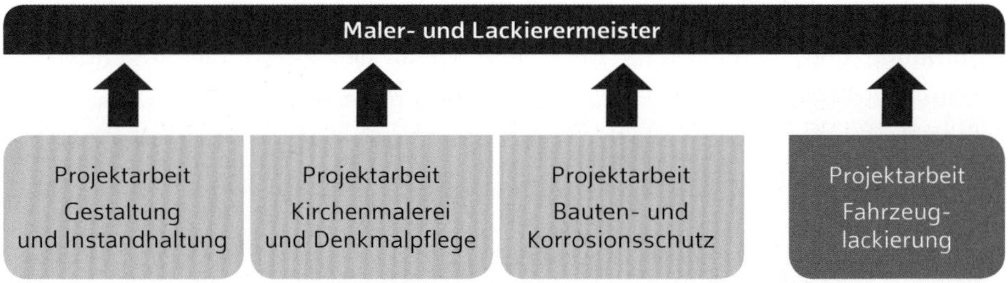

Alle Prüflinge können einen dieser Schwerpunkte wählen. Im gewählten Schwerpunkt muss er ein Meisterprüfungsprojekt durchführen, das einem Kundenauftrag entspricht, mit Planung, Durchführung und Dokumentation. Dazu gehören Entwurfs-, Berechnungs-, Planungs- und Kalkulationsarbeiten, die Ausführung der Leistung sowie die darauf bezogene Dokumentation und Präsentation.

Nach § 4 der Meisterprüfungsordnung legt der Meisterprüfungsausschuss die auftragsbezogenen Anforderungen des Meisterprüfungsprojekts fest. Dabei sollen die Vorschläge der Prüflinge für den Kundenauftrag berücksichtigt werden. Der Prüfungsausschuss kann für den jeweiligen Schwerpunkt festlegen, dass für alle Prüflinge dieses Schwerpunkts ein einheitliches Meisterprüfungsprojekt vorgegeben wird. Das unter Aufsicht anzufertigende Meisterprüfungsprojekt soll innerhalb von sechs Arbeitstagen erstellt werden.

In einem max. 30 Minuten dauernden Fachgespräch sollen die Prüflinge die fachlichen Zusammenhänge aufzeigen, die seinem Projekt zugrunde liegen.

Inhalte der Meisterprüfung im Teil I, Schwerpunkt 1: Gestaltung und Instandhaltung
- Herstellen und Instandhalten von Untergründen
- Raumgestaltungen mit Decken-, Wand- und Bodenbelägen
- Ausführen von Beschichtungen, Applikationen, Bekleidungen, Belägen und Dekorationen

- Entwerfen und Realisieren von Dekorationen, Ornamenten, Formen, Schriften und Bildzeichen
- Maßnahmen gegen Schädigung durch Mikroorganismen und Schädlinge
- Brand- und Schadstoffsanierung
- Dämmarbeiten
- Ausbau- und Montagearbeiten
- Schneide-, Füge- und Verbindungstechniken
- Abdichtungs-, Verfugungs-, Verkittungs- und Verglasungsarbeiten
- Markierungsarbeiten

> Das Meisterprüfungsprojekt ist ausgerichtet auf eine gestalterische Lösung für die Neugestaltung oder Instandsetzung eines Gebäudes oder Gebäudeteils.

Inhalte der Meisterprüfung im Teil I, Schwerpunkt 2: Kirchenmalerei und Denkmalpflege
- Analyse und Dokumentation der Objekte
- Herstellen und/oder Instandsetzen von Untergründen nach historischen Vorgaben
- Zubereiten und Aufbringen der Stoffe nach historischen Rezepturen
- Gestalten, Sanieren oder Instandsetzen unter Beachtung der Vorgaben der Denkmalpflege und historischer Vorgaben und Vorlagen
- Entwerfen und Realisieren von Dekorationen, Ornamenten, Firmen- und Schriftzeichen nach historischen Vorgaben

> Das Meisterprüfungsprojekt ist ausgerichtet auf eine gestalterische Lösung für die Neufassung oder Instandsetzung eines historischen Objekts.

Inhalte der Meisterprüfung im Teil I, Schwerpunkt 3: Bauten- und Korrosionsschutz
- Instandsetzen und Schützen von Oberflächen
- Ausführen von Reinigungs-, Entschichtungs- und Strahlarbeiten
- Ausführen von Beschichtungen, Applikationen sowie Be- und Auskleidungen
- Durchführen von Korrosions- und Bautenschutzmaßnahmen sowie von Betonerhaltungs- und Instandsetzungsarbeiten
- Sicherheitskennzeichnungen
- messtechnische Überwachung der Arbeiten

> Das Meisterprüfungsprojekt ist ausgerichtet auf eine Lösung für Erstschutz oder die Instandsetzung eines Bauwerks oder eines Objekts aus Stahl oder Stein.

Inhalte der Meisterprüfung im Teil I, Schwerpunkt 4: Fahrzeuglackierung
- Aus- und Einbauen von Fahrzeugteilen sowie Durchführen von Reparaturen zur Vorbereitung von Applikationen und Beschichtung
- Planen und Umsetzen von Konzepten zur Gestaltung, Beschichtung und Beschriftung
- Durchführen von Aus-, Einbau- und Umbau- sowie Nachrüstarbeiten
- Durchführen von Reinigungs-, Entschichtungs-, Strahl- und Korrosionsschutzarbeiten

- Anwenden von Lackier- und Applikationsverfahren
- Durchführen von Restaurierungen
- Ausführen von Instandsetzungsarbeiten von Untergründen und Oberflächen
- Maßnahmen zur Pflege, Wartung und Konservierung

Das Meisterprüfungsprojekt ist ausgerichtet auf eine gestalterische Lösung für die Lackierung eines Fahrzeugs oder Fahrzeugteils mit der erforderlichen Instandsetzung von Karosserieschäden oder eines historischen Fahrzeugs oder Fahrzeugteils mit der erforderlichen Restaurierung oder eines Objekts oder Serienteils mit einer Design- oder Effektlackierung.

Das Meisterprüfungsprojekt und das Fachgespräch werden gesondert bewertet. Die Prüfungsleistungen im Meisterprüfungsprojekt und im Fachgespräch werden im Verhältnis 3:1 gewichtet. Hieraus wird eine Gesamtbewertung gebildet.

Mindestvoraussetzung für das Bestehen des Teils I ist eine insgesamt ausreichende Prüfungsleistung (mind. 50 % der erreichbaren Punkte), wobei die Prüfung weder im Meisterprüfungsprojekt noch im Fachgespräch mit weniger als 30 Punkten bewertet worden sein darf.

5.2.2 Meisterprüfung Teil II

Die Struktur der Prüfungsbereiche im Teil II orientiert sich stark an den betrieblichen Aufgaben und umfasst die folgenden drei Handlungsfelder:

- Handlungsfeld 1: Technik und Gestaltung
- Handlungsfeld 2: Auftragsabwicklung
- Handlungsfeld 3: Betriebsführung und Betriebsorganisation

In jedem der Handlungsfelder muss mindestens eine fallorientierte Aufgabe bearbeitet werden. Je Handlungsfeld soll die Prüfung nicht mehr als drei Stunden dauern. Die Prüfungszeit je Tag ist auf sechs Stunden begrenzt.

Nach § 7 der Meisterprüfungsverordnung wird von den Prüflingen verlangt, dass er berufsbezogene Probleme analysieren, bewerten und geeignete Lösungswege aufzeigen kann. Dabei kommt es weniger auf Einzelkenntnisse, sondern auf die Verknüpfung technologischer, gestalterischer, ablauf- und anwendungstechnischer, werkstofftechnischer und mathematischer Kenntnisse an.

Inhalte der Meisterprüfung im Teil II, Handlungsfeld 1: Technik und Gestaltung

1. **Analyse und Bewertung**
   1.1 Informationsbeschaffung
   1.2 Naturwissenschaftliche Zusammenhänge
   1.3 Messen, Prüfen, Berechnen und Beurteilen
2. **Objekttechnik**
   2.1 Anwendungstechnik:
   Untergründe
   Arbeitsverfahren

2.2 Betriebs- und Werkstofftechnik:
Technische Ausstattung
Werk- und Hilfsstoffe
Systemkomponenten

3. Objektgestaltung

3.1 Gestaltungstechniken und Farbgestaltung:
Grundlegende Techniken
Farbenlehre und Farbgestaltung

3.2 Form- und Schriftgestaltung:
Erkenntnisse aus der Formenlehre für die Gestaltung
Schriftgestaltung

Inhalte der Meisterprüfung im Teil II, Handlungsfeld 2: Auftragsabwicklung

1. Auftragsbeschaffung und Auftragsabschluss

1.1 Leistungsermittlung und -beschreibung
1.2 Angebot
1.3 Auftragsabschluss

2. Auftragsvorbereitung und -durchführung

2.1 Arbeitsplanung
2.2 Qualitätssicherung
2.3 Rechtliche Vorschriften
2.4 Kooperationspartner/-innen, Subunternehmer/-innen
2.5 Mängel- und Schadensaufnahme

Inhalte der Meisterprüfung im Teil II, Handlungsfeld 3: Betriebsführung und -organisation

1. Betriebliche Kosten

1.1 Bestimmung von Kosten und Kostenstellen
1.2 Möglichkeiten zur Kostensteuerung

2. Marketing und Qualitätsmanagement

2.1 Marketingmaßnahmen zur Kundenpflege und -gewinnung
2.2 Betriebliches Qualitätsmanagement

3. Organisation und Logistik

3.1 Organisation
3.2 Logistik

4. Personalwesen und Kooperation

4.1 Personalwesen
4.2 Kooperationen

5. Arbeitssicherheit und Umweltschutz

5.1 Unfallverhütung, Arbeitsschutz, Arbeitssicherheit
5.2 Umweltschutz

Die Prüfung im Teil II der Meisterprüfung wird schriftlich durchgeführt. Die Gesamtbewertung wird aus dem Durchschnitt der Einzelbewertungen gebildet.

Die schriftliche Prüfung ist in einem Handlungsfeld auf Antrag der Prüflinge oder nach Ermessen des Prüfungsausschusses durch eine mündliche Prüfung (Ergänzungsprüfung) zu ergänzen, wenn dies das Bestehen des Teils II der Meisterprüfung ermöglicht. Die Ergebnisse der schriftlichen Prüfung und der Ergänzungsprüfung werden 2:1 gewichtet.

5.2.3 Meisterprüfung Teil III

Durch die Prüfung in Teil III der Meisterprüfung wird festgestellt, ob die Prüflinge die zur selbstständigen Führung eines Handwerksbetriebs erforderlichen betriebswirtschaftlichen, kaufmännischen und rechtlichen Kenntnisse besitzen. Diese Kenntnisse hat er in den nachstehend aufgeführten Handlungsfeldern nachzuweisen:

1. **Wettbewerbsfähigkeit von Unternehmen beurteilen**
   - 1.1 Unternehmensziele analysieren und in ein Unternehmenszielsystem einordnen
   - 1.2 Bedeutung der Unternehmenskultur und des Unternehmensimages für die betriebliche Leistungs- und Wettbewerbsfähigkeit begründen
   - 1.3 Situation des Unternehmens am Markt analysieren und Erfolgspotenziale begründen
   - 1.4 Informationen aus dem Rechnungswesen, insbesondere aus Bilanz sowie Gewinn- und Verlustrechnung, zur Analyse von Stärken und Schwächen eines Unternehmens nutzen
   - 1.5 Informationen aus dem internen und externen Rechnungswesen zur Entscheidungsvorbereitung nutzen
   - 1.6 Rechtsvorschriften, insbesondere des Gewebe- und Handwerksrechts sowie des Handels- und Wettbewerbsrechts, bei der Analyse von Unternehmenszielen und -konzepten anwenden
2. **Gründungs- und Übernahmeaktivitäten vorbereiten, durchführen und bewerten**
   - 2.1 Bedeutung persönlicher Voraussetzungen für den Erfolg beruflicher Selbständigkeit begründen
   - 2.2 Wirtschaftliche, gesellschaftliche und kulturelle Bedeutung des Handwerks sowie Nutzen von Mitgliedschaften in den Handwerksorganisationen darstellen und bewerten
   - 2.3 Möglichkeiten der Inanspruchnahme von Beratungsdienstleistungen sowie von Förder- und Unterstützungsleistungen bei Gründung und Übernahme eines Unternehmens aufzeigen und bewerten
   - 2.4 Entscheidungen zu Standort, Betriebsgröße, Personalbedarf sowie zur Einrichtung und Ausstattung eines Unternehmens treffen und begründen
   - 2.5 Marketingkonzept zur Markteinführung entwickeln und bewerten
   - 2.6 Investitionsplan und Finanzierungskonzept aufstellen und begründen; Rentabilitätsvorschau erstellen und Liquiditätsplanung durchführen
   - 2.7 Rechtsform aus einem Unternehmenskonzept ableiten und begründen
   - 2.8 Rechtsvorschriften, insbesondere des bürgerlichen Rechts sowie des Gesellschafts- und Steuerrechts, im Zusammenhang mit Gründung oder Übernahme von Handwerksbetrieben anwenden
   - 2.9 Notwendigkeit privater Risiko- und Altersvorsorge begründen, Möglichkeiten aufzeigen
   - 2.10 Bedeutung persönlicher Aspekte sowie betriebswirtschaftlicher und rechtlicher Bestandteile eines Unternehmenskonzeptes im Zusammenhang darstellen und begründen

3. Unternehmensführungsstrategien entwickeln

3.1 Bedeutungen der Aufbau- und Ablauforganisation für die Entwicklung eines Unternehmens beurteilen; Anpassungen vornehmen
3.2 Entwicklungen bei Produkt- und Dienstleistungsinnovationen sowie Marktbedingungen, auch im internationalen Zusammenhang, bewerten und daraus Wachstumsstrategien ableiten
3.3 Einsatz von absatzmarktpolitischen Marketinginstrumenten für Absatz und Beschaffung von Produkten und Dienstleistungen begründen
3.4 Veränderungen des Kapitalbedarfs aus Investitions-, Finanz- und Liquiditätsplanung ableiten, Alternativen der Kapitalbeschaffung darstellen
3.5 Konzepte für Personalplanung, -beschaffung und -qualifizierung erarbeiten und bewerten sowie Instrumente der Personalführung und -entwicklung darstellen
3.6 Bestimmungen des Arbeits- und Sozialversicherungsrechts bei der Entwicklung einer Unternehmensstrategie berücksichtigen
3.7 Chancen und Risiken zwischenbetrieblicher Kooperationen darstellen
3.8 Controlling zur Entwicklung, Verfolgung, Durchsetzung und Modifizierung von Unternehmenszielen nutzen
3.9 Instrumente zur Durchsetzung von Forderungen darstellen und Einsatz begründen
3.10 Notwendigkeit der Planung einer Unternehmensnachfolge, auch unter Berücksichtigung von Erb- und Familienrecht sowie steuerrechtlicher Bestimmungen, darstellen und begründen
3.11 Notwendigkeit der Einleitung eines Insolvenzverfahrens anhand von Unternehmensdaten prüfen; insolvenzrechtliche Konsequenzen für die Weiterführung oder Liquidation eines Unternehmens aufzeigen

Die Prüfung ist schriftlich durchzuführen und soll insgesamt nicht länger als fünf Stunden dauern. In jedem Handlungsfeld sind mehrere Aufgaben zu bearbeiten. In der Prüfung muss mindestens eine Aufgabe fallorientiert sein.

Die schriftliche Prüfung ist in einem der in Absatz 1 genannten Handlungsfelder auf Antrag der Prüflinge oder nach Ermessen des Meisterprüfungsausschusses durch eine mündliche Prüfung zu ergänzen (Ergänzungsprüfung), wenn diese das Bestehen des Teils der Meisterprüfung ermöglicht. Die Ergänzungsprüfung soll jeweils nicht länger als 20 Minuten dauern. Das Ergebnis der jeweiligen schriftlichen Prüfung und der Ergänzungsprüfung ist im Verhältnis 2 : 1 zu gewichten.

Mindestvoraussetzung für das Bestehen des Teils III der Meisterprüfung ist eine insgesamt ausreichende Prüfungsleistung. Ist die Prüfung in einem Handlungsfeld auch nach durchgeführter Ergänzungsprüfung mit weniger als 30 Punkten bewertet worden, ist die Prüfung des Teils III nicht bestanden.

5.2.4 Meisterprüfung Teil IV

Durch die Prüfung in Teil IV der Meisterprüfung wird festgestellt, ob die Prüflinge die zur ordnungsgemäßen Ausbildung von Lehrlingen erforderlichen berufs- und arbeitspädagogischen Kenntnisse besitzen. Diese Kenntnisse hat er in den nachstehend aufgeführten Handlungsfeldern nachzuweisen:

1. **Allgemeine Grundlagen**
   1.1 Bedeutung und Stellung der Berufsbildung
   1.2 Bedeutung des dualen Systems der Berufsausbildung
   1.3 Rechtliche Rahmenbedingungen der Ausbildung
   1.4 Aufgaben, Stellung und Funktion des Ausbilders/der Ausbilderin
   1.5 Aufgaben der Handwerksorganisationen in der Berufsbildung sowie Möglichkeiten der Mitwirkung
2. **Planung der Ausbildung**
   2.1 Ausbildungsberufe und Ausbildungsplatzentscheidungen
   2.2 Ziele und Struktur der Ausbildungsordnung
   2.3 Eignung des Ausbildungsbetriebs
   2.4 Betrieblicher Ausbildungsplan
   2.5 Ausbildung und Führungsstil
   2.6 Partner im dualen System
3. **Einstellung von Auszubildenden**
   3.1 Einstellungsverfahren
   3.2 Ausbildungsvertrag
   3.3 Eintragung und Anmeldung
   3.4 Einführung und Probezeit
4. **Ausbildung am Arbeitsplatz**
   4.1 Ausbildungsmethoden
   4.2 Lernen am Arbeitsplatz
   4.3 Lernhilfen/Medien
   4.4 Lernerfolgskontrollen und Leistungsbeurteilung, insbesondere Beurteilungsgespräche und Auswerten von Prüfungen
5. **Förderung des Lernprozesses**
   5.1 Lernvoraussetzungen, insbesondere unter Berücksichtigung kultureller Unterschiede bei der Ausbildung
   5.2 Anleiten zu Lern- und Arbeitstechniken, Fördern der Lernmotivation
   5.3 Sichern von Lernerfolgen
   5.4 Umgang mit Lernschwierigkeiten und Verhaltensauffälligkeiten
   5.5 Kooperation mit externen Beratungsstellen
   5.6 Forcierung von Leistungsstärken
6. **Ausbildung in der Gruppe**
   6.1 Teambildung
   6.2 Gruppenspezifische Ausbildungsmethoden, insbesondere Kurzvorträge und Moderation
   6.3 Lernen und Arbeiten im Team
   6.4 Konflikte und Konfliktlösung
7. **Abschluss der Ausbildung**
   7.1 Vorbereitung auf Prüfungen
   7.2 Anmeldung zu Prüfungen
   7.3 Erstellen von Zeugnissen
   7.4 Fortbildungs- und Förderungsmöglichkeiten

Die Prüfung nach Absatz 1 besteht aus einem schriftlichen und einem praktischen Teil.

Im schriftlichen Teil der Prüfung sind Aufgaben aus mehreren Handlungsfeldern zu bearbeiten. Mindestens eine der Aufgaben muss fallorientiert sein. Der schriftliche Teil der Prüfung soll insgesamt nicht länger als drei Stunden dauern.

Der praktische Teil der Prüfung besteht aus der Präsentation oder der praktischen Durchführung einer durch die Prüflinge auszuwählenden Ausbildungseinheit und aus einem Prüfungsgespräch. In diesem haben die Prüflinge ihre Kriterien für die Auswahl und Gestaltung der Ausbildungseinheit zu begründen. Der praktische Teil der Prüfung soll nicht länger als 30 Minuten dauern.

Der schriftliche und der praktische Teil der Prüfung werden gleich gewichtet.

Der schriftliche Teil der Prüfung ist in einem der in Absatz 1 genannten Handlungsfelder auf Antrag der Prüflinge oder nach Ermessen des Meisterprüfungsausschusses durch eine mündliche Prüfung zu ergänzen (Ergänzungsprüfung), wenn diese das Bestehen des Teils der Meisterprüfung ermöglicht. Die Ergänzungsprüfung soll jeweils nicht länger als 20 Minuten dauern. Das Ergebnis der jeweiligen schriftlichen Prüfung und der Ergänzungsprüfung ist im Verhältnis 2:1 zu gewichten.

Mindestvoraussetzung für das Bestehen des Teils IV der Meisterprüfung ist die Bewertung des schriftlichen Teils der Prüfung und des praktischen Teils der Prüfung mit jeweils mindestens 50 Punkten.

5.3 Restaurator/-in im Maler- und Lackiererhandwerk

Wer eine mit Erfolg abgelegte Meisterprüfung, wahlweise in einem der 19 Gewerke, nachweist – genannt sind hier das Maler- und Lackiererhandwerk und das Vergolderhandwerk –, wird zur Prüfung zugelassen.

Ebenso kann zur Prüfung zugelassen werden, wer durch Vorlage von Zeugnissen oder auf andere Weise glaubhaft macht, dass er Kenntnisse, Fertigkeiten und Erfahrungen erworben hat, die die Zulassung zur Prüfung rechtfertigen.

Es sind drei Prüfungsteile abzulegen, die sich aus einer übergreifenden Qualifikation, einer spezifischen Qualifikation und einer Projektarbeit zusammensetzen.

5.3.1 Übergreifende Qualifikation

Im Prüfungsteil „übergreifende Qualifikation“ müssen die Prüflinge ein ausreichendes Hintergrundwissen im Bereich „der Pflege und Weitergabe von Kulturerbe, der Anwendung und Entwicklung von Methoden zum Erhalt, zur Restaurierung und Konservierung von Kulturerbe und die Fähigkeit unternehmerische Prozesse im Rahmen des Kulturerbeerhalts zu gestalten und zu steuern“ nachweisen.

Die drei Bereiche sind anteilig mit 30 % zu 50 % zu 20 % miteinander zu verrechnen und ergeben eine Prüfungsnote.

Kulturerbe pflegen und weitergeben
Inhaltlich fordert der Handlungsbereich „Kulturerbe pflegen und weitergeben“ von den Prüfungsteilnehmer/-innen ab, dass sie imstande sind, das handwerklich immaterielle und das materielle Kulturerbe unter der Berücksichtigung von denkmal-

pflegerischen Grundsätzen zu erhalten und zu pflegen. Des Weiteren ist es auch Aufgabe, diese Aspekte der Denkmalpflege weiterzugeben und so zu deren Erhalt beizutragen.

Im Speziellen gehören hierzu folgende Inhalte:

- Reflektieren der Aufgaben eines Restaurators für den ganzheitlichen Erhalt von Kulturerbe im Kontext der Handwerksgeschichte
- Praktische Erfahrungen projektbezogen und objektbezogen sowie theoretische Kenntnisse des Kulturerbes und der Denkmalpflege analysieren, weiterentwickeln und anwenden
- Einhaltung rechtlicher Bestimmungen zur Erhaltung des Kulturerbes gewährleisten
- Kulturerbe identifizieren, bewahren und erhalten
- handwerklich-immaterielles Kulturerbe kultur- und handwerksgeschichtlich einordnen und sichern sowie unter Anwendung didaktischer Prinzipien aufbereiten und an die nächste Handwerksgeneration weitergeben
- Kommunikationsprozesse gestalten und pädagogische Maßnahmen zur Vermittlung des Wertes von handwerklich-immateriellem und von materiellem Kulturerbe situationsbezogen konzipieren und durchführen
- Maßnahmen zur Öffentlichkeitsarbeit mit dem Ziel entwickeln, das Bewusstsein für den Wert von Kulturerbe zu stärken und die Untrennbarkeit des handwerklich-immateriellen und materiellen Kulturerbes herausstellen sowie diese Maßnahmen anwenden

Methoden zum Erhalt, zur Restaurierung und Konservierung von Kulturerbe

Die „Methoden zum Erhalt, zur Restaurierung und Konservierung von Kulturerbe" anzuwenden und weiterzuentwickeln stellen den zweiten Handlungsbereich dar.

Die Prüflinge weisen die Fähigkeit nach, diese anzuwenden und zu Forschungszwecken einzusetzen. Hierbei müssen diese bewertet, ausgewählt und weiterentwickelt sowie interdisziplinär angewandt werden.

Im Speziellen gehören hierzu folgende Inhalte:

- Erhaltungs-, Restaurierungs- und Konservierungsmethoden vergleichend analysieren, deren Eignung zur Zielerreichung abwägen und für die strategische Planung nutzen
- historische Quellen und wissenschaftliche Forschungsergebnisse projektbezogen und objektbezogen analysieren und bewerten
- historische Methoden durch empirische und experimentelle Verfahren wiedergewinnen, traditionelle Methoden erhalten und weiterentwickeln
- neue Methoden entwickeln und in bestehende Verfahren integrieren
- neue Anwendungen für historische und traditionelle Techniken konzipieren und erproben
- handwerkliche Praxis und Theorie als Beitrag zur kulturellen Nachhaltigkeit sichern, fortschreiben und als Informationsquelle für spätere Generationen verfügbar machen
- Gutachten bewerten und unter Einhaltung rechtlicher Bestimmungen erstellen
- Forschungsbedarfe erkennen sowie an der Entwicklung, Planung, Realisierung und Umsetzung von Forschungsprojekten mitwirken

- Methoden und Prozesse mit Vertretern unterschiedlicher Fachdisziplinen sowie mit Forschungsbeteiligten erörtern und mit diesen zusammenarbeiten
- Fachöffentlichkeit informieren sowie Ergebnisse präsentieren und veröffentlichen

Unternehmerische Prozesse im Rahmen des Kulturerbeerhalts
Die Prüflinge weisen im Bereich „Unternehmerische Prozesse im Rahmen des Kulturerbeerhalts gestalten und steuern" nach, dass sie mit unternehmerischem Geschick unter Berücksichtigung betriebswirtschaftlicher Aspekte das handwerklich-immaterielle und materielle Kulturerbe strategisch nutzen und Prozesse nachhaltig steuern.

Im Speziellen gehören dazu folgende Inhalte:

- gesellschaftliche Entwicklungen bewerten sowie die betriebliche Position im Kulturerbemarkt analysieren
- Unternehmensstrategien und -ziele definieren und optimieren
- historische und traditionelle Handwerkstechniken zur Erschließung neuer Anteile im Kulturerbemarkt nutzen
- Darstellungen von handwerklich-immateriellem und materiellem Kulturerbe in handwerksorientierter, allgemeinverständlicher und erzählender Form zielgruppenspezifisch entwickeln und veröffentlichen
- Marketingmaßnahmen für entwickelte Produkte und Verfahren konzipieren und gestalten
- Fördermöglichkeiten identifizieren und prüfen sowie Kundinnen und Kunden beraten
- Angebote dienstleistungsorientiert, vergabe- und adressatengerecht erstellen und präsentieren
- internationale Aktivitäten und Kooperationen unter Berücksichtigung kultureller Besonderheiten, auch unter Einsatz englischer Fachsprache, planen und umsetzen
- kontinuierliche Weiterbildung und lebenslange Lernprozesse zur individuellen Entwicklung und zur Unternehmensentwicklung gestalten

5.3.2 Spezifischen Qualifikationen

Die Anforderungen der spezifischen Qualifikationen setzen sich aus den drei Handlungsbereichen

„Erhaltungs-, Restaurierungs- und Konservierungskonzepte entwickeln, Maßnahmen umsetzen, Prozesse leiten und koordinieren sowie Maßnahmen und Prozesse unter Qualitätsaspekten dokumentieren und Risiko- und Schadensprävention sicherstellen" zusammen. Die drei Bereiche werden in Anteilen zu 50 % zu 15 % zu 35 % verrechnet.

Die Prüflinge müssen diese drei Teile innerhalb von fünf Jahren mit Erfolg ablegen.

Erhaltungs-, Restaurierungs- und Konservierungskonzepte
Die Prüflinge weisen im Handlungsbereich „Erhaltungs-, Restaurierungs- und Konservierungskonzepte entwickeln" nach, unter Berücksichtigung handwerklicher und denkmalpflegerischer Grundsätze Bestands- und Befundaufnahmen durchführen sowie Erhaltungs-, Restaurierungs- und Konservierungsprozesse mit wissenschaftlichen Methoden und auf der Grundlage eigener handwerklicher Erfahrungen planen zu können. Hierbei sollen Fachbehörden, Experten sowie Objekteigentümer in die Prozesse einbezogen sowie abgestimmte Konzepte präsentiert werden können.

Im Speziellen gehören dazu folgende Inhalte:

- eingesetzte Handwerkstechniken identifizieren, Istzustände, bauzeitliche Zustände und Primärbefunde sichern sowie Zustand von Restaurierungsobjekten unter Berücksichtigung der objektbezogenen Restaurierungsgeschichte feststellen und bewerten
- Objekte sowie eingesetzte Materialien und Handwerkstechniken kultur- und kunstgeschichtlich einordnen
- Ziele von Maßnahmen unter Einhaltung rechtlicher Bestimmung und unter Berücksichtigung von Konventionen und Normen vor dem Hintergrund des Kulturerbediskurses erörtern, begründen und festlegen
- Eignung traditioneller und zeitgemäßer Materialien sowie Umsetzbarkeit historischer und zeitgemäßer Handwerkstechniken prüfen
- Maßnahmen aus abgestimmten Zielen entwickeln sowie Machbarkeit und Wirtschaftlichkeit dieser Maßnahmen prüfen
- werterhaltende Demontage, Montage, Verpackungs- und Transportprozesse sowie Lagerung von Kulturgut planen
- Konzepte im Hinblick auf die Erhaltung und Nutzung von Handwerkstechniken und Objekten unter Abwägung von Alternativen erarbeiten, begründen und zielgruppenspezifisch präsentieren
- Leistungsprozesse in Kooperation mit beteiligten Gewerken und Fachdisziplinen planen, abstimmen und festlegen
- Konzeptionen zur Präsentation handwerklich-immateriellen und materiellen Kulturerbes entwickeln

Maßnahmen umsetzen, Prozesse leiten und koordinieren

Die Prüflinge weisen im Handlungsbereich „Maßnahmen umsetzen, Prozesse leiten und koordinieren" nach, wie sie den Gesamtprozess zur Erhaltung des Kulturerbes unter Berücksichtigung von handwerklichen und denkmalpflegerischen Zusammenhängen gestalten, steuern und optimieren. Dabei berücksichtigen sie rechtliche und wirtschaftliche Rahmenbedingungen sowie Nachhaltigkeits- und Qualitätsaspekte.

Sie führen mit historischen und traditionellen Materialien, Werk- und Hilfsstoffe historische, objektbezogene Erhaltungs-, Restaurierungs- und Konservierungsmaßnahmen durch. Hierbei werden kunden- und dienstleistungsorientiert Konzepte in Kooperation mit Fachbehörden und Experten unterschiedlicher Fachdisziplinen erstellt und in den Prozess eingebunden.

Im Speziellen gehören hierzu folgende Inhalte:

- Originalsubstanz sichern und erhalten
- werterhaltende Demontage, Montage, Verpackungs- und Transportprozesse sowie Lagerung von Kulturgut sicherstellen
- Erscheinungsbild und Funktionalität von Objekten erhalten und wiederherstellen sowie ergänzen oder anpassen
- Materialien sowie Werk- und Hilfsstoffe hinsichtlich physikalischer, chemischer und biologischer Eigenschaften, Wirkungen und Wechselwirkungen beurteilen und einsetzen
- Materialien und Mischungen herstellen und werterhaltend lagern
- Geräte und Werkzeuge objektbezogen anfertigen und einsetzen

- vorgefundene und nachgewiesene handwerkliche Be- und Verarbeitungstechniken objektbezogen anwenden und weiterentwickeln
- mit Projektbeteiligten kooperieren, unterschiedliche Fachdisziplinen koordinieren und Kommunikationsprozesse kunden- und dienstleistungsorientiert gestalten
- Realisierung von Konzepten im laufenden Prozess überprüfen, bei Bedarf strategiekonform anpassen
- spezifischen Qualifikationen

Maßnahmen und Prozesse unter Qualitätsaspekten dokumentieren sowie Risiko- und Schadensprävention sicherstellen
In diesem Handlungsbereich dokumentieren die Prüflinge Maßnahmen und Prozesse unter Aspekten der Qualitätssicherung und stellt die Risiko- und Schadensprävention sicher.

Hierbei werden die Prinzipien des Qualitätsmanagements berücksichtigt, um Verläufe und Ergebnisse von Prozessen bewerten und optimieren zu können. Er zieht hierbei unterschiedliche Dokumentationsmethoden und -verfahren heran, um relevante Informationen über handwerkliche Techniken und Projekte zu sichern.

Es werden Konzepte zur Konservierung, zur Wartung sowie zur Risiko- und Schadensprävention entwickelt und mögliche Folgemaßnahmen des Objektes prognostiziert.

Im Speziellen gehören hierzu folgende Inhalte:
- Verläufe und Zielerreichung umgesetzter Konzepte bewerten und für zukünftige Projekte optimieren
- Dokumentationsmethoden und -verfahren auswählen, entwickeln und anwenden
- Bestandsaufnahmen und Befunduntersuchungen dokumentieren
- Prozesse unter Angabe verwendeter Materialien und Verfahren dokumentieren
- historische, traditionelle und zeitgemäße Handwerkstechniken mit analogen und digitalen Methoden dokumentieren
- Maßnahmen zur Vermeidung oder Verminderung von Schäden und Schadensphänomenen planen und durchführen sowie kontrollieren und dokumentieren
- restaurierte und konservierte Objekte mit Dokumentationen sowie mit Empfehlungen zur Pflege und Wartung übergeben

5.3.3 Projektarbeit

Innerhalb der Projektarbeit werden alle oben genannten Prüfungsbereiche innerhalb einer selbst gewählten Fragestellung angewandt und nachgewiesen.

Die Prüflinge reichen ein Thema ein, welches sich mit der Erhaltung des handwerklich -immatrikulturellen Kulturerbes und der Restaurierung und Konservierung des materiellen Kulturerbes praxisorientiert auseinandersetzt.

Die Projektierung und Ausführung der Erhaltungs-, Restaurierung- und Konservierungsmaßnahmen sind zu dokumentieren, in einer nicht länger als 20-minütigen Präsentation vorzustellen und in einem 20- bis 30-minütigen Fachgespräch zu vertiefen.

Für die Erstellung der Projektarbeit stehen den Prüflingen 150 Tage zur Verfügung.

In dem Fachgespräch können auch vertiefende Fragen aus allen Handlungsbereichen durch den Prüfungsausschuss gestellt werden.

5.3.4 Gesamtergebnis

Das Gesamtergebnis setzt sich aus der Gewichtung von jeweils 25 % „übergreifende und spezifische Qualifikation" und 50 % Projektteil zusammen, wobei jeder Prüfungsteil für sich mit 50 Punkten bestanden werden muss, was der Bewertung mit „ausreichend" entspricht.

Von der Ablegung der Prüfung in einzelnen Bereichen kann der/die Prüfungsteilnehmer/-in auf Antrag von der Handwerkskammer befreit werden, wenn er vor einer zuständigen Stelle, einer öffentlichen oder staatlich anerkannten Bildungseinrichtung oder vor einem staatlichen Prüfungsausschuss eine Prüfung bestanden hat, deren Inhalt den Anforderungen der jeweiligen Bereiche entspricht. Eine vollständige Freistellung ist nicht zulässig.

Die Prüfung ist bestanden, wenn in jedem der drei Prüfungsbereiche ein mindestens ausreichendes Ergebnis erzielt wurde. Die schriftliche Prüfung ist in einem der fachspezifischen und fachübergreifenden genannten Prüfungsfächer auf Antrag der Prüflinge oder nach Ermessen des Prüfungsausschusses durch eine mündliche Prüfung zu ergänzen (Ergänzungsprüfung), wenn dies das Bestehen der Prüfung ermöglicht. Die Ergänzungsprüfung soll jeweils nicht länger als 20 Minuten dauern. In diesem Prüfungsfach sind die Ergebnisse der schriftlichen Prüfung und der Ergänzungsprüfung im Verhältnis 2:1 zu gewichten.

5.4 Staatlich geprüfte/-r Farb- und Lacktechniker/-in

Da die Ausbildung und die Prüfung zum/zur „Staatlich geprüften Farb- und Lacktechniker/-in" oder „Bachelor Professional in Technik" in der Hoheit der Länder liegen, sind hier länderspezifisch Unterschiede möglich, die sich in unterschiedlichen Inhalten der Ausbildung und der Prüfung äußern. Die Ausbildung erfolgt zwar fachspezifisch, jedoch wird auch auf die Allgemeinbildung viel Wert gelegt.

Voraussetzung zur Prüfung zum/zur „Staatlich geprüften Farb- und Lacktechniker/-in" sind:

- bestandene Gesellenprüfung im Maler- und Lackiererhandwerk, im Fahrzeuglackiererhandwerk oder in einer dem Gewerk verwandten Berufsausbildung, z. B. „Gestalter/-in für visuelles Marketing" oder „Schilder- und Lichtreklamehersteller/-in"
- insgesamt vier Berufsjahre in diesem Handwerk, einschl. Lehrzeit
- zweijährige Ausbildung in einer Fachschule für Farb- und Lacktechnik, die in der Regel in Vollzeit[1] erfolgt
- Die einzelnen Ausbildungsabschnitte müssen jeweils bestanden sein.

[1] Der Schüler bzw. die Schülerin besucht die ganze Woche die Schule, die Ferienordnung des jeweiligen Bundeslands wird in der Regel eingehalten.

Die staatliche Prüfung besteht aus einem schriftlichen und je nach Bundesland und Schule einem praktischen Teil. Je nach Bundesland werden diese Prüfungen durch eine mündliche Prüfung ergänzt. Die Prüfung zum/zur Staatlich geprüften Farb- und Lacktechniker/-in ist bestanden, wenn jedes Prüfungsfach zumindest mit der Note „ausreichend" bewertet wurde.

Zur Bezeichnung „Staatlich geprüfte/-r Farb- und Lacktechniker/-in" kann der Schwerpunkt der Abschlussprüfung genannt werden, z. B. „Schwerpunkt Gestaltung" oder „Schwerpunkt Gestaltung und Denkmalpflege".

Mit dem Bestehen der Prüfung zum/zur Staatlich geprüften Farb- und Lacktechniker/-in wird die Hochschulreife erworben. Viele Fachschulen bieten zudem die Prüfungsvorbereitung und in Zusammenarbeit mit den Handwerkskammern den Erwerb der Meisterprüfung im Maler- und Lackiererhandwerk an.

6 Tarifrecht

Das Tarifvertragsrecht steht auf der Grundlage der gemäß Art. 9 Abs. 3 des Grundgesetzes verfassungsrechtlich geschützten Tarifautonomie.

Ein Tarifvertrag ist ein schriftlicher Vertrag, in dem Arbeitsbedingungen für eine Vielzahl von Arbeitnehmer/-innen vereinbart werden. Tarifvertragsparteien sind Gewerkschaften, Vereinigungen von Arbeitgebern oder einzelne Arbeitgeber (§ 2 Abs. 1 TVG[2]).

Es wird zum einen zwischen Branchen- und Firmentarifverträgen, zum anderen inhaltlich zwischen Entgelt-, Mantel- und Rahmentarifverträgen unterschieden. Diese inhaltlichen Vertragsarten werden vielfach kombiniert.

Tarifverträge gelten nicht automatisch für alle Arbeitnehmer/-innen eines Betriebs, auch wenn der Einzelne in den Anwendungsbereich eines Tarifvertrags fällt, denn die Tarifparteien handeln den Vertrag nur für ihre jeweiligen Mitglieder aus. Lediglich sog. Betriebsnormen im Sinne des § 3 Abs. 2 TVG, die die Ordnung im Betrieb regeln, gelten unabhängig von der Gewerkschaftszugehörigkeit für alle Arbeitnehmer/-innen eines tarifgebundenen Arbeitgebers.

Im Interesse einheitlicher Arbeitsbedingungen im Betrieb kann die Geltung des Tarifvertrags jedoch im Einzelarbeitsvertrag vereinbart werden. Diese sog. Bezugnahmeklauseln sind von großer praktischer Bedeutung.

Ein Tarifvertrag enthält einen schuldrechtlichen und einen normativen Teil. Der schuldrechtliche Teil enthält die vereinbarten Rechte und Pflichten der Tarifpartner. Im normativen Teil werden die Arbeitsbedingungen mit gesetzesähnlicher Verbindlichkeit festgelegt.

---

[1] TVG = Tarifvertragsgesetz

Die normativen Inhalte wirken unmittelbar und zwingend auf die Arbeitsverhältnisse ein. Von ihnen darf nur zugunsten des/der Arbeitnehmer/-in abgewichen werden (sog. Günstigkeitsprinzip). Arbeitsentgelte und sonstige Arbeitsbedingungen, die durch Tarifvertrag geregelt sind oder üblicherweise geregelt werden, können gemäß § 77 Abs. 3 BetrVG[1] nicht durch eine Betriebsvereinbarung geregelt werden (sog. Regelungssperre). Dies gilt ausnahmsweise nicht, wenn der Tarifvertrag ergänzende betriebliche Regelungen zulässt.

7 Betriebsrat

Der Betriebsrat ist die gesetzliche Interessenvertretung der Arbeitnehmer/-innen eines Betriebs. Er repräsentiert die Belegschaft und übt die Mitbestimmungsrechte gegenüber dem Arbeitgeber aus. Betriebsräte können in Betrieben errichtet werden, in denen regelmäßig mindestens fünf wahlberechtigte Arbeitnehmer/-innen beschäftigt sind.

Der Betriebsrat wird von den Arbeitnehmern/-innen gewählt. Wahlberechtigt sind alle Arbeitnehmer/-innen, die am Tag der Wahl das 18. Lebensjahr vollendet haben (§ 7 S. 1 BetrVG), und zwar unabhängig davon, ob es sich z. B. um Vollzeit-, Teilzeit- oder Heimarbeitnehmer/-innen handelt. Leiharbeitnehmer/-innen erwerben die Wahlberechtigung im Entleiherbetrieb, wenn sie länger als drei Monate im Betrieb des Entleihers eingesetzt werden (§ 7 S. 2 BetrVG). Ordentliche Betriebsratswahlen finden in der Regel alle vier Jahre statt.

Die Zahl der Betriebsratsmitglieder richtet sich nach der Zahl der wahlberechtigten Arbeitnehmer/-innen (§ 9 BetrVG). Die Zusammensetzung des Betriebsrats soll die einzelnen Organisationsbereiche und das zahlenmäßige Verhältnis der Geschlechter im Betrieb widerspiegeln (§ 15 BetrVG).

Auf Antrag von 25 % der wahlberechtigten Arbeitnehmer/-innen, des Arbeitgebers oder einer im Betrieb vertretenen Gewerkschaft kann der Betriebsrat durch das Arbeitsgericht aufgelöst werden. Dies erfordert eine grobe Pflichtverletzung (§ 23 Abs. 1 BetrVG) des Betriebsrats. Eine solche liegt vor, wenn sie objektiv erheblich und offensichtlich schwerwiegend ist. Unter den gleichen Voraussetzungen kann auch der Ausschluss eines einzelnen Betriebsratsmitglieds erwirkt werden.

Der Betriebsratsvorsitzende führt u. a. die laufenden Geschäfte des Betriebsrats und vertritt ihn im Rahmen der Betriebsratsbeschlüsse. Betriebsräte mit neun oder mehr Mitgliedern bilden einen Betriebsausschuss. Dieser führt die laufenden Geschäfte. Ihm gehören stets der Betriebsratsvorsitzende und dessen Stellvertreter an.

§ 40 Abs. 1 BetrVG verpflichtet den Arbeitgeber, die durch die Betriebsratstätigkeit entstehenden Kosten zu tragen. Die Pflicht ist jedoch beschränkt auf die erforderlichen und verhältnismäßigen Kosten. Sie sind vom Betriebsrat im Einzelnen nach-

[1] BetrVG = Betriebsverfassungsgesetz

zuweisen und abzurechnen. Der Arbeitgeber hat den erforderlichen Sachaufwand des Betriebsrats zu tragen (§ 40 Abs. 2 BetrVG).

Der Betriebsrat kann die Befreiung einzelner Mitglieder von der beruflichen Tätigkeit zur Teilnahme an Schulungen verlangen (§ 37 Abs. 6 BetrVG). Voraussetzung ist stets, dass zur Betriebsratsarbeit erforderliche Kenntnisse vermittelt werden. Hinsichtlich der zeitlichen Lage und Dauer der Schulungsveranstaltung muss der Betriebsrat bei seiner Festlegung die betrieblichen Belange berücksichtigen. Die Kosten muss der Arbeitgeber nach § 40 Abs.1 BetrVG tragen.

Die einzelnen Betriebsratsmitglieder genießen einen besonderen Kündigungsschutz gemäß §§ 15, 16 KSchG[1] und § 103 BetrVG.

8 Gesetze, Verordnungen und Lehrpläne

Betriebsverfassungsgesetz

Kündigungsschutzgesetz

Verordnung über die Berufsausbildung im Maler- und Lackiererhandwerk (Ausbildungsverordnung)

Struktur Ausbildung Malerhandwerk

BGJ-Rahmenlehrplan

KMK-Rahmenlehrplan Maler/-in

KMK-Rahmenlehrplan Fahrzeuglackierer/-in

Handwerksordnung (HwO)

Meisterprüfungsverfahrensverordnung (MPVerfVO)

Verordnung über gemeinsame Anforderungen in der Meisterprüfung

Verordnung über das Meisterprüfungsberufsbild und über die Prüfungsanforderungen in den Teilen I und II der Meisterprüfung im Maler- und Lackiererhandwerk (Maler- und Lackierermeisterverordnung – MuLMstrV)

Verordnung über die Prüfung zum anerkannten Fortbildungsabschluss „Geprüfter Restaurator im Handwerk“

Fachschulordnung des jeweiligen Bundeslandes

[1] KSchG = Kündigungsschutzgesetz

www.arbeitgeber.de (Bundesvereinigung der Deutschen Arbeitgeberverbände)
www.bmas.de (Bundesministerium für Arbeit und Soziales)
www.farbe.de (Bundesverband Farbe, Gestaltung, Bautenschutz)
www.igbau.de (IG Bauen-Agrar-Umwelt)
www.zwh.de (Zentralstelle für die Weiterbildung im Handwerk)

B Der Kundenauftrag

Maler/-innen und Lackierer/-innen arbeiten sowohl im Neubau als auch in der Modernisierung, in der Sanierung, Instandsetzung und Denkmalpflege auf unterschiedlichen Baustellen. Das Tätigkeitsfeld liegt im privaten oder öffentlichen Bereich, im Wohnungsbau oder im Gewerbe-, Industrie- und Anlagenbau.

Maler/-innen und Lackierer/-innen führen ihre Arbeiten selbstständig und kundenorientiert auf der Grundlage von Arbeitsaufträgen, Plänen und Entwürfen allein und im Team durch. Dabei muss ihre Tätigkeit häufig mit anderen Gewerken koordiniert werden.

Maler/-innen und Lackierer/-innen planen ihre Arbeit, richten Arbeitsplätze ein, legen Arbeitsschritte und die benötigten Materialien fest.

Beispiel für eine gut geplante und vorbildlich ausgeführte Wandgestaltung

Maler/-innen und Lackierer/-innen führen Gespräche mit Kundinnen und Kunden, führen die Maler- und Lackierarbeiten aus, prüfen die Arbeiten auf fehlerfreie Leistung und dokumentieren sie, führen qualitätssichernde Maßnahmen durch und übergeben die Arbeit an den Kunden/die Kundin. Sie erfassen den Mengen- und Zeitaufwand und berechnen die erbrachten Leistungen.

Maler/-innen und Lackierer/-innen ergreifen Maßnahmen zur Sicherheit und zum Gesundheitsschutz bei der Arbeit sowie zum Umweltschutz am Arbeitsplatz.

Aufträge

1. Beschreiben Sie, wie sich Kundinnen und Kunden das Erscheinungsbild und das Verhalten von Maler/-innen und Lackierer/-innen wünschen. Schreiben Sie Ihre Überlegungen nieder, in welchen Bereichen es zwischen Erwartung der Kundschaft und Realität die größten Unterschiede gibt.
2. Welche Vertragsgrundlagen bilden in aller Regel die Basis des Kundenauftrags?
3. Zeigen Sie die Unterschiede zwischen Leistungsbeschreibung und Leistungsverzeichnis auf.
4. Erstellen Sie für die Ausführung des ersten Kundenauftrags einen Teamvertrag.
5. Entwickeln Sie für diesen Auftrag ein Ablaufprotokoll.
6. Erstellen Sie einen Bewertungsbogen für Sie selbst zur Bewertung und einen Bogen zur Bewertung des Teams.
7. Stellen Sie einen Katalog von Maßnahmen zusammen, mit denen die Teamarbeit verbessert werden kann.
8. Welche Forderungen stellt die VOB an die „Bedenkenmitteilung“?
9. Welche Verjährungsfristen gibt es für Mängel an Maler- und Lackierarbeiten?
10. Welche Möglichkeiten der Abnahme für Maler- und Lackierarbeiten nennt die VOB?
11. Welche Verpflichtung haben Auszubildende und Gesellen, die Abrechnung der Maler- und Lackierarbeiten zu erleichtern?
12. Bei einem Kundenauftrag sind ...
    - eine Fassade zu beschichten; die Fenster haben die Maße 1,50 m × 1,80 m, die Fensterlaibung ist 10 cm breit,
    - die Fenster zu beschichten,
    - die Dachrinne zu beschichten,
    - die Balkongeländer zu beschichten.

    Wie sind diese Flächen und Längen entsprechend der ATV DIN 18363 abzurechnen?

1 Marketing

Marketing ist ein Teil der Betriebswirtschaftslehre. Unter dem Begriff Marketing versteht man die Gesamtheit der Aktivitäten eines Unternehmens hinsichtlich Marktanalyse, gezielter Produktentwicklung und Werbung, die das Ziel haben, den Absatz zu erhöhen und durch intensives Marketing neue Marktanteile zu gewinnen.

> Marketing ist die systematische Ausrichtung aller Unternehmensfunktionen auf die Bedürfnisse der Kundinnen und Kunden (Kundenorientierung).

Marketing als Konzeption der Unternehmensführung bedeutet, dass sich alle Unternehmensaktivitäten zur optimalen Erfüllung der Unternehmensziele an den Bedürfnissen des Marktes ausrichten. Dies trägt dem wirtschaftlichen Wandel von Verkäufermärkten hin zu Käufermärkten Rechnung.

Zur Erfüllung der Marketingziele bedienen sich die Unternehmen im Maler- und Lackiererhandwerk der Marketinginstrumente zur Erschließung, Beeinflussung und Gestaltung eines Marktes. Wichtige Instrumente dazu sind

- die Marktforschung,
- die Produkt- und Preispolitik,
- die Werbung,
- die Verkaufsförderung und
- die Verteilung von Gütern und Dienstleitungen an Kundinnen und Kunden (Distribution).

1.1 Marketingkonzept

Das Marketingkonzept passt das Leistungsangebot der Unternehmung (Produktprogramm) unter Berücksichtigung der eigenen Wettbewerbsposition an die Bedürfnisse der Kundengruppen an, die anhand verschiedener Kriterien, z. B. Haushaltseinkommen, Konsumgewohnheiten, Alter usw., ausgewählt werden (Marktsegmentierung). Dieses Konzept beinhaltet den Einsatz von Marketing- bzw. Marktforschung zur Entdeckung von bislang unbefriedigten Bedürfnissen der Verbraucher („Market-Pull-Konzept") oder die kreative Entwicklung neuer, konkurrenzfähiger Produkte („Market-Push-Konzept"). Marketing bedeutet damit eine Abkehr vom bloßen umsatzorientierten unternehmerischen Denken hin zu einer konsequenten Kundenorientierung der Unternehmenspolitik.

Bei einem Marketingkonzept kann man sechs Stufen unterscheiden:

1. Situationsanalyse
2. Marketingziele
3. Marketingstrategie
4. Marketingmaßnahmen
5. Marketingbudget
6. Marketing-Controlling

Wichtige Marketingmaßnahmen zur Kundengewinnung und Kundenpflege sind:

- persönlichen Kontakt suchen
- Zufriedenheit abfragen
- unerwarteten Service bieten
- regelmäßig informieren
- bei Anfragen, aber auch bei Reklamationen rasch reagieren
- persönlich ansprechbar sein

1.2 Marketingpolitische Instrumente

Die zweite Komponente des Marketings ist der aktive und kreative Einsatz verschiedener absatz- bzw. marketingpolitischer Instrumente zur Erschließung, Beeinflussung und Gestaltung des Marktes. Dabei wird der Markt durch die Bildung von mehreren Marktsegmenten differenziert. Die marketingpolitischen Instrumente umfassen die

- Produktpolitik,
- Kommunikationspolitik,
- Preis- und Konditionenpolitik sowie die
- Distributionspolitik.

Die im Rahmen eines ganzheitlichen und im Wettbewerb erfolgreichen Konzepts getroffene Kombination der marketingpolitischen Instrumente bezeichnet man als Marketingmix.

1. Die Produktpolitik bestimmt die grundsätzliche Produktgestaltung. Damit wird der Nutzen des Produkts für den Verbraucher in technischer und ökonomischer Hinsicht festgelegt. Die funktionalen Eigenschaften des Produkts entscheiden über die Produktqualität, indem z. B. die Gebrauchs- und Leistungsfähigkeit oder die Haltbarkeit festgelegt werden. Durch die marketingpolitischen Instrumente wird dem Käufer neben dem eigentlichen Nutzen noch ein soziopsychologischer Zusatznutzen vermittelt. Durch die Kennzeichnung eines Produkts mit einem unverwechselbaren Namen oder einem Merkmal (Markenzeichen) werden Produkte zu einer Marke entwickelt.
2. Die Kommunikationspolitik beinhaltet die Vermittlung sämtlicher Informationen über die Produkte bzw. Dienstleistungen und über das Unternehmen. Die Öffentlichkeit wird durch Public Relations mit allgemeinen Informationen versorgt, während die Werbung potenziellen Kundinnen und Kunden detaillierte Informationen zu einzelnen Produkteigenschaften mitteilt („kommuniziert").
3. Die Preis- und Konditionenpolitik bestimmt die Preise aller angebotenen Produkte und Dienstleistungen sowie etwaige zusätzliche Bezugsbedingungen, z. B. Rabatte, Skonti oder Kreditfinanzierungsangebote. Während theoretisch die Preisbestimmung meist durch die Analyse von Preis-Absatz-Funktionen in unterschiedlichen Marktformen erfolgt, richtet sich die praktische Preisgestaltung oft nach den entstandenen Kosten, der erwarteten Nachfrage sowie dem Konkurrenzverhalten.
4. Die Distributionspolitik legt fest, auf welchen Wegen ein Produkt vom Unternehmen zum Verbraucher gelangt. Mit der Wahl der Absatzkette wird entschieden, ob das Produkt direkt oder indirekt durch die Einschaltung von Absatzmittlern (z. B. Großhändler) zu den Kundinnen und Kunden gelangt.

2 Management

Management ist die Bezeichnung für die Führung von Institutionen jeder Art (z. B. Unternehmen, Verbände, Parteien) sowie für die Gesamtheit der Personen, die diese Funktion ausüben.

Angesichts der Vielschichtigkeit des Managements wird die Managementwissenschaft heute durch Einbeziehung von Psychologie, Soziologie, Rechtswissenschaft, Mathematik, Informatik, Kommunikationswissenschaft sowie Philosophie (Unternehmensethik), Biologie und Ökologie betrieben.

Das handlungs- und das personenorientierte Konzept stehen in der wissenschaftlichen Diskussion im Vordergrund, während der handhabungsorientierte Managementbegriff verstärkt im Bereich der Praxis (Verkaufsmanagement, Qualitätsmanagement) Verwendung findet und stark technikorientiert ist.

Im handlungsorientierten Konzept wird Management als Gesamtheit der Handlungen verstanden, die auf die bestmögliche Erreichung der Ziele einer Institution und der an ihr beteiligten Interessengruppen gerichtet sind. Im personenorientierten Konzept wird Management als die Gruppe der Personen (Leitung, Manager, Geschäftsführung) verstanden, die Träger der Managementhandlungen sind und die durch Gesetz, Satzung oder Auftrag mit den Rechten, Pflichten und der Verantwortung zur Erfüllung der Handlungen ausgestattet sind.

Allgemein umfasst das Management diejenigen Führungskräfte, die Weisungsbefugnis gegenüber anderen Personen haben.

Hierarchische Einstufung des Managements

Management	Erläuterungen
Topmanagement	oberstes bzw. oberes Management
Middle Management	mittleres Management
Lower Management	Management

Zum erfolgreichen Handeln benötigt der/die Meister/-in spezialisierte Fähigkeiten technischer und konzeptioneller Art, die durch spezielle Aus- und Weiterbildung erlernbar sind.

Bei den zahlreichen Managementmethoden spielen Fragen der Unternehmens- und der Personalführung eine große Rolle, wobei wegen der Zunahme an ausländischen Mitarbeiter/-innen auch interkulturelle Sensitivität gefordert ist.

Die Tabelle auf der gegenüberliegenden Seite zeigt die wichtigsten qualitativen Methoden des Managements. Zu den quantitativen Managementtechniken zählen vor allem die Systemanalyse und verschiedene Optimierungstechniken für die einheitliche Durchführung wiederkehrender Tätigkeiten. Eine neue Entwicklung stellt die Diskussion um Formen der Selbstorganisation dar. Diese zielt auf die weitgehende Entscheidungsdezentralisation und Selbstkontrolle der einzelnen Mitarbeiter/-innen (flache Hierarchie). Weitere Entwicklungsschübe gehen vom Projektmanagement und Qualitätsmanagement aus.

Die wichtigsten qualitativen Managementmethoden

Management-methoden	Erläuterungen
Management by Delegation	Übertragung von Entscheidungsfreiheit und Verantwortung an Mitarbeiter/-innen innerhalb vorgegebener Grenzen
Management by Exception	voll verantwortliche Delegation von Einzelentscheidungen an nachgeordnete Mitarbeiter/-innen, Eingreifen der vorgesetzten Stellen nur in Ausnahmefällen
Management by Motivation	Führung durch Anreiz
Management by Objectives	Führung durch Zielvereinbarung bei weitgehender Delegation von Entscheidungsbefugnissen an die Mitarbeiter/-innen
Management by Participation	Führungskonzept mit starker Betonung der Mitarbeiterbeteiligung an den sie betreffenden Entscheidungen
Management by Results	ergebnisorientiertes Führungskonzept, bei dem exakte Leistungsvorgaben mit ergebnisorientierter Zielkontrolle verbunden werden

2.1 Qualitätsmanagement

Das Qualitätsmanagement ist die Gesamtheit der Maßnahmen zur Planung, Steuerung und Überwachung der Qualität des betrieblichen Leistungsprozesses

Es umfasst:
- Qualitätsplanung
- Qualitätslenkung
- Qualitätskontrolle
- Qualitätsverbesserung
- Qualitätssicherung

Aus institutioneller Sicht bezeichnet Qualitätsmanagement die Gruppe der in einer Organisation mit der Qualitätssicherung betrauten Personen. Organisationsstruktur, Verantwortlichkeiten und Befugnisse, Verfahren und Prozesse sowie die für die Verwirk-lichung des Qualitätsmanagements erforderlichen Mittel werden als Qualitätssicherungssystem bezeichnet.

Unter dem Total Quality Management (TQM) wird ein mehrdimensionales, unternehmens- und funktionsübergreifendes Konzept verstanden, bei dem es u. a. um die Optimierung der Qualität von Produkten, Dienstleistungen, Verfahren und Arbeitsabläufen auf den verschiedenen Ebenen eines Unternehmens durch Einbeziehung aller Mitarbeiter/-innen und stärkerer Kundenorientierung geht. TQM setzt ein neues Qualitätsbewusstsein in sämtlichen Phasen der Leistungserstellung voraus.

2.2 Qualitätssicherung

Nach DIN EN ISO 9000 „Qualitätsmanagementsysteme – Grundlagen und Begriffe" ist die Qualitätssicherung ein Teil des Qualitätssicherungsmanagements. Die Qualitätssicherung ist ein betriebsinterner Prozess und soll sicherstellen, dass ein Produkt oder eine Dienstleistung ein festgelegtes Qualitätsniveau erreicht.

Die jeweils erforderlichen Prüfungen und Verfahren werden vom Qualitätsmanagement festgelegt.

2.3 Qualitätssicherungssystem

Das Qualitätssicherungssystem umfasst:

- Organisationsstruktur
- Verantwortlichkeiten
- Befugnisse
- Verfahren
- Prozesse
- zur Verwirklichung des Qualitätsmanagements erforderliche Mittel

2.4 Corporate Identity

Unter dem Begriff „Corporate Identity" versteht man das angestrebte einheitliche Firmenbild eines Unternehmens, in dem sich das Selbstverständnis hinsichtlich Leistungsangebot, Arbeitsweise und Qualität widerspiegelt.

Diese Unternehmensidentität eines Betriebs wird in der Regel im Rahmen der Öffentlichkeitsarbeit (Public Relations, PR) erarbeitet.

Angebot, Werbung, Auftritt der Firmenleitung, Auftritt der Mitarbeiter/-innen, Schriftverkehr, Umgang mit Kundinnen und Kunden, Ausführung der Leistung, Qualität der Leistung, Umgang mit Reklamationen sind ideologisch identisch und präsentieren sich einheitlich.

Die beste Werbung für einen Malerbetrieb ist die Zufriedenheit der Kundinnen und Kunden. Zufriedene Kundinnen und Kunden werden die Maler- und Lackiererfirma weiterempfehlen und auch beim nächsten Auftrag dem Maler- und Lackiererbetrieb treu bleiben.

DIN EN ISO 9000 „Qualitätsmanagementsysteme – Grundlagen und Begriffe"
DIN EN ISO 9001 „Qualitätsmanagement – Anforderungen"

3 Rechtliche Grundlagen des Kundenauftrags

Jeder Kundenauftrag erfolgt auf der Grundlage eines Vertrags. Insbesondere bei öffentlichen Aufträgen wird im Maler- und Lackiererhandwerk die VOB (Vergabe- und Vertragsordnung für Bauleistungen) vereinbart. Ansonsten gelten die Bestimmungen des BGB (Bürgerliches Gesetzbuch).

Bereits vor der Ausführung der Arbeiten, aber auch in jeder Phase der Ausführung, ist zu prüfen, ob kein Konflikt mit den Landesbauordnungen (LBO), dem Strafgesetzbuch (StGB) und anderen Gesetzen, Vorschriften und Verordnungen besteht.

Bei der Ausführung der Maler- und Lackierarbeiten sind zu beachten:

Maler- und Lakierarbeiten

Gesetze	Verordnungen	Vorschriften	Normen	Technische Regeln
Beispiele:	*Beispiele:*	*Beispiele:*	*Beispiele:*	*Beispiele:*
Bürgerliches Gesetzbuch	Gefahrstoffverordnung	Unfallverhütungsvorschriften	ISO-Normen	BFS-Merkblätter
Gesetz gegen den unlauteren Wettbewerb	Betriebssicherheitsverordnung	Deponieverordnung	EN-Normen	Technische Regeln für Gefahrstoffe (TRGS)
Arbeitsschutzgesetz	Abfallnachweisverordnung	Technische Anleitung zur Reinhaltung der Luft	DIN-Normen	
Bundes-Immissionsgesetz	Verordnung über Betriebsbeauftragte für Abfall	Technische Anleitung zum Schutz gegen Lärm	RAL	
Kreislaufwirtschaftsgesetz	Biostoffverordnung			
Jugendarbeitsschutzgesetz	Straßenverkehrsordnung			
Mindestlohngesetz				
Gebäudeenergiegesetz				
Landesbauordnungen				

3.1 Bürgerliches Gesetzbuch (BGB)

Das Bürgerliche Gesetzbuch (BGB) vom 18.08.1896 ist seit dem 01.01.1900 mit nachträglichen Änderungen (Neufassung vom 02.01.2002) in Kraft. Es ist die wichtigste gesetzliche Grundlage des bürgerlichen Rechts und beinhaltet die allgemeinen Vorschriften des privaten Rechts.

Das BGB gilt seit dem 03.10.1990 auch wieder in den neuen Bundesländern, nachdem es in der DDR 1976 durch das Zivilgesetzbuch abgelöst worden war.

Gliederung des Bürgerlichen Gesetzbuches (BGB)

Buch	§§	Bezeichnungen
1	§§ 1–240	Allgemeiner Teil
2	§§ 241–853	Recht der Schuldverhältnisse
3	§§ 854–1296	Sachenrecht
4	§§ 1297–1921	Familienrecht
5	§§ 1922–2385	Erbrecht

Dem Einführungsgesetz zum BGB vom 18.08.1896 (in der Fassung vom 21.09.1994) wurde 1990 ein sechster Teil angefügt, der das Übergangsrecht zu den Bestimmungen des BGB für die neuen Bundesländer enthält.

Weitere Teile des Privatrechts sind außerhalb des BGB geregelt, z. B. Verkehrsrecht, Urheberrecht, Privatversicherungsrecht, Arbeitsrecht.

Das Werkvertragsrecht mit den §§ 631–651 spielt beim Kundenauftrag eine große Rolle.

> Das Bürgerliche Gesetzbuch (BGB) ist unter anderem die gesetzliche Grundlage für Werkverträge.

Im Werkvertrag nach BGB gibt es immer zwei Vertragspartner:

Besteller (BS) — **Unternehmer (UN)**

3.2 Vergabe- und Vertragsordnung für Bauleistungen (VOB)

Das BGB lässt für Verträge für Bauleistungen ausdrücklich die freie Vereinbarung zu. Da die VOB die Belange des Werkvertrags über Bauleistungen besser berücksichtigt, ist es für Maler/-innen und Lackierer/-innen günstiger, die Verträge auf der Grundlage der VOB abzuschließen. Bauleistungen öffentlicher Auftraggeber müssen immer nach VOB vergeben und ausgeführt werden.

Da die VOB Teil C „Allgemeine Vertragsbedingungen für die Ausführung von Bauleistungen" nach Meinung vieler Gerichte Privatpersonen in vielen Teilbereichen benachteiligt, wird heute empfohlen, die VOB Teil B bei Verträgen mit Privatpersonen nicht mehr zu vereinbaren.

> Verträge über die Ausführung von Bauleistungen sollten auf der Grundlage der Vertragsordnung für Bauleistungen abgeschlossen werden.
> Wenn die VOB nicht ausdrücklich vereinbart ist, gilt das BGB.

Da viele Inhalte der VOB Teil C als „Allgemeine Regeln der Technik“ gelten, sind diese Regeln auch einzuhalten, wenn die VOB nicht vereinbart wurde und deshalb das BGB gilt. Gemäß VOB ist der Auftragnehmer verpflichtet, die gesetzlichen und behördlichen Bestimmungen zu beachten.

In der VOB heißen die zwei Vertragspartner:

Auftraggeber (AG) — **Auftragnehmer (AN)**

Die folgenden VOB-Teile sind für Maler/-innen und Lackierer/-innen besonders wichtig:

Teil A		DIN 1960	Allgemeine Bestimmungen für die Vergabe von Bauleistungen
Teil B		DIN 1961	Allgemeine Vertragsbedingungen für die Ausführung von Bauleistungen
Teil C	ATV	DIN 18299	Allgemeine Regelungen für Bauarbeiten jeder Art
Teil C	ATV	DIN 18340	Trockenbauarbeiten
Teil C	ATV	DIN 18345	Wärmedämm-Verbundsysteme
Teil C	ATV	DIN 18349	Betonerhaltungsarbeiten
Teil C	ATV	DIN 18350	Putz- und Stuckarbeiten
Teil C	ATV	DIN 18363	Maler- und Lackierarbeiten – Beschichtungen
Teil C	ATV	DIN 18364	Korrosionsschutzarbeiten an Stahlbauten
Teil C	ATV	DIN 18365	Bodenbelagarbeiten
Teil C	ATV	DIN 18366	Tapezierarbeiten
Teil C	ATV	DIN 18451	Gerüstarbeiten

3.3 Allgemeine Geschäftsbedingungen (AGB)

Bei Werkverträgen werden häufig Allgemeine Geschäftsbedingungen (AGB), also vorformulierte Vertragsbedingungen, Teil des Vertrags. Zum Schutze des Verbrauchers wurde das AGB-Gesetz geschaffen, das 2001 in das Bürgerliche Gesetzbuch integriert wurde.

> Allgemeine Geschäftsbedingungen (AGB) sind vorformulierte Vertragsbedingungen, die eine Vertragspartei der anderen bei Abschluss eines Vertrages stellt (BGB § 305).
>
> Allgemeine Geschäftsbedingen (AGB) gelten nur, wenn sie schriftlich vereinbart wurden.

Es empfiehlt sich dringend der schriftliche Abschluss eines Werkvertrags, in dem die AGBs eingearbeitet sind.

Wichtige Inhalte für einen Werkvertrag:

- Name und Adresse von Auftraggeber und Auftragnehmer
- Kennzeichnung als Werkvertrag
- Leistungsumfang (z. B. als Leistungsbeschreibung)
- Vergütung und Zahlungskonditionen

- Termine und Fristen
- Mitwirkungspflichten des Auftraggebers
- Abnahme der Leistung
- Leistungsänderungen und deren Vergütung
- Gewährleistung
- Haftung
- Kündigung
- Aufrechnung und Zurückbehaltungsrecht
- Erfüllungsort und Gerichtsstand
- zusätzliche Vereinbarungen
- Ort und Datum
- Unterschriften von Auftraggeber und Auftragnehmer

3.4 Gesetz gegen den unlauteren Wettbewerb (UWG)[1]

Um den Wettbewerb offen zu gestalten und Mitbewerber und Marktteilnehmer vor Nachteilen zu schützen, wurde das Gesetz gegen den unlauteren Wettbewerb erlassen.

Das Gesetz gegen den unlauteren Wettbewerb (UWG) dient dem Schutz der Mitbewerber und der Marktteilnehmer vor unlauterem Wettbewerb.

Es schützt zugleich das Interesse der Allgemeinheit an einem unverfälschten Wettbewerb.

Unlautere Wettbewerbshandlungen

Unzulässig sind unlautere Wettbewerbshandlungen, die geeignet sind, den Wettbewerb zum Nachteil der Mitbewerber, der Verbraucher oder der sonstigen Marktteilnehmer nicht nur unerheblich zu beeinträchtigen.

Unlauter handelt, wer Wettbewerbshandlungen vornimmt, die geeignet sind, die Entscheidungsfreiheit der Verbraucher oder sonstiger Marktteilnehmer durch Ausübung von Druck, in menschenverachtender Weise oder durch sonstigen unangemessenen unsachlichen Einfluss zu beeinträchtigen; wer Wettbewerbshandlungen vornimmt, die geeignet sind, die geschäftliche Unerfahrenheit insbesondere von Kindern oder Jugendlichen, die Leichtgläubigkeit, die Angst oder die Zwangslage von Verbrauchern auszunutzen; wer den Werbecharakter von Wettbewerbshandlungen verschleiert; wer irreführend wirbt.

[1] Stark verkürzter Inhalt des Gesetzes vom 3. Juli 2004, die ungekürzte Fassung kann aus dem Internet heruntergeladen werden.

Gesetz gegen den unlauteren Wettbewerb (UWG)
www.gesetze-im-internet.de
Allgemeine Geschäftsbedingungen (AGB) im Internet

Vergleichende Werbung

Vergleichende Werbung ist jede Werbung, die unmittelbar oder mittelbar einen Mitbewerber oder die von einem Mitbewerber angebotenen Waren oder Dienstleistungen erkennbar macht.

Unlauter im Sinne des Gesetzes handelt, wer vergleichend wirbt, wenn der Vergleich sich nicht auf Waren oder Dienstleistungen für den gleichen Bedarf oder dieselbe Zweckbestimmung bezieht, nicht objektiv auf eine oder mehrere wesentliche, relevante, nachprüfbare und typische Eigenschaften oder den Preis dieser Waren oder Dienstleistungen bezogen ist, im geschäftlichen Verkehr zu Verwechslungen zwischen dem Werbenden und einem Mitbewerber oder zwischen den von diesen angebotenen Waren oder Dienstleistungen oder den von ihnen verwendeten Kennzeichen führt, die Wertschätzung des von einem Mitbewerber verwendeten Kennzeichens in unlauterer Weise ausnutzt oder beeinträchtigt, die Waren, Dienstleistungen, Tätigkeiten oder persönlichen oder geschäftlichen Verhältnisse eines Mitbewerbers herabsetzt oder verunglimpft oder eine Ware oder Dienstleistung als Imitation oder Nachahmung einer unter einem geschützten Kennzeichen vertriebenen Ware oder Dienstleistung darstellt.

Unzumutbare Belästigungen

Unlauter handelt, wer einen Marktteilnehmer in unzumutbarer Weise belästigt.

Eine unzumutbare Belästigung ist insbesondere anzunehmen bei einer Werbung, obwohl erkennbar ist, dass der Empfänger diese Werbung nicht wünscht.

Eine unzumutbare Belästigung bei einer Werbung unter Verwendung elektronischer Post ist nicht anzunehmen, wenn ein Unternehmen im Zusammenhang mit dem Verkauf einer Ware oder Dienstleistung die elektronische Postadresse des Kunden oder der Kundin erhalten hat, das Unternehmen die Adresse zur Direktwerbung für eigene ähnliche Waren oder Dienstleistungen verwendet, der Kunde bzw. die Kundin der Verwendung nicht widersprochen hat und der Kunde bzw. die Kundin bei Erhebung der Adresse und bei jeder Verwendung klar und deutlich darauf hingewiesen wird, dass er der Verwendung jederzeit widersprechen kann, ohne dass hierfür andere als die Übermittlungskosten nach den Basistarifen entstehen.

Beseitigung und Unterlassung

Wer dem zuwiderhandelt, kann wegen der Kosten zur Beseitigung und bei Wiederholungsgefahr auf Unterlassung in Anspruch genommen werden. Der Anspruch auf Unterlassung besteht bereits dann, wenn eine Zuwiderhandlung droht.

Werden die Zuwiderhandlungen in einem Unternehmen von einem/einer Mitarbeiter/-inn oder Beauftragten begangen, so sind der Unterlassungsanspruch und der Beseitigungsanspruch auch gegen den Inhaber des Unternehmens begründet.

Wer vorsätzlich oder fahrlässig zuwiderhandelt, ist den Mitbewerbern zum Ersatz des daraus entstehenden Schadens verpflichtet.

Anspruchsdurchsetzung, Veröffentlichungsbefugnis, Streitwertminderung
Die zur Geltendmachung eines Unterlassungsanspruchs Berechtigten sollen den Schuldner vor der Einleitung eines gerichtlichen Verfahrens abmahnen und ihm Gelegenheit geben, den Streit durch Abgabe einer mit einer angemessenen Vertragsstrafe bewehrten Unterlassungsverpflichtung beizulegen. Soweit die Abmahnung berechtigt ist, kann der Ersatz der erforderlichen Aufwendungen verlangt werden.

Strafbare Werbung
Wer in der Absicht, den Anschein eines besonders günstigen Angebots hervorzurufen, in öffentlichen Bekanntmachungen oder in Mitteilungen, die für einen größeren Kreis von Personen bestimmt sind, durch unwahre Angaben irreführend wirbt, wird mit Freiheitsstrafe bis zu zwei Jahren oder mit Geldstrafe bestraft.

Verrat von Geschäfts- und Betriebsgeheimnissen
Wer als eine bei einem Unternehmen beschäftigte Person ein Geschäfts- oder Betriebsgeheimnis, das ihr im Rahmen des Dienstverhältnisses anvertraut worden oder zugänglich geworden ist, während der Geltungsdauer des Dienstverhältnisses unbefugt an jemand zu Zwecken des Wettbewerbs, aus Eigennutz, zugunsten eines Dritten oder in der Absicht, dem Inhaber des Unternehmens Schaden zuzufügen, mitteilt, wird mit Freiheitsstrafe bis zu drei Jahren oder mit Geldstrafe bestraft.

Ebenso wird bestraft, wer zu Zwecken des Wettbewerbs, aus Eigennutz, zugunsten eines Dritten oder in der Absicht, dem/der Inhaber/-in des Unternehmens Schaden zuzufügen, sich ein Geschäfts- oder Betriebsgeheimnis durch
- Anwendung technischer Mittel,
- Herstellung einer verkörperten Wiedergabe des Geheimnisses oder
- Wegnahme einer Sache, in der das Geheimnis verkörpert ist,

unbefugt verschafft oder sichert oder ein Geschäfts- oder Betriebsgeheimnis, das er durch eine der in Absatz 1 bezeichneten Mitteilungen oder durch eine eigene oder fremde Handlung nach Nummer 1 erlangt oder sich sonst unbefugt verschafft oder gesichert hat, unbefugt verwertet oder jemandem mitteilt.

In besonders schweren Fällen wird eine Freiheitsstrafe bis zu fünf Jahren oder Geldstrafe verhängt.

Die Tat wird nur auf Antrag verfolgt, es sei denn, dass die Strafverfolgungsbehörde wegen des besonderen öffentlichen Interesses an der Strafverfolgung ein Einschreiten von Amts wegen für geboten hält.

Verwertung von Vorlagen
Wer die ihm im geschäftlichen Verkehr anvertrauten Vorlagen oder Vorschriften technischer Art, insbesondere Zeichnungen, Modelle, Schablonen, Schnitte, Rezepte, zu Zwecken des Wettbewerbs oder aus Eigennutz unbefugt verwertet oder jemandem mitteilt, wird mit Freiheitsstrafe bis zu zwei Jahren oder mit Geldstrafe bestraft.

Der Versuch ist strafbar
Die Tat wird nur auf Antrag verfolgt, es sei denn, dass die Strafverfolgungsbehörde wegen des besonderen öffentlichen Interesses an der Strafverfolgung ein Einschreiten von Amts wegen für geboten hält.

3.5 Strafgesetzbuch (StGB)

Im Strafgesetzbuch (StGB) werden die hauptsächlichen Strafvorschriften des Staates zusammengefasst. In Deutschland gilt das Strafgesetzbuch vom 15.05.1871 in der Fassung der Bekanntmachung vom 13.11.1998. Es ist seit seinem Erlass durch zahlreiche Novellen einschneidend verändert und schrittweise modernisiert worden, u. a. durch sechs Strafrechtsreform-Gesetze.

Das Strafgesetzbuch gliedert sich in den ab 01.01.1975 gültigen, völlig erneuerten Allgemeinen Teil (§§ 1–79b), der die für alle Delikte gleichermaßen geltenden Voraussetzungen der Strafbarkeit (Vorsatz, Fahrlässigkeit, Irrtum, Versuch u. a.) regelt und die verschiedenen Strafen sowie die Maßregeln der Besserung und Sicherung behandelt, und einen Besonderen Teil (§§ 80–358), der die einzelnen Deliktbeschreibungen (wie Diebstahl, Betrug, Mord u. a.) enthält und die Strafandrohungen ausspricht. Eine große Anzahl von Straftatbeständen findet sich auch in anderen Gesetzen (z. B. im Völkerstrafgesetzbuch, im Wirtschaftsstrafgesetz, im Wehrstrafgesetz).

> Von Arbeiten und Baumaßnahmen dürfen keine Gefahren für Leib und Leben ausgehen. Das Nähere regelt das Strafgesetzbuch.

Anders als im Bürgerlichen Gesetzbuch (BGB) und in der Vergabe- und Vertragsordnung für Bauleistungen (VOB) sind im Strafgesetzbuch keine Beteiligten, sondern die Vorgänge beschrieben:

Planung — **Leitung** — **Ausführung**

Die mit diesen Vorgängen befassten Personen werden als Beteiligte gesehen.

3.6 Landesbauordnungen (LBO)

In den Landesverordnungen der Bundesländer ist die Baugenehmigung geregelt. Das Baugenehmigungsverfahren beginnt mit dem Bauantrag und endet, abhängig von der Rechtslage, mit dem Erteilen der Baugenehmigung in Form des Bauscheins. Die Baugenehmigung kann mit Auflagen und Bedingungen verbunden werden. Die Landesbauordnungen stellen vermehrt bestimmte Baumaßnahmen baugenehmigungsfrei und beschränken sich z. T. auf Anzeigepflichten. Gegen die Baugenehmigung können Nachbarn bei Verletzung ihrer Rechte Klage erheben.

> Die Landesbauordnungen sind Landesgesetze. Darin wird die Planung und Ausführung von Bauarbeiten geregelt. Die LBO wird jeweils durch bauordnungsrechtliche Regelungen ergänzt, die bei jedem Bauvorhaben beachtet werden müssen.

Bezogen auf das Grundstück und seine Bebauung werden in den Landesbauordnungen die Einhaltung von Abständen, die äußere Gestaltung, die Standsicherheit, der Schutz gegen Erschütterungen, Feuchtigkeit, Korrosion und Brand, der Wärmeschutz, die Verkehrssicherheit, die Beleuchtung, die Beheizung u. v. m. geregelt.

Ergänzend zur jeweilig geltenden Landesbauordnung (LBO) gelten die
- der LBO nachfolgenden Rechtsverordnungen,
- Verwaltungsvorschriften,
- technischen Baubestimmungen (TBB),
- bauaufsichtlichen Regelungen, wie die Bauregelliste A (BRL A),
- geforderten Verwendbarkeitsnachweise, z. B. eine „Allgemeine bauaufsichtliche Zulassung“ (AbZ).

4 Werkvertragsrecht

Sowohl VOB als auch BGB verlangen, dass der Auftragnehmer (der/die Maler/-in und Lackierer/-in) dem Auftraggeber (dem Kunden/der Kundin) seine Leistung frei von Sachmängeln und den anerkannten Regeln der Technik entsprechend zu übergeben hat. Ist die Beschaffenheit der Leistung nicht vereinbart, so ist die Leistung frei von Sachmängeln, wenn sie die bei gleichen Werken vorausgesetzte Beschaffenheit aufweist und sich für die gewöhnliche Verwendung eignet. Die Auslegung führt immer wieder zu Streitigkeiten, bei denen dann ein öffentlich bestellter und vereidigter Sachverständiger außergerichtlich oder im Auftrag der Gerichte die Leistungen zu bewerten hat.

Trotz dieser grundsätzlichen Übereinstimmung gibt es im Detail Unterschiede.

Gegenüberstellung zwischen BGB-Verträgen und VOB-Verträgen

Bei BGB-Verträgen gilt:	Bei VOB-Verträgen[1] gilt:
Der Unternehmer hat dem Besteller das Werk frei von Sach- und Rechtsmängeln zu verschaffen.	Der Auftragnehmer hat dem Auftraggeber seine Leistung zum Zeitpunkt der Abnahme frei von Sachmängeln zu verschaffen.
Das Werk ist frei von Sachmängeln, wenn es die vereinbarte Beschaffenheit hat. Soweit die Beschaffenheit nicht vereinbart ist, ist das Werk frei von Sachmängeln, 1. wenn es sich für die nach dem Vertrag vorausgesetzte, sonst 2. für die gewöhnliche Verwendung eignet und eine Beschaffenheit aufweist, die bei Werken der gleichen Art üblich ist und die der Besteller nach der Art des Werks erwarten kann. Einem Sachmangel steht es gleich, wenn der Unternehmer ein anderes als das bestellte Werk oder das Werk in zu geringer Menge herstellt.	Die Leistung ist zur Zeit der Abnahme frei von Sachmängeln, wenn sie die vereinbarte Beschaffenheit hat und den anerkannten Regeln der Technik entspricht. Ist die Beschaffenheit nicht vereinbart, so ist die Leistung zur Zeit der Abnahme frei von Sachmängeln, 1. wenn sie sich für die nach dem Vertrag vorausgesetzte, sonst 2. für die gewöhnliche Verwendung eignet und eine Beschaffenheit aufweist, die bei Werken der gleichen Art üblich ist und die der Auftraggeber nach der Art der Leistung erwarten kann.

[1] Die VOB fordert bei der Bedenkenanmeldung grundsätzlich die Schriftform.

Bei BGB-Verträgen gilt:	Bei VOB-Verträgen[1] gilt:
Das Werk ist frei von Rechtsmängeln, wenn Dritte in Bezug auf das Werk keine oder nur die im Vertrag übernommenen Rechte gegen den Besteller geltend machen können.	Ist ein Mangel auf die Leistungsbeschreibung oder auf Anordnungen des Auftraggebers zurückzuführen, auf die von diesem gelieferten oder vorgeschriebenen Stoffe oder Bauteile, oder die Beschaffenheit der Vorleistung eines anderen Unternehmers, haftet der Auftragnehmer, es sei denn, er hat Bedenken[1] angemeldet.
Gewährleistung fünf Jahre, beginnend ab Abnahme; behebt ein Handwerker einen Mangel, beginnt die Frist nach BGB wieder voll zu laufen. Eine schriftliche Geltendmachung eines Mangels unterbricht bereits den Ablauf der Gewährleistungsfrist. Nach der Beseitigung von Mängeln beginnt die Gewährleistungsfrist neu.	Gewährleistung vier Jahre, beginnend ab Abnahme; in der VOB/B beginnt die Frist nach Beseitigung eines Mangels wieder 2 Jahre neu zu laufen, die Regel-Gewährleistung darf dadurch aber nicht verkürzt werden. Der Ablauf der Gewährleistungsfrist bei Vorliegen von Mängeln wird nur durch gerichtliche Geltendmachung gehemmt.

Erst wenn die in der vorhergehenden Tabelle aufgelisteten Merkmale vorhanden sind, hat der Auftragnehmer Anspruch auf die vertraglich vereinbarte Vergütung.

Da in Deutschland Vertragsfreiheit herrscht, dürfen Auftraggeber und Auftragnehmer (bzw. Besteller und Unternehmer) Anforderungen auch über die gesetzlichen Bestimmungen hinaus vertraglich vereinbaren.

5 Auftragsabwicklung

Vor einem Auftrag wird in aller Regel ein Kostenangebot angefordert. Bei Privataufträgen wird hierzu meist der/die Maler- und Lackierermeister/-in die zu erbringenden Leistungen im Kostenangebot formulieren und die Preise dazu berechnen. Aus dem Kostenangebot muss der Kunde bzw. die Kundin den tatsächlich zu bezahlenden Preis, also inkl. Umsatzsteuer, erkennen können.

5.1 Kostenangebot

Bei größeren Aufträgen werden meist Kostenangebote von mehreren Firmen eingeholt. Dazu wird dem Maler- und Lackiererbetrieb in der Regel ein Leistungsverzeichnis zum Eintragen der Preise zugesandt.

[1] Die VOB fordert bei der Bedenkenanmeldung grundsätzlich die Schriftform.

Das Leistungsverzeichnis enthält Angaben zum Projekt (Bauvorhaben) und Vertragsinhalte sowie eine Auflistung der zu erbringenden Leistungen.

Die Leistungsbeschreibung ist die Beschreibung der auszuführenden Arbeiten (Leistungen) in einem Leistungsverzeichnis oder einem Kostenangebot.

Die VOB DIN 1960 „Allgemeine Bestimmungen für die Vergabe von Bauleistungen" unterscheidet in § 3 für die Ausführung von Leistungen für öffentliche Auftraggeber folgende Arten der Vergabe:

- Vergabe im nicht offenen Verfahren: Eine beschränkte Anzahl von Unternehmen wird zur Angebotsabgabe aufgefordert.
- Vergabe im Verhandlungsverfahren: Es wird mit ausgewählten Unternehmen verhandelt.
- Vergabe im wettbewerblichen Dialog: Besonders komplexe Aufträge werden nach Verhandlungen mit ausgewählten Betrieben vergeben.

Bei Dienstleistungen oder Produkten von eher geringem Wert sowie in Fällen, in denen möglichst schnell ein passender Auftragnehmer gefunden werden muss, kann auch die Freihändige Vergabe durchgeführt werden.

Die Freihändige Vergabe ist eine spezielle Vergabeart bei der Ausschreibung von Bauleistungen. Danach werden Bauleistungen ohne ein förmliches Verfahren der Ausschreibung vergeben. Sie ist grundsätzlich bei nationalen Ausschreibungen unterhalb eines Schwellenwertes einzusetzen, wenn die beschränkte Ausschreibung unzweckmäßig ist. Die Höhe des Schwellenwertes variiert in den Bundesländern.

Die Freihändige Vergabe kann erfolgen, wenn

- für die auszuschreibende Bauleistung aus besonderen Gründen (z. B. Patentschutz, Spezialgeräte) nur ein bestimmtes Unternehmen in Betracht kommt,
- die Leistung nach Art und Umfang vor der Vergabe nicht eindeutig und erschöpfend festgelegt werden kann,
- sich eine kleine Leistung von einer vergebenen größeren Leistung nicht ohne Nachteil trennen lässt,
- die Leistung besonders dringlich ist,
- nach einer öffentlichen oder beschränkten Ausschreibung eine erneute Ausschreibung kein annehmbares Ergebnis verspricht,
- die auszuführende Leistung Geheimhaltungsvorschriften unterworfen ist.

Die umfangreichen Details dazu sind in der DIN 1960 VOB Teil A geregelt. Sind sich Auftraggeber und Maler- und Lackierbetrieb über die auszuführenden Leistungen und die Preise einig geworden, werden die Ausführungsfristen, also Beginn und Fertigstellung der Leistung, vereinbart. Für das Überziehen der Ausführungsfristen werden häufig empfindliche Vertragsstrafen fällig. Deshalb sind alle Mitarbeiter/-innen gefordert, die Einhaltung der Termine zu ermöglichen.

5.1.1 Leistungsverzeichnis

Nach DIN 1960 VOB Teil A „Allgemeine Bestimmungen für die Vergabe von Bauleistungen" ist die Leistung im Leistungsverzeichnis derart aufzugliedern, dass unter einer Ordnungszahl (Position) nur solche Leistungen aufgenommen werden, die nach ihrer technischen Beschaffenheit und für die Preisbildung als in sich gleichartig anzusehen sind. Ungleichartige Leistungen sollen unter einer Ordnungszahl nur zusammengefasst werden, wenn eine Teilleistung gegenüber einer anderen für die Bildung eines Durchschnittspreises ohne nennenswerten Einfluss ist.

Eine Leistung muss in einer eigenen Position erfasst werden, wenn
- die zu erbringende Leistung von der Leistung in einer anderen Position abweicht,
- die Abrechnungseinheit[1] (m^2 oder m) nicht mit der anderen Position übereinstimmt.

5.1.2 Leistungsbeschreibung

Die Leistungsbeschreibung ist die Beschreibung der auszuführenden Arbeiten (Leistungen) in einem Leistungsverzeichnis oder einem Kostenangebot.

Nach DIN 1960 VOB Teil A „Allgemeine Bestimmungen für die Vergabe von Bauleistungen" ist die Leistung so eindeutig und erschöpfend zu beschreiben, dass alle die Beschreibung im gleichen Sinne verstehen müssen und ihre Preise sicher und ohne umfangreiche Vorarbeiten berechnen können.

Entsprechend der DIN 18299 ATV[2] „Allgemeine Regelungen für Bauarbeiten jeder Art" müssen zu den Leistungsbeschreibungen für Maler- und Lackierarbeiten folgende Angaben gemacht werden:

Angaben zur Baustelle
- Lage der Baustelle, Umgebungsbedingungen, Zufahrtsmöglichkeiten und Beschaffenheit der Zufahrt sowie etwaige Einschränkungen bei ihrer Benutzung
- Besondere Belastungen aus Immissionen sowie besondere klimatische oder betriebliche Bedingungen
- Art und Lage der baulichen Anlagen, z. B. auch Anzahl und Höhe der Geschosse
- Verkehrsverhältnisse auf der Baustelle, insbesondere Verkehrsbeschränkungen
- Für den Verkehr freizuhaltende Flächen
- Art, Lage, Maße und Nutzbarkeit von Transporteinrichtungen und Transportwegen, z. B. Montageöffnungen
- Lage, Art, Anschlusswert und Bedingungen für das Überlassen von Anschlüssen für Wasser, Energie und Abwasser
- Lage und Ausmaß der dem Auftragnehmer für die Ausführung seiner Leistungen zur Benutzung oder Mitbenutzung überlassenen Flächen und Räume
- Bodenverhältnisse, Baugrund und seine Tragfähigkeit, Ergebnisse von Bodenuntersuchungen
- Besondere umweltrechtliche Vorschriften

1 siehe auch Teil B, Kapitel 9.2, Seite 38
2 ATV = Allgemeine Technische Vertragsbedingungen

- Besondere Vorgaben für die Entsorgung, z. B. Beschränkungen für die Beseitigung von Abwasser und Abfall
- Schutzgebiete oder Schutzzeiten im Bereich der Baustelle, z. B. wegen Forderungen des Gewässer-, Boden-, Natur-, Landschafts- oder Immissionsschutzes; vorliegende Fachgutachten oder dergleichen
- Art und Umfang des Schutzes von Bäumen, Pflanzenbeständen, Vegetationsflächen, Verkehrsflächen, Bauteilen, Bauwerken, Grenzsteinen und dergleichen im Bereich der Baustelle
- Im Bereich der Baustelle vorhandene Anlagen, insbesondere Abwasser- und Versorgungsleitungen
- Bekannte oder vermutete Hindernisse im Bereich der Baustelle, z. B. Leitungen, Kabel, Dräne, Kanäle, Bauwerksreste und, soweit bekannt, deren Eigentümer
- Gegebenenfalls gemäß der Baustellenverordnung getroffene Maßnahmen

Gemäß der Baustellenverordnung getroffene Vereinbarungen

- Besondere Anordnungen, Vorschriften und Maßnahmen der Eigentümer (oder der anderen Weisungsberechtigten) von Leitungen, Kabeln, Dränen, Kanälen, Straßen, Wegen, Gewässern, Gleisen, Zäunen und dergleichen im Bereich der Baustelle
- Art und Umfang von Schadstoffbelastungen, z. B. des Bodens, der Gewässer, der Luft, der Stoffe und Bauteile; vorliegende Fachgutachten oder dergleichen
- Art und Zeit der vom Auftraggeber veranlassten Vorarbeiten
- Arbeiten anderer Unternehmen auf der Baustelle

Angaben zur Ausführung

- Vorgesehene Arbeitsabschnitte, Arbeitsunterbrechungen und Arbeitsbeschränkungen nach Art, Ort und Zeit sowie Abhängigkeit von Leistungen anderer
- Besondere Erschwernisse während der Ausführung, z. B. Arbeiten in Räumen, in denen der Betrieb weiterläuft, Arbeiten im Bereich von Verkehrswegen oder bei außergewöhnlichen äußeren Einflüssen
- Vorgaben, die sich aus dem SiGePlan gemäß Baustellenverordnung ergeben
- Art und Umfang von Leistungen zur Unfallverhütung und zum Gesundheitsschutz für Mitarbeiter/-innen anderer Unternehmen, z. B. trittsichere Abdeckungen
- Besondere Anforderungen für Arbeiten in kontaminierten Bereichen, ggf. besondere Anordnungen für Schutz- und Sicherheitsmaßnahmen
- Besondere Anforderungen an die Baustelleneinrichtung und Entsorgungseinrichtungen, z. B. Behälter für die getrennte Erfassung
- Besondere Anforderungen an das Auf- und Abbauen sowie Vorhalten von Gerüsten
- Mitbenutzung fremder Gerüste, Hebezeuge, Aufzüge, Aufenthalts- und Lagerräume, Einrichtungen und dergleichen durch den Auftragnehmer
- Wie lange, für welche Arbeiten und ggf. für welche Beanspruchung der Auftragnehmer Gerüste, Hebezeuge, Aufzüge, Aufenthalts- und Lagerräume, Einrichtungen und dergleichen für andere Unternehmen vorzuhalten hat
- Verwendung oder Mitverwendung von wiederaufbereiteten (Recycling-)Stoffen
- Anforderungen an wiederaufbereitete (Recycling-)Stoffe und an nicht genormte Stoffe und Bauteile
- Besondere Anforderungen an Art, Güte und Umweltverträglichkeit der Stoffe und Bauteile, auch z. B. an die schnelle biologische Abbaubarkeit von Hilfsstoffen

- Art und Umfang der vom Auftraggeber verlangten Eignungs- und Gütenachweise
- Unter welchen Bedingungen auf der Baustelle gewonnene Stoffe verwendet werden dürfen oder müssen oder einer anderen Verwertung zuzuführen sind
- Art, Zusammensetzung und Menge der aus dem Bereich des Auftraggebers zu entsorgenden Böden, Stoffe und Bauteile; Art der Verwertung oder bei Abfall die Entsorgungsanlage; Anforderungen an die Nachweise über Transporte, Entsorgung und die vom Auftraggeber zu tragenden Entsorgungskosten
- Art, Anzahl, Menge oder Masse der Stoffe und Bauteile, die vom Auftraggeber beigestellt werden, sowie Art, genaue Bezeichnung von Ort und Zeit ihrer Übergabe
- Angaben, in welchem Umfang der Auftraggeber Abladen, Lagern und Transport von Stoffen und Bauteilen übernimmt oder dafür dem Auftragnehmer Geräte oder Arbeitskräfte zur Verfügung stellt
- Leistungen für andere Unternehmen
- Mitwirken beim Einstellen von Anlagenteilen und bei der Inbetriebnahme von Anlagen im Zusammenwirken mit anderen Beteiligten, z. B. mit dem Auftragnehmer für die Gebäudeautomation
- Benutzung von Teilen der Leistung vor der Abnahme
- Übertragung der Wartung während der Dauer der Verjährungsfrist für die Mängelansprüche für maschinelle und elektrotechnische sowie elektronische Anlagen oder Teile davon, bei denen die Wartung Einfluss auf die Sicherheit und die Funktionsfähigkeit hat (vgl. § 13 Abs. 4 Nr. 2 VOB), durch einen besonderen Wartungsvertrag
- Abrechnung nach bestimmten Zeichnungen oder Tabellen

Die DIN 18363 VOB Teil C „Allgemeine Technische Vertragsbedingungen für Bauleistungen (ATV) – Maler- und Lackierarbeiten – Beschichtungen“ fordert zusätzlich die folgenden Angaben:

Angaben zur Baustelle

- Art, Lage, Maße und Ausbildung sowie Termine des Auf- und Abbaus von bauseitigen Gerüsten
- Art und Umfang von nicht gegen Absturz gesicherten Absturzkanten und Öffnungen

Angaben zur Ausführung

- Art, Lage, Maße, Beschaffenheit und Festigkeit der zu bearbeitenden Flächen, z. B. von vorhandenen Beschichtungen, Abdichtungen, ggf. Hinweise zu Trennmittelrückständen
- Anzahl, Lage, Maße und Stoffe der zu bearbeitenden Seiten an Fenstern, Türen und dergleichen; bei neuen Bauteilen Anzahl und Art bereits ausgeführter Beschichtungen
- Art der Beschichtungsstoffe
- Farbtöne weiß, hell-, mittel- oder sattgetönt; Effektlackierung wie Metall- oder Perlglanzeffekt; mit unterschiedlichen Farbtönen zu behandelnde Flächen; Farbangaben nach DIN 6164-1 „DIN-Farbenkarte, System der DIN-Farbenkarte für den 2°-Normalbeobachter“ oder anhand von Farbmustern
- Anzahl, Art, Lage, Maße und Einteilung zu beschichtender Flächen oder Bauteile sowie Länge der Begrenzungen zwischen unterschiedlich zu beschichtenden Flächen oder Bauteilen

- Art der auszuführenden Beschichtung, z. B. Erstbeschichtung oder Überholbeschichtung
- Art des Beschichtungsverfahrens, z. B. Hand- oder Maschinenbeschichtung, Auftragen von Schlussbeschichtungen durch Strukturieren, Modellieren durch Stupfen, Rollen oder dergleichen
- Anforderungen an die Beschichtung in Bezug auf Glätte, Oberflächenstruktur und Glanzgrad; bei putzartigen Beschichtungen die Korngröße; Beanspruchung von Beschichtungsstoffen, z. B. Klasse der Nassabriebbeständigkeit nach DIN EN 13300 „Beschichtungsstoffe – Wasserhaltige Beschichtungsstoffe und Beschichtungssysteme für Wände und Decken im Innenbereich – Einteilung"
- Algizide und fungizide Einstellung der Beschichtung
- Anforderungen an den Brand-, Schall-, Feuchte- und Strahlenschutz sowie an die elektrische Leitfähigkeit; akustische sowie lichttechnische Anforderungen
- Anforderungen an reaktive dämmschichtbildende Brandschutzbeschichtungen, z. B. Entflammbarkeit nach DIN 4102-1 „Brandverhalten von Baustoffen und Bauteilen – Teil 1: Baustoffe; Begriffe, Anforderungen und Prüfungen"; Feuerwiderstandsdauer des gesamten Bauteils nach DIN 4102-2 „Brandverhalten von Baustoffen und Bauteilen; Bauteile, Begriffe, Anforderungen und Prüfungen"
- Besondere physikalische und chemische Beanspruchungen, denen Stoffe und Bauteile nach dem Einbau ausgesetzt sind, z. B. Stoßbelastungen, Feuchte, aggressive Dämpfe
- Besonderer Schutz der Beschichtungen vor Abrieb und zur Verbesserung der Reinigungsfähigkeit, z. B. mit Dispersions- oder Lackfarbe bei dunklen Farbtönen und bei Metalleffektbeschichtungen
- Imprägnierung von Holz und Holzwerkstoffen mit Holzschutzmitteln gegen holzzerstörende Pilze und Insekten
- Art und Menge von Silikon- und Kieselsäureester-Imprägniermitteln
- Behandlung von Fugenabdichtungen
- Aus- und Wiedereinbau von Dichtprofilen und Beschlagteilen an Fenstern, Türen, Zargen und dergleichen
- Art der Untergrundvorbereitung, z. B. Reinigen, Hochdruckreinigen, Entfetten und Entrosten sowie Entfernen von Kreidung, Walzhaut und Zunder, Sweep-Strahlen, Mattschleifen, von Untergründen und Altbeschichtungen
- Entfernen von Algen und Pilzbefall, Desinfizieren der befallenen Flächen sowie Aufbringen von Bioziden
- Anzahl und Art von Spachtelungen, z. B. als Fleck- oder Teilspachtelung; zu spachtelnder Flächenanteil
- Überbrücken von Putz- und Betonrissen mit Armierungsgewebe
- Verfüllen von Fußbodenfugen und Anschlüssen an angrenzende Bauteile
- Anzahl, Art, Lage und Maße von Markierungen; Oberflächenreflexion, Griffigkeit und Verschleißfestigkeit, z. B. Einstreuen von Glasperlen oder Quarzsand
- Anzahl, Art, Lage und Maße von Installations- und Einbauteilen, die die herzustellenden Oberflächen durchbrechen
- Anzahl, Art, Lage, Maße und Beschaffenheit von geneigten, gebogenen oder andersartig geformten Flächen
- Anzahl, Art und Maße von Mustern; Ort der Anbringung
- Schutz von Bau- und Anlagenteilen, Einrichtungsgegenständen und dergleichen

- Leistungen, die der Auftragnehmer außerhalb des Einbauorts der zu beschichtenden Bauteile ausführen soll; Ort der Ausführung
- Vorgezogenes oder nachträgliches Herstellen von Teilen der Leistung
- Anforderungen an Abdeckungen im Bereich von Arbeitsplätzen und Verkehrswegen, z. B. Trittsicherheit, Rutschsicherheit, Durchbruchsicherheit

Wenn andere als die in dieser ATV vorgesehenen Regelungen getroffen werden sollen, sind diese in der Leistungsbeschreibung eindeutig und im Einzelnen anzugeben, z. B.

- wenn das Beschichtungsverfahren nicht dem Auftragnehmer überlassen werden soll,
- wenn Spachtelungen als Fleck-, Teilspachtelung oder mehrmaliges Spachteln ausgeführt werden sollen,
- wenn weiße Beschichtungen in einer bestimmten Helligkeit ausgeführt werden sollen,
- wenn Lackierungen nicht glänzend, sondern z. B. seidenglänzend oder matt ausgeführt werden sollen,
- wenn bei Überholungsbeschichtungen auch im Außenbereich gut erhaltene Untergründe nur mit einer Schlussbeschichtung zu behandeln sind.

Weitere für im Maler- und Lackiererhandwerk übliche Arbeiten erforderliche Forderungen für die Inhalte im Leistungsverzeichnis finden sich u. a. in den folgenden ATV:

ATV DIN 18340 Trockenbauarbeiten
ATV DIN 18345 Wärmedämm-Verbundsysteme
ATV DIN 18349 Betonerhaltungsarbeiten
ATV DIN 18350 Putz- und Stuckarbeiten
ATV DIN 18364 Korrosionsschutzarbeiten an Stahlbauten
ATV DIN 19365 Bodenbelagarbeiten
ATV DIN 18366 Tapezierarbeiten
ATV DIN 18451 Gerüstarbeiten

5.2 Bedenkenmitteilung

Sind im Ablauf der Maler- und Lackierarbeiten Probleme beim Untergrund oder der geplanten Beschichtung erkennbar, hat der Unternehmer (der/die Maler- und Lackierermeister/-in) entsprechend § 4 der DIN 1961 VOB Teil B „Allgemeine Vertragsbedingungen für die Ausführung von Bauleistungen“ unverzüglich schriftlich Bedenken mitzuteilen.

Text aus § 4 der DIN 1961 VOB Teil B „Allgemeine Vertragsbedingungen für die Ausführung von Bauleistungen“ zur Bedenkenmitteilung: „Hat der Auftragnehmer Bedenken gegen die vorgesehene Art der Ausführung (auch wegen der Sicherung gegen Unfallgefahren), gegen die Güte der vom Auftraggeber gelieferten Stoffe oder Bauteile oder gegen die Leistungen anderer Unternehmer, so hat er sie dem Auftraggeber unverzüglich – möglichst schon vor Beginn der

Arbeiten – schriftlich mitzuteilen; der Auftraggeber bleibt jedoch für seine Angaben, Anordnungen oder Lieferungen verantwortlich."

Da der/die Unternehmer/-in, besonders in größeren Firmen, nicht immer auf der Baustelle mitarbeiten kann, ist er/sie auf die Unterstützung seiner Mitarbeiter/-innen angewiesen. Diese haben gegenüber ihrem Arbeitgeber eine Mitteilungspflicht, wenn bei einem Kundenauftrag Bedenken auftreten.

5.3 Behinderung und Unterbrechung der Ausführung

Eine Behinderung der Bauausführung liegt vor, wenn deren normaler Ablauf durch Umstände, die bei Vertragsabschluss nicht vorhersehbar waren, verzögert oder gehemmt wird. Die Arbeit wird verlangsamt, aber fortgesetzt. Eine Behinderung ist gegeben, wenn die Arbeit nicht termingerecht begonnen werden kann. Eine Behinderung kann aber auch während der Bauausführung auftreten.

Eine Unterbrechung setzt einen vorübergehenden Stillstand der Arbeitsausführung voraus. Die Arbeit wird nicht nur verlangsamt, sondern ruht vorübergehend ganz.

Eine Unmöglichkeit wäre gegeben, wenn die Leistung nicht mehr erbracht werden kann. Dies wäre z. B. gegeben, wenn der Auftragnehmer zahlungsunfähig wird.

Glaubt sich der Auftragnehmer in der ordnungsgemäßen Ausführung der Leistung behindert, so hat er es dem Auftraggeber unverzüglich schriftlich anzuzeigen.

Unterlässt er die Anzeige, so hat er nur dann Anspruch auf Berücksichtigung der hindernden Umstände, wenn dem Auftraggeber offenkundig die Tatsache und deren hindernde Wirkung bekannt waren.

Behinderung und Unterbrechung der Ausführung nach § 6 der VOB Teil B
Ausführungsfristen werden verlängert, soweit die Behinderung verursacht ist

1. durch einen Umstand aus dem Risikobereich des Auftraggebers,
2. durch Streik oder eine von der Berufsvertretung der Arbeitgeber angeordnete Aussperrung im Betrieb des Auftragnehmers oder in einem unmittelbar für ihn arbeitenden Betrieb,
3. durch höhere Gewalt oder andere für den Auftragnehmer unabwendbare Umstände.

Witterungseinflüsse während der Ausführungszeit, mit denen bei Abgabe des Angebots normalerweise gerechnet werden müssen, gelten nicht als Behinderung.

Der Auftragnehmer hat alles zu tun, was ihm billigerweise zugemutet werden kann, um die Weiterführung der Arbeiten zu ermöglichen.

Sobald die hindernden Umstände wegfallen, hat er ohne Weiteres und unverzüglich die Arbeiten wieder aufzunehmen und den Auftraggeber davon zu benachrichtigen.

Die Fristverlängerung wird berechnet nach der Dauer der Behinderung mit einem Zuschlag für die Wiederaufnahme der Arbeiten und die etwaige Verschiebung in eine ungünstigere Jahreszeit.

Wird die Ausführung für voraussichtlich längere Dauer unterbrochen, ohne dass die Leistung dauernd unmöglich wird, so sind die ausgeführten Leistungen nach den Vertragspreisen abzurechnen und außerdem die Kosten zu vergüten, die dem Auftragnehmer bereits entstanden und in den Vertragspreisen des nicht ausgeführten Teils der Leistung enthalten sind.

Sind die hindernden Umstände von einem Vertragsteil zu vertreten, so hat der andere Teil Anspruch auf Ersatz des nachweislich entstandenen Schadens, des entgangenen Gewinns aber nur bei Vorsatz oder grober Fahrlässigkeit.

Dauert eine Unterbrechung länger als drei Monate, so kann jeder Teil nach Ablauf dieser Zeit den Vertrag schriftlich kündigen. Die Abrechnung ist dann durchzuführen. Wenn der Auftragnehmer die Unterbrechung nicht zu vertreten hat, sind auch die Kosten der Baustellenräumung zu vergüten, soweit sie nicht in der Vergütung für die bereits ausgeführten Leistungen enthalten sind.

5.4 Abnahme der Leistung

Ein Kundenauftrag ist erst mit der Abnahme der Leistung abgeschlossen. Man unterscheidet nach § 12 der DIN 1961 VOB Teil B „Allgemeine Vertragsbedingungen für die Ausführung von Bauleistungen" zwei Arten der Abnahme:

1. **Förmliche Abnahme**
   Eine förmliche Abnahme hat stattzufinden, wenn der Kunde bzw. die Kundin oder das Unternehmen dies verlangt. Üblicherweise wird bei großen Aufträgen eine förmliche Abnahme durchgeführt.

2. **Abnahme durch Nutzung**
   Wird keine förmliche Abnahme verlangt, so gilt die Leistung nach Ablauf von sechs Werktagen nach Beginn der Nutzung durch den Auftraggeber oder zwölf Werktage nach schriftlicher Mitteilung über die Fertigstellung der Leistung als abgenommen.

Die Abnahme ist sehr wichtig, da die Leistung bis zur Abnahme vor Beschädigung geschützt werden muss und so immer wieder kostenlos auszubessern ist. Außerdem beginnt erst ab dem Zeitpunkt der Abnahme die Verjährungsfrist für Mängelansprüche.

Wenn die VOB vereinbart wurde, beträgt die Verjährungsfrist für Mängelansprüche für Bauwerke vier Jahre, wenn keine abweichende Vereinbarung getroffen wurde. Nach BGB beträgt die Verjährungsfrist fünf Jahre. Behebt ein Handwerker einen Mangel, beginnt die Frist nach BGB wieder voll zu laufen.
Nach VOB/B beginnt die Frist nach Beseitigung eines Mangels wieder 2 Jahre neu zu laufen, die Regel-Gewährleistung darf dadurch aber nicht verkürzt werden.

6 Normen[1]

Normen sind rechtlich nur verbindlich, wenn sie vertraglich vereinbart werden. Ausnahmen bilden Normen, die durch Verordnungen rechtsverbindlich werden. Wird für einen Auftrag die VOB vereinbart, müssen Stoffe und Bauteile, für die DIN-Normen bestehen, den DIN-Güte- und DIN-Maß-Bestimmungen entsprechen.

ISO-, EN- und DIN-Normen gehören zu den anerkannten Regeln der Technik.

6.1 Deutsche Normen (DIN)

Das Deutsche Institut für Normung e.V. wurde 1917 als Normenausschuss der deutschen Industrie e.V. gegründet und ist ein gemeinnütziger eingetragener Verein mit Sitz in Berlin. Dieser technisch-wissenschaftliche Verein bildet gemeinsam mit seinen Tochtergesellschaften (z.B. dem Beuth-Verlag) die DIN-Gruppe, ein Dienstleistungsunternehmen zur Erstellung technischer Regeln (Normung) und zur Förderung ihrer Anwendung. Der DIN e.V. hat über 1600 Mitglieder (Unternehmen und juristische Personen). Die DIN-Gruppe mit rund 700 Mitarbeiter/-innen hat ein Budget von ca. 80 Millionen Euro.

Analoge Institutionen zum DIN sind in Frankreich das AFNOR (Association Française de Normalisation), in der Schweiz die SNV (**S**chweizerische **N**ormen-**V**ereinigung) und in Österreich das ÖN (**Ö**sterreichisches **N**ormungsinstitut).

Das DIN mit seinen Organen ist die autorisierte nationale Vertretung in den Gremien der internationalen und der europäischen Normungsorganisationen (ISO [International Organization for Standardization], CEN [Comité Européen de Normalisation]).

Die Normungsarbeit des DIN wird in 4600 Arbeitsausschüssen mit fast 30000 externen Experten geleistet. Zu Normentwürfen kann jedermann Stellung nehmen. Das Ergebnis der Arbeit ist eine sog. DIN-Norm, die mit dem Kürzel DIN und einer laufenden Nummer gekennzeichnet wird (z.B. ATV DIN 18363 „Maler und Lackierarbeiten – Beschichtungen"). Die Normen werden mindestens alle fünf Jahre auf ihre Aktualität hin überprüft. Veraltete DIN-Normen werden aktualisiert oder ohne Ersatz zurückgezogen.

6.2 Internationale Normen (ISO)

Die International Organization for Standardization (englisch), Abkürzung ISO, ist eine 1946 beschlossene und am 23.02.1947 in Kraft getretene internationale Vereinigung von nationalen Normenausschüssen (z.B. DIN Deutsches Institut für

[1] Norm = lat. *norma*, heißt soviel wie Regel, Maßstab, Richtschnur, Vorschrift

www.din.de

Normung e. V.) und Standardisierungsorganen zur Ausarbeitung internationaler Normen. Ihr Sitz ist in Genf.

Viele ISO-Normen werden als europäische Normen übernommen und bekommen auf diesem Weg den Status einer DIN-Norm (DIN EN ISO). Einige ISO-Normen werden auch direkt als DIN-Normen übernommen (DIN ISO).

6.3 Europäische Normen (EN)

Die Europäischen Normen sind technische Regelwerke, die vom Comité Européen de Normalisation (CEN) auf Initiative der EU erarbeitet werden. Im Gegensatz zu den nationalen Normen müssen die Europäischen Normen in den Staaten der EU übernommen und umgesetzt werden. Sie sind für Hersteller, Dienstleister, Prüfstellen und Zertifizierungsstellen in allen EU-Staaten verbindlich.

Mit der Einführung der europäischen Normen verlieren die nationalen (deutschen) Normen ihre Gültigkeit und müssen zurückgezogen werden. Die Produkte, die in den Geltungsbereich einer EN-Norm fallen, dürfen ab diesem Zeitpunkt nur noch gehandelt und verwendet werden, wenn sie die CE-Kennzeichnung tragen. Es dürfen nur noch europäische Prüfnormen angewendet werden.

Die europäische Bauproduktionsrichtlinie (BPR) legt wesentliche Anforderungen an Bauwerke fest.

Das deutsche Bauproduktionsgesetz (BauPG) setzt die BPR national um und legt u. a. fest, dass nur Produkte mit CE-Zeichen gehandelt werden dürfen.

Wichtige Abkürzungen zu den Normen

Abkürzungen	Erklärungen
ISO	Internationale Norm
EN	Europäische Norm
DIN	Deutsche Norm
DIN ISO	Internationale Norm, deren deutsche Fassung den Status einer deutschen Norm erhalten hat
DIN EN	Europäische Norm, deren deutsche Fassung den Status einer deutschen Norm erhalten hat
ISO/R	ISO-Empfehlung
ISO/DIS	ISO-Norm-Entwurf
V	Vornorm
E	Entwurf (als Gelbdruck = auf gelbem Papier gedruckt)
Bbl	Beiblatt

6.4 Deutsches Institut für Gütesicherung und Kennzeichnung e. V. (RAL)

Das Deutsche Institut für Gütesicherung und Kennzeichnung e. V. (RAL) ist aus dem 1925 gegründeten Reichsausschuss für Lieferbedingungen hervorgegangen. Das RAL ist ein gemeinnütziger Verband mit Sitz in Sankt Augustin-Menden bei Bonn, dem über 139 Gütegemeinschaften angehören. Es ist u. a. für die Förderung und Betreuung des Gütezeichenwesens zuständig, führt eine Gütezeichenliste und vergibt das Umweltzeichen Blauer Engel.

Aufgaben des RAL:
- RAL-Vereinbarungen
- RAL-Registrierungen
- RAL-Testate
- Treuhänderische Verwaltung des deutschen Gütezeichens
- Geografische Herkunftszeichen
- Vergabe des Umweltzeichens Blauer Engel
- RAL-Farben
- RAL-Druckschriften

Die RAL-Farben[1] sind im RAL 840-R bzw. 841-GL als Farbtonsammlung festgelegt.

7 Technische Richtlinien

BFS-Merkblätter

Die vom Bundesausschuss für Sachwertschutz erarbeiteten Merkblätter (BFS-Merkblätter) sind technische Richtlinien für Maler- und Lackierarbeiten und werden im DIN-Katalog veröffentlicht. Beim Erstellen und Überarbeiten der Merkblätter werden die Begriffsbestimmungen der DIN verwendet.

Im Jahr 2022 gibt es folgende BFS-Merkblätter:

1 Schutz und Instandsetzung von Betonaußenflächen im Hochbau
2 Imprägnierungen und Beschichtungen auf Kalksandstein-Sichtmauerwerk
3 (zzt. nicht besetzt, Merkblatt wurde 2006 mit Nr. 18 zusammengefasst)
4 Zinkstaubbeschichtungen
5 Beschichtungen auf Zink und verzinktem Stahl
6 Beschichtungen auf Bauteilen aus Aluminium
7 Prüfrichtlinien für Wandbekleidungen vor, bei und nach der Verarbeitung
8 Innenbeschichtungen, Tapezier- und Klebearbeiten auf Betonflächen

[1] RAL-Farben siehe Teil C, Kapitel 2.17.3.2, Seite 218

www.din.de
www.iso.org
www.ral.de

9 Beschichtungen auf mineralischem Außenputz
10 Beschichtungen, Tapezier- und Klebearbeiten auf Innenputz
11 Beschichtungen, Tapezier- und Klebearbeiten auf Porenbeton
12 Oberflächenbehandlung von Gipsplatten (Gipskartonplatten) und Gipsfaserplatten
13 Beschichtungen auf Ziegel-Sichtmauerwerk
14 Beschichtung von Platten aus Faserzement und Asbestzement
15 Brandschutzbeschichtungen auf Holz, Holzwerkstoffen und Stahlbauteilen
16 Technische Richtlinien für Tapezier- und Spannarbeiten innen
17 Beschichtungen, Tapezier- und Klebearbeiten auf massiven Gips-Wandbauplatten
18 Beschichtungen auf Holz und Holzwerkstoffen im Außenbereich
19 Risse in Außenputzen, Beschichtungen und Armierung
19.1 Risse in unverputztem und verputztem Mauerwerk, in Gipskartonplatten und ähnlichen Stoffen auf Unterkonstruktionen; Ursachen und Bearbeitungsmöglichkeiten
20 Baustellenübliche Prüfungen zur Beurteilung des Untergrundes für Beschichtungs- und Tapezierarbeiten
20.1 Beurteilung des Untergrundes für Putzarbeiten, Maßnahmen zur Beseitigung von Schäden
21 Technische Richtlinien für die Planung und Verarbeitung von Wärmedämm-Verbundsystemen
22 Beschichtungen auf Kunststoff im Hochbau
23 Technische Richtlinien für das Abdichten von Fugen im Hochbau und von Verglasungen
24 Beschichtungen auf pulverlackierten Bauteilen
25 Richtlinien zur Beurteilung von Farbübereinstimmungen und Farbabweichungen
26 Farbveränderungen von Beschichtungen im Außenbereich

8 Ablaufplanung mit Arbeitsschritten und Materialbedarf

Malerarbeiten müssen dem Stand der Technik entsprechend ausgeführt werden.

> Der Stand der Technik ist der „Entwicklungsstand fortschrittlicher Verfahren, Einrichtungen und Betriebsweisen, die die praktische Eignung gesichert erscheinen lassen".

Die Ablaufplanung mit den erforderlichen Arbeitsschritten ist diesem Fachbuch und den Allgemeinen Technischen Vorschriften zu entnehmen, z. B. der DIN 18363 VOB Teil C „Maler- und Lackierarbeiten – Beschichtungen". Der Materialbedarf ist aus den Technischen Merkblättern der Hersteller zu ersehen.

Vorsicht: Manche Hersteller geben Mengen an, die einen geringeren Verbrauch vorgaukeln. Auch wird die Rauigkeit der Oberfläche oft zu wenig berücksichtigt.

Trotzdem sind die Angaben der Hersteller unverzichtbar. Unverzichtbar sind aber vor allem die eigenen Erfahrungen mit dem entsprechenden Material.

8.1 Zeitplanung

Der erforderliche Zeitbedarf für eine Leistung hängt von der geforderten Leistung, der Anzahl an m^2, m oder Stück und Größe, von der Beschaffenheit des Untergrunds, vom eingesetzten Werkstoff und der Anzahl der Mitarbeiter/-innen ab. Die einzelnen Daten zur Berechnung des Zeitbedarfs können diesem Fachbuch, der DIN 18363 Teil C: „Maler- und Lackierarbeiten – Beschichtungen" und den Technischen Merkblättern entnommen werden. Hilfreich dazu ist auch das vom Bundesinnungsverband Bundesverband Farbe, Gestaltung, Bautenschutz herausgegebene Buch „Grundlagen der Preisberechnung im Maler- und Lackiererhandwerk". Bei diesem Buch ist aber zu berücksichtigen, dass die damit berechneten Preise, Arbeitszeiten und Materialien sehr großzügig angegeben sind, sodass in der Praxis für den herrschenden Wettbewerb möglicherweise hohe Preise ermittelt werden, die nicht durchgesetzt werden können.

8.2 Qualitätssicherung

Die Selbstkontrolle der erbrachten Leistung muss sich mit dem Kundenauftrag und dem Endprodukt, aber auch mit der Frage auseinandersetzen, ob der Auftrag sach-, fach- und kundengerecht ausgeführt worden ist. Es ist auch zu prüfen, ob z. B. das gleiche Ergebnis durch den Einsatz anderer Geräte und Maschinen in kürzerer Zeit genauso gut möglich und damit kostengünstiger gewesen wäre. Die Qualitätssicherung muss immer auf die Beibehaltung der Qualität ausgerichtet sein.

8.3 Präsentation der erbrachten Leistung

Eine gute Leistung gewinnt durch eine gelungene Präsentation. Es wäre aber falsch, mit einer besonders guten Präsentation Mängel der Leistung überdecken zu wollen. Kundinnen und Kunden werden die Mängel in der Folgezeit entdecken. Die Präsentation der Leistung wird in jedem Fall die Kundenzufriedenheit beeinflussen und darüber entscheiden, ob der gleiche Maler- und Lackierbetrieb für den nächsten Auftrag noch einmal gewählt wird. So werden die Arbeitsplätze im eigenen Betrieb gesichert. Die Präsentation der Leistung ist die Vorstufe zur Abnahme der Leistung.

8.4 Abnahme der Leistung durch Kundinnen und Kunden

Die vom Maler bzw. der Malerin erbrachte Leistung ist vom Kunden bzw. der Kundin abzunehmen. Wenn auch der Gesetzgeber und der geschlossene Vertrag die förmliche Abnahme nicht immer verlangt, sollte die erbrachte Leistung formal übergeben werden. Der Kunde bzw. die Kundin wird sich die Maler- und Lackierarbeit bewusst ansehen und sich zu vermeintlichen Fehlern frei äußern. In einem offen geführten Gespräch kann der/die Maler/-in und Lackierer/-in klärend auf den Kunden bzw. die Kundin einwirken und bei Bedarf vorhandene Mängel unbürokratisch sofort beseitigen. Im Sinne der angestrebten Kundenzufriedenheit sollte man sich bei vermeintlichen Mängeln nicht kleinlich zeigen, aber auch darauf hinweisen, dass es sich evtl. nicht um Mängel handelt, sondern zusätzliche Arbeiten kulanterweise durchgeführt werden.

9 Abrechnung des Kundenauftrags

Die Abrechnung des Auftrags und der hoffentlich schnelle Zahlungseingang schließen den Kundenauftrag ab. Die Auszubildenden und der Gesellen können die Abrechnung beschleunigen, indem sie

- ihre Wochenzettel gewissenhaft ausfüllen,
- den Materialverbrauch dokumentieren,
- zusätzliche Arbeiten auflisten und dem/der Meister/-in weitergeben,
- insbesondere bei Kleinaufträgen die Massen[1] ermitteln.

9.1 Nebenleistungen und besondere Leistungen

Jede Beschichtung ist mit einer ganzen Reihe von Arbeiten verbunden. Diese Arbeiten können je nach Zustand des Untergrunds sehr zeitintensiv sein. Die ATV DIN 18299 „Allgemeine Regelungen für Bauarbeiten jeder Art“ und die weiteren für Arbeiten im Maler- und Lackiererhandwerk zutreffenden ATV, z. B. die ATV DIN 18363 „Maler- und Lackierarbeiten“, unterscheiden zwischen Nebenleistungen und besonderen Leistungen.

> Nebenleistungen müssen auch ohne besondere Erwähnung im Leistungsverzeichnis ausgeführt werden und werden nicht gesondert vergütet.
> Besondere Leistungen müssen im Leistungsverzeichnis gesondert aufgelistet werden und können (sollten) extra berechnet werden.

Nebenleistungen

- Auf-, Um- und Abbauen sowie Vorhalten von Gerüsten für eigene Leistungen, sofern die zu bearbeitende oder zu bekleidende Fläche nicht höher als 3,50 m über der Standfläche des hierfür erforderlichen Gerüstes liegt
- Ausgleichen abgestufter oder geneigter Standflächen von Gerüsten bis zu 40 cm Höhenunterschied, z. B. über Treppen oder Rampen
- Schutz von Bau- und Anlagenteilen, z. B. von Einrichtungsgegenständen, Fußböden, Geländern, Türen, Fenstern etc., vor Verunreinigungen und Beschädigungen während der Arbeiten durch loses Abdecken, Abhängen oder Umwickeln, einschließlich anschließender Beseitigung der Schutzmaßnahmen
- Entfernen und Wiederanbringen von bis zu fünf Schalter- und/oder Steckdosenabdeckungen und dergleichen einfacher Bauart (geklemmt oder mit einer Schraube gesichert) je Raum

1 „Massen“ ist der Fachbegriff für die Angaben von Größen, m, m^2 und Anzahl.

- Aus- und Einhängen von Türen, Fenstern, Fensterläden und dergleichen in einfacher Bauart zur Bearbeitung sowie Kennzeichnung dieser Bauteile
- Reinigen des Untergrundes
- Ausbessern von einzelnen kleinen Schäden in der Altbeschichtung und im Untergrund, z. B. vereinzelte Vertiefungen, die durch Stoß entstanden sind
- Schleifen von Holzflächen, mineralischen Untergründen und Metallflächen zwischen den einzelnen Beschichtungen sowie Feinreinigen der zu beschichtenden Flächen
- Vorlegen vorgefertigter Oberflächen- und Farbmuster
- Fertigstellen von Bauteilen in mehreren Arbeitsgängen zur Ermöglichung von Arbeiten anderer Unternehmen, soweit die eigenen Leistungen im Zuge gleichartiger Maler- und Lackierarbeiten kontinuierlich erbracht werden können

Besondere Leistungen

Besondere Leistungen sind Leistungen, die keine Nebenleistungen sind und nur dann zur vertraglichen Leistung gehören, wenn sie in der Leistungsbeschreibung besonders erwähnt sind.

Besondere Leistungen sind z. B.:

- Ausbessern von umfangreichen Schäden in der Altbeschichtung und im Untergrund
- Vorbehandeln ungeeigneter Untergründe, z. B. durch Hochdruckreinigen, Aufrauen und Anlaugen; Entfernen von Algen- und Pilzbefall, Aufbringen von Grundierungen, Bioziden und dergleichen
- Vorhalten von Aufenthalts- und Lagerräumen, wenn der Auftraggeber Räume, die leicht verschließbar gemacht werden können, nicht zur Verfügung stellt
- Leistungen zum Schutz vor ungeeigneten Bedingungen, z. B. Einhausung, Beheizung
- Auf-, Um- und Abbauen sowie Vorhalten von Gerüsten für Leistungen anderer Unternehmen
- Auf-, Um- und Abbauen sowie Vorhalten von Gerüsten für eigene Leistungen, sofern die zu bearbeitende oder zu bekleidende Fläche höher als 3,50 m über der Standfläche des hierfür erforderlichen Gerüstes liegt
- Auf-, Um- und Abbauen sowie Vorhalten von Gerüsten mit abgestufter oder geneigter Standfläche, z. B. über Treppen oder Rampen, sofern ein Ausgleich von mehr als 40 cm erforderlich ist
- Auf-, Um- und Abbauen sowie Vorhalten von Gerüsten für eigene Leistungen, sofern bei Arbeiten auf der Dachfläche diese eine Dachneigung größer 22,5° aufweist
- Auf-, Um- und Abbauen sowie Vorhalten von Gerüsten für eigene Leistungen, sofern die Greifraumtiefe mehr als 60 cm beträgt, z. B. bei Glasdächern, Geländern
- Aus- und Einbauen von Türen, Fenstern, Fensterläden und dergleichen
- Reinigen des Untergrundes von grober Verschmutzung, z. B. Gips-, Mörtel- und Farbreste, Öl, anhaftender Schleifstaub, soweit die Verschmutzung nicht durch den Auftragnehmer verursacht wurde
- Besonderer Schutz von Bau- und Anlagenteilen sowie Einrichtungsgegenständen, z. B. durch Abkleben von Fenstern, Türen, Böden, Belägen, Treppen, Hölzern, Dachflächen, Schalter- und Steckdosenabdeckungen, oberflächenfertigen

Teilen; staubdichtes Abkleben von empfindlichen Einrichtungen und technischen Geräten, Staubschutzwände, Gerüstbekleidungen, Schutzanstriche, Notdächer; Auslegen von Hartfaserplatten und Bautenschutzfolien ab 0,2 mm Dicke, Abdeckvlies

- Entfernen von Beschichtungen sowie vorhandenen Wand- und Deckenbekleidungen
- Entfetten und Entrosten sowie Entfernen von Walzhaut und Zunder
- Mattschleifen von Untergründen und Altbeschichtungen
- Überbrücken von Putz- und Betonrissen mit Armierungsgeweben
- Ziehen von Abschlussstrichen, Schablonieren und Anbringen von Abschlussborten und dergleichen
- Absetzen von Beschlagteilen in einem anderen Farbton an Türen, Fenstern, Fensterläden und dergleichen
- Farbiges Absetzen in der Beschichtung oder Wechsel des Beschichtungsstoffes innerhalb zu beschichtender Bauteile
- Anpassen der Beschichtung (Beschneiden) an stark profilierte Bauteiloberflächen, z. B. an Dachgesimse mit sichtbaren Sparren, Eckverbände, Bruchsteine, Trapezbleche, Treppen, Stuckprofilierungen
- Abschneiden des Überstandes von Randdämmstreifen
- Aus- und Einbauen sowie Abkleben von Dichtprofilen und Beschlagteilen
- Transportieren von Türen, Fensterflügeln und Fensterläden, Heizkörpern und dergleichen
- Füllen von Verankerungsöffnungen und Angleichen an die Oberflächenbeschichtung
- Biozides Vorbehandeln von mikrobiologischem Bewuchs sowie Leistungen zum Schutz der Oberflächen gegen Algen-, Pilz- und Insektenbefall
- Herstellen und Anbringen von Oberflächen- und Farbmustern sowie Musterflächen für Wand- und Farbgestaltungen
- Verfüllen von Fugen und Anschlüssen an angrenzende Bauteile, Einbau von Profilen und dergleichen
- Entfernen von bauseits vorhandenen Schutzfolien und dergleichen, z. B. an Fensterbänken, Leichtmetallprofilen
- Beschichten von Bauteilen in Teilflächen zur Ermöglichung von Arbeiten anderer Unternehmen, soweit die eigenen Leistungen nicht im Zuge gleichartiger Beschichtungsarbeiten kontinuierlich erbracht werden können
- Beseitigen von Hindernissen im Untergrund, z. B. Entfernen von Betongraten, Schaumrückständen
- Entfernen und Wiederanbringen von Schalter- und/oder Steckdosenabdeckungen und dergleichen

9.2 Abrechnungseinheiten

Bereits im Leistungsverzeichnis sind entsprechend den für die Maler- und Lackierarbeiten zutreffenden ATV, z. B. nach ATV DIN 18363 VOB Teil C „Maler- und Lackierarbeiten – Beschichtungen“, die Abrechnungseinheiten wie folgt vorzusehen:

Flächenmaß (m^2), getrennt nach Bauart und Maßen, für

- Decken, Wände, Böden und Bekleidungen bei Flächen über 2,5 m^2 Einzelgröße,
- Pfeiler, Lisenen, Stützen, Unterzüge, Vorlagen, Gesimse, Untersichten von Dachüberständen, Pilaster und dergleichen mit einer Breite von mehr als 1 m je Ansichtsfläche,
- Treppenuntersichten,
- Türen, Tore, Zargen,
- Stahlprofile und Rohre mit einem Umfang von mehr als 1 m,
- Holzschalungen,
- Heizkörper,
- Gitter, Geländer, Zäune, Einfriedungen, Roste,
- Trapezprofile, Wellbleche,
- Blechdächer und dergleichen.

Längenmaß (m), getrennt nach Bauart und Maßen, für

- Laibungen,
- Pfeiler, Lisenen, Stützen, Unterzüge, Vorlagen, Gesimse, Untersichten von Dachüberständen, Pilaster und dergleichen mit einer Breite bis 1 m je Ansichtsfläche,
- Treppenwangen,
- Leisten,
- Deckenbalken, Fachwerke und dergleichen aus Holz oder Beton,
- Sparren,
- Stahlprofile und Rohre mit einem Umfang von mehr als 1 m,
- Eckprofile, Gewebewinkel, Fugenprofile,
- Rollladenführungsschienen, Ausstellgestänge, Anschlagschienen,
- Dachrinnen, Fallrohre,
- Kehlen, Schneefanggitter,
- Markierungen,
- Faschen, Umrahmungen, Abschlussstriche, Eckverbände, Farbabgrenzungen.

Anzahl (Stück), getrennt nach Bauart und Maßen, für

- Türen, Tore, Zargen,
- Fenster, Rollläden, Fensterläden,
- Gitter, Roste und Rahmen,
- Heizkörper, Heizkörperkonsolen und Halterungen,
- Motoren,
- Armaturen,
- Richtungspfeile, Buchstaben und dergleichen,
- Behandeln von Gerüstankerlöchern,
- Decken, Wände, Böden und Bekleidungen bei Flächen bis 2,5 m^2 Einzelgröße.

Masse (kg, t) für

- Silikon- und Kieselsäureester-Imprägniermittel.

9.3 Abrechnung

Zwischenzeitlich wird das Aufmaß nach VOB von den Gerichten bei Privataufträgen nicht mehr anerkannt. Hier müssen die tatsächlich behandelten Maßen in Rechnung gestellt werden.

Entsprechend der ATV DIN 18299 „Allgemeine Regelungen für Bauarbeiten jeder Art“ sind die Leistungen des Malers und Lackierers aus Zeichnungen (Plänen) zu ermitteln, wenn die ausgeführte Leistung diesen Zeichnungen entspricht. Sind solche Zeichnungen nicht vorhanden, ist die Leistung aufzumessen[1].

Allgemeines zum Aufmaß

Zur Ermittlung der Leistung – gleichgültig, ob sie nach Zeichnung oder nach Aufmaß erfolgt – sind die Maße der behandelten oder beschichteten Fläche (< 30 cm Einzelbreite) zugrunde zu legen.

- Leisten, Sockelfliesen und dergleichen bis 10 cm Höhe werden übermessen.
- Rückflächen von Nischen sowie Laibungen (auch von Fenstern) werden unabhängig von ihrer Einzelgröße mit ihren Maßen gesondert gerechnet.
- Unmittelbar zusammenhängende, verschiedenartige Aussparungen, z. B. Öffnung mit angrenzender Nische, werden getrennt gerechnet.
- Gesimse, Lisenen, Eckverbände, Umrahmungen und Faschen von Füllungen oder Öffnungen werden unabhängig davon, ob sie behandelt werden, beim Ermitteln der Fläche übermessen.
- Fenster, Türen, Trennwände, Bekleidungen und dergleichen werden je beschichtete Seite nach Fläche gerechnet; Verglasungen, Füllungen und dergleichen werden übermessen.
- Bei Türen über 60 mm Dicke, bei Blockzargen über 60 mm Tiefe, bei Futter und Bekleidungen von Türen und Fenstern sowie bei Stahltürzargen und dergleichen wird die abgewickelte Fläche gerechnet.
- Bei der Abrechnung von beliebig geformten Einzelflächen, z. B. Ausbesserungsstellen, ist zur Ermittlung der Maße das kleinste umschriebene Rechteck zugrunde zu legen. Ausgenommen von dieser Regel sind Kreise, Dreiecke, Trapeze und Rauten.
- Fenstergitter, Scherengitter, Rollgitter, Roste, Zäune, Einfriedungen und Stabgeländer werden einseitig gerechnet.
- Rohrgeländer werden nach Länge der Rohre und deren Durchmesser gerechnet.
- Profile, Heizkörper, Trapezprofile, Wellbleche und dergleichen werden nach abgewickelter Fläche oder, soweit vorhanden, nach Tabellen gerechnet.
- Bei Rohrleitungen werden Schieber, Flansche und dergleichen übermessen und gesondert gerechnet.
- Werden Türen, Fenster, Rollläden und dergleichen nach Anzahl (Stück) gerechnet, bleiben Abweichungen von den vorgeschriebenen Maßen bis jeweils 5 cm in der Höhe und Breite sowie bis 3 cm in der Tiefe unberücksichtigt.
- Dachrinnen werden am Wulst, Fallrohre im Außenbogen gemessen.

[1] aufmessen = Fachbegriff für „ausmessen“

Es werden abgezogen:

Bei Abrechnung nach Flächenmaß (m^2):

- Aussparungen, z. B. Öffnungen (auch raumhoch), Nischen über 2,5 m^2 Einzelgröße, in Böden über 0,5 m^2 Einzelgröße
- Bei der Ermittlung der Abzugsmaße sind die kleinsten Maße der Aussparung zugrunde zu legen.
- Unterbrechungen in der zu beschichtenden Fläche durch Bauteile, z. B. durch Fachwerkteile, Stützen, Unterzüge, Vorlagen, mit einer Einzelbreite über 30 cm.

Bei Abrechnung nach Längenmaß (m):

- Unterbrechungen über 1 m Einzellänge

10 Gesetze, Verordnungen, Vorschriften und Richtlinien

Gesetze und Verordnungen (Auswahl)

BGB	Bürgerliches Gesetzbuch
StGB	Strafgesetzbuch
LBO	Landesbauordnungen des jeweiligen Bundeslands
VgV	Verordnung über die Vergabe öffentlicher Aufträge (Vergabeverordnung)

Normen (Auswahl)

DIN 1960	VOB Teil A Allgemeine Bestimmungen für die Vergabe von Bauleistungen
DIN 1961	VOB Teil B Allgemeine Vertragsbedingungen für die Ausführung von Bauleistungen
DIN 18299	VOB Teil C Allgemeine Vertragsbedingungen für Bauleistungen (ATV) – Allgemeine Regelungen für Bauarbeiten jeder Art
DIN 18363	VOB Teil C Allgemeine Vertragsbedingungen für Bauleistungen (ATV) – Maler- und Lackierarbeiten – Beschichtungen
DIN 18364	VOB Teil C Allgemeine Vertragsbedingungen für Bauleistungen (ATV) – Korrosionsschutzarbeiten an Stahlbauten
DIN 18365	VOB Teil C Allgemeine Vertragsbedingungen für Bauleistungen (ATV) – Bodenbelagarbeiten
DIN 18366	VOB Teil C Allgemeine Vertragsbedingungen für Bauleistungen (ATV) – Tapezierarbeiten
DIN 18451	VOB Teil C Allgemeine Vertragsbedingungen für Bauleistungen (ATV) – Gerüstarbeiten

BFS-Merkblätter

1	Schutz und Instandsetzung von Betonaußenflächen im Hochbau
2	Imprägnierungen und Beschichtungen auf Kalksandstein-Sichtmauerwerk
3	(zzt. nicht besetzt, Merkblatt wurde 2006 mit Nr. 18 zusammengefasst)
4	Zinkstaubbeschichtungen
5	Beschichtungen auf Zink und verzinktem Stahl
6	Beschichtungen auf Bauteilen aus Aluminium

7 Prüfrichtlinien für Wandbekleidungen vor, bei und nach der Verarbeitung
8 Innenbeschichtungen, Tapezier- und Klebearbeiten auf Betonflächen
9 Beschichtungen auf mineralischem Außenputz
10 Beschichtungen, Tapezier- und Klebearbeiten auf Innenputz
11 Beschichtungen, Tapezier- und Klebearbeiten auf Porenbeton
12 Oberflächenbehandlung von Gipsplatten (Gipskartonplatten) und Gipsfaserplatten
13 Beschichtungen auf Ziegel-Sichtmauerwerk
14 Beschichtungen von Platten aus Faserzement und Asbestzement
15 Brandschutzbeschichtungen auf Holz, Holzwerkstoffen und Stahlbauteilen
16 Technische Richtlinien für Tapezier- und Spannarbeiten innen
17 Beschichtungen, Tapezier- und Klebearbeiten auf massiven Gips-Wandbauplatten
18 Beschichtungen auf Holz und Holzwerkstoffen im Außenbereich
19 Risse in Außenputzen, Beschichtungen und Armierung
19.1 Risse in unverputztem Mauerwerk, in Gipskartonplatten und ähnlichen Stoffen auf Unterkonstruktionen; Ursachen und Bearbeitungsmöglichkeiten
20 Baustellenübliche Prüfungen zur Beurteilung des Untergrundes für Beschichtungs- und Tapezierarbeiten
20.1 Beurteilung des Untergrunds für Putzarbeiten, Maßnahmen zur Beseitigung von Schäden
21 Technische Richtlinien für die Planung und Verarbeitung von Wärmedämm-Verbundsystemen
22 Beschichtungen auf Kunststoff im Hochbau
23 Technische Richtlinien für das Abdichten von Fugen im Hochbau und von Verglasungen
24 Beschichtungen auf pulverlackierten Bauteilen
25 Richtlinien zur Beurteilung von Farbübereinstimmungen und Farbabweichungen
26 Farbveränderungen von Beschichtungen im Außenbereich

C Naturwissenschaftliche Grundlagen

Unter den naturwissenschaftlichen Grundlagen versteht man u. a. die chemischen und physikalischen Verfahren zur Vorbereitung der Untergründe, die Applikationsverfahren, die Zusammenhänge der Trocknung bzw. Erhärtung der Beschichtungen, die Schutzfunktion der Beschichtung, aber auch den Abbau und die Zerstörung der Beschichtung und damit die Schädigung der Untergründe.

Naturwissenschaftliche Grundlagen

Chemische Vorgänge

Chemische Erhärtung durch
- Oxidation
- Polymerisation
- Polyaddition
- Polykondensation

Schädigung durch
- Wasser
- Gase
- Säuren
- Laugen (Basen)
- Salze
- Korrosion

Abbeizen der Beschichtungen mit Abbeizlauge

Physikalische Vorgänge

Reinigen und Schleifen der Untergründe

Beschichten der Untergründe

Physikalische Trocknung durch
- Verdunsten der Löse- und Verdünnungsmittel
- Kalter Fluss[1]

Sichtbarwerden von Farbe und Glanz

Härte der Beschichtungen

Schädigung durch
- Feuchtigkeit
- Kapillarität
- Diffusion
- Alterung
- mechanische Abnutzung
- Erosion

Entschichtung der Untergründe[2]

Biologische Vorgänge

Schädigung durch
- Bakterien
- Algen
- Pilze
- Moose
- Insekten, Spinnen usw.

1 Chemische Grundlagen

Bei chemischen Vorgängen verändern sich die Stoffe. Durch chemische Reaktionen entstehen neue Stoffe.

> Die Chemie ist die Lehre von der Zusammensetzung, den Eigenschaften und der Umwandlung der Stoffe.

Beispiele für chemische Vorgänge:
- Verbrennung von Stoffen
- Herstellung von Stahl aus Eisenerz
- Herstellung der Kunststoffe
- Herstellung der Bindemittel

[1] Die Dispersionsfarben trocknen durch Kalten Fluss, d. h., die Kunststoffteilchen fließen beim Verdunsten des Verdünnungsmittels Wasser zusammen und verkleben.

[2] Ausnahme: Abbeizen der Beschichtungen mit Laugen

- Herstellung der Lösemittel
- Herstellung der Additive (Zusatzstoffe)
- Herstellung der Mineral- und Teerpigmente
- Erhärtung der Lacke und Lackfarben
- Korrosion der Metalle
- ätzende Wirkung von Säuren und Laugen usw.

Für chemische Reaktionen wird Energie benötigt oder bei der Reaktion wird Energie freigesetzt. So gibt es in der Chemie stets Berührungspunkte zur Physik.

Die ungeheure Anzahl der chemischen Verbindungen und Vorgänge lässt sich in zwei Bereiche untergliedern.

Bereiche der Chemie

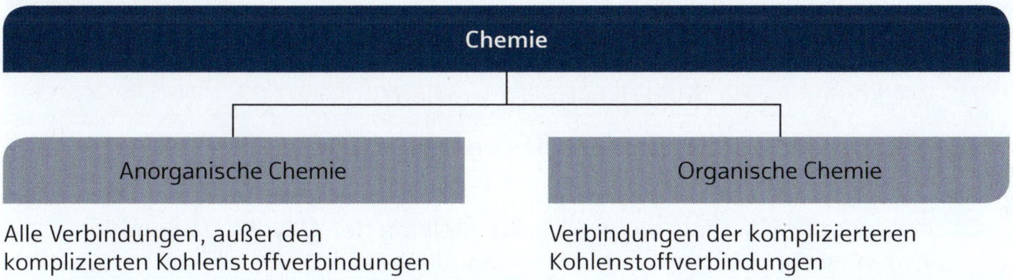

Aufträge

1. Beschreiben Sie, wie Sie die Alkalität von Beton feststellen können.
2. Wie kann sich die Alkalität des Betons auf Beschichtungen auswirken?
3. Wie können Sie den pH-Wert eines Putzes feststellen?
4. Welche Bindemittel sind besonders laugenbeständig?
5. Erläutern Sie, warum beim Verspritzen von brennbaren Werkstoffen das Rauchen verboten ist.
6. Bei der Prüfung einer Flüssigkeit mit Universalindikatorpapier färbt sich der Indikator rot. Um welche Stoffgruppe handelt es sich?
7. Wie sind Gefäße zu kennzeichnen, wenn darin Säuren aufbewahrt werden?
8. Wie können und müssen Sie sich vor den Gefahren bei der Arbeit mit Säuren schützen?
9. Wie kann man Beschichtungen auf ihre Säurebeständigkeit untersuchen?
10. Wie wirkt sich die saure Umweltverschmutzung auf Karbonate aus?
11. Wie entstehen Ausblühungen an der Fassade?
12. Welche Ausblühungen sind an der Fassade möglich?

13. Wie kann man Sulfatausblühungen an der Fassade erkennen?
14. Wie kann man Nitratausblühungen von Sulfaten unterscheiden?
15. Begründen Sie, warum Alkydharzlacke mit Laugen abgebeizt werden können.
16. Was versteht man unter der Wasserhärte?
17. Welche Möglichkeiten zur Wasserenthärtung gibt es?
18. Begründen Sie die Schutzwirkung einer Verzinkung auf Stahl.
19. Wie wirkt sich der galvanische Spannungsunterschied aus, wenn fälschlicherweise Zinkblech mit Stahlwolle gereinigt wurde und Stahlspäne auf dem Zink zurückbleiben?
20. Unter welchen Voraussetzungen ist eine Kontaktkorrosion möglich?
21. Wie kommt es zur interkristallinen Korrosion?
22. Alkydharzlacke sollen im Sinne des Gesundheits- und Umweltschutzes aromatenfrei sein. Was versteht man darunter?
23. Mehrwertige Alkohole werden zur Herstellung der Alkydharze benötigt. Was versteht man unter mehrwertigen Alkoholen?
24. Aus welchen Stoffgruppen entsteht das Ester Alkydharz?
25. Sikkative wirken in Alkydharzlacken als Katalysatoren. Welche Aufgaben übernehmen diese Stoffe?
26. Alkydharzlacke erhärten durch Oxidation. Erläutern Sie diesen Vorgang.
27. Die Bindemittel der Dispersionsfarben werden durch Polymerisation hergestellt.
    Erläutern Sie diesen Vorgang.
28. Was versteht man unter Polymerisatharzen?
29. Epoxidharze erhärten durch Polyaddition. Erläutern Sie diesen Vorgang.

1.1 Anorganische Chemie

Die anorganische Chemie umfasst alle Verbindungen, außer den komplizierten Kohlenstoffverbindungen.

Lediglich die Kohlenstoffoxide, die Kohlensäure und die Salze der Kohlensäure sind Kohlenstoffverbindungen, die zur anorganischen Chemie gehören. Den anorganischen Verbindungen steht die zehnfache Anzahl organischer gegenüber. Dies zeigt die Vielfalt der Kohlenstoffverbindungen.

Anorganische Verbindungen im Berufsfeld

Untergründe	Werk- und Hilfsstoffe
mineralische Untergründe, wie Betone, Steine, Putze usw. Metalle, wie Stahl, Zink, Aluminium, Kupfer usw.	Bindemittel, wie Zement, Kalk und Wasserglas; das Löse- und Verdünnungsmittel Wasser; Pigmente, wie die Erd- und Mineralpigmente; spezielle Werkstoffe, wie Gips, Fluat, Abbeizlauge usw.

1.2 Organische Chemie

Die organische Chemie ist die Chemie der komplizierteren Kohlenstoffverbindungen.

Lediglich einfache Kohlenstoffverbindungen wie Kohlenstoffoxide, Kohlensäure und die Salze der Kohlensäure werden zur anorganischen Chemie gezählt.

Außer Kohlenstoff enthalten organische Moleküle nur wenige andere Grundstoffe. Die wichtigsten sind Wasserstoff, Sauerstoff, Stickstoff und Schwefel.

Organische Verbindungen im Berufsfeld

Untergründe	Werk- und Hilfsstoffe
Holzuntergründe, Kunststoffuntergründe	Bindemittel, wie Leime, Dispersionen, Lacke; alle Lösemittel, außer Wasser; Tier- und Pflanzenpigmente, Teerpigmente; Additive, wie Sikkative, Hautverhütungsmittel, Netzmittel usw.; spezielle Werkstoffe, wie Tapeten, Abdeckbänder, Abbeizfluide usw.

1.3 Analyse

Die Analyse ist die Zerlegung einer chemischen Verbindung.

Beispiele:

Wasser ⟶ Wasserstoff + Sauerstoff

$2H_2O \longrightarrow 2H_2 + O_2$

Zwei Wasserstoffatome und ein Sauerstoffatom sind im Wasser verbunden.

Rost ⟶ Eisen + Sauerstoff + Wasserstoff

$2FeOOH \longrightarrow 2Fe + 2O_2 + H_2$

Rost enthält ein Atom Eisen, zwei Sauerstoffatome und ein Wasserstoffatom.

Mit der qualitativen Analyse stellt man fest, welche Elemente (Grundstoffe) in einem Stoff enthalten sind. Mit der quantitativen Analyse stellt man fest, in welchen Mengen bestimmte Elemente in einem Stoff enthalten sind.

1.4 Synthese

Die Synthese ist der Aufbau einer chemischen Verbindung.

Beispiele:

Zink + Sauerstoff ⟶ Zinkoxid

$2\,Zn + O_2 \longrightarrow 2\,ZnO$

Zwei Zinkatome und ein Sauerstoffmolekül (= zwei Sauerstoffatome) verbinden sich zu zwei Molekülen Zinkoxid.

Wasserstoff + Chlor ⟶ Salzsäure

$H + Cl \longrightarrow HCl$

Ein Atom Wasserstoff und ein Chloratom verbinden sich zu einem Molekül Salzsäure.

Analyse und Synthese sind einander entgegengesetzte chemische Reaktionen.

Im übertragenen Sinne wird heute auch dann von einer Analyse oder Synthese gesprochen, wenn die Zusammensetzung eines Stoffs ermittelt wird, bzw. wenn der Aufbau eines Stoffs besprochen wird, ohne dass dabei die einzelnen Elemente isoliert werden.

1.5 Elemente

Elemente sind Stoffe, die aus einer einzigen Atomart aufgebaut sind.

Elemente lassen sich nicht in andere Stoffe zerlegen. Chemische Elemente gehen bei jeder chemischen Reaktion in einen Stoff mit größerer Masse über. Eine Ausnahme bilden nur die kernphysikalischen Vorgänge, wie die Energiegewinnung durch radioaktiven Zerfall in Atomkraftwerken.

Die Elemente werden in Metalle und Nichtmetalle unterteilt.

In der chemischen Zeichensprache hat jedes Element ein international gültiges Symbol. Man verwendet dazu den großgeschriebenen Anfangsbuchstaben des lateinischen oder griechischen Namens der Elemente. Beginnen die Namen mehrerer Elemente mit dem gleichen Anfangsbuchstaben, fügt man dem Anfangsbuchstaben zur Unterscheidung noch weitere, kleingeschriebene Buchstaben bei.

Bedeutende Elemente im Berufsfeld

Metalle

Elemente	Kurzzeichen	Verwendung im Berufsfeld
Aluminium	Al	Untergründe, Pigmente, Blattmetalle
Blei	Pb	Pigmente[1], Sikkative
Chrom	Cr	Pigmente[1]
Eisen	Fe	Untergründe, Pigmente
Gold	Au	Blattmetalle
Kalium	K	Abbeizlauge, Silikatfarbe
Kalzium	Ca	min. Untergründe, Kalkfarbe, Gips, Füllstoff
Kobalt	Co	Pigmente[1], Sikkative
Kupfer	Cu	Untergründe, Pigmente, Blattmetalle
Magnesium	Mg	Fluat, Zement
Mangan	Mn	Pigmente
Natrium	Na	Abbeizlauge
Silber	Ag	Blattmetalle
Titan	Ti	Pigmente
Zink	Zn	Untergründe, Pigmente

Nichtmetalle

Elemente	Kurzzeichen	Verwendung im Berufsfeld
Chlor	Cl	Kunststoffe, Bindemittel, Lösemittel[1]
Fluor	F	Fluat
Kohlenstoff	C	Bindemittel, Lösemittel, Additive, Teerpigmente
Phosphor	P	Rostumwandler
Sauerstoff	O	Untergründe, Bindemittel, Lösemittel, Additive, Pigmente
Schwefel	S	Pigmente, Gips
Silizium	Si	Silikatfarben, Silikone, Silikonharze
Stickstoff	N	Salmiakgeist, Härter

Metalle sind feste Stoffe. Eine Ausnahme stellt nur das flüssige Quecksilber dar. Nichtmetalle sind fest, flüssig oder gasförmig.

Insgesamt gibt es 92 natürliche Elemente, also Grundstoffe, die in der Natur vorkommen. Darüber hinaus können aktuell 15 Elemente künstlich erzeugt werden.

[1] Wegen der Gesundheits- und Umweltschädlichkeit kaum mehr im Handel

Alle künstlichen Elemente sind unbeständig. Sie zerfallen unter Abgabe von radioaktiven Strahlen mehr oder weniger schnell in andere Elemente. Es gibt aber auch einige natürliche radioaktive Elemente.

1.6 Atome

Atome sind die kleinsten Einzelteilchen der Elemente.

Atome sind auf chemischem Weg nicht teilbar[1].

Die Masse der Atome beträgt 10^{-24} bis 10^{-22} g, der Durchmesser liegt bei $0{,}1^{-0{,}5}$ nm (= 0,000 001 – 0,000 005 mm).

Beispiele: Aufbau der Atome (Schalenmodell nach Niels Bohr)

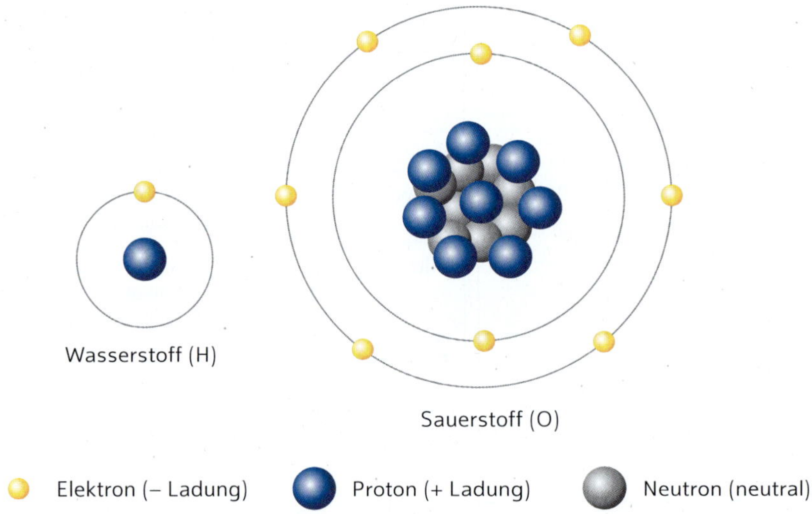

Aus dem Bau der Atome kann man wichtige Erkenntnisse gewinnen:

1. Ein Atom besteht aus Atomkern und Atomhülle.
2. Im Atomkern befinden sich Protonen und Neutronen, in der Hülle (= Schale) Elektronen.
3. Protonen sind elektrisch positiv geladene Masseteilchen.
4. Neutronen sind Masseteilchen ohne elektrische Ladung.
5. Elektronen sind negativ geladene Teilchen mit verschwindend geringer Masse.
6. Die Masse eines Protons ist nahezu gleich der Masse eines Neutrons.
7. Die elektrische Ladung ist bei Protonen und Elektronen entgegengesetzt, aber gleich groß.

Protonen und Neutronen bilden den Atomkern und machen fast die gesamte Masse eines Atoms aus.

[1] griech. *átomos* = unteilbar

Bei den Atomen halten sich elektrische Anziehungskräfte zwischen den negativ geladenen Elektronen und den positiv geladenen Protonen im Kern sowie die Fliehkräfte der Elektronen die Waage.

1.7 Periodensystem

Für die chemischen Eigenschaften der Elemente sind die elektrische Ladung und der Bau der Atomhülle entscheidend. Das ermöglicht auch eine systematische Einordnung der Elemente in ein System. Dieses wird als Periodensystem (PSE) bezeichnet.

Die waagerechten Reihen heißen Perioden. Hierbei gibt die Periodennummer die Anzahl der Elektronenschalen an, die das betreffende Element besitzt.

Alle Elemente einer Periode haben
- gleich viele Elektronenschalen, aber unterschiedlich viele Außenelektronen;
- in der Reihenfolge von links nach rechts hat jedes folgende Element immer ein Außenelektron mehr als das vorhergehende.

Entsprechend der Anzahl der Elektronen auf der äußeren Schale stehen die Elemente in Gruppen untereinander. Die Gruppen werden nochmals in Haupt- und Nebengruppen unterteilt, die besondere Namen tragen.

Alle Elemente einer Hauptgruppe haben
- gleich viele Außenelektronen, aber unterschiedlich viele Elektronenschalen;
- in der Reihenfolge von oben nach unten hat jedes Element eine Elektronenschale mehr als das vorhergehende.

Bezeichnungen der Gruppen

Hauptgruppen	Bezeichnungen
1. Hauptgruppe	Alkalimetalle
2. Hauptgruppe	Erdalkalimetalle
3. Hauptgruppe	Erdmetalle
4. Hauptgruppe	Kohlenstoffgruppe
5. Hauptgruppe	Stickstoffgruppe
6. Hauptgruppe	Chalkogene
7. Hauptgruppe	Halogene
8. Hauptgruppe	Edelgase

Nebengruppen	Bezeichnungen
1. Nebengruppe	Kupfergruppe
2. Nebengruppe	Zinkgruppe
3. Nebengruppe	Scandiumgruppe
4. Nebengruppe	Titangruppe
5. Nebengruppe	Erdsäurengruppe
6. Nebengruppe	Chromgruppe
7. Nebengruppe	Mangangruppe
8. Nebengruppe	Eisen-Platin-Gruppe

Die Stellung der Elemente im System wird durch eine fortlaufende Ordnungszahl, die identisch mit der Kernladungszahl ist, festgelegt.

Dadurch ergeben sich zwischen dem Atombau und der Stellung im Periodensystem folgende Zusammenhänge:

1. Die Hauptgruppennummer gibt die Anzahl der Elektronen auf der Außenschale an.
2. Die Periodenzahl gibt die Anzahl der Elektronenschalen an.
3. Die Ordnungszahl gibt die Anzahl der Protonen im Atomkern an und somit beim neutralen Atom die Gesamtzahl der Elektronen.

Die Atome können auf der äußersten Schale Elektronen aufnehmen oder abgeben. Dadurch erhält das Atom eine negative oder positive Ladung.

Das chemische Verhalten der Atome hängt von der Anzahl der Außenelektronen ab. Außenelektronen bezeichnet man als Valenzelektronen.

Vereinfachtes Periodensystem

	Hauptgruppe							
	I	II	III	IV	V	VI	VII	VIII
1. Periode	1 **H** Wasserstoff							2 **He** Helium
2. Periode	3 **Li** Lithium	4 **Be** Beryllium	5 **B** Bor	6 **C** Kohlenstoff	7 **N** Stickstoff	8 **O** Sauerstoff	9 **F** Fluor	10 **Ne** Neon
3. Periode	11 **Na** Natrium	12 **Mg** Magnesium	13 **Al** Aluminium	14 **Si** Silicium	15 **P** Phosphor	16 **S** Schwefel	17 **Cl** Chlor	18 **Ar** Argon
4. Periode	19 **K** Kalium	20 **Ca** Kalzium	31 **Ga** Gallium	32 **Ge** Germanium	33 **As** Arsen	34 **Se** Selen	35 **Br** Brom	36 **Kr** Krypton
5. Periode	37 **Rb** Rubidium	38 **Sr** Strontium	49 **In** Indium	50 **Sn** Zinn	51 **Sb** Antimon	52 **Te** Tellur	53 **J** Jod	54 **Xe** Xenon
6. Periode	55 **Cs** Cäsium	56 **Ba** Barium	81 **Tl** Thallium	82 **Pb** Blei	83 **Bi** Wismut	84 **Po** Polonium	85 **At** Astat	86 **Rn** Radon
7. Periode	87 **Fr** Francium	88 **Ra** Radium						

◀ Hier sind im vollständigen PSE die Elemente der Nebengruppen eingefügt.

	Metall	**Nichtmetall**	**Nichtmetall**	**Nichtmetall**	**Halbmetall** (Übergangs-element)	**Edelgas**
Aggregat-zustand	fest	gasförming	fest	flüssig	fest	gasförmig

Die Nebengruppen findet man im Periodensystem ab der 4. Periode zwischen den Gruppen II und III. Die Nebengruppenelemente besitzen auf der äußeren Schale meist zwei Elektronen. Sie haben deshalb ähnliche Eigenschaften.

Alle Nebengruppenelemente sind Metalle.

In den Nebengruppen findet man die technisch wichtigen Metalle Eisen, Kupfer, Zink, Chrom, Cobalt, Nickel, Titan, Kadmium und die Edelmetalle.

Während sich bei den Elementen der Hauptgruppen nur die Außenelektronen an chemischen Reaktionen beteiligen, können bei den Nebengruppenelementen auch die Elektronen der darunter liegenden Schale genutzt werden.

1.8 Moleküle

Atome verbinden sich durch chemische Reaktionen zu Molekülen. Die Moleküle sind die kleinsten Teilchen einer chemischen Verbindung.

Moleküle bestehen aus mehreren, miteinander verbundenen Atomen.

Die Verbindung der Atome zu Molekülen ist auf unterschiedliche Weise möglich, die nachfolgend erörtert werden.

1.8.1 Ionenbindung

Atome können Elektronen abgeben oder aufnehmen. Durch die Elektronenaufnahme bzw. -abgabe werden die Atome elektrisch geladen. Atome mit elektrischer Ladung bezeichnet man als Ionen.

Ionen entstehen, wenn Atome Elektronen aufnehmen oder abgeben.

Anionen sind durch Elektronenaufnahme negativ geladen.

Anionen wandern im elektrischen Feld zur Anode.

Kationen sind durch Elektronenabgabe positiv geladen.

Kationen wandern im elektrischen Feld zur Kathode.

Beispiel:

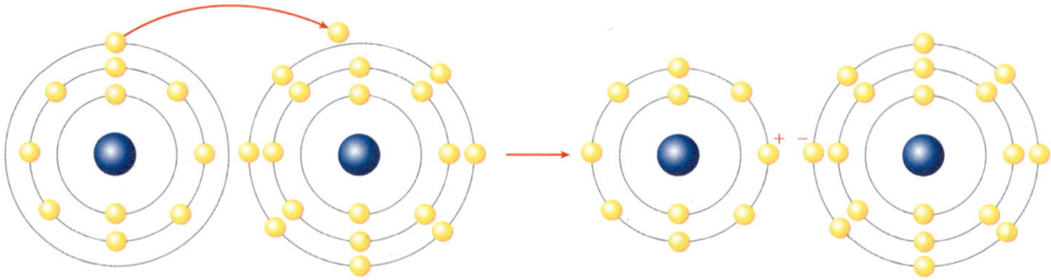

Natriumatom
Kern: 11 Protonen (+)
Schale: 11 Elektronen (–)
Ladung: neutral

Natrium gibt ein Elektron (–) ab und wird positiv geladen.

Chloratom
Kern: 17 Protonen (+)
Schale: 17 Elektronen (–)
Ladung: neutral

Chlor nimmt ein Elektron (–) auf und wird negativ geladen.

Ionenbindung
Positiv geladenes Natriumion und negativ geladenes Chlorion ziehen sich an und verbinden sich. Es entsteht Natriumchlorid (= Kochsalz).

Bei der Ionisierung der Atome verändert sich deren Größe. Anionen sind durch die Elektronenaufnahme größer als neutrale Atome. Kationen sind durch die Elektronenab-gabe kleiner als neutrale Atome. Die Ladung der Ionen wird auch als Ionenwertigkeit bezeichnet.

Beispiele:

$$Na \longrightarrow Na^{+} + e^{-}$$

$$Cl + e^{-} \longrightarrow Cl^{-}$$

Die unterschiedlich geladenen Ionen ziehen sich gegenseitig an und verbinden sich. Diese chemische Verbindung wird als Ionenbindung bezeichnet.

Es bilden sich unterschiedliche Ionen. Diese verbinden sich, da dadurch alle beteiligten Atome eine günstige Elektronenkonfiguration, z. B. eine Edelgaskonfiguration[1], erreichen.

Die entgegengesetzt geladenen Ionen werden von elektrischen Feldkräften zusammengehalten, die nach allen Richtungen wirken und nicht abgesättigt werden können. Es bilden sich ausgedehnte, räumliche Ionengitter. Die Bildung eines Ionengitters ist immer mit einem Energiegewinn verbunden.

Die Ionenbindung ist zwischen Metallen und Nichtmetallen typisch. Alle Verbindungen mit Ionenbindung zeigen salzartigen Charakter. Verbindungen mit Ionenbindung haben hohe Schmelz- und Siedepunkte.

[1] Edelgase haben auf der äußeren Hülle acht Elektronen und sind deshalb besonders reaktionsträge.

1.8.2 Atombindung

Die Atombindung ist auf die elektrostatische Wechselwirkung zwischen den positiv geladenen Atomkernen und den negativen Ladungen der Elektronen auf den Außenschalen zurückzuführen.

Beispiel:

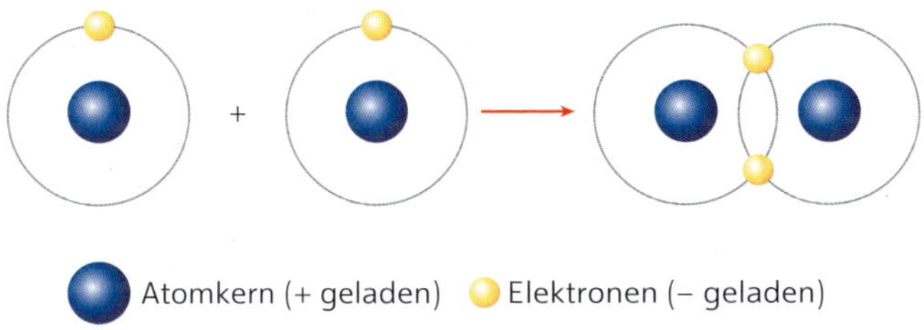

Durch die Atombindung bilden sich gemeinsame Elektronenpaare. Nichtmetallatome mit mehreren Elektronenschalen können auch mehrere Elektronenpaare bilden, um so die optimale Bestückung mit Elektronen zu erreichen. So entstehen Doppel- und Dreifachbindungen.

Atombindungen treten nur zwischen Atomen mit mehr oder weniger elektronennegativem Charakter, also zwischen Nichtmetallen, auf. Die Atombindung ist für alle organischen Verbindungen typisch.

Die auch gebräuchliche Bezeichnung „unpolare Bindung" drückt aus, dass die beteilig-ten Atome keine elektrischen Ladungen tragen. Moleküle mit Atombindungen leiten deshalb auch keinen elektrischen Strom.

Die Atombindungen sind räumlich gerichtet. Sie ergeben dadurch Moleküle bzw. Atomgitter mit einer für den Stoff charakteristischen Struktur. Atomgitter werden nur von verhältnismäßig wenigen Stoffen gebildet. Als typisches Beispiel gilt der elementare Kohlenstoff in Form eines Diamanten. Alle Stoffe mit Atomgitter, z. B. Siliziumkarbid und Borkarbid, zeichnen sich durch große Härte und sehr hohe Schmelz- und Siedepunkte aus. Siliziumkarbid wird z. B. als Schleifmittel eingesetzt, mit Borkarbid kleidet man die Düsen von Strahlgeräten aus.

1.8.3 Metallbindung

Die Metalle geben ihre Außenelektronen (= Valenzelektronen) leicht ab. Die abgespaltenen Valenzelektronen bewegen sich zwischen den positiv geladenen Atomrümpfen und bewirken dabei ihren Zusammenhalt. Diese mehr oder weniger frei beweglichen Elektronen werden oft als Elektronengas bezeichnet. Sie sind die Träger der elektrischen Leitfähigkeit der Metalle.

Der Zusammenhalt zwischen den gleichartig geladenen Atomrümpfen lässt sich dadurch erklären, dass die Valenzelektronen zwischen benachbarten Atomrümpfen gemeinsame Elektronenpaare bilden.

Ähnlich wie bei den Atombindungen liegt zwischen den negativen Ladungen dieser Elektronenpaare und den positiven Ladungen der Atomrümpfe eine elektrostatische Wechselwirkung vor. Im Gegensatz zur Atombindung wechseln aber die Elektronen im Metallgitter ständig ihren Partner. Das hat zur Folge, dass die Bindungen im Metallgitter auf alle benachbarten Atomrümpfe gleichermaßen wirken, wodurch sie wesentlich weniger fest sind als die gerichteten Bindungen im Atomgitter.

Die Metalle, deren Atome nur ein Valenzelektron besitzen (1. Hauptgruppe im Perioden-system) und daher auch nur an einem gemeinsamen Elektronenpaar teilnehmen können, haben sehr niedrige Schmelzpunkte. Die Höhe der Schmelzpunkte hängt außerdem noch von den Gitterkonstanten und von den Abständen der Metallionen im Gitter ab. Bei annähernd gleichen Gitterkonstanten steigen die Schmelzpunkte mit zunehmender Anzahl der Valenzelektronen.

Die Verformbarkeit der Metalle hängt entscheidend von der Art des Kristallgitters ab. Aber auch die Einlagerung von Fremdatomen, z. B. Kohlenstoffatome oder Legierungs-partner, beeinflussen diese und andere Eigenschaften.

1.8.4 Nebenbindungsarten

Die Nebenbindungsarten bewirken zwischenmolekulare Kräfte. Durch diese wird der Zusammenhalt der Moleküle untereinander verursacht. Beim Lösevorgang eines Stoffs lösen sich diese zwischenmolekularen Kräfte im Lösemittel und im zu lösenden Stoff und bauen sich zwischen Lösemittel und gelöstem Stoff erneut auf. Die Stärke der zwischenmolekularen Kräfte hängt von der Art der zwischenmolekularen Bindung ab.

Van-der-Waals-Bindung[1]
Diese schwachen, zwischenmolekularen Kräfte entstehen durch elektrostatische Anziehungskräfte, verursacht durch die sich sehr schnell an den Nachbaratomen vorbeibewegenden Außenelektronen.

Stoffe mit Van-der-Waals-Bindung verhalten sich wasserabstoßend (= hydrophob) und fettfreundlich (= lipophil). Bindemittel mit diesen zwischenmolekularen Kräften lassen sich nur mit organischen Lösemitteln lösen.

Wasserstoffbrückenbindung
Die Wasserstoffbrückenbindung geht von den Wasserstoffatomen der Hydroxylgruppen (OH-Gruppen) oder der Stickstoff-Wasserstoffgruppen (NH-Gruppen) aus und führt zu einem anderen Sauerstoff- oder Stickstoffatom. Dadurch liegt eine zwischenmolekulare Bindung vor.

[1] Die Van-der-Waals-Bindung wurde nach ihrem Entdecker, dem Forscher Johannes Diderik van der Waals, benannt.

Beispiele:

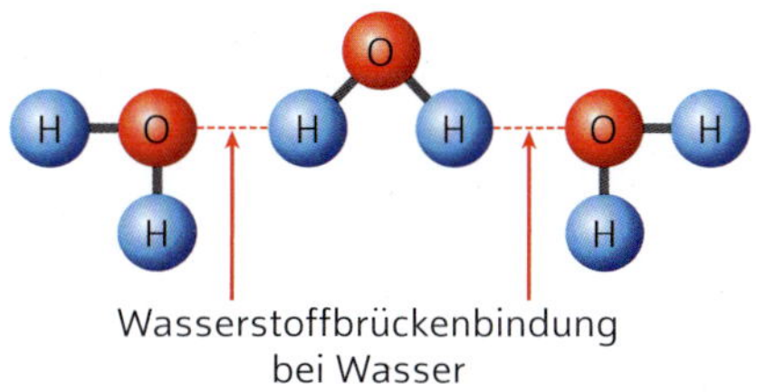

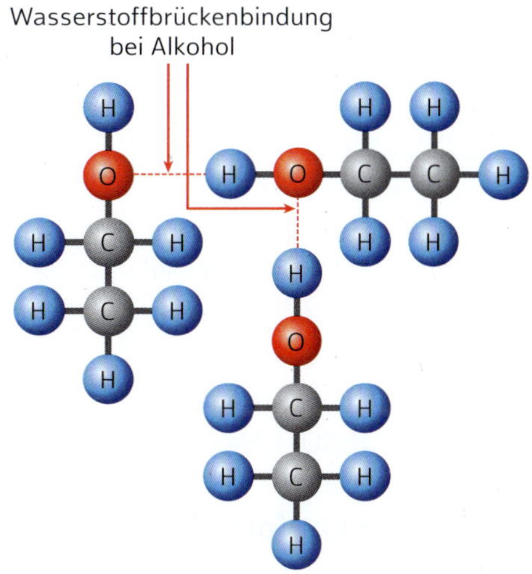

Stoffe mit Wasserstoffbrückenbindung lösen sich in Flüssigkeiten mit der gleichen Bindungsart. Diese Stoffe verhalten sich wasserfreundlich (= hydrophil) und fettabstoßend (= lipophob). Bei diesen Stoffen kann Wasser als Löse- und Verdünnungsmittel eingesetzt werden.

1.9 Chemische Formeln

Chemische Formeln bildet man mit den Kurzzeichen der Elemente.

> Eine chemische Formel zeigt,
> 1. welche Atome am Aufbau einer chemischen Verbindung beteiligt sind,
> 2. in welchem Verhältnis die Elemente am Aufbau der chemischen Verbindung beteiligt sind.

Es gibt zwei grundsätzliche Darstellungsmöglichkeiten, die Summenformel und die Strukturformel.

1.9.1 Summenformel

Bei der Summenformel zeigen die Symbole der Elemente, aus welchen Atomen das Molekül besteht. Die tiefer gestellten Ziffern in den chemischen Formeln werden als Atommultiplikatoren bezeichnet, da sie angeben, mit wie vielen Atomen das Element, hinter dessen Symbol die Ziffer steht, am Aufbau des betreffenden Moleküls beteiligt ist.

Beispiele:

Ein Wassermolekül besteht aus zwei Atomen Wasserstoff (H) und einem Atom Sauerstoff (O). Summenformel: H_2O

Ein Kalksteinmolekül besteht aus einem Kalziumatom (Ca), einem Kohlenstoffatom (C) und drei Sauerstoffatomen (O). Summenformel: $CaCO_3$

Ein Kalklaugenmolekül besteht aus einem Kalziumatom (Ca), zwei Sauerstoffatomen (O) und zwei Wasserstoffatomen (H). Summenformel: $Ca(OH)_2$

Eine tiefer gestellte Zahl hinter einer Klammer gilt für alle Atome in der Klammer. Steht eine Zahl vor dem Molekül, so gilt diese Zahl für das ganze Molekül, also für alle Atome im Molekül.

Beispiele:

$2\ H_2O$	Hier werden zwei Wassermoleküle gezeigt.
$3\ H_2SO_4$	Hier handelt es sich um drei Schwefelsäuremoleküle.

1.9.2 Strukturformel

Strukturformeln sind nur in der organischen Chemie[1] üblich. Die Strukturformel zeigt schematisch, wie die Atome im Molekül verbunden sind. Die Striche zwischen den Symbolen stellen die Bindung zwischen den Atomen dar. Ein Strich steht für eine Einfachbindung, zwei Striche geben eine Doppelbindung an, drei Striche symbolisieren eine Dreifachbindung.

Beispiele:

Ethan

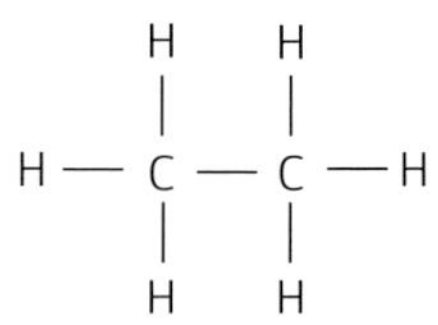

Ethen

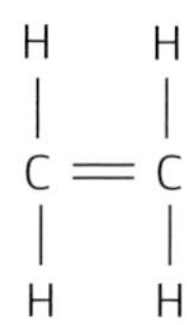

Ethin

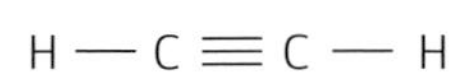

Ringförmige Moleküle stellt man oft vereinfacht dar. So verzichtet man auf die Angabe der Kohlenstoffatome und der Wasserstoffatome. Man zeichnet nur die Verbindungen, gibt aber außer den Kohlenstoffen und Wasserstoffen alle Elemente an. Doppelbindungen in den ringförmigen Molekülen werden auch durch einen Kreis symbolisiert.

[1] Kohlenstoff (C) hat immer vier Bindungsarme, Sauerstoff zwei und Wasserstoff einen Bindungsarm.

Beispiele:

Benzol
Die Atome wurden angegeben.

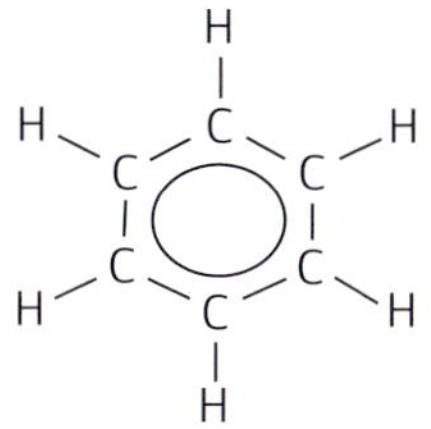

Benzol
Auf die Angabe der Atome wurde zur Vereinfachung verzichtet.

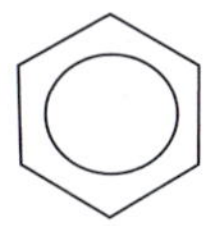

Teerpigmente
Phthalocyaningrün blaustichig

Phthalocyaningrün gelbstichig

Kohlenstoffatome und Wasserstoffatome wurden zur Vereinfachung nicht angezeigt.

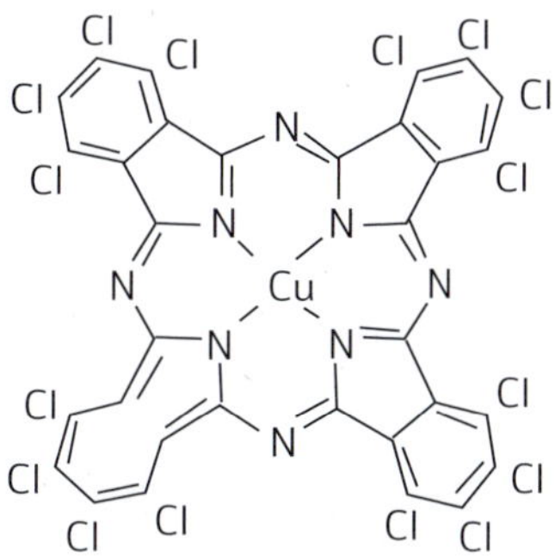

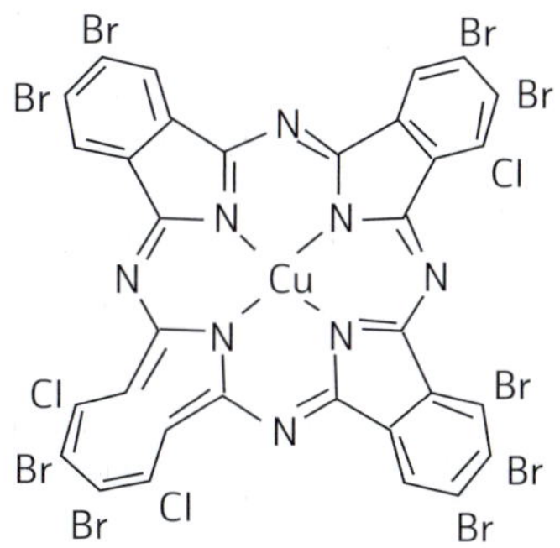

Strukturformeln sind in der organischen Chemie wichtig, weil hier bei einer Summenformel mehrere Strukturformeln möglich sein können (= Isomerie). Diese isomeren Stoffe unterscheiden sich in ihren physikalischen Eigenschaften.

Da die organischen Moleküle häufig sehr umfangreich sind, werden die Strukturformeln in der Literatur oftmals vermischt mit der Summenformel aufgezeigt.

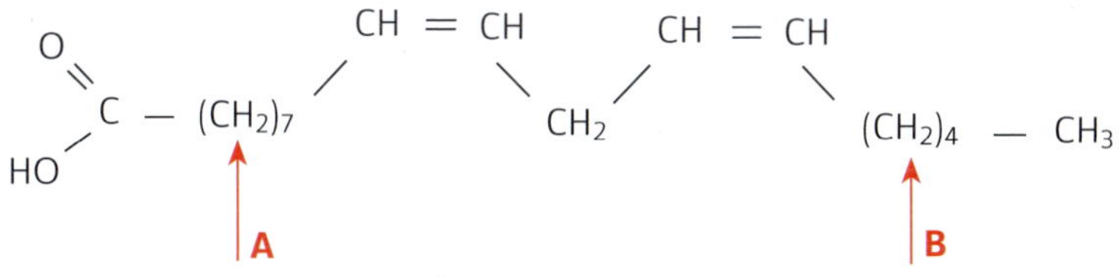

A Diese Gruppe ist aneinandergereiht siebenmal vorhanden.
B Diese Gruppe ist aneinandergereiht viermal vorhanden.

1.10 Chemische Reaktionen

Chemische Reaktionen kann man durch chemische Gleichungen aufzeigen. Jede chemische Gleichung steht für einen chemischen Vorgang. Auf der linken Seite stehen die Ausgangsstoffe, auf der rechten Seite stehen die Reaktionsprodukte. Ausgangsprodukte und Reaktionsprodukte werden durch einen Pfeil miteinander verbunden, der die Richtung der Reaktion angibt.

Beispiel:

$$4\,Fe + 2\,H_2O + 3\,O_2 \longrightarrow 4\,FeOOH$$

Eisen + Wasser + Sauerstoff ⟶ Rost

Da im Prinzip alle chemischen Reaktionen umkehrbar sind, kann man durch einen Doppelpfeil die Möglichkeit der Rückführung anzeigen.

Beispiel:

$$CaSO_4 \cdot 2\,H_2O \rightleftarrows 2\,CaSO_4 \cdot 0{,}5\,H_2O + 1{,}5\,H_2O$$

Gipsstein ⇄ gebrannter Gips + Wasser

Nehmen an einer chemischen Reaktion mehrere gleiche Moleküle teil, so wird die Anzahl der Moleküle mithilfe von Koeffizienten angegeben. Der Koeffizient bezieht sich auf das gesamte Molekül, vor dem er steht.

Beispiel:

$$4\,AL + 3\,O_2 \longrightarrow 2\,Al_2O_3$$

Aluminium + Sauerstoff ⟶ Aluminiumoxid

> In einer chemischen Gleichung muss die Summe der Atome auf beiden Seiten gleich sein.

Alle chemischen Reaktionen sind mit Energieumsetzungen verbunden. Es wird Wärme benötigt oder Wärme frei.

> Bei endothermen Reaktionen wird aus der Umgebung Wärme aufgenommen. Bei exothermen Reaktionen wird Wärme an die Umgebung abgegeben.

Beispiele hierzu sind das Brennen von Kalk und Gips, die Gewinnung von Eisen aus Erz usw.

Typische Beispiele für exotherme Reaktionen sind die Verbrennung, das Löschen von Kalk, die Erhärtung von Gips, die Erhärtung von UP-Spachtel und UP-Füller.

Eine chemische Reaktion lässt sich mit Zusätzen beschleunigen oder verzögern. Daneben beschleunigt die Zufuhr von Wärmeenergie stets die chemische Reaktion. Der Wärmeentzug (das Abkühlen) verzögert stets die chemische Reaktion. Es gibt aber auch Stoffe, die chemische Reaktionen anregen oder beschleunigen bzw. verzögern oder verhindern.

Katalysatoren lösen chemische Reaktionen aus und/oder beschleunigen sie.

Beispiele für typische Katalysatoren sind die Sikkative, die Trockenstoffe der Ölfarben und der Alkydharzlacke. Sie beschleunigen die chemische Erhärtung, ohne selbst chemisch gebunden zu werden. Auch die Härter der UP-Werkstoffe, die Peroxide, wirken als Katalysatoren.

Inhibitoren verzögern oder verhindern chemische Reaktionen.

So wirken z. B. Oxime in den Alkydharzlacken als Inhibitoren, sie verhindern dort die Sauerstoffaufnahme und wirken so als Hautverhütungsmittel. Auch trocknungsverzögernde Inhaltsstoffe, wie Gerbsäure im Eichenholz und Phenole in exotischen Hölzern, fungieren als Inhibitoren.

1.11 Oxide

Oxide sind Verbindungen eines Elements mit Sauerstoff.
Den Vorgang der Sauerstoffaufnahme nennt man Oxidation.

Formen der Oxidation

Form der Oxidation	Erläuterung
Oxidation	langsame Sauerstoffaufnahme
Verbrennung	Sauerstoffaufnahme unter Licht- und Wärmeentwicklung
Explosion	blitzschnelle Verbindung mit Sauerstoff

Verbinden sich Metalle mit Sauerstoff, so entstehen Metalloxide. Verschiedene Oxide der Metalle sind wichtige Pigmente.

Beispiele:

Metalloxide	Namen der Pigmente
Titandioxid	Titandioxid
Eisenoxide	Eisenoxidrot, Eisenglimmer
Zinkoxide	Zinkoxidweiß, Zinkweiß

Metalloxide sind ein Ausgangsprodukt (= Basis) für Basen und Laugen.

Verbinden sich Nichtmetalle mit Sauerstoff, so entstehen Nichtmetalloxide. Aus Nichtmetalloxiden entstehen durch Reaktion mit Wasser Säuren.

1.11.1 Oxidation – Reduktion

> Die Reduktion ist die Umkehrung der Oxidation, der Entzug von Sauerstoff aus einem Oxid.

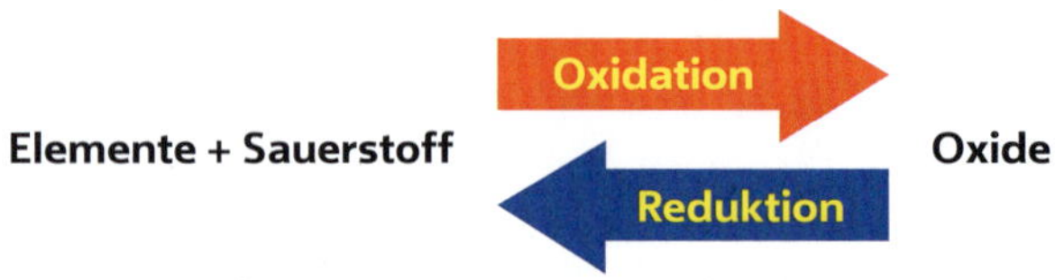

> Oxidation und Reduktion laufen nebeneinander ab. Den Gesamtvorgang nennt man Redoxreaktion.

Die Begriffe Oxidation und Reduktion hat man im Laufe der Zeit erweitert, als man erkannte, dass die Oxidations-Reduktionsvorgänge auf der Aufnahme und Abgabe von Elektronen beruhen.

Unterteilung der Redoxreaktionen

Redoxreaktionen

Oxidation	Reduktion
▸ Aufnahme von Sauerstoff	▸ Abgabe von Sauerstoff
▸ Abgabe von Wasserstoff	▸ Aufnahme von Wasserstoff
▸ Abgabe von Elektronen	▸ Aufnahme von Elektronen

1.11.2 Oxidative Erhärtung

Ölfarben, Öllacke, lufttrocknende Alkydharzlacke und -lackfarben, Epoxidharzesterlacke und -lackfarben erhärten oxidativ, das heißt, sie binden nach dem Verdunsten der Lösemittel chemisch Sauerstoff, vernetzen dadurch dreidimensional und erhärten so. Durch die dreidimensionale Vernetzung sind oxidativ erhärtende Beschichtungen irreversibel[1].

Die Sauerstoffaufnahme wird möglich, weil sich Doppelbindungen zu Einfachbindungen öffnen. Dieser Vorgang wird als Polymerisation bezeichnet[2].

Da die völlige Durchhärtung bei oxidativ erhärtenden Beschichtungsstoffen ohne Hilfsstoffe sehr lange dauern würde, setzt man bei der Herstellung der Werkstoffe

---

[1] irreversibel = mit dem Lösemittel, in dem es vor der Erhärtung löslich war, nach der Erhärtung nicht mehr anlösbar

[2] siehe Teil C, Kapitel 1.23.1, Seite 139

zur Beschleunigung der Sauerstoffaufnahme Sikkative (= Trockenstoffe) zu. Sikkative sind Katalysatoren. Hierzu verwendet man Metallverbindungen, die in organischen Lösemitteln oder organischen Bindemitteln gelöst die oxidative Erhärtung beschleunigen. Die verschiedenen geeigneten Metalle wirken dabei unterschiedlich.

Sikkative dürfen nur in geringen Mengen zugesetzt werden. Zu große Zusätze können Beschichtungsfehler wie Runzelbildung, überlange Erhärtungszeiten und verringerte Haltbarkeit verursachen.

Falscher oder zu hoher Zusatz von Sikkativen fördert die Runzelbildung

Auch die in bestimmten Pigmenten enthaltenen Metalle, z. B. in der Bleimennige[1] oder im Umbra, beschleunigen in öligen Bindemitteln die Erhärtung. Daneben ist die Erhärtung noch von anderen Faktoren abhängig. Durch Wärme verdunsten Löse- und Verdünnungsmittel schneller. Außerdem beschleunigen Wärme, Licht- und UV-Strahlen die chemische Erhärtungsreaktion.

1.12 Basen

Basen sind Verbindungen von Metallen mit OH-Gruppen (Hydroxidgruppen).
Ausnahme: NH_4 (Ammoniak)

Die Wertigkeit der Base entspricht der Anzahl der OH-Gruppen.

Beispiele:

$NaOH$	=	1 OH-Gruppe	=	einwertig
$Ca(OH)_2$	=	2 OH-Gruppen	=	zweiwertig

[1] Bleimennige darf wegen der Giftigkeit nur noch für Sonderzwecke eingesetzt werden.

Die Verbindung der Metalle mit den Hydroxidgruppen ist auf unterschiedliche Weise möglich:

$$\text{Metalloxid} + \text{Wasser} \longrightarrow \text{Base}$$
$$\text{Metall} + \text{Wasser} \longrightarrow \text{Base} + \text{Wasserstoff}$$

Beispiele:

$$CaO + H_2O \longrightarrow Ca(OH)_2$$
$$Na + H_2O \longrightarrow NaOH + H$$

Nur unedle Metalle setzen sich mit Wasser direkt zu Basen um.

Basen[1] sind die Grundlage für Säuren zur Salzbildung, das heißt, wenn Basen mit Säuren chemisch reagieren können, bilden sich Salze. In der chemischen Formel ist bei den Basen die OH-Gruppe typisch. Basen sind immer anorganische Verbindungen[2].

1.12.1 Laugen

Die Auflösung von Basen (Metallhydroxiden) in Wasser bezeichnet man als Laugen. Aber nicht alle Basen sind in Wasser löslich.

Erkennung der Laugen
Laugen lassen sich mit Indikatoren erkennen. Indikatoren[3] zeigen durch einen Farbtonwechsel Säure, Lauge oder Neutralität einer Lösung an.

Laugen färben Universalindikatorpapier blau.
Laugen färben rotes Lackmuspapier blau.
Laugen färben Thymolpthalein blau.
Laugen färben Phenolphthalein rotviolett.

Beispiele wichtiger Laugen im Berufsfeld

Laugen	Chemische Bezeichnung	Verwendung
Kalklauge	Kalziumhydroxid $Ca(OH)_2$	Bindemittel für Kalkfarben und Kalkputze; entsteht bei der Erhärtung von Zementen und schützt durch die Alkalität den Armierungsstahl im Beton
Natronlauge	Natriumhydroxid NaOH	wesentlicher Bestandteil in Abbeizlaugen
Kalilauge	Kaliumhydroxid KOH	wesentlicher Bestandteil in Abbeizlaugen

[1] griech. *basis* = Grundlage
[2] Organische Verbindungen mit OH-Gruppen sind als Alkohole bekannt.
[3] lat. *indicare* = anzeigen

Die Wirkung von Laugen bezeichnet man als alkalisch[1].

Laugen gehören zu den Gefahrstoffen und sind entsprechend der Gefahrstoffverordnung zu kennzeichnen und zu lagern. Die Entsorgung muss als gefährliche Abfälle (Sonderabfälle) erfolgen.

Umweltschutz

Laugenreste sind Gefahrstoffe und müssen als gefährliche Abfälle (Sonderabfälle) entsorgt werden. Unter bestimmten Bedingungen können die Laugen aber auch mit Säuren neutralisiert und als hausmüllähnlicher Gewerbemüll entsorgt werden.

Gesundheitsschutz beim Umgang mit Laugen

Laugen sind ätzend. Besonders gefährdet sind Augen und Haut.

Gefahrenhinweise:

H302 Gesundheitsschädlich bei Verschlucken
H290 Kann gegenüber Metallen korrosiv sein.
H314 Verursacht schwere Verätzungen der Haut und schwere Augenschäden.

Sicherheitshinweise:

P280 Schutzhandschuhe/Schutzkleidung/Augenschutz/Gesichtsschutz tragen.
P303 + P361 + P353 Bei Berührung mit der Haut (oder dem Haar): Alle kontaminierten Kleidungsstücke sofort ausziehen. Haut mit Wasser abwaschen (oder duschen).
P305 + P351 + P338 Bei Kontakt mit den Augen: Einige Minuten lang behutsam mit Wasser ausspülen. Eventuell vorhandene Kontaktlinsen nach Möglichkeit entfernen. Weiter ausspülen.
P310 Sofort Giftinformationszentrum/Arzt anrufen.

Gefahr *Achtung*

Handschutz benutzen *Schutzkleidung benutzen*

Augenschutz benutzen

Im Betrieb ist auf der Grundlage des Sicherheitsdatenblattes eine Betriebsanweisung zu erstellen und die Mitarbeiter/-innen sind entsprechend zu unterweisen.

1.12.2 Laugenbeständigkeit

Kalk- und zementhaltige Putze, Beton, Porenbeton, Faserzementplatten, Kalksandsteine und zementgebundene Spanplatten sind lange Zeit alkalisch. Die hier eingesetzten Beschichtungen müssen laugenbeständig sein. Aber auch für spezielle Beschichtungen wird manchmal Laugenbeständigkeit gefordert.

[1] Die stärksten Laugen bilden sich mit Alkalimetallen (siehe Periodensystem). Deshalb bezeichnet man die ätzende, laugenhafte Wirkung als alkalisch.

Die Bindemittel der Kalkfarben, der Zementfarben und der Silikatfarben sind stark alkalisch. Für diese Werkstoffe dürfen nur alkalibeständige Pigmente eingesetzt werden.

Laugenbeständigkeit der Bindemittel
Laugen zerstören aus Estern bestehende Bindemittel. Diese werden von Laugen verseift und so wasserlöslich. Aus Estern bestehen die Bindemittel der Ölfarben und Öllackfarben, der Alkydharzlacke und -lackfarben, der Acetatlackfarben und der Polyvinylacetat-Dispersionen sowie der Epoxidharzesterlackfarben. Diese Bindemittel dürfen deshalb nicht auf alkalischen Untergründen verarbeitet werden.

Die Möglichkeit der Verseifung kann zum Entfernen dieser Bindemittel durch Ablaugen genutzt werden. Anhand ihrer Laugenempfindlichkeit lassen sich Beschichtungen dieser Bindemittel auch erkennen und so von anderen Beschichtungen unterscheiden. Diese Bindemittelfeststellung ist häufig vor dem Überarbeiten einer Altbeschichtung erforderlich.

Besonders laugenbeständig sind Acrylharze, Polyurethanharze, insbesondere aber Epoxidharze.

Laugenbeständigkeit der Pigmente
Laugen verfärben nicht alkalibeständige Pigmente. So färben sich Chromgelb und Zinkgelb bei Laugenkontakt gelb, Chromgrün, Zinkgrün, Berlinerblau und Manganviolett färben sich braun. Auch verschiedene Teerpigmente sind nicht alkalibeständig. Nicht alkalibeständige Pigmente dürfen nicht eingesetzt werden für Kalkfarben, Zementfarben und Silikatfarben sowie für alkalische Untergründe.

Prüfung der Laugenbeständigkeit
Die Laugenbeständigkeit einer Beschichtung wird am besten nach DIN EN ISO 2812 an einer einzelnen Schicht oder einem Mehrschichtsystem durch Einwirkung bestimmter Flüssigkeiten geprüft. Dabei verwendet man die Prüfprodukte, gegen die die Beschichtung beständig sein soll.

1. Kurzzeitige Belastung: Tropf-/Fleckverfahren
   Die zu prüfenden Beschichtungen werden mittels einer Bürette (Glasröhrchen) mit den Laugen betropft und in minütigen Abständen auf Beschädigungen beurteilt.

2. Langfristige Belastung: Eintauchen in Flüssigkeiten
   Die zu prüfenden Beschichtungen werden 24 Stunden in die Lauge eingelegt und im Anschluss auf Beschädigungen beurteilt.

1.13 Säuren

Säuren entstehen, wenn sich Nichtmetalloxide mit Wasser verbinden.

Nichtmetall + Sauerstoff → Nichtmetalloxid
Nichtmetalloxid + Wasser → Säure

DIN EN ISO 2812 „Beschichtungsstoffe – Bestimmung der Beständigkeit gegen Flüssigkeiten“

Beispiel:

$$C + O_2 \longrightarrow CO_2$$

Kohlenstoff + Sauerstoff ⟶ Kohlendioxid

$$CO_2 + H_2O \longrightarrow H_2CO_3$$

Kohlendioxid + Wasser ⟶ Kohlensäure

Die Wertigkeit der Säuren entspricht jeweils der Anzahl der Wasserstoffatome im Säuremolekül.

Beispiele:
Salzsäure (HCl) enthält ein Wasserstoffatom, ist also einwertig.
Schwefelsäure (H_2SO_4) enthält zwei Wasserstoffatome, ist also zweiwertig.

Erkennung der Säuren
Säuren lassen sich mit Indikatoren erkennen:

Säuren färben Universalindikatorlösung rot.
Säuren färben Universalindikatorpapier rot.
Säuren färben blaues Lackmuspapier rot.
Säuren färben Methylorange rot.

Je nach Stärke und Konzentration zerstören Säuren Mineralien, Metalle und organische Stoffe. Schon geringe Mengen bzw. Konzentrationen fördern bei Metallen die Korrosion, z. B. bei Eisen die Rostbildung.

Säuren gehören zu den Gefahrstoffen. Sie sind entsprechend der Gefahrstoffverordnung zu kennzeichnen, zu lagern und zu verarbeiten.

Die Entsorgung muss als gefährlicher Abfall (Sonderabfall) entsprechend der AVV (Abfallverzeichnisverordnung) erfolgen.

Wichtige anorganische Säuren im Berufsfeld

Säuren	Eigenschaften	Verwendung
Salzsäure	farblose, stechend riechende, in höheren Konzentrationen rauchende Flüssigkeit, stark ätzend, reagiert mit Metallen unter Wasserstoffentwicklung, Dämpfe verursachen Husten und Atemnot, beim Verschlucken und Kontakt mit der Haut starke Verätzungen	zur chemischen Entrostung in der Industrie, stark verdünnt und vermischt mit Spiritus zur Reinigung von Kupfer vor der Beschichtung
Schwefelsäure	farblose, ölige, stark Wasser anziehende Flüssigkeit, stark ätzend, Dämpfe verursachen Hustenreiz und Atemnot, beim Verschlucken Übelkeit und blutiges Erbrechen	zur chemischen Entrostung in der Industrie, zur industriellen Pigmentherstellung

Säuren	Eigenschaften	Verwendung
Phosphorsäure	farblose Kristalle, bereits mit wenig Wasser entstehen sirupartige, ungiftige Lösungen mit saurem Geschmack	zur chemischen Entrostung in der Industrie, zum industriellen Phosphatieren, Bestandteil in sog. Rostumwandlern, Bestandteil in phosphorsauren Reinigungsmitteln, zur Herstellung von Weichmachern
Kieselflusssäure	farblose, stark ätzende Flüssigkeit, greift auch Glas, Metall und Keramik an	zum Ätzen von Steinen und Glas, zur Herstellung der Fluate

Fachgerechtes Verdünnen der Säuren

Die Säure immer besonders vorsichtig in das Wasser gießen.
Die spontane Verbindung mit dem Wasser würde sonst zum Verspritzen der Säure führen. Außerdem könnten Glasgefäße durch die starke Wärmeentwicklung zerspringen.

Gesundheitsschutz

Beim Umgang mit Säuren müssen Schutzbrille und Schutzhandschuhe getragen werden.

Aufbewahrung der Säuren

Säuren darf man nur in säurebeständigen Glas- oder Kunststoffflaschen aufbewahren. Für Flusssäure sind auch Glasflaschen ungeeignet, da diese Säure Glas auflöst. Metallgefäße werden von vielen Säuren zerstört.

Bierflaschen, Mineralwasserflaschen oder ähnliche Behälter sind zur Aufbewahrung verboten! Die Verwechslungsgefahr ist viel zu groß.

Kennzeichnung der Säuren

Auf allen Verpackungen und Flaschen müssen als Kennzeichnung angebracht sein:

1. Bezeichnung der Säure
2. Name und Adresse dessen, der die Säure hergestellt, abgefüllt oder eingeführt hat
3. Gefahrensymbol und Gefahrenhinweise
4. Hinweis auf besondere Gefahren

Umweltschutz

Säurereste sind Gefahrstoffe und müssen als gefährliche Abfälle (Sonderabfälle) entsorgt werden. Unter bestimmten Bedingungen können die Säuren aber auch mit Laugen neutralisiert und als hausmüllähnlicher Gewerbemüll entsorgt werden.

Gesundheitsschutz beim Umgang mit Säuren

Gefahrenhinweise:

H290 Kann gegenüber Metallen korrosiv sein.
H314 Verursacht schwere Verätzungen der Haut und schwere Augenschäden.
H335 Kann die Atemwege reizen.

Sicherheitshinweise:

P102 Darf nicht in die Hände von Kindern gelangen.
P280 Schutzhandschuhe/Schutzkleidung/Augenschutz/Gesichtsschutz tragen.
P301 + P330 + P331 Bei Verschlucken: Mund ausspülen. KEIN Erbrechen herbeiführen.
P305 + P351 + P338 Bei Kontakt mit den Augen: Einige Minuten lang behutsam mit Wasser ausspülen. Vorhandene Kontaktlinsen nach Möglichkeit entfernen. Weiter ausspülen.
P310 Sofort Giftinformationszentrum/Arzt anrufen.
P406 In korrosionsbeständigem Behälter oder in Behälter mit korrosionsbeständiger Innenauskleidung aufbewahren.
P501 Inhalt/Behälter zugelassenem Entsorger oder kommunaler Sammelstelle zuführen.

Im Betrieb ist auf der Grundlage des Sicherheitsdatenblattes eine Betriebsanweisung zu erstellen und die Mitarbeiter/-innen sind entsprechend zu unterweisen.

1.13.1 Säurebeständigkeit

Fassadenbeschichtungen werden durch die Umweltverschmutzung mit Säuren belastet. Zudem wird von den Beschichtungen für spezielle Aufgaben, z. B. in Labors und in Industriebetrieben, eine besondere Säurebeständigkeit gefordert. Dabei müssen Bindemittel und Pigmente der Beschichtung säurebeständig sein.

Säurebeständigkeit der Bindemittel

Karbonate, also die Bindemittel der Kalkfarben, der Kalkputze und verschiedener Natursteine, sind sehr empfindlich gegenüber starken Säuren. So wird z. B. bei der Reinigung von Natursteinen mit Salzsäure das Karbonat an der Oberfläche zerstört. Es bilden sich hygroskopische (= wasseranziehende) Salze, die Chloride.

Zerstörung der Karbonate

S	+ O_2	⟶	SO_2		
Schwefel	+ Sauerstoff	⟶	Schwefeldioxid		
SO_2	+ O	⟶	SO_3		
Schwefeldioxid	+ Sauerstoff	⟶	Schwefeltrioxid		
SO_3	+ H_2O	⟶	H_2SO_4		
Schwefeltrioxid	+ Wasser	⟶	Schwefelsäure		
$CaCO_3$	+ H_2SO_4	⟶	$CaSO_4$	+	H_2CO_3
Kalziumkarbonat	+ Schwefelsäure	⟶	Kalziumsulfat	+	Kohlensäure

Gleichzeitig wird Wasser aufgenommen. Aus den nahezu wasserunlöslichen Kalziumkarbonaten bildet sich wasserhaltiges, stark wasserlösliches Kalziumsulfat (= Gips).

Auch saure Vogelexkremente schädigen Karbonate. Daneben wird auch die Lackierung von Autos durch diese Einwirkung geschädigt. Dies kann sich besonders bei der großen Anzahl an Wildtauben in den Großstädten negativ auswirken.

Silikate, das ausgehärtete Bindemittel der Silikatfarben, können von Säuren kaum angegriffen werden. So gelten Silikatfarben auch unter schlechten Umweltbedingungen als beständig.

Die Säurebeständigkeit der Dispersionsbindemittel sowie der Bindemittel für Lacke und Lackfarben ist höher als die Beständigkeit gegen Laugen. Bei längerer Einwirkung von Säuren kommt es aber bei schwächer beständigen Bindemitteln, wie bei Dispersionsfarben, Ölfarben, Alkydharzlacken und -lackfarben, zu Glanzminderungen, Verätzungen und Aufquellungen. Reaktionslacke und -lackfarben sind gegen Säuren und Laugen beständig. Am beständigsten sind Polyurethanharzlacke und -lackfarben.

Säurebeständigkeit der Pigmente

Basische Pigmente können mit Säuren reagieren. Diese Pigmente können deshalb nicht in säurehaltigen Bindemitteln eingesetzt werden.

Bleihaltige Pigmente verfärben sich durch die Einwirkung von Schwefelsäure. Diese Pigmente dürfen aber aufgrund ihrer Toxizität ohnehin nur noch in Sondereinsatzgebieten verwendet werden, z. B. in der Restaurierung.

Prüfung der Säurebeständigkeit

Die Säurebeständigkeit einer Beschichtung wird am besten nach DIN EN ISO 2812 an einer einzelnen Schicht oder einem Mehrschichtsystem durch Einwirkung bestimmter Flüssigkeiten geprüft. Dabei verwendet man die Prüfprodukte, gegen die die Beschichtung beständig sein soll.

DIN EN ISO 2812 „Beschichtungsstoffe – Bestimmung der Beständigkeit gegen Flüssigkeiten“

1. Kurzzeitige Belastung: Tropf-/Fleckverfahren
   Die zu prüfenden Beschichtungen werden mittels einer Bürette (Glasröhrchen) mit den Säuren betropft und in minütigen Abständen auf Beschädigungen beurteilt.

2. Langfristige Belastung: Eintauchen in Flüssigkeiten
   Die zu prüfenden Beschichtungen werden 24 Stunden in die Säure eingelegt und im Anschluss auf Beschädigungen beurteilt.

1.14 pH-Wert

Verbindungen, die bevorzugt H^+-Ionen bilden, sind Säuren.
Verbindungen, die bevorzugt OH^--Ionen bilden, sind Laugen.

Alle Hydroxide, die in Lösung alkalisch reagieren, dissoziieren (= spalten sich auf) in OH^--Ionen und in Kationen. Die Kationen können dabei unterschiedlich sein. Für die alkalische Reaktion sind die OH^--Ionen verantwortlich.

Alle Säuren dissoziieren in Wasserstoffionen (H^+) und in negativ geladene Anionen.

Für die saure Reaktion sind Wasserstoffionen (H^+) verantwortlich. Eine Lösung ist demnach umso saurer, je mehr H^+-Ionen sie enthält, und umso alkalischer, je mehr OH^--Ionen enthalten sind.

In der Lösung dissoziiert immer nur eine kleine Menge der enthaltenen Moleküle.

Für jede wässrige Lösung besteht ein gesetzmäßiger Zusammenhang zwischen
1. der Aktivität der Wasserstoffionen (H^+) und
2. der Aktivität der Hydroxidionen (OH^-).

Beispiele:

Wasser	H_2O	$\longrightarrow$	H^+	+	OH^-
Natronlauge	$NaOH$	$\longrightarrow$	Na^+	+	OH^-
Salzsäure	HCl	$\longrightarrow$	H^+	+	Cl^-

Zusammenhang zwischen OH^--Ionen, H^+-Ionen und pH-Wert in einer Lösung

OH^--Ionen (mol/l)	H^+-Ionen (mol/l)	pH-Wert
10^{-14}	10	0
10^{-13}	10^{-1}	1
10^{-12}	10^{-2}	2
10^{-11}	10^{-3}	3
10^{-10}	10^{-4}	4
10^{-9}	10^{-5}	5

OH^--Ionen (mol/l)	H^+-Ionen (mol/l)	pH-Wert
10^{-8}	10^{-6}	6
10^{-7}	10^{-7}	7
10^{-6}	10^{-8}	8
10^{-5}	10^{-9}	9
10^{-4}	10^{-10}	10
10^{-3}	10^{-11}	11
10^{-2}	10^{-12}	12
10^{-1}	10^{-13}	13
10	10^{-14}	14

So reicht für die Charakterisierung einer Lösung die Angabe der wirksamen Wasserstoffionenkonzentration aus.

Anstelle der wirksamen Wasserstoffionenkonzentration wird heute der pH-Wert angegeben.

> ph = Potentialhydrogenium = Wirksamkeit des Wasserstoffs
> Der pH-Wert ist der negative Logarithmus der H^+-Ionen-Konzentration, ein Messwert der Säuren- oder Laugenstärke.

Eine brauchbare Methode, um festzustellen, ob eine Lösung sauer oder alkalisch ist, stellt die Messung der Wasserstoffionenkonzentration (H+) dar. Um der H+ eine allgemein verständliche Darstellungsform zu geben, wird ein mathematisches Modell verwendet. Es wird der dekadische Logarithmus der H+-Ionen gebildet, dieser wird mit –1 multipliziert. Die so erhaltenen Werte werden als pH-Wert einer Lösung bezeichnet. So kann man die Stärke einer Säure oder Lauge mit dem entsprechenden pH-Wert angeben.

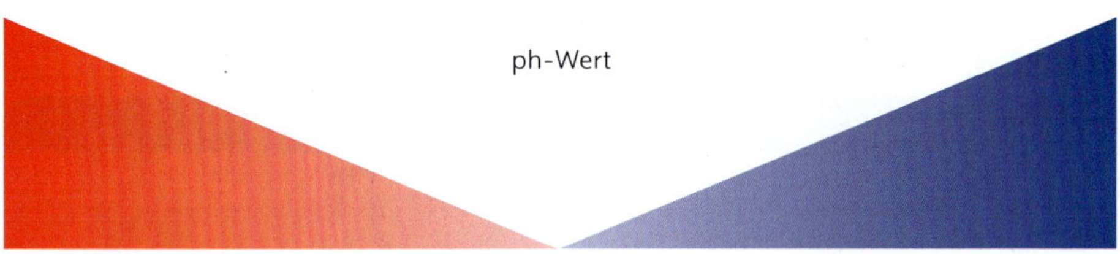

1 sauer 7 alkalisch 14

Die pH-Wert-Skala reicht von 0 (Wasserstoffionenkonzentration von 1 Mol pro Liter) bis zu 14 (Wasserstoffionenkonzentration von $1 \cdot 10^{-14}$ Mol je Liter). Dies wird aus der Dissoziation (Zerlegung) des reinen Wassers abgeleitet.

$$H_2O \longrightarrow H^+ + OH^-$$

In einer neutralen Lösung sind daher die Konzentrationen von Wasserstoff- und Hydroxidionen gleich.

In einer sauren Lösung überwiegen die Wasserstoffionen (H^+).
In einer Base (Lauge) überwiegen die OH^--Ionen.

Lösungen mit einem pH-Wert von $<$ 7 sind sauer,
$=$ 7 sind neutral,
$>$ 7 sind alkalisch.

Der pH-Wert von Lösungen kann auf elektrochemischem Weg mit dem pH-Wert-Messgerät oder mit Indikatoren bestimmt werden. Indikatoren sind hier Stoffe, die in einem bestimmten pH-Wert-Bereich ihren Farbton ändern.

Beispiele:
Thymolphthalein verändert den Farbton beim pH-Wert 9,5 von farblos nach blau.
Phenolphthalein verändert den Farbton beim pH-Wert 8,2 von farblos nach rotviolett.
Methylorange verändert den Farbton beim pH-Wert 3,1 nach rot.

pH-Wert-Messung

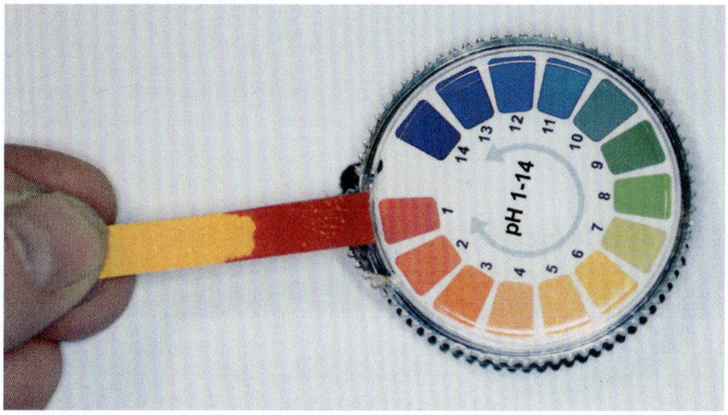

pH-Wert-Messung von Salzsäure mit Universalindikatorpapier

Verfahren zur pH-Wert-Messung:

1. mit Universalindikatorpapier
2. mit Universalindikatorlösung
3. mit einem elektronischen pH-Wert-Messgerät

Mit pH-Wert-Messgeräten misst man die Spannungsdifferenz zwischen zwei Elektroden, die je nach pH-Wert variiert. Um eine genaue Messung durchführen zu können, muss das pH-Wert-Messgerät geeicht werden. Dies wird mit sog. Pufferlösungen durchgeführt, deren pH-Wert bekannt ist. Bekannte Pufferwerte sind 4.01, 7.01 und 10.01, bei einer Temperatur von 296 K (23 °C). Die Eichung erfolgt im neutralen Bereich und im pH-Wert-Bereich der zu messenden Lösung.

Die Temperatur der Pufferlösung und der zu messenden Lösung muss gleich sein, da sonst Messfehler auftreten. So beträgt die Spannungsdifferenz bei 273 K (0 °C) 54,20 mV/pH, bei 283 K (10 °C) 56,18 mV/pH.

1.15 Neutralisation

Die Neutralisation ist eine Reaktion zwischen Säuren und Basen, bei der die saure bzw. basische Wirkung aufgehoben wird.

Beispiele:

$NaOH$ + HCl ⟶ $NaCl$ + H_2O
Natronlauge + Salzsäure ⟶ Natriumchlorid + Wasser

Fe + $2\,HCl$ ⟶ $FeCl_2$ + H_2
Eisen + Salzsäure ⟶ Eisenchlorid + Wasserstoff

$Ca(OH)_2$ + H_2CO_3 ⟶ $CaCO_3$ + $2\,H_2O$
Kalklauge + Kohlensäure ⟶ Kalziumkarbonat + Wasser

$Ca(OH)_2$ + H_2SO_4 ⟶ $CaSO_4$ + $2\,H_2O$
Kalklauge + Schwefelsäure ⟶ Kalziumsulfat + Wasser

1.15.1 Salze

Bei der Neutralisation entstehen Salze. Die Salze werden immer nach dem enthaltenen Säurerest benannt.

Bezeichnungen der Salze

Säure im Salz	Chem. Formel der Säure	Kennzeichnende Gruppe im Salz	Benennung der Salze
Salzsäure	HCl	Cl	Chloride
Schwefelsäure	H_2SO_4	SO_4	Sulfate
schwefelige Säure	H_2SO_3	SO_3	Sulfite
Schwefelwasserstoffsäure	H_2S	S	Sulfide
Kohlensäure	H_2CO_3	CO_3	Karbonate
Salpetersäure	HNO_3	NO_3	Nitrate
Phosphorsäure	H_3PO_4	PO_4	Phosphate
Kieselsäure	H_2SiO_3	SiO_3	Silikate
Flusssäure	HF	F	Fluoride
Kieselflusssäure	H_2SiF_6	SiF_6	Silicofluoride

Die Salze sind z. T. unter abweichenden Bezeichnungen im Handel erhältlich.

Beispiele für Handelsbezeichnungen der Salze

Chemische Bezeichnung	Handelsbezeichnung
Natriumchlorid	Kochsalz
Natriumkarbonat	Soda
Kaliumkarbonat	Pottasche
Kalziumsulfat	Gips, Leichtspat, Lenzin
Bariumsulfat	Schwerspat
Silicofluorid	Fluat

Unterscheidung der Salze nach Löslichkeit

Salze

- wasserlösliche Salze
- wasserunlösliche Salze

Viele wasserlösliche Salze wirken hygroskopisch (= wasseranziehend). Sie nehmen sogar aus der Luftfeuchtigkeit Wasser auf und können sich so bereits verflüssigen. Zu diesen Salzen gehören z. B. die Chloride.

Wasserlösliche Salze lassen sich durch chemische Reaktionen in wasserunlösliche Salze umwandeln. So kann man mit den wasserlöslichen Salzen der Kieselflusswasserstoffsäure, den Fluaten, den Kalziumhydroxidgehalt einer Putzoberfläche neutralisieren. Dabei wird der Laugenanteil (der Kalziumhydroxidanteil) in praktisch wasserunlösliche Kalziumsilikate umgewandelt.

Unlösliche Salze werden vielfach als wichtige Pigmente eingesetzt.

Fällung
Mischt man die Lösung bestimmter löslicher Salze, so fällt ein unlösliches Salz als Niederschlag aus. Dieses Verfahren nennt man Fällung. Auf diese Weise wird eine Reihe wichtiger Pigmente hergestellt, z. B. Chromgelb, Lithopone, Berlinerblau usw.

Doppelsalze
Es können sowohl mehrere Säuren als auch mehrere Basen zusammen in einem Salz vorkommen. Solche Salze werden als Doppelsalze bezeichnet. Verwendung finden diese Salze z. B. als Fluate und als Absperrsalze (Isoliersalze).

1.15.2 Schädliche Bausalze

Bei ungenügend isoliertem Mauerwerk können lösliche Salze aus dem Erdreich in der Mauer hochziehen und nach außen gelangen. Durch eindringende Feuchtigkeit können sich auch Salze im Mauerwerk lösen. Die Salzlösung kristallisiert an der Oberfläche aus. Die so sichtbaren Salzkristalle bezeichnet man als Ausblühungen. Bei der Kristallisation der Salze entsteht ein Druck, der sperrende Putze, besonders aber Beschichtungen abdrücken kann.

Aufsteigende Feuchtigkeit löst Salze, die an der Oberfläche ausblühen.

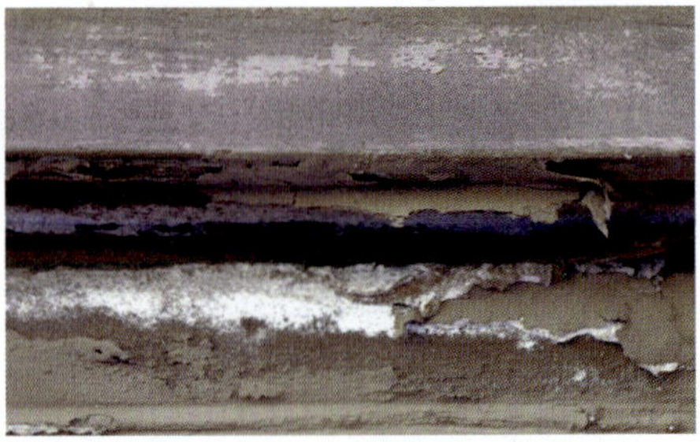

Der Kristallisationsdruck drückt Beschichtung und Putz ab.

Übersicht über schädliche Bausalze

Bausalze	Entstehung und Bedeutung
Karbonate	Kalziumkarbonat entsteht durch die Karbonatisierung des Kalziumhydroxids, die Erhärtung durch chemische Reaktion mit Kohlensäure. Das Kalziumhydroxid kann auch an die Oberfläche gewaschen werden und dort karbonatisieren. Hier sind die Salze dann als weiße Verfärbungen sichtbar. Kalziumkarbonat ist nur sehr gering wasserlöslich. So sind diese Ausblühungen in der Regel unproblematisch. Kaliumkarbonat (Pottasche) entsteht bei der chemischen Erhärtung der Silikatfarben (= Verkieselung). Es ist stark wasserlöslich und wird vom Regen abgewaschen.
Sulfide	Sulfide entstehen durch die Einwirkung von Schwefelwasserstoff (H_2S), der als Abbauprodukt von Eiweiß in Abwässern enthalten ist. Wenn der Schwefelwasserstoff mit Basen, meist Kalziumhydroxid, reagieren kann, entstehen als Salze Sulfide. Sulfide wirken in Putzen und im Beton treibend. Sie kommen besonders in mit Abwässern in Berührung kommenden Bauwerken vor, z. B. in Kläranlagen.
Sulfate	Sulfate können durch Umwelteinflüsse entstehen. So wird bei Brennprozessen u. a. Schwefel freigesetzt. Er reagiert zu Schwefeldioxid, dieses wiederum mit Wasser und Sauerstoff zur Schwefelsäure. Diese vertreibt die Kohlensäure aus den kalkhaltigen Untergründen. Es entsteht wasserlösliches Kalziumsulfat. Da hierdurch das Bindemittel der Untergründe zerstört wird, vermindert sich die Festigkeit radikal. Sulfate können aber auch als Ausblühungen sichtbar werden.
Chloride	Chloride können sich durch die Einwirkung der Luftverschmutzung auf kalkhaltigen Untergründen bilden, wurden früher aber meist als Frostschutzmittel oder Streusalz in den Untergrund gebracht. Chloride lösen sich bereits bei relativ geringer Luftfeuchtigkeit. So sind diese Salze weniger als Ausblühungen, sondern meist als Feuchtigkeitsflecken sichtbar. Chloride fördern die Korrosion der Stahlarmierung in Beton.
Nitrate (Salpeter)	Nitrate entstehen vorzugsweise in landwirtschaftlich genutzten Gebäuden durch die Einwirkung von stickstoffhaltigen Verbindungen (Ammoniak und Harnstoff) in Verbindung mit Sauerstoff auf kalkhaltigen Baustoffen. Nitrate werden als Ausblühungen sichtbar, können aber auch durch den starken Kristallisationsdruck Putze und Beschichtungen abdrücken.

Diese Salze fördern außerdem die Korrosion von Metallen.

Analyse der Bausalze

Zur Behebung der Schäden durch Ausblühungen und Kristallisationsdruck muss zunächst die Ursache gefunden werden, um dann die richtigen Gegenmaßnahmen treffen zu können. Generell können Ausblühungen nur beseitigt werden, wenn die Ursache der Feuchtigkeitseinwirkung behoben wird und so die Wand trocken gehalten werden kann.

Karbonate lassen sich mit Salzsäure erkennen. Die mind. 10 %ige Säure vertreibt die schwächere Kohlensäure, was durch Aufschäumen erkennbar ist. Bei dieser Prüfung ist wichtig, dass keine Putzanteile in der Probe sind, da das Bindemittel Kalk als Karbonat immer aufschäumen würde.

Während die anderen Salze früher nur durch komplizierte chemische Untersuchungen analysiert werden konnten, ist dies heute mit Indikatorstreifen problemlos möglich. Die Salze werden dazu in destilliertem Wasser gelöst. Anhand der Verfärbung der Teststreifen nach dem Eintauchen in die Salzlösung lassen sich die Salze erkennen.

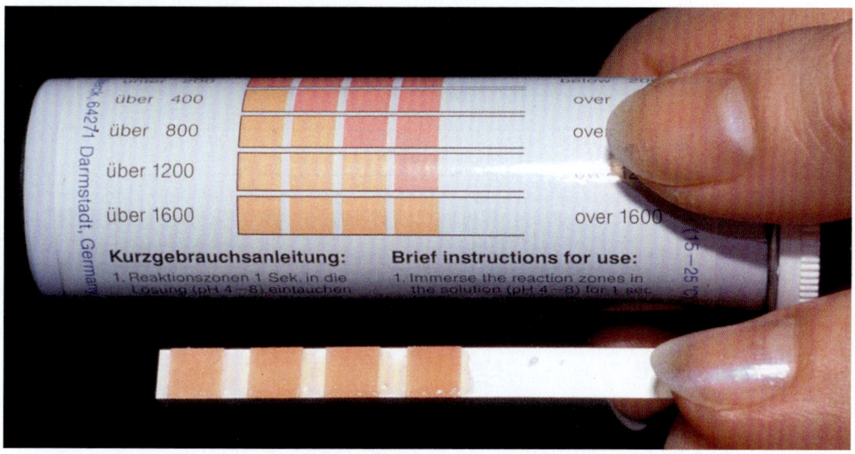

Mit Indikatorstreifen lassen sich Ausblühungen durch Farbtonveränderungen erkennen.

1.16 Hydrolyse

Die Hydrolyse ist die Umkehrung der Neutralisation.

Beispiel:

$$\text{Säure} + \text{Lauge} \rightleftharpoons \text{Salz} + \text{Wasser}$$

$$H_2CO_3 + NaOH \rightleftharpoons NaCO_3 + H_2O$$

Salze unterliegen nur dann einer Hydrolyse, wenn die beteiligten Säuren und Laugen unterschiedlich stark sind.

Stärke von Säuren und Laugen

Säuren	Stärke	Laugen
Salzsäure	sehr stark	Natronlauge
Salpetersäure	sehr stark	Kalilauge
Schwefelsäure	stark	Kalklauge
Phosphorsäure	mittelstark	Silberlauge
Essigsäure	schwach	Salmiak
Kohlensäure	sehr schwach	Aluminiumlauge

Salze in Lösung

Säureanteil	Laugenanteil	Lösung	pH-Wert
stark	stark	neutral	= 7
stark	schwach	sauer	< 7
schwach	stark	alkalisch	> 7
schwach	schwach	neutral	= 7

Saure Salze werden z. B. als Fluate zum Neutralisieren alkalischer Untergründe eingesetzt. Dabei beeinflusst auch der Basenanteil (Laugenanteil) im Salz die Eigenschaften der Fluate.

1.17 Wasserhärte

Kohlensäurehaltiges Wasser wandelt das nahezu wasserunlösliche Kalziumkarbonat [$CaCO_3$] in lösliches Kalziumhydrogenkarbonat [$Ca(HCO_3)$] um.

Reaktionsgleichung: $CaCO_3 + H_2CO_3 \longrightarrow Ca(HCO_3)_2$

Durch diese Reaktion verwittert auch Kalkstein in der Natur und in historischen Bauwerken, wobei die Schwefeldioxidbelastung durch die Umweltverschmutzung heute das größere Problem darstellt. Der schwefelsaure Regen wandelt das Kalziumkarbonat in Kalziumsulfat (Gips) um.

Kalziumhydrogenkarbonat [$Ca(HCO_3)_2$] in Wasser gelöst bedingt die Härte des Wassers. In geringem Umfang sind auch Kalziumsulfat, Magnesiumsulfat, Bariumsulfat, Magnesiumchlorid und Bariumchlorid Härtebildner.

Permanente und temporäre Härte

Beim Erhitzen von hartem Wasser wandelt sich das gelöste Kalziumhydrogenkarbonat in unlösliches Kalziumkarbonat um, das ausfällt. Das Wasser verliert dadurch temporär an Härte.

Reaktionsgleichung: $Ca(HCO_3)_2 \longrightarrow CaCO_3 + H_2CO_3$

Andere, im Wasser gelöste Kalzium-, Magnesium- und Bariumsalze können durch Kochen nicht ausgefällt werden. Den durch sie bedingten Härteanteil bezeichnet man als permanente Härte.

Bedeutung der Wasserhärte
Hartes Wasser verursacht in Dampfkesseln Kesselstein. Es bildet unlösliche Kalkseifen. Durch hartes Wasser erhöht sich der Seife- und Waschmittelverbrauch. Die Wasserhärte ist aber auch bei der Verwendung wasserverdünnbarer Lacke von größter Bedeutung, z. B. in der Elektrotauchlackierung.

Verfahren zur Wasserenthärtung
Wasser kann durch eine ganze Reihe von Verfahren ganz oder teilweise enthärtet werden:

1. Destillation
   Nachteile: hoher Energieverbrauch, nur für kleine Wassermengen praktikabel
2. Ionenaustausch
   Die störenden Ca-Ionen werden durch andere, z. B. Na-Ionen, ersetzt.
3. Ausfällen mit Kalklauge
   $Ca(HCO_3)_2 + Ca(OH)_2 \longrightarrow 2\,CaCO_3 + 2\,H_2O$
4. Bindung der Ca-Ionen an sog. Komplexbildner, z. B. Phosphate

1.18 Stoffmengenkonzentration

Die Stoffmengenkonzentration ist eine Gehaltsangabe für eine Lösung, bei der eine bestimmte Stoffmenge auf das Volumen der Lösung bezogen wird.

Stoffmengenkonzentration = Stoffmenge des gelösten Stoffs in Volumen der Lösung

Molarität
Die Stoffmengenkonzentrationen werden in den Einheiten mol/l angegeben.

Beispiel: Anteil HCl in 1 Liter 1 mol Salzsäure

H + Cl = 1 + 35,4 = 36,4

1 Liter 1 mol Salzsäure enthält 36,4 g HCl in 1 Liter Lösung.

Normalität
Bei der Angabe der Normalität einer Lösung wird die Wertigkeit (= Anzahl der H^+-Ionen bei Säuren bzw. Anteil der OH^--Ionen bei Laugen) berücksichtigt.

Normalität = Stoffmengenkonzentration (in mol) x Wertigkeit

Beispiel: Eine 1 mol Schwefelsäure hat die Normalität 2, da die Schwefelsäure (H_2SO_4) 2 Wasserstoffionen enthält. Eine Schwefelsäure mit dieser Konzentration wird mit „2 n Schwefelsäure“ gekennzeichnet.

Konzentrationsangaben bei Lösungen

Manche Flüssigkeiten lassen sich unbegrenzt miteinander vermischen. Viele Flüssigkeiten zeigen aber bestimmte Grenzen der Mischbarkeit. Beim Lösen von festen Stoffen oder Gasen in Flüssigkeiten gibt es in jedem Fall eine Grenze der Mischbarkeit, die als Löslichkeit bezeichnet wird.

Die Löslichkeit von festen Stoffen in einem flüssigen Stoff steigt im Allgemeinen mit zunehmender Temperatur. Die Löslichkeit von Gasen in einem flüssigen Lösemittel nimmt mit steigender Temperatur ab. Die Löslichkeit der Gase steigt mit zunehmendem Druck.

Eine Lösung, die von dem gelösten Stoff nichts mehr zu lösen vermag, ist eine gesättigte Lösung. Bei der übersättigten Lösung bleibt ein Teil des Stoffes ungelöst.

Ungesättigte Lösung	Konzentration > Löslichkeit
Gesättigte Lösung	Konzentration = Löslichkeit
Übersättigte Lösung	Konzentration < Löslichkeit

Die Konzentration von Lösungen kann unterschiedlich angegeben werden:

1. **in Massenprozent**
   (Gramm des gelösten Stoffs in 100 g Lösung)
   Beispiel: Eine 25 %ige Kochsalzlösung enthält in 100 g Lösung 25 g NaCl und 75 g H_2O.

2. **in Volumenprozent**
   (cm^3 des gelösten Stoffes in 100 cm^3 Lösung)
   Beispiel: 100 cm^3 einer 10 %igen Spirituslösung enthält 10 cm^3 Spiritus und 90 cm^3 H_2O.

1.19 Spannungsreihe der Metalle

Entsprechend ihrer Reaktionsneigung gegenüber Sauerstoff unterscheidet man die Metalle in zwei Gruppen.

Metallgruppen

Metalle

unedle Metalle	edle Metalle
Unedle Metalle sind Metalle, die sich leicht oxidieren lassen. Diese Metalle korrodieren auch schnell. *Beispiele:* Aluminium, Eisen	Edle Metalle sind Metalle, die sich schwer oxidieren lassen. *Beispiele:* Kupfer, Silber, Gold

Ordnet man die Metalle nach ihrer Oxidierbarkeit, also nach ihrem Bestreben, positiv geladene Ionen zu bilden, so ergibt sich die sog. Spannungsreihe der Metalle.

Spannungsreihe der Metalle

Metalle (Kurzzeichen)

Cs K Ca Na Mg Al Mn Zn Cr Fe Co Ni Sn Pb H Cu Ag Hg Pt Au

$\longrightarrow$

unedle Metalle = chemisch aktiv — edle Metalle = chemisch passiv

Jedes Metall verdrängt die in der Spannungsreihe rechts von ihm stehenden Metalle aus den Lösungen der Salze.

Beispiel: $CuSO_4 + Fe \longrightarrow FeSO_4 + Cu$

Kupfersulfat + Eisen ⟶ Eisensulfat + Kupfer

Bei diesem Vorgang wird auf dem Eisen metallisches Kupfer abgeschieden. Diese Reaktion dient auch zur Feststellung einer Walzhaut auf Stahl, da dies nur auf dem Eisen und nicht auf Eisenverbindungen, z. B. Eisenoxiden, möglich ist. Außerdem werden so vorhandene Poren bei einer Beschichtung auf Stahl geprüft.

Die Spannungsunterschiede zwischen den Metallen erzeugen ein sog. galvanisches Element[1]. Sie verursachen Korrosionen und werden auch zur Stromerzeugung in Batterien eingesetzt.

1.20 Korrosion

Die Korrosion ist die Reaktion eines metallischen Werkstoffs mit seiner Umgebung, die eine messbare Veränderung des Werkstoffs bewirkt und zu einem Korrosionsschaden führen kann.

Korrosionsarten

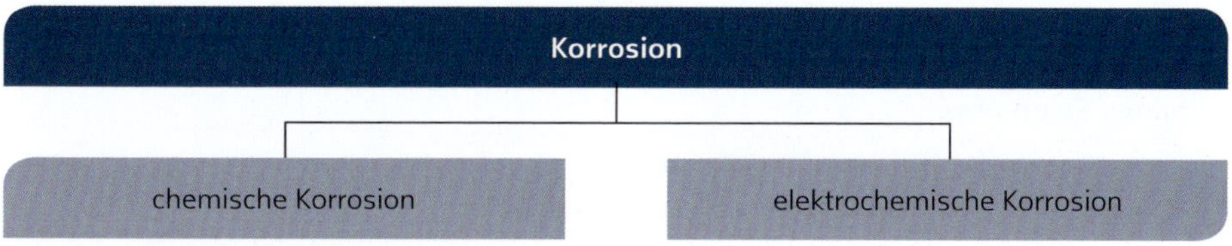

1.20.1 Chemische Korrosion

Die chemische Korrosion wird durch chemische Reaktionen der Metalloberflächen mit Wasser, Gasen, Säuren und Laugen hervorgerufen.

[1] Der italienische Arzt Luigi Galvani beobachtete 1780 als Erster die sich bei diesen Vorgängen bildende elektrische Spannung. Deshalb wurde dieser Vorgang nach ihm benannt.

Beispiel: chemische Korrosion von Eisen mit Wasser

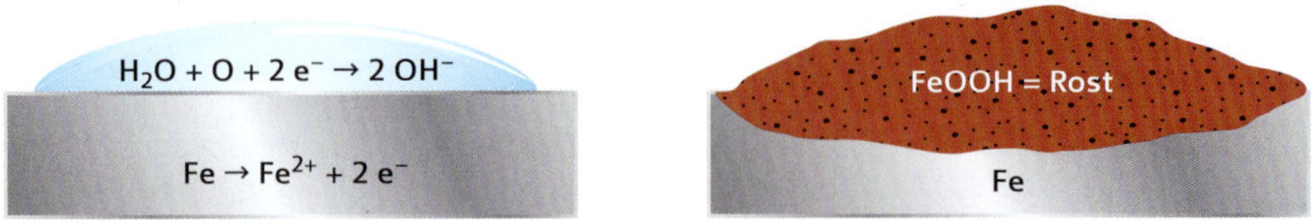

$H_2O + O + 2e^- \longrightarrow 2\,OH^-$

$Fe \longrightarrow Fe^{2+} + 2e^-$

$Fe^{2+} + 2\,OH^{-\,-} \longrightarrow Fe(OH)_2$

$Fe(OH)_2 + O \longrightarrow 2\,FeOOH$ (= Rost)

Beispiel: chemische Korrosion von Eisen mit schwefelsäurehaltigem Wasser

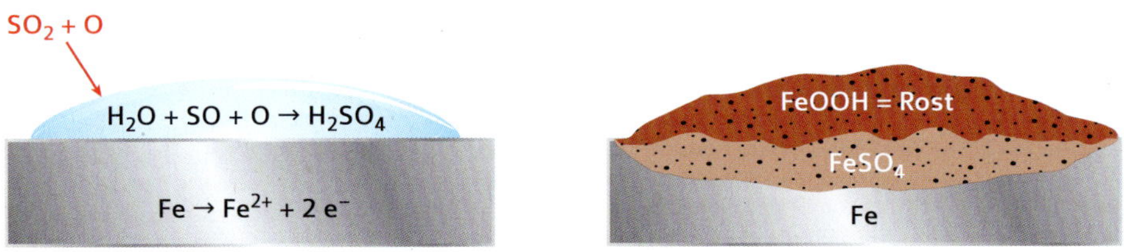

1.20.2 Elektrochemische Korrosion

Die elektrochemische Korrosion beruht auf der Bildung von galvanischen Elementen, also von mind. zwei unterschiedlichen Stoffen, zwischen denen ein Spannungsunterschied besteht.

Zur Bildung eines galvanischen Elements sind folgende Stoffe erforderlich:

1. zwei unterschiedliche Metalle, z. B. Kupfer und Zink, oder auch unterschiedliche Bestandteile in Metallen, z. B. Eisen-Kohlenstoffverbindungen (Eisencarbid) und reines Eisen usw.
2. ein Elektrolyt (= Strom leitendes Wasser, also Wasser mit etwas Säure, Lauge oder Salz), z. B. Regenwasser, Handschweiß usw.

Zwischen den beiden Metallen in der elektrisch leitenden Flüssigkeit entsteht eine elektrische Spannung; das unedlere Metall am Minuspol gibt positiv geladene Masseteilchen ab, es entsteht eine negative Spannung, die sich am Pluspol ausgleichen will. Das Metall oder die Metallverbindung am Minuspol wird bei diesem Vorgang zerstört.

Kontaktkorrosion
Wenn zwei unterschiedliche Metalle direkt in Kontakt kommen, entsteht bei Gegenwart eines Elektrolyten eine Kontaktkorrosion.

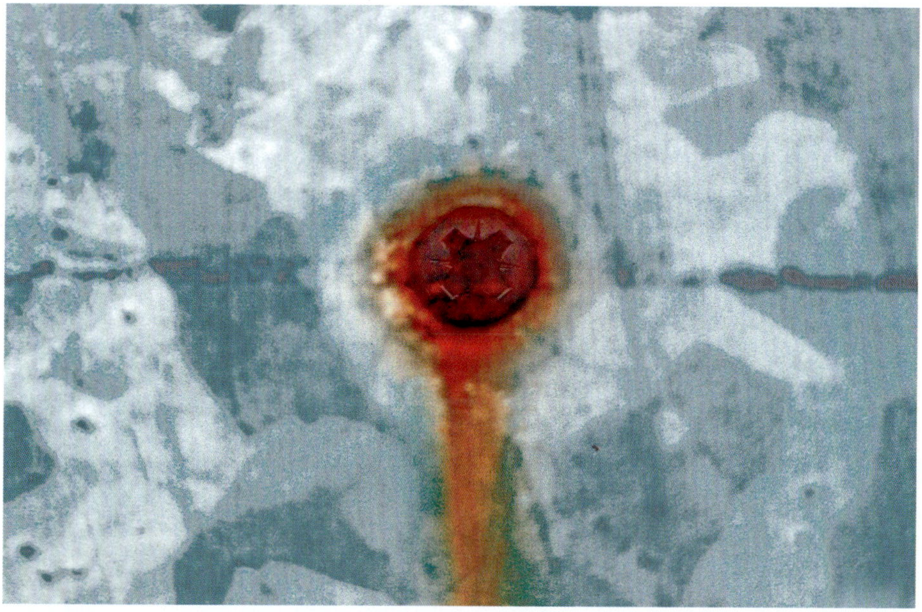

Verzinktes Stahlblech wurde mit Stahlschrauben befestigt. Unter der Stahlschraube wird das Stahl schützende Zink zerstört und gelöst. Die Rostbildung an der Stahlschraube wird kurzzeitig verzögert, kann aber nicht verhindert werden.

Beim Korrosionsschutz nutzt man u. a. die Wirkung der Kontaktkorrosion aus. Dazu gibt es verschiedene Möglichkeiten.

1. Das Metall wird mit einem chemisch unedleren Metall überzogen. Auf Stahl wird z. B. ein Zinküberzug aufgetragen. Im Korrosionsfall wird sich das unedlere Zink auflösen und dadurch das darunter liegende Metall schützen.
   Mögliche Verzinkungsverfahren[1] sind:

   A. **Feuerverzinkung**
   Der Stahl wird mit einem geschmolzenen Zinküberzug versehen.

   B. **Galvanische Verzinkung**
   Der Stahl wird mithilfe von elektrischem Strom verzinkt.

   C. **Spritzverzinkung**
   Mit Druckluft wird geschmolzenes Zink aufgespritzt.

   D. **Beschichtung mit Zinkstaubfarben**
   Der Zinkstaubanteil in der Beschichtung muss dazu mind. 92 % betragen.

2. Das Metall wird mit Opferanoden geschützt. Hierbei bildet eine in den Elektrolyten (Wasser oder feuchtes Erdreich) eingebaute Zink- oder Magnesiumlegierung die Anode. Der zu schützende Stahl wird als Kathode mit der Anode elektrisch verbunden. Es fließt ein Strom zur Kathode.

---

[1] siehe Band 2, Teil H, Kapitel 5.2, Seite 46

Die Elektronen dieses Schutzstroms wirken der Abgabe der Elektronen aus der Kathode entgegen, verhindern den Übergang der Eisenatome in den Ionen-Zustand und schützen so vor Korrosion. Die Anode wird hierbei langsam verbraucht.

Interkristalline Korrosion
Elektrochemische Vorgänge spielen sich auch innerhalb von Metallen ab, wenn z. B. im Stahl unterschiedliche Metalle und Metallverbindungen dicht nebeneinander liegen. Bei Wassereinwirkung wird das reine Eisen neben der Eisenverbindung zur Anode, geht in Lösung und wird so zerstört.

Spannungsrisskorrosion
Zugspannungen fördern die elektrochemische Korrosion. Mechanisch verformte Werkstücke aus Metall sind im Spannungsbereich besonders gefährdet.

1.21 Kohlenwasserstoffe

Kohlenwasserstoffe bestehen nur aus Kohlenstoffen (C) und Wasserstoffen (H).

Unterscheidung der Kohlenwasserstoffe aufgrund der Anordnung der Kohlenstoffatome

Kohlenwasserstoffe

aliphatische (kettenförmige) Kohlenwasserstoffe	cyclische (ringförmige) Kohlenwasserstoffe
Beispiel: Ethan ist ein aliphatischer Kohlenwasserstoff.	*Beispiel: Benzol ist ein aromatischer Kohlenwasserstoff.*

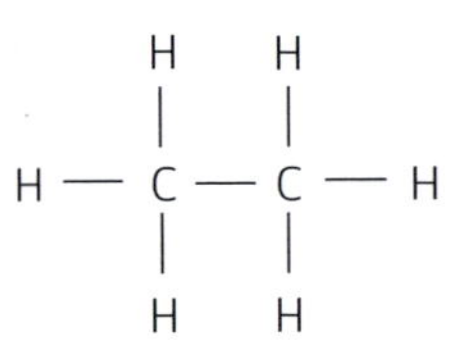

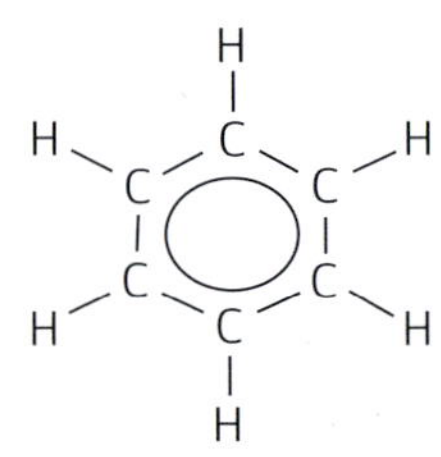

Der ungesättigte ringförmige Kohlenwasserstoff Benzol und seine Abkömmlinge werden als Aromate bezeichnet.

Unterscheidung der Kohlenwasserstoffe aufgrund der Kohlenstoffbindung

Kohlenwasserstoffe

gesättigte Kohlenwasserstoffe	ungesättigte Kohlenwasserstoffe
Beispiel: Ethan hat zwischen den Kohlenstoffatomen (C) nur eine Einfachbindung und gehört deshalb zu den gesättigten Kohlenwasserstoffen.	*Beispiel: Ethen hat zwischen den Kohlenstoffatomen (C) eine Doppelbindung und gehört deshalb zu den ungesättigten Kohlenwasserstoffen.*
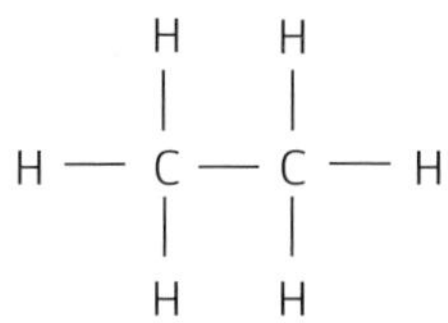	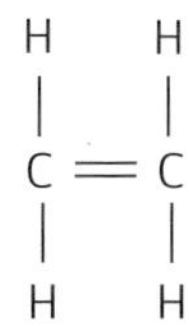

Die ungesättigten Kohlenwasserstoffe haben Doppel- oder Dreifachbindungen. Sie sind sehr energiereich und so ungemein reaktionsfreudig.

Die Wasserstoffatome der Kohlenwasserstoffe lassen sich durch andere Elemente ersetzen. So lässt sich von den Kohlenwasserstoffen die gesamte organische Chemie ableiten. Kohlenwasserstoffe und deren Derivate (= abgeleitete Kohlenwasserstoffe) sind wichtige Kunststoffe oder Lösemittel und dienen als Rohstoffe bei der Herstellung von Farbstoffen, Pigmenten und Bindemitteln.

Wichtige organische Stoffe im Berufsfeld

Bezeichnungen	Charakteristische Gruppe im Molekül	Verwendung im Berufsfeld
Alkohole	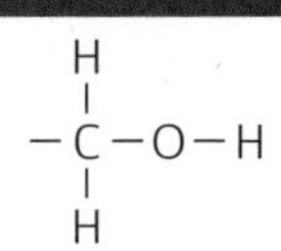	als Lösemittel, als Rohstoff zur Herstellung von Bindemitteln und Kunststoffen
Carbonsäuren	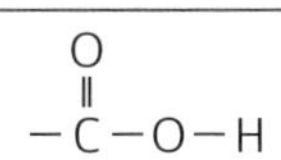	zur Herstellung von Bindemitteln
Ester	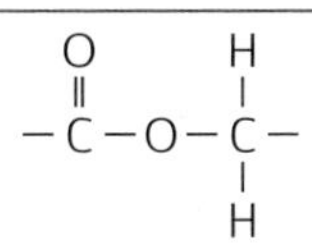	als Lösemittel, als Rohstoff zur Herstellung von Bindemitteln und Kunststoffen
Ether	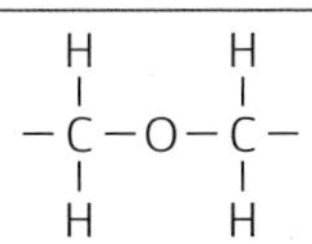	als Lösemittel, als Leime und Kleister

Bezeichnungen	Charakteristische Gruppe im Molekül	Verwendung im Berufsfeld
Ketone	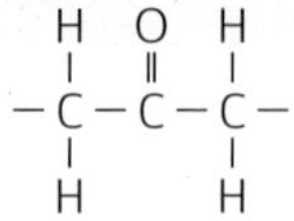	als Lösemittel
Aldehyde	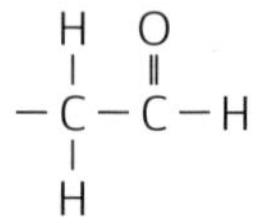	zur Herstellung von Bindemitteln und Additiven
Amine	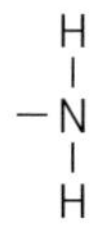	als Härter für Epoxidharzlacke
Amide	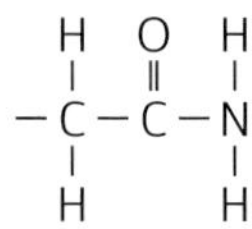	als Härter für Epoxidharzlacke
Isocyanate	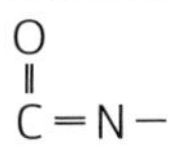	als Härter für Polurethan-, Acrylharz- und Epoxidharzlacke
Urethane	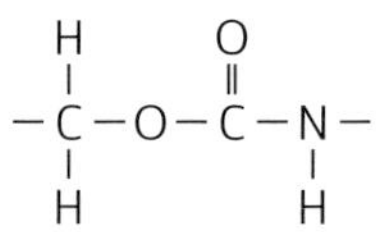	als Bindemittel und Kunststoffe
Epoxide	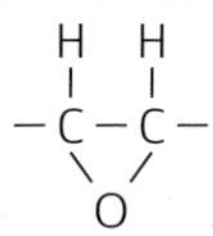	als Bindemittel, Kunststoffe und Weichmacher
Seifen	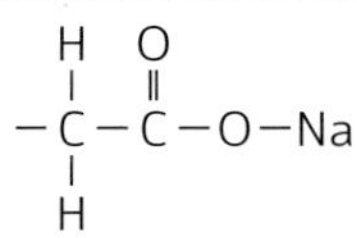	als Hilfsstoffe, entstehen bei der Seifenbildung aktiver Pigmente und beim Ablaugen
H Wasserstoff O Sauerstoff C Kohlenstoff N Stickstoff Na Natrium		

1.22 Derivate der Kohlenwasserstoffe

Die durch Reaktion mit anderen Atomen oder Atomgruppen entstandenen organischen Verbindungen lassen sich in zwei Gruppen einteilen:

1. Substitutionsprodukte
2. Oxidationsprodukte

1. Substitutionsderivate

Unter der Substitution versteht man den Ersatz eines Atoms oder einer Atomgruppe durch ein anderes Atom oder eine andere Atomgruppe. Das Molekülgerüst bleibt dabei unverändert. Es entstehen immer zwei Reaktionsprodukte.

Halogenierte Kohlenwasserstoffe

Die Substitution kann z. B. durch Halogenierung geschehen. Dabei werden Elemente (meist Wasserstoffe) durch Halogene (meist Chlor) ersetzt. Unter Halogenen versteht man die Elemente der 7. Hauptgruppe im Periodensystem, also Fluor, Chlor, Brom, Jod und Astat. Halogenierte Kohlenwasserstoffe sind wichtige Kunststoffe oder wirkungsvolle Lösemittel, die aber wegen ihrer Giftigkeit praktisch nicht mehr eingesetzt werden. Da sich bei ihrer Verbrennung Dioxine bilden können, ist auch die Entsorgung problematisch und teuer.

Beispiel:

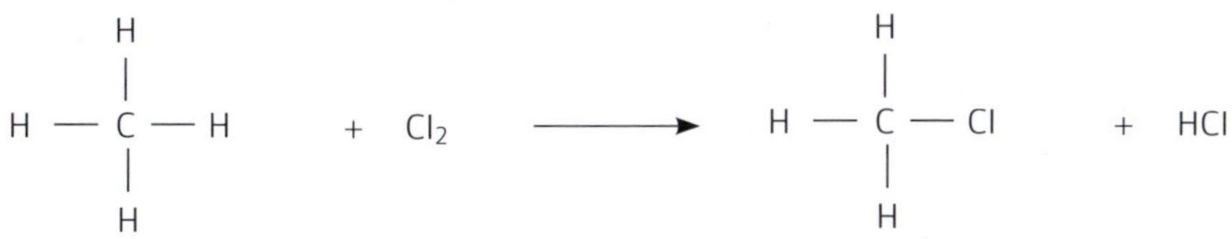

Aus Methangas und Chlor hat sich Chlormethan und Chlorwasserstoff (Salzsäure) gebildet.

Übersicht über wichtige Chlorkohlenwasserstoffe[1]

Bezeichnung	Handelsbezeichnung	Summenformel
Chlormethan	Methylchlorid	CH_3Cl
Dichlormethan	Methylenchlorid	CH_2Cl_2
Trichlormethan	Chloroform	$CHCl_3$
Tetrachlormethan	Tetrachlorkohlenstoff	CCl_4
Trichlorethen	Trichlorethylen (Tri)	C_2HCl_3
Tetrachlorethen	Perchlorethylen (Per)	C_2Cl_4
Monochlorethen	Vinylchlorid	C_2H_3Cl

Auch von den aromatischen Kohlenwasserstoffen sind Substitutionsprodukte bekannt, z. B. Chlorbenzole, chlorierte Biphenyle und Dioxine, die alle als sehr giftig und umweltschädlich eingestuft sind und im Maler- und Lackiererhandwerk nicht mehr eingesetzt werden.

Amine

Amine entstehen, wenn man Halogenalkane mit Ammoniak umsetzt.

[1] Wegen ihrer Gesundheitsschädlichkeit und Umweltgefahren werden Chlorkohlenwasserstoffe im Malerhandwerk nicht mehr eingesetzt.

Beispiel:

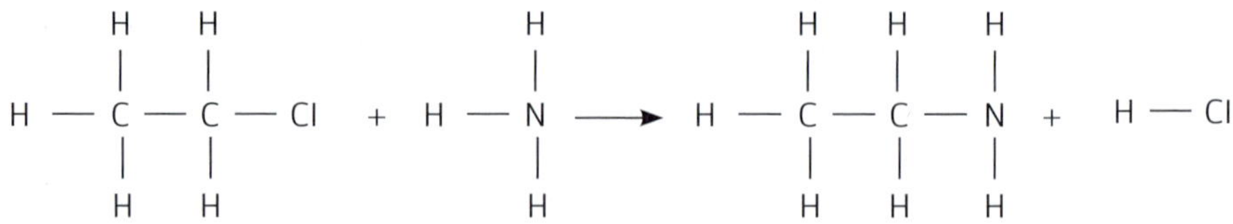

Aus Chlorethan und Ammoniak sind Ethylamin und Chlorwasserstoff (Salzsäure) entstanden.

Die aliphatischen (= kettenförmigen) Amine sind wichtige Rohstoffe zur Kunststoffherstellung. Sie werden auch bei der Lackherstellung als Härter, z. B. bei Epoxidharzlacken, und als Katalysatoren (Beschleuniger) eingesetzt.

Ein wichtiger Vertreter der aromatischen (= ringförmigen) Amine ist das Anilin. Dieser giftige Stoff dient zur Herstellung von Kunststoffen (Aminoplaste) und Farbstoffen, z. B. für Indigo.

2. Oxidationsderivate
Die organischen Oxidationsprodukte sind sauerstoffhaltige Verbindungen, wie Alkohole, Aldehyde, Ketone, Ether, Epoxide und Carbonsäuren.

Alkohole

Alkohole lassen sich aus Alkanen durch Hydratisierung[1] herstellen.

Beispiel: $C_2H_4 + H_2O \longrightarrow C_2H_5OH$
Aus Ethen und Wasser ist Ethanol entstanden.

Auch aus Chloralkanen können durch die Reaktion mit starken Basen Alkohole hergestellt werden.

Beispiel:

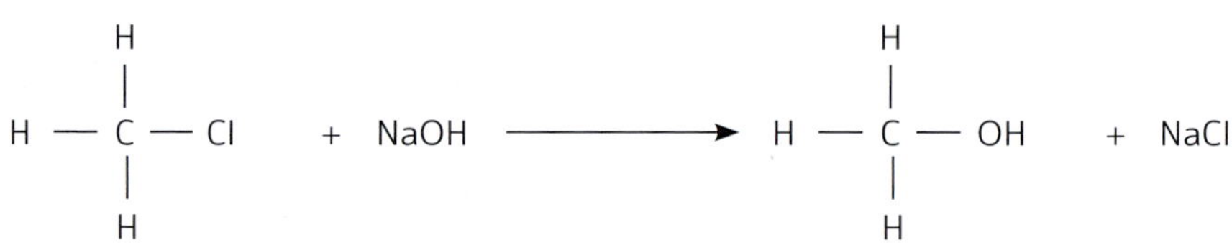

Aus Chlormethan und Natronlauge sind Methanol und Natriumchlorid (Kochsalz) entstanden.

Methanol bildet sich auch aus Kohlenoxid und Wasserstoff (Hydrierung). Bei der Hydrierung lagert sich Wasserstoff an ein Molekül an.

Beispiel: $CO + 2\,H_2 \longrightarrow CH_3OH$

[1] Unter Hydratisierung versteht man eine chemische Reaktion, die durch Anlagerung von Wasser abläuft.

Typisch für die Alkohole ist die OH-Gruppe.

Die Wertigkeit ist der Maßstab für die Reaktionsfähigkeit der Alkohole und entspricht der Anzahl der OH-Gruppen im Molekül.

Beispiele:

Ethanol hat eine OH-Gruppe, ist somit einwertig und in der Lage, an dieser einen OH-Gruppe mit einem anderen Stoff zu reagieren.

Glyzerin hat drei OH-Gruppen, ist somit dreiwertig und in der Lage, an diesen drei OH-Gruppen mit einem anderen Stoff zu reagieren.

Beispiele wichtiger Alkohole

Alkohol	Summenformel	Wertigkeit
Methanol	CH_3OH	einwertig
Ethanol	C_2H_5OH	einwertig
Ethylenglykol	$C_2H_4(OH)_2$	zweiwertig
Glyzerin	$C_3H_5(OH)_3$	dreiwertig

Alkohole sind wichtige Lösemittel und Ausgangsprodukte für Lackbindemittel und Bindemittel sowie Kunststoffe.

Spiritus ist Ethanol, der aus steuerlichen Gründen durch Zusätze ungenießbar gemacht wurde.

Carbonsäuren

Aldehyde oxidieren zu Carbonsäuren. Aliphatische (kettenförmige) Carbonsäuren werden auch als Fettsäuren bezeichnet.

Beispiel:

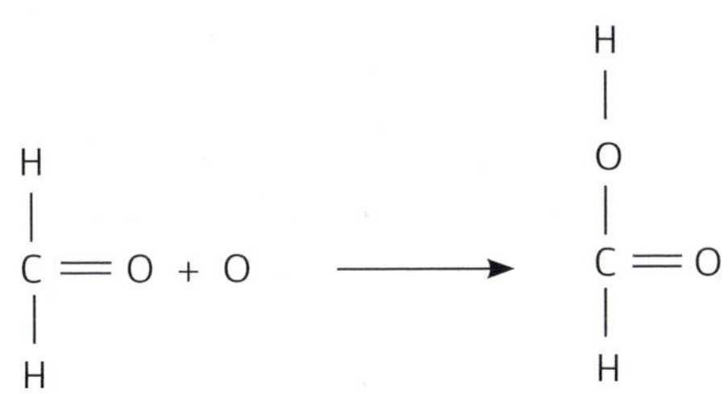

Formaldehyd bindet Sauerstoff und oxidiert dadurch zur Ameisensäure, einer einfachen Carbonsäure.

Carbonsäuren kann man an der Carboxylgruppe $-\overset{\overset{\displaystyle O}{\|}}{C}-O-H$ (COOH) erkennen.

Carbonsäuren sind wichtige Ausgangsprodukte für die Kunststoff- und Lackbindemittelherstellung.

Beispiele wichtiger Carbonsäuren und ihre Verwendung

Bezeichnungen	Chemische Formeln	Verwendung
Ameisensäure	$HCOOH$	als Konservierungsmittel
Propionsäure	CH_3COOH	zur Herstellung von Dispersions- und Lackbindemitteln
Maleinsäure	$CH{-}COOH{=}CH{-}COOH$	zur Herstellung von Dispersions- und Lackbindemitteln
Oxalsäure	$COOH{-}COOH$	als Bleichmittel für Holz
Acrylsäure	$CH_2{=}CH{-}COOH$	zur Herstellung von Dispersions- und Lackbindemitteln
Methacrylsäure	$CH_2{=}C(CH_3){-}COOH$	zur Herstellung von Dispersions- und Lackbindemitteln
Benzoesäure	$C_6H_5{-}COOH$	als Konservierungsmittel
Palmithinsäure	$C_{15}H_{31}{-}COOH$	zur Herstellung von Alkydharzen
Stearinsäure	$C_{17}H3_5{-}COOH$	zur Herstellung von Alkydharzen
Ölsäure	$C_8H_{17}{-}CH{=}CH{-}C_7H_{14}{-}COOH$	zur Herstellung von Alkydharzen
Linolsäure	$C_4H_9{-}(CH_2{-}CH{=}CH)_2{-}C_7H_{14}{-}COOH$	zur Herstellung von Alkydharzen
Linolensäure	$CH_3{-}(CH_2{-}CH{=}CH)_3{-}\ C_7H_{14}{-}COOH$	zur Herstellung von Alkydharzen
Eläosterinsäure	$CH_3{-}(CH_2)_3{-}CH{=}CH)_3{-}(CH_2)_7{-}COOH$	zur Herstellung von Alkydharzen

Bei den ringförmigen Carbonsäuren hat die zweiwertige Phthalsäure zur Herstellung der Alkydharze eine besonders große Bedeutung. Für diese Harze werden auch die meisten der oben aufgeführten Carbonsäuren benötigt. Die mehrfach ungesättigten Säuren Linolsäure, Linolensäure und Eläosterinsäure beeinflussen die schnelle Durchhärtung durch Sauerstoffbindung, leider aber auch die für Alkydharze typische Vergilbungsneigung.

Ester

Verbinden sich Alkohole mit organischen Säuren, entstehen Ester.

Beispiel:

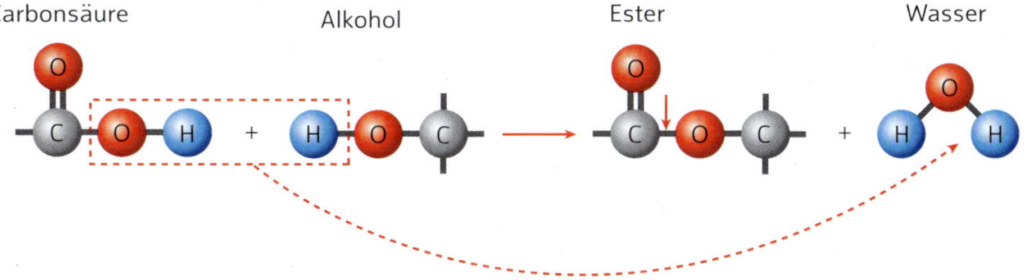

Formal entspricht die Veresterung der Salzbildung. Salze bilden sich jedoch durch Ionenbindung, Ester durch Atombindung.

Ester einwertiger Alkohole
Ester einwertiger Alkohole verwendet man als wichtige Lösemittel. Die größte Bedeutung haben hier die Acetate, die Ester der Essigsäure. Ester der Phthalsäure mit einwertigen Alkoholen verwendet man als Weichmacher. Diese nicht durchtrocknenden Stoffe sollen die Elastizität und die Plastizität von Beschichtungs- und Kunststoffen steigern.

Ester zweiwertiger Alkohole
Aus zweiwertigen Alkoholen werden durch Veresterung mit Säuren wichtige Lackharze hergestellt. So entsteht z. B. Polyesterharz.

Ester dreiwertiger Alkohole
Alle Fette und Öle sind Ester zwischen Carbonsäuren (Fettsäuren) und dem dreiwertigen Alkohol Glyzerin. Das früher oft als Bindemittel eingesetzte Leinöl ist ein natürliches Ester. Heute erzeugt man durch Veresterung mit dreiwertigen Alkoholen wichtige Lackharze, z. B. Alkydharz.

Ester können mit Laugen verseifen. Die Verseifung ist die Umkehrung der Esterbildung.

Diese Erkenntnis nutzt man beim Ablaugen öliger Bindemittel (= Ester).

Beispiel: Verseifung

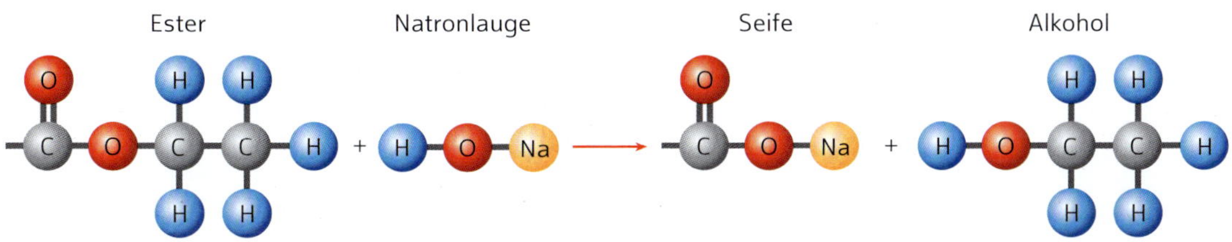

Seifen

Seifen entstehen, wenn sich Carbonsäuren mit Basen verbinden.

Beispiel:

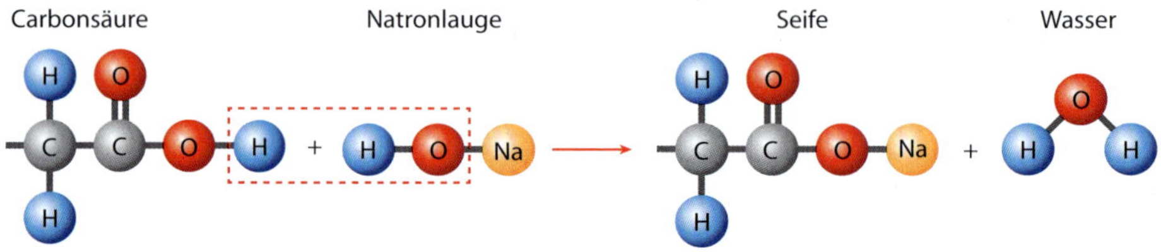

Unterteilung der Seifen

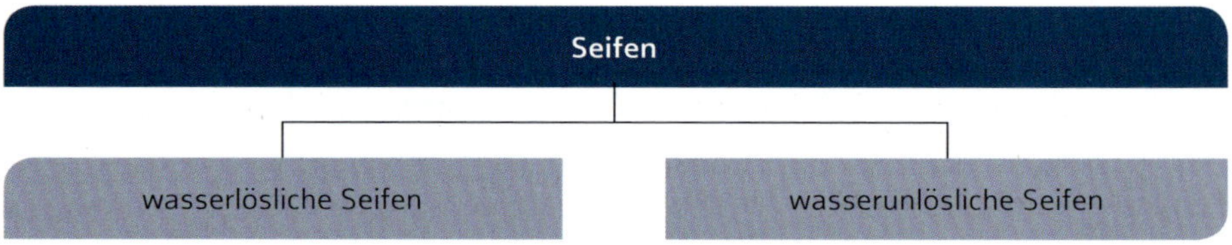

Die Löslichkeit der Seifen hängt vom beteiligten Metall ab.

Lösliche Seifen

Lösliche Seifen verwendet man als Reinigungsmittel. So wird aus Carbonsäuren und Natronlauge Kernseife hergestellt. Aus Carbonsäuren und Kalilauge fertigt man Schmierseife. Lösliche Seifen entstehen auch, wenn aus Estern bestehende Bindemittel, z. B. in Ölfarben und Alkydharzlacken, auf einem alkalischen Untergrund oder beim Abbeizen mit Laugen belastet werden.

Das Ablaugen von alten Ölfarben- oder Alkydharzlackbeschichtungen ist eine absichtlich herbeigeführte Verseifung.

Die Lauge im Abbeizmittel, z. B. Natronlauge, bildet mit den Carbonsäuren (Fettsäuren) im Beschichtungsstoff eine wasserlösliche Seife. Die vorher wasserunlösliche Beschichtung lässt sich nach der Verseifung mit Wasser abwaschen.

Unlösliche Seifen

Bestimmte aktive Pigmente, z. B. Bleimennige, Bleiweiß, Zinkweiß oder Zinkoxid, bilden mit den Fettsäuren im Bindemittel wasserunlösliche, besonders wetterbeständige Metallseifen. Der Einsatz dieser Pigmente ist aber sehr zurückgegangen. Ursachen dafür sind die Giftigkeit der Bleipigmente und die Tatsache, dass immer weniger ölige Bindemittel eingesetzt werden.

Aldehyde

Aldehyde entstehen, wenn man Alkoholen Wasserstoff entzieht.

Aldehyde sind wichtige Ausgangsprodukte für die Herstellung von Kunststoffen und Klebstoffen.

Beispiel:

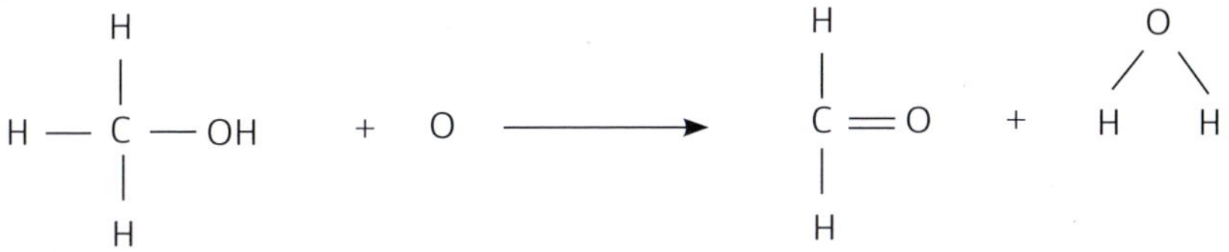

Methanol reagiert unter Wasserstoffabspaltung zu Methanal (= Formaldehyd).

Formaldehyd ist ein wichtiges Ausgangsprodukt für die Herstellung von Kunststoffen, Lackbindemitteln und Klebstoffen. Formaldehyd wurde als krebserregend eingestuft und wird als Konservierungsmittel kaum mehr eingesetzt. Aus Formaldehyd hergestellte chemische Verbindungen sind wichtige Konservierungsmittel.

Ketone

Ketone entstehen durch Oxidation bzw. Dehydrierung von Alkoholen oder durch Oxidation aus Alkinen.

Beispiel: Herstellung von Azeton aus Ethin

$$2\ C_2H_2 + 3\ H_2O \longrightarrow C\ H_3\text{-}CO\text{-}CH_3 + CO_2\ 2\ H_2$$

Ketone sind wichtige Lösemittel.

Ether

Ether werden durch Kondensation aus Alkoholen hergestellt.

Beispiel: $2\ C_2H_5OH \longrightarrow (C_2H_5)_2O + H_2O$

Aus zwei Molekülen Ethanol entsteht bei Einwirkung konzentrierter Schwefelsäure unter Wasserabspaltung Diethylether.

Die typische Sauerstoffbrücke kann zwei gleiche oder zwei unterschiedliche Alkylreste verbinden.

Epoxide

Epoxide entstehen durch Anlagerung von Sauerstoff an Alkanen.

Beispiel:

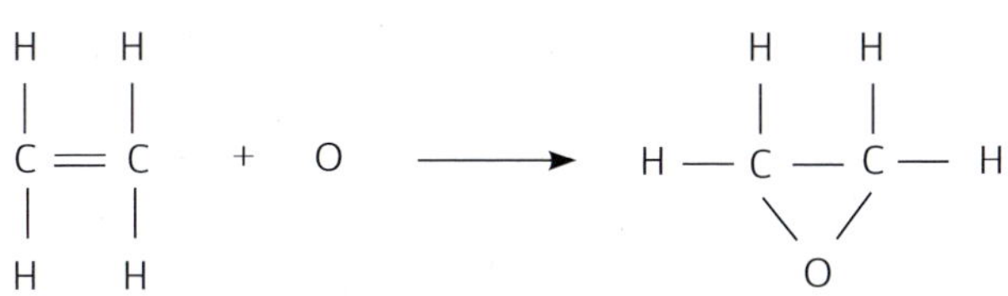

Durch Bindung von Sauerstoff entsteht aus Ethen Epoxiethan.

Epoxide haben große Bedeutung als Kunststoffe, Lackbindemittel und Weichmacher.

Amide

Amide entstehen, wenn die Hydroxylgruppe einer Carbonsäure durch eine NH_2-Gruppe ersetzt wird. Dabei wird Wasser abgespalten.

Beispiel:

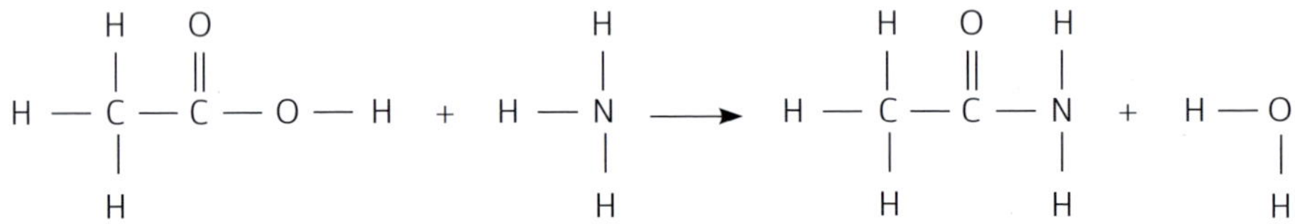

Essigsäure reagiert mit Ammoniak zu Acetamid und Wasser.

Amide werden bei einer Gruppe der Epoxidharze als Härter eingesetzt.

Isocyanate

Isocyanate sind die Ester der Isocyansäure.

Isocyanate werden zur Erzeugung von Kunststoffen, Kunstfasern und Schaumstoffen (Moltopren) eingesetzt. In der Beschichtungstechnik werden sie als Härter für 2-K- Polyurethanharzlacke, 2-K-Acrylharzlacke und eine Gruppe der Epoxidharzlacke verwendet. Technisch bedeutend sind Moleküle mit zwei oder mehr Isocyanatgruppen (Polyisocyanate).

1.23 Makromoleküle

Makromoleküle (Riesenmoleküle) kommen natürlich vor (z. B. als Zellulose) oder werden künstlich als Kunststoffe aus kleinen Einzelmolekülen, den Monomeren, hergestellt. Makromoleküle werden auch als Polymere bezeichnet.

Zur Herstellung von Polymeren aus Monomeren können drei verschiedene Reaktionen unterschieden werden:

1. Polymerisation
2. Polyaddition
3. Polykondensation

Durch diese Polymerreaktionen werden Kunststoffe und die meisten Bindemittel hergestellt.

1.23.1 Polymerisation

Bei der Polymerisation verbinden sich ungesättigte[1] Monomere (kleine Einzelteilchen) zu Polymeren (Riesenmolekülen) durch das Aufklappen von Doppelbindungen ohne Abspaltung eines Stoffs.

Durch Hitze, Druck oder mit radikalen Stoffen lassen sich die Doppelbindungen aufspalten. Die frei gewordenen Bindungsarme verbinden sich mit den Bindungsarmen anderer Moleküle. Durch die Polymerisation entstehen thermoplastische Kunststoffe, sog. Plastomere.

Beispiel:

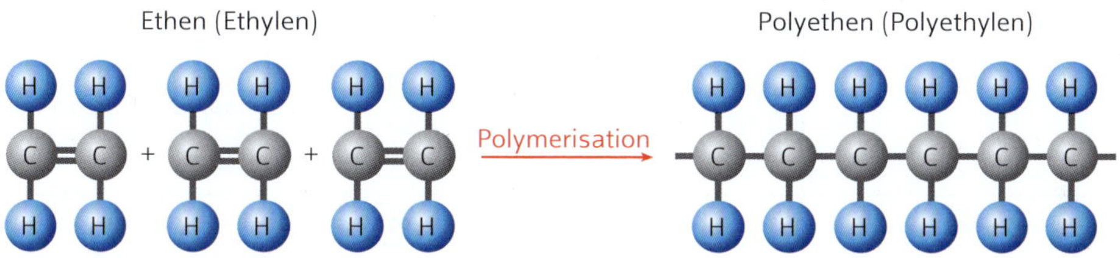

Polyethen, bekannt als Polyethylen, wird für Folien, Eimer, Flaschen, Tragetaschen, Mülltonnen und Fahrzeugteile verwendet.

Werden unterschiedliche Monomere zu einem Polymer polymerisiert, spricht man von einer Copolymerisation.

Beispiel:

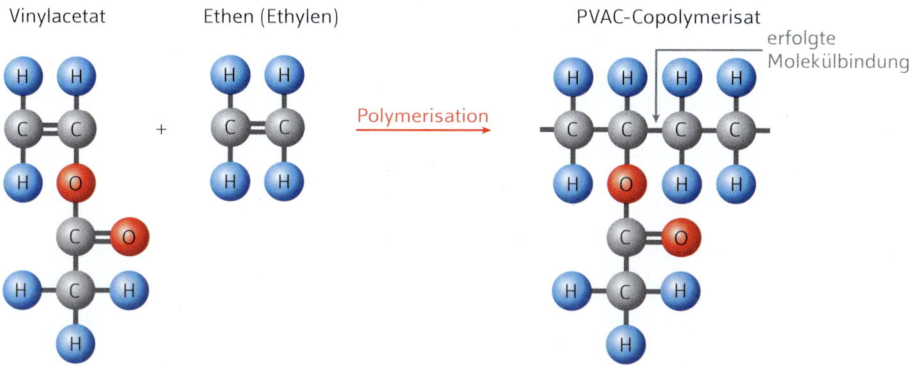

PVAC-Copolymerisat wird als Bindemittel für Dispersionsfarben verwendet.

Durch Polymerisation entstehen viele Werkstoffe des Malers und Lackierers, z. B. Bindemittel für Dispersionsfarben und Dispersionslacke sowie für Acrylharzlacke. Ungesättigte Polyesterharzlacke erhärten durch Polymerisation.

[1] Ungesättigt und deshalb sehr reaktionsfreudig sind Moleküle mit Doppel- und Dreifachbindungen.

Wichtige Polymerisate

Bezeichnungen	Kurzzeichen	Wichtige Eigenschaften	Verwendung
Polyethen (Polyethylen)	PE	sehr chemikalienbeständig, gilt als gesundheitlich unbedenklich und umweltverträglich, gilt als handwerklich nicht lackierbar	als Folien, Eimer, Flaschen, Tragetaschen, Mülltonen, Fahrzeugteile
Polyvinylchlorid	PVC	verrottet nur langsam, bei Hitze wird Salzsäure abgespalten, gut lackierbar	Rohre, Dachrinnen, Fenster, Jalousien, Folien, Bodenbeläge, Maschinenteile
Polystyrol	PS	glasklar, hart und spröde, lösemittelempfindlich	Gehäuse von Maschinen, als Schaumstoff (Styropor) zur Wärme- und Schalldämmung
Polypropylen	PP	hart und spröde, wird von Benzin angelöst	Gehäuse von Maschinen, Eimer, Folien
Polymethylmethacrylat	PMMA	glasklar, nicht kratzfest, hart und zäh	Acrylglas, Werbeschilder
Polyvinylacetat	PVAC	wird von Laugen verseift	Bindemittel für Dispersionen und Lacke
Polyvinylpropionat	PVP	wird von Laugen verseift	Bindemittel für Dispersionen und Lacke
Polymethacrylat	PMA	alkalibeständig	Bindemittel für Dispersionen und Lacke
Polyethacrylat	PEA	alkalibeständig	Bindemittel für Dispersionen und Lacke
Polystyrol-Butadien	SB	alkalibeständig, neigt außen zum Kreiden	Bindemittel für Latexfarben

1.23.2 Polyaddition

Die Polyaddition ist die Verbindung von Monomeren zu Polymeren ohne Abspaltung eines Stoffs. Sie wird möglich, weil Atome zwischen den Molekülen ihren Platz wechseln.

Ein Wasserstoffatom wechselt von einem Monomer zum anderen und macht die Verknüpfung möglich.

Beispiel:

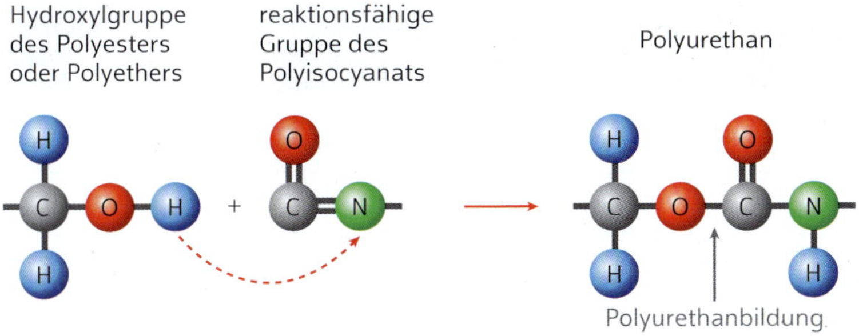

Durch Polyaddition entstehen wichtige Kunststoffe, z. B. Polyurethane. Polyurethanharzlacke und Epoxidharzlacke erhärten durch Polyaddition.

Wichtige Polyaddukte

Bezeichnungen	Kurzzeichen	Eigenschaften	Verwendung
Polyurethan	PUR	laugen- und besonders säurebeständig, mechanisch hoch belastbar	Kunststoff als Untergrund, Kunststoffschaum, besonders widerstandsfähiges Bindemittel

1.23.3 Polykondensation

Die Polykondensation ist die Verbindung von Monomeren zu Polymeren unter Abspaltung eines Stoffs, meist Wasser.

Beispiel: Herstellung ungesättigter Polyester

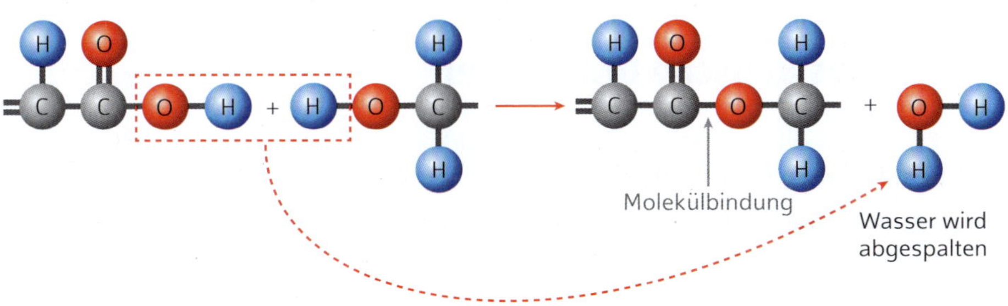

Durch Polykondensation werden wichtige Kunststoffe und Kunstharze, wie die Epoxidharze, die Polyesterharze, die Alkydharze usw., hergestellt.

DIN EN ISO 1043 „Kunststoffe – Kennbuchstaben und Kurzzeichen“
BFS-Merkblatt Nr. 22 „Beschichtungen auf Kunststoff im Hochbau“

Wichtige Polykondensate

Bezeichnungen	Kurz-zeichen	Eigenschaften	Verwendung
Polyamid	PA	hart, zäh, unzerbrechlich, thermoplastisch	Textilfasern, Maschinenteile, Zahnräder
ungesättigter Polyester	UP	glasklar bis leicht gelblich, hart, schwer zerbrechlich, hoch belastbar, sehr wärmebeständig	Bindemittel für Lacke und Spachtelmassen, als Gießharz, als glasfaserverstärkter Kunststoff, als Untergrund
gesättigter Polyester	SP	glasklar, hart	Bindemittel für Absperrlacke, für Folien und Fasern (Nylon, Perlon)
Epoxidharz	EP	mechanisch hoch belastbar, besonders laugenbeständig	Kunststoff als Untergrund, besonders widerstandsfähiges Bindemittel
Alkydharz	AK	bernsteinfarben, Elastizität und Vergilbung hängen vom Ölanteil ab, nicht alkalibeständig, wird von Laugen verseift	Bindemittel für Lacke und Lackfarben für innen und außen
Silikone	SI	kettenförmige sind flüssig bis hochviskos, mäßig vernetzte sind sehr elastisch, stark vernetzte sind feste Silikonharze	Silikonöle, Silikonfette, Silikonkautschuk, Silikondichtstoffe, Silikonharze als Bindemittel für Fassadenfarben und Einbrennlacke

2 Physikalische Grundlagen

Jede Tätigkeit hat mit Physik zu tun. So sehen sich auch Maler/-innen und Lackierer/-innen ständig mit physikalischen Vorgängen konfrontiert.

Vergleicht man physikalische Vorgänge mit chemischen Reaktionen, kann man das Wesen der Physik erkennen.

> Die Physik ist die Lehre von Naturvorgängen und Kräften, die ohne stoffliche Veränderungen vor sich gehen.

Beispiele: physikalische Vorgänge
Schleifen von Untergründen, Mischen von Farben, Beschichten, Wärmedämmung, Schalldämmung usw.

Aufträge

1. Eine wirksame Korrosionsschutzbeschichtung muss eine Schichtdicke von mindestens 180 µm aufweisen, wenn die Beschichtung Stadt- und Industrieluft ausgesetzt ist. Wie hoch ist diese Schichtdicke in mm?
2. Warum ist das Eindringvermögen von wässrigen Putzgrundiermitteln größer als das von üblichen Dispersionsfarben?
3. Für den Werkstofftransport müssen Sie das Gewicht von 30 Dosen Lackfarbe bestimmen. Welche Masse in kg besitzen die Dosen mit dem Inhalt 0,7 l, wenn die Lackfarbe die Dichte 1,2 kg/l besitzt?
4. Erklären Sie den Vorgang der physikalischen Trocknung.
5. Nennen Sie drei Beispiele für physikalisch trocknende Beschichtungsstoffe.
6. Nitrolacke sind reversibel. Wie wirkt sich diese Tatsache beim Überstreichen einer getrockneten Nitrolackierung mit Nitrolack aus?
7. Ein Beschichtungsstoff ist hochviskos.
   a) Erklären Sie diese Aussage.
   b) Wie wird sich dies auf die Verarbeitung auswirken?
   c) Wie können Sie diese Viskosität verringern?
8. Beschreiben Sie einen Vorgang, mit dem Sie die Viskosität zweifelsfrei messen können.
9. Welche Faktoren muss man berücksichtigen, wenn das Anstrichmittel für die Beschichtung die optimale Viskosität aufweisen soll?
10. Mit welchen Messgeräten kann man die Viskosität thixotroper Beschichtungsstoffe messen?
11. Erklären Sie, warum ein thixotroper Beschichtungsstoff verhältnismäßig dick aufgetragen werden kann.
12. Warum lassen sich thixotrope Beschichtungsstoffe trotz ihrer Dickflüssigkeit gut verarbeiten?
13. Was versteht man unter dem Sol-Zustand eines thixotropen Beschichtungsstoffs?
14. Begründen Sie, warum sich durch Anschleifen des Untergrunds die Adhäsion verbessert.
15. Welcher Unterschied besteht zwischen der Adhäsion und der Kohäsion?
16. Warum verschlechtert sich beim Bindemittelabbau durch UV-Strahlen auch die Adhäsion?
17. Eine Raufasertapete wurde mit Normalkleister tapeziert. Nach dem Überstreichen mit waschbeständiger Dispersionsfarbe öffneten sich die Nähte, die Tapete löste sich teilweise ab. Erklären Sie unter Verwendung der Begriffe „Adhäsion“ und „Kohäsion“ die Ursache des Schadens.

18. Nennen Sie Mängel, die Sie bei saugenden Untergründen durch eine Benetzungsprobe erkennen können.
19. Bei der Gitterschnittprüfung einer Lackbeschichtung platzt ein Drittel der Fläche zwischen den Schnittkanten ab. Beurteilen Sie die Haftung nachfolgender Beschichtungen auf diesem Untergrund.
20. Wie kann man die Oberfläche bereits grundierter Stahlzargen daraufhin prüfen, ob die Haftung der nachfolgenden Beschichtung gewährleistet ist?
21. Mit welchen Stoffen lässt sich die Kapillarität eines Putzes reduzieren?
22. Bei einem Putz sind im unteren Bereich Feuchtigkeit und Ausblühungen zu erkennen. Wie lässt sich hier die kapillare Wasserbewegung aus dem Erdreich unterbinden?
23. Wie lässt sich bei einer Fassade die kapillare Wasseraufnahme durch die Wandoberfläche reduzieren?
24. Ab welchem Wasseraufnahmekoeffizienten wird eine Beschichtung
    a) als wasserhemmend und
    b) als wassersperrend bezeichnet?
25. Wie wirkt sich die Kapillarkondensation bei einem mineralischen Putz aus?
26. Zeigen Sie auf, wie beim Bau eines Hauses Wärmebrücken entstehen können.
27. Wie können sich Wärmebrücken bei einem Haus auswirken?
28. Woher erhalten Sie die Wärmeleitzahlen der Baustoffe für eine Wärmedämmberechnung?
29. Erklären Sie den Begriff „U-Wert“.
30. Welcher U-Wert sollte entsprechend dem Gebäudeenergiegesetz (GEG) mit einer Wärmedämmung an der Fassade erreicht werden?
31. Ermitteln Sie den U-Wert einer Außenwand aus 36 cm dickem Kalksandsteinmauerwerk (Rohdichte 1400 kg/m^3). Die Wand ist innen mit 1,5 cm dickem Kalkgipsputz und außen mit 2 cm dickem Kalkzementputz beschichtet.
32. Wie dick müsste bei der Außenwand aus Auftrag 31 eine Dämmung mit Polystyrol-Hartschaum sein, wenn ein U-Wert unter 0,24 erreicht werden soll?
33. Welche Möglichkeiten haben Maler/-innen und Lackierer/-innen, um zur Verbesserung der Akustik beizutragen?
34. Warum deckt Kreide in wässrigen Bindemitteln gut, lasiert aber in öligen?
35. Begründen Sie, warum harzreiches Holz nicht dunkel beschichtet werden sollte.

36. Begründen Sie, warum der Farbton bei der Komplementärmischung in der subtraktiven Farbmischung dunkler wird.
37. Nach welchem Prinzip sind NCS-Farbtonkarten aufgebaut?
38. Was versteht man unter der Metamerie?
39. Wie werden die Farbtondifferenzen mit einem modernen Farbmessgerät ermittelt?
40. Wie wird mit einem Glanzgradmessgerät der Glanzgrad einer Lackierung gemessen?

2.1 Teilbereiche der Physik

Die Physik wird in sechs Teilbereiche gegliedert.

Teilbereiche der Physik

Teilbereich	Definition
Mechanik	Lehre von der Bewegung
Wärmelehre	Lehre von der Wärme
Akustik	Lehre vom Schall
Optik	Lehre vom Licht
Elektrik	Lehre von der Elektrizität
Atomphysik	Lehre von den Vorgängen im Atom

2.2 Physikalische Größen

Um physikalische Erscheinungen beschreiben zu können, benutzt man physikalische Größen und Gleichungen.

Eine physikalische Größe kann durch zwei Angaben exakt dargestellt werden:
1. Maßzahl
2. Einheit

Beispiel:

Die Länge einer Anlegeleiter beträgt fünf Meter.

Physikalische Größe	=	Maßzahl	×	Einheit
Länge (l)	=	5		Meter (m)

Basisgrößen

Basisgrößen	Kurzzeichen (Formelzeichen)
Länge, Weg	l, s
Masse	m
Zeit	t
Temperatur	T
Lichtstärke	Iv
elektrische Stromstärke	I
Stoffmenge	n

Daneben verwendet man eine Reihe abgeleiteter Größen.

Beispiele wichtiger abgeleiteter Größen

Abgeleitete Größen	Kurzzeichen	Bezug zu den Basisgrößen
Fläche	A	Länge · Länge
Volumen	V	Länge · Länge · Länge
Dichte	ϱ	$\frac{\text{Masse}}{\text{Volumen}}$
Geschwindigkeit	v	$\frac{\text{Weg}}{\text{Zeit}}$
Beschleunigung	a	$\frac{\text{Geschwindigkeit}}{\text{Zeit}}$
Kraft	F	Masse · Beschleunigung
Energie	W	Kraft · Weg
Leistung	P	$\frac{\text{Energie}}{\text{Zeit}}$
Druck	p	$\frac{\text{Kraft}}{\text{Fläche}}$
Frequenz	f	$\frac{1}{\text{Zeit}}$
elektrische Ladung	Q	Stromstärke · Zeit
elektrische Spannung	U	$\frac{\text{Energie}}{\text{elektrische Ladung}}$
elektrischer Widerstand	R	$\frac{\text{elektrische Spannung}}{\text{Stromstärke}}$

SI-Basiseinheiten[1]

In Verbindung mit den Größen wurden sieben Basisgrößen (Grundeinheiten) des SI festgelegt.

SI-Basiseinheiten

Basisgröße	Name der Basiseinheit	Kurzzeichen
Länge	der Meter	m
Masse	das Kilogramm	kg
Zeit	die Sekunde	s
Temperatur	das Kelvin	K
elektrische Stromstärke	das Ampere[2]	A
Lichtstärke	die Candela	cd
Stoffmenge	das Mol	mol

Beispiele abgeleiteter SI-Einheiten

abgeleitete Größe	Name der Einheit	Kurzzeichen
Fläche	Quadratmeter	m^2
Volumen	Kubikmeter	m^3
Dichte	$\frac{\text{Kilogramm}}{\text{Kubikdezimeter}}$	$\frac{kg}{dm^3}$
Geschwindigkeit	$\frac{\text{Meter}}{\text{Sekunde}}$	$\frac{m}{s}$
Beschleunigung	$\frac{\text{Meter}}{\text{Sekunde}}$	$\frac{m}{s^2}$
Kraft	Newton[3]	N
Energie	Joule[4]	J

[1] Das Internationale Einheitensystem (**S**ystème **I**nternational d'Unités; Abk. SI) wurde auf internationaler Ebene vereinbart, um die technische Zusammenarbeit zu fördern. In Deutschland wurden die SI-Einheiten durch das Gesetz über Einheiten im Messwesen vom 2. Juli 1969 verbindlich vorgeschrieben.

[2] Die Basiseinheit für die elektrische Stromstärke wurde nach dem französischen Naturforscher André-Marie Ampère (1775–1836) benannt. Ampère entdeckte die elektro-dynamischen Gesetze.

[3] Die Einheit der Kraft wurde nach dem englischen Physiker, Mathematiker und Astronom Isaak Newton (1643–1723) benannt.

[4] Die Einheit der Energie wurde nach dem englischen Physiker James Prescott Joule (1818–1889) benannt. Joule begründete u. a. den Satz von der Erhaltung der Energie.

abgeleitete Größe	Name der Einheit	Kurzzeichen
Leistung	Watt[1]	W
Druck	Pascal[2]	Pa
Frequenz	Hertz[3]	Hz
elektrische Ladung	Coulomb[4]	C
elektrische Spannung	Volt[5]	V
elektrischer Widerstand	Ohm[6]	Ω

Dezimale Vielfache und Teile von Einheiten

Zum vereinfachten Rechnen benutzt man dezimale Vielfache und Teile der Einheiten. Die Bezeichnungen dafür sind aus griechischen oder lateinischen Vorsilben und dem Namen der Einheit zusammengesetzt. Aufgrund der mathematischen Regeln werden dazu auch Potenzen verwendet. Die Potenz ist in der Mathematik eine abgekürzte Schreibweise für ein Produkt gleicher Faktoren.

Beispiel: $m \times m = m^2$ (Einheit für die Fläche)
$m \times m \times m = m^3$ (Einheit für das Volumen)

oder: $10 \times 10 = 10^2$ (= 100)
$10 \times 10 \times 10 = 10^3$ (= 1 000)

[1] Die Einheit der Leistung wurde nach dem englischen Ingenieur James Watt (1736–1819) benannt. Watt erfand die Dampfmaschine.

[2] Die Einheit des Drucks wurde nach dem französischen Naturwissenschaftler Blaise Pascal (1623–1662) benannt.

[3] Die Maßeinheit der Frequenz wurde nach dem deutschen Physiker Heinrich Hertz (1857–1894) benannt. Hertz bewies experimentell die Existenz der elektromagnetischen Wellen.

[4] Die Einheit der elektrischen Ladung wurde nach dem französischen Physiker Charles Augustin de Coulomb (1736–1806) benannt. Coulomb entdeckte wesentliche Grundgesetze der elektrischen Ladung.

[5] Die Einheit der elektrischen Spannung wurde nach dem italienischen Physiker Alessandro Graf Volta (1745–1827) benannt. Volta entdeckte die Elektrolyse und fand die elektrische Spannungsreihe.

[6] Die Einheit für den elektrischen Widerstand wurde nach dem deutschen Physiker Georg Simon Ohm (1787–1850) benannt. Ohm entdeckte das nach ihm benannte Gesetz des elektrischen Widerstands. Das Kurzzeichen für Ohm (Ω) wurde dem griechischen Alphabet entnommen.
Ω wird „Omega“ gesprochen.

	Bedeutung	Multiplikator zur Einheit	Zehnerpotenz	Vorsatz	Vorsatzzeichen	Verwendungsbeispiele
Vielfache	Millionenfach	1 000 000	10^6	Mega	M	Die Leistung von Kraftwerken wird in Megawatt (MW) angegeben.
	Tausendfach	1 000	10^3	Kilo	K	Große Entfernungen werden in Kilometern (km) angegeben.
	Hundertfach	100	10^2	Hekto	h	Große Volumen von Flüssigkeiten werden in Hektolitern (hl) angegeben.
	Zehnfach	10	10^1	Deka	da	Ein Dekagramm sind 10 Gramm.
	Basiseinheit	1				
Teile	Zehntel	0,1	10^{-1}	Dezi	d	Ein Dezimeter (dm) sind 10 Zentimeter oder 0,1 Meter.
	Hundertstel	0,01	10^{-2}	Zenti	c	Kleine Längen werden auch in Zentimeter (cm) angegeben.
	Tausendstel	0,001	10^{-3}	Milli	m	Kleine Längen werden auch in Millimeter (mm) angegeben.
	Millionstel	0,000 001	10^{-6}	Mikro	µ	Schichtdicken von Beschichtungen werden in Mikrometer (µm) angegeben.
	Milliardstel	0,000 000 001	10^{-9}	Nano	n	Die Wellenlänge von Licht wird in Nanometern (nm) angegeben. Bei der Nanotechnologie werden Stoffe in diesen Größenbereichen hergestellt, um bestimmte außergewöhnliche Eigenschaften zu erreichen.

Daneben gibt es noch eine Reihe von dezimalen Vielfachen und Teilen, die aber im Maler- und Lackiererhandwerk keine Bedeutung haben.

Die Vorsilbe ist ohne Zwischenraum vor den Namen der Einheit zu setzen, z. B. Kilometer, Zentimeter, Mikrometer usw. Das Vorsatzzeichen ist ohne Zwischenraum vor das Kurzzeichen der Einheit zu setzen, z. B. km, cm, µm usw.

Bei der Basiseinheit kg (für Kilogramm) ist zu berücksichtigen, dass das Vorsatzzeichen k schon das 1 000-Fache der Einheit g (für Gramm) bedeutet. Die dezimalen Vielfachen oder Teile sind deshalb hier von der Einheit Gramm (nicht Kilogramm) zu bilden.

2.3 Nanotechnologie

Nachdem die Forschung herausgefunden hat, dass sich die Eigenschaften eines Stoffs auch durch die Veränderung der Teilchengrößen ändern, nutzt man dies in der Nanotechnologie aus.

So wird z. B. durch Mikronisierung von Titandioxid aus dem ansonsten als sichtbares Pigment verwendeten Stoff ein für das menschliche Auge unsichtbares Lichtschutzmittel hergestellt. Der Zusatz von keramischen Nanoteilchen fördert die Kratzbeständigkeit von Klarlacken in der Fahrzeuglackierung. Auch bei der Schmutz abweisenden und reinigenden Wirkung von Fassadenfarben spielt die Nanotechnologie eine große Rolle. Augenfällig sind auch in Metallic-Basislacken eingesetzte Nano-Titandioxide. Bei flächiger Betrachtung sehen die Beschichtungen z. B. gelblich aus, während bei streifender Betrachtung ein blauer, grüner oder roter Farbeindruck entsteht. Damit ergeben sich speziell für die Fahrzeuglackierung interessante Gestaltungsmöglichkeiten.

Bei der Nanotechnologie werden Stoffe in Nanometergrößen hergestellt, um außergewöhnliche Eigenschaften der Beschichtungen zu erreichen.

Nanomaterialien unterscheiden sich deutlich in ihrem optischen und elektrischen Verhalten, aber auch in ihrer Härte und ihrem Schmelzpunkt.

2.3.1 Fotokatalyse

Bei der Fotokatalyse wird der Katalysator durch Licht angeregt und wirksam. Die Fotokatalyse wird im Malerhandwerk an Fassaden zur sog. Selbstreinigung eingesetzt. Im Innenraum trägt die Fotokatalyse zum Abbau von Schadstoffen und Gerüchen bei.

Zur Selbstreinigung von Fassaden durch Fotokatalyse ist Licht in den Wellenlängen zwischen 320 und 390 Nanometer erforderlich. Durch die hier freigesetzte Energie wird der Schmutz angelöst und zerstört. Aufgrund der besonders guten Benetzung dieser Beschichtungsstoffe gelangt hinter die so entstandenen kleinen Partikel Wasser. Dieses spült den Schmutz ab.

In Innenräumen wird die Fotokatalyse unterstützend zum Abbau von Schadstoffen und Gerüchen eingesetzt. Das in Räumen geringere Licht reicht nur aus, wenn in den Beschichtungsstoffen zusätzliche Beschleuniger eingesetzt werden.

Die Fotokatalysatoren wirken auf jede organische Verbindung. Dies bedeutet, dass neben der gewünschten Wirkung auch Nebenwirkungen auftreten können.

So können organische Bindemittel und organische Pigmente angegriffen und zerstört werden. So wird z. B. die Kreidung der Beschichtungen gefördert. Organische Pigmente können ausbleichen.

2.4 Schichtdicke von Beschichtungen

Neben anderen Faktoren entscheidet die Schichtdicke über die Schutzwirkung von Beschichtungen. Die Schichtdicke wird in der Regel in µm (1 µm = 0,001 mm) angegeben. Für verschiedene Beschichtungen, z. B. für den Korrosionsschutz oder für Brandschutzbeschichtungen sowie für extreme Belastungen von Beschichtungen, sind bestimmte Schichtdicken verpflichtend vorgegeben. Bei der Messung der Schichtdicke unterscheidet man zwischen der Nassschichtdickenmessung und der Trockenschichtdickenmessung.

Schichtdickenmessung	Durchführung
Nassschichtdickenmessung	Die Beschichtung wird sofort nach dem Auftragen geprüft.
Trockenschichtdickenmessung	Die Beschichtung wird nach der Trocknung bzw. Erhärtung geprüft. Man unterscheidet die Beschichtung zerstörende und nicht zerstörende Prüfverfahren.

Je nach Untergrund gibt es für die Messung der Schichtdicken unterschiedliche Messverfahren.

Nassschichtdicken-Messgeräte

Messgeräte	Funktionsprinzip	Geeignete Untergründe
Nassschichtdicken-Messkamm 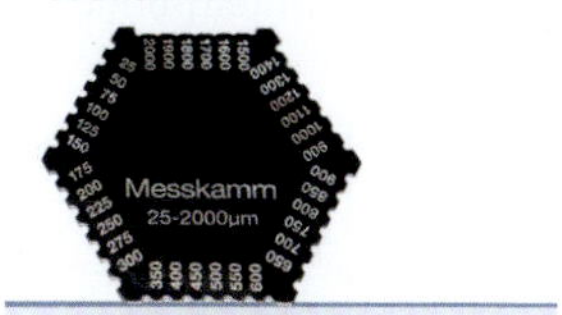	Der Messkamm wird in die noch flüssige Beschichtung eingedrückt, die Schichtdicke liegt zwischen noch benetztem und nicht mehr benetztem Zahn.	alle glatten, gerade beschichteten Untergründe
Nassfilmdicken-Messrad 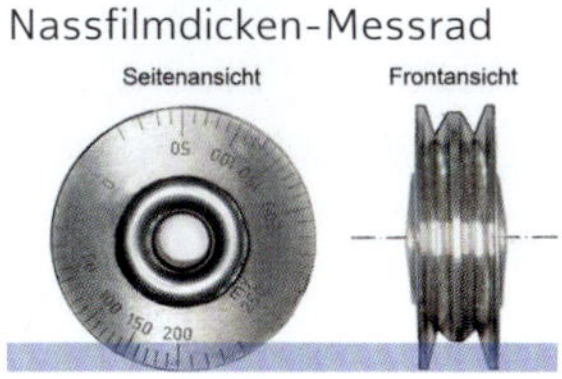	Das Rad wird durch die noch flüssige Beschichtung gerollt, an der exzentrischen Mittelrippe lässt sich die Schichtdicke ablesen.	alle glatten, gerade beschichteten Untergründe

Da bei der Trocknung bzw. Erhärtung aus der Beschichtung Löse- und Verdünnungsmittel verdunsten, ist die Trockenschichtdicke immer geringer als die Nassschichtdicke.

So haben sich in der Praxis die Trockenschichtmessungen durchgesetzt, besonders die magnetischinduktive Messung für Stahluntergründe und die Wirbelstrom-Schichtdickenmessung für Nichteisenmetalle. Es gibt auch Kombigeräte für beide Messverfahren.

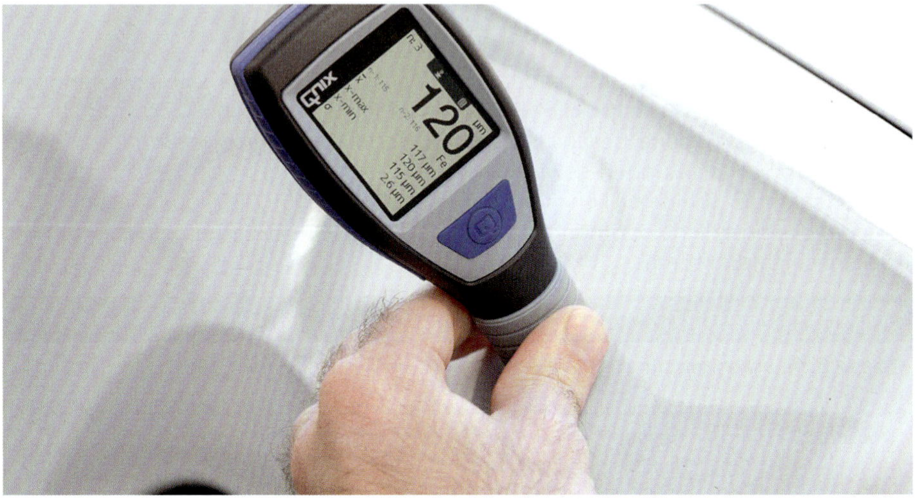

Schichtdickenmessung auf Metall

Trockenschichtdicken-Messgeräte

Messgeräte	Funktionsprinzip	Geeignete Untergründe
Trockenschicht-dicken-Messuhr	Die durchgehärtete Beschichtung wird an einer kleinen Stelle bis zum Untergrund entfernt. In diese Vertiefung wird das mittlere, bewegliche Füßchen gestellt. Die beiden seitlichen Stützfüßchen stehen auf der unbeschädigten Beschichtung. Die Schichtdicke ist auf der Skala ablesbar.	alle glatten, beschichteten Untergründe
Keilschnitt-Messgerät (z. B. Paint Inspection Gauge)	Die zu prüfende, durchgehärtete Beschichtung wird mit einer geschliffenen Schneide in einem vorgegebenen Winkel durchgeritzt, wobei der Untergrund mit eingeritzt wird. Zur Messung wird die schräge Beschichtungsfläche über den Winkel in die Schichtdicke umgerechnet. Diese Messung kann auch unter dem Mikroskop durchgeführt werden.	alle nicht zu harten, beschichteten Untergründe
modifiziertes Keilschnitt-Messgerät	Anstatt eines Keilschnitts wird ein kleiner Bohrer verwendet, dessen Flanken mit einem Winkel von 45° angeschliffen sind.	alle beschichteten Untergründe

Messgeräte	Funktionsprinzip	Geeignete Untergründe
mikroskopische Schichtdickenmessung	Eine Probe des beschichteten Untergrunds wird in ein Harz eingebettet, danach wird die Probe fein geschliffen und aufpoliert. So ist von allen Verfahren die genaueste Schichtdickenmessung möglich. Möglich ist auch die Herstellung eines Mikrotomschnitts (Abhobeln einer dünnen, ca. 30 µm dünnen Schicht).	alle beschichteten Untergründe
magnetische Schichtdickenmessung nach dem Haftkraftprinzip	Die Haftkraft des Magneten nimmt mit zunehmender Schichtdicke ab. Bei den Geräten wird über diese Haftkraft die vorliegende Schichtdicke ermittelt.	Beschichtungen auf Eisen bzw. Stahl
magnetisch-induktive Messung	Bei diesen Geräten wird der magnetische Fluss zwischen der Messsonde und dem Eisenmetall gemessen. Je dicker die Beschichtung ist, umso geringer ist der magnetische Fluss.	Beschichtungen auf Eisen bzw. Stahl
kapazitive Schichtdickenmessung	Bei diesen Geräten bildet die Messsonde, die aus einer ebenen Elektrode besteht, zusammen mit der zu messenden Beschichtung und dem elektrisch leitenden Grundwerkstoff einen Plattenkondensator. Die Kapazität des Kondensators hängt von der Dielektrizitätskonstante und der Schichtdicke der Beschichtung ab. Je dicker die Beschichtung und je kleiner die Dielektrizitätskonstante, umso kleiner wird die Kapazität. Die Schichtdicke kann unmittelbar am Gerät abgelesen werden.	nicht leitende Beschichtungen auf leitenden Nichtmetall-Untergründen
Wirbelstrom-Schichtdickenmessung	Durch einen hochfrequenten Wechselstrom wird in einer Spule ein elektromagnetisches Feld erzeugt. Nähert man sich mit der Messsonde einem leitenden Metall, entstehen Wirbelströme. Die Größe dieser Wirbelströme ist das Maß für den Abstand der Sonde vom Grundmetall und damit für die Dicke der Beschichtung.	nicht leitende Beschichtungen auf Nichteisenmetallen

2.5 Löslichkeit der Stoffe

Beschichtungsstoffe sind stets Gemische aus verschiedenen Stoffen. Die Löslichkeit der einzelnen Stoffe ist dabei sehr unterschiedlich.

Feste Stoffe lassen sich in Flüssigkeiten nur bis zu einer temperaturabhängigen Sättigungsgrenze lösen.

Eine Lösung, die so viel von dem gelösten Stoff enthält, wie sie aufzunehmen vermag, wird als gesättigt bezeichnet.

Die Lösung erfolgt nicht immer bis zur molekularen Verteilung.

Unterscheidung nach Löslichkeit

Bezeichnung	Verteilung	Größen	Erkennung
echte Lösung	vollständige Verteilung der einzelnen Moleküle	< 0,001 µm (unter 0,000001 mm)	nur im Ultralichtmikroskop
kolloidale[1] Lösung	Verteilung einzelner Molekülhaufen	0,001–0,1 µm (0,000001–0,0001 mm)	im Mikroskop im Streiflicht, ansonsten im Elektronenmikroskop
disperse[2] Mischung	Verteilung grober Molekülhaufen	0,1–5 µm (0,0001–0,005 mm)	im Mikroskop und im Elektronenmikroskop

Den verteilten Stoff bezeichnet man als Dispergens oder innere Phase. Den Stoff, in dem die innere Phase verteilt ist, bezeichnet man als äußere Phase. Auch die Bezeichnungen Dispersionsmittel oder Dispergiermittel sind üblich.

Bezeichnungen nach der äußeren Phase

Äußere Phase	Gruppenname
Wasser	Hydrosole
Öl	Oleosole
Luft	Aerosole

Außerdem unterscheidet man disperse Systeme nach dem Aggregatzustand (= Zustandsform fest, flüssig oder gasförmig) der vermischten Stoffe.

Disperse Systeme	Äußere Phase	Innere Phase
Legierung	fest	fest
Suspension	flüssig	fest
Staubwolke	gasförmig	fest
Gel	fest	flüssig
Emulsion	flüssig	flüssig
Nebel	gasförmig	flüssig
poröse Körper	fest	gasförmig
Schaum	flüssig	gasförmig
Gasgemisch	gasförmig	gasförmig

[1] von griech. *kalla* = Leim

[2] Dispersion (lat. *dispergere* = zerteilen, zerstreuen) hat im ursprünglichen Sinn eine zweifache Bedeutung: Dispersion ist die Zerlegung des Lichts in die Spektralfarben (Gebiet der Optik). Dispersion ist die Mischung unterschiedlicher Stoffe, die Verteilung eines Stoffs in einem anderen.

DIN EN ISO 2808 „Beschichtungsstoffe – Bestimmung der Schichtdicke"

Als Beschichtungsstoffe werden echte Lösungen, Emulsionen und Suspensionen verwendet.

Bei Emulsionen sind an sich nicht mischbare Flüssigkeiten, z. B. Öl und Wasser, mithilfe eines Emulgators[1] miteinander vermischt.

Bei Suspensionen sind feste Teilchen in einer Flüssigkeit fein verteilt.

Die in Dispersionsfarben verwendeten Bindemittel sind Suspensionen. Kunststoffteilchen sind in einer wässrigen Lösung fein verteilt. Die Beschichtung entsteht, weil die Kunststoffteilchen bei der Trocknung nach dem Verdunsten des Wassers zusammenfließen und verkleben. Dieser Vorgang wird als „Kalter Fluss" bezeichnet.

Beim Dispersionsbindemittel sind kleinste Kunststofftröpfchen mit einer Größe von 0,4 bis 5 µm in einer wässrigen Lösung fein verteilt.

Unterscheidung der Suspensionen nach der Teilchengröße

Bezeichnung	Teilchengröße	Verwendungsbeispiele
feindispers (hochdispers)	um 0,2 µm	wasserverdünnbare Putzgrundiermittel, Dispersionslacke
mitteldispers	0,3–1 µm	Dispersions-Innenwandfarben, Dispersions-Fassadenfarben
grobdispers	1–3 µm	Füllfarben, Dispersionsspachtel, Kunststoffputze
homodispers	kaum voneinander abweichend	wasserverdünnbare Putzgrundiermittel, Dispersionslacke
heterodispers	sehr unterschiedlich	Dispersionsfarben
gemischtdispers	von fein bis grob	Dispersionsfarben

[1] Emulgatoren (lat. *emulgere* = ab-, ausmelken) sind Hilfsmittel, die als sog. oberflächenaktive Stoffe (= Tenside) die langfristige Vermischung der an sich nicht mischbaren Stoffe ermöglichen.

Trennverfahren

In der Labor- und Analysetechnik ist es erforderlich, Lösungen wieder zu trennen.

Trennverfahren für Lösungen

Trennverfahren	Anwendung	Zur Trennung genutzte Eigenschaften
Dekantieren[1]	Trennen fester Stoffe von Flüssigkeiten	unterschiedliche Dichten der Stoffe
Filtrieren[2]	Trennen fester Stoffe von Flüssigkeiten	unterschiedliche Teilchengrößen
Destillieren[3]	Trennen der Bestandteile einer Lösung	unterschiedliche Siedepunkte
Eindampfen[4]	Trennen gelöster Feststoffe vom Lösemittel	unterschiedliche Siedepunkte
Zentrifugieren[5]	Trennen fester Stoffe von Flüssigkeiten	unterschiedliche Dichten der Stoffe

2.6 Masse der Stoffe

Jeder Stoff hat eine bestimmte Masse und ein bestimmtes Volumen. Beschichtungsstoffe werden heute nach Volumen (in Liter bzw. Milliliter) verkauft. Beim Vergleich unterschiedlicher Beschichtungsstoffe mit gleichem Volumen lässt sich vielfach eine unterschiedliche Masse (in Kilogramm) feststellen.

2.6.1 Dichte der Stoffe

Die Dichte wird als Masse pro Volumeneinheit bei einer bestimmten Temperatur definiert.

In der Qualitätskontrolle der Farbenindustrie wird die Dichte geprüft, um Fehler in der Zusammensetzung der Produkte festzustellen. In der Praxis der Maler/-innen und Lackierer/-innen kann es sinnvoll sein, aus dem Volumen der Beschichtungsstoffe die Masse zu berechnen, um das Transportgewicht oder die Belastung eines Gerüsts u. Ä. zu berechnen.

---

1 Beim Dekantieren wird die über einem sich abgesetzten Stoff stehende Flüssigkeit abgegossen.

2 Beim Filtrieren wird eine mit festen Stoffen vermischte Flüssigkeit durch einen Filter (ein Sieb) gegossen. Die festen Stoffe bleiben im Filter zurück.

3 Beim Destillieren wird eine aus unterschiedlichen Komponenten bestehende Flüssigkeit verdampft und anschließend wieder kondensiert. Aufgrund der unterschiedlichen Siedepunkte der einzelnen Komponenten in der Flüssigkeit wird die Trennung möglich.

4 Beim Eindampfen wird die Flüssigkeit verdampft, zurück bleiben die Feststoffe.

5 Beim Zentrifugieren (Schleudern) werden Stoffgemische durch Ausnutzung der Fliehkräfte getrennt. So können die Pigmente aus einem stark verdünnten Beschichtungsstoff abgeschieden werden.

Die Dichte von Beschichtungsstoffen wird nach DIN EN ISO 2811 ermittelt. Die Messung der Dichte eines Stoffes wird nach ISO bei 296 K (23 °C) durchgeführt, in der Praxis misst man in der Regel bei 293 K (20 °C).

Zur Bestimmung der Dichte werden verschiedene Pyknometer (= Messbecher mit einem genormten Inhalt, meist 100 ml) angeboten. Aus der Massendifferenz zwischen dem gefüllten und dem leeren Pyknometer und dem Volumen des Pyknometers wird die Dichte errechnet.

Prüfvorgang:

1. Sauberes, leeres Pyknometer wiegen und Gewicht notieren
2. Becher und Prüfflüssigkeit auf Prüftemperatur bringen
3. Pyknometer vollständig und ohne Lufteinschlüsse füllen
4. Deckel ohne Verkanten aufsetzen
5. Überfließende Flüssigkeit sorgfältig abwischen
6. Gefüllten Becher wiegen und Gewicht notieren
7. Dichte entsprechend der folgenden Formel berechnen

Formel zur Berechnung der Dichte:

$$\text{Dichte } (\varrho) = \frac{m_2 - m_1}{V}$$

m_1 = Masse des leeren Pyknometers
m^2 = Masse des gefüllten Pyknometers
V = Volumen des Pyknometers

Zuweilen wird die Dichte nur als Verhältniszahl ohne Einheiten angegeben. Man spricht hier von einer relativen Dichte. Diese ist bezogen auf die gleiche Raummenge (Volumen) Wasser. Wasser hat also die Dichte 1. Die Dichte der Beschichtungsstoffe kann man in der Regel aus den technischen Merkblättern der Farben- und Lackindustrie entnehmen.

Berechnung der Masse aus Volumen und Dichte:

$$\text{Masse } (m) = \text{Volumen } (V) \cdot \text{Dichte } (\varrho)$$

Berechnung des Volumens aus Masse und Dichte:

$$\text{Volumen } (V) = \frac{\text{Masse } (m)}{\text{Dichte } (\varrho)}$$

2.6.2 Sedimentation

Stoffe mit größerer Dichte neigen in den Beschichtungsstoffen zum Absetzen. Diese Bodensatzbildung bezeichnet man als Sedimentation. Mit Zusätzen (Additiven) oder durch thixotrope Einstellung der Beschichtungsstoffe lässt sich die Sedimentation mindern.

DIN EN ISO 2811-1 „Beschichtungsstoffe – Bestimmung der Dichte – Teil 1: Pyknometer-Verfahren“

Da die meisten Pigmente schwerer sind als die Bindemittel, neigen sie in der Beschichtung zum Absetzen. Deshalb sind die Beschichtungsstoffe vor der Verarbeitung stets gründlich aufzurühren.

2.7 Aggregatzustände

Stoffe können in den drei Zustandsformen fest, flüssig und gasförmig vorkommen. Diese Zustandsformen bezeichnet man als Aggregatzustände.

Aggregatzustände von Stoffen

Aggregatzustand	Volumen der Stoffe	Gestalt der Stoffe
gasförmig	kein bestimmtes Volumen	keine bestimmte Gestalt
flüssig	bestimmtes Volumen	keine bestimmte Gestalt; die Flüssigkeit nimmt die Form des Gefäßes an, in dem sie sich befindet
fest	bestimmtes Volumen	bestimmte Gestalt

Beim Abkühlen von Gas verflüssigt sich der Stoff. Er kondensiert durch Wärmeentzug. Die Verflüssigung tritt nach Erreichen des Kondensationspunkts ein. Beim weiteren Abkühlen wird der Stoff nach Erreichen des Erstarrungspunkts fest. Siedepunkt und Kondensationspunkt sind immer gleich, ebenso Schmelzpunkt und Erstarrungspunkt.

Jede Änderung des Aggregatzustands ist mit Energiezufuhr oder Energieabgabe verbunden.

Änderung des Aggregatzustands

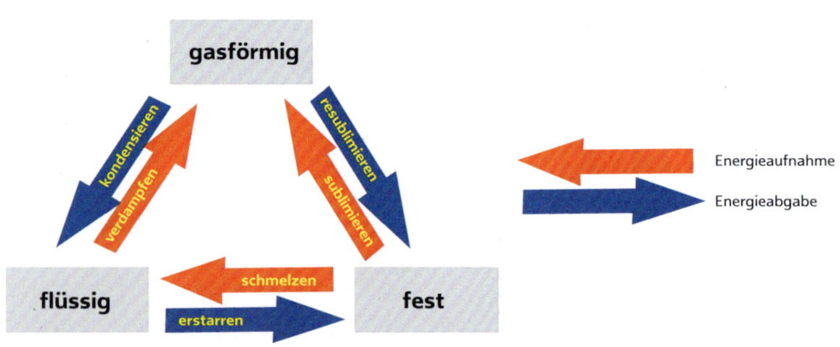

Einige wenige feste Stoffe gehen beim Erhitzen sofort in den gasförmigen Zustand über, sie sublimieren. Gehen die gasförmigen Stoffe beim Abkühlen sofort in den festen Zustand über, resublimieren sie.

Mit dem Aggregatzustand ändert sich stets das Volumen. Die meisten Stoffe besitzen im festen Zustand ein kleineres Volumen als im flüssigen Zustand. Das größte Volumen weisen sie im gasförmigen Zustand auf.

Destillation
Schmelzpunkt und Siedetemperatur sind jeweils von Stoff zu Stoff unterschiedlich. Damit ist die Trennung von Stoffgemischen durch Destillation möglich.

Physikalische Trocknung
Auch unterhalb des Siedepunkts gehen flüssige Stoffe in den gasförmigen über, sie verdunsten. Dieser Vorgang findet aber nur an der Oberfläche der Flüssigkeit statt. Die Verdunstung erfolgt umso rascher, je größer die Oberfläche und je näher die Temperatur der Flüssigkeit dem Siedepunkt ist.

Ein Teil der Beschichtungsstoffe trocknet physikalisch durch Verdunsten der Löse- und Verdünnungsmittel.

Beispiele:
Leimfarbe, Nitrolack, Schellack, lösemittelhaltiger 1-K-Acrylharzlack, Chlorkautschuklack, Kasein usw.

Dispersionsfarben und Dispersionslacke trocknen physikalisch durch Verdunsten des Verdünnungsmittels Wasser. Die Filmbildung erfolgt hier durch den gleichzeitig stattfindenden Kalten Fluss[1].

Auch bei chemisch erhärtenden Beschichtungsstoffen verdunsten die Löse- und Verdünnungsmittel. Dieser Vorgang reicht aber bei diesen Werkstoffen zur Erhärtung nicht aus. Die eigentliche Erhärtung erfolgt durch chemische Vorgänge.

Reversibilität

Reversible Beschichtungsstoffe können nach der Trocknung von dem Lösemittel, in dem sie vor der Trocknung gelöst waren, wieder gelöst werden (irreversibel = Gegenteil von reversibel).

Reversible Beschichtungsstoffe sind physikalisch trocknende Werkstoffe. Allerdings werden Kasein und alte Chlorkautschuklackfarben vom eigenen Lösemittel nicht mehr oder nur noch schwer gelöst. Die Ursache dafür sind chemische Veränderungen dieser Werkstoffe nach der physikalischen Trocknung. Auch Dispersionsfarben und Dispersionslacke lassen sich nach der Trocknung kaum mehr durch Wasser lösen. Bei diesen Werkstoffen dient Wasser aber auch nicht als Lösemittel, sondern als Verdünnungsmittel. Die Trocknung erfolgt bei diesen Produkten durch die Verklebung der Kunststoffteilchen (des Bindemittels), den sog. Kalten Fluss.

Bindemittelerkennung mit Lösemitteln
Beschichtungen mit reversiblen Bindemitteln können durch die Lösemittelprobe analysiert und erkannt werden. Dazu versucht man die Beschichtungsstoffe mit den Lösemitteln zu lösen, in denen sie vor der Trocknung gelöst waren. Bei Dispersionsfarben und Dispersionslacken wird zur Erkennung geprüft, ob sie sich mit Nitroverdünnung anlösen. Das Bindemittel dieser Werkstoffe ist jedoch nicht reversibel, weil es im Wasser nur feinstverteilt, also nicht gelöst, ist und sich nach der Trock-

[1] Beim Kalten Fluss verschmelzen die Kunststoffteilchen miteinander, so entsteht der getrocknete Dispersionsfarben- bzw. Dispersionslackfilm.

nung auch nicht mit Wasser anlösen lässt. Nitroverdünnung wird bei diesen Bindemitteln ohnehin nicht als Lösemittel eingesetzt.

Erkennung der Bindemittel durch den Lösemitteltest

Beschichtungsstoffe	Geeignete Lösemittel für den Lösemitteltest
Zelluloseleim	Wasser
Zellulosekleister	Wasser
Schellack	Spiritus
Nitrolack	Nitroverdünnung
Polymerisatharzlacke	Nitroverdünnung
Dispersionsfarben	Nitroverdünnung
Dispersionslacke	Nitroverdünnung

2.8 Bewegung der Atome und Moleküle in den Stoffen

Alle Stoffe bestehen aus Atomen und Molekülen. Diese schwingen je nach Bindungsart und Temperatur mehr oder weniger stark und werden von mehr oder weniger starken Anziehungskräften zusammengehalten.

Kristalle
Bei den Kristallen sind die Atome und Moleküle durch große Anziehungskräfte verbunden. Die Atome und Moleküle schwingen, können die feste Ordnung aber nicht verlassen. Deshalb sind diese Stoffe sehr formbeständig.

Durch Atombindung[1] können ungemein stabile Atomgitter entstehen. Ein wichtiger Werkstoff mit Atomgitter ist das Schleifmittel Siliziumdioxid.

Amorphe Stoffe
Bei den amorphen Stoffen sind die Atome und Moleküle beweglicher und schwingen wegen der geringeren Anziehungskraft stärker. Zu den amorphen Stoffen gehören außer den Flüssigkeiten auch einige feste Stoffe, wie Glas, Wachs, Kreide usw.

Gase
Bei den gasförmigen Stoffen sind die Atome und Moleküle durch fehlende oder sehr geringe Anziehungskraft frei beweglich. Deshalb verfügen Gase über keine bestimmte Form und kein bestimmtes Volumen.

2.9 Viskosität

Unter der Viskosität[1] versteht man das Fließverhalten von Flüssigkeiten.

Damit ist Viskosität der Oberbegriff für alle Flüssigkeitsgrade. Dickflüssige Werkstoffe werden als hochviskos, dünnflüssige als niedrigviskos bezeichnet.

---

1 siehe Teil C, Kapitel 1.8.2, Seite 99
2 lat. *viscum* = Vogelleim

Die Viskosität ist eine Auswirkung der inneren Reibung zwischen den Molekülen. Diese Reibung entsteht, wenn sich die einzelnen Molekülschichten beim Umrühren oder beim Fließen verschieben. Je nach Größe der inneren Reibung muss man z. B. beim Umrühren eines Beschichtungsstoffs eine kleinere oder größere Kraft aufwenden.

Die Viskosität gibt unmittelbar Aufschluss über die Verarbeitungseigenschaften eines Beschichtungsstoffs.

Die zweckentsprechende Viskosität der Beschichtungsstoffe hängt von verschiedenen Faktoren ab:

1. von der Art des Beschichtungsstoffs,
   z. B. Grundierung, Vorlack oder Lack, Kalkfarbe oder Dispersionsfarbe usw.
2. von der Saugkraft des Untergrunds,
   z. B. saugender Putz bzw. saugendes Holz oder nicht saugendes Metall
3. vom Beschichtungsverfahren,
   z. B. Streichen, Spritzen oder Tauchen

Veränderung der Viskosität

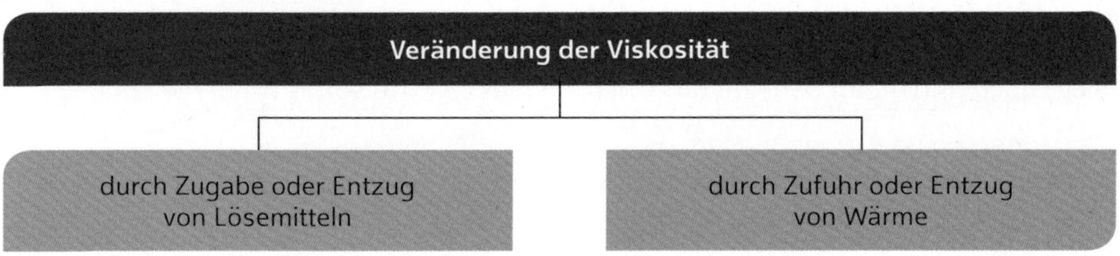

2.9.1 Messung der Viskosität

Zur Messung wurden im Handwerk häufig Auslaufbecher eingesetzt. Heute werden diese Prüfbecher nur mehr selten verwendet. Bei der Messung wird die Zeit gemessen, die eine bestimmte Menge Beschichtungsstoff benötigt, um durch die genormte Öffnung einer Auslaufdüse zu fließen. Meist werden Becher mit 4 mm Düsendurchmesser verwendet.

Auslaufbecher

Sog. DIN-Becher

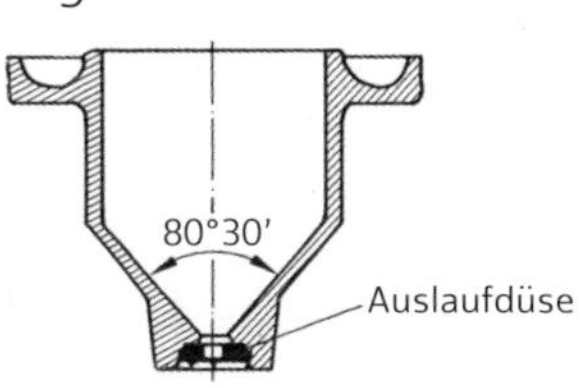

Sog. ISO-Becher

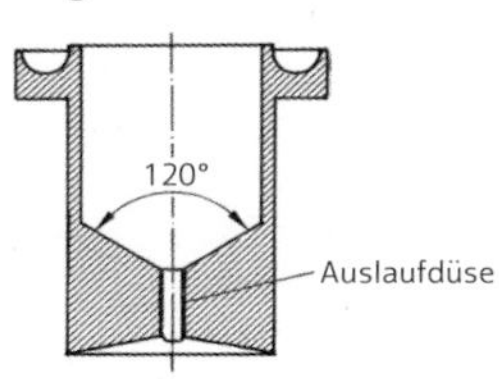

DIN- und ISO-Becher haben die gleiche Füllmenge (100 ml). Wegen der abweichenden Ablaufschräge ergaben sich aber unterschiedliche Messergebnisse und Messbereiche.

Hochviskose und thixotrope Werkstoffe können mit Auslaufbechern nicht geprüft werden. Dazu müssten Rotationsviskosimeter eingesetzt werden, die die innere

Reibung messen. Diese Geräte werden überwiegend computergesteuert in der Industrie verwendet und liefern ungleich genauere Ergebnisse.

Beschichtungsstoffe werden heute meist von den Herstellern in verarbeitungsfertiger Viskosität geliefert. Ausnahmen gibt es vor allem in der Fahrzeuglackierung. Hier wird die Lösemittelzugabe mit einem Messstab oder (noch genauer) mit einer Waage abgemessen.

2.9.2 Thixotropie

Thixotropie ist die Erscheinung, dass ein Beschichtungsstoff nach ruhigem Stehen ins Stocken kommt, aber beim Umrühren oder durch den Druck eines Pinsels wieder fließend wird.

Thixotrope Beschichtungsstoffe werden von zusätzlichen zwischenmolekularen Kräften, bevorzugt Wasserstoffbrückenbindungen[1], zusammengehalten. Die Viskosität der Beschichtungsstoffe steigt dadurch stark an, die Werkstoffe werden geleeartig. Die zwischenmolekularen Kräfte lassen sich durch Umrühren oder Streichen leicht überwinden. Im Ruhezustand werden diese Kräfte sofort wieder wirksam.

Man unterscheidet zwei Phasen:
- Gel-Zustand: Ruhezustand, daher geleeartig
- Sol-Zustand: dünnflüssiger Zustand durch Bewegung

Die Thixotropie lässt sich durch Zusätze (Additive) erreichen. Dazu benutzt man neben den herkömmlichen Produkten, z. B. Kieselsäureprodukten, heute noch wirkungsvollere Substanzen, z. B. organisch modifizierte Smektite und organophiles Bentonit. Auch manche Pigmente bewirken Thixotropie. Zu diesen Pigmenten gehören vor allem Metalloxide und Metallhydroxide, bevorzugt mit nadel- und blättchenförmigen Einzelteilchen.

Thixotrope Beschichtungsstoffe wurden als tropffreie Lacke bekannt. Sie zeigten oft nur schlechten Verlauf. Dieser Nachteil lässt sich heute weitgehend vermeiden. Besonders Lackfarben, die für die Verarbeitung mit dem Airlessgerät vorgesehen sind, werden heute gerne thixotrop eingestellt. Auch Seidenglanzlacke zeigen häufig thixotrope Eigenschaften.

Mit thixotropen Beschichtungsstoffen sind hohe Schichtdicken möglich, da diese Werkstoffe nicht so schnell ablaufen. Deshalb werden sie gerne für Dickschichtsysteme eingesetzt, z. B. für Korrosionsschutzbeschichtungen.

[1] siehe Teil C, Kapitel 1.8.4, Seite 100

DIN EN ISO 2884	„Beschichtungsstoffe – Bestimmung der Viskosität mit Rotationsviskosimetern“
DIN EN ISO 12058	„Kunststoffe – Bestimmung der Viskosität mit einem Kugelfall-Viskosimeter“
DIN EN ISO 2431	„Beschichtungsstoffe – Bestimmung der Auslaufzeit mit Auslaufbechern“

2.10 Kohäsion

Die Kohäsionskraft[1] (Zusammenhangskraft) wirkt durch gegenseitige Anziehungskraft zwischen den Molekülen eines Stoffs. Sie bewirkt den Zusammenhalt (die Kohäsion) eines Stoffs.

Die Größe der Kohäsionskraft hängt von den zwischenmolekularen Kräften und damit von der Stoffart und dem Aggregatzustand ab:

- feste Stoffe: große Kohäsionskräfte
- flüssige Stoffe: mäßige Kohäsionskräfte
- gasförmige Stoffe: sehr geringe Kohäsionskräfte

Die zwischenmolekularen Kräfte haben nur eine geringe Reichweite. Durch Wärme wird der Abstand der Moleküle voneinander vergrößert und die Kohäsionskraft verringert sich weiter. Feste Stoffe werden flüssig. Beim weiteren Erwärmen vergrößert sich der Molekülabstand weiter, sodass schließlich keine Kohäsionskräfte mehr wirksam sind. Die flüssigen Stoffe werden gasförmig.

Zur Überwindung der Kohäsionskraft ist eine Gegenkraft erforderlich, die größer als die Kohäsionskraft sein muss.

Untergründe mit ungenügender Kohäsion sind mürbe. Beschichtungen mit zu geringer Kohäsion kreiden. Durch unterschiedliche Kohäsion von Beschichtung und Untergrund werden aber auch Schäden möglich.

Die harte obere Beschichtung kann die Bewegungen der weicheren unteren Beschichtung nicht mitmachen und reißt.

[1] lat. *cohaerere* = zusammenhängen

Rissbildungen

- Durch äußere Krafteinwirkung, z. B. Bewegungen im Erdreich, kommt es zu baudynamischen Rissen.
- Durch ungleichmäßige Verteilung der Kohäsionskräfte in einem Stoff, z. B. durch Poren, kommt es bei Krafteinwirkung von außen zu Rissen.
- Durch unterschiedliche Kohäsionskräfte in aufeinander folgenden Schichten, z. B. hart auftrocknenden Beschichtungen auf elastischen Untergründen, kommt es zu Rissen in der Beschichtung (Reißlackeffekt).

Versprödung

- Bei Alterung von Untergründen und Beschichtungen verstärken sich die Kohäsionskräfte durch Einwirkung von UV-Strahlen, Temperaturschwankungen, Feuchtigkeit usw. Die Elastizität nimmt ab. Es kommt zur Versprödung.

2.10.1 Härte

Härte ist der Widerstand, den die Oberfläche eines festen Körpers dem Eindringen eines anderen Körpers entgegensetzt.

Die mechanische Belastbarkeit einer Beschichtung, wie Abrieb, Kratzbeständigkeit u. a., hängt ganz wesentlich von der Härte der Beschichtung ab. Die Beschichtung darf aber nicht härter sein als der Untergrund, da sonst Risse in der Beschichtung möglich sind.

Wenn ein Stoff einen anderen ritzen kann, ist er härter als der andere. Nach diesem Grundsatz wurde die Mohs'sche Härteskala aufgestellt. In ihr sind zehn verschiedene Stoffe so zusammengestellt, dass jeder Stoff den vorhergehenden ritzen kann. Der weichste Stoff steht am Anfang, der härteste am Ende.

Härteskala nach F. Mohs

Härtestufe	Stoff	Härtestufe	Stoff
1	Talkum	6	Feldspat
2	Gips	7	Quarz
3	Kalkspat	8	Topas
4	Flussspat	9	Korund
5	Apatit	10	Diamant

Schleifpapiere müssen eine höhere Härte aufweisen als der zu schleifende Untergrund. Die Härte hängt vom Schleifmittel ab und hat nichts mit der Korngröße zu tun.

Härteprüfungen

Mit Ausnahme des Härteprüfstabs sind die nachfolgend gezeigten Prüfgeräte nur für glatte Untergründe geeignet und werden nur in den entsprechenden Labors eingesetzt.

Übersicht über wichtige Härteprüfgeräte

Verfahren	Geräte	Abbildungen[1]	Methoden
Ritzhärteprüfung	Härteprüfstab nach DIN EN ISO 22557		Bei einem Hartmetallstift wird über eine Feder eine Kraft eingestellt. Der Stift wird dann über die Oberfläche gezogen. Gemessen wird, welche Kraft die Oberfläche verkratzt.
	Bleistifthärteprüfung nach DIN EN ISO 15184		Bleistifte mit unterschiedlichen Härtegraden werden in einer Einspannvorrichtung über den Untergrund gezogen. Festgestellt wird, welche Bleistifthärte einen Eindruck hinterlässt.
	Ritzhärteprüfer	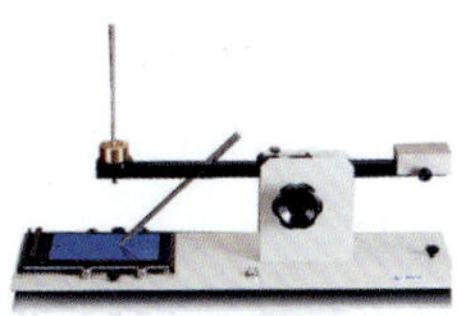	Die Ritzhärte wird durch Führung des Prüfblechs gegen den meißelförmigen Ritzstachel unter einem wählbaren Gewicht ermittelt. Zur Ritzhärte werden Gewichte in Intervallen von 10 g bis 12 kg aufgelegt.
Pendelhärteprüfung	nach König und Persoz nach DIN EN ISO 1522		Ein Pendel wird mit zwei Kugeln auf die waagerechte Beschichtung aufgelegt. Das Pendel wird in Bewegung gesetzt. Gemessen wird die Anzahl der Schwingungen. Je härter die Beschichtung ist, umso länger dauert die Pendelbewegung an.

Bei der Buchholz-Eindruckhärte nach DIN EN ISO 2815 wird ein Eindruckkörper in Form eines Doppelkegelstumpfs auf die waagerechte Beschichtung aufgestellt. Nach 30 Sekunden wird die Eindrucklänge unter dem Mikroskop ermittelt. Diese Prüfung wird jedoch kaum mehr angewandt.

[1] Die Geräte sind nicht maßstäblich abgebildet.

DIN EN ISO 22557 „Beschichtungsstoffe – Kratzprüfung mit einem Härteprüfstab“
DIN EN ISO 1522 „Beschichtungsstoffe – Pendeldämpfungsprüfung“
DIN EN ISO 2815 „Beschichtungsstoffe – Eindruckversuch nach Buchholz“
DIN EN ISO 15184 „Beschichtungsstoffe – Bestimmung der Härte von Beschichtungen durch Testen mit Bleistiften“

2.10.2 Elastizität und Plastizität

Wirkt auf einen Körper eine äußere Kraft ein, so verformt er sich. Wenn die Größe der Krafteinwirkung die Elastizitätsgrenzen des Stoffs nicht überschreitet, nimmt der Körper nach der Krafteinwirkung seine ursprüngliche Form wieder an.

> Elastizität ist die Eigenschaft eines Körpers, nach einer Verformung die ursprüngliche Form wieder einzunehmen.

Die Elastizität wird möglich, weil sich die Moleküle infolge der elektromagnetischen Anziehungs- und Abstoßungskräfte in einer bevorzugten Lage gegenseitig festhalten. Wenn diese Gleichgewichtslage durch äußere, nicht zu starke Kräfte verändert wird, stellt sich das alte Gleichgewicht wieder ein, sobald die äußere Krafteinwirkung aufhört. Das Ausmaß der Elastizität hängt auch von der Temperatur ab.

Beschichtungen sind je nach Untergrund einer größeren und kleineren Zugspannung ausgesetzt. Dabei müssen sie sich dehnen. Verringert sich die Zugkraft, sollte die Beschichtung elastisch in die ursprüngliche Lage zurückkehren.

Die Elastizität der Beschichtungen verringert sich im Laufe der Zeit. Ursache ist die Versprödung durch fortwährende Bewitterung.

Durch Alterung verspröden die Beschichtungen.

Durch die Versprödung reißt die Beschichtung. Damit kann sie ihre Funktionen, wie Verschönerung und Schutz, nicht mehr erfüllen. Durch die unansehnlich gerissene Beschichtung dringen Feuchtigkeit und Schmutz. Der Untergrund wird zerstört.

Dehnung
Beschichtungen sind je nach Untergrund einer größeren oder kleineren Zugspannung ausgesetzt. Um nicht zu reißen, müssen sie sich dehnen.

Verringert sich die Zugkraft, sollte die Beschichtung elastisch in die ursprüngliche Lage zurückkehren. Eine große Elastizität geht aber auch zulasten der Härte und kann die Haftfestigkeit mindern. So muss die Elastizität der Beschichtung der zu erwartenden Beanspruchung angemessen sein. Eine Beschichtung muss auch über plastische Eigenschaften verfügen, da die Rückstellkräfte der Elastizität die Haftkraft einer Beschichtung mindern können.

Plastizität

Plastizität ist die Eigenschaft eines Körpers, einer Verformung nachzugeben und in dieser Form zu bleiben, bis eine erneute Krafteinwirkung stattfindet.

Die Moleküle dieser Stoffe lassen sich leicht verschieben, ohne dass Rückstellungskräfte wirksam werden.

Prüfung von Elastizität und Plastizität

Maler/-innen und Lackierer/-innen können die Elastizität und Plastizität einer Beschichtung mit der Spanprobe prüfen. Dabei wird mit dem Messer ein Span aus der Beschichtung geschnitten. Ist dieser Span zusammenhängend und in sich gedreht, ist die Beschichtung elastisch. Ein zusammenhängender, lappiger Span zeigt hohe plastische Anteile. Bröckelt die Beschichtung bei der Spanprobe, ist die Beschichtung spröde.

Genauere Prüfungen sind nur mit speziellen Geräten möglich. Eine Unterscheidung zwischen elastischen und plastischen Eigenschaften ist bei den Prüfergebnissen nicht gegeben.

Übersicht über wichtige Elastizitätsprüfgeräte

Verfahren	Geräte	Abbildungen[1)]	Methoden
Biege-elastizität	Zylindrischer Dornbiegeprüfer nach DIN EN ISO 1519		Dünne, beschichtete Blechstreifen werden um zylindrische Dorne gebogen. Man beginnt mit dem größten Dorndurchmesser bis zu dem Dorndurchmesser, bei dem sich in der Beschichtung Risse zeigen.
	Konischer Dornbiegeprüfer nach DIN EN ISO 6860		Dünne, beschichtete Blechstreifen werden um konische Dorne gebogen. Festgestellt wird, bei welchem Dorndurchmesser sich in der Beschichtung Risse zeigen.

[1] Die Geräte sind nicht maßstäblich abgebildet.

DIN EN ISO 1519 „Beschichtungsstoffe – Dornbiegeversuch (mit zylindrischem Dorn)“
DIN EN ISO 6860 „Beschichtungsstoffe – Dornbiegeversuch (mit konischem Dorn)“

Verfahren	Geräte	Abbildungen	Methoden
Stoß-elastizität	Kugelschlag-prüfgerät nach DIN EN ISO 6272		Ein definiertes Gewicht mit eingebauter Stahlkugel wird durch ein Fallrohr auf das lackierte Blech aus vorgegebenen Höhen fallen gelassen und deformiert das Blech in Form der Stahlkugel. Geprüft wird, bei welcher Deformierung sich in der Beschichtung Risse zeigen.
	Tiefungsprüf-maschine nach DIN EN ISO 1520		Mit einer Maschine wird die Kugelkappe eines Stößels mit gleichmäßiger Vorschub-geschwindigkeit in das lackierte Blech gedrückt, bis sich die ersten Risse in der Beschichtung zeigen.

2.10.3 Schlag- und Stoßfestigkeit

Lackierte Gegenstände sollen leichte Schläge oder Stöße überstehen, ohne dass sich die Beschichtung vom Untergrund löst.

Schlag- und stoßbeständige Beschichtungen erreicht man durch optimale Abstimmung von Härte, Elastizität, Plastizität und guter Haftung auf dem Untergrund.

In der Fahrzeuglackierung spielt der Steinschlagschutz eine große Rolle. Für diese Beständigkeit ist der Gesamtaufbau der Beschichtung entscheidend.

Steinschlagprüfung

Bei der Multischlagprüfung werden scharfkantige Hartgussteilchen mit Druckluft gegen ein beschichtetes Prüfblech geschleudert. Die Ergebnisse des Multischlags streuen jedoch wegen der statistischen Verteilung von Körnung und Auftreffdichte oft sehr stark. Diese Unzulänglichkeit der sonst so praxisnahen Prüfmethode führte zur Entwicklung der Einzelschlag-Prüfgeräte.

Bei den Einzelschlag-Prüfgeräten kann nicht nur die Größe der Schäden, sondern auch deren Tiefe beurteilt werden. Diese Prüfgeräte sind inzwischen zum festen Bestandteil der Qualitätssicherung bei der Serienlackierung von Autos geworden.

DIN EN ISO 6272 „Beschichtungsstoffe – Prüfung der Widerstandsfähigkeit bei schlagartiger Verformung (Schlagprüfung)"
DIN EN ISO 1520 „Beschichtungsstoffe – Tiefungsprüfung"
DIN EN ISO 20567 „Beschichtungsstoffe – Prüfung der Steinschlagfestigkeit von Beschichtungen"

2.11 Adhäsion

Die Adhäsion[1] (= Anhaftkraft) ist eine zwischen verschiedenen Stoffen wirkende Molekularkraft. Sie bewirkt das Haften von Anstrichen und Beschichtungen auf dem Untergrund.

Bei den Beschichtungsstoffen verursacht das Bindemittel die Adhäsionskraft. Besonders Klebstoffe müssen eine große Adhäsionskraft bewirken.

Die Stärke der Adhäsion ist auch vom Untergrund abhängig. Bei glatten Untergründen, z. B. Glas, ist die Verankerungsfläche klein. Bei rauen Untergründen, z. B. Putzen, ist die Verankerungsfläche groß. Daneben kann auch die Kapillarität (Haarröhrchenkraft) die Adhäsion von Anstrichen und Beschichtungen verstärken. Die Werkstoffe werden durch die Kapillarität tiefer in porige Untergründe, z. B. Holz und Putze, gesaugt.

Die Adhäsionskraft bleibt bei zunehmender Schichtdicke gleich. Die Kohäsionskraft nimmt mit der Schichtdicke zu.

Ist die Kohäsion in der Beschichtung größer als die Adhäsion zwischen Beschichtung und Untergrund, platzt die Beschichtung ab.

Ist die Adhäsionskraft zu gering, löst sich die Beschichtung vom Untergrund. Häufig wird, wie hier, die Adhäsion durch eindringende Feuchtigkeit vermindert.

[1] lat. *adhaerere* = aneinanderhaften

Untergründe sind stets vor der Beschichtung darauf zu prüfen, ob eine große Adhäsionskraft möglich ist. Grundsätzlich müssen Untergründe von Verunreinigungen befreit werden, da diese die Adhäsion mindern. Staub- und Schmutzablagerungen sowie kreidende Altbeschichtungen lassen sich meist schon durch einfaches Abwischen erkennen.

Bei manchen Untergründen, z. B. Pulverbeschichtungen, sind haftvermittelnde Grundierungen erforderlich, da die Adhäsionskraft sonst sehr gering ist.

2.11.1 Haftprüfungen

Laut ATV DIN 18363 VOB „Maler- und Lackierarbeiten – Beschichtungen“ haben Maler/-innen den Untergrund daraufhin zu prüfen, ob er für die Durchführung der Leistung geeignet ist.

Bedenken sind dem Auftraggeber unverzüglich schriftlich mitzuteilen. Dies gilt besonders, wenn die geforderten Beschichtungen nicht auf dem Untergrund haften können.

Im Maler- und Lackiererhandwerk bieten sich zur Prüfung der Adhäsion der vorgesehenen Beschichtungen folgende Verfahren an:

- Benetzungsprobe
- Wischprobe
- Kratzprobe
- Klebebandtest
- Gitterschnittprüfung
- Abreißprobe

Benetzungsprobe
Diese Prüfung wird bei mineralischen Untergründen eingesetzt. Der Untergrund wird mit Wasser besprüht. Dazu eigenen sich Sprühflaschen hervorragend. Perlt das Wasser auf dem Untergrund ab, statt eingesaugt zu werden, befindet sich auf dem Untergrund eine trennende Schicht, bei Beton können das Schalölreste[1] sein, bei Putzen handelt es sich meist um Sinterschichten[2]. Die trennenden Schichten müssen vor der Beschichtung entfernt werden.

Wischprobe
Staub, Schmutzablagerungen und kreidende Beschichtungen lassen sich schon durch einfaches Abwischen erkennen.

---

[1] Schalöle werden bei der Herstellung von Sichtbeton benötigt. In der Regel stellen Schalöle heute keine Probleme mehr dar. Sollten sich trotzdem Schalöle störend zeigen, müssen sie mit einer Salmiak-Netzmittel-Wäsche entfernt werden.

[2] Sinterschichten sind Bindemittelanreicherungen auf den Putzen, also in der Regel auskristallisiertes Kalziumkarbonat. Dieses würde wegen der größeren Spannungen früher oder später abplatzen und muss deshalb vor der Beschichtung entfernt werden. Dies kann mechanisch durch Abschleifen oder rationeller mit Fluat, max. 1 : 1 verdünnt, und gründlichem Nachwaschen geschehen.

Stark kreidende Beschichtungen können auch mit Grundiermitteln nicht ausreichend gefestigt werden.

Kratzprobe

Bei dieser sehr einfachen, aber auch sehr ungenauen Prüfung wird die Beschichtung mit einem kantigen Gegenstand, in der Regel mit einem Malerspachtel oder mit einem Schraubendreher, bis zum Untergrund durchgekratzt. Schlecht haftende Beschichtungen splittern ab.

Klebebandtest

Man klebt auf die Beschichtung ein Klebeband und zieht es ruckartig weg. Der Untergrund ist brauchbar, wenn auf der Klebeseite des Bands keine Teile der Beschichtung verbleiben und die Beschichtung nach der Prüfung noch fest auf dem Untergrund haftet. Der Klebebandtest wird auch in Kombination mit der Gitterschnittprüfung eingesetzt. Genaue Aussagen liefern aber nur genormte Klebebänder, die eine Klebekraft von 10 ± 1 N je 25 mm Breite aufweisen.

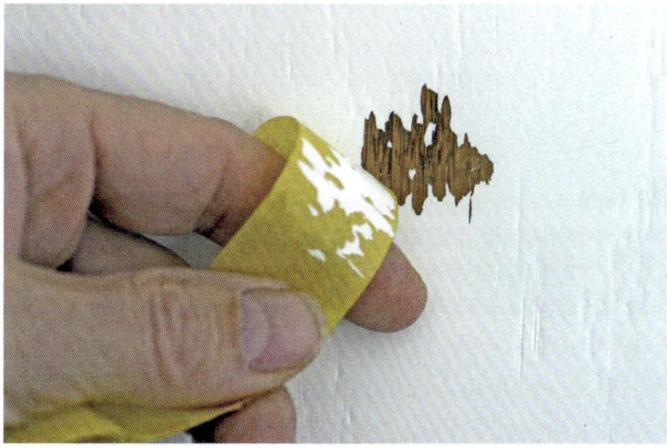

Die Abreißprobe mit dem Klebeband zeigt bei dieser Türbeschichtung ein extrem schlechtes Ergebnis.

Gitterschnittprüfung

Die Haftung von Beschichtungen kann man durch Gitterschnittprüfung nach DIN EN ISO 2409 untersuchen.

Der Abstand der Schnitte hängt von der Schichtdicke der Beschichtung und vom Untergrund ab.

Schichtdicke	Untergrund	Schnittabstand
bis 60 µm	hart	1 mm
bis 60 µm	weich	2 mm
60 bis 120 µm	weich und hart	2 mm
über 120 µm	weich und hart	3 mm

Beim Gitterschnitt auf Holz sind die Schnitte im 45°-Winkel zur Faserrichtung des Holzes zu ziehen. Die Schnitte kreuzen sich im rechten Winkel. Für die Prüfung muss das Holz eine Mindestdicke von 10 mm haben.

Lose Partikel können mit Luft, einer Bürste oder einem Klebeband entfernt werden. Das gewählte Verfahren muss dokumentiert werden.

Neben Geräten, bei denen jeder Schnitt einzeln gezogen werden muss, gibt es Mehrschneidegeräte, die sowohl maschinell als auch manuell betrieben sein können. Damit lassen sich sechs Schnitte auf einmal ziehen.

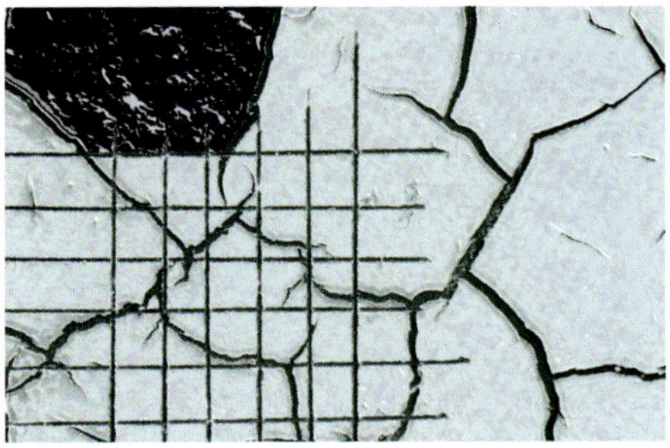

Trotz der Rissbildung in der Beschichtung zeigt sich bei der Gitterschnittprüfung ein hervorragendes Ergebnis.

Der extrem schlechte Gitterschnittwert zeigt die schlechte Haftung der weißfarbigen Beschichtung auf der dunkelgrünen Beschichtung.

Bewertung der Gitterschnittprüfung

Gitterschnitt-kennwerte	Abbildung	Beschreibung der Gitterschnittkennwerte	Haftung
Gt 0	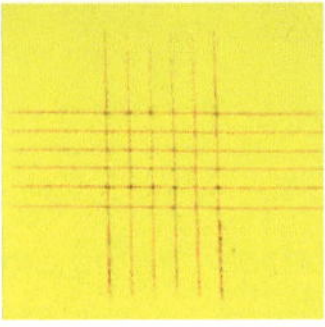	Schnittränder vollkommen glatt, kein Teilstück der Beschichtung ist abgeplatzt	sehr gut

Gitterschnitt-kennwerte	Abbildung	Beschreibung der Gitterschnittkennwerte	Haftung
Gt 1	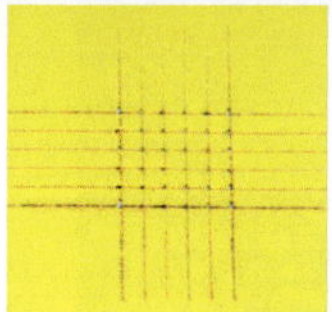	kleine Splitter der Beschichtung an den Schnittpunkten sind abgeplatzt, abgeplatzte Fläche ca. 5 % der Teilstücke	gut
Gt 2	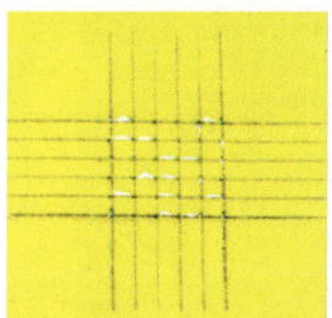	längs der Schnittränder und/ oder an den Schnittpunkten platzt die Beschichtung ab, abgeplatzte Beschichtung ca. 15 % der Teilstücke	mäßig
Gt 3	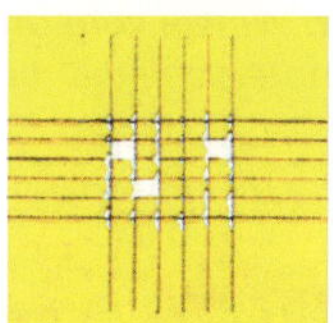	längs der Schnittränder und/ oder an den Schnittpunkten platzt die Beschichtung ab, abgeplatzte Beschichtung ca. 35 % der Teilstücke	schlecht
Gt 4	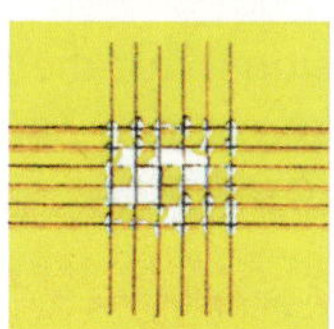	längs der Schnittränder und/ oder an den Schnittpunkten platzt die Beschichtung ab, abgeplatzte Beschichtung ca. 65 % der Teilstücke	sehr schlecht
Gt 5	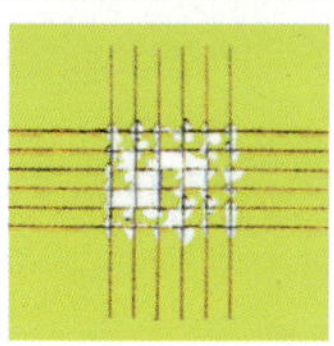	längs der Schnittränder und/ oder an den Schnittpunkten platzt die Beschichtung ab, abgeplatzte Beschichtung mehr als 65 % der Teilstücke	äußerst schlecht

In der Regel können Altbeschichtungen mit einem geeigneten Beschichtungsstoff überarbeitet werden, wenn bei der Prüfung max. der Gitterschnittkennwert Gt 2 erreicht wird. In bestimmten Fällen wird nur der Gt-Wert 0 akzeptiert.

Abreißprobe

Eine sehr genaue Prüfung der Adhäsion ist mit dem Haftzugprüfgerät nach ISO 4624 möglich. Bei dieser Prüfung werden Haftprüfstempel mit einem starken Kleber, in der Regel auf Epoxidharzbasis, auf den Untergrund geklebt und dann nach der Erhärtung mit einer Zugprüfmaschine im rechten Winkel abgerissen. Dabei wird die Kraft gemessen, die erforderlich ist, um die Beschichtung vom Untergrund zu reißen. Diese Prüfung wird meist nur im Labor und von Sachverständigen durchgeführt.

DIN EN ISO 2409 „Beschichtungsstoffe – Gitterschnittprüfung"
DIN EN ISO 4624 „Beschichtungsstoffe – Abreißversuch zur Bestimmung der Haftfestigkeit"

Die Beschichtung wird bei der Haftzugprüfung im rechten Winkel vom Untergrund abgerissen. Die Haftung wird in MPa oder N/mm² gemessen. Dabei unterscheidet man zwischen Köhäsionsbruch[1] und Adhäsionsbruch[2].

2.12 Kapillarität

Die Kapillarität ist eine Auswirkung der Adhäsionskraft an den Kapillarwänden. Die Flüssigkeit steigt nur dann hoch, wenn die Adhäsionskraft die Kohäsionskraft der Flüssigkeit übersteigt. Die Steighöhe der Flüssigkeit in den Kapillaren hängt auch vom Porenradius und von der Viskosität der Flüssigkeit ab.

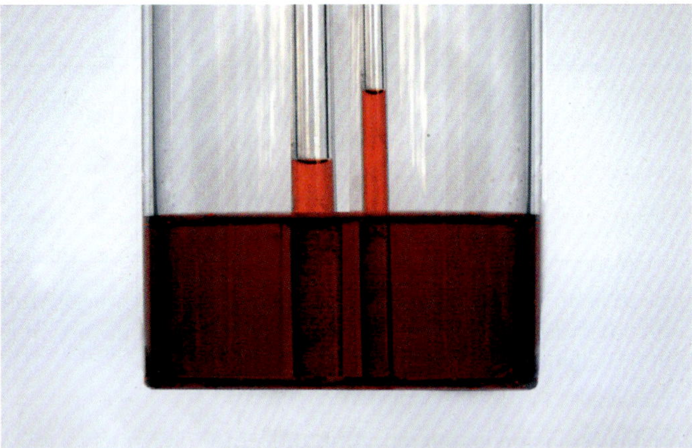

Die Adhäsion saugt die Flüssigkeit an den Kapillarwänden hoch. Je dünner die Kapillare ist, umso höher steigt die Flüssigkeit.

---

[1] Beim Kohäsionsbruch wird die Beschichtung, also die Grundierung, die Zwischenbeschichtung oder die Schlussbeschichtung getrennt.

[2] Beim Adhäsionsbruch wird die Grundierung vom Untergrund, die Zwischenbeschichtung von der Grundierung oder die Schlussbeschichtung von der Zwischenbeschichtung gerissen.

Das Ausmaß der Kapillarität ist abhängig

1. von der Benetzbarkeit des Untergrunds,
2. von der Viskosität der Flüssigkeit,
3. vom Durchmesser der Kapillaren: Je kleiner sie sind, umso stärker ist die Kapillarität.

Bei porigen Untergründen, z. B. Holz und Putz, wird der Beschichtungsstoff durch Kapillarität etwas in den Untergrund gesaugt. Dadurch wird die Adhäsion der Beschichtung verstärkt.

Ist eine Mauer ungenügend isoliert, wird aus dem Erdreich Feuchtigkeit im Mauerwerk durch Kapillarität hochgezogen. Aber auch durch wasserdurchlässige Anstriche kann das Mauerwerk Feuchtigkeit aufnehmen, so können z. B. Ausblühungen entstehen.

Aufsteigende Feuchtigkeit zerstört Beschichtung und Putz. Der Putz links unten wurde abgedrückt, weil er zu spannungsreich und gleichzeitig wassersperrend war.

Mögliche Schäden durch Kapillarität:

1. Beschichtung und Putz werden durch fortwährende Feuchtigkeitseinwirkung zerstört.
2. Beschichtung und Putz können abgedrückt werden.
3. Die Wärmedämmung verringert sich.
4. Mit der Feuchtigkeit können aus dem Erdreich schädliche Salze hochtransportiert werden und bei der Beschichtung Schäden verursachen.
5. Salze im Mauerwerk können sich durch die Feuchtigkeitseinwirkung lösen und bei der Beschichtung Schäden verursachen. Gelöste Salze können Beschichtungen absprengen oder verseifen.
6. Feuchtigkeit bietet Nährboden für Bakterien, Pilze, Algen und Moose.

Möglichkeiten zur Eindämmung kapillarer Wasserbewegungen aus dem Erdreich:

1. Einbau einer horizontalen Sperrschicht mit Metallen
   Dazu wird das Mauerwerk getrennt. Anschließend legt man Blei- oder Aluminiumfolien als Trennung dazwischen. Die Metallfolien müssen wegen der Korrosionsgefahr mit Kunststoff beschichtet sein.
   Eine andere Möglichkeit bietet die Trennung des Mauerwerks durch das Einschlagen von gewellten Edelstahlplatten. Die Platten verbleiben im Mauerwerk.

Horizontale Feuchtigkeitssperre mit gewellten Edelstahlplatten

2. Einbau einer horizontalen Sperrschicht mit Chemikalien
   Über Bohrlöcher werden im Abstand von 5–7 cm meist mit Druck Alkalisilikonate oder Kombinationen davon mit Alkalisilikaten in das Mauerwerk eingeleitet.

3. Elektrophysikalisches Verfahren (Elektroosmose)
   Wasser lässt sich unter bestimmten Umständen im elektrischen Feld bewegen. Dieses elektrische Feld wird heute über Bandkabelelektroden aus leitfähigem Polytetrafluorethylen mit selbstregulierenden Netzgeräten erzeugt. Die anzulagernde Spannung muss unter der Zersetzungsspannung von Wasser von 1,229 Volt liegen. Eine zu hohe Spannung würde zur Korrosion der Elektrode führen und damit die Funktionsfähigkeit unterbrechen. Ein Problem ist, dass dieses Verfahren zeitlich unbegrenzt eingesetzt werden muss.

DIN EN 772-11 „Prüfverfahren für Mauersteine – Teil 11: Bestimmung der kapillaren Wasseraufnahme von Mauersteinen aus Beton, Porenbetonsteinen, Betonwerksteinen und Natursteinen sowie der anfänglichen Wasseraufnahme von Mauerziegeln“

Möglichkeiten zur Eindämmung der kapillaren Wasseraufnahme durch die Wandoberfläche:

1. Wasserabweisende Imprägnierung, z. B. mit Silikonharzimprägnierungen
2. Wasserdichte Beschichtungen oder wasserdichte Verkleidungen
   Da wasserdichte Beschichtungen und Verkleidungen die Wasserdampfdiffusion stark vermindern, sind diese Lösungen in der Regel sehr problematisch. Die Beschichtung kann abgedrückt werden.

2.12.1 Wasseraufnahmevermögen

Zur Beurteilung der Wasseraufnahme von Baustoffen und Beschichtungen dient der Wasseraufnahmekoeffizient (w). Er ist eine wichtige Kenngröße zur Beurteilung des Feuchteschutzes von Bauteilen und Beschichtungen.

> Der Wasseraufnahmekoeffizient (w) gibt an, wie viel Liter Wasser durch 1 m^2 Saugfläche hindurch in einer bestimmten Zeit eingesaugt werden.

$$\text{Wasseraufnahmekoeffizient } (w) = \frac{m\,(\text{kg})}{A\,(\text{m}^2)\,\sqrt{t}}$$

m = Masse des aufgenommenen Wassers in kg
A = Saugfläche in m^2
t = Zeit in Stunden (oder in Sekunden)

Der Wasseraufnahmekoeffizient wird in der Literatur in folgenden Dimensionen angegeben:

- $kg/m^2 \cdot h^{0,5}$
- $kg/m^2 \cdot s^{0,5}$
- $kg/cm^2 \cdot s^{0,5}$

Entsprechend der Ergebnisse der Prüfung nach DIN EN 1062-3 werden die Untergründe, aber auch die Beschichtungsstoffe, in eine von vier Gruppen eingeteilt.

DIN EN 1015-18 „Prüfverfahren für Mörtel für Mauerwerk, Bestimmung der kapillaren Wasseraufnahme von erhärtetem Mörtel (Festmörtel)“

DIN EN 1062-3 „Farben und Lacke – Beschichtungsstoffe und Beschichtungssysteme für mineralische Substrate und Beton im Außenbereich – Teil 3: Bestimmung der Wasserdurchlässigkeit“

DIN 4108-3 „Wärmeschutz und Energie-Einsparung in Gebäuden – Teil 3: Klimabedingter Feuchteschutz – Anforderungen, Berechnungsverfahren und Hinweise für Planung und Ausführung“

DIN EN ISO 15148 „Wärme- und feuchtetechnisches Verhalten von Baustoffen und Bauprodukten – Bestimmung des Wasseraufnahmekoeffizienten bei teilweisem Eintauchen“

Durchlässigkeit für Wasser (w) nach DIN EN 1062-3

Klasse		Anforderung kg/(m² · $h^{0,5}$)
W_0		keine Anforderung
W_1	hoch	> 0,5
W_2	mittel	= 0,5 > 0,1
W_3	niedrig	< 0,1

Der Wasseraufnahmekoeffizient (w) ist gemeinsam mit dem V-Wert und dem s_d-Wert eine wichtige Kenngröße für den Fassadenschutz.

Bei direktem Wasserkontakt lässt sich mit dem Wasseraufnahmekoeffizienten (w) die durch Kapillarität aufgenommene Wassermenge berechnen:

$$\text{Wassermenge } (G) = \frac{\text{Wasseraufnahmekoeffizient } w}{\sqrt{t}}$$

Wasseraufnahmekoeffizienten von einigen Baustoffen und Beschichtungsstoffen in $kg/m^2 \cdot h^{0,5}$

Bau-/Beschichtungsstoff	Wasseraufnahmekoeffizient in $kg/m^2 \cdot h^{0,5}$
Porenbeton	2–4
Klinker	7
Ziegel	5–6
Kalksandstein	3–8
Beton	0,1–0,5
Gipsbauplatte	40–70
Luftkalkputz	7–13
Kalkzementputz	1–2
Zementputz	0,1–0,5
Dispersionsfarben	0,05–0,20
2-K-Beschichtungen	0,000001–0,001

2.12.2 Kapillarkondensation

In feinen Kapillaren wird der Sättigungsdampfdruck gemindert. Das heißt, in den Kapillaren kondensiert Wasserdampf bereits unter dem im freien Raum herrschenden Sättigungsdampfdruck. Dies ermöglicht es porösen Baustoffen, auf Veränderungen der Luftfeuchtigkeit rasch zu reagieren[1].

[1] siehe Teil C, Kapitel 2.9, Seite 160

2.13 Luftfeuchtigkeit

Luft kann eine bestimmte Menge Wasserdampf aufnehmen. Die Menge hängt von der herrschenden Temperatur ab. Je wärmer die Luft ist, desto mehr Feuchtigkeit kann sie in Form von Wasserdampf aufnehmen.

Bei der maximalen Luftfeuchtigkeit enthält die Luft die größtmögliche Menge Feuchtigkeit.

Die SI-Einheit der maximalen Luftfeuchtigkeit ist kg/m^3, in der Praxis wird sie in g/m^3 angegeben.

Maximale Luftfeuchtigkeit bei verschiedenen Temperaturen

Temperatur	Wassergehalt in g/m^3
253 K (−20 °C)	0,9
255 K (−18 °C)	1,1
257 K (−16 °C)	1,3
259 K (−14 °C)	1,5
261 K (−12 °C)	1,8
263 K (−10 °C)	2,1
265 K (−8 °C)	2,5
267 K (−6 °C)	3,0
269 K (−4 °C)	3,5
271 K (−2 °C)	4,1
273 K (±0 °C)	4,8

Temperatur	Wassergehalt in g/m^3
275 K (2 °C)	5,6
277 K (4 °C)	6,4
279 K (6 °C)	7,3
281 K (8 °C)	8,3
283 K (10 °C)	9,4
285 K (12 °C)	10,7
287 K (14 °C)	12,1
289 K (16 °C)	13,6
291 K (18 °C)	15,4
293 K (20 °C)	17,3
295 K (22 °C)	19,4

Temperatur	Wassergehalt in g/m^3
297 K (24 °C)	21,8
299 K (26 °C)	24,4
301 K (28 °C)	27,2
303 K (30 °C)	30,4
305 K (32 °C)	33,8
307 K (34 °C)	37,6
309 K (36 °C)	41,7
311 K (38 °C)	46,3
313 K (40 °C)	51,2

2.13.1 Relative Luftfeuchtigkeit

Meist enthält die Luft nur einen Teil der maximalen Luftfeuchtigkeit. Angegeben wird in der Praxis die relative Luftfeuchtigkeit.

Die relative Luftfeuchtigkeit ist das Verhältnis der tatsächlichen zur maximalen Luftfeuchtigkeit in Prozent.

Berechnung der relativen Luftfeuchtigkeit

$$\text{Relative Luftfeuchtigkeit} = \frac{\text{wirkliche Luftfeuchtigkeit}}{\text{maximale Luftfeuchtigkeit}} \cdot 100\,\%$$

Beispiel:

Bei 303 K (30 °C) würde die maximale Luftfeuchtigkeit 30 g/m³ betragen. Die wirkliche Luftfeuchtigkeit beträgt 20 g/m³.

Berechnung der relativen Luftfeuchtigkeit:

$$\text{relative Luftfeuchtigkeit} = \frac{20\ \text{g/m}^3}{30\ \text{g/m}^3} \cdot 100\,\% = 66{,}67\,\%$$

Da die maximale Luftfeuchtigkeit temperaturabhängig ist, ändert sich mit der Temperatur auch die relative Luftfeuchtigkeit, auch wenn die absolute Luftfeuchtigkeit konstant bleibt. Bei einer Abkühlung bis zum Taupunkt steigt die relative Luftfeuchtigkeit auf 100 %.

Tauwassermenge bei unterschiedlichen relativen Luftfeuchten

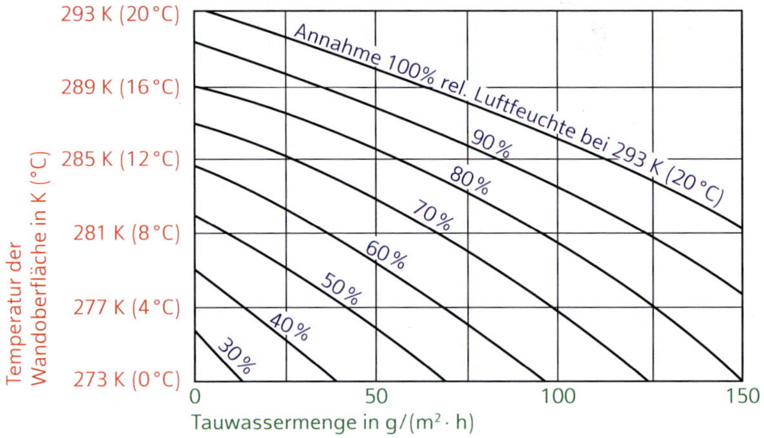

2.13.2 Taupunkt

> Als Taupunkt bezeichnet man die Temperatur, bei der die Abkühlung feuchter Luft zur Kondenswasserbildung führt.

In der Natur schlägt sich kondensierter Wasserdampf als Tau nieder. Dieser kaum sichtbare Wasserfilm würde die Haftung von Beschichtungen stark mindern, wenn darauf Beschichtungen durchgeführt würden.

Fällt der Tau auf eine noch nicht durchgetrocknete Beschichtung, wird diese matt.

Die Tatsache, dass Schimmelpilzbildung bevorzugt im Schlafzimmer auftritt, ist u. a. damit zu erklären, dass Schlafzimmer in der Regel schwächer oder gar nicht geheizt werden. Die Luftfeuchtigkeit kondensiert an den kälteren Schlafzimmerdecken und -wänden und bietet so die Voraussetzung für die Pilzbildung.

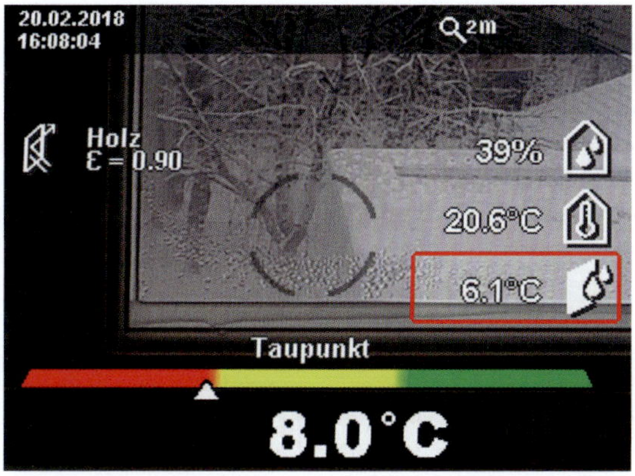

Kondenswasserbildung durch Taupunktunterschreitung an einem Holzfenster; gegen 16 Uhr betragen die Temperatur im Innenraum 20,6 °C, die rel. Luftfeuchtigkeit 39 %, die Oberflächentemperatur der Glasscheibe 8 °C, die Taupunkttemperatur 6,1 °C. In der Nacht sinkt die Oberflächentemperatur unter den Taupunkt, es kommt zu Kondenswasserausfall.

2.13.3 Luftausgleichsfeuchte

Poröse Untergründe wie Holz und Putze sind bestrebt, den eigenen Feuchtigkeitsgehalt der Luftfeuchtigkeit anzupassen. Dadurch kann der Feuchtigkeitsgehalt, z. B. von Holzfenstern, stark ansteigen, wenn in Neubauten wegen der nassen Putze die relative Luftfeuchtigkeit sehr hoch ist. Die Beschichtung darf erst nach Abklingen der hohen Feuchtigkeit erfolgen.

Die Luftausgleichsfeuchte wird möglich, weil in den feinen Kapillaren geringerer Sättigungsdampfdruck herrscht. Deshalb kondensiert der Wasserdampf in den Kapillaren früher als im freien Raum.

Luftausgleichsfeuchte in Beispielen

Baustoff	Wassergehalt in Gewichts-% bei 293 K (20 °C) und einer relativen Luftfeuchtigkeit von		
	50 %	65 %	90 %
Gipsputz	0,50	0,60–0,70	1,00
Kalkputz	1,60	1,80–1,90	3,40
Zementputz	1,50	1,70–1,80	3,20
Gips-Estrich	0,60	0,80–0,90	1,30
Anhydrit-Estrich	0,50	0,60–0,70	0,90
Zement-Estrich	1,50	1,70–1,80	3,10
Porenbeton (Gasbeton)	0,50	0,60–0,70	0,90
Beton	1,60	1,80–2,00	3,00
Ziegel (Vollziegel)	0,15	0,15	0,20
Kalksandstein	0,90	1,20	1,80
Kiefernholz	6,20	10,90	20,80
Holzfaserplatte	7,00	9,70	14,00

Feuchtemessungen

1. Messgeräte zur Ermittlung der relativen Luftfeuchtigkeit

Zur Messung der relativen Luftfeuchtigkeit werden Hygrometer (z. B. Haarhygrometer, Pernixhygrometer, Kondensatorhygrometer) eingesetzt. Diese Messgeräte sprechen auf den Wasserdampfgehalt in der Luft und die Temperatur an. Sie zeigen die relative Luftfeuchtigkeit von 1–100 % an. Da die Luftfeuchtigkeit je nach Tageszeit und Temperatur schwankt, sind Hygrometer häufig mit einer Schreibvorrichtung ausgerüstet oder die Werte können gespeichert werden. Die Schwankungen werden in Form von Kurven gezeigt. Die Messgenauigkeit von Hygrometern liegt bei ±5 %.

2. Messverfahren zur Ermittlung der Feuchtigkeit in festen Stoffen

Der Untergrund soll mit diesen Prüfverfahren auf seinen Wassergehalt und damit seine Beschichtungstauglichkeit geprüft werden. Gleichzeitig ist die Feuchtigkeitsprüfung eines Baustoffs eine wichtige Prüfung zur Ermittlung der Ursachen von Schäden.

- **Gravimetrische Messmethode (Darr-Methode)**

  Zu dieser Prüfung werden aus dem zu untersuchenden Baustoff Probestücke entnommen und sofort luftdicht verpackt. Die Proben werden im Labor mit einer genau messenden Analysenwaage gewogen und über einen längeren Zeitraum (bis zu 24 Stunden) bei konstanter Temperatur bis zur Gewichtskonstanz im Trockenschrank getrocknet. Als Temperatur wird allgemein von 398 K (125 °C) ausgegangen. Bei verschiedenen Untergründen, z. B. harzhaltigem Holz, ist diese Temperatur aber zu hoch, weil bereits bei 333 K (60 °C) das Harz flüssig wird und auslaufendes Harz das Messergebnis verfälschen würde. Auch bei kristallwasserhaltigen Untergründen, z. B. Gips, ist diese Temperatur zu hoch, da bereits unter diesen Temperaturen Kristallwasser abgespalten wird und so das Ergebnis verfälscht wird. Es empfiehlt sich, bei niedrigen Temperaturen von unter 323 K (50 °C) zu trocknen und diese Prüfung so lange durchzuführen, bis kein Gewichtsverlust mehr feststellbar ist.

  Nach der Trocknung wird der Baustoff erneut gewogen. Aus dem Vergleich zur bei der ersten Messung festgestellten Massedifferenz lässt sich der ursprüngliche Feuchtigkeitsgehalt errechnen.

$$\text{Feuchtigkeitsgehalt} = \frac{G_2 - G_1}{G_1} \cdot 100\,\%$$

  G_1 = Baustoffmasse trocken
  G_2 = Baustoffmasse feucht

  Bei diesem Verfahren muss darauf geachtet werden, dass bei der Entnahme der Proben, z. B. durch Bohrungen, keine Erwärmung des Baustoffes stattfindet. Auch darf zwischen den beiden Wägungen keine hygroskopische Wasseraufnahme möglich sein. Die Messgenauigkeit liegt bei diesem Verfahren bei ±0,2–0,5 %.

- **Messung mit dem Hydromaten (Feuchtigkeitsmessgerät)**
  Elektrische Feuchtigkeitsmessgeräte ermitteln den elektrischen Widerstand im Untergrund. Dazu werden Elektroden in den Untergrund geschlagen oder gestochen. Das Gerät ermittelt dann den elektrischen Widerstand zwischen den Elektroden. Dieser Widerstand ist bei einem feuchten Untergrund gering und erhöht sich proportional mit der Trockenheit des Untergrunds. Der Feuchtigkeitsgehalt kann bei Holz unmittelbar am Gerät abgelesen werden. Bei mineralischen Untergründen muss das am Gerät abzulesende Messergebnis anhand einer Tabelle umgerechnet werden.

  Elektrische Feuchtigkeitsmessgeräte ergeben zwar für Holzuntergründe, nicht aber für mineralische Untergründe ausreichende Genauigkeit. Die elektrische Leitfähigkeit und damit der elektrische Widerstand werden von in den mineralischen Untergründen enthaltenen Salzen stark beeinflusst. Die Geräte können aber gut eingesetzt werden, wenn es darum geht, die unterschiedliche Feuchtigkeitsverteilung in einer Wand festzustellen, ohne Anspruch auf genaue Feuchtigkeitswerte.

- **Chemische Messmethode (Calciumcarbid-Methode)**
  Das CM-Gerät besteht aus einer Stahlflasche mit einem Verschluss, an welchem ein Manometer befestigt ist. Auf der zum Gerät gehörigen Handwaage werden je nach Feuchtigkeitsgehalt 5, 10 oder 20 g des zu prüfenden Stoffs abgewogen, in einer Reibschale fein zerrieben und in die Stahlflasche gefüllt. Nun lässt man eine Calciumcarbidampulle vorsichtig in die Flasche gleiten. Nach dem Verschließen der Stahlflasche wird die Ampulle durch kräftiges Schütteln zertrümmert. Das Calciumcarbid reagiert mit dem Wasser in der Probe unter Acetylenentwicklung. Diese chemische Reaktion bewirkt in der Stahlflasche einen Druckanstieg, der am Manometer abgelesen werden kann. Sobald keine Druckveränderung mehr feststellbar ist, meist nach max. zwei Minuten, ist die Prüfung beendet. Aus einer Tabelle kann der Feuchtigkeitsgehalt in Relation zum Druck abgelesen werden.

  Chemische Reaktion mit dem CM-Gerät

  $$CaC_2 + 2\,H_2O \longrightarrow Ca(OH)_2 + HC{=}CH$$

  $$\text{Calciumcarbid} + \text{Wasser} \longrightarrow \text{Calciumhydroxid} + \text{Acethylen}$$

  Die CM-Methode eignet sich besonders für mineralische Untergründe. Die Messgenauigkeit dieser Prüfung ist mit ±1–3 % sehr hoch.

2.14 Diffusion

Gase und Flüssigkeiten haben das Bestreben, sich gegenseitig zu durchdringen und zu vermischen.

> Unter Diffusion[1] versteht man das Bestreben von Gasen und Flüssigkeiten, sich gegenseitig zu durchdringen und zu vermischen.

[1] lat. *diffundere* = durchdringen, ausbreiten

Die Diffusionsfähigkeit von Wänden wird im Sprachgebrauch fälschlicherweise auch als Atmungsaktivität bezeichnet.

Die Diffusion erfolgt auch ohne Druck- und Temperaturgefälle, nimmt aber mit dem Druck- und Temperaturunterschied zu.

Besonders Gase sind bestrebt, sich auszubreiten und mit anderen Gasen zu vermischen. Dazu durchdringen sie auch poröse Körper. So durchwandert wasserdampfgesättigte Luft Baustoffe, um sich mit Luft geringerer Wasserdampfkonzentration zu vermischen. Problematisch ist bei Beton die CO_2-Diffusion. Diese reduziert die Alkalität des Betons und führt letztlich zum Rosten des Bewehrungsstahls und den damit verbundenen Betonschäden.

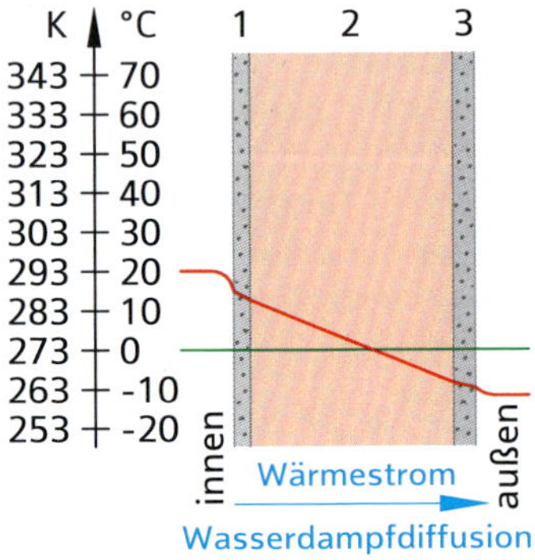

Wasserdampfdiffusion und Wärmestrom verlaufen in gleicher Richtung, in unseren Breitengraden meist von innen nach außen. Sie folgen damit dem Temperaturgefälle, von der höheren Raumtemperatur zur niedrigen Außentemperatur. Durch die höhere Temperatur im Innenraum entsteht ein Dampfdruckgefälle, das sich durch Diffusion auszugleichen sucht.

Durch die stärkere Verschmutzung wegen der unterschiedlichen Diffusion können sich nach einiger Zeit Wärmebrücken abzeichnen.

An der Fassade wurde ein Sanierputz aufgetragen, dieser ist nun nach Jahren durch die größere Diffusionsfähigkeit stärker verschmutzt als der darüber liegende Putz.

Die Wärmebrücken der Wand zeichnen sich aufgrund der größeren Diffusion und der damit verbundenen größeren Verschmutzungen ab.

2.14.1 Wasserdampfdiffusionsstromdichte

Die Wasserdampfdiffusionsstromdichte gibt an, wie viel Wasser in Dampfform pro Zeiteinheit durch die Fläche einer Beschichtung diffundiert.

Für die Wasserdampfdiffusionsstromdichte ist das Formelzeichen V vorgesehen.

$$V = \frac{g}{m^2 \cdot h} \text{ oder } \frac{g}{m^2 \cdot d}$$

V = Wasserdampfdiffusionsstromdichte
g = Wasserdampf
h = Stunden
d = Tage

In der DIN EN ISO 7783 werden Fassadenfarben nach ihrer Wasserdampf-diffusionsstromdichte (V) in drei Klassen eingeteilt. Je kleiner der s_d-Wert eines Bauteils ist, desto größer ist seine Wasserdampfdurchlässigkeit. Farben der Klasse V_1 haben dabei die höchste Wasserdampfdurchlässigkeit. Wenn Feuchtigkeit in die Bauteilschichten unter die Fassadenbeschichtung gelangt, z. B. durch Wasserdampfdiffusion aus dem Gebäudeinneren oder durch äußere Witterungseinflüsse, können die betroffenen Bereiche umso schneller wieder austrocknen, je diffusionsoffener die Fassadenbeschichtung ist. Dadurch sinkt das Risiko von Schäden durch anhaltende Bauteilfeuchte.

Wasserdampfdurchlässigkeit nach DIN EN ISO 7783[1]

Klasse	Durchlässigkeit	Anforderungen	
		V ($g/m^2 \cdot d$)	s_d (m)
V_0		keine Anforderung	
V_1	hoch	> 150	< 0.14
V_2	mittel	≤ 150 > 15	≥ 0,14 < 1,4
V_3	niedrig	≤ 15	≥ 1,4

2.14.2 Diffusionswiderstand

Die verschiedenen Baustoffe und Beschichtungen setzen der Diffusion einen Widerstand entgegen.

Weist eine Beschichtung einen höheren Wasserdampfwiderstand auf als der Untergrund, baut sich zwischen Beschichtung und Untergrund ein Druck auf. Dies kann zum Abplatzen der Beschichtungen führen.

[1] DIN EN ISO 7783 Beschichtungsstoffe – Bestimmung der Wasserdampfdurchlässigkeit – Schalenverfahren

Beim Diffusionswiderstand sind aber stets die Dicke des Bauteils und der Beschichtung zu berücksichtigen. So ist der Widerstand der Beschichtung meist geringer als der des Untergrunds.

Diffusionswiderstandsfaktor

Der Wasserdampf-Diffusionswiderstandsfaktor (= Diffusionswiderstandszahl) gibt an, um wievielmal größer der Widerstand eines Stoffs gegen diffundierenden Wasserdampf ist als eine gleich dicke Luftschicht.

Der CO_2-Diffusionswiderstandsfaktor (= Diffusionswiderstandszahl) gibt an, um wievielmal größer der Widerstand eines Stoffs gegen diffundierendes Kohlendioxid ist als eine gleich dicke Luftschicht.

Der Diffusionswiderstandsfaktor von Luft ist also 1. Die Dicke (s) der Stoffe wird in Meter angegeben.

Wasserdampf-Diffusionswiderstandszahlen für Baustoffe auf Grundlage der DIN 4108-4 und der OENORM EN 12524 (Auswahl)

Stoffe	Dichte	Wasserdampf-Diffusionswiderstandszahlen[1] μ
Gips, Kalkgipsmörtel	1 400	10
Kalkputz, Kalkzementputz	1 800	15–35
Zementmörtel	2000	35–50
Normalbeton nach DIN EN 206	2 400	80–130
Porenbeton-Plansteine	500–800	5–10
Planwärmedämmziegel	700–1 000	5–10
Leichtbeton-Vollblöcke	500–800	5–0
Lehmbaustoffe	600–1 800	5–10
Vollklinker	2000	50–100
Hochlochklinker	1 800	50–100
Vollziegel, Hochlochziegel	1 200–1 800	5–10
Kalksandsteine nach DIN 106	1 000–2 200	15–25
Holzwolle-Leichtbauplatten	360–460	2–5
Polystyrol-Hartschaum	15	20–50
Mineralfaser-Dämmplatten	8–500	1–2,5
Konstruktionsholz	500–700	20–100

[1] Da die einzelnen Fabrikate der Baustoffe, aber besonders auch der Beschichtungsstoffe, unterschiedliche Widerstandszahlen aufweisen, stellen die Werte in den Tabellen nur Annäherungswerte dar. Für Berechnungen sollten, soweit möglich, die tatsächlichen Werte verwendet werden. Ist dies nicht möglich, sollten die schlechtesten Werte (hier die höchsten Werte der Tabelle) verwendet werden.

Stoffe	Dichte	Wasserdampf-Diffusionswiderstandszahlen μ
Spanplatten	600	15–50
Holzfaserplatten	800	10–20
Bitumendachbahnen	1200	10000–80000
PA-Folie	–	50000

Wasserdampf-Diffusionswiderstandszahlen für Beschichtungen (Auswahl)

Stoffe	Wasserdampf-Diffusionswiderstandszahlen[1] μ
Kalkfarben	50
Silikatfarben	70
Dispersionssilikatfarben	150
Innendispersionsfarben	200–500
Dispersionsfassadenfarben	2000–3000
Kunststoffputze	150–300
Dispersionslackfarben	8000–15000
Alkydharzlackfarben	12000–20000
Polyurethanharzlackfarben	30000–50000
Epoxidharzlackfarben	30000–50000

CO_2-Diffusionswiderstandszahlen (Auswahl)

Stoffe	CO_2-Diffusionswiderstandszahlen[2] μ-CO_3
Kalkputz	30
Kalkzementputz	70
Zementputz	200

[1] Da die einzelnen Fabrikate der Baustoffe, aber besonders auch der Beschichtungsstoffe, unterschiedliche Widerstandszahlen aufweisen, stellen die Werte in den Tabellen nur Annäherungswerte dar. Für Berechnungen sollten, soweit möglich, die tatsächlichen Werte verwendet werden. Ist dies nicht möglich, sollten die höchsten Werte verwendet werden.

[2] Da die einzelnen Fabrikate der Baustoffe, aber besonders auch der Beschichtungsstoffe, unterschiedliche Widerstandszahlen aufweisen, stellen die Werte in den Tabellen nur Annäherungswerte dar.

OENORM EN 12524 „Baustoffe und -produkte – Wärme- und feuchteschutztechnische Eigenschaften – Tabellierte Bemessungswerte“

DIN 4108 „Wärmeschutz und Energie-Einsparung in Gebäuden“

Stoffe	CO_2-Diffusionswiderstandszahlen μ-CO_3
Dispersionssilikatfarben	20 000
Innendispersionsfarben	4 000–10 000
Dispersionsfassadenfarben	2 000 000
Lösemittelhaltige Fassadenfarben	2 000 000–3 000 000
Epoxidharzlackfarben	5 000 000–10 000 000
Polyurethanharzlackfarben	10 000 000–50 000 000

Luftkalkmörtel-Putze (Putze der Mörtelgruppe P1a) benötigen ständig CO_2 und dürfen deshalb nicht mit CO_2-sperrenden Beschichtungsstoffen wie Dispersionsfassadenfarben oder lösemittelhaltigen Fassadenfarben gestrichen werden.

Beton hingegen muss alkalisch bleiben, da nur so der Schutz des Bewehrungsstahls gewährleistet ist. Somit muss Beton mit CO_2-sperrenden Beschichtungsstoffen wie Dispersionsfassadenfarben oder lösemittelhaltigen Fassadenfarben gestrichen werden.

Berechnet man die Wasserdampfstromdichte oder den Diffusionswiderstand von Untergrund und Beschichtung, lassen sich Vergleiche anstellen. Schäden durch unterschiedlichen Wasserdampf-Diffusionswiderstand können nur auftreten, wenn der Diffusionswiderstand der Beschichtung unter Berücksichtigung der Dicke höher ist (bzw. die Wasserdampfstromdichte kleiner ist) als der des Untergrunds.

Berechnung des Diffusionswiderstands

Sind Probleme zu erwarten oder zu analysieren, muss der Diffusionswiderstand berechnet werden.

Berechnung des s_d-Werts aus der Wasserdampfstromdichte V ($g/m^2 \cdot d$):

$s_d = 21 / V$

$$\text{Diffusionswiderstand } (s_d\text{-Wert}) = \frac{21}{V}$$

$$\text{Diffusionswiderstand } (s_d\text{-Wert}) = \text{Diffusionswiderstandsfaktor} \cdot \text{Dicke des Stoffes}$$
$$s_d = \mu \cdot s \text{ (in Meter)}$$

Beispiel: Berechnung des s_d-Werts

Der s_d-Wert des folgenden Wandaufbaus ist zu berechnen:

	Schichten von innen nach außen	Schichtdicke	Wasserdampf-Widerstandsfaktor
1.	Innenanstrich mit Dispersionsfarbe	80 µm	$\mu = 500$
2.	Gipsputz innen	1,5 cm	$\mu = 10$
3.	Ziegelmauer	36 cm	$\mu = 8$
4.	Kalkzementputz außen	3 cm	$\mu = 35$
5.	Fassadenanstrich mit Dispersionsfarbe	100 µm	$\mu = 3000$

Berechnung:

Wandaufbau	Schichtdicke in m	Wider-standszahl μ	s_d-Wert in m
Innenanstrich mit Dispersionsfarbe	0,00008	$\mu = 500$	0,04
Gipsputz innen	0,0015	$\mu = 10$	0,01
Ziegelmauer	0,36	$\mu = 8$	2,88
Kalkzementputz außen	0,03	$\mu = 35$	1,05
Fassadenanstrich mit Dispersionsfarbe	0,0001	$\mu = 3000$	0,3

s_d-Werte in der Grafik

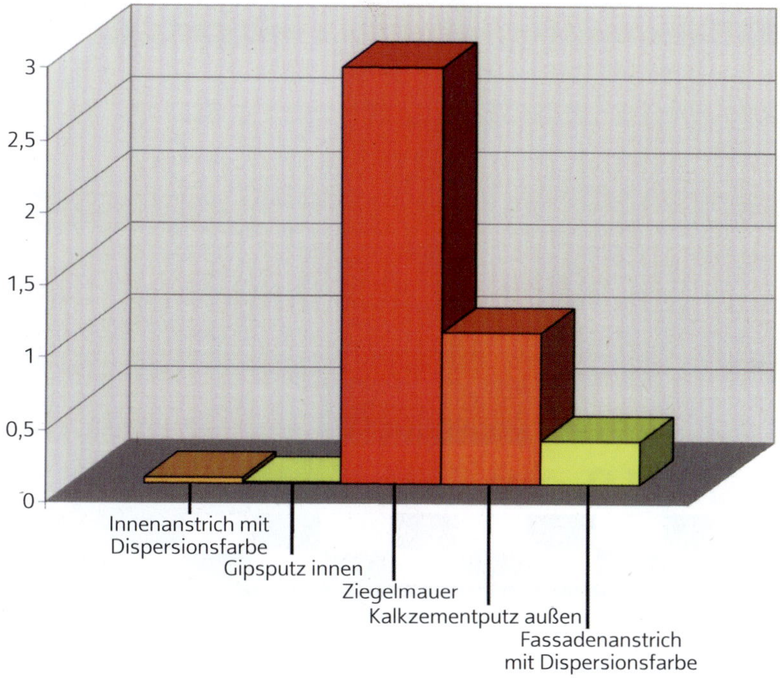

Bewertung:

Der größte Wasserdampfwiderstand ist im Ziegelmauerwerk zu finden. Der durch den Ziegel strömende Wasserdampf findet im Außenputz und in der Fassadenbeschichtung keinen größeren Widerstand. Schäden durch Wasserdampfdiffusion sind somit nicht zu erwarten.

2.14.3 Osmose

Die Osmose ist ein einseitiger Diffusionsvorgang.

Wasserdampf diffundiert mehr oder weniger stark durch jede Beschichtung. Wenn auf dem Untergrund hygroskopische (= Wasser anziehende) Stoffe, z. B. Salzreste, haften, ziehen diese den Wasserdampf an. Der Wasserdampf verflüssigt sich und verdünnt das hygroskopische Salz.

Die Beschichtung lässt den Wasserdampf nur in Dampfform, nicht aber in flüssiger Form zirkulieren. Dadurch sammeln die hygroskopischen Stoffe immer Wasser. Bei dichten Untergründen kann das Wasser auch nicht vom Untergrund aufgenommen und weitergeleitet werden. So kommt es dort zur Blasenbildung. Auf Metalluntergründen korrodiert innerhalb kurzer Zeit das Metall, auf Stahl bildet sich Rost.

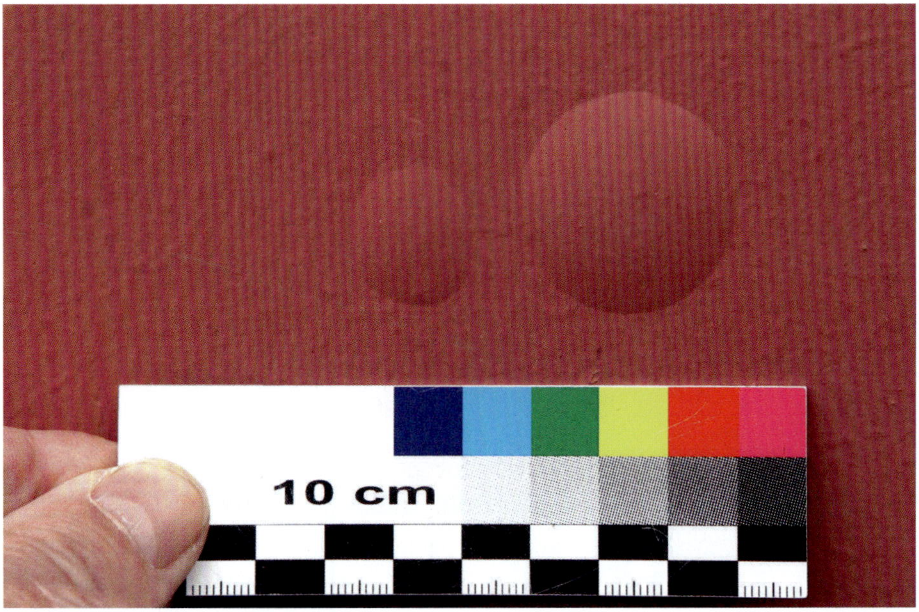

Blasenbildung durch Osmose

Schäden durch Osmose sind auch möglich, wenn die Beschichtung hygroskopische (= Wasser anziehende) Stoffe, z. B. Alkohole oder Amine, enthält. So ist es in der Vergangenheit immer wieder zu Schäden gekommen, wenn aminvernetzte Epoxidharzlackfarben für Unterwasserbeschichtungen verwendet wurden. Da bei der Erhärtung der Beschichtung nicht alle Amine chemisch vernetzten, waren in der Beschichtung freie Amine vorhanden. Die Amine nahmen Wasser auf. Dies führte zur Blasenbildung bei der Beschichtung und damit zu Beschichtungsschäden. Besonders problematisch kann sich die unzureichende Vermischung von Stammlack und Härter auswirken.

2.15 Wärmelehre

Wärme ist eine Energieform. Diese Energie hängt von der Bewegung der Atome und Moleküle im Stoff ab. Mit zunehmender Temperatur schwingen die Atome und Moleküle stärker.

Wärmemenge

Unter der Wärmemenge Q (in Ws) versteht man die Energie, die durch den Wärmestrom (in W) in 1 Sekunde von einem Körper abgegeben oder aufgenommen wird.

2.15.1 Wärmeschutz

Wärme ist für den Menschen die Voraussetzung für ein gesundes und behagliches Wohnklima. Ungenügende Wärmedämmung führt zudem zu Schäden an den Bauwerken und verteuert das Wohnen erheblich.

Faktoren für das Behaglichkeitsgefühl in einem Raum

Faktoren	Erläuterungen
Wandoberflächentemperatur	Der Temperaturunterschied zwischen Raumluft und Bauteiloberfläche muss unter 3 K (3 °C) liegen, größere Unterschiede werden als Zugluft empfunden. Die Wandoberflächentemperatur ist vom Dämmwert *(R)* der Wand abhängig.
Wärmespeicherfähigkeit der Wände	Die Speicherfähigkeit hängt von der Dichte des Wandbildners, von der Art, Größe und Verteilung der Poren sowie vom Feuchtigkeitsgehalt der Wand ab. Im Winter kühlen Wände mit großem Speichervermögen nicht so schnell aus, im Sommer heizen sie sich nicht so stark auf.
Fußbodentemperatur	Optimal ist eine Temperatur von 295–299 K (22–24 °C), bei Fußbodenheizungen sollte die Fußbodentemperatur 299–303 K (25–30 °C) betragen.
relative Luftfeuchtigkeit	In Abhängigkeit von der Raumtemperatur werden zu niedrige und zu hohe Werte der relativen Luftfeuchtigkeit als unangenehm empfunden.
Luftqualität	Hohe CO_2-Belastungen verursachen u. a. Kopfschmerzen, Schwindelgefühl, Blutdruckanstieg; der CO_2-Anteil sollte 0,1 Vol.-% nicht überschreiten.
Luftbewegung	Luftbewegung entsteht beim Lüften und durch undichte Stellen in der Gebäudehülle sowie durch Konvektion bei großen Temperaturunterschieden zwischen Raumluft und Wandoberfläche.

2.15.2 Physikalische Begriffe zur Wärmedämmung

Im beheizten Innenraum wird von der warmen Luft Wärme an die kühlere Wand abgegeben. Die Wärme „durchwandert“ die Mauer und wird außen wieder an die kältere Luft abgegeben.

Die verschiedenen Stationen der Wärmeübertragung sind für Wärmedämmberechnungen sehr wichtig. Dazu benötigt man die Wärmeleitzahl der Baustoffe.

Die Wärmeleitzahl λ (Wärmeleitfähigkeit) gibt die Wärmemenge in Ws an, die bei Dauerbeheizung in 1 Sekunde durch 1 m^2 einer 1 m dicken Schicht eines Stoffs hindurchgeht, wenn die Temperaturdifferenz der beiden Bauteiloberflächen 1 K (1 °C) beträgt.

Je größer die Wärmeleitzahl ist, umso größer ist die Wärmeleitung.

Je kleiner die Wärmeleitzahl ist, umso besser ist die Wärmedämmung.

Daneben ist der Wasserdampfdiffusionsfaktor[1] (= Wasserdampfdiffusionswiderstandszahl) für die Dampfdurchlässigkeit wichtig. Beide Werte kann man der DIN 4108 „Wärmeschutz und Energie-Einsparung in Gebäuden“ sowie dem Gebäudeenergiegesetz entnehmen.

Wichtige Rechenwerte der Wärmeleitfähigkeit und des Wasserdampfdiffusionsfaktors aus der DIN 4108

Stoff	Rohdichte kg/m^3	Rechenwert der Wärmeleitfähigkeit W/m · K	Wasserdampfdiffusionsfaktor
Gips, Kalkgipsmörtel	1400	0,70	10
Kalk, Kalkzementputz	1800	0,87	15/35
Zementmörtel	2000	1,40	15/35
Normalbeton	2400	2,10	70/150
Gasbeton gemauert G 2	500	0,22	5/10
Gasbeton gemauert G 6	800	0,29	5/10
Gasbeton geklebt G 2	500	0,19	5/10
Gasbeton geklebt G 6	800	0,27	5/10
Vollklinker	2000	0,96	50/100
Hochlochklinker	1800	0,81	50/100
Vollziegel, Lochziegel	1200	0,50	5/10

[1] Der Wasserdampfdiffusionsfaktor gibt an, um wievielmal größer der Widerstand eines Baustoffs gegen den diffundierenden (durchströmenden) Wasserdampf ist als eine gleich dicke Luftschicht (siehe auch Teil C, Kapitel 2.14.2).

DIN 4108	„Wärmeschutz und Energie-Einsparung in Gebäuden“
BFS-Merkblatt 21	„Technische Richtlinien für die Planung und Verarbeitung von Wärmedämm-Verbundsystemen“

Stoff	Rohdichte in kg/m³	Rechenwert der Wärmeleitfähigkeit in W/m · K	Wasserdampfdiffusionsfaktor
Vollziegel, Lochziegel	1 400	0,58	5/10
"	1 800	0,81	5/10
Leichthochlochziegel	700	0,36	5/10
"	800	0,39	5/10
"	1 000	0,45	5/10
Kalksandsteine	1 000	0,50	5/10
"	1 400	0,70	5/10
"	1 800	0,99	15/25
"	2 200	1,30	15/25
Hohlblocksteine (Leichtbeton)	500	0,30	5/10
"	800	0,39	5/10
"	1 000	0,49	5/10
"	1 200	0,60	5/10
Vollblöcke (Bims)	500	0,20	5/10
"	600	0,22	5/10
"	800	0,28	5/10
Porosierte Leichtziegel	800	0,34	5/10
Holzwolle-Leichtbauplatten $d = 15$ mm	570	0,15	2/5
Polystyrol-Hartschaum	15	0,040	20/50
PUR-Hartschaum B 1 + B 2	30	0,030	30/100
Mineralfaser-Dämmplatten	130	0,040	1,0
Fichte, Kiefer, Tanne	600	0,13	40
Spanplatten	700	0,17	20
Holzfaserplatten	1 000	0,17	700
Bitumendachbahnen	1 200	0,17	10 000/80 000
PVC-Folien $d > 0,1$ mm	–	–	20 000/80 000
Alu-Folien $d > 0,05$ mm	–	–	dampfdicht
Kunstharzputze	1 100	0,70	50/200

Berechnung der Wärmeübertragung

Wärmeübertragung	Physikalischer Begriff	Formelzeichen	Erklärung des Begriffs	Berechnungsformel
Wärme wird von der Innenluft an die Innenwand übertragen	**Wärmeübergangszahl innen**	h_i	gibt die Wärmemenge an, die in 1 Sekunde von der Innenluft auf 1 m^2 eines Bauteils bei einer Temperaturdifferenz von 1 K (1 °C) übertragen wird	Die Werte sind in der DIN 4108 vorgegeben: $\alpha_i = 8$[1]
Wärme wandert durch die Wand nach außen zur tieferen Temperatur	**Wärmedurchlasszahl**	Λ (sprich: Groß-Lamda)	gibt die Wärmemenge an, die in 1 Sekunde durch 1 m^2 eines Bauteils mit einer bestimmten Dicke bei einer Temperaturdifferenz von 1 K (1 °C) strömt	Wärmeleitzahl[2] / Baustoffdicke (in m) $\frac{\lambda}{s\,(m)}$
Wärme wird von der Wand an die kalte Außenluft übertragen	**Wärmeübergangszahl außen**	h_a	gibt die Wärmemenge an, die in 1 Sekunde von 1 m^2 eines Bauteils an die Außenluft bei einer Temperaturdifferenz von 1 K (1 °C) übertragen wird	Die Werte sind in der DIN 4108 vorgegeben: $\alpha_a = 23$[3]
Zusammenfassung der gesamten Wärmeübertragung	**Wärmedurchgangszahl**	U (sprich: U-Wert)	gibt die Wärmemenge an, die in 1 Sekunde durch 1 m^2 eines Bauteils bei einer Temperaturdifferenz von 1 K (1 °C) strömt, unter Berücksichtigung der Wärmeübergangszahlen	$U = \alpha_i + \Lambda + \alpha_a$

Je kleiner der U-Wert ist, desto besser ist die Wärmedämmung. Das Gebäudeenergiegesetz löste 2020 die Energieeinsparverordnung (EnEV) ab. Es setzt die europäischen Vorgaben zur Gesamtenergieeffizienz von Gebäuden um.

[1] In den Ecken gelten andere Werte, doch bleiben diese für die Wärmedämmberechnungen ohne Berücksichtigung.

[2] Die Wärmeleitzahl gibt die spez. Wärmeleitfähigkeit eines Baustoffs an. Die Wärmeleitzahlen können der DIN 4108 „Wärmeschutz und Energie-Einsparung in Gebäuden“ entnommen werden.

Gesetze und Verordnungen zur Wärmedämmung

Seit dem 01.11.2020 vereint das Gebäudeenergiegesetz (GEG) das Energieeinsparungsgesetz (EnEG), das Gesetz zur Förderung Erneuerbarer Energien im Wärmebereich (Erneuerbare-Energien-Wärmegesetz – EEWärmeG) und die Energieeinsparverordnung (EnEV).

Das GEG legt fest, welche energetischen Anforderungen Wohngebäude erfüllen müssen und enthält dabei Vorgaben zu Heizungs- und Klimatechnik inklusive des winterlichen und sommerlichen Dämmschutzes. Das Gesetz regelt die Anforderungen des Energiebedarfs an Neu- und Bestandsbauten.

Bei Neubauten sind zwei Verfahren zulässig:

- Nachweis des Primärenergiebedarfs
- Nachweis der Menge an Treibhausgasen

Der Niedrigstenergie-Gebäudestandard geht im GEG nicht über das Anforderungsniveau der früheren Vorschriften hinaus. Ein Neubau darf einen Endenergiebedarf von höchstens 45–60 kWh/m^2 pro Jahr haben.

Der aus erneuerbaren Energien gebäudenah erzeugte Strom darf beim Jahres-Primärenergiebedarf des Gebäudes in Abzug gebracht werden, wenn er unmittelbar nach Erzeugung oder nach vorübergehender Speicherung im Gebäude selbst genutzt wird.

Bei Bestandsgebäuden muss die oberste Geschossdecke gedämmt werden. Wenn Außenbauteile verändert oder erneuert werden (z. B. Fenster oder der Putz einer Außenwand), müssen die in Anlage 7 des GEG genannten Mindeststandards zum Wärmedurchgangskoeffizienten eingehalten werden.

Grundsätzlich gelten bei Bauteilerneuerungen bestimmte Anforderungen an den U-Wert, z. B. der bereits früher in der Energieeinsparverordnung (EnEV) festgelegte Dämmwert von $U = 0{,}24$ für Außenwände.

Bei umfassenden Sanierungen eines Bestandgebäudes wird wie bei den Neubauten eine energetische Gesamtbilanz verlangt.

Nach dem GEG sollen ab dem 01.01.2026 in Bestandsgebäuden neue Heizungen, die mit Öl oder festem fossilem Brennstoff beschickt werden, nur dann noch eingebaut werden dürfen, wenn der Wärmebedarf anteilig durch erneuerbare Energien gedeckt wird.

Die Vorlagepflicht für den Energieausweis bei Verkauf, Vermietung und Verpachtung besteht nicht nur für Verkäufer oder Vermieter, sondern auch für Immobilienmakler.

Beim Verkauf eines Ein- oder Zweifamilienhauses muss der Käufer ein informatives Beratungsgespräch zum Energieausweis mit einer ausstellungsberechtigten Person führen, soweit dies unentgeltlich angeboten wird.

GEG	Gesetz zur Einsparung von Energie und zur Nutzung erneuerbarer Energien zur Wärme- und Kälteerzeugung in Gebäuden (Gebäudeenergiegesetz)
EnEG	Gesetz zur Einsparung von Energie in Gebäuden (Energieeinsparungsgesetz)
EEWärmeG	Gesetz zur Förderung Erneuerbarer Energien im Wärmebereich (Erneuerbare-Energien-Wärmegesetz)
EnEV	Energieeinsparverordnung

Für Bestandgebäude bestehen einige Austausch- und Nachrüstpflichten, dabei gibt es auch Ausnahmeregelungen, z. B. bei Gebäuden, die unter Denkmalschutz stehen. Auch müssen diese Pflichten bei vor bereits 2002 selbst genutztem Wohneigentum nicht erfüllt werden.

Der entströmenden Wärme wird ein Widerstand entgegengesetzt.

Berechnung der Widerstände bei der Wärmeübertragung

Wärme-widerstand	Physikalischer Begriff	Formel-zeichen	Erklärung des Begriffs	Berechnungs-formel
Widerstand der Wand-oberfläche gegen den Wärmefluss	**Wärmeübergangswiderstand innen**	R_{si}	gibt den Widerstand an, der in 1 Sekunde bei einem Temperaturunterschied von 1 K (1 °C) auftritt, wenn die Wärme von der Innenluft auf 1 m² eines Bauteiles übertragen wird	Die Werte sind in der DIN 4108 vorgegeben: R_{si} = 13[1]
Widerstand gegen den Wärmefluss in der Wand	**Wärmedurchlasswiderstand**	R	gibt den Widerstand an, der in 1 Sekunde bei einem Temperaturunterschied von 1 K (1 °C) auftritt, wenn die Wärme durch 1 m² eines Bauteils mit einer bestimmten Dicke strömt	$R = \frac{\text{Baustoffdicke (in m)}}{\text{Wärmeleitzahl}^2}$ $R = \frac{s\ (m)}{\lambda}$
Widerstand der Luft gegen den Wärmefluss	**Wärmeübergangswiderstand außen**	R_{Se}	gibt den Widerstand an, der in 1 Sekunde bei einem Temperaturunterschied von 1 K (1 °C) auftritt, wenn die Wärme von 1 m² eines Bauteils an die Außenluft übertragen wird	Die Werte sind in der DIN 4108 vorgegeben: R_{Se} = 23[5]

[1] In den Ecken gelten andere Werte, doch bleiben diese für die Wärmedämmberechnungen ohne Berücksichtigung.

[2] Die Wärmeleitzahlen können der DIN 4108 „Wärmeschutz und Energie-Einsparung in Gebäuden“ oder dem BFS-Merkblatt 21 „Technische Richtlinien für die Planung und Verarbeitung von Warmedämm-Verbundsystemen“ oder den Technischen Merkblättern entnommen werden.

Wärmewiderstand	Physikalischer Begriff	Formelzeichen	Erklärung des Begriffs	Berechnungsformel
Zusammenfassung der gesamten Widerstände gegen die Wärmeübertragung	**Wärmedurchgangswiderstand (Wärmedämmwert)**	R_T	gibt die Summe der Einzelwiderstände an, die in 1 Sekunde auftreten, wenn die Wärme durch 1 m^2 eines Bauteils bei einer Temperaturdifferenz von 1 K (1 °C) strömt	$R_T = \frac{1}{\alpha_i + \Lambda + \alpha_a}$

Für den Wärmeschutz ist die Dicke der Bauteile und der Wärmedämmung von wesentlicher Bedeutung. Mit nur wenige Millimeter dicken Wärmdämmstoffen im Innenraum kann man keine vernünftige Wärmedämmung erreichen.

Wärmebrücken

Bei Bauten werden häufig Baustoffe mit unterschiedlicher Wärmedämmung nebeneinander verarbeitet, z. B. Ziegel neben Beton. Dadurch ist die Wärmedämmung an einigen Stellen geringer als an anderen Stellen. Diese Stellen bezeichnet man als Wärmebrücken (fälschlich oft auch als Kältebrücken).

Wärmebrücken sind Stellen an Decken, Wänden oder Böden mit im Vergleich zur angrenzenden Fläche geringerer Wärmedämmung.

Da an solchen Stellen auch die Wasserdampfdiffusion rascher erfolgt, kann sich hier Schmutz schneller ablagern. So können Wärmebrücken sichtbar werden.

Im Bereich der Wärmebrücken kondensiert die Luftfeuchtigkeit früher als an den angrenzenden Flächen. So können sich Pilze bilden.

Vollwärmeschutz

Der Begriff Vollwärmeschutz bezieht sich auf die zusätzliche Wärmedämmung von Wänden. Mit einem Vollwärmeschutz soll für die Wände eine optimale Wärmedämmung erreicht werden. Der Begriff ist nicht in den Normen enthalten. Allgemein will man mit dem Vollwärmeschutz für die Wände einen U-Wert erreichen, der unter der Forderung des Gebäudeenergiegesetzes von 0,24 W/m^2K liegt.

Um diese Wärmedämmung erreichen zu können, sind Berechnungen zu den erforderlichen Schichtdicken erforderlich.

Maler/-innen und Lackierer/-innen setzen für die Wärmedämmmaßnahmen sog. VWS-Systeme (Vollwärmeschutzsysteme) ein. Dabei handelt es sich um Komplettsysteme, die eine bauaufsichtliche Zulassung benötigen.

2.15.3 Berechnung der Wärmedämmung

Zur Berechnung der Wärmedämmung erforderliche Angaben:

- Wärmeleitzahlen der Baustoffe im Querschnitt der Wand
- Schichtdicken der Baustoffe im Querschnitt der Wand
- Wärmeübergangswiderstand innen: 0,13 m^2K/W
- Wärmeübergangswiderstand außen: 0,04 m^2K/W

Die Wärmeleitzahlen können der DIN 4108 „Wärmeschutz und Energie-Einsparung in Gebäuden" (oder dem BFS-Merkblatt 21 „Technische Richtlinien für die Planung und Verarbeitung von Wärmedämm-Verbundsystemen" oder den Technischen Merkblättern) entnommen werden. Die Schichtdicken der Wände werden gemessen oder den Plänen entnommen.

Beispiel: Wärmedämmberechnung

Schichtenfolge	Schichtdicke in m	Wärmeleitzahl in W/mK
Innenputz Kalkgipsmörtel	0,015	0,70
HLZ Kalksandstein, Rohdichte 1 800/kg/m^3	0,360	0,70
Außenputz Kalkzementputz	0,030	0,87

Der Wärmedurchlasswiderstand kann mit der Formel $\frac{\text{Baustoffdicke (in m)}}{\text{Wärmeleitzahl}}$ berechnet werden.

Berechnung:

Zeile	Schichtenfolge des Bauteils von innen nach außen	Dicke in m gemessen	Wärme-leitzahl in W/mK	Wärme-durchlass-widerstand in m^2K/W*
1	Innenputz Kalkgipsmörtel	0,015	0,70	0,021
2	+ Kalksandstein, Rohdichte 1800/kg/m^3	0,360	0,70	0,514
3	+ Außenputz Kalkzementputz	0,030	0,87	0,035
4	= R Gesamt-Wärmedurchlasswiderstand (Summen Zeilen 1–3)			0,570
5	+ R_{si} Wärmeübergangswiderstand innen (konstant)			0,13
6	+ R_{se} Wärmeübergangswiderstand außen (konstant)			0,04
7	= R_T Wärmedurchgangswiderstand $1/U$ (Summen Zeilen 4–6)			0,74
8	= U (Wärmedurchgangskoeffizient) $\frac{1}{1/U}$ (Kehrwert aus Zeile 7)			1,35 W/m^2K

*Berechnungsformel für den Wärmedurchlasswiderstand = Baustoffdicke in m/Wärmeleitzahl

Bewertung:

Die Wärmedämmung entspricht nicht den Mindestanforderungen des Gebäudeenergiegesetzes. Aus Kostengründen empfiehlt sich eine zusätzliche Wärmedämmung. Werden mehr als 10 % der Bauteilfläche verändert, muss entsprechend des Gebäudeenergiegesetzes eine zusätzliche Wärmedämmung erfolgen und damit der *U*-Wert auf max. 0,24 W/m²K reduziert werden.

Berechnung der erforderlichen Wärmedämmung:

Mit dem Vollwärmeschutz soll zurzeit ein *U*-Wert von unter 0,24 W/m²K erreicht werden. Dies entspricht einem Wärmedurchgangswiderstand von 4,17 m²K/W. Die Differenz zwischen diesem Wert und dem vorhandenen Wärmedurchgangswiderstand muss das Wärmeschutzsystem erbringen.

Erforderlicher Wärmedurchgangswiderstand *R* (Kehrwert von 0,35)	– vorhandener Wärmedurchgangswiderstand *R*	= Wärmedurchgangswiderstand *R* der Dämmung
4,17 m²K/W	– 0,74 m²K/W	= 3,43 m²K/W

Wärmedurchgangswiderstand der Dämmung *R*	· Wärmeleitzahl der Dämmplatten	= Mindest-Schichtdicke der Dämmung in m
3,43 m²K/W	· 0,04 W/mK	= 0,14 m

Die Polystyrol-Hartschaumplatten müssten mindestens 14 cm dick sein. Kleber, Armierungsschicht, Kunststoffputz und evtl. Beschichtungen bleiben unberücksichtigt und erhöhen die Wärmedämmung zusätzlich.

Berechnung des s_d-Werts

Bei einer nachträglich durchgeführten Wärmedämmung ist möglicherweise die Diffusion des im Gebäude einwirkenden Wasserdampfs behindert. Wichtig ist, dass der Wasserdampf, der im Inneren des Hauses entsteht und in die Wand einströmt, außen ungehindert entweichen kann. Dies kann man mit der s_d-Wert-Berechnung überprüfen. Dabei muss der größte Widerstand im Wandbildner liegen, z. B. im Ziegel oder Beton.

Formel: s_d = Diffusionswiderstandsfaktor (μ) · Dicke (s) in Meter

---

DIN EN 13187 „Wärmetechnisches Verhalten von Gebäuden – Nachweis von Wärmebrücken in Gebäudehüllen – Infrarot-Verfahren“

DIN EN ISO 10211 „Wärmebrücken im Hochbau – Wärmeströme und Oberflächentemperaturen – Detaillierte Berechnungen“

Beispiel entsprechend der vorherigen Berechnung

Schichtenfolge	Schichtdicke in m	Diffusionswiderstandsfaktor Wasser	s_d-Wert
Innenputz Kalkgipsmörtel	0,015	10	0,15
HLZ Kalksandstein, Rohdichte 1 800/kg/m^3	0,360	15	5,40
Außenputz Kalkzementputz	0,030	15	0,45
Polystyrol-Hartschaum	0,10	20	2,00

Armierungsputz und Beschichtung bleiben bei diesem Beispiel unberücksichtigt. Diese beiden Werkstoffe können das Ergebnis wegen ihrer geringen Schichtdicken nicht wesentlich beeinflussen.

Bei der Bewertung ist darauf zu achten, an welchen Stellen der größere Widerstand liegt. In diesem Beispiel liegt er in der Wand und ist somit unproblematisch. Würde der größte Widerstand in der Dämmung oder in der Beschichtung liegen, wären Schäden durch den Wasserdampfdruck möglich.

2.15.4 Vergleich Innen- und Außendämmung

Grundsätzlich kann die Wärmedämmung innen oder außen erfolgen. Die innenseitige Wärmedämmung kann aber problematisch sein, weil hier der Taupunkt weiter nach innen verlagert wird und die Wand feuchter wird. Dadurch können sich im Innenraum an den Wänden Pilze bilden.

Eigenschaften der Innen- und der Außendämmung

Eigenschaften der Innendämmung	Eigenschaften der Außendämmung
Bei einer innenseitigen Wärmedämmung lassen sich die Räume schneller aufheizen, kühlen aber nach Reduzierung der Heizleistung auch wieder schneller ab. Auch für einzelne Räume oder Wände sind Dämmmaßnahmen möglich. Aufgrund der geringen möglichen Dämmdicken bleibt die Wärmedämmwirkung in aller Regel zu gering. Bei der Innendämmung verschiebt sich der Taupunkt in die Wand, d. h., die Wand kann nass werden. Dies begünstigt Pilzbefall.	Bei einer außenseitigen Wärmedämmung wirken die Wände als Wärmespeicher und gleichen damit Temperaturschwankungen der Räume aus. Die Wände sind vor großen Temperaturschwankungen geschützt; damit nimmt die Gefahr der Rissbildung ab. Bei einer außenseitigen Wärmedämmung lassen sich Wärmebrücken weitgehend vermeiden. Die Dämmarbeiten lassen sich auch nach Bezug der Wohnungen in praktisch jeder Schichtdicke ohne große Probleme durchführen. Bei der Außendämmung verschiebt sich der Taupunkt nach außen, d. h., die Wand bleibt trocken.

Temperaturverlauf in der Wand ohne und mit nachträglicher Wärmedämmung

ohne Dämmung

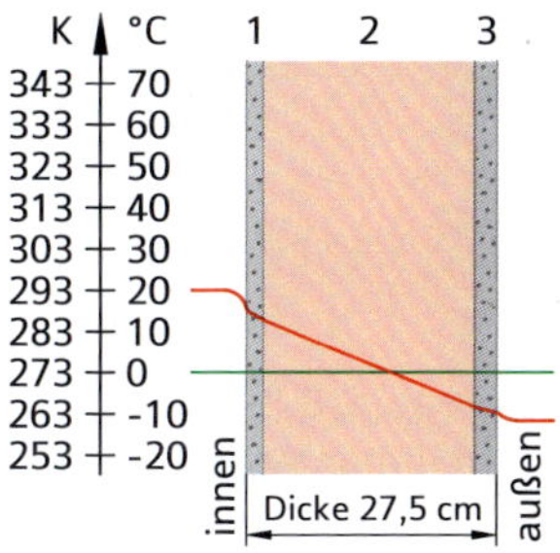

1 = Innenputz
2 = Hochlochziegel
3 = Außenputz

mit Innendämmung

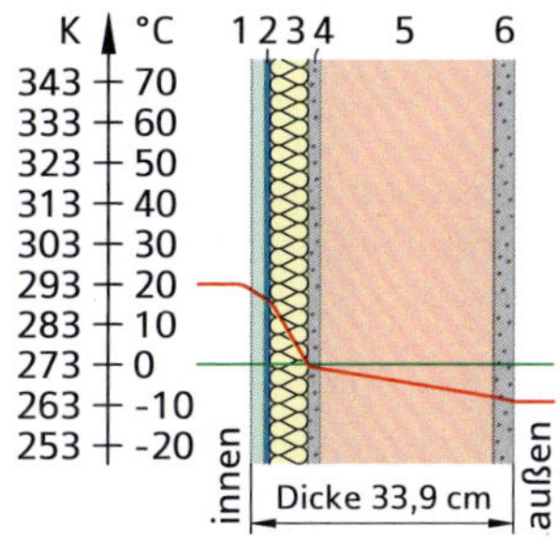

1 = Gipskartonplatte
2 = Alufolie als Dampfsperre
3 = Wärmedämmplatten
4 = Innenputz
5 = Hochlochziegel
6 = Außenputz

mit Außendämmung

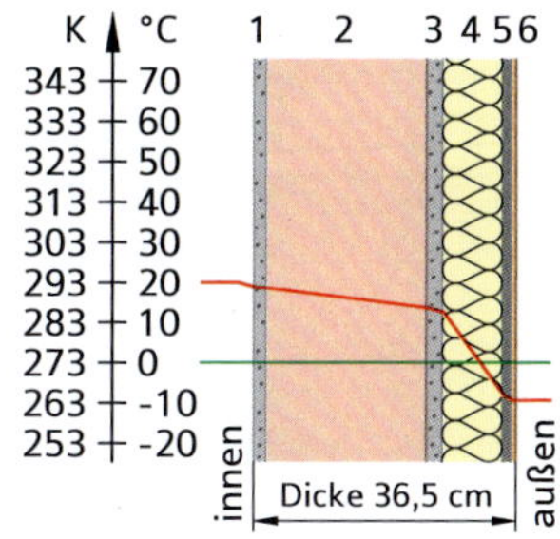

1 = Innenputz
2 = Hochlochziegel
3 = Außenputz
4 = Wärmedämmplatten
5 = Armierung
6 = Oberputz

- Die rote Linie in den Grafiken zeigt den Temperaturverlauf im Winter an.
- Bei der ungedämmten Wand fällt die Temperatur im Mauerwerk gleichmäßig ab. Kondenswasser kann sich im äußeren Bereich des Mauerwerks bilden.
- Bei der außen gedämmten Wand fällt die Temperatur erst in der Außendämmung stark ab. Kondenswasser kann sich erst in der Außendämmung bilden.
- Bei der innen gedämmten Wand fällt die Temperatur bereits in der Innendämmung stark ab. Kondenswasser kann sich in der gesamten Außenwand bilden.
- Da bei der Innendämmung der Taupunkt nach innen verschoben wird, ist eine Innendämmung nur sinnvoll, wenn gleichzeitig innen eine Dampfsperre angebracht wird.

In der Regel lassen sich nur außen die vom Gebäudeenergiegesetz geforderten Dämmschichtdicken verwirklichen.

2.16 Akustik

Akustik ist die Lehre vom Schall. Schall wird von einem schwingenden Körper erzeugt. Die erzeugten Schwingungen pflanzen sich in Wellen fort.

Die Anzahl der Schwingungen in der Sekunde bezeichnet man als Frequenz.

$$\text{Frequenz } (f) = \frac{\text{Anzahl der Schwingungen}}{\text{Sekunde}}$$

Maßeinheit für die Frequenz ist das Hertz (Abk. Hz). 1 Hz = 1 Schwingung pro Sekunde. Mit der Schwingungszahl je Sekunde erhöht sich der Ton.

Man unterscheidet folgende Frequenzbereiche:
- unter 16 Hz: Infraschall
- 16–20000 Hz: Hörbereich des Menschen
- über 20000 Hz: Ultraschall

Nach dem Ausbreitungsmedium unterscheidet man:
- Luftschall: Die Schallwellen breiten sich in der Luft aus.
- Körperschall: Die Schallwellen breiten sich in Körpern aus, z. B. in den Bauteilen eines Gebäudes.

Beim Trittschall wird auf dem Fußboden ein Körperschall angeregt, z. B. beim Gehen, Möbelrücken usw. Der Körperschall wird dann als Luftschall in die anderen, besonders die darunterliegenden Räume abgeben.

2.16.1 Schalldruck

Die Stärke des Schalls wird als Schalldruck ermittelt, da die Schallschwingungen in der Luft als Druckschwankungen messbar sind. Die Größe des Schalldrucks wird in Dezibel (Abk. dB) angegeben.

Das menschliche Ohr ist im unteren Tonbereich unempfindlicher als im höheren Bereich. Um die Messergebnisse des Schalls der Empfindung des menschlichen Ohrs anzugleichen, baut man für die Messung spezielle Filter ein. Man spricht dann von der A-Bewertung. Das Ergebnis wird in dB(A) angegeben.

Stärke des Schalls in Beispielen

Lärmstufe	Phon dB(A)	Beispiele	Empfindung
0	20	ruhiges Zimmer nachts	sehr leise
1	40	nahes Flüstern	ziemlich leise
	50	Unterhaltungssprache	leise
	60	Bürogeräusch	mäßig laut
2	70	lautes Radio	laut
	80	starker Verkehr	sehr laut
	90	Signalhorn eines Autos	ungemein laut
3	100	Presslufthammer	störend laut
	110	Martinshorn	erschreckend laut
4	> 120	Düsentriebwerk	unerträglich laut

Bei länger einwirkendem Lärm der Stufe 2 und höher können gesundheitliche Schädigungen auftreten.

Beispiele:

- Nervöse Störungen
- Schlafstörungen
- Gehörschäden
- Kreislaufstörungen
- Störungen der Herztätigkeit
- Störungen der Hirnströme
- Magengeschwüre

2.16.2 Lärm

Lärm sind im Sinne der „Technischen Anleitung zum Schutz gegen Lärm" (TA-Lärm) Geräuschimmissionen, die nach Art, Ausmaß oder Dauer geeignet sind, Gefahren, erhebliche Nachteile oder erhebliche Belästigungen für die Allgemeinheit oder die Nachbarschaft herbeizuführen.

Um die Lärmentwicklung auf einen Rahmen zu begrenzen, der den Zielsetzungen des Bundes-Immissionsschutzes entspricht, wurden in der „Verordnung zur Durchführung des Bundes-Immissionsschutzgesetzes (BImSchV)" und der TA-Lärm Immissionsrichtwerte festgelegt, die sich nach der baulichen Nutzung der Umgebung richten.

Zulässige Grenzwerte, außen, entsprechend DIN 18005 und TA-Lärm

Gebietstyp	DIN 18005		TA-Lärm Schallschutz im Städtebau	
	Tags in dB(A)	Nachts in dB(A)	Tags in dB(A)	Nachts in dB(A)
Krankenhäuser, Kurgebiete, Alten- und Pflegeheime	k. A.	k. A.	45	35
reine Wohngebiete	50	35	50	35
allgemeine Wohngebiete	55	40	55	40
Dorf- und Mischgebiete	60	45	60	45
Kerngebiete	65	50	60	45
Gewerbegebiete	65	50	65	50
Industriegebiete	k. A.	k. A.	70	70

k. A. = keine Angabe. Die Tageszeit beginnt um 6:00 Uhr und endet um 22:00 Uhr.

DIN 18005 „Schallschutz im Städtebau"
BImSch Bundes-Immissionsschutzgesetz
BImSchV Verordnung zur Durchführung des Bundes-Immissionsschutzgesetzes

Gesundheitsschutz

Entsprechend der Gefährdungs- und Belastungsanalyse sind beim Lärmschutz drei Bereiche zu unterscheiden:

Lärmschutz

technischer Lärmschutz	organisatorischer Lärmschutz	persönlicher Gehörschutz
– lärmreduzierte Maschinen – Kapselung des Lärms – Schalldämmung	– laute und leise Arbeitsplätze trennen – Lärmpausen an lärmintensiven Arbeitsplätzen vorsehen	– Gehörschutzkapseln tragen – Gehörschutzstöpsel tragen

Entsprechend der Unfallverhütungsvorschrift (UVV) dürfen Mitarbeiter/-innen täglich nur für beschränkte Zeit Lärm ausgesetzt werden.

Maximal zulässige tägliche Einwirkung

Lautstärke in dB(A)	Zulässige tägliche Einwirkdauer
85	8 Stunden
88	4 Stunden
91	2 Stunden
94	1 Stunde
97	30 Minuten
100	15 Minuten
103	7,5 Minuten
107	3,8 Minuten

2.16.3 Schallschutz

Durch fortwährende Mechanisierung und Motorisierung ist die Belastung der Menschen durch Lärm vielfach über die zumutbare Grenze angestiegen. Schallschutzmaßnahmen können und müssen vielfach Abhilfe schaffen.

Schallschutz bezeichnet Maßnahmen, die eine Schallübertragung von der Schallquelle zum Empfänger verhindern bzw. mindern. Das Grundproblem ist die Beseitigung der Lärmursache. Vorhandener Lärm kann nur noch an seiner Ausbreitung gehindert werden.

2.16.3.1 Schalldämmung

Die Ausbreitung von Schall lässt sich durch Trennwände verhindern. Diese Maßnahme bezeichnet man als Schalldämmung.

Die Dämmwirkung nimmt mit der Dicke und dem Gewicht der Trennwände zu. Dicke, schwere Wände dämmen den Schall besser als dünne, leichte Trennwände.

2.16.3.2 Schalldämpfung

Maler/-innen und Lackierer/-innen können kann in der Regel nur schalldämpfend den Lärm mindern und die Akustik fördern.

Die Schallabsorption bestimmt, ob ein Raum „hallig" wirkt und wie laut eine Geräuschquelle erscheint.

$$\text{Schallabsorptionsgrad } (\alpha_s) = \frac{\text{nicht reflektierende Schallenergie}}{\text{auftreffende Schallenergie}}$$

Die Schallabsorption verschiedener Stoffe wirkt sich bei unterschiedlichen Frequenzen verschieden aus.

Übersicht über mögliche Schallabsorber

Schallabsorber	Mögliche Ausführung	Vorwiegend verminderte Frequenzen	Baustoff-Beispiele
Plattenabsorber	elastisch abgehängte Platten mit geschlossener Oberfläche	niedrige Frequenzen	Gipskartonplatten, Holzverkleidungen
Lochabsorber	elastisch abgehängte Platten mit gelochter oder geschlitzter Oberfläche	mittlere Frequenzen	gelochte und geschlitzte Gipskartonplatten, schwere Polstermöbel
poröse Absorber	elastisch abgehängte Platten oder direkt aufgebrachte Stoffe mit poröser Oberfläche	hohe Frequenzen	Weichfaserlochplatten, Holzwolle-Leichtbauplatten, Mineralwolleplatten, Schaumstoff-Akustikplatten, Teppiche, Vorhänge, Personen

DIN 4109 „Schallschutz im Hochbau"
VDI 2720 Blatt 2 „Schallschutz durch Abschirmung in Räumen"

2.17 Optik

Optik ist die Lehre vom Licht. Sie umfasst Wesen, Entstehung, Ausbreitung und Wechselwirkung des Lichts.

Licht ist die vom Auge wahrgenommene elektromagnetische Strahlung. Diese breitet sich in Wellen nach allen Seiten aus. Nur ein kleiner Teil der elektromagnetischen Wellen wird vom Auge als Licht wahrgenommen. Für das menschliche Auge sind nur Strahlen mit Wellenlängen zwischen 380 Nanometer und 780 Nanometer sichtbar (1 Nanometer = 1 nm = 0,000000001 m).

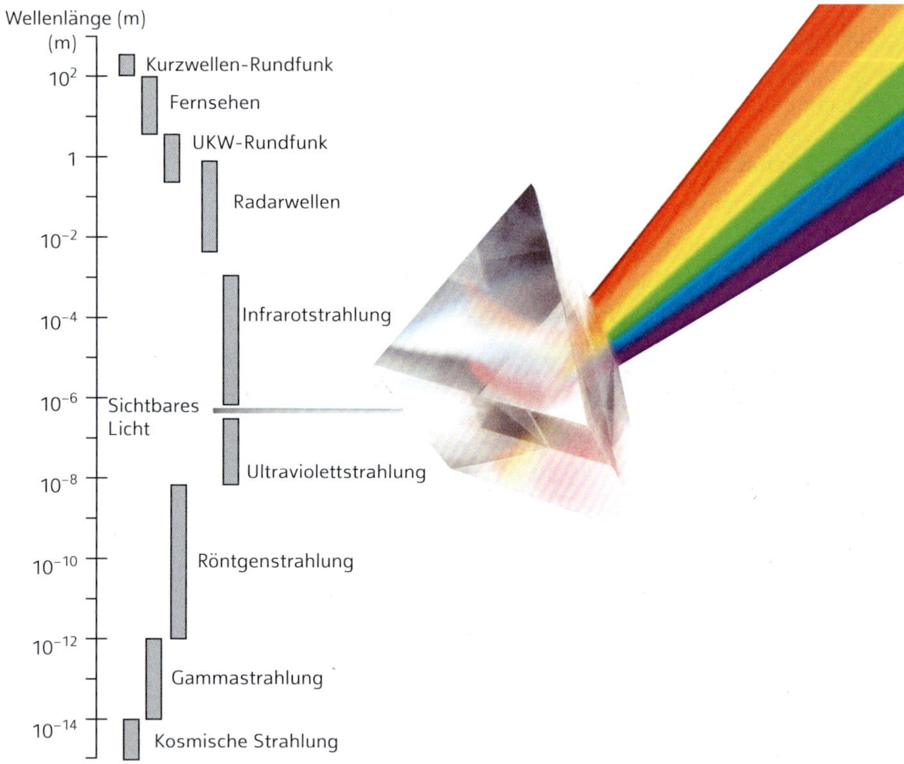

Ein Spektrum (= Licht, das die gesamte Strahlung zwischen 380 nm und 780 nm enthält und weiß erscheint) lässt sich mit einem Prisma[1] in die Spektralfarben Rot, Orange, Gelb, Grün, Blau, Indigo und Violett zerlegen.

[1] In der Optik versteht man unter dem Prisma einen lichtdurchlässigen, keilförmigen Körper. Abhängig von seiner Geometrie, dem Material sowie Art und Winkel des einfallenden Lichts treten in einem Prisma verschiedene optische Effekte auf. Der bekannteste Effekt ist die Aufspaltung weißen Lichts in seine farbigen Bestandteile: Wird ein dreiseitiges Glasprisma in die Bahn eines Lichtstrahls gebracht, wird dieser so gebrochen, dass an anderer Stelle das farbige Spektrum sichtbar wird.

Dabei wird Strahlung verschiedener Wellenlänge unterschiedlich gebrochen: die kurzwellige, violett erscheinende Strahlung am stärksten, die langwellige, rot erscheinende Strahlung an schwächsten. Zwischen diesen beiden Bereichen liegen die blauen, grünen, gelben und orangen Farben.

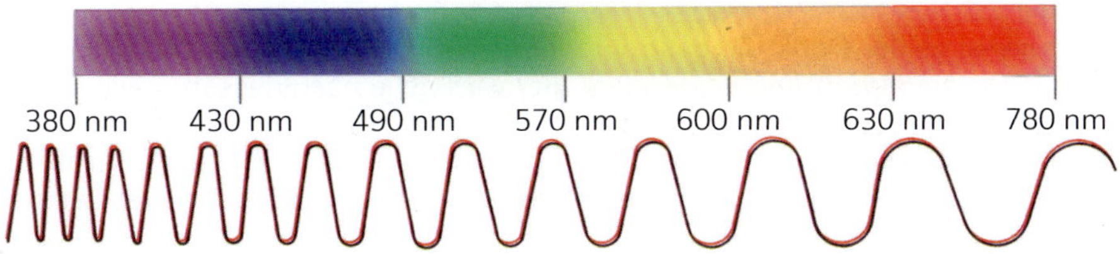

Die Gesamtheit der elektromagnetischen Strahlung wird allgemein als weiß empfunden. Strahlung in spezifischen Wellenlängen wird in den entsprechenden Farben gesehen.

Absorption[1]

Gegenstände werden erst sichtbar, wenn Licht darauf fällt. Werden mehr als 95 % des auftreffenden Lichts von einem Körper absorbiert (= verschluckt), erscheint er schwarz.

Die Oberflächen erscheinen im Farbton des reflektierten Lichts, wenn ein Teil des Lichts absorbiert wird.

Mikronisierte Eisenoxide absorbieren in Lasuren die kurzwelligeren UV-Strahlen und setzen sie in Wärme um. Dadurch wird Holz vor den besonders energiereichen UV-Strahlen geschützt.

Reflexion

Die Reflexion ist das Zurückwerfen von Wellen, darunter auch elektromagnetischer Wellen wie Licht. Alle nicht von selbst leuchtenden Gegenstände sind nur deshalb sichtbar, weil sie das auftreffende Licht reflektieren. Wird das Licht nicht reflektiert, weil der Stoff oder das Material lichtdurchlässig ist, spricht man von Transmission.

Die Art der Reflexion ist abhängig von der molekularen Zusammensetzung der Oberfläche des Gegenstands. Ist die Fläche besonders glatt, so erscheint sie hochglänzend. Es handelt sich dann um eine gerichtete Reflexion. Ist die molekulare Zusammensetzung der Oberfläche rau oder porös, so erscheint sie durch die diffuse Reflexion matt bis seidenmatt.

Die molekulare Struktur bestimmt nicht nur den Glanzgrad einer Oberfläche, sondern auch ihre Farbigkeit. Werden über 98 % des Lichts reflektiert, erscheint die Fläche weiß. Wird aber das Licht in gleicher Größenordnung absorbiert, so wird die Oberfläche in Schwarz sichtbar. Bunt erscheint die Oberfläche, wenn nur bestimmte Wellenlängen des sichtbaren Lichts reflektiert werden. Eine Fläche erscheint rot, wenn sie nur die roten Lichtwellen reflektiert und alle anderen Frequenzen absorbiert.

[1] lat. *absorbere* = aufsaugen, aufnehmen, verschlucken

Transmission
Dringen Lichtwellen ohne Absorption durch einen Körper hindurch, erscheint er durchsichtig wie Fensterglas. Werden bestimmte Wellenbereiche absorbiert, erscheint der Untergrund wie durch farbiges Glas betrachtet.

Remission
Remission ist in der Optik die gestreute, diffuse Rückstrahlung. Licht kann nur in nichtmetallische Materialien eindringen. Hier wird es je nach dessen molekularem Gefüge umgelenkt und dann diffus zurückgeworfen, also remittiert. Der Rest der Lichtwellen wird absorbiert. Werden nur bestimmte Wellenlängen des Lichts absorbiert und andere reflektiert, erscheint die Oberfläche in einem bestimmten Farbton.

Lumineszenz
Lumineszenz ist der Oberbegriff für Fluoreszenz und Phosphoreszenz. Bei der Lumineszenz entsteht Licht ohne Wärmeenergie. Ein Elektron im Grundzustand absorbiert Energie und wird dadurch innerhalb seines Atoms oder Moleküls auf ein höheres Energieniveau angehoben. Fällt das angeregte Elektron in seinen Grundzustand zurück, wird die ursprünglich aufgenommene Energie als Licht abgestrahlt.

Fluoreszenz
Fluoreszenz verwandelt eigentlich unsichtbare kurzwellige Strahlung in längerwellige sichtbare Lichtstrahlung. Dies ermöglicht den bekannten Effekt der optischen Aufheller, durch die Papier und Wäsche weißer werden, oder der Tagesleuchtfarben.

Phosphoreszenz
Bei der Phosphoreszenz erfolgt die Remission des Lichts mit einer zeitlichen Verzögerung. Wird eine phosphoreszierende Verbindung z. B. mit UV-Licht oder Röntgenstrahlung bestrahlt, gelangen Elektronen auf höhere Energieniveaus. Mit Verzögerung kehren sie auf ihre ursprünglichen Energieniveaus zurück, wobei Energie in Form von Licht meist größerer Wellenlänge als der des ursprünglichen Lichts freigesetzt wird. Im Gegensatz zur Fluoreszenz kann Phosphoreszenz bis zu Monaten andauern.

Refraktion (Lichtbrechung)
Refraktion ist die Brechung von Wellen an der Grenzfläche zweier Medien. Verlässt ein Lichtstrahl einen optisch dünnen Stoff, z. B. Luft, um in einen optisch dichteren, z. B. Wasser oder auch ein Bindemittel, einzudringen, so verändert sich seine Richtung. Das Licht wird gebrochen.

Das Brechungsverhältnis für den Übergang der Strahlung des sichtbaren Wellenlängenbereichs aus dem Vakuum in einen Stoff wird in der Brechungszahl (Brechungsindex) ausgedrückt.

$$\text{Brechungsindex } (n) = \frac{\text{Lichtgeschwindigkeit im Vakuum}}{\text{Lichtgeschwindigkeit im Stoff}}$$

Brechungszahlen in Beispielen

Stoff	Brechungszahl[1]
Luft	1
Wasser	1,33
Leinöl	1,49
Kreide	1,51
Quarz	1,54
Zinkweiß	2,3
Zinksulfid	2,4
Titandioxid	2,8

Ein Beschichtungsstoff deckt umso besser, je größer der Brechungszahlunterschied zwischen Bindemittel und Pigment ist.

So deckt z. B. Kreide in öligen Bindemitteln sehr schlecht, weil Pigment und Bindemittel fast die gleiche Brechungszahl besitzen. Titandioxid dagegen deckt in allen Bindemitteln sehr gut, weil die Brechungszahlen von Pigment und Bindemittel erheblich voneinander abweichen.

Der Unterschied der Lichtbrechungszahlen zweier Stoffe wird als relativer Brechungsindex (n_{rel}) angegeben.

$$\text{Relativer Brechungsindex } (n_{rel}) = \frac{\text{Brechungsindex Pigment } (n_p)}{\text{Brechungsindex Bindemittel } (n_b)}$$

2.17.1 Lichtstrahlung als Energieform

Absorbiert ein Untergrund Lichtwellen, so erwärmt er sich gleichzeitig. Die Lichtstrahlung wird in Wärme umgewandelt. Besonders dunkle Beschichtungen können sich dadurch enorm aufheizen. Dadurch sind Risse an der Beschichtung und im Untergrund möglich. In der DIN 55699 „Anwendung und Verarbeitung von außenseitigen Wärmedämm-Verbundsystemen (WDVS) mit Dämmstoffen aus ex-

[1] Bei den Bindemitteln und Pigmenten können die angegebenen Brechungszahlen nur Näherungswerte sein. Je nach Herstellung und Nachbehandlung sind Abweichungen möglich.

DIN 55699	„Anwendung und Verarbeitung von außenseitigen Wärmedämm-Verbundsystemen (WDVS) mit Dämmstoffen aus expandiertem Polystyrol-Hartschaum (EPS) oder Mineralwolle (MW)“
BFS-Merkblatt Nr. 18	„Beschichtungen auf Holz und Holzwerkstoffen im Außenbereich“
BFS-Merkblatt Nr. 21	„Technische Richtlinien für die Planung und Verarbeitung von Wärmedämm-Verbundsystemen“

pandiertem Polystyrol-Hartschaum (EPS) oder Mineralwolle (MW)“ und im BFS-Merkblatt Nr. 21 „Technische Richtlinien für die Planung und Verarbeitung von Wärmedämm-Verbundsystemen“ wird ein Hellbezugswert über 20 % gefordert.

Erhöhte Temperaturen im Holz fördern den Harzausfluss. Der Erweichungspunkt von Kiefernharz liegt bei 333 K (60 °C). Daneben sind Risse im Holz und Schäden in der Verleimung möglich. Bei dunklen Fensteranstrichen sind Beschichtung, Verleimung und Verglasung besonderen Belastungen ausgesetzt.

Bei deckenden Beschichtungen gemessene Oberflächentemperaturen

RAL-Farbton-Nr.	Farbton-Bezeichnung	Tönung	Oberflächentemperatur	
			in K	in °C
9001	Cremeweiß	hell getönt	313–323	40–50
1004	Goldgelb			
1015	Hellelfenbein			
2002	Blutorange	mittel getönt	323–338	50–65
2010	Signalorange			
3000	Feuerrot			
3003	Rubinrot	dunkel getönt	338–353	65–80
5007	Brillantblau			
5010	Enzianblau			
6001	Smaragdgrün			
7001	Silbergrau			
7011	Eisengrau			
7031	Blaugrau			
8003	Lehmbraun			
9005	Tiefschwarz			

Bei Lasuranstrichen gemessene Oberflächentemperaturen

Farbton der Lasur	Tönung	Oberflächentemperatur	
		in K	in °C
Natur	hell getönt	323–333	50–60
Hellbraun			
Eiche			

Farbton der Lasur	Tönung	Oberflächentemperatur	
		in K	in °C
Eiche dunkel	mittel getönt	333–343	60–70
Mittelbraun			
Teak			
Nussbaum	dunkel getönt	343–353	70–80
Palisander			
Ebenholz			

Die Farbtöne der verschiedenen Hersteller tragen sehr unterschiedliche Bezeichnungen und sind untereinander kaum vergleichbar. Da für die Musterkarten spezielle Hölzer verwendet werden oder gar ein Druck den Farbton vermitteln soll, gibt es in der Praxis große Farbtonabweichungen. Im Zweifelsfall empfiehlt sich ein Musteranstrich.

UV-Strahlung

Die UV-Strahlung ist in großem Maß für die Alterung, Versprödung und Zerstörung von Beschichtungen verantwortlich. Beim Holz zerstören die UV-Strahlen das Lignin. Das Holz vergraut. Der Schutz des Holzes vor den schädlichen UV-Strahlen ist mit deckenden Beschichtungen möglich.

Lasuren müssen zum Schutz eine ausreichende Menge Pigmente enthalten. Ein guter UV-Schutz lässt sich nur mit einer ausreichenden Schichtdicke erreichen. Farblose Lacke und helle Lasuren können das Holz nicht vor UV-Strahlen schützen. Die Vergrauung der Holzoberfläche und abplatzende Lasuren sind die Folge.

Die UV-Stahlen können organische Bindemittel zerstören, die Beschichtung kreidet dann. Nicht lichtbeständige Pigmente verändern durch die Einwirkung von UV-Strahlen ihren Farbton.

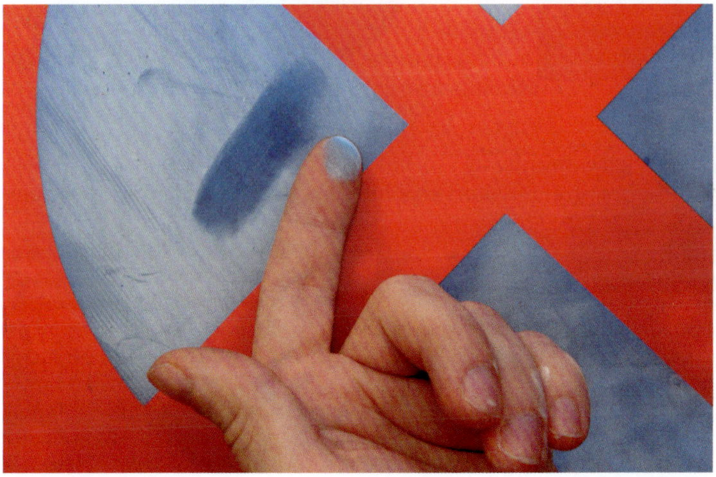

Durch UV-Strahlen wurde die Oberfläche der Beschichtung zerstört und kreidet nun.

2.17.2 Farbmischungen

Additive Farbmischung (Lichtmischung)
Wie sich ein Spektrum (= Licht, das alle sichtbare Strahlung enthält) in die Spektralfarben zerlegen lässt, lassen sich diese Farben auch wieder zu weißem Licht addieren. Man spricht hier von additiver Farbmischung. Die additive Farbmischung beginnt bei Schwarz und endet bei Weiß. Die Grundfarben der additiven Farbmischung sind Grün, Orange und Violett.

Die Darstellung der additiven Farbmischung ist mit Lichtquellen möglich. Bei drei Lichtquellen wird jeweils ein Farbfilter mit einer der additiven Grundfarben verwendet. Schaltet man zwei Lichtquellen gleichzeitig ein, so entstehen in der Überschneidung der Lichtkegel durch farbige Lichtmischung neue Farbtöne:
- Grün und Rot = Gelb
- Grün und Blau = Cyanblau
- Blau und Rot = Magenta

Werden alle drei Lichtquellen gleichzeitig eingeschaltet, so entsteht in der Überschneidung der drei Lichtkegel Weiß.

Die additive Farbmischung wird besonders in Theatern usw. mit farbigen Scheinwerfern oder im Farbfernsehen genutzt.

Additive Farbmischung mit Licht

Subtraktive Farbmischung mit Pigmenten

Subtraktive Farbmischung (Pigmentmischung)
Die Farbwirkung von Beschichtungen wird von Pigmenten, zum geringen Teil auch von Farbstoffen verursacht. Die Farbmittel absorbieren je nach ihrem farblichen Aussehen die Strahlung in den einzelnen Wellenbereichen unterschiedlich stark. Die Grundfarben der subtraktiven Mischung sind Gelb, Cyanblau und Magentarot.

Die subtraktive Farbmischung lässt sich mit Lasurfarben auf weißem Untergrund darstellen. Durch das Übereinanderlegen der Lasurfarbtöne werden zusätzliche Lichtwellen absorbiert (subtrahiert), so entstehen neue Farbtöne:
- Gelb und Cyanblau = Grün
- Gelb und Magentarot = Orangerot
- Magentarot und Cyanblau = Violettblau

2.17.3 Farbordnungen

Schon die Philosophen der Antike, z. B. Aristoteles, stellten Überlegungen zu Farben, Farbmischungen und möglichen Systematisierungen an. Später versuchte Leonardo da Vinci die Farben zu ordnen. Er erkannte wohl als Erster den Unterschied von primären Grundfarben und sekundären Farben, die aus primären mischbar sind.

Das erste Farbsystem, das diese Bezeichnung tatsächlich verdient, stammt vermutlich aus dem frühen 17. Jahrhundert von dem nordischen Astronomen Aron Sigfrid Forsius. Er entwickelte ausgehend von einem Farbenkreis aus 16 Farben eine Figur, die dreidimensional interpretierbar ist und Farbverläufe nach Weiß und Schwarz enthält. Forsius versuchte, Weiß, Grau, Schwarz und Braun in den zugrunde liegenden, zweidimensionalen Farbenkreis mit einzubeziehen.

Ungefähr zur gleichen Zeit entwickelte der belgische Jesuitenpater Franciscus Aguilonius ein sehr interessantes Farbsystem, an dessen Entwicklung mit hoher Wahrscheinlichkeit auch der berühmte Maler Peter Paul Rubens beteiligt war.

Entsprechend dem Wunsch, Farben systematisch zu erfassen und zu ordnen, wurde in der Folge eine Reihe von Farbordnungssystemen entwickelt. Nur einige können nachfolgend aufgezeigt werden.

Zum Verständnis der Farbordnungssysteme sind einige Fachbegriffe erforderlich.

2.17.3.1 Begriffe zu den Farbtönen

Farbton
Der Farbton kennzeichnet einen im Auge erzeugten Farbeindruck. Der Farbton bezeichnet die Nuancierung oder Abstufung einer Farbe – im Gegensatz zum Buntton, der die Stellung und den Ort innerhalb eines Farbsystems, z. B. eines Farbkreises oder Farbraums, bestimmt.

Farbtonbezeichnungen
Die Farbnamen Gelb, Rot, Grün, Blau, Weiß und Schwarz beinhalten eine riesige Anzahl von Farbtonnuancen. Zusammengesetzte Farbnamen, z. B. Gelbgrün usw., beschreiben einen Farbton genauer. Bezeichnungen wie Kupferbraun, Moosgrau, Bordeauxviolett usw. sind zur Charakterisierung eines Farbtons ungeeignet. Bei umfangreicheren Farbordnungssystemen kennzeichnet man die Farbtöne mit Buchstaben und Nummern, die immer nur für ein bestimmtes System zutreffen.

Buntheit
Die Buntheit, wie der Gelb-, Rot- und Blauanteil, ist das hervorstechendste Merkmal für die Beschreibung einer Farbe. Gemeinsam mit der Helligkeit und der Sättigung legt der Buntton die Kriterien einer Farbe fest. Jeder Farbfamilie oder -ebene liegt als Ursprungsfarbe der Buntton zugrunde, der durch Beimischung von Weiß, Schwarz oder einer anderen Farbe aufgehellt, gedunkelt oder verhüllt wird.

Sättigung
Die Sättigung einer Farbe gibt an, wie stark die ursprünglich kräftige Spektralfarbe in einer Farbe enthalten ist, und gibt so den Grad der Buntheit an. Je farbiger ein

Farbton ist, umso gesättigter ist er. Schwarz, Weiß und Grau als unbunte Farben haben keine Sättigung. Die Sättigung definiert gemeinsam mit Helligkeit und Buntton die Farbe.

Helligkeit
Die Helligkeit eines Farbtons gibt die Gesamtmenge des Lichts an, die von einer Oberflache reflektiert wird. Selbst reine Farben wie Gelb, Rot, Grün und Blau unterscheiden sich in der Helligkeit stark. Die Helligkeit der Farbtöne wird als Hellbezugswert angegeben.

Zur Ermittlung des Hellbezugswerts wird die Graureihe verwendet. Die Graureihe ist eine Abstufung von Schwarz über empfindungsgemäß gleiche Grauwerte bis zu Weiß. Die einzelnen Stufen sind mit Zahlen gekennzeichnet, die den Hellbezugswert (HBW) in Prozent angeben.

Der HBW ist der Reflexionsgrad eines bestimmten Farbtons zwischen Schwarz = 0 und Weiß = 100. Der Hellbezugswert gibt an, wie weit der betreffende Farbton vom Schwarz- oder Weißpunkt in seiner Helligkeit entfernt ist. So sagt ein Hellbezugswert von 85 für einen gelblichen Farbton aus, dass dieser sehr hell sein muss. Andererseits ist ein brauner Farbton mit einem HBW von 15 sehr dunkel, während sich ein Farbton mit einem HBW von 52 im mittleren Bereich bewegt.

Der TSR-Wert steht für „Total Solar Reflectance“. Er gibt an, wie viel Solarstrahlung reflektiert werden kann, und damit auch, wie warm oder kalt eine Oberfläche werden kann. Der Farbton Schwarz absorbiert am meisten Strahlungsenergie, wird also auch am wärmsten und zeigt den höchsten TSR-Wert.

Neben den Farbtönen von Beschichtungen auf Holz und thermoplastischen Kunststoffen müssen die Farbtöne für die Schlussbeschichtung von wärmegedämmten Fassaden kritisch gesehen werden. So muss der Hellbezugswert der vorgesehenen Schlussbeschichtung auf Wärmedämmverbundsystemen nach DIN 55699 geprüft werden. Ist der Wert größer als 20, wird die thermische Belastung an der Fassade nicht als kritisch angesehen und es ist keine weitere Prüfung notwendig.

Ist der Hellbezugswert geringer als 20, muss auch der TSR-Wert geprüft werden. Er muss größer als 25 sein. Den TSR-Wert gibt der Hersteller der verwendeten Produkte an. Der Hersteller ist auch in der Lage, den TSR-Wert einer Beschichtung durch die Auswahl geeigneter Pigmente zu beeinflussen.

Primärfarben (Grundfarben)
Primärfarben werden auch Erst- oder Grundfarben genannt. Es sind die Farbtöne, die nicht durch Mischung erzeugt werden können. Bei der additiven Farbmischung sind das Grün, Orangerot und Violettblau, bei der subtraktiven Farbmischung entsprechend der physikalisch-mathematischen Auslegung Magenta, Cyan und Gelb, jedoch nach dem gebräuchlichen Farbkreis Gelb, Rot und Blau.

[1] DIN 55699 „Anwendung und Verarbeitung von außenseitigen Wärmedämm-Verbundsystemen (WDVS) mit Dämmstoffen aus expandiertem Polystyrol-Hartschaum (EPS) oder Mineralwolle (MW)“

Sekundärfarben
Mischungen aus den Primärfarben Gelb, Rot und Blau werden Sekundärfarben genannt. Dabei entstehen Orange, Violett und Grün. Allerdings lässt sich die Leuchtkraft verschiedener Sekundärfarben in der Farbmischung häufig nicht durch die Mischung aus den Primärfarben erreichen.

Tertiärfarben
Als Tertiärfarben werden Farben bezeichnet, die aus den Mischungen von Primär- und Sekundärfarben oder von zwei Sekundärfarben untereinander entstehen.

Komplementärfarben
In der additiven Farbmischung (der Lichtmischung) ergeben die Komplementärfarben in der Mischung miteinander die Farbe Weiß. Häufig werden auch die in der subtraktiven Farbmischung (der Pigmentmischung) mit den Grundfarben Schwarz ergebenden Gegenfarben als Komplementärfarben bezeichnet. Farbtöne lassen sich mit ihrer Gegenfarbe vergrauen. Allerdings besteht hier die Gefahr der Metamerie[1].

2.17.3.2 Farbordnungssysteme

Die Systeme reichen vom einfachen Farbkreis bis zur dreidimensionalen Ordnung. Mehr als siebzig Farbsysteme sind bekannt. Zu einem gut „lesbaren", modernen Farbsystem sollten zwischen 1000 und 1500 Einzelfarben gehören.

Isaak Newton (1643–1727)

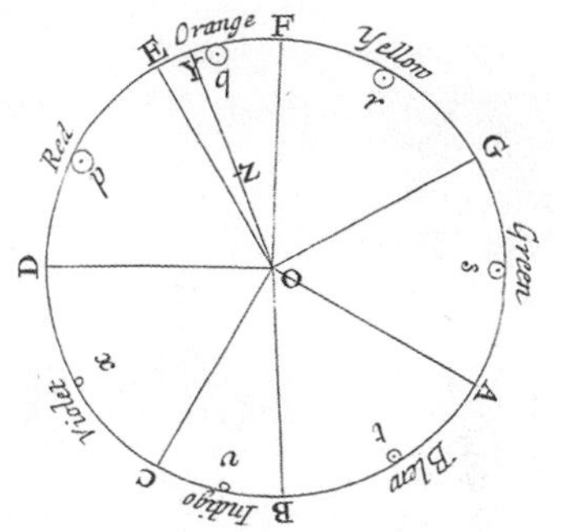

Newton hatte bei der Zerlegung des Lichts im Prisma die Spektralfarben erhalten. Diese ordnete er kreisförmig in einem Farbenkreis aus sieben Farben an: Rot, Orange, Gelb, Grün, Cyanblau, Indigo und Violett.

Die unterschiedlichen Größen der Kreisabschnitte entsprechen den Größen der Farbbereiche im Spektralband. Die reinen Farben sind im Kreis außen angeordnet. Zum Kreisinneren hin hellt Newton die Farben mit Weiß auf. So findet man im Mittelpunkt des Farbkreises Weiß. Mischungen mit Schwarz sind in diesem Farbkreis nicht enthalten.

[1] siehe Teil C, Kapitel 2.17.10, Seite 209

Johann Wolfgang von Goethe (1749–1832)

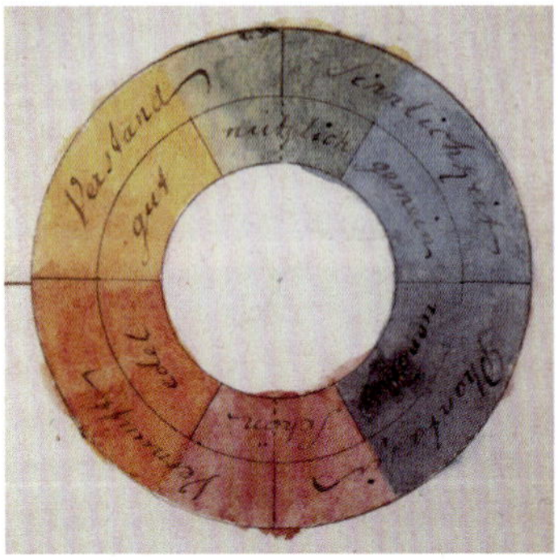

Der Dichter, Kritiker und Naturforscher Johann Wolfgang von Goethe beschäftigt sich in seiner Farbenlehre ausführlich mit den verschiedensten Theorien zur Farbenlehre. Im historischen Teil liefert Goethe den ersten umfassenden Überblick über die verschiedenen Vorstellungen über Farben. Angefangen bei den alten Griechen und Römern, stellt er auch viele Farbsysteme aus dem 16., 17. und 18. Jahrhundert vor. Er behandelt die Farbtheorien, indem er sie und teilweise auch ihre Erschaffer vorstellt und z. T. kommentiert.

In seiner 1810 erschienen Schrift „Zur Farbenlehre" widerspricht Goethe der auf den physikalischen Grundlagen aufbauenden Farbtheorie von Newton und irrt damit. Goethe baut seinen Farbkreis aus den, wie er sagt, „Urfarben" Rot, Gelb und Blau auf. Daraus entstehen durch Mischung die sekundären, tertiären und alle weiteren Mischfarben. Goethe wertet die Farben auch nach ihrer psychologischen Wirkung auf den Menschen.

Philipp Otto Runge (1777–1810)

Der Maler und Grafiker Runge entwickelte mit seiner Farbenkugel vermutlich das erste drei-dimensionale Farbsystem, das in der Anordnung der Farben heutigen Vorstellungen vollkommen gerecht wird.

Albert Henry Munsel (1858–1918)

Munsel baute sein System auf einem zehnteiligen Kreis auf. Dabei ordnete er die Farben so an, dass sich gegenüberliegende Paare zu Unbunt mischen. Die handbemalten Plättchen setzte er zu einem Baum zusammen. Die Parameter seines Farbsystems sind „Hue" (Farbton), „Value" (Helligkeit) und „Chroma" (Sättigung).

Munsels Farbsystem hat in Nordamerika große Bedeutung.

Wilhelm Ostwald (1893–1932)

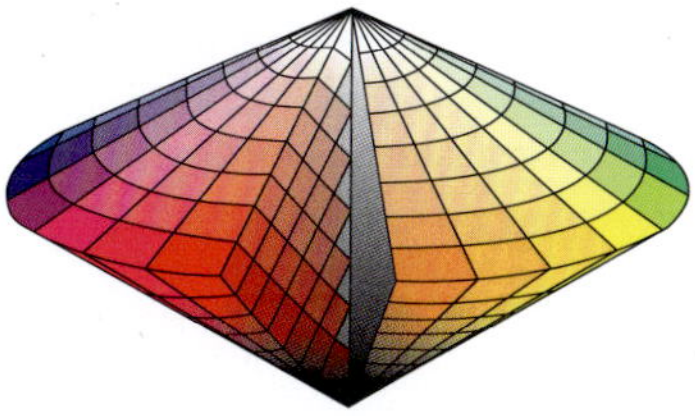

Ostwald entwickelte aus einem 24-teiligen Farbkreis einen Doppelkegel, nach oben in Richtung Weiß, nach unten in Richtung Schwarz. In der Mitte des Körpers befindet sich die Grauachse. Von jeder Vollfarbe aus ergeben sich gemeinsam mit Weiß und Schwarz Dreiecke, die alle Abwandlungen der jeweiligen Farbe enthalten. Insgesamt enthält der Doppelkegel 680 Farben (24 Grundfarben in je 28 Abstufungen und acht Grautöne).

Johannes Itten (1888–1967)

In der Ausbildung des Maler- und Lackiererhandwerks ist der Farbkreis nach Itten besonders beliebt. Itten entwickelte aus den Primärfarben einen zwölfteiligen Farbkreis.

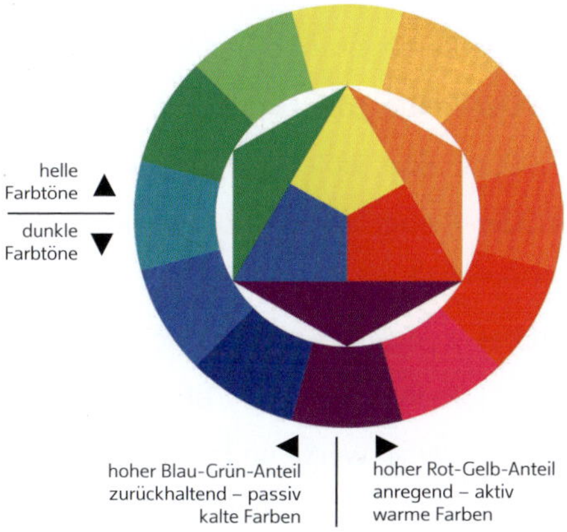

Im Farbkreis von Itten stehen im zentralen Dreieck die Primärfarben Gelb, Rot und Blau. Darum herum gruppierte er die Sekundärfarben und einen zwölfteiligen Farbkreis.

Der Farbstern von Itten vergrößert den Farbkreis um Schattierungen unterschiedlicher Helligkeit.

DIN-Farbenkarte

Im System der DIN-Farbenkarte nach DIN 6164 sind die Farbtöne nach dem Buntton, der Sättigungsstufe und der Dunkelstufe geordnet. Die Farbtöne mit dem gleichen Buntton weisen hier jeweils farbtongleiche Wellenlängen auf. Dies hat zur Folge, dass diese Farbtöne empfindungsgemäß ungleich erscheinen. Natürlich trifft das auch für die Farbtöne mit gleicher Dunkelstufe zu.

1985 gab das Deutsche Institut für Normung bekannt, dass es für eine europaweit bessere Verständigung über Farben zugunsten des schwedischen NCS-Systems auf eine Durchsetzung des DIN-Farbsystems verzichtet. Die Farbmusterkollektion zum DIN 6164-System ist weiterhin lieferbar.

RAL-Farben
Das Deutsche Institut für Gütesicherung e. V. (RAL) ergänzt die Arbeit des DIN. Es entwickelte 1993 ein umfassendes Farbsystem mit 1 688 Farben. Das RAL Design System (RDS) basiert auf dem europäischen CIELab-Farbraum und übernimmt dessen Farbraumkoordinaten für den Buntton (Hue = H), für Helligkeit (Lightness = L) und für Buntheit (Chroma = C).

Das RAL Design System (RDS) wurde speziell für die Bedürfnisse von Farbplanern, Architekten und Innenausstattern abgestimmt. Das System ist nicht empfindungsgemäß, sondern streng farbmetrisch aufgebaut.

Während dies ein Farbsystem darstellt, ist die RAL-Farbkarte eine Sammlung von Farbtönen. Die klassische RAL-Farbkarte wird als RALClassic bezeichnet. Das Farbregister RAL 840-HR ist in neun Farbreihen unterteilt, welche durch vierstellige Zahlen gekennzeichnet sind und teilweise ineinander übergehen.

1 000er-Reihe: gelbe Farbtöne

2 000er-Reihe: orange Farbtöne

3 000er-Reihe: rote Farbtöne

4 000er-Reihe: violette Farbtöne

5 000er-Reihe: blaue Farbtöne

6 000er-Reihe: grüne Farbtöne

7 000er-Reihe: graue Farbtöne

8 000er-Reihe: braune Farbtöne

9 000er-Reihe: weiße und schwarze Farbtöne sowie Aluminiumfarbtöne

Das Farbregister RAL 841-GL enthält die gleichen Farbtöne, aber in glänzender Ausführung.

Weitere wichtige Farbregister:

RAL E Reihe für Effektfarbtöne
RAL P Reihe für Kunststofffarbtöne

NCS-Farbensystem
1979 wurde auf der Basis des Natural Color Systems (NCS) die schwedische Norm SS 019102 herausgegeben. Die Farbordnung einer Farbe wird hier vom Farbton, vom Vollfarbenanteil und vom Schwarzanteil bestimmt. Dabei kann der Vollfarbenanteil aus einer oder zwei Grundfarben bestehen. Die Farbanteile werden hier empfindungsgemäß und nicht in Mischungsanteilen eingesetzt. Der Bunttonkreis enthält in vier Segmenten die Farbtöne Gelb (Y), Rot (R), Blau (B) und Grün (G). Zwischen zwei dieser Farbtöne wurden jeweils neun weitere Bunttöne angeordnet. So werden im NCS-Farbkreis 40 bunte Vollfarben dargestellt.

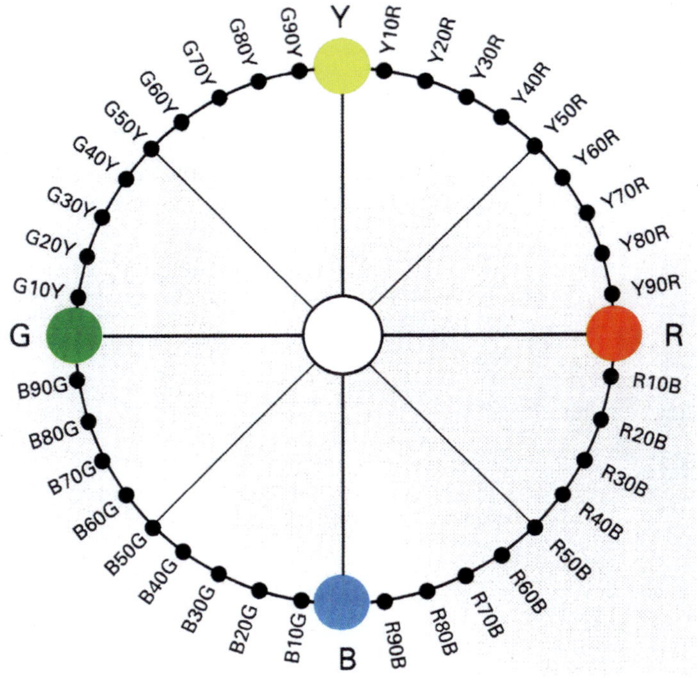

NCS-Farbkreis

Um die Beziehungen der Farben untereinander besser darstellen zu können, hat man beim NCS auch ein räumliches Modell in Form eines Doppelkegels geschaffen. Die Pole des Farbkörpers bilden die Farbtöne Weiß und Schwarz, der Äquator bildet einen Kreis, auf welchem die rein bunten Farben Gelb, Grün, Blau und Rot angeordnet sind. Die vertikalen Schnitte durch den Farbkörper ergeben 40 Farbdreiecke, welche die 1 530 NCS-Farben mit ihrem Buntanteil, ihrem Schwarz- und Weißanteil zeigen.

Die 1 530 Farbtöne sind im NCS-Farbatlas in Form des Farbkreises und in 40 Farbdreiecken dargestellt.

An der Spitze der Dreiecke, z. T. auch an den oberen und unteren Kanten, fehlen z. T. Farbtöne. Diese sind derzeit mit den zur Verfügung stehenden Pigmenten nicht herstellbar.

In zehn der 40 NCS-Farbdreiecke ist je eine Reihe mit 5 %-Buntanteil aufgenommen worden. Vier zusätzliche Skalen mit 2 %-Buntanteil vervollständigen den Bereich der leicht gebrochenen Grautöne, wie sie besonders in der Architektur gerne angewendet werden.

Die Codierung im NCS-System drückt aus, welche Anteile an Schwarz, Weiß und Bunt eine Farbe enthält. Ist der Farbtonnummer ein S vorangestellt, sagt dieses nur etwas über die Edition aus.

Beispiel: NCS-Codierung des Farbtons 2030-Y90R

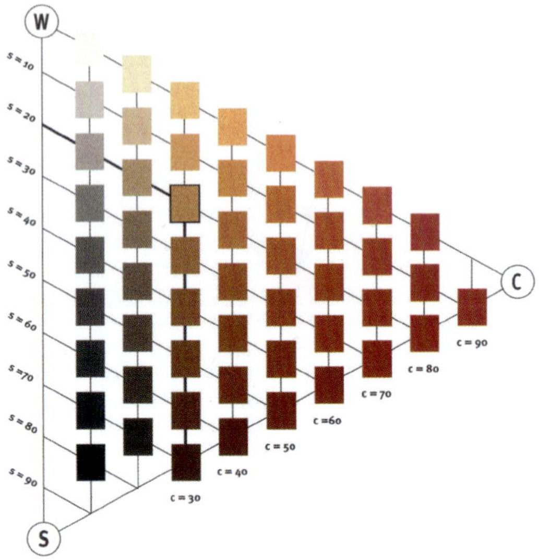

NCS-Farbdreieck

Der Buchstabe W steht im Farbdreieck für Weiß, der Buchstabe S für Schwarz und der Buchstabe C für die Buntheit.

Der Farbton 2030-Y90R hat einen Schwarzanteil von 20 % und einen Buntanteil von 30 %.

Der Farbton liegt im Gelbrotsegment und hat einen Rotanteil von 90 %.

2.17.4 Symbolik der Farben

Oft werden Farben Symbolgehalte zugeordnet, deren Bedeutung kultur- und epochenabhängig ist. Im europäischen Raum werden unter anderem folgende Bedeutungen mit den jeweiligen Farben verbunden:

Symbolik der Farben

Farbe	Symbolik
Rot	Aktivität, Feuer, Blut, Leidenschaft, Revolution
Gelb	Kreativität, Sonne, Glanz
Gelb-Grün	Neid, Hass, Eifersucht
Grün	Ruhe, Natur, Wachstum, Hoffnung, Unreife, Unschuld
Blau	Logisches Denken, Treue, Ferne, Unergründlichkeit, Sehnsucht
Violett	Esoterik, Trauer, Würde, Entsagung
Schwarz	Dunkel, Nacht, Tod, Trauer, das Böse
Grau	Neutralität, Alter, Trübsinn, Pessimismus
Weiß	Reinheit, Sauberkeit, Unschuld, Keuschheit, Unberührtheit, Zeitlosigkeit, Trauer

2.17.5 Psychologischer Farbtest

Allgemein versuchen Farbtests, die Psyche eines Menschen anhand farblicher Vorlieben und Ablehnungen einzuschätzen. Der farbpsychologische Persönlichkeitstest des Schweizer Psychologen Max Lüscher wurde seit 1947 in 29 Sprachen übersetzt und wird weltweit zur Persönlichkeitsanalyse eingesetzt. Der Test soll neben dem seelisch-körperlichen Zustand des Menschen seine Belastbarkeit, seine Leistungs- und Kommunikationsfähigkeit messen und Ursachen seelischer Belastungen aufdecken, die zu körperlichen Beschwerden führen können.

Der Farbtest von Professor Max Lüscher wird heute kritisch betrachtet. Im Laufe der Zeit veränderte Lüscher seinen Test. In seinem Buch „Der 4-Farben-Mensch" stellt er eine Variante vor, die lediglich die vier Farben Rot, Gelb, Blau und Grün enthält.

Farbtest nach Lüscher

Farbton		Positive Eigenschaften	Negative Eigenschaften
	Grau	psychologisch neutral	geringes Selbstvertrauen, Depressionen, Energiearmut
	Schwarz	Intellekt, Zauber, Sicherheit, emotionale Geborgenheit, Tüchtigkeit, Substanz	Schwere, Bedrohung, Unterdrückung, Kälte
	Braun	Natur, Erdigkeit, Unterstützung, Wärme, Ernsthaftigkeit	Schwere, Humorlosigkeit, Unerfahrenheit
	Violett	Beherrschung, Spiritualität, Luxus, Wahrheit, Qualität	Dekadenz, Introvertiertheit, Unterdrückung, Unterlegenheit
	Blau	Intelligenz, Kommunikation, Vertrauen, Gelassenheit, Pflicht, Überlegung, Ruhe, Logik	Kälte, Distanziertheit, Emotionslosigkeit, Unfreundlichkeit
	Grün	Harmonie, Ausgeglichenheit, Erholung, Erfrischung, Umweltbewusstsein, Gleichgewicht	Stagnation, Langeweile, Entnervtheit
	Rot	Wärme, Stärke, Energie, Erregung, Kampf	Aggressivität, Belastung, Verachtung
	Gelb	Optimismus, Vertrauen, Selbstwertgefühl, emotionale Stärke, Freundlichkeit, Kreativität	Extrovertiertheit, emotionale Schwäche, Depression, Besorgnis

Andere Farbtests sind aufwendiger. Beim Farbpyramidentest von Max Pfister sind mit jeweils 15 Farbfeldern eine schöne und drei hässliche Pyramiden zu bilden. Im Farbspiegel von Heinrich Frieling aus dem Jahre 1949 werden die Farben nicht in Reihe, sondern in vier Feldern angelegt.

2.17.6 Farbkontraste

Man spricht von einem Farbkontrast, wenn zwischen zwei oder mehreren nebeneinander liegenden Farben deutliche Unterschiede bestehen. Die Wirkungen der Farben können durch Kontrastfarben verstärkt oder abgeschwächt werden. Farben beeinflussen sich in ihrer Farbwirkung gegenseitig.

Die Kontrastlehre von Johannes Itten gehört nach wie vor zu den Grundlagen der Farbgestaltung in den Berufs-, Meister- und Fachschulen im Maler- und Lackiererhandwerk, ist aber zwischenzeitlich nicht unumstritten. Itten war Lehrer am Bauhaus. Er beschrieb die Beziehungen und Effekte der Farben untereinander in seiner „Theorie der sieben Farbkontraste".

Farbe-an-sich-Kontrast
Dieser Kontrast entsteht, wenn reine Farben nebeneinander gestellt werden. Den stärksten Farbe-an-sich-Kontrast erhält man mit den Primärfarben Gelb, Rot und Blau. Mit den Sekundärfarben lassen sich aber auch leisere Farbwirkungen erreichen.

Den Farbe-an-sich-Kontrast findet man beispielsweise in der mittelalterlichen Buchmalerei, aber auch bei modernen Malern wie Matisse, Miró, Picasso oder Kandinsky.

Hell-Dunkel-Kontrast
Dieser Kontrast entsteht, wenn Farben mit unterschiedlichen Helligkeiten und Tonwerten kombiniert werden. Alle Farben können mit Weiß aufgehellt oder mit Schwarz abgedunkelt werden.

Der Hell-Dunkel-Kontrast kann sowohl bei den unbunten Farben Schwarz, Weiß und Grau als auch bei den Buntfarben eingesetzt werden. Gleiche Helligkeiten machen Farben verwandt. Ein starker Hell-Dunkel-Kontrast lässt Flächen plastisch erscheinen, da helle Farben nach vorne streben und dunkle in den Hintergrund zurücktreten.

Der Hell-Dunkel-Kontrast wurde insbesondere von den Malern Rembrandt und Goya wirkungsvoll eingesetzt.

Kalt-Warm-Kontrast
Dieser Kontrast entsteht, wenn Farben kombiniert werden, die vom Menschen als warm bzw. als kalt empfunden werden. Rotorange gilt als die wärmste, Blaugrün als die kälteste Farbe.

Die Farbtöne der linken Hälfte des Farbkreises, also von Blauviolett bis Gelbgrün, gelten allgemein als kalt, die rechte Hälfte, also Gelb bis Rotviolett, als warm. Versuche haben gezeigt, dass blaue Räume als „kalt" empfunden werden, bei gleicher Zimmertemperatur orange-rote aber als „warm".

In der Landschaftsmalerei unterstützt der Kalt-Warm-Kontrast den räumlichen Eindruck, da sich weiter entfernte Farben Richtung Blau verschieben, also kälter werden.

Komplementär-Kontrast
Dieser Kontrast entsteht, wenn zur Gestaltung die im Farbkreis einander gegenüberliegenden Komplementärfarben eingesetzt werden. Direkt nebeneinander platziert, erreichen Komplementärfarben die höchste Leuchtkraft und höchste Farbwirkung.

In der Malerei spielt der Komplementär-Kontrast im Expressionismus eine große Rolle.

Simultan-Kontrast
Dieser Kontrast beruht auf dem Komplementärgesetz, nach dem jede Farbe physiologisch nach der Gegenfarbe „verlangt". Ist diese Farbe nicht vorhanden, so erzeugt der menschliche Sehsinn simultan die Komplementärfarbe.

Quantitätskontrast
Der Quantitätskontrast bezieht sich auf das Größenverhältnis von zwei oder mehreren Farbflächen. Leuchtkraft und Flächengröße bestimmen die Wirkungskraft einer Farbe.

Qualitätskontrast
Als Qualitätskontrast bezeichnet man den Gegensatz von gesättigten, leuchtenden Farben zu stumpfen, getrübten Farben.

Man kann die Intensität einer Farbe stärken, wenn man eine schwächere Farbe daneben setzt.

Eine Sonderform des Qualitätskontrastes ist der Unbuntkontrast. Eine farbige Fläche, die von einer weißen oder schwarzen Fläche umgeben ist, wirkt auf den Betrachter intensiver.

2.17.7 Sicherheitsfarben

Arbeitsplätze und Werkstoffe, bei denen Gefahren drohen, müssen entsprechend gekennzeichnet werden.

Dazu werden Sicherheitskennzeichen eingesetzt. Für diese Kennzeichen hat man genormte Farbtöne vorgesehen: die Sicherheits- und Kennzeichnungsfarben.

Sicherheits- und Kennzeichnungsfarben

Farbton	RAL-Nummer[1]	Bedeutung	Beispiele
Signalrot	3001	Halt! Verbot!	Verbotszeichen, Haltzeichen, Notbefehlseinrichtungen
Signalgelb	1003	Achtung! Gefahr!	Hinweise auf Gefahren, Kennzeichnungen von Hindernissen
Signalgrün	6032	Sicherheit, Hilfe	Rettungswege und Notausgänge
Signalblau	5005	Gebote, Hinweise	Verpflichtung zum Tragen der persönlichen Schutzausrüstung

[1] Farben nach RAL-Farbregister 840-HR

Als Kontrastfarben werden Weiß (RAL 9003 Signalweiß) und Schwarz (RAL 9004 Signalschwarz) eingesetzt.

2.17.8 Kennzeichnungsfarben für Rohrleitungen

In Versorgungszentren, Fabriken, Hochhäusern und Heizanlagen usw. müssen die Versorgungs- und Entsorgungsrohre nach ihrem Durchlaufstoff gekennzeichnet werden. Dazu können die Rohre vollflächig in einem bestimmten Farbton gekennzeichnet werden. Nach Norm genügt es aber, die Rohre neutral zu beschichten und Kennfarbenschilder anzubringen.

Kennzeichnung von Rohrleitungen nach dem Durchflussstoff nach DIN 2403

Durchflussstoff	Gruppe	Farbton	RAL-Nummer[1]
Sauerstoff	0	Blau	5015
Wasser	1	Grün	6018
Wasserdampf	2	Rot	3000
Luft	3	Grau	7001
brennbare Gase	4	Gelb[2]	1021
nicht brennbare Gase	5	Gelb[3]	1021
Säuren	6	Orange	2000
Laugen	7	Violett	4001
brennbare Flüssigkeiten	8	Braun[4]	8001
nicht brennbare Flüssigkeiten	9	Braun[5]	8001

2.17.9 Farbmessung (Farbmetrik)

Ein Farbeindruck entsteht, weil von einem farbigen Gegenstand reflektiertes Licht durch die Linse des menschlichen Auges auf die Netzhaut fällt. Dort befinden sich drei Gruppen mit farbempfindlichen Sehzellen (= Zäpfchen): Eine Gruppe reagiert auf rotes Licht, die zweite auf grünes Licht, die dritte auf blaues Licht.

[1] Farben nach RAL-Farbregister 840-HR
[2] oder Gelb mit der Zusatzfarbe Rot
[3] oder Gelb mit der Zusatzfarbe Schwarz
[4] oder Braun mit der Zusatzfarbe Rot
[5] oder Gelb mit der Zusatzfarbe Schwarz

DIN 2403	„Kennzeichnung von Rohrleitungen nach dem Durchflussstoff“
DIN 2404	„Kennfarben für Heizungsrohrleitungen“
DIN ISO 3864-1	„Graphische Symbole – Sicherheitsfarben und Sicherheitszeichen“
DIN EN ISO 7010	„Graphische Symbole – Sicherheitsfarben und Sicherheitszeichen – Registrierte Sicherheitszeichen“

Eine vierte Gruppe Sehzellen (= Stäbchen) erkennt Helligkeitsunterschiede. Alle vier Gruppen der Sehzellen zusammen vermitteln dem Gehirn den Farbeindruck.

Da sich die Farbtöne mit der Beleuchtung ändern, müssen die verwendeten Lichtquellen für die Farbmessung definiert werden.

Jeder beliebige Farbton kann durch eine additive Mischung aus drei in ihrer Stärke variablen Primärfarben nach den Gesetzen der additiven Farbmischung gemischt werden. So ist die Farbmessung möglich. Das CIE-System, ein 1931 von der **C**ommission **I**nternationale de l' **E**clairage festgelegtes Farbsystem, arbeitet nach diesem Prinzip.

Der Normfarbwertanteil x gibt den Rotanteil, y den Grünanteil an. Der Normfarbwertanteil Y gibt die Helligkeit an. Nach diesem Prinzip ist auch die Normfarbtafel in der DIN 5033 erstellt worden.

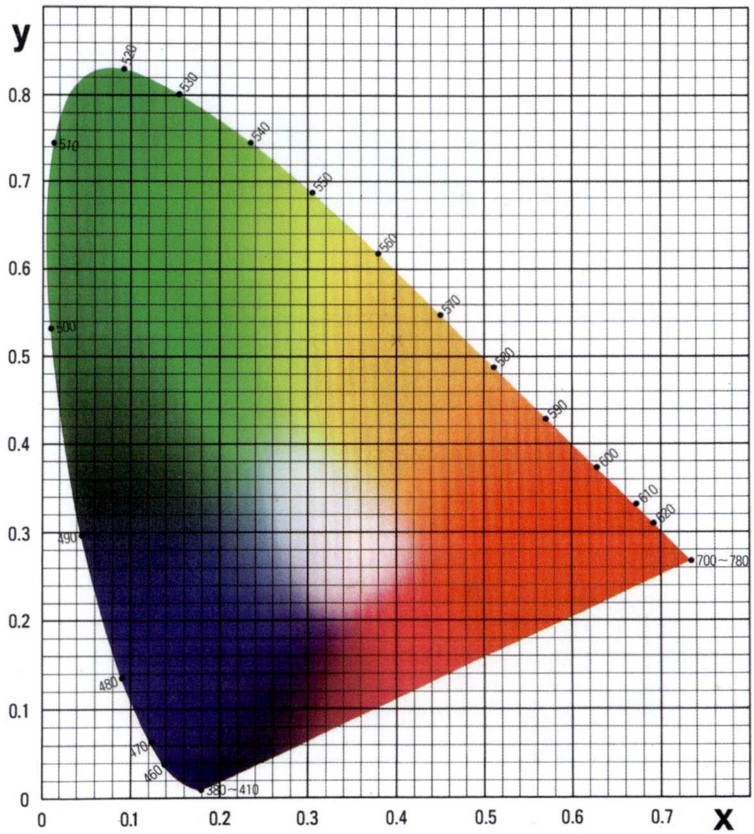

Normfarbtafel nach DIN 5033 „Farbmessung"

DIN 5033 „Farbmessung"
BFS-Merkblatt 25 „Richtlinien zur Beurteilung von Farbübereinstimmungen und Farbabweichungen"

Ein Nachteil des CIE-Systems besteht darin, dass zwei Farben, die in der Normfarbtafel einen bestimmten geometrischen Abstand voneinander haben, empfindungsgemäß eine andere Farbdifferenz haben als zwei an einer anderen Stelle liegende Farben mit dem gleichen geometrischen Abstand. Dies führte zur Entwicklung des CIELab-Systems.

Im CIELab-System werden die transformierten Farbmesszahlen L*, a* und b* als Koordinaten eines Farbraums angewandt. Die L*-Achse stellt dabei die Helligkeitsachse dar.

CIELab-Farbraum

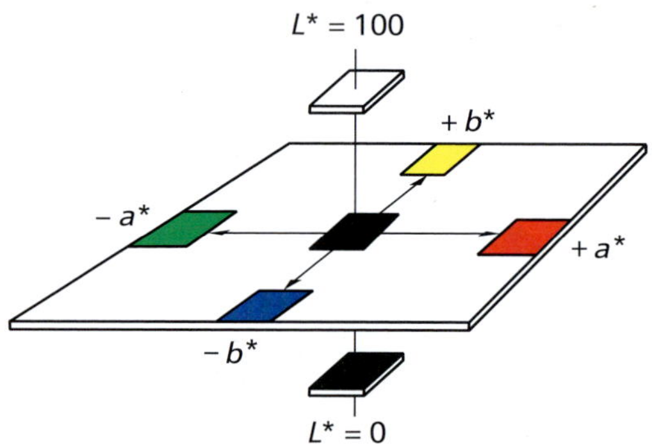

Bei modernen Farbmessgeräten können die Lichtart und das Farbsystem (CIE-System oder CIELab-Farbraum) parallel gemessen werden. Es haben sich für die Messung zwei Messanordnungen durchgesetzt: die 45°- und die Kugelgeometrie. Bei der Kugelgeometrie kann man den Farbton ohne Glanzbeeinflussung messen.

Üblicherweise werden Farbabweichungen über den Gesamtfarbabstand ΔE* angegeben:

$$\Delta E^* = \sqrt{(\Delta L^*)^2 + (\Delta a^*)^2 + (\Delta b^*)^2}$$

Im Messprotokoll und in Gutachten sind das verwendete Messgerät und die Ergebnisse der Messung anzugeben.

Neuere Farbmessgeräte messen den gesamten Wellenbereich der Farben und ermitteln die Spektralkurven. Mit diesen Geräten kann auch die Metamerie der Farben festgestellt werden.

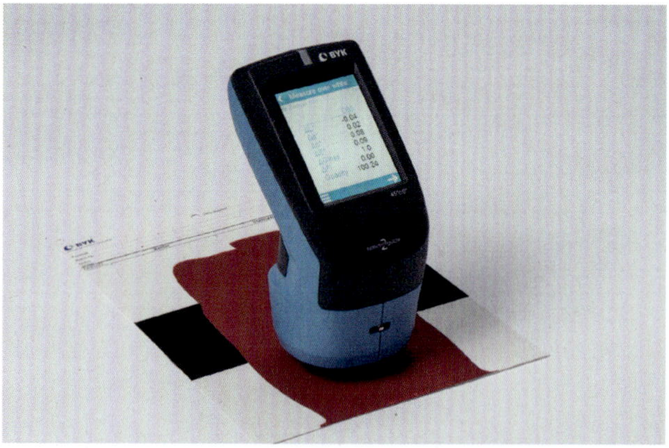

Messung der Farbtöne mit einem Spektralfotometer

2.17.10 Metamerie der Farben

Farbtöne können bei unterschiedlichen Reflexionskurven bei bestimmten Beleuchtungen gleich aussehen. Wenn sich dann bei einem Beleuchtungswechsel ein Farbtonunterschied zeigt, bezeichnet man diese Eigenart als Metamerie.

Unter Metamerie versteht man die Eigenschaft von zwei Farben, bei einer bestimmten Lichtart gleich auszusehen, bei mindestens einer anderen Lichtquelle aber einen Farbtonunterschied zu zeigen.

Die Metamerie der Farben entsteht z. B., wenn ein bestimmter Farbton mit anderen Pigmenten nachgemischt wird. Besonders problematisch ist hier die Mischung mit Komplementärfarben. Den Farbtonunterschied bezeichnet man als Metamerieindex. Nachgemischte Farbtöne müssen einen möglichst geringen Metamerieindex aufweisen.

Zur Prüfung der Metamerie werden die Farben jeweils mit unterschiedlichen Lichtarten vermessen.

2.17.11 Farbmischanlagen

Mithilfe schon kleiner Farbmischanlagen kann man heute jeden gewünschten Farbton mischen. Dazu werden bei den im Maler- und Lackiererhandwerk üblichen Mischautomaten die erforderlichen Basisfarben nach Gewichtsanteilen miteinander vermischt. Die Mischformel ist heute in der Regel digital gespeichert.

Bei leistungsfähigen Geräten muss nur die Nummer des gewünschten Farbtons eingegeben werden. Der Automat mischt den Farbton selbstständig. Bei anderen Geräten wird mithilfe eines eingebauten Farbmessgeräts jede gewünschte Farbtonmischung durchgeführt.

2.17.12 Glanzmessung

Glanz ist eine visuelle Wahrnehmung, die bei der Betrachtung von Oberflächen entsteht. Der Glanz wird umso stärker empfunden, je gerichteter das Licht reflektiert wird.

Hochglanz

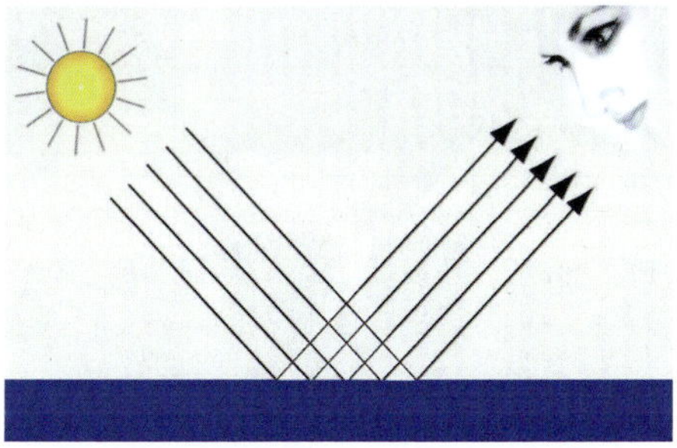

Beim Hochglanz wird das einfallende Licht gerichtet reflektiert.

Mattglanz

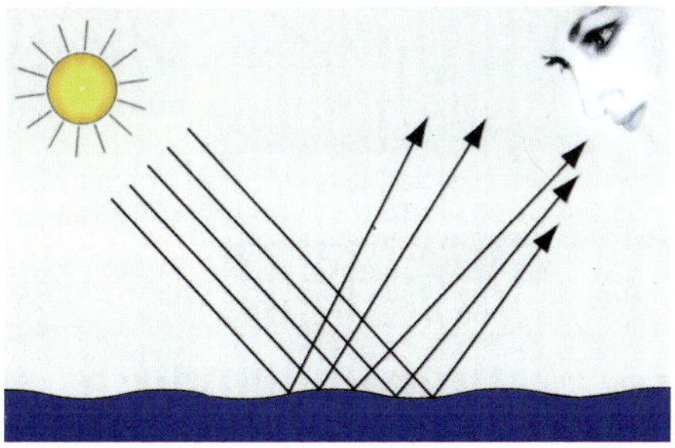

Bei matten Oberflächen wird das Licht diffus in mehrere Richtungen reflektiert. Je diffuser die Reflexion ist, umso matter wirkt die Oberfläche.

Zur Glanzmessung werden Reflektometer eingesetzt. Das Messprinzip dieser Geräte beruht auf der Messung der gerichteten Reflexion. Die Messergebnisse werden nicht auf die eingestrahlte Lichtmenge bezogen, sondern auf eine schwarze, polierte Glasfläche, den Glasstandard. Auf diesem Standard wird das Gerät auf den Messwert 100 kalibriert. Dies bedeutet, dass der Messwert bei bestimmten Oberflächen höher als 100 Glanzeinheiten (GE) sein kann.

Um vergleichbare Messergebnisse zu erhalten, wurden die Reflektometer und ihre Handhabung international genormt. Besonders stark beeinflusst der Einstrahlwinkel den Reflektometerwert. Um hochglänzende bis matte Oberflächen differenziert messen zu können, wurden drei Messgeometrien (Messbereiche) genormt. Bei modernen Geräten ist es möglich, mit einem Gerät alle drei Messgeometrien zu messen.

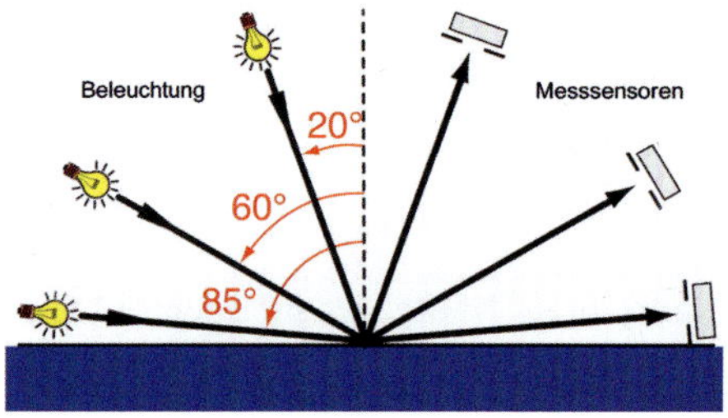

Messgeometrien

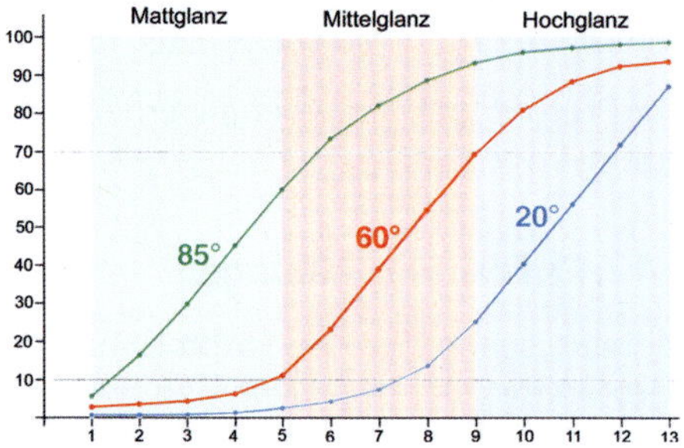

Zusammenhang der Messgeometrien

Bei der Messung des Glanzes beginnt man am zweckmäßigsten mit dem 60°-Messkopf. Je nach Messergebnis wählt man bei hochglänzenden oder matten Flächen dann eine andere Messgeometrie.

Für spezielle Anwendungsbereiche werden auch Geräte mit 45°- und 75°-Geometrien eingesetzt.

Der Glanz wird nach DIN EN ISO 2813 als Glanzeinheit (GE) bestimmt. Die Maßeinheit (Glanzeinheit) eines Glanzmessgerätes ist GU (engl. *gloss units*).

Klasse		Messwinkel	Anforderung
G_1	glänzend	20°	> 70 GU
G_2	mittlerer Glanz	60°	10–70 GU
G_3	matt	85°	< 10 GU

DIN EN ISO 2813 „Beschichtungsstoffe - Bestimmung des Glanzwertes von Beschichtungen unter 20°, 60° und 85°"

Liegt der Messwert bei der ersten Messung oberhalb von 70 GU, wird der Messwinkel auf 20° reduziert. Liegt er unterhalb von 10 GU, wird er auf 85° vergrößert. Andernfalls kann der Messwert übernommen werden. Moderne Glanzmessgeräte führen diese Winkelanpassung automatisch durch.

Im Messprotokoll und im Gutachten sind das verwendete Messgerät, die eingesetzte Messgeometrie und das Ergebnis der Messung anzugeben.

2.18 Elektrizität

Atome bestehen aus einem positiv geladenen Atomkern und einer negativ geladenen Elektronenhülle. Da sich die positive Ladung des Atomkerns durch die negative Ladung der Elektronen ausgleicht, wird eine elektrische Ladung messbar, wenn Atome Elektronen abgeben oder aufnehmen.

Beispiel:

Atomkern (+ geladen)   Elektronen (– geladen)

Das Wasserstoffatom gibt sein Außenelektron ab. Zurück bleibt der positiv (+) geladene Atomkern. Wird das freie Elektron von einem anderen Atom aufgenommen, bekommt es dadurch eine negative (–) Ladung.

> Elektronen sind die kleinsten Bestandteile der negativen elektrischen Ladung. Elektronenüberschuss ergibt eine negative Ladung, Elektronenmangel eine positive Ladung.

Zwischen negativer Ladung und positiver Ladung besteht eine Spannung. Diese versucht sich auszugleichen. Das ist nur möglich, wenn zwischen den unterschiedlichen Ladungen eine leitende Verbindung besteht.

2.18.1 Stromspannung

> Die Stromspannung kennzeichnet die Arbeit, die eine Stromladung beim Übergang vom Minuspol zum Pluspol verrichten kann.

SI-Einheit der Spannung (U) = Volt (V)

Beispiele der elektrischen Spannung

Beispiele	Spannung in V
Taschenlampenbatterie	1,5–4,5
Autobatterie	12
Netzspannung	110–220
Straßenbahn	500
elektrische Lokomotive	bis 15 000
Hochspannungsleitung	bis 380 000

2.18.2 Stromstärke

Die Stromstärke ist die Elektrizitätsmenge eines fließenden Stroms in einer bestimmten Zeit.

SI-Einheit der Stromstärke (I) = Ampere (A)

Beispiele der Stromstärke

Beispiele	Stromstärke in A
Taschenlampenbatterie	0,2
Autobatterie	36–160
Netzspannung	16
Straßenbahn	100

2.18.3 Stromleistung

Die Stromleistung kann man durch Multiplikation der Stromstärke mit der Stromspannung berechnen.
Stromleistung (P) = Stromstärke (I) · Stromspannung (U)

SI-Einheit der Stromleistung (P) = Watt (W)

2.18.4 Energie

Die Energie kann man durch Multiplikation der Leistung mit der Betriebsdauer, also der Zeit, berechnen.
Energie (W) = Leistung (P) · Zeit (t)

SI-Einheit der Energie (W) = Wattsekunde (Ws)

3 Biologische Grundlagen

Biologische Einwirkungen können Untergründe und Beschichtungen und z. T. auch die Gesundheit des Menschen schädigen.

Aufträge

1. Bei einer Lasurbeschichtung zeigen sich Flecken, die nicht von der Applikation stammen können. Welche biologische Einwirkung kann schuld daran sein?
2. Warum können sich bei wärmegedämmten Fassaden Algen bilden? Stellt diese Algenbildung einen Mangel dar? Wie kann sich das Unternehmen vor Regressansprüchen schützen?
3. Für welche Holzarten ist im Außenbereich ein Bläueschutz erforderlich?
4. Welche Faktoren fördern die Schimmelpilzbildung?
5. Welche Gesundheitsschäden sind durch Schimmelpilze festgestellt worden?
6. Zeigen Sie den möglichen Ablauf einer Untersuchung der Schimmelpilzbelastung im Innenraum auf.
7. In welche Gruppen wird Schimmelpilzbefall im Innenraum eingeteilt?
8. Welche Sicherheitsmaßnahmen müssen Sie planen, wenn Ihre Mitarbeiter/-innen eine von Schimmelpilzen befallene Wohnung sanieren sollen?
9. Welche tierischen Holzschädlinge sind bei Holz zu beobachten und wie kann man sie unterscheiden?
10. Wie kann man Mauerspinnen beseitigen?

3.1 Bakterien

Die Bezeichnung Bakterien[1] steht für eine große Gruppe einzelliger Mikroorganismen. Bakterien haben eine Größe von 0,1–10 µm und besitzen keinen echten Kern, sondern nur Kernmaterial in Form eines DNA-Fadens, der aus Nukleinsäuren besteht.

Bakterien sind auf der ganzen Erde im Boden, im Wasser, in der Luft, in Lebewesen und auf allen Gegenständen zu finden. Ackerboden enthält in 1 g über 2500 Millionen Bakterien. In stark verschmutztem Abwasser findet man etwa 1 Million Bakterien in 1 cm^3, in Trinkwasser höchstens 100.

Bakterien sind als Vermittler des Wechsels der Materie zwischen belebter und unbelebter Natur sehr wichtig. Vorwiegend im Erdboden werden alle organischen

[1] griech. *baktería* = Stock, Stab

Stoffe durch die Stoffwechseltätigkeit von Bakterien mineralisiert, so zu anorganischen Stoffen abgebaut und den Pflanzen als Nährstoffe wieder zugeführt. Krank machende Bakterien sind Erreger von Infektionskrankheiten bei Menschen, Tieren und Pflanzen.

Von Nutzen ist die Bakterienflora bei Mensch und Tier. Sie besiedelt die Haut, die Schleimhaut und den Magen-Darm-Trakt und dient als Gewebeschutz und Verdauungshilfe.

Wirtschaftliche Anwendung findet die Bakterientätigkeit bei vielen technischen Prozessen, z. B. bei der Säuerung von Milch, der Reifung von Käse und bei der industriellen Herstellung von Vitaminen, Antibiotika u. a.

Nach der Beschichtung von rohen Hölzern mit Lasuren kann Bakterienbefall aufgrund des unterschiedlichen Saugverhaltens des Holzes sichtbar werden.

Eine bakterizide Einstellung des Untergrunds ist nicht erforderlich. In Operationsräumen u. Ä. wird die Keimfreiheit durch den Einsatz von Desinfektionsmitteln erreicht.

Alkalische Beschichtungen, z. B. Kalkfarben, wirken desinfizierend. Diese Wirkung ist aber nach der Erhärtung der Beschichtungsstoffe, z. B. der Karbonatisierung, nicht mehr vorhanden.

Gesundheitsschutz

Bei der Verwendung sind die Sicherheitsdatenblätter zu beachten.

Achtung

Achtung

Keine offene Flamme; Feuer, offene Zündquelle und Rauchen verboten

Gefahrenhinweise:
H226 Flüssigkeit und Dampf entzündbar.
H319 Verursacht schwere Augenreizung.
H336 Kann Schläfrigkeit und Benommenheit verursachen.

Sicherheitshinweise:
P102 Darf nicht in die Hände von Kindern gelangen.
P210 Von Hitze, heißen Oberflächen, Funken, offenen Flammen und anderen Zündquellen fernhalten. Nicht rauchen.
P305 + P351 + P338 Bei Kontakt mit den Augen: Einige Minuten lang behutsam mit Wasser ausspülen. Eventuell vorhandene Kontaktlinsen nach Möglichkeit entfernen. Weiter ausspülen.
P337 + P313 Bei anhaltender Augenreizung: Ärztlichen Rat einholen/ärztliche Hilfe hinzuziehen.
P301 + P310 Bei Verschlucken: Sofort Giftinformationszentrum/Arzt anrufen.
P501 Inhalt/Behälter einer anerkannten Abfallentsorgungsanlage zuführen.

Im Betrieb ist auf der Grundlage des Sicherheitsdatenblattes eine Betriebsanweisung zu erstellen und die Mitarbeiter/-innen sind entsprechend zu unterweisen.

3.2 Viren

Viren sind nur unter einem Elektronenmikroskop sichtbare kugel- oder stäbchenförmige, krankheitserregende Partikel. Viren sind in Proteinhüllen[1] verpackte Stücke genetischen Materials.

Viren sind Krankheitserreger, die über keinen eigenen Stoffwechsel verfügen. Sie sind nicht wie Zellen aufgebaut, sondern bestehen nur aus einem Strang Nukleinsäure, der die Erbinformationen enthält, und Proteinen, die die Erbanlagen umhüllen und damit schützen. Viren benötigen daher eine Wirtszelle, um diese auf die Produktion neuer Viren derselben Art umzuprogrammieren und sich so auch in neuen Mutationen zu vermehren.

Viren sind außerhalb ihres „Wirts" nicht lebensfähig. So sind die Beseitigung von Viren und der Schutz des Untergrunds durch Maler/-innen und Lackierer/-innen nicht erforderlich.

3.3 Pflanzliche Schädlinge

Efeu und andere Zierpflanzen an der Fassade schädigen den Untergrund in der Regel nicht. Wenn diese Pflanzen aber z. B. vor einer Beschichtung entfernt werden müssen, ist ein hoher Zeitaufwand erforderlich, um die Pflanzenreste, wie Saugnäpfe usw., zu beseitigen. Sind diese Reste nicht mechanisch zu beseitigen, bietet sich das Abbrennen an.

Die Reste von Efeubewuchs lassen sich nur sehr zeitaufwendig entfernen.

[1] Proteine sind Eiweißstoffe, die in der Natur sehr vielfältig vorkommen.

Andere Pflanzen, wie Algen, Moose, Pilze usw., können umfangreiche Arbeiten und Kosten bei einer Sanierung erforderlich machen.

3.3.1 Algen

Algen gibt es seit über zehn Millionen Jahren. Sie sind die ältesten Pflanzen überhaupt. Algen benötigen zum Leben nur Wasser, Licht und Luft. Mithilfe von Chlorophyll erzeugen die Algen aus Licht, Kohlendioxid und Stickoxiden aus der Luft die notwendigen Nährstoffe.

Die Umgebung und baulichen Voraussetzungen sind für Algenbewuchs ursächlich.

Bäume in unmittelbarer Nähe der Häuser fördern den Algenbewuchs ungemein. Nicht selten sind nur die Nordfassaden betroffen.

Förderung der Algenbildung

Umgebungsbedingungen	Bauliche Voraussetzungen
– Grad der Luftverschmutzung – Himmelsrichtung – nahe an landwirtschaftlich genutzten Flächen – Bepflanzung am und um das Gebäude – häufiger Nebel	– zu geringer Dachüberstand – Wasserabführung über die Fassade, über Gesimse und Brüstungen – ungünstige Sockelausbildung – Tauwasserbildung an der Oberfläche – Temperatur der Wandoberfläche

Auf nachträglich wärmegedämmten Fassaden bilden sich häufig Algen, insbesondere auf der Nordseite, obwohl die Fassade vor der Wärmedämmmaßnahme algenfrei war. Ursächlich ist hier, dass die Fassade mit der Wärmedämmung außen kälter ist als sie vorher war. Die Feuchtigkeit verdunstet dadurch langsamer.

Nach der aktuellen Rechtsprechung stellt Algenbewuchs an Fassaden einen Mangel dar.

Da Algenbewuchs auch bei Verwendung von algizid eingestellten Werkstoffen anstrichtechnisch nicht dauerhaft vermieden werden kann, ist vom Unternehmen nach Auftragserteilung, jedoch vor Beginn der Ausführung der Arbeiten hinsichtlich der möglichen Algenbildung schriftlich die Gewährleistung auszuschließen.

Zusätzlich zur sog. Normalausführung mit algizidfreien Beschichtungsstoffen sollte das Unternehmen die Verwendung von algizid eingestellten Werkstoffen anbieten. Dabei ist darauf hinzuweisen, dass damit das Risiko des Algenbewuchses reduziert wird, der Bewuchs aber nicht dauerhaft verhindert werden kann.

Ein Wartungsvertrag beinhaltet eine regelmäßige Besichtigung der Fassade, z. B. einmal im Jahr, und die Entfernung von Algen, die sich zwischenzeitlich gebildet haben.

Die Sanierung einer mit Algen befallenen Fassade erfolgt nach dem Reinigen mit Algiziden mit einer wiederum algizid eingestellten Fassadenfarbe. Dabei ist auf die vom Hersteller angegebenen Mindestverbrauchsmengen je m^2 und die Anzahl der vom Hersteller vorgegebenen Beschichtungen zu achten.

Gesundheitsschutz bei der Verwendung von Algiziden

Bei der Verwendung von Algiziden sind die Sicherheitsdatenblätter zu beachten.

Gefahrenhinweise:
H317 Kann allergische Hautreaktionen verursachen.

Sicherheitshinweise:
P102 Darf nicht in die Hände von Kindern gelangen.
P261 Einatmen von Staub/Rauch/Gas/Nebel/Dampf/Aerosol vermeiden.
P280 Schutzhandschuhe/Schutzkleidung/Augenschutz/Gesichtsschutz tragen.
P302 + P352 Bei Berührung mit der Haut: Mit viel Wasser und Seife waschen.
P333 + P313 Bei Hautreizung oder -ausschlag: Ärztlichen Rat einholen/ärztliche Hilfe hinzuziehen.
P363 Kontaminierte Kleidung vor erneutem Tragen waschen.
P501 Inhalt/Behälter entsprechend den örtlichen Vorschriften der Entsorgung zuführen.

Im Betrieb ist auf der Grundlage des Sicherheitsdatenblattes eine Betriebsanweisung zu erstellen und die Mitarbeiter/-innen sind entsprechend zu unterweisen.

3.3.2 Pilze

Pilze brauchen kein Licht. Sie beziehen ihre organischen Nährstoffe durch den Abbau von organischen Substanzen, z. B. in Holz und organischen Beschichtungen, aber auch durch organische Verschmutzungen.

Die im Bauwesen vorkommenden Pilze entstehen durch langfristige Feuchtigkeitseinwirkung.

Durch Wärmebrücken bedingt hat sich im Mauerwerk Kondenswasser gebildet und die Pilzbildung verursacht.

Pilze schädigen besonders organische Untergründe wie Holz, können aber auch auf anderen Flächen, besonders mineralischen Untergründen, Probleme bereiten.

Übersicht über die wichtigsten Pilzschädlinge von Holz

Pilzarten	Erscheinungsbilder	Erkennung
Schimmelpilz		Findet optimale Lebensbedingungen bei einer Holzfeuchte zwischen 30 und 120 %. Das Holz wird nicht zerstört. Der Schimmelpilz kann entfernt werden, es bleiben aber meist Verfärbungen zurück. Schimmelpilz gibt es auf allen Untergründen, insbesondere auf Decken und Wänden.

Pilzarten	Erscheinungsbilder	Erkennung
Bläuepilz		Findet optimale Lebensbedingungen bei einer Holzfeuchte zwischen 30 und 120 %. Tritt bevorzugt bei Nadelholz auf, hier wiederum meist bei der Kiefer, in der Regel nur im Splint. Das Holz wird verfärbt, aber nicht zerstört. Beschichtungen werden durchwachsen oder abgedrückt.
Hausschwamm		Findet optimale Lebensbedingungen bei einer Holzfeuchte zwischen 20 und 40 %, dabei ist der Wassertransport auch über Stränge möglich. Befällt vorwiegend Nadelholz, aber auch Laubholz. Ist der gefährlichste Holzzerstörer, holzfreie Flächen werden überwachsen.
Keller-schwamm		Findet optimale Lebensbedingungen bei einer Holzfeuchte zwischen 50 und 60 %. Befällt Nadel- und Laubholz, ist oft der Vorläufer für den Hausschwamm. Zweithäufigster Bauholzpilz, verursacht Braunfäule, die wiederum zur Würfelbrüchigkeit des Holzes führt.
Blättling		Findet optimale Lebensbedingungen bei einer Holzfeuchte zwischen 35 und 60 %. Befällt nur Nadelholz, zerstört das Holz von innen heraus, die äußere Holzschicht bleibt erhalten. Häufigster Pilz bei Fenstern, kann auch längere Trockenphasen überleben.

Am häufigsten haben Maler/-innen und Lackierer/-innen mit Schimmelpilzen und Bläuepilzen zu tun.

3.3.2.1 Bläuepilze

Der Bläuepilz befällt nur Nadelhölzer, insbesondere Kiefernholz, und hier wiederum das Splintholz. Das Kernholz wird nicht geschädigt. Lärche, Fichte und Tanne werden weniger befallen.

Der Bläuepilz verfärbt das Holz dunkel, zerstört es aber nicht. Bildet sich der Bläuepilz unter den Beschichtungen, können diese durchwachsen oder auch abgedrückt werden.

> Nadelhölzer müssen mit Bläueschutzmitteln (speziellen Fungiziden) geschützt werden, wenn z. B. im Außenbereich eine Feuchtigkeitseinwirkung möglich ist. Bei diesem Schutz ist die vom Hersteller vorgeschriebene Mindestverbrauchsmenge einzuhalten.

Beim Austrocknen des Holzes stirbt der Bläuepilz ab. Die vom Pilz verursachten Verfärbungen lassen sich in der Regel auch mit Bleichmitteln nicht entfernen. So werden die vom Bläuepilz geschädigten Holzflächen in der Regel nach dem Austrocknen deckend beschichtet.

3.3.2.2 Schimmelpilze

Die Bezeichnung Schimmelpilze ist ein Sammelbegriff für Pilze, die typische Pilzfäden und Sporen ausbilden können. Die Pilze bilden in der Wachstumsphase Zellfäden. Diese sind meist farblos, sodass die Schimmelpilze in dieser Phase mit dem bloßen Auge in der Regel nicht zu erkennen sind. Zur Vermehrung und Verbreitung bilden diese Pilze dann farbige Sporen. Diese sind häufig als schwarze, gelbe oder braune Schimmelpilzflecken sichtbar.

Im Innenraum wird das Schimmelwachstum hautsächlich durch drei Faktoren bestimmt:
- Feuchtigkeit
- Temperatur
- Nährstoffangebot

Schimmelpilze nutzen zahlreiche Nährböden, z. B.:
- Leime und Kleister
- organische Beschichtungen
- Tapeten
- Fußbodenkleber
- Teppiche und Teppichbeläge
- Leder
- Gipskarton
- Holz und Spanplatten usw.

Die Pilze können auch auf Untergründen wachsen, die selbst nicht als Nahrung dienen können, wenn sich auf diesen organische Stoffe, z. B. durch Verschmutzung, abgelagert haben.

> Schimmelpilze benötigen zum Wachstum eine bestimmte Mindestfeuchtigkeit. Tauwasserbildung auf dem Untergrund fördert die Pilzbildung besonders.

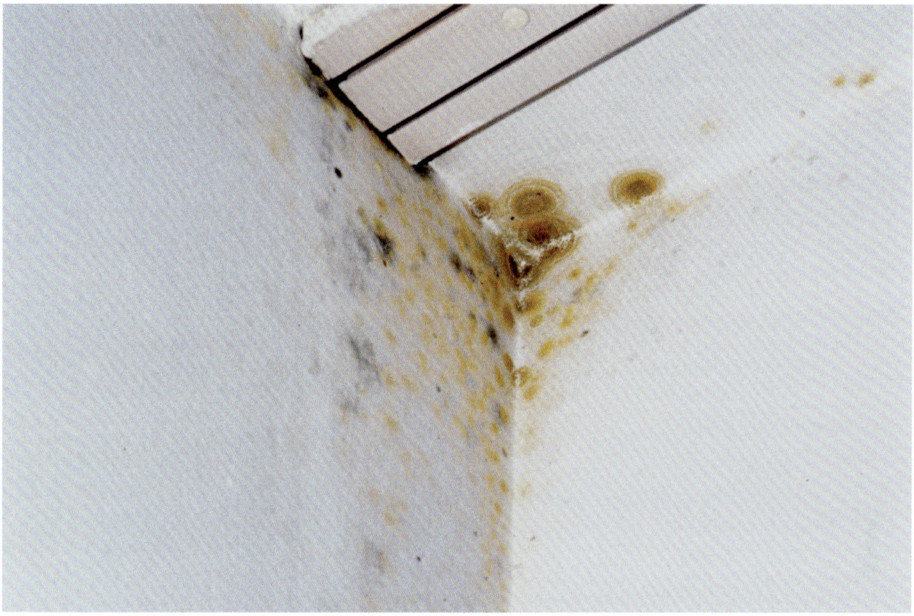

Bedingt durch schlechtere Lüftung und die dort am ehesten mögliche Kondenswasserbildung bildet sich der Schimmelpilz besonders häufig in Raumecken.

Sporen und Stoffwechselprodukte der Schimmelpilze können eingeatmet werden und beim Menschen allergische[1] und reizende Reaktionen verursachen.

Besonders häufige allergische Reaktionen durch Schimmelpilze sind Bindehaut-, Hals- und Nasenreizungen sowie Husten. Müdigkeit, Kopfschmerzen und Infektionen sind bislang nur bei besonders immunschwachen Personen beobachtet worden.

Bei der Sanierung schimmelpilzbefallener Flächen sind folgende Faktoren zu berücksichtigen:
- Größe der befallenen Flächen
- Stärke des Befalls (einzelne Flecken oder dicker Schimmelpilzbelag)
- Tiefe des Befalls (oberflächlich oder auch in tieferen Schichten)
- Schimmelpilzarten (wichtig zur Einschätzung der Gesundheitsgefahren)
- Art der befallenen Materialien
- Art der Nutzung der Räume

[1] Bei Allergien setzt sich das Immunsystem des Körpers nicht gegen gefährliche Krankheitserreger, sondern fälschlicherweise gegen an sich harmlose Stoffe wie bestimmte Lebensmittel, Pollen usw. zur Wehr.

Ablauf der Untersuchung auf eine Schimmelpilzbelastung im Innenraum

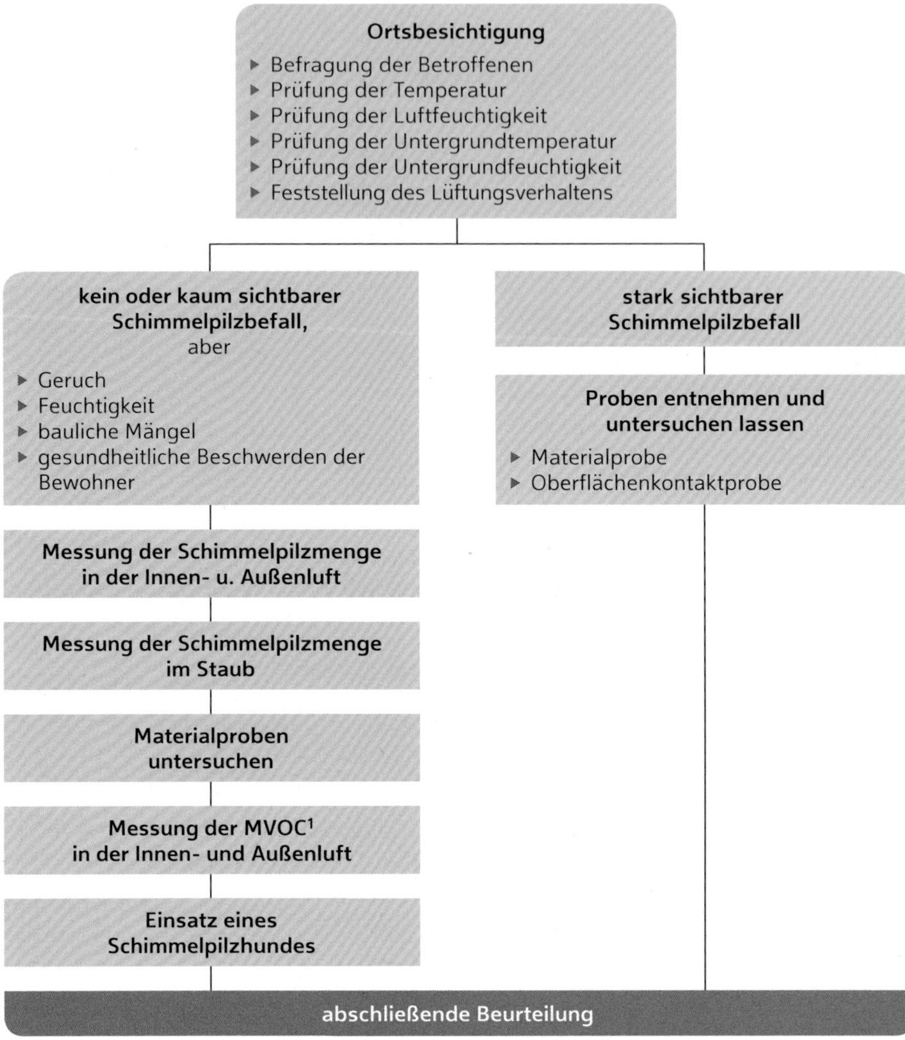

Wenn kein Bedarf besteht, können einzelne Schritte übersprungen werden. Es wird dringend empfohlen, zur Beweissicherung ein Protokoll anzufertigen und die Feststellungen, soweit möglich, mit Fotos zu dokumentieren. Mit der Untersuchung der Proben sollte ein zuverlässiges Labor beauftragt werden.

[1] MVOC = Microbial Volatile Organic Compounds, ein breites Spektrum unterschiedlicher organischer Komponenten, die von Schimmelpilzen gebildet werden können. Einige davon verursachen den typischen Schimmelpilzgeruch.

Beurteilung der Schimmelpilzproblematik im Innenraum

Schimmelpilzbefall

keine oder nur wenige Schimmelpilze (nur geringe Oberflächenschäden $< 0{,}20\ m^2$)	mittlerer Schimmelpilzbefall, oberflächige Ausdehnung $< 0{,}50\ m^2$, tiefere Schichten sind nur lokal begrenzt betroffen	starker Schimmelpilzbefall, große flächige Ausdehnung $> 0{,}50\ m^2$, auch tiefe Schichten können betroffen sein
geringfügiger Schaden	**geringer bis mittlerer baulicher oder nutzungsbedingter Schaden**	**großer baulicher oder nutzungsbedingter Schaden**
Kategorie 1	**Kategorie 2**	**Kategorie 3**

Das Feststellen von Schimmelpilzen im Innenraum bedeutet nicht zwangsläufig eine akute Gesundheitsgefährdung der Bewohner. Eine mögliche Gefährdung ist nur durch Biologen und Ärzte festzustellen. Der Schimmelbewuchs ist aber in jedem Fall ein hygienisches Problem und schon deshalb zu beseitigen.

Eine dauerhafte Beseitigung des Schimmelpilzes ist nur möglich, wenn die Feuchtigkeit in Raumluft und Untergrund dauerhaft auf ein normales Maß reduziert werden kann.

Die Verwendung von fungiziden (gegen Pilze wirksame) Beschichtungen im Innenraum wird wegen vermuteter, aber bisher nicht bestätigter Gesundheitsbelastung der Bewohner kritisch gesehen.

Mögliche Ursachen der großen Feuchtigkeit können sein:
- akute Feuchteschäden durch Rohrbruch, Überschwemmungen usw.
- Feuchteschäden durch defekte Dächer, Dachrinnen und Fallrohre
- Baufeuchte durch ungenügende Austrocknung
- aufsteigende Mauerfeuchtigkeit
- Kondenswasserbildung (Tauwasser) auf der Oberfläche der Wände oder in den Wänden durch Wärmebrücken und/oder zu hohe Luftfeuchtigkeit

---

TRBA 400 „Handlungsanleitung zur Gefährdungsbeurteilung und für die Unterrichtung der Beschäftigten bei Tätigkeiten mit biologischen Arbeitsstoffen"

TRBA 460 „Einstufung von Pilzen in Risikogruppen"

TRBA 500 „Allgemeine Hygienemaßnahmen: Mindestanforderungen – Grundlegende Maßnahmen bei Tätigkeiten mit biologischen Arbeitsstoffen"

TRGS 524 „Schutzmaßnahmen bei Tätigkeiten in kontaminierten Bereichen"

TRGS 907 „Verzeichnis sensibilisierender Stoffe und von Tätigkeiten mit sensibilisierenden Stoffen"

- ungenügende Lüftung
- ungenügende Wärmedämmung, z. B. Wärmebrücken
- ungenügende Luftzirkulation, z. B. durch dicht an der Außenwand stehende Möbel

Zur Beseitigung von Schimmelpilzen werden besonders Chlorbleichlauge (Natriumhypochlorit, Natronbleichlauge) oder Wasserstoffperoxid (Wasserstoffsuperoxid) eingesetzt. Beide Chemikalien können Gesundheitsschäden verursachen, Korrosionsschäden an Metallen auslösen und auch organische Stoffe schädigen.

Gesundheitsschutz

Bei der Verwendung von Chlorbleichlauge und Wasserstoffperoxid sind die Sicherheitsdatenblätter zu beachten.

Gefahr Achtung Achtung

Handschutz benutzen

Schutzkleidung benutzen

Augenschutz benutzen

Atemschutz benutzen

Zutritt für Unbefugte verboten

Gefahrenhinweise:
H290 Kann gegenüber Metallen korrosiv sein.
H314 Verursacht schwere Verätzungen der Haut und schwere Augenschäden.
H400 Sehr giftig für Wasserorganismen.

Sicherheitshinweise:
P260 Nebel/Dampf/Aerosol nicht einatmen.
P273 Freisetzung in die Umwelt vermeiden.
P280 Schutzhandschuhe/Schutzkleidung/Augenschutz/Gesichtsschutz tragen.
P310 Sofort Giftinformationszentrum/Arzt anrufen.
P304 + P340 Bei Einatmen: Die Person an die frische Luft bringen und für ungehinderte Atmung sorgen.
P301 + P330 + P331 Bei Verschlucken: Mund ausspülen. KEIN Erbrechen herbeiführen.
P303 + P361 + P353 Bei Berührung mit der Haut (oder dem Haar): Alle beschmutzten, getränkten Kleidungsstücke sofort ausziehen. Haut mit Wasser abwaschen (oder duschen).
P305 + P351 + P338 Bei Kontakt mit den Augen: Einige Minuten lang behutsam mit Wasser ausspülen. Vorhandene Kontaktlinsen nach Möglichkeit entfernen. Weiter ausspülen.
P406 In korrosionsbeständigem Behälter mit korrosionsbeständiger Innenauskleidung aufbewahren.

Im Betrieb ist auf der Grundlage des Sicherheitsdatenblattes eine Betriebsanweisung zu erstellen und die Mitarbeiter/-innen sind entsprechend zu unterweisen.

Bei größerem Pilzbefall ist der problematische Bereich abzuschotten.

3.3.3 Flechten

Flechten stellen einen aus Grün- oder Blaualgen und Schlauchpilzen bestehenden Verband, eine Symbiose, dar.

Die Alge versorgt den Pilz mit organischen Nährstoffen (Kohlenhydrate), während das Pilzgeflecht der Alge als Wasser- und Mineralstoffspeicher dient. Die an der Flechtenbil-dung beteiligten Pilzarten kommen nie frei vor. Dagegen sind die Algenarten durchaus ohne den Pilzpartner lebensfähig.

Nach der Gestalt unterscheidet man Krustenflechten (haften flach auf der Unterlage), Laubflechten (großflächige, blattartige Ausbildung) und Strauchflechten (ähneln den höheren Pflanzen).

Wegen ihrer Anspruchslosigkeit kann man Flechten überall finden. Flechten sind wichtige Erstbesiedler, die die Grundlage für weitere Organismen bilden. Bestimmte Flechten können durch die Abscheidung von Säuren die chemische Verwitterung von mineralischem Untergrund fördern und so die Ansiedlung von Moosen und höheren Pflanzen ermöglichen.

Flechten auf einem mineralischen Putz

Die Beseitigung von Flechten entspricht der von Algen und Pilzen. Nach der Entfernung mit Hochdruckreinigern und mit Fungiziden und/oder Algiziden werden fungizide Beschichtungsstoffe eingesetzt.

Gesundheitsschutz beim Entfernen von Flechten

Beim Entfernen von Flechten sind die Sicherheitsdatenblätter der eingesetzten Werkstoffe zu beachten.

Gefahrenhinweise:
H317 Kann allergische Hautreaktionen verursachen.

Sicherheitshinweise:
P102 Darf nicht in die Hände von Kindern gelangen.
P261 Einatmen von Staub/Rauch/Gas/Nebel/Dampf/Aerosol vermeiden.
P280 Schutzhandschuhe/Schutzkleidung/Augenschutz/Gesichtsschutz tragen.
P363 Kontaminierte Kleidung vor erneutem Tragen waschen.
P302 + P352 Bei Berührung mit der Haut: Mit viel Wasser und Seife waschen.
P333 + P313 Bei Hautreizung oder -ausschlag: Ärztlichen Rat einholen/ärztliche Hilfe hinzuziehen.
P501 Inhalt/Behälter entsprechend den örtlichen Vorschriften der Entsorgung zuführen.

Im Betrieb ist auf der Grundlage des Sicherheitsdatenblattes eine Betriebsanweisung zu erstellen und die Mitarbeiter/-innen sind entsprechend zu unterweisen.

3.3.4 Moose

Moose sind Sporenpflanzen ohne echte Wurzeln. Sie benötigen zu ihrem Wachstum eine große Menge Feuchtigkeit und sind nur in der Nähe von anderen Pflanzen zu finden.

Moosbewuchs auf den Holzdielen einer Terrasse

Moose werden mechanisch entfernt. Dazu können auch Hochdruckreiniger eingesetzt werden. Nachdem die Flächen mit Algiziden und Fungiziden vorbehandelt wurden, werden fungizide und algizide Beschichtungen eingesetzt.

Gesundheitsschutz beim Entfernen von Moosen

Beim Entfernen von Flechten sind die Sicherheitsdatenblätter der eingesetzten Werkstoffe zu beachten.

Achtung · Handschutz benutzen · Atemschutz benutzen · Schutzkleidung benutzen

Gefahrenhinweise:
H317 Kann allergische Hautreaktionen verursachen.

Sicherheitshinweise:
P102 Darf nicht in die Hände von Kindern gelangen.
P261 Einatmen von Staub/Rauch/Gas/Nebel/Dampf/Aerosol vermeiden.
P280 Schutzhandschuhe/Schutzkleidung/Augenschutz/Gesichtsschutz tragen.
P363 Kontaminierte Kleidung vor erneutem Tragen waschen.
P302 + P352 Bei Berührung mit der Haut: Mit viel Wasser und Seife waschen.
P333 + P313 Bei Hautreizung oder -ausschlag: Ärztlichen Rat einholen/ärztliche Hilfe hinzuziehen.
P501 Inhalt/Behälter entsprechend den örtlichen Vorschriften der Entsorgung zuführen.

Im Betrieb ist auf der Grundlage des Sicherheitsdatenblattes eine Betriebsanweisung zu erstellen und die Mitarbeiter/-innen sind entsprechend zu unterweisen.

3.4 Tierische Schädlinge

Ratten und Mäuse sind als Schädlinge hinlänglich bekannt. In sanierungsbedürftigen Gebäuden können sie langfristig große Schäden anrichten.

Vogelexkremente sind sehr sauer und können Beschichtungen stark schädigen. Vogelkot verätzt sogar Fahrzeuglackierungen dauerhaft. Letztlich bleibt nur die Neulackierung der betroffenen Fahrzeugteile.

3.4.1 Holzinsekten

Bei den Holzinsekten ist zu unterscheiden zwischen Schädlingen, die saftfrisches Holz befallen (Frischholzinsekten), und solchen, die nur trockenes Holz schädigen (Trockenholzinsekten). Nur diese Letzteren sind für Maler/-innen und Lackierer/-innen von Bedeutung.

Neben dem Nährstoffgehalt des Holzes beeinflussen vor allem die Holzfeuchtigkeit und die Temperatur die Entwicklung der Holzinsekten.

Das Holz zerstören die Larven, denen die Holzsubstanz als Nahrung dient.

Die wichtigsten Holzinsekten im Bauholz sind:

- Hausbock
- Gewöhnlicher Nagekäfer
- Brauner Splintholzkäfer

Die Holzwespe befällt nur saftfrisches Holz, kann aber im Bauholz eingeschleppt werden. Nach dem Ausschlüpfen befällt dieses Insekt die trockenen Holzteile nicht mehr.

Der Hausbockkäfer ist das bedeutendste Holzinsekt. Er befällt nur Nadelhölzer, denn Laubholz enthält Stoffe, die die Larven abtöten.

Hausbockkäfer

Der Gemeine oder Gewöhnliche Nagekäfer befällt trockenes Nadel- oder Laubholz.

Der Braune Splintholzkäfer befällt nur Laubholz.

Übersicht über wichtige Holzinsekten im Bauholz

Insektenart	Larve	Vollinsekt	Befallsbild	Erkennung
Hausbock	 Länge ca. 15–30 mm	 Länge ca. 8–20 mm	 ovales Flugloch ca. 4 x 7 mm	Zur sicheren Erkennung gehören der dumpfe Klang beim Anschlagen, Abhören nach Fraßgeräuschen mit dem Hörgerät und das Abbeilen der Kanten, um die Fraßgänge freizulegen. Diese befinden sich dicht an der Oberfläche und sind mit hellem Fraßmehl gefüllt. Befällt das Splintholz von Nadelhölzern.

Insektenart	Larve	Vollinsekt	Befallsbild	Erkennung
Gewöhnlicher Nagekäfer	 Länge ca. 4–6 mm	 Länge ca. 2,5–4,5 mm	 rundes Flugloch ø ca. 1–2 mm	Die Erkennung ist anhand der zahlreichen kleinen, runden Fluglöcher möglich. Die unregelmäßig verlaufenden Fraßgänge sind mit Bohrmehl und kleinen Kotbällchen ausgefüllt. Befällt Laub- und Nadelholz.
Brauner Splintholzkäfer	 Länge ca. 4–6 mm	 Länge ca. 3–6 mm	 rundes Flugloch ø ca. 1–1,5 mm	Kann aufgrund der zahlreichen runden Fluglöcher mit dem gewöhnlichen Nagekäfer verwechselt werden. Die Fraßgänge verlaufen meist in Richtung der Holzfaser und sind mit puderfeinem Bohrmehl verstopft. Befällt den stärkehaltigen Splint von Laubhölzern, z. B. Esche, Eiche, Limba, Apachi, Ramin, Rüster.
Holzwespe	 Länge bis ca. 30 mm	 Länge ca. 15–30 mm	 rundes Flugloch ø ca. 4–7 mm	Die Erkennung ist anhand der großen runden Fluglöcher möglich. Befällt nur saftfrisches Nadelholz, kann aber mit dem Holz eingeschleppt werden, sodass die Wespe später schlüpft.

Die sicherste Bekämpfung von Holzinsekten geschieht durch das Beseitigen und Ersetzen der befallenen Holzteile. Ist dies z. B. aus denkmalpflegerischen Gründen nicht möglich, müssen starke Insektizide eingesetzt werden. Diese können die Umwelt und die Gesundheit schädigen.

siehe auch Teil G, Kapitel 6.5, Seite 557
siehe auch Band 2, Teil H, Kapitel 7.9, Seite 134

3.4.2 Mauerspinnen

Die 1 bis 4 mm große Mauerspinne (lat. *Dictyna civica*) gehört zu den Kräuselspinnen. Sie ist aus dem Mittelmeerraum eingewandert. Diese Spinnen legen keine frei schwebenden waagerechten oder senkrechten Netze an. Mauerspinnen weben mit stark gekräuselten Fäden meist unregelmäßige, ca. 5 cm große Netze direkt an der Hausmauer. Die Netze findet man meist regen- und windgeschützt unter Gesimsen und Dachüberständen, häufig in der Nähe von Lampen, da das Licht Insekten anzieht.

In den Netzen sammeln sich Nahrungsreste der Spinnen und Schmutz. So zeichnen sich die ursprünglich weißen Netze nach einiger Zeit dunkel ab. Fassade und Beschichtung werden ansonsten nicht geschädigt.

Die Netze der Mauerspinne findet man besonders an regen- und windgeschützten Stellen der Fassade, die nachts beleuchtet sind.

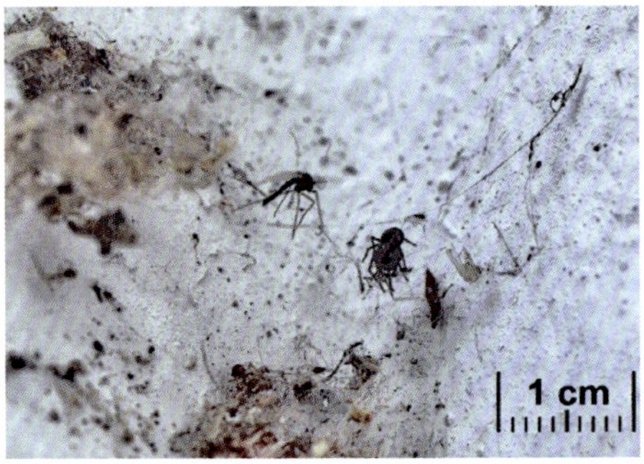

Mauerspinnen mit ihrer Beute

Mit der Hochdruckreinigung lassen sich zwar die Spinnweben beseitigen, die Spinnen überleben aber und legen wieder ihre Netze an.

Die Spinnennetze müssen durch Abkehren und Abwaschen entfernt werden. Eine Bekämpfung ist nur mit Insektiziden möglich, die aber die Umwelt belasten. Deshalb ist der Einsatz der Insektizide sehr umstritten.

Gesundheitsschutz

Bei der Verwendung von Insektiziden sind die Sicherheitsdatenblätter der eingesetzten Werkstoffe zu beachten.

Gefahrenhinweise:

H317 Kann allergische Hautreaktionen verursachen.
H335 Kann die Atemwege reizen.
H336 Kann Schläfrigkeit und Benommenheit verursachen.
H351 Kann vermutlich Krebs erzeugen.
H360FD Kann die Fruchtbarkeit beeinträchtigen. Kann das Kind im Mutterleib schädigen.
H302 + H332 Gesundheitsschädlich bei Verschlucken oder Einatmen.
H410 Sehr giftig für Wasserorganismen, mit langfristiger Wirkung.
EUH401 Zur Vermeidung von Risiken für Mensch und Umwelt die Gebrauchsanleitung einhalten. Nur für gewerbliche Anwender.

Sicherheitshinweise:

P201 Vor Gebrauch besondere Anweisungen einholen.
P261 Einatmen von Staub/Rauch/Gas/Nebel/Dampf/Aerosol vermeiden.
P271 Nur im Freien oder in gut belüfteten Räumen verwenden.
P280 Schutzhandschuhe/Schutzkleidung/Augenschutz/Gesichtsschutz tragen.
P308 + P311 Bei Exposition oder falls betroffen: Giftinformationszentrum/Arzt anrufen.
P501 Inhalt/Behälter entsprechend den örtlichen Vorschriften der Entsorgung zuführen.

Im Betrieb ist auf der Grundlage des Sicherheitsdatenblattes eine Betriebsanweisung zu erstellen und die Mitarbeiter/-innen sind entsprechend zu unterweisen.

4 Gesetze, Verordnungen, Vorschriften und Richtlinien

Gesetze und Verordnungen

EinhZeitG Gesetz über die Einheiten im Messwesen und die Zeitbestimmung (Einheiten- und Zeitgesetzt)

GEG Gesetz zur Einsparung von Energie und zur Nutzung erneuerbarer Energien zur Wärme- und Kälteerzeugung in Gebäuden (Gebäudeenergiegesetz)

BImSchG Gesetz zum Schutz vor schädlichen Umwelteinwirkungen durch Luftverunreinigungen, Geräusche, Erschütterungen und ähnliche Vorgänge (Bundes-Immissionsschutzgesetz)

BImSchV	Verordnung zur Durchführung des Bundes-Immissionsschutzgesetzes
EnEV	Verordnung über energiesparenden Wärmeschutz und energiesparende Anlagentechnik bei Gebäuden (Energieeinsparverordnung)

Richtlinien

DIN EN 772-11	Prüfverfahren für Mauersteine – Teil 11: Bestimmung der kapillaren Wasseraufnahme von Mauersteinen aus Beton, Porenbetonsteinen, Betonwerksteinen und Natursteinen sowie der anfänglichen Wasseraufnahme von Mauerziegeln
DIN EN 1015-18	Prüfverfahren für Mörtel für Mauerwerk – Teil 18: Bestimmung der kapillaren Wasseraufnahme von erhärtetem Mörtel (Festmörtel)
DIN EN ISO 1519	Beschichtungsstoffe – Dornbiegeversuch (zylindrischer Dorn)
DIN EN ISO 1520	Beschichtungsstoffe – Tiefungsprüfung
DIN EN ISO 1522	Beschichtungsstoffe – Pendeldämpfungsprüfung
DIN EN 1062-3	Beschichtungsstoffe – Beschichtungsstoffe und Beschichtungssysteme für mineralische Substrate und Beton im Außenbereich – Teil 3: Bestimmung der Wasserdurchlässigkeit
DIN EN 1925	Prüfverfahren von Naturstein – Bestimmung des Wasseraufnahmekoeffizienten infolge Kapillarwirkung
DIN 2403	Kennzeichnung von Rohrleitungen nach dem Durchflussstoff
DIN 2404	Kennfarben für Heizungsrohrleitungen
DIN EN ISO 2409	Beschichtungsstoffe – Gitterschnittprüfung
DIN EN ISO 2431	Beschichtungsstoffe – Bestimmung der Auslaufzeit mit Auslaufbechern
DIN EN ISO 2808	Beschichtungsstoffe – Bestimmung der Schichtdicke
DIN EN ISO 2811-1	Beschichtungsstoffe – Bestimmung der Dichte – Teil 1: Pyknometer-Verfahren
DIN EN ISO 2813	Beschichtungsstoffe-Bestimmung des Glanzwertes unter 20°, 60° und 85°
DIN EN ISO 2815	Beschichtungsstoffe – Eindruckversuch nach Buchholz
DIN EN ISO 2884	Beschichtungsstoffe – Bestimmung der Viskosität mit Rotationsviskosimetern
DIN ISO 3864-1	Graphische Symbole – Sicherheitsfarben und Sicherheitszeichen – Teil 1: Gestaltungsgrundlagen für Sicherheitszeichen und Sicherheitsmarkierungen
DIN 4108	Wärmeschutz und Energie-Einsparung in Gebäuden
DIN 4109	Schallschutz im Hochbau
DIN EN ISO 4624	Beschichtungsstoffe – Abreißversuch zur Bestimmung der Haftfestigkeit
DIN 5033	Farbmessung
DIN 6164	DIN-Farbenkarte – System der DIN-Farbenkarte für den 2°-Normalbeobachter
DIN 6176	Farbmetrische Bestimmung von Farbabständen bei Körperfarben nach der DIN99o-Formel
DIN EN ISO 6272	Beschichtungsstoffe – Prüfung der Widerstandsfähigkeit bei schlagartiger Verformung (Schlagprüfung) – Teil 1: Prüfung durch fallendes Gewichtsstück, große Prüffläche

DIN EN ISO 6860 Beschichtungsstoffe – Dornbiegeversuch (mit konischem Dorn)
DIN EN ISO 7010 Graphische Symbole – Sicherheitsfarben und Sicherheitszeichen
DIN EN ISO 10211 Wärmebrücken im Hochbau – Wärmeströme und Oberflächentemperaturen
DIN EN ISO 11664-4 Farbmetrik – Teil 4: CIE 1976 L*a*b* Farbraum
DIN EN ISO 12058 Kunststoffe – Bestimmung der Viskosität mit einem Kugelfallviskosimeter
DIN EN ISO 10456 Baustoffe und -produkte – Wärme- und feuchtetechnische Eigenschaften – Tabellierte Bemessungswerte und Verfahren zur Bestimmung der wärmeschutztechnischen Nenn- und Bemessungswerte
DIN EN 13187 Wärmetechnisches Verhalten von Gebäuden – Nachweis von Wärmebrücken in Gebäudehüllen – Infrarot-Verfahren
DIN EN ISO 15148 Wärme- und feuchtetechnisches Verhalten von Baustoffen und Bauprodukten – Bestimmung des Wasseraufnahmekoeffizienten bei teilweisem Eintauchen
DIN EN ISO 15184 Beschichtungsstoffe – Bestimmung der Härte von Beschichtungen durch Testen mit Bleistiften
DIN 18005 Schallschutz im Städtebau – Grundlagen und Hinweise für die Planung
DIN EN ISO 20567 Beschichtungsstoffe – Prüfung der Steinschlagfestigkeit von Beschichtungen – Teil 1: Multischlagprüfung
DIN EN ISO 22557 Beschichtungsstoffe – Kratzprüfung mit einem Härteprüfstab
DIN 55699 Anwendung und Verarbeitung von außenseitigen Wärmedämm-Verbundsystemen (WDVS) mit Dämmstoffen aus expandiertem Polystyrol-Hartschaum (EPS) oder Mineralwolle (MW)

Technische Richtlinien

BFS-Merkblatt Nr. 18 Beschichtungen auf Holz und Holzwerkstoffen im Außenbereich
BFS-Merkblatt Nr. 21 Technische Richtlinien für die Planung und Verarbeitung von Wärmedämm-Verbundsystemen
BFS-Merkblatt Nr. 25 Richtlinien zur Beurteilung von Farbübereinstimmungen und Farbabweichungen
VDI 2720 Blatt 2 Schallschutz durch Abschirmung in Räumen

Technische Regeln

TRBA 400 Handlungsanleitung zur Gefährdungsbeurteilung und für die Unterrichtung der Beschäftigten bei Tätigkeiten mit biologischen Arbeitsstoffen
TRBA 460 Einstufung von Pilzen in Risikogruppen
TRBA 500 Allgemeine Hygienemaßnahmen: Mindestanforderungen – Grundlegende Maßnahmen bei Tätigkeiten mit biologischen Arbeitsstoffen
TRGS 524 Schutzmaßnahmen bei Tätigkeiten in kontaminierten Bereichen
TRGS 907 Verzeichnis sensibilisierender Stoffe und von Tätigkeiten mit sensibilisierenden Stoffen

D Gesundheitsschutz und Unfallverhütung

Krankheiten und Unfälle bringen viel Leid in die Familien. Zudem belasten die damit verbundenen Kosten die Firmen, die Sozialversicherung und damit die Allgemeinheit. Berufsbedingte Krankheiten und Unfälle lassen sich in der Regel vermeiden. Deshalb wurde zum Schutz der Beschäftigten eine große Anzahl von Gesetzen, Vorschriften, Verordnungen und Richtlinien erlassen. Das Maler- und Lackiererhandwerk gehört nicht zu den besonders gefährdeten Berufen.

Im Beruf des Malers und Lackierers lassen sich die drohenden Gefahren in fünf Gruppen einteilen:

1. Absturzgefahren
2. Gefahren durch gefährliche Arbeitsstoffe
3. Gefahren durch die Arbeitsverfahren
4. Gefahren durch elektrischen Strom
5. Brandgefahren

Aufträge

1. Welche Berufsgenossenschaft ist der Träger der betrieblichen Unfallversicherung im Maler- und Lackiererhandwerk?
   Welche gesundheitlichen Risiken sind in der Berufsgenossenschaft versichert?
   Welche Leistungen übernimmt die Berufsgenossenschaft im Versicherungsfall?
2. Wo können in Ihrem Betrieb die Unfallverhütungsvorschriften eingesehen werden?
3. Wie oft muss ein 17-jähriger Auszubildender im Betrieb zu den Inhalten der UVV unterrichtet werden?
4. Welche Bedeutung haben die jeweiligen Sicherheits- und Kennzeichnungsfarben?
5. Welche Warnzeichen sind bei der Arbeit des Malers und Lackierers von besonderer Bedeutung?
6. Zum Beschichten von Dachrinnen soll eine Anlegeleiter eingesetzt werden. Welche Angaben der UVV sind hierzu besonders zu beachten?
7. Wie ist in der UVV die Verantwortlichkeit bei Gerüsten geregelt?
8. Zum Tapezieren von Raufasertapeten soll ein aus Stehleitern hergestelltes Behelfsgerüst eingesetzt werden. Auf welche Details müssen Sie das eingesetzte Behelfsgerüst überprüfen?
9. Zur Beschichtung der Decken und Wände in einer Lagerhalle soll ein Fahrgerüst eingesetzt werden. Fertigen Sie zur Überprüfung dieses Gerüsts eine Checkliste an.

10. Nennen Sie die häufigsten Gründe für Unfälle auf Gerüsten.

11. Erstellen Sie einen Arbeitsplan für das Aufstellen eines Steckrahmengerüsts.

12. Wie können Sie erkennen, dass es sich bei einem Werkstoff um einen Gefahrstoff handelt?

13. Wie sind organische Lösemittel zu kennzeichnen?

14. Von wem erhalten Sie die Sicherheitsdatenblätter? Welche Angaben muss ein Sicherheitsdatenblatt enthalten?

15. Welche Rangfolge ist bei den technischen Schutzmaßnahmen bei der Verarbeitung gefährlicher Arbeitsstoffe einzuhalten?

16. Welche Gliederungspunkte müssen in einer Betriebsanweisung enthalten sein?

17. Wie sind bei einem Transport an der Verpackung Gefahrgüter zu erkennen?

18. Erstellen Sie eine Liste, welche Bestimmungen die Kleinmengenregelung für den Transport von Gefahrstoffen vorsieht.

19. Berechnen Sie, ob ein Transport noch entsprechend der Kleinmengenregelung durchgeführt werden darf. Sie wollen folgende Gefahrgüter transportieren:
   - 5 Dosen mit 2,5 l lösemittelhaltigem Klebstoff
   - 12 Dosen mit je 2,5 l lösemittelhaltiger Alkydharzlackfarbe
   - 3 Kannen mit 10 l Lösemittel
   - 2 Eimer mit 15 l Kalkfarbe

20. Sie müssen zur Renovierung eines Treppenhauses eine Baustelle einrichten. An welchen Orten dürfen keine Gefahrstoffe gelagert werden?

21. Für welche Arbeiten dürfen jugendliche Auszubildende im Maler- und Lackiererhandwerk nicht eingesetzt werden?

22. Unter welchen Voraussetzungen werden bei der Verarbeitung von Beschichtungsstoffen an die Ausstattung der Arbeitsräume keine besonderen Anforderungen gestellt? Welche Forderungen müssen erfüllt werden, wenn diese Voraussetzungen nicht gegeben sind?

23. Erstellen Sie eine Liste, welche Schutzmaßnahmen bei den folgenden Arbeitsverfahren ergriffen werden müssen:
    1. Schleifen
    2. Niederdruckspritzen
    3. Hochdruckspritzen
    4. Höchstdruckspritzen
    5. Entschichten mit Abbeizfluiden

24. Beim maschinellen Schleifen stellen Sie einen Defekt an einer elektrischen Verlängerungsleitung fest. Erläutern Sie, welche Maßnahmen Sie zur Beseitigung des Schadens ergreifen.
25. Welche Maßnahmen sind bei einem Brand sofort zu ergreifen?
26. Welche Schutzausrüstungsteile gehören zur persönlichen Schutzausrüstung und wann sind diese zu tragen?
27. Welche Partikelfiltertypen müssen Sie beim Schleifen einsetzen, wenn Sie befürchten, dass Bleistaub frei wird?
28. Welche Gasfiltertypen müssen Sie beim Atemschutz
    1. zum Reinigen von Zinkuntergründen mit der Salmiak-Netzmittelwäsche und
    2. zum Verspritzen lösemittelhaltiger Lacke und Lackfarben einsetzen?
29. Sie verarbeiten im Maler- und Lackiererhandwerk auch Gefahrstoffe. Bei welchen Gefahrstoffen müssen Sie die Schädigung der Haut besonders befürchten? Wie kann man die Haut vor diesen Gefahrstoffen schützen?
30. Welche Angaben müssen bei einem Notruf gemacht werden?
31. Welcher Verbandkasten muss auf einer Baustelle mitgeführt werden, wenn fünf Gesellen und ein Lehrling auf dieser Baustelle arbeiten?

1 Pflichten des Betriebs

Der Betrieb ist verpflichtet, die Mitarbeiter/-innen vor Gefahren für Leib und Leben zu schützen.

Daraus ergeben sich folgende Einzelpflichten:
- Gefährdungsanalysen durchführen
- Aufsichtspflicht wahrnehmen
- sicherheitstechnische Mängel beseitigen bzw. beseitigen lassen
- Bestellung von Sicherheitsbeauftragten
- Bestellung von Fachkräften für Arbeitssicherheit
- für eine ausreichende Anzahl an Ersthelfern sorgen
- Einrichtungen der Ersten Hilfe schaffen
- Auslegen der Unfallverhütungsvorschriften
- für sichere Kraftfahrzeuge sorgen
- sichere Arbeitsplätze und Verkehrswege schaffen
- sichere Leitern und Gerüste bereitstellen
- für sichere elektrische Anlagen und Betriebsmittel sorgen
- Gefahrenstellen kennzeichnen
- gefährliche Arbeitsstoffe (Gefahrstoffe) kennzeichnen
- persönliche Schutzausrüstungen zur Verfügung stellen und deren Benutzung überwachen
- Maßnahmen zum Brand- und Explosionsschutz ergreifen

- Brandschutzmittel bereitstellen, z. B. Feuerlöscher
- für geeignete Tagesunterkünfte, Waschgelegenheiten und Toiletten sorgen
- für geeignete Be- und Entlüftung sorgen
- für zweckentsprechende Beleuchtung sorgen
- Mitarbeiter/-innen über mögliche Gefahren unterweisen
- für den Umgang mit Gefahrstoffen und gefährlichen Werkzeugen und Geräten Betriebsanweisungen erstellen
- regelmäßige Prüfungen durchführen, z. B. von elektrischen Anlagen und Geräten
- arbeitsmedizinische Untersuchungen veranlassen
- fachlich geeignete Führungskräfte einstellen
- Koordination von Arbeiten, bei denen sich Mitarbeiter/-innen unterschiedlicher Unternehmen gegenseitig gefährden können
- für ausreichende Verständigung mit ausländischen Mitarbeiter/-innen sorgen
- Arbeitsunfälle, Wegeunfälle und Berufskrankheiten der Berufsgenossenschaft melden

Der Unternehmer bzw. die Unternehmerin hat das Recht, seine/ihre Pflichten zur Verhütung von Berufskrankheiten und Arbeitsunfällen zu übertragen. Die Pflichten dürfen nur auf geeignete Mitarbeiter/-innen übertragen werden. Die Übertragung muss schriftlich erfolgen. Die allgemeine Aufsichtspflicht bleibt in jedem Fall beim Unternehmer bzw. der Unternehmerin.

1.1 Gefährdungsbeurteilung

Die Gefährdungsbeurteilung ist im Arbeitsschutzgesetz 1996 erstmals tätigkeitsbezogen enthalten. Die aktuelle Gefahrstoffverordnung (GefStoffV) fordert vom Arbeitgeber eine detaillierte Beurteilung, die dokumentiert werden muss und die erforderliche Schutzmaßnahmen festlegt sowie deren Umsetzung und die Wirksamkeit überwacht. Seit der Änderung vom Oktober 2013 sind in der Gefährdungsbeurteilung auch psychische Belastungen zu berücksichtigen.

Schritte zur Gefährdungsbeurteilung

1. **Informationsermittlung**
   Ordnungskriterien sind dabei
   - Tätigkeit/Verfahren/Arbeitsbereich (nach dem Arbeitsschutzgesetz ArbSchG)
   - Arbeitsmittel (nach der Betriebssicherheitsverordnung BetrSichV)
   - Stoff (nach der Gefahrstoffverordnung GefStoffV)
2. **Gefährdungsbeurteilung**
   (Ermittlung und Bewertung)
3. **Dokumentation**
4. **Festlegung der Schutzmaßnahmen**
5. **Umsetzung der Schutzmaßnahmen**
6. **Wirksamkeitsprüfung, bei Bedarf Nachbesserung**

Ablaufschema Gefährdungsbeurteilung am Arbeitsplatz

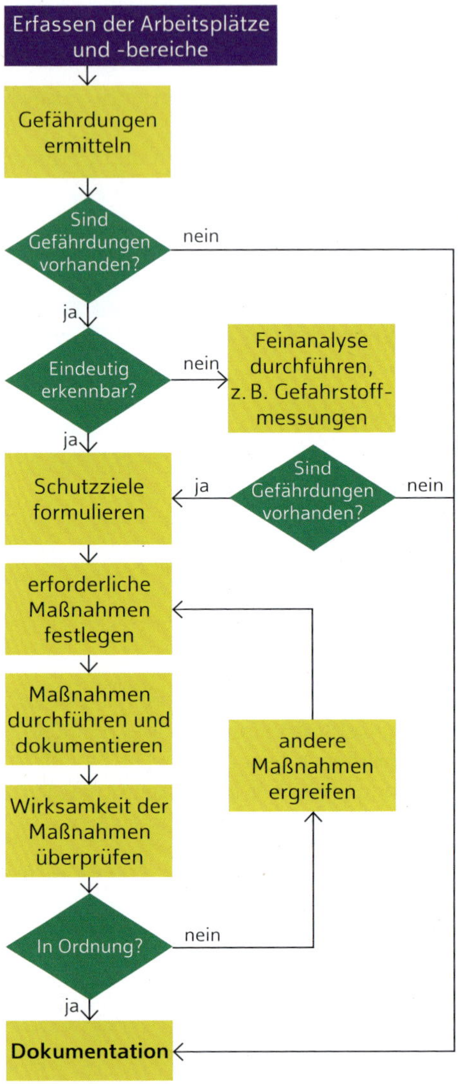

Rangfolge der Maßnahmen

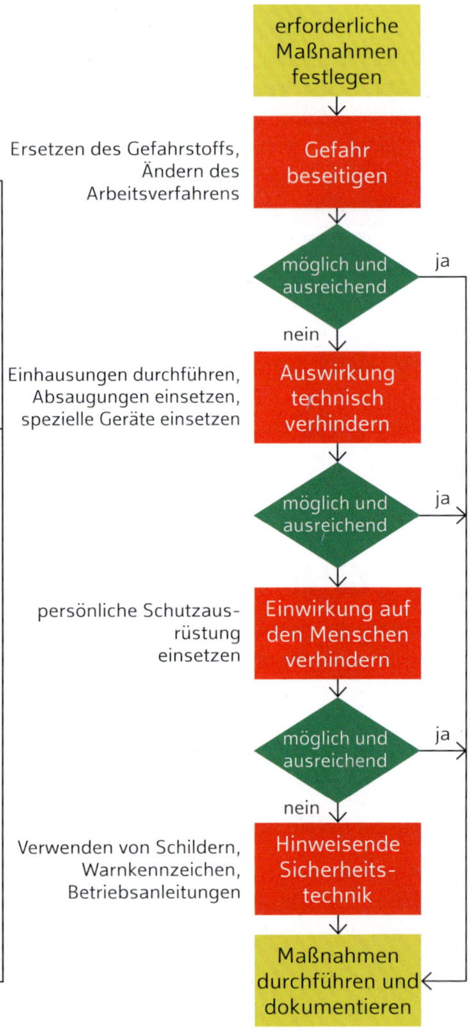

Die Pflicht zur Gefährdungsbeurteilung und die Dokumentationspflicht bestehen entsprechend der Gefahrstoffverordnung unabhängig von der Anzahl der Mitarbeiter/-innen.

Bei der Gefährdungsbeurteilung entsprechend der Gefahrstoffverordnung sind zehn Faktoren zu berücksichtigen.

Faktoren der Gefährdungsbeurteilung

1. Gefährliche Eigenschaften der eingesetzten Stoffe und Zubereitungen
2. Informationen des Herstellers oder Inverkehrbringers zum Gesundheitsschutz und zur Sicherheit, insbesondere im Sicherheitsdatenblatt
3. Ausmaß, Art und Dauer der Gefährdung
4. physikalisch-chemische Wirkungen
5. Möglichkeiten einer Substitution (des Ersatzes)
6. Arbeitsbedingungen und Verfahren, einschl. der Arbeitsmittel und der Gefahrstoffmenge
7. Arbeitsplatzgrenzwerte und biologische Grenzwerte
8. mögliche psychische Belastungen
9. Wirksamkeit der getroffenen und zu treffenden Schutzmaßnahmen
10. Schlussfolgerungen aus durchgeführten arbeitsmedizinischen Vorsorgeuntersuchungen

2 Pflichten der Mitarbeiter/-innen

Die Mitarbeiter/-innen sind verpflichtet, sich sicherheitsgerecht zu verhalten und alle Maßnahmen zu unterstützen, die der Arbeitssicherheit und dem Gesundheitsschutz dienen.

Dazu haben die Mitarbeiter/-innen alle Anweisungen zu befolgen, wenn diese nicht sicherheitswidrig sind.

Die Mitarbeiter/-innen müssen die vom Unternehmen zur Verfügung gestellte persönliche Schutzausrüstung im Bedarfsfall benutzen.

Die Mitarbeiter/-innen haben sicherheitsgefährdende Mängel sofort zu beseitigen oder – sofern sie dazu nicht in der Lage sind – Gefahren zu verhindern und den Vorgesetzten zu informieren.

3 Berufsgenossenschaften

Die Berufsgenossenschaften sind die Träger der Unfallversicherung. Versichert sind alle in einem Arbeits- oder Ausbildungsverhältnis stehenden Personen ohne Rücksicht auf das Einkommen der Beschäftigten. Je nach Satzung der Berufsgenossenschaft sind die Unternehmer/-innen pflichtversichert oder haben die Möglichkeit zur freiwilligen Versicherung.

ArbSchG	Gesetz über die Durchführung von Maßnahmen des Arbeitsschutzes zur Verbesserung der Sicherheit und des Gesundheitsschutzes der Beschäftigten bei der Arbeit (Arbeitsschutzgesetz)
BetrSichV	Verordnung über Sicherheit und Gesundheitsschutz bei der Verwendung von Arbeitsmitteln (Betriebssicherheitsverordnung)
GefStoffV	Verordnung zum Schutz vor Gefahrstoffen (Gefahrstoffverordnung)

Die Beitragshöhe richtet sich nach den Lohnsummen der Betriebe und der Gefahrklasse (Branchenrisiko). Die Beträge werden von den Unternehmen erbracht, die Arbeitnehmer/-innen zahlen nichts.

> Das Maler- und Lackiererhandwerk gehört zur BG Bau – Berufsgenossenschaft der Bauwirtschaft.

Die Versicherungsbeiträge werden vom Unternehmen alleine getragen und jährlich nach dem Grad der Unfallgefahr und der Lohnsumme als Umlage ermittelt.[1]

Versichert sind generell ...:
- Arbeitsunfälle
- Wegunfälle
- Berufskrankheiten
- Unfälle im Zusammenhang eines Schulbesuchs

Die Berufsgenossenschaft als Unfallversicherungsträger übernimmt im Versicherungsfall folgende Leistungen:
- Übernahme der Kosten für Heilbehandlungen
- Verletztengeld (falls kein Anspruch auf Lohnfortzahlung besteht)
- Verletztenrente (Vollrente, Teilrente)
- bei Pflegebedürftigkeit Pflegegeld oder Stellung einer Pflegekraft
- Übernahme der Kosten für Umschulungen
- Sterbegeld
- Witwen- und Waisenrente
- unter bestimmten Voraussetzungen Rente an frühere Ehegatten bzw. Elternrente

Die Berufsgenossenschaft leistet nicht, wenn
- Trunkenheit und andere Rauschzustände oder
- private Tätigkeiten allein für einen Unfall verantwortlich sind.

Eine wesentliche Aufgabe der Berufsgenossenschaft ist die Vorbeugung von Unfällen und Berufskrankheiten. Dazu erlassen die Berufsgenossenschaften Vorschriften über die Einrichtungen, Anordnungen und Maßnahmen, welche die Unternehmen und die im Betrieb Beschäftigten zur Verhütung von Arbeitsunfällen und Berufskrankheiten zu treffen haben. Verstöße gegen die Unfallverhütungsmaßnahmen können mit Geldbußen geahndet werden. Zur Überwachung der Unfallverhütungsvorschriften werden technische Aufsichtsbeamte eingesetzt.

Eine andere wichtige Aufgabe der Berufsgenossenschaften ist die arbeitsmedizinische Betreuung der Mitarbeiter/-innen. Die dazu notwendigen Untersuchungen führt der Arbeitsmedizinische Dienst (AMD) der Berufsgenossenschaften durch oder er organisiert sie. Bei den arbeitsmedizinischen Untersuchungen wird zwischen den allgemeinen Untersuchungen und Untersuchungen bei besonderen Gefährdungen unterschieden.

---

www.bgbau.de
www.dguv.de (Deutsche Gesetzliche Unfallversicherung)
Internet-Suchbegriff: Berufsgenossenschaften

Der Arbeitsmedizinische Dienst berät auch bei der Gestaltung der Arbeitsplätze und bei der Auswahl und Erprobung der persönlichen Schutzausrüstung.

Die Unfallverhütungsvorschriften müssen an geeigneter Stelle im Betrieb ausgelegt werden, sodass die Einsicht jedem/jeder Mitarbeiter/-in möglich ist. Außerdem muss jeder/jede Mitarbeiter/-in in regelmäßigen Abständen, mindestens einmal im Jahr (Jugendliche mindestens halbjährlich) vom Betrieb, zu den Inhalten der UVV mündlich unterrichtet werden.

Daneben ist eine spezielle Unterweisung erforderlich
- bei Einführung neuer Maschinen, Einrichtungen, Geräte oder Arbeitsverfahren,
- bei Veränderungen an Maschinen, Einrichtungen, Geräten oder Arbeitsverfahren,
- beim Umgang mit Gefahrstoffen,
- bei Veränderung der Arbeitsabläufe,
- nach Unfällen, Störfällen oder Problemen bei einzelnen Arbeiten,
- über die Ergebnisse von Betriebsbegehungen,
- über neue oder geänderte Unfallverhütungsvorschriften, Bestimmungen oder Betriebsanweisungen.

Die Teilnahme an der Unterweisung ist von Arbeitgeber/-innen und Mitarbeitern/-innen schriftlich zu bestätigen.

4 Sicherheitskennzeichnungen

Arbeitsplätze und Werkstoffe, bei denen Gefahren drohen, müssen entsprechend gekennzeichnet werden.

Für diese Kennzeichen hat man genormte Farbtöne, die für Sicherheits- und Kennzeichnungsfarben vorgesehen sind.

Warnzeichen

Allgemeines Warnzeichen

Warnung vor feuergefährlichen Stoffen

Warnung vor explosionsgefährlichen Stoffen

Warnung vor giftigen Stoffen

Warnung vor ätzenden Stoffen

Warnung vor Rutschgefahr

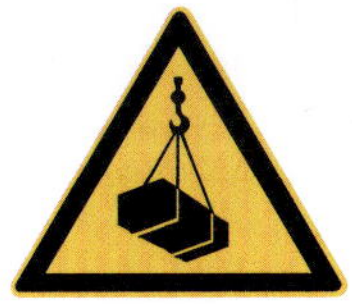

Warnung vor schwebender Last

Warnung vor Flurförderzeugen

Warnung vor gefährlicher elektrischer Spannung

Warnung vor optischer Strahlung

Warnung vor Laserstrahlen

Warnung vor brandfördernden Stoffen

Warnung vor nicht ionisierender Strahlung

Warnung vor magnetischem Feld

Warnung vor Hindernissen am Boden

Warnung vor Absturzgefahr

Warnung vor Biogefährdung

Warnung vor niedriger Temperatur/Kälte

Warnung vor Gasflaschen

Warnung vor Gefahren durch das Aufladen von Batterien

Warnung vor Quetschgefahr

Warnung vor automatischem Anlauf

Warnung vor heißer Oberfläche

Warnung vor Handverletzungen

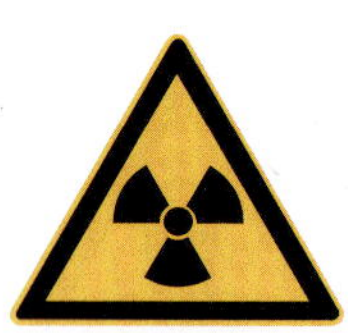

Warnung vor radioaktiven Stoffen oder ionisierenden Strahlen

Gebotszeichen

Allgemeines Gebotszeichen[1]

Augenschutz benutzen

Kopfschutz benutzen

Gehörschutz benutzen

Atemschutz benutzen

Fußschutz benutzen

Handschutz benutzen

Schutzkleidung benutzen

Gesichtsschutz benutzen

Auffanggurt benutzen

Fußgängerweg benutzen

Rückhaltesystem benutzen

Übergang benutzen

Hautschutzmittel benutzen

Vor Wartung oder Reparatur freischalten

Warnweste benutzen

[1] Dieses Zeichen darf nur in Verbindung mit einem Zusatzzeichen verwendet werden, das Aussagen über das Gebot macht.

Verbotszeichen

Allgemeines Verbotszeichen[1]

Rauchen verboten

Keine offene Flamme; Feuer, offene Zündquelle und Rauchen verboten

Essen und Trinken verboten

Eingeschaltete Mobiltelefone verboten

Kein Trinkwasser

Mit Wasser löschen verboten

Zutritt für Unbefugte verboten

Betreten der Fläche verboten

Besteigen für Unbefugte verboten

Personenbeförderung verboten

Abstellen oder Lagern verboten

Berühren verboten

Hineinfassen verboten

Mit Wasser spritzen verboten

Mitführen von Metallteilen oder Uhren verboten

Benutzen von Handschuhen verboten

Kein Zutritt für Personen mit Implantaten aus Metall

Schalten verboten

Keine schwere Last

[1] Dieses Zeichen darf nur in Verbindung mit einem Zusatzzeichen verwendet werden, das Aussagen über das Gebot macht.

Rettungszeichen für Rettungswege/Notausgänge und Erste-Hilfe-Einrichtungen

Erste Hilfe

Krankentrage

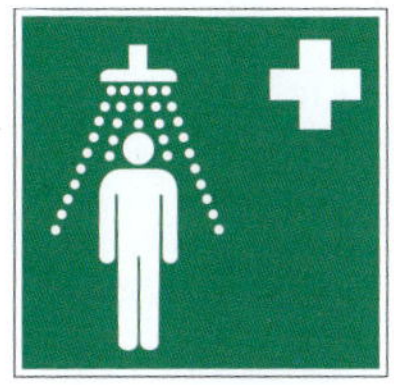
Notdusche

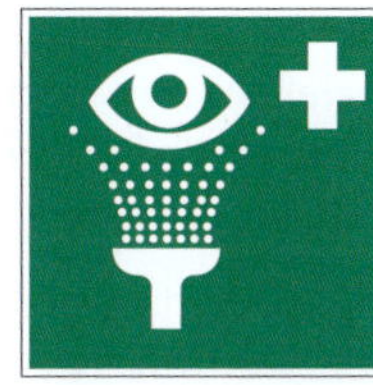
Augenspüleinrichtung

Notruftelefon

Arzt

Rettungsweg/Notausgang (rechts)

Rettungsweg/Notausgang (links)

Sammelstelle

Richtungsangabe[1]

Richtungsangabe[1]

Brandschutzzeichen

Richtungsangabe[2]

Richtungsangabe[2]

Löschschlauch

Feuerleiter

Feuerlöscher

Brandmeldetelefon

Mittel und Geräte zur Brandbekämpfung

Brandmelder

[1] Der Richtungspfeil darf nur in Verbindung mit einem weiteren Rettungszeichen verwendet werden.

[2] Der Richtungspfeil darf nur in Verbindung mit einem weiteren Brandschutzzeichen verwendet werden.

5 Schutz vor Absturzgefahren

Maler/-innen und Lackierer/-innen arbeiten oft auf erhöhten Arbeitsplätzen. Bei Arbeiten auf Tritten, Leitern, Gerüsten, Dächern und Masten drohen Absturzgefahren.

Absturzgefahren müssen vorrangig durch technische Schutzmaßnahmen verhindert werden. Nur wenn dadurch die Gefahren nicht zuverlässig unterbunden werden können, darf alleinig Persönliche Schutzausrüstung gegen Absturz (PSAgA) verwendet werden. Natürlich müssen geeignete Anschlagpunkte vorhanden sein.

Neben einer gesonderten Gefährdungsbeurteilung muss der Arbeitgeber die bestimmungsgemäße Verwendung der PSAgA durch eine gesonderte Unterweisung sicherstellen.

Die Nutzung einer PSAgA setzt ein Rettungskonzept und praktische Rettungsübungen voraus, die Verletzungsgefahren durch Anprallen am Gerüst und Hängetraumata aufzeigen. Die TRBS[1] fordern bei Verwendung von PSAgA in jedem Fall die Benutzung eines Schutzhelms mit Kinnriemen.

5.1 Leitern

Leitern werden zur Überwindung von Höhenunterschieden eingesetzt. Sie sind kein Gerüstersatz. Arbeitsunfalle entstehen häufig durch Absturz von Leitern sowie durch Brechen, Zusammenschieben oder Wegrutschen der Leitern.

Leitern sind so aufzubewahren, dass sie nicht (z. B. durch Witterungseinflüsse) beschädigt werden können. Die Leitern sind regelmäßig auf ihren einwandfreien Zustand zu überprüfen. Die Stufen oder Sprossen müssen dauerhaft mit den Holmen verbunden sein. Die Sprossen müssen den gleichen Abstand zueinander haben und trittsicher sein. Schadhafte Leitern dürfen weder benutzt noch geflickt werden. Damit etwaige Schäden erkannt werden können, dürfen Leitern aus Holz nicht deckend gestrichen werden.

Bei einer gewerblichen Verwendung von Leitern wird die Leiter als Arbeitsplatz gewertet. Sprossenleitern müssen dann mit einer Plattform ausgestattet sein. Die Hersteller von Leitern bieten Einhängeplattformen als Zubehör an.

[1] TRBS = Technische Regeln für Betriebssicherheit

BaustellV	Verordnung über Sicherheit und Gesundheitsschutz auf Baustellen (Baustellenverordnung)
DIN EN 131	„Leitern"
DGUV Information 208-016	„Handlungsanleitung für den Umgang mit Leitern und Tritten" (ehem. BGI 694)

Bis zu einer Standhöhe von 2 m sind Arbeiten auf allen Leitern ohne zeitliche Begrenzung möglich. Bei einer Standhöhe zwischen 2 m und 5 m ist die Arbeitszeit auf zwei Stunden begrenzt. Oberhalb einer Standhöhe von 5 m ist die Verwendung von Leitern nicht zulässig.

Allerdings dürfen Leitern als Verkehrsweg auch über 5 m Höhe eingesetzt werden, wenn die Beschäftigten diesen Verkehrsweg nur sehr selten nutzen.

- Leitern sind im Verkehrsbereich durch Absperrungen zu sichern.
- Das Gewicht des mitzuführenden Werkzeuges darf 10 kg nicht überschreiten.
- Die Windangriffsflache darf nicht grösser als 1,00 m^2 sein.
- Von Leitern aus darf nicht gearbeitet werden, wenn von den benutzten Werkstoffen oder Geräten zusätzliche Gefahren ausgehen. So dürfen z. B. Arbeiten mit laugenhaften Stoffen oder Arbeiten mit elektrischen Geräten von Leitern aus nicht ausgeführt werden.
- Der Beschäftigte muss beim Arbeiten auf Leitern mit beiden Füßen auf einer Sprosse stehen.

In Europa eingesetzte Leitern müssen der DIN EN 131 entsprechen. Diese Norm unterscheidet:

Professional: auch für den gewerblichen Einsatz

Non professional: nicht für den gewerblichen Einsatz

Leitern für den gewerblichen Einsatz müssen sehr viel robuster sein, was der Hersteller durch umfangreiche Prüfungen nachweisen muss.

Der dritte Teil der DIN EN 131 regelt die Anforderungen für die Benutzerinformation sowie die Gebrauchs- und Bedienungsanleitungen. Die Kennzeichnung muss dauerhaft lesbar an der Leiter angebracht werden.

Mit Inkrafttreten der Norm wird die Kennzeichnung der Leitern um zusätzliche Sicherheits-Piktogramme erweitert. Die angebrachten Piktogramme richten sich nach dem jeweiligen Leitertyp (z. B. Schiebeleiter, Mehrzweckleiter, Stehleiter etc.).

Gebrauchsanweisung an einer Anlegeleiter

Es muss eine dem Leitertyp entsprechende Gebrauchs- und Bedienungsanleitung mit der Leiter geliefert werden. Diese ist in den Sprachen aller Länder zu verfassen, in der die Leiter vertrieben wird.

5.1.1 Tritte

Tritte haben in der Regel bis zu vier Stufen. Aufgrund ihrer Bauart dürfen die obersten Stufen bzw. darf die Plattform betreten werden.

Tritte werden in Leitertritte, Treppentritte, Tritthocker und tonnenförmige Tritte unterteilt (mit Rollen auch als Rolltritt bezeichnet).

5.1.2 Anlegeleitern

Anlegeleitern sind Leitern, die zu ihrer Benutzung angelegt werden. Die Leitern können einteilig sein oder aus mehreren Einzelteilen bestehen, die entweder zusammengesteckt oder zusammengeschoben werden.

Anlegeleitern dürfen nur an sicheren Stützpunkten angelegt werden. Glasscheiben, Spanndrähte, Regenrinnen und Regenfallrohre gelten nicht als sicherer Stützpunkt.

Den richtigen Abstand von der Wand und den richtigen Anlegewinkel kann man mit der "Ellenbogenprobe" kontrollieren.

Abstand von der Wand mind. 1/4 der Leiterlänge max. 1/3 der Leiterlänge

Die Anlegeleitern müssen unter einem Anstellwinkel von 68–75° angelegt werden. Die Leitern sind richtig angelegt, wenn der Abstand der Leiterfüße von einer senkrechten Anstellwand mindestens 1/4 und höchstens 1/3 der Leiterlänge beträgt. Der richtige Anstellwinkel lässt sich auch mithilfe der eigenen Körpermaße ermitteln.

Die Holme der Anlegeleitern müssen am Fußpunkt so ausgebildet sein, dass ein Wegrutschen oder Einsinken verhindert wird. Die Leitern sind gegen seitliches Verschieben zu sichern.

Werden Leitern als Verkehrsweg benutzt, müssen die Holme über der Austrittstelle mindestens 1 m hinausragen, wenn keine andere Haltemöglichkeit vorhanden ist. Die Holme dürfen nicht behelfsmäßig verlängert werden.

Mehrteilige Anlegeleitern dürfen nur bis zu der vom Hersteller angegebenen Länge zusammengesteckt oder ausgezogen werden. Die Anlegeleitern sind gegen Durchbiegen zu sichern, z. B. durch Stützstangen.

Anlegeleitern ab 3 m Länge müssen mit einer Standverbreiterung oder Traverse[1] ausgestattet sein. Dies gilt auch für Multifunktionsleitern. Ist bei Auszugsleitern der

1 Eine Traverse (lat. transversus = quer, quer liegend) ist ein mechanischer Träger, der zur Stabilisierung, Befestigung oder Verbindung dient und bei Leitern die Standbreite vergrößert.

obere Teil der Leiter auch separat nutzbar, muss auch dieser mit einer Standverbreiterung oder Traverse ausgestattet sein. Dadurch wird der Einsatz dieser Leitern eingeschränkt.

Die Breite der Stabilisierungseinrichtung berechnet sich nach der Formel:

$$\text{Länge Standverbreiterung} = (0{,}1 \cdot \text{Leiterlänge}) + \text{Breite der Leiter}$$

Die maximale Breite der Traverse ist auf 1,2 m begrenzt.

Ältere Leitern haben Bestandsschutz. Jedoch ist mit einer Gefährdungsanalyse nachzuweisen, dass die Leiter eine ausreichende Sicherheit gegen das Wegkippen bietet. Die DGUV (Deutsche Gesetzliche Unfallversicherung) empfiehlt, ältere Leitern mit einer Standverbreiterung nachzurüsten.

> Von Anlegeleitern aus dürfen nur Arbeiten ausgeführt werden, bei denen wenig Material und Werkzeug benötigt werden. Daneben sind Dauer und Schwierigkeitsgrad der Arbeit zu berücksichtigen. Der Leiterbenutzer muss mit beiden Füßen auf einer Sprosse stehen und sich mit einer oder beiden Händen gegen Absturz sichern können.

5.1.3 Stehleitern

Stehleitern sind zweischenklige, frei stehende Leitern, die auch aus Einzelteilen zusammengesetzt sein oder über eine aufgesetzte Sicherheitsbrücke verfügen können.

Stehleitern müssen durch ihre Bauart gegen Umstürzen und Auseinandergleiten gesichert sein. Es sind mindestens zwei Spreizsicherungen erforderlich, die fest mit den Leiterschenkeln verbunden sein müssen. Oberhalb der Gelenke dürfen sich keine Widerlager bilden können.

Die obersten zwei Stufen oder Sprossen dürfen nur betreten werden, wenn die Leitern über eine Sicherheitsbrücke oder Haltevorrichtung verfügen.

Von Stehleitern aus darf nicht auf Gerüste oder andere hoch gelegene Plätze übergestiegen werden.

Stehleitern dürfen nicht als Anlegeleitern benutzt werden.

Beim Einsatz von Stehleitern in Arbeitsbereichen mit wechselnden Arbeitshöhen bietet sich die Verwendung von höhenverstellbaren Sprossenstehleitern an. Diese bestehen aus zwei Unterteilen und einem in Sprossenabständen verschiebbaren Oberteil, das zur Höhenverstellung ausgezogen und in der gewünschten Höhe an den Unterteilen arretiert wird.

Sind Arbeiten in engen Treppenhäusern durchzuführen, in denen kein Gerüst aufgebaut werden kann, eignen sich Stehleitern mit Holmverlängerungen. Serienmäßig mit vier Holmverlängerungen ausgerüstete Stehleitern werden von den Herstellern auch als Treppen- oder Treppenhausleitern angeboten.

Für Arbeiten, bei denen ein erhöhter Bewegungsfreiraum erforderlich ist, oder bei länger dauernden Arbeiten müssen Podestleitern bereitgestellt werden. Dies sind ein- oder beidseitig besteigbare Aufstiege mit Stufen oder Flachsprossen und umwehrter Plattform (Podest). Für Podestleitern ist auch die Bezeichnung Plattformleiter gebräuchlich.

5.1.4 Mehrzweckleitern

Mehrzweckleitern sind Leitern, die konstruktionsbedingt als Anlege-, Schiebe- oder Stehleitern verwendet werden können. Dreiteilige Mehrzweckleitern werden auch als „Stehleiter mit aufgesetzter Schiebeleiter" bezeichnet. Die Bereitstellung von Mehrzweckleitern bietet sich an, wenn häufig sowohl Steh- als auch Anlegeleitern benötigt werden.

Zu Mehrzweckleitern zählen außerdem Leitern, deren Schenkel durch selbsttätig sperrende Gelenke miteinander verbunden sind und die als Anlege-, Stehleiter oder Kleinstgerüst zugelassen sind.

Vor der Benutzung ist auf das vollständige Einrasten aller Gelenke zu achten.

Aufbau und Benutzung dürfen nur entsprechend der Betriebsanweisung erfolgen.

5.1.5 Mechanische Leitern

Mechanische Leitern sind fahrbare Schiebeleitern, die hand- oder kraftbetrieben aufgerichtet oder ausgefahren werden. Die Leitern sind nach der Betriebsanweisung, die an der Leiter angebracht sein muss, unter fachkundiger Aufsicht auf- und abzubauen sowie zu benutzen.

Mechanische Leitern müssen auf tragfähigem Untergrund aufgestellt werden. Frei stehende, mechanische Leitern sind gegen übermäßiges Schwanken zu sichern. Mechanische Leitern dürfen erst bestiegen werden, wenn sie standsicher aufgestellt sind und die Feststellvorrichtungen für die aufgerichtete Leiter und die ausgefahrenen Leiterteile wirksam sind.

Mechanische Leitern dürfen nicht verfahren, geschwenkt, aus- oder eingefahren werden, solange sich jemand auf ihnen befindet.

Bei starkem Wind sind die Arbeiten von mechanischen Leitern aus einzustellen.

Auch von mechanischen Leitern aus dürfen nur Arbeiten geringen Umfangs und Sicherungsarbeiten ausgeführt werden. Der Benutzer der Leiter muss gegen Absturz gesichert sein, z. B. durch ein Sicherheitsgeschirr.

5.2 Gerüste

Gerüste dienen Maler/-innen und Lackierer/-innen als sicherer Arbeitsplatz bei höher gelegenen Arbeitsstellen. Der Bau und die Benutzung der Gerüste müssen sehr sorgfältig erfolgen.

Bei Gerüsten ist zwischen Arbeitsgerüsten und Schutzgerüsten zu unterscheiden:

- Arbeitsgerüste sind Gerüste, von denen aus Arbeiten durchgeführt werden. Diese Gerüste müssen die beschäftigten Personen, ihr Werkzeug und die für die Arbeiten unmittelbar erforderlichen Baustoffe tragen.
- Schutzgerüste sind Gerüste, die als Fanggerüste Personen gegen tieferen Absturz sichern oder als Schutzdächer Personen, Maschinen, Geräte usw. vor herabfallenden Gegenständen schützen.

Verantwortlichkeit für die Sicherheit der Gerüste
Für den betriebssicheren Auf- und Abbau der Gerüste ist der/die Unternehmer/-in verantwortlich, dessen/deren Betrieb die Gerüstbauarbeiten durchführt.

Für die ordnungsgemäße Erhaltung und Benutzung der Gerüste ist jede/-r Unternehmer/-in verantwortlich, wenn er/sie sich der Gerüste bedient.

Die Gerüste dürfen nur unter ständiger Aufsicht einer fachkundigen Person und von fachlich geeigneten Beschäftigten aufgebaut und verändert werden. Die Montageanweisung muss stets auf der Baustelle sein, sie enthält mindestens:
- Aufbau- und Verwendungsanleitung des Herstellers/Regelausführung
- ergänzende Detailangaben bei Abweichungen
- festgelegte Maßnahmen zur sicheren Montage, z. B. Montagesicherheitsgeländer (MSG)

Stellt ein Beschäftigter fest, dass ein Gerüst Sicherheitsmängel aufweist, so hat er diese unverzüglich zu beseitigen. Verfügt er nicht über die erforderliche Sachkunde oder die technischen Möglichkeiten, so hat er den Zugang mit Hinweis auf die Sicherheitsmängel zu sperren und den Mangel unverzüglich seinen Vorgesetzten zu melden.

5.2.1 Kleingerüste

Kleingerüste sind Gerüste mit mehr als 1 m Standhöhe, die aus einer Gerüstlage mit unveränderlicher Länge und Breite bestehen und freistehend benutzt werden können.

Kleingerüste müssen von der Herstellfirma deutlich erkennbar und dauerhaft gekennzeichnet sein.

Die Kennzeichnung muss umfassen:
- zulässige Tragfähigkeit
- Typ des Kleingerüstes
- Herstellerkennzeichen

Der Hersteller muss für Kleingerüste eine Aufbau- und Verwendungsanleitung zur Verfügung stellen. Diese muss alle für die bestimmungsgemäße Verwendung erforderlichen Angaben enthalten, einschließlich der zulässigen Belastung und der Eigenlasten.

Kleingerüste dürfen nur unter Aufsicht einer befähigten Person und von fachlich geeigneten Beschäftigten auf-, um- und abgebaut werden.

Die Gerüste müssen nach der Montage und vor jeder Inbetriebnahme von hierzu befähigten Personen geprüft werden. Die Prüfung ist zu dokumentieren.

Vor dem Einbau sind alle Teile auf ihre einwandfreie Beschaffenheit zu überprüfen. Es dürfen nur unbeschädigte Originalteile verwendet werden.

> Die Standhöhe von Kleingerüsten ist konstruktiv auf höchstens 2 m begrenzt. Es ist ein dreiteiliger Seitenschutz erforderlich, bestehend aus Geländerholm, Zwischenholm und Bordbrett. Liegt die Belagfläche unter 2 m sollte ein Handlauf montiert sein.

Kleingerüste dürfen nur entsprechend der Aufbau- und Verwendungsanleitung eingesetzt werden. Diese muss auf der Verwendungsstelle zur Verfügung stehen.[1]

Kleingerüste müssen über sichere Zugänge oder Aufstiege erreichbar sein.

Das Verfahren ist nur langsam in Längsrichtung oder über Eck zulässig. Zum Verfahren sind die Spindelteller, falls vorhanden, so knapp wie möglich zu lüften. Jeglicher Anprall ist zu vermeiden. Vor dem Verfahren sind lose Teile gegen Herabfallen zu sichern. Während des Verfahrens darf sich niemand auf dem Gerüst aufhalten.

Nach dem Verfahren sind die Lenkrollen durch Niederdrücken des Bremshebels zu arretieren.

Die Durchstiegsklappen müssen, außer beim Durchsteigen, immer geschlossen sein. Die zulässige Belastung darf nicht überschritten werden.

Das Übersteigen von Fahrgerüsten und das Springen auf Belagflächen ist verboten. Es ist weiterhin verboten, die Höhe der Belagfläche durch Verwendung von Leitern, Kästen oder anderen Vorrichtungen zu vergrößern.

Kleingerüste sind nicht dafür konstruiert, angehoben oder angehängt zu werden.

5.2.2 Fahrbare Arbeitsbühnen

Fahrbare Arbeitsbühnen sind einfeldrige Gerüstkonstruktionen mit festen Maßen, mindestens vier Fahrrollen und als Arbeitsfläche eine oder mehrere Belagflächen (Plattformen) aus vorgefertigten Systembauteilen mit konstruktiven Versteifungen.

Fahrbare Gerüste sind Systemgerüste, die auf Fahrrollen stehen und verfahrbar sind. Bei diesen Gerüsten ist die Standsicherheit nachzuweisen. Da dieser Nachweis nicht einfach zu führen ist, verwenden Maler/-innen und Lackierer/-innen in aller Regel fahrbare Arbeitsbühnen.

BetrSichV	Betriebssicherheitsverordnung
DGUV Vorschrift 38	„Bauarbeiten“
DGUV Information 201-011	„Handlungsanleitung für den Umgang mit Arbeits- und Schutzgerüsten“
DIN EN 1004	„Fahrbare Arbeitsbühnen aus vorgefertigten Bauteilen“

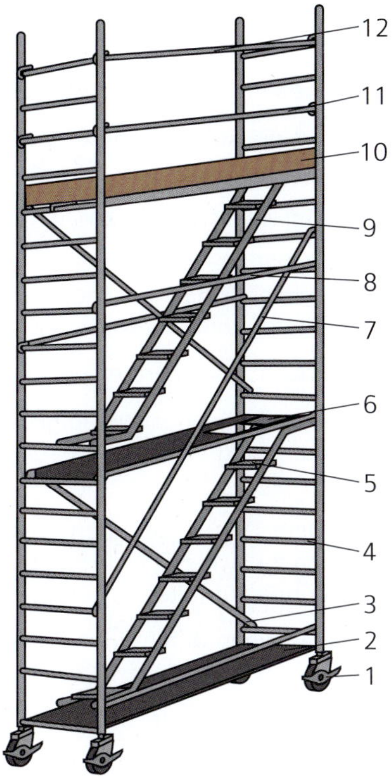

Fahrgerüst-Beispiel

12 = Handlauf
11 = Zwischenholm
10 = Brücke mit Bordbrett
9 = Innenaufstieg
8 = Querverstrebung
7 = Diagonalverstrebung
6 = Brücke mit Durchstiegsluke
5 = Innenaufstieg
4 = Standleiter
3 = Querverstrebung
2 = Brücke
1 = Feststellbare Fahrrollen

Für alle Fahrgerüste gelten die Aufbau- und Benutzungsanleitungen der jeweiligen Hersteller.

Diese enthalten alle für die Verwendung maßgeblichen Hinweise, z. B.:

- Angaben zur Aufbaufolge
- Angaben zur max. Belastung
- Angaben zur zulässigen max. Standhöhe: 8 m im Freien, 12 m in geschlossenen Räumen

Fahrbare Arbeitsbühnen dürfen nur von Beschäftigten auf-, ab- oder umgebaut werden, die tätigkeitsbezogen gemäß der betreffenden Aufbau- und Verwendungsanleitung unterwiesen wurden.

Die Beschäftigten müssen fachlich und körperlich geeignet und aufgrund der besonderen Gefährdung vom Arbeitgeber für diese Aufgaben beauftragt sein.

Den Beschäftigten ist vor der erstmaligen Verwendung eine Betriebsanweisung zur Verfügung zu stellen.

Fahrbare Arbeitsbühnen müssen nach der Aufbau- und Verwendungsanleitung der Herstellfirma errichtet werden.

Die zulässige Belaghöhe richtet sich nach den Angaben der Aufbau- und Verwendungsanleitung. In der Regel darf die Belaghöhe

- in Gebäuden maximal 12 m,
- außerhalb von Gebäuden maximal 8 m betragen.

An fahrbaren Arbeitsbühnen muss an der jeweiligen Arbeitsebene ein dreiteiliger Seitenschutz vorhanden sein. Beim Arbeiten auf mehreren Ebenen müssen diese komplett mit dreiteiligem Seitenschutz ausgerüstet sein.

Es müssen konstruktiv festgelegte Innenaufstiege vorhanden sein. Der Aufstieg zur Arbeitsbühne ist generell nur auf der Gerüstinnenseite gestattet.

An Zwischenbühnen, die nur für den Aufstieg genutzt werden, kann auf Bordbretter verzichtet werden.

Es darf nicht gleichzeitig auf zwei oder mehreren Arbeitsebenen gearbeitet werden.

Das Anbringen von Hebezeugen ist verboten, es sei denn, die Aufbau- und Verwendungsanleitung lässt dies ausdrücklich zu.

Überbrückungen zwischen fahrbaren Arbeitsbühnen untereinander oder zu Gebäuden/Bauteilen sind unzulässig.

Die fahrbare Arbeitsbühne muss vor der Verwendung durch eine Inaugenscheinnahme und, falls erforderlich, eine Funktionskontrolle auf Mängel kontrolliert werden.

Die zulässige Belastung für fahrbare Arbeitsbühnen darf nicht überschritten werden.

Die fahrbaren Arbeitsbühnen dürfen nur langsam (maximal Schrittgeschwindigkeit) und auf ebenem, tragfähigem und hindernisfreiem Untergrund verfahren werden. Nur in Längsrichtung oder über Eck verfahren.

Beim Verfahren dürfen sich keine Gegenstände auf dem Gerüst befinden. Lose Gegenstände sind vor dem Verfahren gegen Herabfallen zu sichern. Während des Verfahrens dürfen sich keine Personen auf der Arbeitsbühne aufhalten.

Fahrrollen müssen nach dem Verfahren und vor dem Besteigen durch Bremshebel festgesetzt werden. Jeglicher Anprall ist zu vermeiden!

Die Durchstiegsklappen dürfen nur zum Durchsteigen geöffnet werden.

Nicht auf Belagflächen springen.

Es ist verboten, die Höhe der Belagfläche durch Verwendung von Leitern, Kästen oder anderen Vorrichtungen zu vergrößern.

Fahrbare Arbeitsbühnen dürfen nicht angehoben oder angehängt werden.

Bei aufkommendem Sturm (ab Windstärke 6) und nach Beendigung der Arbeiten sind fahrbare Arbeitsbühnen gegen Umsturz zu sichern.

5.2.3 Standgerüste

Unterschieden werden:
- Systemgerüste aus vorgefertigten Bauteilen (Regelausführung nach allgemeiner bauaufsichtlicher Zulassung), Abweichungen von der Regelausführung sind zu beurteilen und ggf. zu berechnen
- Stahlrohrkupplungsgerüste (Regelausführung nach DIN 4420-3)

DIN EN 1004	„Fahrbare Arbeitsbühnen aus vorgefertigten Bauteilen“
DIN 4420	„Arbeits- und Schutzgerüste“
DIN EN 12811-1	„Temporäre Konstruktionen für Bauwerke – Teil 1: Arbeitsgerüste – Leistungsanforderungen, Entwurf, Konstruktion und Bemessung“
DGUV Information 201-011	„Handlungsanleitung für den Umgang mit Arbeits- und Schutzgerüsten“

Wegen der besonders kurzen Auf- und Abbauzeit hat sich im Malerhandwerk eine Variante der Systemgerüste durchgesetzt: das Steckrahmengerüst.

Steckrahmengerüste bestehen aus Vertikalrahmen und aus Horizontalrahmen aus Stahl oder Aluminium. Die Horizontalrahmen sind bereits mit dem Gerüstbelag ausgestattet. Der Seitenschutz und die Versteifung werden mit Stahl- oder Aluminiumrohren bzw. Elementen aus diesen Werkstoffen hergestellt.

Die erforderliche Last- und Breitenklasse, die Ständer- und Regelabstände sowie die Belagdicke hängen von den durchzuführenden Arbeiten ab.

Lastklassen von Arbeitsgerüsten

Lastklasse	Gleichmäßig verteilte Last
1	0,75 kN/m^2
2	1,50 kN/m^2
3	2,00 kN/m^2
4	3,00 kN/m^2
5	4,50 kN/m^2
6	6,00 kN/m^2

Breitenklasse/Breite w der Gerüstlage in m

W 06	$0{,}6 < w < 0{,}9$
W 09	$0{,}9 < w < 1{,}2$
W 1,2	$1{,}2 < w < 1{,}5$
W 1,5	$1{,}5 < w < 1{,}8$
W 1,8	$1{,}8 < w < 2{,}1$
W 2,1	$2{,}1 < w < 2{,}4$
W 2,4	$2{,}4 < w$

Alle in Deutschland eingesetzten Gerüstsysteme müssen eine allgemein gültige Zulassung[1] durch das Deutsche Institut für Bautechnik (DIBt) haben. Für die Verwendung der Gerüstbauteile von Fassadengerüsten ist eine sog. Regelausführung ausreichend, für die der Standsicherheitsnachweis des fertig aufgebauten Gerüsts erbracht ist. Von der Regelausführung abweichende Gerüste müssen einen gesonderten Nachweis des Gerüstherstellers haben.

Das Gerüst muss unter ständiger Aufsicht einer fachkundigen Person von fachlich geeigneten Personen aufgebaut werden. Diese müssen für die auszuführenden Arbeiten speziell unterwiesen werden.

Gesundheitsschutz

Die Absturzsicherung auf Gerüsten ist grundsätzlich als Seitenschutz auszuführen. Ist das nicht möglich oder nicht ausreichend, ist ein Sicherheitsgeschirr zu tragen.

Bei Gerüstbauarbeiten haben Beschäftigte einen Schutzhelm mit Kinnriemen und einer Festigkeit von bis zu 25 daN zu verwenden.

Rettungsgeschirr anlegen

Kopfschutz benutzen

[1] Hierzu sind die jeweiligen Landesbauordnungen zu berücksichtigen.

Montage der Gerüste
Für die Montage der Gerüste hat der für den Aufbau verantwortliche Arbeitgeber einen Plan für den Auf-, Um- und Abbau (Montageanweisung) zu erstellen oder durch eine von ihm bestimmte befähigte Person erstellen zu lassen. Diese Montageanweisung muss auf der Baustelle vorgehalten werden.

Mindestinhalte der Montageanweisung sind Aufbau- und Verwendungsanleitung des Herstellers für die Regelausführung, bei Abweichungen ergänzende Detailangaben sowie Maßnahmen zur sicheren Montage bzw. Demontage.

Beschädigte Gerüstbauteile sind auszusondern und dürfen nicht mehr verwendet werden.

Nicht einsatzbereite Gerüste sind mit dem Zeichen „Zutritt verboten" zu kennzeichnen. Der Zugang zur Gefahrenstelle ist abzusperren.

Transport der Gerüstbauteile während der Montage
Für den Transport der Gerüstteile sollten Krane oder Bauaufzüge eingesetzt werden. Wenn der Vertikaltransport per Hand ausgeführt wird, muss in jeder Gerüstlage ein/-e Mitarbeiter/-in im gesicherten Gerüstfeld stehen.

Das Gerüstfeld ist gesichert, wenn im Übergabefeld der Gerüstteile ein aus Geländer- und Zwischenholm bestehender zweiteiliger Seitenschutz angebracht ist.

Der vertikale Transport per Hand ist nur mit bis zu drei Gerüstlagen oder bis zu einer Gerüstlänge von 10 m und einer maximalen Gerüsthöhe von 14 m erlaubt.

Verankerung der Gerüste
Die Verankerungsart, die Anordnung, die Anzahl und Höchstabstande sind der Montageanordnung zu entnehmen.

Das Gerüst muss fortlaufend mit dem Aufbau zug- und druckfest an tragfähige Bauteile der Fassade verankert werden.

Die Verankerungen müssen in der Nähe der Gerüstknotenpunkte angeordnet werden.

Zugang zu den Gerüsten
Bei Gerüsten über 5 m oder wenn umfangreiches Material transportiert werden muss, muss ein sicherer Aufstieg mit Aufzügen, Gerüsttreppen oder Treppentürmen gewährleistet sein. Es muss mindestens alle 50 m ein Aufstieg vorhanden sein. Außen angeordnete Leitern sind nicht zulässig.

Durchstiege oder innenliegende Leitergänge sind bis zu einer Aufstiegshöhe von 5 m und bei Einfamilienhäusern zulässig, wenn die dabei bestehenden Gefährdungen, z. B. umfangreicher Materialtransport, dies zulassen. Die Durchstiegsöffnungen müssen während der Arbeit immer geschlossen sein.

Durchstiege oder innenliegende Leitergänge sind auch beim Auf-, Um- und Abbau der Gerüste zulässig. Durchstiege oder innenliegende Leitergänge sind ebenfalls zulässig, wenn Aufzüge, Gerüsttreppen oder Treppentürme[1] baulich nicht möglich sind.

Gerüstbelag
Jede benutzte Gerüstlage muss voll ausgelegt und über einen sicheren Zugang erreichbar sein. Um Bauwerksecken muss der Belag in voller Breite herumgeführt werden. Bei systemfreien Belägen ist auf eine genügend große Überdeckung im Bereich der Riegel zu achten. Der Belag darf nicht wippen oder ausweichen können.

Gerüsttreppen

Seitenschutz
Der den Vorschriften entsprechende dreiseitige Seitenschutz besteht aus Geländerholm, Zwischenholm und Bordbrett und muss an den Außen- und Stirnseiten montiert werden.

Beträgt der Abstand zwischen Bauteil und Gerüst mehr als 30 cm, muss der Seitenschutz auch auf der Innenseite des Gerüstes angebracht werden. Hier darf man aber auf das Bordbrett verzichten.

Bei den zulässigen innenliegenden Leitergängen muss der Verkehrsweg auch in nicht benutzten Gerüstlagen mit dem Seitenschutz gesichert werden.

Der Geländerholm muss mindestens 1 m über dem Gerüstbau liegen. Die lichte Weite zwischen den einzelnen Teilen des Seitenschutzes darf nicht mehr als 40 cm betragen.

Die Oberkante des Bordbrettes muss mindestens 15 cm über dem Gerüstbelag liegen.

---

[1] Gerüsttreppen werden mit sog. Podesttreppen mit einem dem eigentlichen Gerüst vorgelagerten Gerüstfeld in das Fassadengerüst integriert. Ein Treppenturm kann dagegen auch freistehend errichtet werden. Bei Aufbau und Verankerung müssen die Aufbau- und Verwendungsanleitungen der Hersteller beachtet werden.

DIN EN 1004	„Fahrbare Arbeitsbühnen aus vorgefertigten Bauteilen – Werkstoffe, Maße, Lastannahmen und sicherheitstechnische Anforderungen“
DIN 4420	„Arbeits- und Schutzgerüste“
DIN EN 12810	„Fassadengerüste aus vorgefertigten Bauteilen“
DIN EN 12811	„Temporäre Konstruktionen für Bauwerke“
TRBS 2121 Teil 2	„Gefährdungen von Beschäftigten bei der Verwendung von Leitern“

Ist das Gerüst fertig montiert, muss das Unternehmen, welches das Gerüst erstellt hat, dieses auf die ordnungsgemäße Montage und die sichere Funktion gemäß prüfen lassen. Die Prüfung darf nur von einer hierzu befähigten Person durchgeführt werden.

Die Ergebnisse der Prüfung sind zu dokumentieren, am besten in Form eines Prüfprotokolls, und mindestens drei Monate über die Standzeit des Gerüstes hinaus aufzubewahren.

Nach Fertigstellung und Prüfung ist das Gerüst an gut sichtbarer Stelle zu kennzeichnen. Die Kennzeichnung hat mindestens Angaben über den Ersteller, die Gerüstbauart, die Last- und Breitenklasse und allgemeine Sicherheitshinweise zu enthalten.

Hat sich der Gerüstersteller vom ordnungsgemäßen Zustand des Gerüstes überzeugt, kann er es an den Nutzer übergeben. Es ist ratsam, die Übergabe gemeinsam mit dem Nutzer durchzuführen und z. B. im Prüfprotokoll zu dokumentieren.

Fassadenbeschichtung auf einem fachgerechten Fassadengerüst

5.2.4 Hubarbeitsbühnen

Für kleinere Malerarbeiten, insbesondere aber für Inspektionen, werden zunehmend Hubarbeitsbühnen eingesetzt.

Eine Hubarbeitsbühne ist ein Gerät mit einer Arbeitsplattform und einem hydraulischen oder elektromechanischen Antrieb. Die Arbeitsbühne ist nicht selten ein relativ kleiner Arbeitskorb, in dem sich das Bedienungspult befindet. Von hier aus können sämtliche Bewegungen der Arbeitsbühne gesteuert werden.

Die Bühnen arbeiten mit unterschiedlicher Mechanik, z. B. über einen bewegbaren Arm, eine Scherenkonstruktion oder einen senkrechten Mast. Bühnen mit ausschließlich vertikaler Bewegung werden Hebebühnen genannt.

Viele Hubarbeitsbühnen sind auf einem Lkw-Fahrgestell aufgebaut. In Deutschland gelten sie als selbstfahrendes Arbeitsgerät und unterliegen anderen Zulassungsvorschriften für den Straßenverkehr als das Fahrzeug, auf dem sie aufgebaut sind.

Für die notwendige Standsicherheit beim Arbeitseinsatz sorgen meist vier hydraulische Stützen, die je nach Modellvariante einzeln, paarweise oder zusammen ausgefahren werden können und am Fahrzeugrahmen montiert sind.

Der Betrieb hat, wie bei allen Arbeiten, bereits bei der Planung eine Gefährdungsbeurteilung durchzuführen und auf der Grundlage der Betriebsanleitung und der Prüfprotokolle der Hubarbeitsbühne eine Unterweisung durchführen.

Mit der selbstständigen Bedienung der Hebebühnen dürfen nur Personen beschäftigt werden, die das 18. Lebensjahr vollendet haben, in der Bedienung der Hebebühne unterwiesen sind und ihre Befähigung gegenüber dem Unternehmen nachgewiesen haben. Sie müssen vom Unternehmen schriftlich mit dem Bedienen der Hebebühne beauftragt sein.

Die Beschäftigten müssen mindestens jährlich oder vor jeder neuen Arbeitsaufgabe zu den besonderen Gefährdungen unterwiesen werden.

Wenn erforderlich, muss vom Arbeitgeber Persönliche Schutzausrüstung (PSA) gegen Absturz zur Verfügung gestellt werden. Auch der Umgang mit der PSA muss Gegenstand einer regelmäßigen Unterweisung sein.

Einsatz von Hubarbeitsbühnen
Täglich ist eine Sicht- und Funktionsprüfung gemäß der Betriebsanleitung durchzuführen. Unter Umständen müssen Arbeitsbereiche zum Schutz anderer Personen abgesperrt werden. Der Fahrweg ist auf Unebenheiten, Hindernisse usw. zu kontrollieren.

Die Abstützungen müssen nach den Angaben der Herstellfirma ausgefahren und angepasst an den Untergrund ausreichend unterlegt werden.

Auf evtl. Einsatzbeschränkungen laut Betriebsanleitung bezüglich der zulässigen Personenzahl und Zuladung ist zu achten.

Lose Teile müssen gegen Herabfallen gesichert werden. Der Arbeitskorb darf in angehobener Stellung nicht verlassen werden. Das Übersteigen auf Bauteile usw. ist verboten.

Zu elektrischen Freileitungen müssen die Sicherheitsabstände eingehalten werden. Bei Gewitter oder starkem Wind müssen die Arbeiten eingestellt werden.

BetrSichV	Betriebssicherheitsverordnung
DGUV Regel 100-500	„Betreiben von Arbeitsmitteln“
DGUV Information 208-019	„Sicherer Umgang mit fahrbaren Hubarbeitsbühnen“
DGUV Grundsatz 308-002	„Prüfung von Hebebühnen“
DGUV Grundsatz 308-003	„Prüfbuch für Hebebühnen“
DGUV Grundsatz 308-008	„Ausbildung und Beauftragung der Bediener von Hubarbeitsbühnen“
TRBS 1203	„Zur Prüfung befähigte Personen“

Bei gewerblich eingesetzten Hubarbeitsbühnen ist in Deutschland eine jährliche Sicherheitsüberprüfung nach DGUV Grundsatz 308-002 „Prüfung von Hebebühnen“ und DGUV Grundsatz 308-003 „Prüfbuch für Hebebühnen“ sowie der TRBS 1203 „Zur Prüfung befähigte Personen“ vorgeschrieben.

5.3 Sonstige Absturzsicherungen

5.3.1 Arbeiten auf Dächern

Beim Arbeiten auf Dächern mit einer Neigung von über 20° und Traufhöhen über 5 m müssen an den Traufseiten Fanggerüste angebracht werden. Unter der Traufhöhe versteht man die niedrigste Höhe eines schrägen Dachs. Abstürze von Flachdächern lassen sich mit Absperrungen verhindern, wenn diese 2 m von der Absturzkante entfernt angebracht werden. Bei Arbeiten in der Nähe der Dachkanten sind Sicherheitsgeschirre mit zwei Halteseilen zu benutzen. Auf Dachflächen mit nicht tragfähiger Dachhaut, z. B. auf Glas-, Faserzement- und anderen Wellplattendächern, müssen mit tragfähigen Belägen mindestens 50 cm breite Arbeitsplätze und Verkehrswege geschaffen werden. Diese müssen unmittelbar von der Leiter oder dem sonstigen Aufstieg aus betreten werden können. Die Beläge müssen trittsicher und gegen Verschieben gesichert sein. Bei Arbeiten an der Dachkante sind auch auf Flachdächern Absturzsicherungen durch Gerüste, z. B. Fanggerüste, anzubringen.

5.3.2 Arbeiten auf Masten

Beim Arbeiten auf Masten müssen Sicherheitsgeschirre mit zwei Halteseilen getragen werden. Der Benutzer muss beim Wechsel des Anschlagpunkts immer durch mindestens ein Halteseil gesichert sein.

6 Schutz vor Gefahrstoffen

Im Maler- und Lackiererhandwerk kann man bislang auf gefährliche Arbeitsstoffe (Gefahrstoffe) nicht völlig verzichten. Um die beim Umgang mit diesen Werkstoffen entstehenden Gefahren zu vermeiden, wird die Handhabung der Gefahrstoffe durch die Gefahrstoffverordnung (GefStoffV) geregelt.

Die Gefahrstoffverordnung (GefStoffV) will durch Regelungen zur Einstufung, Kennzeichnung und Verpackung von Gefahrstoffen sowie für den Umgang mit Gefahrstoffen den Menschen vor Gesundheitsgefahren und die Umwelt vor Schädigungen schützen.

Arbeitgeber im Sinne der Gefahrstoffverordnung sind auch Unternehmen ohne Beschäftigte. Im Sinne dieser Verordnung gelten auch Mitarbeiter/-innen von Fremdfirmen, Besucher/-innen, Mitarbeiter/-innen von Hochschulen und Schüler/-innen als Beschäftigte.

Die Gefahrstoffverordnung verpflichtet festzustellen, ob es sich bei den zu verwendenden Arbeitsstoffen um Gefahrstoffe handelt.

Verantwortlich ist der Arbeitgeber. Hilfen zur Erkennung bieten die Kennzeichnung der Werkstoffe und die Sicherheitsdatenblätter. Bei der Gefährdungsbeurteilung müssen entsprechend der Neufassung der Gefahrstoffverordnung auch andere Stoffe berücksichtigt werden, wenn davon Gefährdungen ausgehen können. Beispiele dazu wären heißes Wasser, häufiger Hautkontakt zu Wasser usw.

Es ist zu prüfen, ob die Gefahrstoffe durch Arbeitsstoffe mit geringerer Gesundheits- und Umweltschädlichkeit ersetzt werden können.

Ist die Verwendung von weniger schädlichen Stoffen möglich, dürfen nur diese eingesetzt werden.

Der Arbeitgeber ist auch verpflichtet, ein Verzeichnis aller Gefahrstoffe, mit denen die Arbeitnehmer/-innen umgehen muss, zu führen. Dieses Verzeichnis muss mindestens folgende Angaben enthalten:
- Bezeichnung der Gefahrstoffe
- Kennzeichnung der Gefahrstoffe
- Menge der Gefahrstoffe im Betrieb
- Arbeitsbereiche, in denen mit dem Gefahrstoff umgegangen wird

Die Angaben können auch mit der EDV erfasst und verwaltet werden. Das Verzeichnis muss immer auf aktuellem Stand sein.

6.1 Erkennen von Gefahrstoffen

Als Gefahrstoffe gelten Stoffe, auf die eine oder mehrere der in der nachstehenden Tabelle aufgelisteten Gefahrenbezeichnungen zutreffen.

Gefahrstoffe sind entsprechend der Gefahrstoffstoffverordnung kennzeichnungspflichtig.

Um Unterschiede in den internationalen Systemen, der Einstufung und der Kennzeichnung aufzuheben und so einen Standard in der Arbeitssicherheit, im Gesundheits- und Umweltschutz sowie beim Transport gefährlicher Güter herzustellen, wurde unter der Federführung der Vereinten Nationen ein „Global Harmonisiertes System zur Einstufung und Kennzeichnung von Chemikalien“ entwickelt (Globally Harmonized System of Classification and Labelling of Chemicals = GHS).

Dieses GHS wurde 2008 mit der EU-Verordnung „Verordnung über die Einstufung, Kennzeichnung und Verpackung von Stoffen und Gemischen“ (CLP[1]-Verordnung) in der EU eingeführt.

[1] CLP = Regulation on Classification, Labelling and Packaging of Substances and Mixtures

Verordnung zum Schutz vor Gefahrstoffen (Gefahrstoffverordnung – GefStoffV)
Internet-Suchbegriff: Gefahrstoffverordnung
Internet-Suchbegriff: Gefahrstoffkennzeichnung GHS

Die aktuelle Systematik unterscheidet zwischen Gefahrenklassen und Gefahrenkategorien. Die Kategorien zur Einstufung weichen z. T. von den bisherigen Kategorien der Stoffe und Zubereitungen ab:

- 28 Gefahrenklassen
- Gefahrenkategorien unterteilen die jeweiligen Gefahren nach der Schwere der Gefahr
- 9 rot umrandete Rauten mit schwarzem Symbol auf weißem Grund
- Gefahrenhinweise (H-Hinweise)[1]
- Signalwort „Gefahr“ für hohen Gefährdungsgrad und Signalwort „Achtung“ für geringeren Gefährdungsgrad
- Sicherheitshinweise (P-Hinweise)[2]

Übersicht und Kennzeichnung der Gefahrstoffe[3]

Piktogramm	Kodierung	Gefahrenhinweise	Signalwörter	Erläuterung
	GHS 01	H200 H201 H202 H203 H240 H241	Gefahr	instabile, explosive Stoffe/Gemische, explosive Stoffe/Gemische Unterklassen 1.1–1.3, selbstzersetzliche Stoffe/Gemische, organische Peroxide Typ A, B
	GHS 02	H220 H222 H224	Gefahr	Flüssigkeiten und Dämpfe, Gase, Aerosole – extrem entzündbar
		H225	Gefahr	Flüssigkeiten und Dämpfe, Gase, Aerosole – leicht entzündbar
		H250	Gefahr Achtung	selbstentzündliche (pyrophore) Flüssigkeiten und Feststoffe
		H260 H261	Gefahr Achtung	in Berührung mit Wasser entzündbare Gase entwickelnd, Kategorie 1, 2 und 3
		H241 H242	Gefahr Achtung	organische Peroxide, Typ B, C und D
		H271 H272	Gefahr Achtung	entzündend (oxidierend) wirkende Flüssigkeiten, Kategorie 1 und 2
	GHS 03	H270 H271 H272	Gefahr Achtung	entzündend (oxidierend) wirkende Gase, Flüssigkeiten und Feststoffe, kann Brand oder Explosion verursachen, kann Brand verstärken, Oxidationsmittel

[1] H-Hinweise = hazard statements

[2] P-Hinweise = precautionary statements

[3] In diesem Buch werden nur die für Maler/-innen und Lackierer/-innen wichtigen Kennzeichnungen aufgezeigt.

Piktogramm	Kodierung	Gefahrenhinweise	Signalwörter	Erläuterung
	GHS 04	H280 H281	Achtung	Gase unter Druck verdichtet, verdichtete, verflüssigte, tiefgekühlt verflüssigte, gelöste Gase
	GHS 05	H314 H318	Gefahr	Ätzwirkung auf die Haut, schwere Augenschädigung
	GHS 06	H300 H310 H330	Gefahr	akute Toxizität, tödlich bei Einatmen, Hautkontakt, Verschlucken
		H301 H311 H331	Gefahr	akute Toxizität, giftig bei Einatmen, Hautkontakt, Verschlucken
	GHS 07	H302 H312 H332	Achtung	akute Toxizität bei Einatmen, Hautkontakt, Verschlucken
		H315 H317 H319 H335	Achtung	Reizwirkung auf die Haut, Sensibilisierung der Haut, Augenreizung, spezifische Zielorgan-Toxizität
	GHS 08	H341 H351 H361 H371 H373	Achtung	Keimzellmutagenität, Karzinogenität, Reproduktionstoxizität, spezifische Zielorgan-Toxizität
		H304 H334	Gefahr	Aspirationsgefahr, Sensibilisierung der Atemwege
	GHS 09	H400 H410 H412	Achtung	Gewässergefährdend, sehr giftig für Wasserorganismen bzw. giftig für Wasserorganismen
–	–	EUH059	Gefahr	die Ozonschicht schädigend

Die Gefahrenhinweise sind standardisierte Textbausteine, die die Art und ggf. den Schweregrad der Gefährdung beschreiben. Die Sicherheitshinweise sind standardisierte Textbausteine, die die empfohlenen Maßnahmen zur Begrenzung oder Vermeidung schädlicher Wirkungen beschreiben.

6.2 Kennzeichnung der Gefahrstoffe

Der Hersteller hat die Pflicht, Gefahrstoffe einzustufen und zu kennzeichnen. Die Kennzeichnung muss die folgenden Details enthalten:

- Produktidentifikatoren
- Gefahrenpiktogramme und dazugehörende Signalwörter
- H-Sätze (Gefahrenhinweise)
- P-Sätze (Sicherheitshinweise)
- Name und Anschrift des Vertreibers

Beispiel: Kennzeichnung eines Gefahrstoffes

Produkt-identifikation	**Spezialverdünnung 5 Liter** enthält Ethylketon, Butanol, Toluol
Gefahren-piktogramme	
Signalwort	**Gefahr**  Handschutz benutzen · Augenschutz benutzen · Atemschutz benutzen · Keine offene Flamme; Feuer, offene Zündquelle und Rauchen verboten
Gefahrenhinweise (H-Sätze)	*Gefahrenhinweise:* H225 Flüssigkeit und Dampf leicht entzündbar. H315 Verursacht Hautreizungen. H336 Kann Schläfrigkeit und Benommenheit verursachen. H361d Kann vermutlich das Kind im Mutterleib schädigen. H373 Kann die Organe schädigen bei längerer oder wiederholter Exposition (bei Einatmen).
Sicherheits-hinweise (P-Sätze)	*Sicherheitshinweise:* P210 Von Hitze, heißen Oberflächen, Funken, offenen Flammen und anderen Zündquellen fernhalten. Nicht rauchen. P280 Schutzhandschuhe/Augenschutz tragen. P331 Kein Erbrechen herbeiführen. P302 + P352 Bei Berührung mit der Haut: Mit viel Wasser und Seife waschen. P308 + P313 Bei Exposition oder falls betroffen: Ärztlichen Rat einholen/ärztliche Hilfe hinzuziehen.
Angaben zum Lieferanten	Musterfirma • Musterstraße 1 • D-12345 Musterstadt Tel. +49 (0)89 123456
Ergänzende Informationen	Kann bei Verwendung explosionsfähige/entzündbare Dampf-Luft-Gemische bilden.

6.3 Sicherheitsdatenblätter

Derjenige, der gefährliche Stoffe oder Zubereitungen herstellt oder in Verkehr bringt, hat dem Abnehmer spätestens bei der ersten Lieferung kostenlos ein Sicherheitsdatenblatt zu liefern (§ 6 GefStoffV). Dies gilt nicht für den privaten Endverbraucher.

Die Sicherheitsdatenblätter müssen im Betrieb und am Arbeitsplatz frei zur Verfügung stehen, sodass alle Mitarbeiter/-innen die Möglichkeit zur Einsicht haben.

Auf der ersten Seite ist das Datum der Erstellung bzw. der Überarbeitung anzugeben. Gegebenenfalls soll dies durch eine Versionsnummer ergänzt werden. Alle Seiten des Sicherheitsdatenblattes sind fortlaufend zu nummerieren.

Das Sicherheitsdatenblatt muss die folgenden 16 Abschnitte und zusätzlich die Unterabschnitte enthalten, mit Ausnahmen von Abschnitt 3, der je nach Fall Unterabschnitt 3.1 oder 3.2 enthalten muss.

1 Bezeichnung des Stoffs bzw. des Gemischs und des Unternehmens
1.1 Produktidentifikator
1.2 Relevante identifizierte Verwendungen des Stoffs oder Gemischs und Verwendungen, von denen abgeraten wird
1.3 Einzelheiten zum Lieferanten, der das Sicherheitsdatenblatt bereitstellt
1.4 Notrufnummer

2 Mögliche Gefahren
2.1 Einstufung des Stoffs oder Gemischs
2.2 Kennzeichnungselemente
2.3 Sonstige Gefahren

3 Zusammensetzung/Angaben zu Bestandteilen
3.1 Stoffe
3.2 Gemische

4 Erste-Hilfe-Maßnahmen
4.1 Beschreibung der Erste-Hilfe-Maßnahmen
4.2 Wichtigste akute und verzögert auftretende Symptome und Wirkungen
4.3 Hinweise auf ärztliche Soforthilfe oder Spezialbehandlung

5 Maßnahmen zur Brandbekämpfung
5.1 Löschmittel
5.2 Besondere vom Stoff oder Gemisch ausgehende Gefahren
5.3 Hinweise für die Brandbekämpfung

6 Maßnahmen bei unbeabsichtigter Freisetzung
6.1 Personenbezogene Vorsichtsmaßnahmen, Schutzausrüstungen und in Notfällen anzuwendende Verfahren
6.2 Umweltschutzmaßnahmen
6.3 Methoden und Material für Rückhaltung und Reinigung
6.4 Verweis auf andere Abschnitte

7 Handhabung und Lagerung
7.1 Schutzmaßnahmen zur sicheren Handhabung
7.2 Bedingungen zur sicheren Lagerung unter Berücksichtigung von Unverträglichkeiten
7.3 Spezifische Endanwendungen

8 Begrenzung und Überwachung der Exposition/Persönliche Schutzausrüstungen
8.1 Zu überwachende Parameter
8.2 Begrenzung und Überwachung der Exposition

9 Physikalische und chemische Eigenschaften
9.1 Angaben zu den grundlegenden physikalischen und chemischen Eigenschaften
9.2 Sonstige Angaben

10 Stabilität und Reaktivität
10.1 Reaktivität
10.2 Chemische Stabilität
10.3 Möglichkeit gefährlicher Reaktionen
10.4 Zu vermeidende Bedingungen
10.5 Unverträgliche Materialien
10.6 Gefährliche Zersetzungsprodukte

11 Toxikologische Angaben
11.1 Angaben zu toxikologischen Wirkungen

12 Umweltbezogene Angaben
12.1 Toxizität
12.2 Persistenz und Abbaubarkeit
12.3 Bioakkumulationspotenzial
12.4 Mobilität im Boden
12.5 Ergebnisse der PBT- und vPvB-Beurteilung
12.6 Andere schädliche Wirkungen

13 Hinweise zur Entsorgung
13.1 Verfahren der Abfallbehandlung

14 Angaben zum Transport
14.1 UN-Nummer
14.2 Ordnungsgemäße UN-Versandbezeichnung
14.3 Transportgefahrenklassen
14.4 Verpackungsgruppe
14.5 Umweltgefahren
14.6 Besondere Vorsichtsmaßnahmen für den Verwender
14.7 Massengutbeförderung gemäß Anhang II des MARPOL-Übereinkommens und gemäß IBC-Code

15 Rechtsvorschriften
15.1 Vorschriften zu Sicherheit, Gesundheits- und Umweltschutz/spezifische Rechtsvorschriften für den Stoff oder das Gemisch
15.2 Stoffsicherheitsbeurteilung

16 Sonstige Angaben

6.4 Überwachungspflicht

Ist das Auftreten eines Stoffs oder mehrerer gefährlicher Stoffe in der Luft am Arbeitsplatz nicht sicher auszuschließen, so sind mögliche Gefahren zu ermitteln. Die Gesamtwirkung der verschiedenen gefährlichen Stoffe in der Luft am Arbeitsplatz sind zu beurteilen. Wichtige Werte dazu sind der Arbeitsplatzgrenzwert und der Biologische Grenzwert.

Arbeitsplatzgrenzwert
Nach der Gefahrstoffverordnung (GefStoffV) ist der Arbeitsplatzgrenzwert (AGW) der Grenzwert für die zeitlich gewichtete durchschnittliche Konzentration eines Stoffes in der Luft am Arbeitsplatz in Bezug auf einen gegebenen Referenzzeitraum. Er gibt an, bei welcher Konzentration eines Stoffes akute oder chronische schädliche Auswirkungen auf die Gesundheit im Allgemeinen nicht zu erwarten sind (§ 3 Abs. 6 GefStoffV).

Arbeitsplatzgrenzwerte sind Schichtmittelwerte bei in der Regel täglich achtstündiger Exposition an fünf Tagen pro Woche während der Lebensarbeitszeit. Expositionsspitzen während einer Schicht werden entsprechend Nummer 2.3 der Technischen Regeln für Gefahrstoffe (TRGS 900) mit Kurzzeitwerten beurteilt.

Biologischer Grenzwert
Nach der Gefahrstoffverordnung (GefStoffV) ist der biologische Grenzwert der Grenzwert für die toxikologisch-arbeitsmedizinisch abgeleitete Konzentration eines Stoffs oder eines Beanspruchungsindikators im entsprechenden biologischen Material. Er gibt an, bis zu welcher Konzentration die Gesundheit von Beschäftigten im Allgemeinen nicht beeinträchtigt wird.

6.5 Schutzmaßnahmen

Bei den technischen Schutzmaßnahmen (entsprechend dem Stand der Technik) ist eine Rangfolge einzuhalten.

1. Arbeitsverfahren sind so zu wählen, dass gefährliche Gase, Dämpfe oder Schwebstoffe nicht frei werden und in die Atemluft der Mitarbeiter gelangen können. Ebenso sind Arbeitsverfahren so zu wählen, dass Beschäftigte, die mit gefährlichen festen oder flüssigen Stoffen oder Zubereitungen umgehen, keinen Hautkontakt haben.
2. Ist dies nicht möglich, sind gefährliche Gase, Dämpfe oder Schwebstoffe an ihrer Austritts- oder Entstehungsstelle vollständig zu erfassen und ohne Gefahr für Mensch und Umwelt zu beseitigen (z. B. Absaugung unmittelbar an der Entstehungsstelle).
3. Wenn die o. g. Maßnahmen nicht ausreichen, sind zusätzliche Lüftungsmaßnahmen zu ergreifen (z. B. Raumlüftung: Zuluft-, Abluftventilator).

GefStoffV Verordnung zum Schutz vor Gefahrstoffen (Gefahrstoffverordnung)
TRGS 900 „Arbeitsplatzgrenzwerte“
TRGS 903 „Biologische Grenzwerte (BGW)“

Reichen die technischen Maßnahmen nicht aus, so sind organisatorische Maßnahmen zu ergreifen. Durch ein weniger gefährliches Arbeitsverfahren (z. B. Streichen des Lackes statt Spritzen) kann die gesundheitliche Belastung reduziert werden.

Abschirmungen oder die Auswahl von geeigneten Räumen oder die Abstimmung der Arbeitszeiten helfen, die Zahl der betroffenen Personen zu reduzieren. So können zumindest die Kollegen der Nachbararbeitsplätze vor Belastungen oder gar Schäden bewahrt werden.

Erst wenn alle diese Maßnahmen nicht ausreichen, sind zusätzliche persönliche Schutzausrüstungen (z. B. Handschuhe, Atemschutz, Hautcreme, Schutzbrille) zu benutzen. Dabei darf aber z. B. das Tragen von Atemschutz und Vollschutzanzügen keine ständige Maßnahme sein.

6.6 Betriebsanweisungen

Der/die Unternehmer/-in hat für Beschäftigte, die mit Gefahrstoffen umgehen, schriftliche Betriebsanweisungen zu erstellen. Sie müssen für die Beschäftigten verständlich abgefasst sein und folgende Faktoren enthalten:

1. Name und Anschrift des Betriebs
2. Bezeichnung des Gefahrstoffs und seine Kennzeichnung
3. Arbeitsplatz
4. Gefahren für Mensch und Umwelt
5. erforderliche Schutzmaßnahmen und Verhaltensregeln
6. Anweisungen zum Verhalten im Gefahrfall und bei Störungen
7. Erste-Hilfe-Maßnahmen
8. sachgerechte Entsorgung entstehender gefährlicher Abfälle
9. Ort, Datum, Unterschrift

Die Betriebsanweisung muss bei jeder maßgeblichen Veränderung der Arbeitsbedingungen aktualisiert werden.

Die Beschäftigten müssen anhand dieser Betriebsanweisung vor Beginn der entsprechenden Tätigkeit und danach mindestens einmal jährlich (Jugendliche mindestens einmal halbjährlich) mündlich und arbeitsplatzbezogen unterwiesen werden. Inhalt und Form der Unterweisung müssen von Unternehmer/-in und Mitarbeitern/-innen schriftlich bestätigt werden.

Für Betriebsanweisungen bieten die Berufsgenossenschaften Muster an. Diese Muster müssen jeweils der speziellen Situation und dem Betrieb angepasst werden.

Beispiel: Betriebsanweisung (die fehlenden Angaben sind betriebsbezogen zu ergänzen)

Firmenadresse:

Baustelle/Tätigkeiten:

Verarbeitung bläuewidriger Imprägnierungen, lösemittelverdünnbar, aromatenarm

Nicht im Spritzverfahren verwenden.
Nicht auf Hölzern im Innenbereich anwenden.

Gefahren für Mensch und Umwelt

Einatmen oder Aufnahme durch die Haut kann zu Gesundheitsschäden führen. Kann die Atemwege, Augen, Haut reizen.

Vorübergehende Beschwerden (Kopfschmerzen, Schwindel, Übelkeit, Konzentrationsstörungen) möglich.
Kann Erbrechen, Nervenschäden, Leberschäden, Herzrhythmusstörungen verursachen.

Personen mit Dichlofluanid-Allergie sollten keinen Kontakt mit diesem Stoff haben.
Erhöhte Entzündungsgefahr bei durchtränktem Material (z. B. Kleidung, Putzlappen).

Eindringen in Boden, Gewässer und Kanalisation vermeiden!

Schutzmaßnahmen und Verhaltensregeln

Von Zündquellen fern halten! Nicht rauchen! Keine offenen Flammen! Kriechende Dämpfe können in größerer Entfernung zur Entzündung führen! Vorratsmenge auf einen Schichtbedarf beschränken! Gefäße nicht offen stehen lassen!
Berührung mit Augen, Haut und Kleidung vermeiden!

Vorbeugend Hautschutzsalbe auftragen, um die Hautreinigung zu erleichtern. Produktreste von der Haut entfernen!
Nach Arbeitsende und vor jeder Pause Hände gründlich reinigen! Produktreste nur mit geeignetem Reinigungsmittel von der Haut entfernen.

Auf keinen Fall Lösemittel zur Hautreinigung verwenden! Hautpflegemittel verwenden! Verunreinigte Kleidung wechseln!
Nach Arbeitsende Kleidung wechseln! Straßenkleidung getrennt von Arbeitskleidung aufbewahren!
Beschäftigungsbeschränkungen beachten!

Augenschutz: Bei Spritzgefahr: Schutzbrille!

Handschutz: Handschuhe aus Nitril.

Beim Tragen von Schutzhandschuhen sind Baumwollunterziehhandschuhe empfehlenswert!

Atemschutz: Gasfilter A1 (braun)

Hautschutz: Für alle unbedeckten Körperteile fettfreie oder fettarme Hautschutzsalbe verwenden:

Verhalten im Gefahrenfall

Mit saugfähigem unbrennbarem Material (z. B. Kieselgur, Sand) aufnehmen und entsorgen! Produkt ist brennbar!
Geeignete Löschmittel: Kohlendioxid, Schaum, Löschpulver oder Wassernebel.

Nicht zu verwenden: Wasser im Vollstrahl! Bei Brand in der Umgebung Behälter mit Sprühwasser kühlen!
Berst- und Explosionsgefahr bei Erhitzung!

Zuständiger Arzt:

Unfalltelefon:

Erste Hilfe

Bei jeder Erste-Hilfe-Maßnahme: Selbstschutz beachten und umgehend Arzt verständigen.

Nach Augenkontakt: Zehn Minuten unter fließendem Wasser bei gespreizten Lidern spülen oder Augenspüllösung verwenden.
Immer Augenarzt aufsuchen!

Nach Hautkontakt: Stark verunreinigte Kleidung ausziehen. Mit viel Wasser und Seife reinigen. Keine Verdünnungs-/Lösemittel!

Nach Einatmen: Frischluft! Bei Bewusstlosigkeit Atemwege frei halten (Zahnprothesen, Erbrochenes entfernen, stabile Seitenlagerung), Atmung und Puls überwachen. Bei Atem- oder Herzstillstand: künstliche Beatmung und Herzdruckmassage.

Nach Verschlucken: Kein Erbrechen auslösen, nichts zu trinken geben. Verschlucken kann zu Lungenschädigung führen. Krankenhaus!

Ersthelfer:

Sachgerechte Entsorgung

Nicht in Ausguss oder Mülltonne schütten!

Zur Entsorgung sammeln in: Flüssige Produktreste:
Ausgetrocknete Produktreste:

Ort, Datum, Unterschrift des Unternehmers

6.7 Transport von Gefahrstoffen

Im Maler- und Lackiererhandwerk müssen Gefahrstoffe (Gefahrgüter) transportiert werden. Gefahrgüter erkennt man im Allgemeinen am Gefahrzettel und an der sog. UN-Nummer (Kennzeichnungsnummer des Gefahrstoffs mit den vorangestellten Buchstaben UN).

Alle Gefahrgüter müssen mit Gefahrzetteln gekennzeichnet sein. Gefahrzettel sind Aufkleber in der Form auf die Spitze gestellter Quadrate mit den Gefahrgütern zugeordneten Gefahrensymbolen. Die geforderte Größe von 10 cm darf verkleinert werden, wenn die Anbringung bei kleinen Versandstücken sonst nicht möglich ist.

Einteilung der Gefahrstoffe in Gefahrstoffklassen

Gefahrgutklassen	Gefahrzettel	Gefahrgüter	Beispiele
Klasse 1		Explosivstoffe und Gegenstände, die Explosivstoffe enthalten	Kartuschen (Patronen) für Bolzensetzgeräte
Klasse 2.1		brennbare Gase	Acetylengas
Klasse 2.2		unbrennbare Gase	Stickstoff
Klasse 2.3		giftige Gase	–
Klasse 3		entzündbare flüssige Stoffe	Lösemittel, lösemittelhaltige Lacke
Klasse 4.1		entzündbare feste Stoffe	–
Klasse 4.2		selbstentzündliche Stoffe	Peroxidhärter, Firnis
Klasse 5.1		entzündend (oxidierend) wirkende Stoffe	mit Lösemitteln getränkte Putzlappen
Klasse 5.2		organische Peroxide	Härter für ungesättigte Polyesterwerkstoffe
Klasse 6.1		giftige Stoffe	Holzschutzmittel, Isocyanathärter

Gefahrgut-klassen	Gefahr-zettel	Gefahrgüter	Beispiele
Klasse 6.2		ansteckungsgefährliche Stoffe	–
Klasse 7		radioaktive Stoffe	–
Klasse 8		ätzende Stoffe	Saure oder alkalische Reiniger, abgelöschter Kalk, Salzsäure
Klasse 9		verschiedene gefährliche Stoffe und Gegenstände	Asbest

Kleinmengenregelung

Grundsätzlich ist beim Transport von Gefahrgütern zwischen Beförderungen im Rahmen der Haupttätigkeit und Versorgungstransporten zu unterscheiden.

Kleinmengenregeln für Beförderungen im Rahmen der Haupttätigkeit:
Gefahrguttransporte kleiner Mengen, die Unternehmen im Rahmen ihrer Haupttätigkeit (z. B. im Werkstattwagen) durchführen, sind von den Vorschriften des ADR[1] weitgehend freigestellt, wenn

- die höchstzulässigen Mengen, die in der Gefahrgutliste dargestellt sind, und 450 l je Verpackung nicht überschritten werden,
- die Beförderung nicht für die interne oder externe Versorgung durchgeführt wird,
- durch geeignete Maßnahmen das Freiwerden gefährlichen Guts unter normalen Beförderungsbedingungen verhindert ist.

Bei dieser weitgehenden Freistellung vom ADR sind folgende Vorschriften zu beachten:

- Wenn durch das Gefahrgut eine Gefährdung möglich ist, z. B. bei Unfällen, hat der Fahrzeugführer unverzüglich die Polizei zu verständigen.
- Bei den Ladearbeiten ist der Umgang mit Feuer und offenem Licht in der Nähe von Versandstücken und haltenden Fahrzeugen sowie in den Fahrzeugen verboten.
- Die Ladung ist so zu sichern, dass sie nicht verrutschen kann.

So können auch einzelne Farbdosen und Spraydosen befördert werden, die nicht als Gefahrgut gekennzeichnet sind. Es ist jedoch sicherzustellen, dass beim Transport kein Gefahrgut freigesetzt werden kann. Die Dosen müssen aufrecht in einen Schutzkarton gestellt werden, die Hohlräume müssen gefüllt und der Karton geschlossen sein.

[1] ADR = *Accord européen relatif au transport international des marchandises Dangereuses par Route* (Europäisches Übereinkommen über die internationale Beförderung gefährlicher Güter auf der Straße)

Kleinmengenregeln für Versorgungstransporte:
Bei Gefahrguttransporten kleiner Mengen, die zur Versorgung mehrerer Baustellen oder des Materiallagers durchgeführt werden, sind zusätzlich folgende Vorschriften zu beachten:

- Es müssen bauartgeprüfte Verpackungen verwendet werden.
- Auf allen Verpackungen müssen die zutreffenden Gefahrzettel und die Kennzeichnungen mit UN-Nummern angebracht sein.
- Es müssen Feuerlöscher der Brandklassen ABC (z. B. 2 kg Pulver) zum Löschen eines Motorbrandes oder des Fahrerhauses leicht erreichbar mitgeführt werden.
- Einsatz geschlossener Fahrzeuge
- Die Beförderung von Gasen (z. B. Flüssiggas, Sauerstoff, Stickstoff, Kohlendioxid) ist nur in geschlossenen Fahrzeugen mit Belüftungseinrichtungen zulässig.
- In Ausnahmefällen kann auf die Belüftungseinrichtung verzichtet werden, wenn an den Ladetüren die Warnaufschrift „ACHTUNG KEINE BELÜFTUNG, VORSICHTIG ÖFFNEN“ angebracht ist.
- Das Betreten des Fahrzeugs mit offener Flamme ist untersagt. Beleuchtungsgeräte dürfen keine Oberfläche aus Metall haben, durch die Funken erzeugt werden könnten.
- Das Öffnen einer Verpackung mit gefährlichem Inhalt ist im Fahrzeug verboten.

Werden unterschiedliche Gefahrgüter gleichzeitig transportiert, ermittelt man die Höchstmenge für die erleichterte Beförderung, indem man die jeweiligen Mengen mit dem stoffspezifischen Höchstmengenfaktor („Risikofaktoren“) multipliziert und dann addiert.

Die Summe der Produkte unterschiedlicher Gefahrgüter wird mit der Zahl 1 000 verglichen. Ist das Ergebnis nicht größer als 1 000, handelt es sich im Sinne der GGVSEB[1] um eine Kleinmenge. Wird der Wert 1 000 überschritten, müssen alle Vorschriften der GGVSEB eingehalten werden. Beim gleichzeitigen Transport verschiedener Gefahrgüter empfiehlt es sich, eine Liste der Güter mit Angaben zu Verpackung, richtiger Aufschrift, Gefahrzettel, Menge und dem Höchstmengenfaktor („Risikofaktor“) aus der nachfolgenden Tabelle zu erstellen.

Faustformel zur Berechnung des Transports mehrerer Gefahrgüter im Rahmen der Kleinmengenregulierung:

Menge des Stoffs 1	×	Höchstmengen-Faktor[2] für die Stückgutbeförderung
	+	
Menge des Stoffs 2	×	Höchstmengen-Faktor[2] für die Stückgutbeförderung
	=	
< 1000	**Ergebnis**	**> 1000**
Der Transport fällt unter die Kleinmengenregelung.		Der Transport fällt nicht unter die Kleinmengenregelung.

[1] GGVSEB = Gefahrgutverordnung Straße, Eisenbahn und Binnenschifffahrt

[2] bestmögliche Verpackung vorausgesetzt

Die folgende Gefahrgutliste ist beispielhaft und enthält nur im Maler- und Lackiererhandwerk häufig vorkommende Stoffe.

Gefahrgut-klasse	UN-Nummer	Gefahrgutbezeichnung	Höchstmengen-Faktor[2)]
2	1001	Acetylengas	3
	1072	Sauerstoff verdichtet	1
	1950	Propangas	3
3	1133	Klebstoff	3
	1263	Farbe	3
	1306	Holzschutzmittel	1
	1993	Lösemittel	3
4.1	3175	mit Lösemitteln getränkte Putzlappen	3
5.2	3106	organische Peroxide	3
6.1	2927	giftige organische Stoffe	3
8	1719	ätzende alkalische Stoffe	3
	2734	Aminhärter	3
	3264	ätzende saure Stoffe	3
9	3082	umweltgefährdende Stoffe	1

Wird die Obergrenze der Kleinmengenregulierung überschritten, sind alle Vorschriften der GGVSEB zu beachten. Dazu gehören:

- Beförderungspapiere mit folgenden Angaben:
  - Name und Anschrift des Absenders
  - Name und Anschrift des Empfängers
  - UN-Nummer des Gefahrgutes
  - Benennung des Gefahrgutes entsprechend der UN-Nummer
  - Nummer des Gefahrzettels
  - Verpackungsgruppe
  - Anzahl und Beschreibung der Versandstücke
  - Gesamtmenge der gefährlichen Güter (als Volumen oder als Brutto- oder Nettomasse)
- Unfallmerkblatt:
  Enthält in knapper Form Informationen zum Verhalten bei Unfällen oder Zwischenfällen, die sich während der Beförderung ereignen können.
- Kennzeichnung der Gefahrstoffe dauerhaft mit den Kennzeichnungsnummern:
  - Der Kennzeichnungsnummer sind die Buchstaben „UN“ voranzustellen.
  - Alle Gefahrgüter müssen mit Gefahrzetteln versehen sein.

- Leere, ungereinigte Verpackungen dürfen mit der Aufschrift und den Gefahrzetteln des zuletzt darin enthaltenen Gutes beschriftet sein.

- Besondere Ausrüstung der Fahrzeuge:
  - Ein oder mehrere Feuerlöscher; das erforderliche Fassungsvermögen ist abhängig von der höchst zulässigen Masse des Fahrzeugs.
  - mindestens ein Unterlegkeil (auch für einen Anhänger)
  - zwei selbststehende Warnzeichen (z. B. Warndreiecke oder orangefarbene Warnleuchten)
  - Augenspülflüssigkeit
  - für jedes Mitglied der Fahrzeugbesatzung je eine Warnweste oder Warnkleidung
  - je eine Handlampe (ohne offene Flamme, ohne metallische Oberfläche)
  - ein paar Schutzhandschuhe und Schutzbrille
  - erforderliche Ausrüstung zur Durchführung der in den Sicherheitshinweisen der Gefahrstoffe genannten besonderen Maßnahmen
  - eine Schaufel, eine Kanalabdeckung und einen Auffangbehälter aus Kunststoff
  - bei giftigen Stoffen eine Notfallfluchtmaske für jedes Mitglied der Fahrzeugbesatzung

- Fahrzeugführer und Beifahrer müssen besonders geschult werden:
  Für den Fahrzeugführer ist eine besondere Ausbildung erforderlich (ADR-Bescheinigung).

- Kennzeichnung der Fahrzeuge mit Warntafeln:
  Die Fahrzeuge sind vorn und hinten mit orangefarbenen, rechteckigen, schwarz umrandeten Tafeln zu kennzeichnen. Die Warntafeln müssen entfernt oder verdeckt werden, wenn keine gefährlichen Güter oder deren Reste auf dem Fahrzeug befördert werden.

- Verbot der Personenbeförderung:
  Außer der Fahrzeugbesatzung (Fahrzeugführer und Beifahrer sowie Personen, die die gefährlichen Güter verwenden sollen) dürfen bei der Beförderung gefährlicher Güter keine weiteren Personen mitgenommen werden.

- Fahrwegs- und Tunnelbeschränkungen:
  Das Verkehrszeichen „Verbot von Gefahrguttransporten" verbietet die Benutzung von manchen Straßen und Tunneln.

- Es müssen bauartgeprüfte Verpackungen verwendet werden.

- Auf allen Verpackungen müssen die zutreffenden Gefahrzettel und die Kennzeichnungen mit UN-Nummern angebracht sein.

- Es müssen Feuerlöscher der Brandklassen ABC (z. B. 2 kg Pulver) zum Löschen eines Motorbrandes oder des Fahrerhauses leicht erreichbar mitgeführt werden.

- Einsatz geschlossener Fahrzeuge

GGVSEB	Gefahrgutverordnung Straße, Eisenbahn und Binnenschifffahrt
GGAV	Gefahrgutausnahmeverordnung
GbV	Gefahrgutbeauftragungsverordnung

- Die Beförderung von Gasen (z. B. Flüssiggas, Sauerstoff, Stickstoff, Kohlendioxid) ist nur in geschlossenen Fahrzeugen mit Belüftungseinrichtungen zulässig.
- In Ausnahmefällen kann auf die Belüftungseinrichtung verzichtet werden, wenn an den Ladetüren die Warnaufschrift „ACHTUNG KEINE BELÜFTUNG, VORSICHTIG ÖFFNEN“ angebracht ist.
- Das Betreten des Fahrzeugs mit offener Flamme ist untersagt. Beleuchtungsgeräte dürfen keine Oberfläche aus Metall haben, durch die Funken erzeugt werden könnten.
- Das Öffnen einer Verpackung mit gefährlichem Inhalt ist im Fahrzeug verboten.

6.8 Lagerung von Gefahrstoffen

Lagern ist das Aufbewahren zur späteren Verwendung sowie zur Abgabe an andere. Es schließt die Bereitstellung zur Beförderung ein, wenn die Beförderung nicht innerhalb von 24 Stunden nach der Bereitstellung oder am darauffolgenden Werktag erfolgt. Ist dieser Werktag ein Samstag, so endet die Frist mit Ablauf des nächsten Werktags.

Für das Lagern von im Maler- und Lackiererhandwerk benötigten Gefahrstoffen gilt die TRGS 510 „Lagerung von Gefahrstoffen in ortsbeweglichen Behältern“ für folgende Tätigkeiten:
1. Ein- und Auslagern
2. Transportieren innerhalb des Lagers
3. Beseitigen freigesetzter Gefahrstoffe

Gefahrstoffe sind in Lagern im Sinne der TRGS 510 zu lagern, wenn die im Folgenden aufgeführten Mengen überschritten werden:
- Gase in Druckgasbehältern mit einem Nennvolumen ab 2,5 l
- 20 kg extrem und leicht entzündbare Flüssigkeiten, davon nicht mehr als 10 kg extrem entzündbare Flüssigkeiten
- 100 kg entzündbare Flüssigkeiten
- 1 000 kg brennbare Flüssigkeiten
- 20 kg Gase in Druckgaskartuschen
- 20 kg Aerosolpackungen (Nettomasse)
- 50 kg für Gefahrstoffe, als akut toxisch eingestuft

Die Gesamtmenge der Gefahrstoffe darf max. 1 500 kg betragen. Insbesondere bei der Lagerung der Lösemittel sind im Maler- und Lackiererhandwerk weitere Differenzierungen zu beachten.

Lagerung brennbarer Flüssigkeiten

An den folgenden Orten ist die Lagerung brennbarer Flüssigkeiten verboten:
- Durchgänge und Durchfahrten
- Treppenräume
- allgemein zugängliche Flure
- Wohnungen
- Räume, die mit Wohnungen in unmittelbarer, nicht feuerbeständig abschließbarer Verbindung stehen, sowie zerbrechliche Behälter in Kellern von Wohnhäusern

- Dächer von Wohnhäusern, Krankenhäusern, Bürohäusern und ähnlichen Gebäuden sowie deren Dachräume
- Arbeitsräume, ausgenommen die Menge, die am gleichen Tag verarbeitet wird
- Gast- und Schankräume

An diesen Orten dürfen auch keine entleerten Behälter mit mehr als 10 l Inhalt abgestellt werden.

Erlaubnisfreie Lagerung für brennbare Flüssigkeiten
Die in der folgenden Tabelle genannten Mengen dürfen ohne vorher eingeholte Genehmigung durch die zuständige Behörde (Gewerbeaufsichtsamt) an den angegebenen Orten gelagert werden.

Lagerung entzündbarer Flüssigkeiten
Zulässige Lagermengen für entzündbare Flüssigkeiten in kg

<table>
<tr><th colspan="3">Die Mengenangabe bezieht sich jeweils auf die Gesamtmenge der Flüssigkeiten.</th><th>extrem entzündbar</th><th>leicht entzündbar</th><th>entzündbar</th></tr>
<tr><td>1</td><td>Keller von Wohnhäusern (Gesamtkeller)</td><td>sonstige Behältnisse</td><td colspan="2">10</td><td>20</td></tr>
<tr><td>2</td><td colspan="2">Verkaufs- und Vorratsräume des Einzelhandels mit einer Grundfläche</td><td colspan="2"></td><td></td></tr>
<tr><td rowspan="2">2.1</td><td rowspan="2">bis 200 m²</td><td>zerbrechliche Behälter</td><td colspan="2">10</td><td>20</td></tr>
<tr><td>sonstige Behälter</td><td colspan="2">60</td><td>120</td></tr>
<tr><td rowspan="2">2.2</td><td rowspan="2">200 m² bis 500 m²</td><td>zerbrechliche Behälter</td><td colspan="2">20</td><td>40</td></tr>
<tr><td>sonstige Behälter</td><td colspan="2">200</td><td>400</td></tr>
<tr><td rowspan="2">2.3</td><td rowspan="2">über 500 m²</td><td>zerbrechliche Behälter</td><td colspan="2">30</td><td>60</td></tr>
<tr><td>sonstige Behälter</td><td colspan="2">300</td><td>600</td></tr>
</table>

Nicht ausgenutzte Mengen für extrem/leicht entzündbare Flüssigkeiten dürfen zu den entzündbaren zugerechnet werden, jedoch nicht umgekehrt.

Behälter gelten als zerbrechlich, wenn sie aus Glas, Porzellan, Steinzeug oder dergleichen bestehen. Nach den Vorschriften über die Beförderung gefährlicher Güter dürfen sie nur als Innenbehälter von Kombinationsverpackungen oder zusammengesetzten Verpackungen befördert werden.

Sonstige Behälter bestehen entweder aus metallischen Werkstoffen, Kunststoffen oder anderen Werkstoffen, die nach den gefahrgutrechtlichen Vorschriften bauartgeprüft, zugelassen und gekennzeichnet oder nach den gefahrgutrechtlichen Kleinmengenregelungen zulässig sind. Alle anderen Behälter sind unter zerbrechliche Behälter zu zählen.

Werden entzündbare Flüssigkeiten in zerbrechlichen Behältern und in sonstigen Behältern zusammen gelagert, so gelten als Höchstmengen die für die sonstigen Behälter jeweils festgesetzten Lagermengen. Die Lagermenge in den zerbrechlichen Behältern darf jedoch die für diese Behälter festgesetzte Höchstmenge nicht überschreiten.

Die Lagermenge in Vorrats- und Verkaufsräumen darf erhöht werden, wenn die Vorrats- und Verkaufsräume in Brandabschnitte unterteilt sind und eine automatische Löschanlage vorhanden ist.

Bei der Lagerung brennbarer flüssiger Stoffe sind der Umgang mit Feuer, offenem Licht sowie das Rauchen verboten. Auf die Verbote ist durch entsprechende Schilder hinzuweisen.

In den Lagerräumen darf nicht gegessen und/oder getrunken werden.

6.9 Beschäftigungsbeschränkungen

Besonders gefährdete Bevölkerungsgruppen, z. B. Jugendliche, werdende und stillende Mütter, dürfen für gefahrenträchtige Arbeiten nicht oder nur unter Beachtung bestimmter Auflagen eingesetzt werden.

Beschäftigungsbeschränkungen für Jugendliche
Verboten sind die nachfolgend genannten Arbeiten, sofern die gefährlichen Arbeitsstoffe die Gesundheit der Jugendlichen entsprechend der arbeitsmedizinischen Erfahrungen schädigen können.

1. Arbeiten unter Einwirkung der gesundheitsgefährdenden Arbeitsstoffe:
   a) Krebs erzeugende, Erbgut verändernde oder Fortpflanzungs gefährdende Arbeitsstoffe
   b) sensibilisierende Arbeitsstoffe
   c) sehr giftige und giftige Arbeitsstoffe
   d) gesundheitsschädliche Arbeitsstoffe
   e) ätzende oder reizende Arbeitsstoffe
   f) chronisch schädigende Arbeitsstoffe
   g) hoch entzündliche, leicht entzündliche oder brandfördernde Arbeitsstoffe
   h) Blei, seine Legierungen oder Verbindungen
   i) Asbest
2. Arbeiten mit oder an Behältern, Becken, Speicherbecken, Ballons oder Korbflaschen, die in der Ziffer 1 angeführte Arbeitsstoffe oder explosionsgefährliche Arbeitsstoffe enthalten, sofern damit eine Gefährdung verbunden ist
3. Arbeiten unter Verwendung gasförmiger Arbeitsstoffe, sofern die Gefahr einer Verdrängung der Atemluft unter Erstickungsgefahr gegeben ist
4. Arbeiten, bei denen die Jugendlichen polycyclischen aromatischen Kohlenwasserstoffen ausgesetzt sind
5. Arbeiten mit biologischen Arbeitsstoffen der Schutzstufen 3 oder 4

Jugendliche dürfen mit diesen Arbeiten unter Aufsicht beschäftigt werden, wenn dies im Rahmen der Ausbildung erforderlich ist.

Beschäftigungsverbot für werdende oder stillende Mütter

Der Arbeitgeber darf eine schwangere Frau oder stillende Mutter keine Tätigkeiten ausüben lassen und sie keinen Arbeitsbedingungen aussetzen, bei denen sie in einem Maß Gefahrstoffen ausgesetzt ist oder sein kann, dass dies für sie oder für ihr Kind eine unverantwortbare Gefährdung darstellt.

Dies gilt insbesondere für den Umgang mit Gefahrstoffen, die als Stoffe ausgewiesen sind, die auch bei Einhaltung der arbeitsplatzbezogenen Vorgaben möglicherweise zu einer Fruchtschädigung und/oder Schädigung des Kindes führen können.

6.10 Vorsorgeuntersuchungen

Der Arbeitgeber hat sicherzustellen, dass für alle Beschäftigten, die Tätigkeiten mit Gefahrstoffen durchführen, eine allgemeine arbeitsmedizinisch-toxikologische[1] Beratung durchgeführt wird. Diese Beratung soll im Rahmen der Unterweisung erfolgen.

Die Gefahrstoffverordnung verlangt bei bestimmten Stoffen und Zubereitungen arbeitsmedizinische Vorsorgeuntersuchungen, wenn die Grenzwerte nicht eingehalten werden.

Unterschieden werden folgende Untersuchungen:

1. Erstuntersuchung vor Aufnahme der Beschäftigung
2. Nachuntersuchungen in regelmäßigen Abständen, während und nach der Beschäftigung, wenn mit gefährlichen Stoffen und Zubereitungen umgegangen wird

Dabei spielt es keine Rolle, ob die betroffenen Beschäftigten persönliche Schutzausrüstungen (PSA) benutzen bzw. benutzt haben oder nicht.

[1] Toxikologie = (griech.) Lehre von den Giften und ihren Wirkungen auf lebende Organismen

KJBG-VO Verordnung der Bundesministerin für Arbeit, Gesundheit und Soziales, des Bundesministers für wirtschaftliche Angelegenheiten und des Bundesministers für Wissenschaft und Verkehr über Beschäftigungsverbote und -beschränkungen für Jugendliche

MuSchG Gesetz zum Schutz von Müttern bei der Arbeit, in der Ausbildung und im Studium (Mutterschutzgesetz)

7 Arbeits- und Lagerräume

Für die Arbeitsräume gelten u. a. folgende Vorschriften:
- Gesetz über die Durchführung von Maßnahmen des Arbeitsschutzes zur Verbesserung der Sicherheit und des Gesundheitsschutzes der Beschäftigten bei der Arbeit (Arbeitsschutzgesetz – ArbSchG)
- Verordnung über Sicherheit und Gesundheitsschutz auf Baustellen (Baustellenverordnung – BaustellV),
- Verordnung über Arbeitsstätten (Arbeitsstättenverordnung – ArbStättV),
- Verordnung über Sicherheit und Gesundheitsschutz bei der Verwendung von Arbeitsmitteln (Betriebssicherheitsverordnung – BetrSichV)
- VDE-Bestimmungen

In den verschiedenen Vorschriften werden wichtige Angaben zu den Arbeitsräumen gemacht.

Wichtige Beispiele dazu sind:
- ausreichende Lüftungsmöglichkeiten
- Fensterflächen von mind. 1/10 der Raumgrundflächen
- die Fensterflächen dürfen nicht verstellt werden
- es muss eine ausreichende Beleuchtung vorhanden sein
- die folgenden Mindesttemperaturen dürfen nicht unterschritten werden:
  - bei Bürotätigkeit 293 K (20 °C)
  - bei überwiegend sitzender Tätigkeit 292 K (19 °C)
  - bei überwiegend nicht sitzender Tätigkeit 290 K (17 °C)
  - bei schwerer körperlicher Arbeit 285 K (12 °C)
- ebener, rutschhemmender Fußboden
- Verkehrswege von mind. 1,10 m Breite

8 Baustelleneinrichtungen

Toiletten
Auf jeder Baustelle oder in unmittelbarer Nähe müssen abschließbare Toiletten zur Verfügung stehen. Wenn mehr als 15 Beschäftigte länger als zwei Wochen tätig sind, müssen Toiletten mit Waschgelegenheiten zur Verfügung stehen. Die Toilettenräume müssen zu beleuchten und zu beheizen sein.

Tagesunterkünfte
Wenn auf einer Baustelle mehr als vier Beschäftigte länger als eine Woche tätig sind, müssen Tagesunterkünfte vorhanden sein.

Die Räume müssen
- eine Mindesthöhe von 2,30 m haben,
- einen Windfang haben,
- zu beleuchten sein,
- zu beheizen sein,
- mit Tischen, Sitzgelegenheiten, Kleiderhaken oder Kleiderschränken ausgestattet sein,

- nach Abzug aller Flächen für Einrichtungen je Beschäftigten eine Fläche von mind. 0,75 m^2 aufweisen.

Waschräume
Wenn zehn Beschäftigte und mehr länger als zwei Wochen auf einer Baustelle tätig sind, müssen Waschräume zur Verfügung gestellt werden.

Die Räume müssen
- sich in der Nähe der Tagesunterkünfte befinden,
- eine Mindesthöhe von 2,30 m haben,
- zu beleuchten sein,
- zu beheizen sein,
- sich leicht reinigen lassen,
- für je fünf Beschäftigte eine Waschstelle und für je 20 Beschäftigte eine Dusche mit fließend kaltem und warmem Wasser aufweisen.

9 Verarbeiten von Beschichtungsstoffen

Bei der Verarbeitung der Beschichtungsstoffe werden keine besonderen Anforderungen gestellt, wenn
- Beschichtungsstoffe verarbeitet werden, die keine Gefahrstoffe enthalten,
- Beschichtungsstoffe verarbeitet werden, die zwar gefährliche Arbeitsstoffe enthalten, von denen aber nicht mehr als 20 ml je m^3 Raumgröße und Stunde und nicht mehr als 5 l in einer Arbeitsschicht verarbeitet werden,
- der Raum mindestens 30 m^3 Rauminhalt und mind. 10 m^2 Grundfläche hat.

Treffen diese Ausnahmen nicht zu, müssen besondere Anforderungen an die Arbeitsplätze erfüllt werden. Dabei wird zwischen Arbeiten in Arbeitsräumen (Werkstätten) und auf Baustellen unterschieden.

Allgemeine Anforderungen beim Verarbeiten von Beschichtungsstoffen, die Gefahrstoffe enthalten
- Zum Verarbeiten der Beschichtungsstoffe muss ein spezieller Raum vorhanden sein. Ist dies nicht möglich, muss ein gesonderter Bereich von 5 m um die Verarbeitungsstelle vorhanden sein.
- Ist in diesen Räumen oder in diesem Bereich mit Explosionsgefahr zu rechnen, sind Sondermaßnahmen für den Ex-Schutz sowie Kennzeichnungen und evtl. Abschrankungen, Fußbodenmarkierungen und dergleichen vorzusehen.
- Räume und Bereiche müssen ausreichend belüftet werden, im Betrieb allgemein durch technische Maßnahmen, auf der Baustelle durch Fenster und Türen.
- Es dürfen keine Zündquellen vorhanden sein.
- Zum Löschen von Kleiderbränden müssen in den Werkstätten Feuerlöscheinrichtungen vorhanden sein: Pulverlöscher und Löschdecken.
- Die Raumbeleuchtung und die Abluftanlagen müssen nach Abschalten der übrigen elektrischen Anlagen weiter betrieben werden können.
- In feuer- oder explosionsgefährlichem Bereich müssen die elektrischen Anlagen besonderen Anforderungen genügen.

- Es darf nur die Menge an Beschichtungsstoff bereitgehalten werden, die innerhalb einer Arbeitsschicht verarbeitet werden kann. Entleerte Gefäße müssen täglich aus dem Arbeitsraum entfernt werden.
- Gegenstände, die sich elektrostatisch aufladen können, müssen geerdet werden.

Anforderungen an Spritzstände, -wände und -kabinen

- Das Spritzen oder Sprühen darf nur an Farbspritzständen, -wänden oder in Spritzkabinen erfolgen, die mit einer Absauganlage ausgerüstet sind.
- Stände, Wände und Kabinen müssen regelmäßig gereinigt werden.
- Bei wechselweiser Verarbeitung von unterschiedlichen Beschichtungsstoffen, z. B. Alkydharzwerkstoffen und Polyesterwerkstoffen, muss vor jedem Wechsel die gesamte Anlage gereinigt werden.

Anforderungen an Tauchbehälter

- Tauchbehälter und andere Behälter zum Fluten, Gießen und Tränken müssen eine Abdeckung haben, die sich bei einem Brand unverzüglich und gefahrlos schließen lässt. Ist dies nicht möglich, muss in unmittelbarer Nähe ein Feuerlöscher vorhanden sein.
- Nach Beendigung der Arbeiten müssen die Behälter entweder geleert oder abgedeckt werden.
- Werden Beschichtungsstoffe mit einem Flammpunkt unter 313 K (40 °C) verarbeitet oder entstehen gesundheitsgefährliche Dämpfe oder Nebel, müssen Tauchbehälter oder ähnliche Behälter mit einer Oberfläche von mehr als 0,25 m^2 mit einer Absaugung versehen sein.

10 Schutz bei den Arbeitsverfahren

Die unterschiedlichen Arbeitsverfahren können die Gesundheit gefährden. Die Gefahren werden in den jeweiligen Kapiteln dieses Fachbuchs aufgezeigt. Die nachfolgende Tabelle versteht sich als Zusammenfassung.

Übersicht über die wichtigsten Schutzmaßnahmen

Arbeitsverfahren	Schutzmaßnahmen	
Schleifen		– Schleifmaschinen mit Absaugung einsetzen – bei starker Staubentwicklung Atemschutz tragen – bei maschinellem Nass-Schleifen pneumatisch betriebene Schleifmaschinen oder elektrische Niederspannungsmaschinen oder Schleifmaschinen mit Schutztransformatoren verwenden – Blei- und chromhaltige Altbeschichtungen dürfen ebenso wie Antifoulings nur nass geschliffen werden, dazu müssen Atemschutz und Handschuhe getragen werden.

Arbeitsverfahren	Schutzmaßnahmen	
Entrosten		– Schleifmaschinen mit Absaugung einsetzen – bei starker Staubentwicklung Atemschutz tragen
Strahlen		– Schutzkleidung tragen – Handschutz tragen – Augenschutz tragen – Atemschutz tragen – keine quarzhaltigen Strahlmittel einsetzen
Flammstrahlen		– Druckgasflaschen nicht flach rollen – Druckgasflaschen mind. 3 m von der Arbeitsstelle entfernt aufstellen – Schutzkleidung tragen – Handschutz tragen – Augenschutz tragen – Atemschutz tragen
Spritzen mit der Sprühdose		– vermeiden, da dabei die Umweltbelastung besonders groß ist – falls Sprühdosen eingesetzt werden müssen, Sprühdosen vor Hitze und mechanischer Beschädigung schützen
Niederdruck-Spritzen		– elektrische Anschlüsse prüfen – Atemschutz tragen
Hochdruck-Spritzen		– Atemschutz tragen – Der Kompressor muss außerhalb des Spritzraums stehen. – Sicherheitsmaßnahmen beim Umgang mit dem Kompressor und evtl. mit dem Druckbehälter beachten
Höchstdruck-Spritzen		– Schutzhandschuhe tragen – Atemschutz tragen – Spritzpistole nie auf Menschen richten – bei Arbeitsunterbrechung Pistole mit Sicherungshebel sichern – Druckschläuche vor Beschädigungen schützen – Gerät und Spritzobjekt müssen geerdet sein.
Abbeizen		– Augenschutz tragen – Handschutz tragen – ggf. Atemschutz tragen

Arbeitsverfahren	Schutzmaßnahmen	
Abbrennen		– Augenschutz tragen – Handschutz tragen – Abbrennlampen erst nach Abkühlen auffüllen – für gute Lüftung sorgen – Flüssiggas darf nur aus stehenden Flaschen entnommen werden. – Kleinstflaschen müssen sicher aufgestellt und aufgehängt werden. – Für Kleinstflaschen dürfen nur Hochdruckschläuche verwendet werden.

11 Schutz vor den Gefahren der Elektrizität

Die Gefährdung des Menschen durch den elektrischen Strom hängt von der Stromstärke (Ampere) ab. Der Stromdurchgang kann für den Menschen tödlich sein.

Bei allen Arbeiten in der Nähe von elektrischen Freileitungen muss ein ausreichender Sicherheitsabstand zu den Strom führenden Teilen eingehalten werden.

Der erforderliche Sicherheitsabstand hängt von der Stromspannung ab.

Sicherheitsabstände

Nennspannung	Sicherheitsabstand
bis 1 kV (= 1 000 V)	1 m
1–110 kV	3 m
110–220 kV	4 m
220–380 kV	5 m
bei unbekannter Spannung	5 m

Ist dieser Abstand nicht zuverlässig einzuhalten, muss der Strom abgeschaltet werden oder die Spannung führenden Teile werden von den Elektrofachleuten abgedeckt.

Vor Beginn der Arbeiten sind die Beschäftigten einzuweisen und über die Gefahren zu informieren.

Errichtung und Instandsetzung
Elektrische Anlagen und Betriebsmittel dürfen nur von Elektrofachkräften bzw. unter deren Leitung und Aufsicht errichtet, verändert und instand gesetzt werden.

Es dürfen nur geeignete Steckvorrichtungen, Leitungen, Lampen, Maschinen und Geräte eingesetzt werden. Symbole an den Betriebsmitteln und Maschinen zeigen die Eignung an.

Baustromverteiler

Als Speisepunkt für elektrische Geräte ist an Neubauten fast immer ein Baustromverteiler vorhanden. Der vorschriftsmäßige Baustromverteiler hat ein stabiles Gehäuse und verschiedene Steckdosen und Sicherungen. Er muss über die grün-gelbe Erdleitung und den Staberder geerdet sein. Über den Fehlerstromschutzschalter wird er bei einem Defekt in ca. 0,2 Sekunden abgeschaltet.

Der Baustromverteiler darf nur von der Elektrofachkraft installiert werden. Kleinstbaustromverteiler dürfen ohne Elektrofachkraft installiert werden.

Der Kleinstbaustromverteiler wird dann verwendet, wenn kein Baustromverteiler vorhanden ist. Dieser Stromverteiler besitzt neben Schuko-Steckdosen für 220 Volt einen sehr empfindlichen Fehlerstromschalter, der bereits bei einem Fehlerstrom von 0,03 Ampere reagiert. Der Fehlerstromschalter wird aber nur wirksam, wenn der Kleinstbaustromverteiler richtig geerdet ist.

Stromversorgung

Elektrische Betriebsmittel auf Baustellen sind von besonderen Speisepunkten mit Strom zu versorgen (z. B. Baustromverteiler mit Fehlerstromschutzschalter von max. 0,5 A, wenn möglich 0,03 A).

Leitungen

Als bewegliche Leitungen sind Gummischlauchleitungen H07RN-F bzw. A07RN-F oder gleichwertige Bauarten zu verwenden.

Anschlussleitungen bis 4 m Länge von handgeführten Elektrowerkzeugen sind auch in den Bauarten H05RN-F bzw. A05RN-F zulässig.

Leitungen, die mechanisch besonders beansprucht werden, sind geschützt zu verlegen, z. B. unter festen Abdeckungen.

Leitungsroller müssen aus Isolierstoff bestehen. Sie müssen eine Überhitzungs-Schutzeinrichtung mit Freiauslösung haben.

Die Steckdosen müssen vor Spritzwasser geschützt sein.

Steckvorrichtungen

Auf Baustellen und bei besonders starker Beanspruchung sind spritzwassergeschützte und für rauen Betrieb geeignete Schuko-Steckvorrichtungen zu verwenden. Für Drehstromsteckvorrichtungen sind nur Rundsteckvorrichtungen (CEE-Steckvorrichtungen) zulässig.

Leuchten

Bauleuchten müssen mindestens sprühwassergeschützt sein. Sie sollen für den rauen Betrieb geeignet sein. Hand- und Bodenleuchten müssen schutzisoliert und strahlwassergeschützt ausgeführt sein.

Ausgewählte Kurzzeichen und Symbole auf elektrischen Betriebsmitteln nach DGUV Information 203-005 (ehem. BGI 600)

Symbol	Bedeutung
	GS-Prüfzeichen DGUV Prüf- und Zertifizierungsstelle Elektrotechnik
CE	EG-Konfirmitätszeichen (CE-Zeichen)
	Prüfzeichen des VDE Instituts im Verband der Elektrotechnik
◁VDE▷◁HAR▷	VDE-Harmonisierungskennzeichen für Kabel und Leitungen
	gefährliche elektrische Spannung
	schutzisoliert (Schutzklasse II)
	Schutzkleinspannung (Schutzklasse III)
	Sicherheitstransformator
neu / alt	Trenntransformator
	tropfwassergeschützt
	sprühwassergeschützt (regenwassergeschützt)
	spritzgeschützt
	strahlwassergeschützt

Symbol	Bedeutung
	wasserdicht
_ _ m	druckwasserdicht (mit Angabe der max. Eintauchtiefe)
	staubgeschützt
	staubdicht
	für rauen Betrieb
	Schutzleiteranschluss
D	Leuchte mit begrenzter Oberflächentemperatur
Ex	explosionsgeschützte, baumustergeprüfte Betriebsmittel
neu / alt	Gleichstrom
	Wechselstrom
	Mischstrom
	FI-Schutzschalter löst sowohl bei Wechsel- als auch bei pulsierenden Gleichfehlerströmen aus
-25	FI-Schutzschalter zum Einsatz bei tiefen Temperaturen
V	Volt (Spannung)
A	Ampère (Stromstärke)
W	Watt (Leistung)
kW	Kilowatt (Leistung)
Hz	Hertz (Frequenz)

DGUV Information 203-005 (ehem. BGI 600) = Auswahl und Betrieb ortsveränderlicher elektrischer Betriebsmittel nach Einsatzbedingungen
BGI = Berufsgenossenschaftliche Informationen

Elektrische Betriebsmittel

Elektrische Betriebsmittel, die auf der Baustelle eingesetzt werden, sind besonderen Belastungen ausgesetzt. Deshalb dürfen nur Maschinen und Geräte eingesetzt werden, die mit dem GS- oder VDE-Zeichen gekennzeichnet sind. Auf Baustellen eingesetzte Maschinen und Geräte müssen spritzwassergeschützt und für rauen Betrieb geeignet sein. Dies kann man an den angebrachten Symbolen erkennen.

Regelmäßige Prüfung der elektrischen Anlagen und Betriebsmittel

Elektrische Anlagen und Betriebsmittel sind regelmäßig zu überprüfen und durch Prüfetiketten zu kennzeichnen.

Fristen für die regelmäßigen Prüfungen

Anlage/Betriebsmittel	Prüffristen	Art der Prüfung	Prüfer
elektrische Anlagen und ortsfeste Betriebsmittel in Werkstätten	4 Jahre	auf ordnungsgemäßen Zustand	Elektrofachkraft oder elektrotechnisch unterwiesene Person bei Verwendung geeigneter Mess- und Prüfgeräte
elektrische Anlagen auf Baustellen usw.	1 Jahr		
Schutzmaßnahmen mit Fehlerstrom-Schutzeinrichtungen auf Baustellen usw.	1 Monat	auf Wirksamkeit	Elektrofachkraft oder elektrotechnisch unterwiesene Person bei Verwendung geeigneter Mess- und Prüfgeräte
Fehlerstrom-Differenzstrom und Fehlerspannungs-Schutzschalter in stationären Anlagen (in Werkstätten)	1 Monat	auf einwandfreie Funktion durch Betätigen der Prüfeinrichtung	Benutzer
Fehlerstrom-Differenzstrom und Fehlerspannungs-Schutzschalter auf Baustellen usw.	arbeitstäglich		

Grundsätze für die Instandsetzung der elektrischen Anlagen und Betriebsmittel:

- Schadhafte Anlagen und Betriebsmittel abschalten bzw. aus dem Verkehr ziehen!
- Reparaturen nur durch eine Elektrofachkraft!
- Regelmäßige Prüfungen und Kontrollen der elektrischen Anlagen und Betriebsmittel!

12 Schutz vor Brandgefahren

Maler/-innen und Lackierer/-innen verarbeitet viele brennbare Werkstoffe, z. T. sogar leicht entzündliche und entzündliche Lösemittel und Lackwerkstoffe. Fehlender oder unzureichender Brandschutz und mangelnde Kenntnisse in der Brandbekämpfung können für die Beschäftigten lebensgefährlich sein und enorme Sachschäden verursachen.

Maßnahmen zum vorbeugenden Brandschutz

- An oder in der Nähe von Arbeitsplätzen leicht entzündliche, brandfördernde oder selbstentzündliche Arbeitsstoffe nur in der Menge bereithalten, die für den Fortgang der Arbeiten erforderlich ist.
- Feuerlöscheinrichtungen bereithalten.
- Feuerlöscher alle zwei Jahre prüfen lassen.
- Hinweisschilder für Feuerlöscheinrichtungen anbringen und beachten.
- Feuer- und explosionsgefährdete Bereiche durch Aufstellen von Hinweisschildern kennzeichnen.
- Alle Mitarbeiter/-innen sind in der Handhabung der Feuerlöscher zu unterweisen. Diese Unterweisung muss regelmäßig wiederholt werden.
- Fluchtwege kennzeichnen und freihalten.
- Zufahrten für die Feuerwehr freihalten.

Im Brandfall gilt es, Leib und Leben zu schützen und den Schaden zu begrenzen.

Im Brandfall zu ergreifende Maßnahmen

- Brand mit genauer Angabe über die Brandstelle der Feuerwehr melden.
- Sofern Menschen in Gefahr sind, diesen helfen oder Hilfe herbeiholen.
- Menschen mit brennenden Kleidern dürfen nicht laufen. Flammen mit Decken oder Ähnlichem ersticken.
- Brand sofort mit Feuerlöscheinrichtungen bekämpfen.
- Türen bzw. Fenster schließen, um Zugluft zu vermeiden.
- Rückweg sichern.

In jedem Geschoss muss mindestens ein Feuerlöscher bereitgehalten werden. Nach DIN EN 3 ist nicht mehr die Löschmittelmenge, sondern das Löschvermögen für die Einstufung der Feuerlöscher maßgeblich. Das Löschvermögen wird als Leistungsklasse durch eine Zahlen-Buchstaben-Kombination angegeben, die auf den Feuerlöschern aufgedruckt ist.

Feuerlöscher müssen nach Brandgefährdung und Raumgröße in ausreichender Anzahl zur Verfügung gestellt werden.

Bauart und Zulassung von Feuerlöschern

Feuerlöscher	Brandklassen nach DIN EN 2				
	A	B	C	D	F
Arten und Füllungen	feste, glutbildende Stoffe	flüssige oder flüssig werdende Stoffe	gasförmige Stoffe, auch unter Druck	brennbare Metalle (Einsatz nur mit Pulverbrause)	Speisefette und -öle
Pulverlöscher mit ABC-Löschpulver	+	+	+	–	–
Pulverlöscher mit BC-Löschpulver	–	+	+	–	–
Pulverlöscher mit Metallbrandpulver	–	–	–	+	–
Kohlendioxid-löscher	–	+	–	–	–
Wasserlöscher (auch mit Zusätzen, z. B. Netzmittel)		–	–	–	–
Wasserlöscher mit Zusätzen, die in Verbindung mit Wasser auch Brände der Brandklasse B löschen	+	+	–	–	–
Schaumlöscher	+	+	–	–	–
Fettbrandlöscher	+	+	–	–	+

Die Brandklasse E, die für Brände in elektrischen Niederspannungsanlagen (bis 1 000 Volt) vorgesehen war, wurde abgeschafft. Alle aktuellen Feuerlöscher können in Niederspannungsanlagen eingesetzt werden, sofern der auf dem Feuerlöscher aufgedruckte Sicherheitsabstand eingehalten wird.

Feuerlöscher zum Einsatz in staubexplosionsgefährdeten Bereichen müssen mit Pulverbrausen bzw. Sprühdüsen ausgerüstet sein, die das Aufwirbeln von abgelagertem Staub beim Löschen verhindern.

Unterteilung der Brandgefährdung

Geringe Brandgefährdung	liegt vor, wenn Stoffe mit geringer Entzündbarkeit vorhanden sind, nur geringe Möglichkeiten für eine Brandentstehung bestehen und bei einem Brand mit nur geringer Brandausbreitung gerechnet werden muss
Mittlere Brandgefährdung	liegt vor, wenn Stoffe mit hoher Entzündbarkeit vorhanden sind und nur geringe Möglichkeiten für eine Brandentstehung bestehen, jedoch bei einem Brand keine große Brandausbreitung in der Anfangsphase zu erwarten ist
Große Brandgefährdung	liegt vor, wenn durch Stoffe mit hoher Entzündbarkeit große Möglichkeiten für eine Brandentstehung gegeben sind und in der Anfangsphase mit großer Brandausbreitung zu rechnen ist

Die verschiedenen Arten der Feuerlöscher weisen auch unterschiedliche Löschvermögen auf. Das Löschvermögen ist die Fähigkeit eines Feuerlöschers, ein entsprechend genormtes Brandobjekt mit einer maximalen Löschmittelmenge zu löschen. Das jeweilige Löschvermögen ist auf dem Feuerlöscher aufgedruckt.

Um die Leistungsfähigkeit unterschiedlicher Feuerlöscher leichter vergleichen zu können, wurde die Hilfsgröße der Löschmitteleinheit (LE) eingeführt. Für die unterschiedlichen Räume werden nach DIN EN 3 die erforderlichen Löschmitteleinheiten angegeben. Daraus lässt sich die erforderliche Anzahl an Feuerlöschern berechnen.

Anzahl der Löschmitteleinheiten in Abhängigkeit von der Raumgröße

Grundfläche bis m^2	Löschmitteleinheiten		
	Geringe Brandgefährdung	Mittlere Brandgefährdung	Große Brandgefährdung
50	6	12	18
100	9	18	27
200	12	24	36
300	15	30	45
400	18	36	54
500	21	42	63
600	24	48	72
700	27	54	81
800	30	60	90
900	33	66	99
1 000	36	72	108
je weitere 250	6	12	18

Vorgehen beim Löschen

Falsch	Richtig

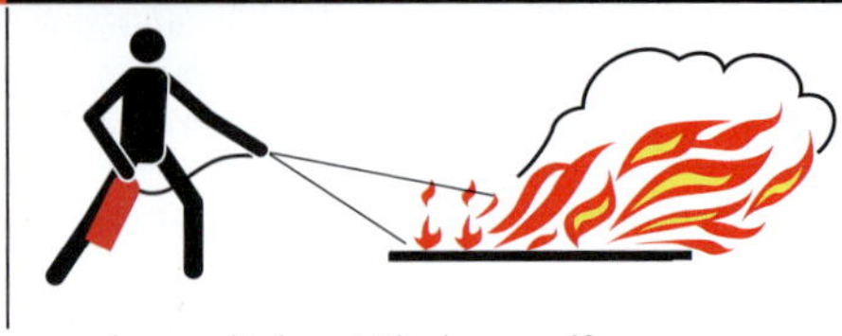

Feuer nicht gegen die Windrichtung, *sondern mit dem Wind angreifen.*

Flächenbrande nicht von hinten, *sondern von vorne und unten ablöschen.*

Tropf- und Fließbrände nicht von unten, sondern von oben bekämpfen.

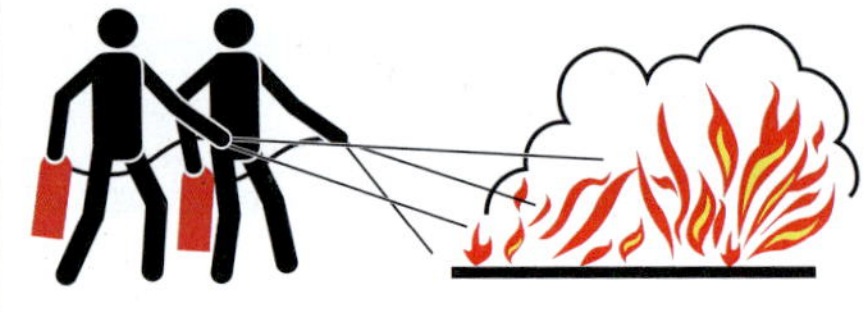

Feuerlöscher nicht nacheinander, *sondern gleichzeitig einsetzen.*

Brandstelle nicht verlassen, auf Rückzündung achten, Löschreserve halten.

Eingesetzte Feuerlöscher niemals wieder aufhängen.

Feuerlöscher-Kundendienst verständigen, Löscher überprüfen und neu füllen lassen.

13 Persönliche Schutzausrüstung

Das Unternehmen muss persönliche Schutzausrüstungen zur Verfügung stellen, wenn trotz technischer und organisatorischer Schutzmaßnahmen Gefährdungen nicht auszuschließen sind.

Beispiele für Gefährdungen:
1. Spritzen von Heizkörpern
2. Aufbau eines Gerüsts oder Hochziehen von Material mit einem Flaschenzug
3. Reinigen von verzinkten Dachrinnen mit einer Salmiaknetzmittelwäsche
4. Entfernen von Zunder mit einer Rundschleifmaschine
5. Außenarbeiten auf einer Baustelle
6. Strahlarbeiten
7. Arbeiten geringen Umfangs auf einem Dach
8. Straßenmarkierungsarbeiten
9. Gerüstabbau bei winterlichen Temperaturen

Die Weigerung des Beschäftigten, die persönliche Schutzausrüstung zu tragen, kann
- zum Verlust der Lohnfortzahlung führen,
- ein Verstoß gegen die Arbeitsordnung sein,
- ein Grund zur Kündigung des Arbeitsverhältnisses sein.

Teile der persönlichen Schutzausrüstung

Persönliche Schutzausrüstungen	Symbol	Zur Verfügung zu stellen ...
Atemschutz		wenn trotz entsprechender Lüftung und anderer technischer Maßnahmen eine Gesundheitsgefährdung nicht auszuschließen ist
Schutzhelm		wenn mit Kopfverletzungen zu rechnen ist, z. B. beim Gerüstbau
Schutzhandschuhe		bei Gefahr von Handverletzungen, z. B. durch Laugen und Säuren
Schutzbrille		wenn mit Augen- und Gesichtsverletzungen zu rechnen ist, z. B. bei Arbeiten mit einer Rundschleifmaschine

Persönliche Schutzausrüstungen	Symbol	Zur Verfügung zu stellen ...
Gehörschutz		bei einem Geräuschpegel von 85 dB(A), ab 90 dB(A) zu benutzen
Schutzschuhe		wenn mit Fußverletzungen zu rechnen ist, z. B. auf Baustellen
Schutzkleidung		als Flammschutz, Schutz vor Chemikalien, Schutz gegen Wärmestrahlung, Schutz beim Abstrahlen
Sicherheitsgeschirre		bei Absturzgefahr, wenn andere technische Maßnahmen nicht möglich sind
Gesichtsschutz		wenn mit Gesichtsverletzungen zu rechnen ist
Warnkleidung		wenn das rechtzeitige Erkennen von Personen erforderlich ist, z. B. bei Arbeiten im öffentlichen Verkehrsbereich
Winter- und Wetterkleidung		gegen Unterkühlung und Durchnässung

Im Maler- und Lackiererhandwerk sind der Atem- und der Hautschutz besonders häufig einzusetzen.

13.1 Atemschutz

Sind durch bauliche, technische oder organisatorische Maßnahmen gesundheitsgefährliche Gase, Dämpfe, Nebel oder Stäube nicht zu vermeiden, sind vom Arbeitgeber Atemschutzgeräte zur Verfügung zu stellen und von den Beschäftigten zu benutzen.

Atemschutzgeräte werden in zwei Gruppen eingeteilt:

Atemschutzgeräte

von der Umgebungsatmosphäre unabhängige Atemschutzgeräte

Atemschutzgeräte mit externer Luftzufuhr, z. B. durch einen Kompressor oder eine Luftflasche

von der Umgebungsatmosphäre abhängige Atemschutzgeräte

Atemschutzgeräte mit Partikel- oder Gasfiltern

Atemschutzmasken werden als Voll- oder Halbmaske eingesetzt.

Atemschutzmasken

Vollmaske | **Halbmaske**

Vollmaske

Es wird zwischen starren und flexiblen Masken unterschieden. Eine spezielle Art der Vollmaske stellt die Haube dar. Sie ist z. B. zum Abstrahlen erforderlich, wird aber auch gerne als komfortable Vollmaske mit dosierbarer Luftzufuhr für Spritzarbeiten verwendet. Durch den geringen Überdruck in der Schutzmaske bleibt die Atemluft frei von den Schadstoffen außerhalb der Maske.

Lackierung mit Vollhaube

Halbmaske

Halbmasken umschließen nur Mund und Nase. Die Augenpartie bleibt ausgespart. Deshalb dürfen diese Schutzmasken nicht in einer mit reizenden Stoffen belasteten Atmosphäre eingesetzt werden.

Partikelfiltrierende Halbmaske (Atemschutzfilter)

Partikelfiltrierende Halbmasken (engl. *filtering face piece, FFP*; Feinstaubmaske oder Staubmaske) schützen je nach Ausführung vor dem Einatmen von Aerosolen[1] und Partikeln. Sie bieten keinen Schutz vor Gasen und Dämpfen, auch dann nicht, wenn sie mit einer Einlage aus Aktivkohle ausgestattet sind.

Heizkörperspritzen mit einer filtrierenden Halbmaske

1 Aerosol ist ein Kunstwort aus lat. *aer* (= Luft) und lat. *solutio* (= Lösung). Unter einem Aerosol versteht man ein Gemisch aus festen und/oder flüssigen Schwebeteilchen in der Luft.

Diese Einlage dient nur dem Schutz vor unangenehmen, nichtschädlichen organischen Gerüchen.

Der Schutz vor Gasen kann nur durch spezielle Gasfilter erreicht werden. Filtrierende Halbmasken bestehen zumeist vollständig aus Vliesstoff mit Gummibändern und einem formbaren Nasenbügel, der die optimale Anpassung an das Gesicht gewährleistet.

Autolackierung mit Halbmaske mit eingebautem Gasfilter

Übersicht über die für Maler/-innen und Lackierer/-innen besonders wichtigen Filtertypen und ihre Eignung

Filterarten

Partikelfilter

Partikelfiltertypen:

- **P1**
  Schutz gegen Schwebstoffe, die weder giftig sind noch eine Silikose oder Asbestose verursachen können
- **P2**
  Schutz gegen feste und flüssige Partikel von mindergiftigen Stoffen
- **P3**
  Schutz gegen feste und flüssige Partikel von giftigen und hochgiftigen Stoffen

Gasfilter

Gasfiltertypen:

- **A Kennfarbe braun**
  für organische Gase und Dämpfe
- **B Kennfarbe grau**
  für anorganische Gase und Dämpfe
- **K Kennfarbe grün**
  für Ammoniak

Gasfilterklassen:

- **Kennziffer 1**
  kleines Aufnahmevermögen
- **Kennziffer 2**
  mittleres Aufnahmevermögen
- **Kennziffer 3**
  großes Aufnahmevermögen

Kombinationsfilter

Filter, die als Partikel- und Gasfilter eingesetzt werden können

Anwendungsbereiche von Filtertypen

Hauptanwendungsbereiche	Kennfarbe		Filtertyp
Partikel, Stäube, Tröpfchen	**weiß**		P
organische Gase und Dämpfe mit einem Siedepunkt > 65 °C (z. B. lösemittelhaltige Lacke und Klebstoffe, Benzin, Reiniger)	**braun**		A
niedrig siedende organische Gase und Dämpfe mit einem Siedepunkt < 65 °C (organische Lösemittel, in Niedrigsiedergruppe 1 und 2 gem. DGUV 112-190), z. B. Äther, Methylendioxid	**braun**		AX
anorganische Gase und Dämpfe (Chlorgas, Schwefelwasserstoff, Zyanwasserstoff, Säuren und Laugen)	**grau**		B
Schwefeldioxid, Hydrogenchlorid, saure Gase	**gelb**		E
Ammoniak und organische Ammoniakderivate	**grün**		K
Kohlenstoffmonoxid	**schwarz**		CO
Quecksilberdampf	**rot**	**weiß**	Hg-P3
nitrose Gase, z. B. NO, NO2, NOX	**blau**	**weiß**	NO-P3
radioaktives Jod, einschließlich radioaktives Jodmethan	**orange**		**Reaktor**

Schutz durch verschiedene Filterarten

Gasfilter	Partikelfilter	Kombinationsfilter
Schutz gegen Gase und Dämpfe	Schutz gegen Partikel	Schutz gegen Gase, Dämpfe und Partikel
Filterklasse 1 kleine Kapazität	P1 für ungiftigen oder mindergiftigen Feinstaub bis zum 4-Fachen des Grenzwertes	1-P2 Schutz gegen feste und flüssige ungiftige oder mindergiftige Stoffe sowie deren Dämpfe
Filterklasse 2 mittlere Kapazität	P2 zum Verarbeiten von krebserregenden Stoffen bis zum 10-Fachen des Grenzwertes	2-P2 Schutz gegen feste und flüssige giftige Stoffe sowie deren Dämpfe
Filterklasse 3 große Kapazität	P3 zum Verarbeiten von krebserregenden Stoffen bis zum 30-Fachen des Grenzwertes	2-P3 Schutz gegen feste und flüssige giftige und sehr giftige Stoffe sowie deren Dämpfe

- Gasfilter dürfen nur gegen gasförmige Schadstoffe verwendet werden – keinesfalls gegen Partikel.
- Partikelfilter dürfen nur gegen partikelförmige Schadstoffe verwendet werden – keinesfalls gegen Gase.
- Wenn Gase und Partikel zugleich auftreten oder wenn Partikel Gase freisetzen können, sind Kombinationsfilter zu verwenden.
- Die für die jeweilige Filterklasse höchstzulässige Schadstoffkonzentration ist zu beachten.

Filtrierende Halbmasken werden nach der DIN EN 149 „Atemschutzgeräte – Filtrierende Halbmasken zum Schutz gegen Partikeln" in drei Klassen unterteilt. Zur Beurteilung dient die Gesamtleckage einer Maske, die sich aus Undichtigkeitsstellen am Gesicht, der Leckage am Ausatemventil (wenn vorhanden) sowie aus dem eigentlichen Filterdurchlass zusammensetzt.

Einteilung der filtrierenden Halbmasken zum Schutz gegen Partikel nach DIN EN 149

Klasse	Gesamtleckage	Schutzwirkung vor Partikelgrößen (max. 0,6 µm)
FFP-1	höchstens 25 %, Mittelwerte nicht größer als 22 %	für nicht-toxische[1] und nicht-fibrogene[2] Stäube; maximale Konzentration bis zum 4-Fachen der maximalen Arbeitsplatz-Konzentration
FFP-2	höchstens 11 %, Mittelwerte nicht größer als 8 %	Schutzwirkung mindestens 95 %; für gesundheitsschädliche Stäube, Nebel und Rauch; Filter für feste und flüssige Partikel; gegen schädliche Stoffe, deren Konzentration bis zum 10-Fachen der maximalen Arbeitsplatz-Konzentration reicht
FFP-3	höchstens 5 %, Mittelwerte nicht größer als 2 %	Schutzwirkung mindestens 99 %; Schutz vor giftigen Stoffen sowie vor Tröpfchenaerosolen, krebserzeugenden Stoffen, radioaktiven Stoffen, Enzymen, Mikroorganismen (Viren, Bakterien, Pilzen und deren Sporen); gegen schädliche Stoffe, deren Konzentration bis zum 30-Fachen der maximalen Arbeitsplatz-Konzentration reicht

Ergänzend zur Klasse können bei den filtrierenden Halbmasken noch weitere Kennzeichnungen vorhanden sein:

- **D (erfolgreiche Dolomitstaubeinlagerungsprüfung):**
  Die Prüfung besteht darin, die partikelfiltrierende Halbmaske einer sinusförmigen Atmungssimulation auszusetzen, während das Muster von einer bekannten Konzentration an Dolomitstaub in Luft umgeben ist. Anschließend an die Exposition werden der Atemwiderstand und der Filterdurchlass des Musters der partikelfiltrierenden Halbmaske gemessen. Die Verpackung derjenigen partikelfiltrierenden Halbmasken, die die Einspeicherprüfung mit Dolomit bestanden haben, muss

[1] nicht toxisch = nicht giftig

[2] nicht fibrogen = keine krankhafte Vermehrung von Bindegeweben in den Organen auslösend (lateinisch – griechisch)

zusätzlich mit dem Buchstaben „D“ gekennzeichnet sein. Dieser Buchstabe folgt der Klassenkennzeichnung nach einer einzelnen Leerstelle.
- **R (reusable[1]):**
  Die Desinfektion und Wiederverwendung der FFP-Maske sind möglich.
- **NR (not reusable[2]):**
  Die Maske darf nur für eine Arbeitsschicht (in der Regel 8 Stunden) benutzt werden.

Die effektive Einsatzdauer filtrierender, wiederverwendbarer Halbmaskentypen hängt von folgenden Faktoren ab:
- Schadstoffkonzentration
- Atmungsintensität
- Hitze und Feuchtigkeit
- Hygienefaktoren

Träger/-innen von Atemschutzgeräten müssen zur Vorsorge arbeitsmedizinisch untersucht werden.

- **Angebotsuntersuchungen** sind anzubieten bei Tätigkeiten, die das Tragen von Atemschutzgeräten der Gruppe 1 erfordern. Atemschutzgeräte der Gruppe 1 wiegen weniger als 3 kg und besitzen einen geringen Atemwiderstand. Dazu zählen z. B. Filtergeräte mit Partikelfilter der Partikelfilterklassen P1 und P2 und partikelfiltrierende Halbmasken; gebläseunterstützte Filtergeräte mit Voll- oder Halbmaske; jeweils mit Atemanschlüssen mit Ausatemventilen; gebläseunterstützte Filtergeräte mit Haube oder Helm.
- **Pflichtuntersuchungen** sind zu veranlassen bei Tätigkeiten, die das Tragen von Atemschutzgeräten der Gruppen 2 und 3 erfordern.

Filtergeräte dürfen nicht eingesetzt werden, wenn die Umgebungsatmosphäre weniger als 17 Vol-% Sauerstoff enthält.

Das Tragen von für den Träger belastendem Atemschutzgerät darf keine ständige Maßnahme sein.

Ein Filter muss ausgewechselt werden, wenn Geruchs-, Geschmacks- oder Reizerscheinungen wahrgenommen werden, sich der Atemwiderstand erhöht oder die vom Hersteller vorgegebenen Trage- und Standzeiten erreicht werden.

Der Beschäftigte muss im Benutzen des Atemschutzgerätes theoretisch und praktisch ausgebildet sein und anhand einer Betriebsanweisung mindestens einmal jährlich über Benutzung, Gefahren und Schutzmaßnahmen unterwiesen werden.

Der Betrieb muss sicherstellen, dass die Atemschutzgeräte stets einwandfrei funktionieren und regelmäßig gereinigt und desinfiziert werden. Je nach Atemschutzgerät sind regelmäßige Prüfungen der Geräte notwendig.

---

[1] engl. *reusable* = wiederverwendbar

[2] engl. *not reusable* = nicht wiederverwendbar; zum einmaligen Gebrauch

13.2 Hautschutz

Maler/-innen und Lackierer/-innen arbeitet u.a. auch mit hautschädigenden Arbeitsstoffen.

Beispiele:

- Kalklauge
- Peroxide
- Säuren
- Salmiakgeist
- Lösemittel
- Abbeizmittel
- Härter, z.B. Isocyanate und Amine

Diese Gefahrstoffe können auf unterschiedliche Weise schädigen:
1. Schädigung der Haut, z.B. Verätzungen, Hautrisse
2. Schädigung der inneren Organe, weil die Gefahrstoffe die Haut durchdringen

Bei hautgefährdenden Tätigkeiten hat der Betrieb nach § 19 der Gefahrstoffverordnung

- einen arbeitsplatzspezifischen Hautplan zu erstellen und vor Ort auszuhängen,
- eine Betriebsanweisung zu erstellen,
- Unterweisungen durchzuführen,
- persönliche Schutzausrüstung einschl. Arbeitskleidung zur Verfügung zu stellen. Die Kosten für die Reinigung der Arbeitskleidung trägt der Betrieb.

Hautschutzmittel schützen nur, wenn sie rechtzeitig und richtig eingesetzt werden. Die Auswahl des jeweils richtigen Hautschutzmittels richtet sich nach den einwirkenden Stoffen. Es wird zwischen wasserlöslichen und nicht wasserlöslichen Stoffen unterschieden.

Schutzhandschuhe sind nach der zu erwartenden Belastung auszuwählen. Genaue Angaben dazu findet man im Sicherheitsdatenblatt der Werkstoffe.

Für Maler/-innen und Lackierer/-innen besonders wichtige Schutzhandschuhe

Naturlatex-Handschuhe	Nitrilkautschuk-Handschuhe	Laminat-Handschuhe[1]
Zu tragen beim Umgang mit: – schwachen Säuren – Spachtelmassen – Abbeizer mechanisch sehr widerstandsfähig und deshalb für grobe Arbeiten und Feuchtigkeit besonders geeignet	Zu tragen beim Umgang mit: – Benzin und Diesel – Ölen – Fetten antistatisch und temperaturunempfindlich	Zu tragen beim Umgang mit: – Lösemitteln und Verdünnungen – Lackwerkstoffen – Holzschutzmitteln bieten den besten Schutz, wenn die Gefahrstoffe nicht sicher einzuordnen sind

Die Haut ist möglichst schonend von Verunreinigungen zu befreien.
Auf keinen Fall dürfen Löse- und Verdünnungsmittel eingesetzt werden!

[1] Immer mit Baumwoll-Unterzieh-Handschuhen verwenden.

14 Organisation der Ersten Hilfe

Erste Hilfe kann bei Unfällen Leben retten. Besonders wichtig sind eine ausreichende Zahl an Ersthelferinnen und Ersthelfern sowie die Erste-Hilfe-Einrichtung.

Fehlende Ersthelfer/-innen und/oder unzureichende Erste-Hilfe-Einrichtungen können für Unfallverletzte lebensbedrohend sein.

Der Unternehmer bzw. die Unternehmerin muss eine wirkungsvolle Erste Hilfe organisieren. Dazu gehören:

1. Meldeeinrichtungen zur Verfügung stellen, über die Hilfe herbeigerufen werden kann
2. Erste-Hilfe-Material (Verbandkästen) in ausreichender Menge gut erreichbar zur Verfügung stellen
3. Rettungstransportmittel, z. B. Krankentragen, bei mehr als 20 Beschäftigten auf einer Baustelle bereitstellen
4. Kennzeichnung der Erste-Hilfe-Einrichtungen, der Flucht- und Rettungswege
5. Aushang der „Anleitung zur Ersten Hilfe bei Unfällen“ mit den Rufnummern und Adressen des Rettungsdienstes, des Notarztes und des Krankenhauses
6. Bekanntgabe der Namen und des Aufenthaltsorts der Ersthelfer
7. Bei mehr als 50 Beschäftigten auf einer Baustelle Sanitätsräume zur Verfügung stellen
8. Unterweisung der Mitarbeiter über das Verhalten bei Arbeitsunfällen; die Unterrichtung muss in angemessenen Abständen, mindestens jedoch jährlich (bei Jugendlichen halbjährlich) erfolgen.

Ersthelfer/-innen

In jedem Unternehmen muss mindestens eine Person zur Verfügung stehen, die in der Lage ist, Erste Hilfe bei Unfällen zu leisten. Dies gilt entsprechend für Teile des Unternehmens, die vom Sitz des Unternehmens räumlich getrennt sind, und genauso auf Baustellen.

Eine Person kann zum Ersthelfer durch eine vom Unfallversicherungsträger ermächtigte Stelle ausgebildet werden. Dies sind in der Regel eintägige Kurse mit 9 Stunden, die zum Beispiel von Dienstleistern wie dem ASB, Den Johannitern oder dem DLRG angeboten werden. Eine Liste derer kann unter https://www.bg-qseh.de eingesehen werden.

Alternativ wird aber auch die Berufsausbildung im Sanitätsdienst oder einem anderen Beruf des Gesundheitswesen angerechnet.

Der Betrieb muss, wenn im Unternehmen ständig mehr als zehn Versicherte beschäftigt werden, sicherstellen, dass bei bis zu zwanzig Versicherten ein/-e Ersthelfer/-in zur Verfügung steht; bei mehr als zwanzig Versicherten ist zusätzlich je zehn Versicherte ein/-e weitere/-r Ersthelfer/-in erforderlich.

Von der Zahl der Ersthelfer kann im Einvernehmen mit der Berufsgenossenschaft unter Berücksichtigung der Organisation des betrieblichen Rettungswesens und der Gefährdung abgewichen werden.

Der Betrieb hat die Versicherten, welche die Aufgaben der Ersten Hilfe wahrnehmen, zu benennen und den anderen Versicherten bekannt zu geben.

Der Betrieb muss sicherstellen, dass Ersthelfer/-innen in angemessenen Zeitabständen fortgebildet werden.

Erste-Hilfe-Material

Der Betrieb muss dafür sorgen, dass das für den Umfang und die Art des Unternehmens notwendige Erste-Hilfe-Material und die zur Rettung aus Gefahr für Leben und Gesundheit erforderlichen Einrichtungen, insbesondere Rettungsgeräte, jederzeit schnell erreichbar und leicht zugänglich in geeigneten Behältnissen, gegen schädigende Einflüsse geschützt, in ausreichender Menge bereitgehalten sowie rechtzeitig ergänzt und erneuert werden. Der Aufbewahrungsort ist deutlich zu kennzeichnen.

Geeignetes Erste-Hilfe-Material enthalten der kleine Verbandkasten nach DIN 13157 (Verbandkasten C) und der große Verbandkasten nach DIN 13169 (Verbandkasten E).

Je nach Größe des Betriebes oder der Baustelle müssen mindestens zur Verfügung stehen:

Zahl der Versicherten	Kleiner Verbandkasten	Großer Verbandkasten
1–10	1	–
11–50	–	1
ab 51	–	2
je 50 weitere Versicherte	–	1

Ein großer Verbandkasten kann durch zwei kleine Verbandkästen ersetzt werden. Für Betriebe mit bis zu zehn Versicherten oder für Tätigkeiten im Außenbereich kann auch ein Kfz-Verbandkasten nach DIN 13164 (Verbandkasten B) verwendet werden.

Jede Erste-Hilfe-Leistung muss in einem Verbandsbuch, einer Kartei oder einer EDV aufgezeichnet werden. Diese Unterlagen müssen fünf Jahre lang aufbewahrt werden.

Notruf

Bei einem Notruf müssen folgende Angaben gemacht werden:

Wo ist der Unfallort? Ort, Straße, Hausnummer
Was ist geschehen? Absturz, Brandunglück, Elektrounfall u. a.
Wie viele Verletzte? Zahl der Verletzten
Welche Verletzungen? Starke Blutungen, Atemstillstand u. a.
Wer ruft an? Angabe des eigenen Namens und der Rufnummer

Ärztliche Versorgung

Muss ein/-e Mitarbeiter/-in infolge eines Arbeitsunfalls ärztlich versorgt werden, muss ein Durchgangsarzt der Berufsgenossenschaft aufgesucht werden.

Namen und Adressen dieser Durchgangsärzte nennt die Berufsgenossenschaft auf Anfrage. Diese Angaben sollten gut sichtbar am Arbeitsplatz ausgehängt werden.

Meldepflicht

Der Betrieb ist verpflichtet, Unfälle und Krankheiten, die in Zusammenhang mit der Beschäftigung stehen und die eine Arbeitsunfähigkeit von mehr als drei Tagen verursachen, zu melden.

Diese Verpflichtung betrifft:
- Arbeitsunfälle
- Wegeunfälle
- Berufskrankheiten

Fristen für Unfallmeldungen

Unfallart	Meldefrist
tödliche Unfälle und Unfälle mit mehr als drei Verletzten	sofort telefonisch oder per E-Mail an die Berufsgenossenschaft, das Gewerbeaufsichtsamt und die Polizei
sonstige Unfälle und Berufskrankheiten	innerhalb von drei Tagen an die Berufsgenossenschaft und das Gewerbeaufsichtsamt; der Unfalltag zählt nicht mit

15 Gesetze, Verordnungen, Vorschriften und Richtlinien

Gesetze und Verordnungen

MuSchG	Gesetz zum Schutz von Muttern bei der Arbeit, in der Ausbildung und im Studium (Mutterschutzgesetz)
JArbSchG	Gesetz zum Schutze der arbeitenden Jugend (Jugendarbeitsschutzgesetz)
ArbSchG	Gesetz über die Durchführung von Maßnahmen des Arbeitsschutzes zur Verbesserung der Sicherheit und des Gesundheitsschutzes der Beschäftigten bei der Arbeit (Arbeitsschutzgesetz)
ChemG	Gesetz zum Schutz vor gefährlichen Stoffen (Chemikaliengesetz)
ArbStättV	Verordnung über Arbeitsstatten (Arbeitsstättenverordnung)
BaustellV	Verordnung über Sicherheit und Gesundheitsschutz auf Baustellen (Baustellenverordnung)

KJBG-VO	Verordnung der Bundesministerin für Arbeit, Gesundheit und Soziales, des Bundesministers für wirtschaftliche Angelegenheiten und des Bundesministers für Wissenschaft und Verkehr über Beschäftigungsverbote und -beschränkungen für Jugendliche
BioStoffV	Verordnung über Sicherheit und Gesundheitsschutz bei Tätigkeiten mit Biologischen Arbeitsstoffen (Biostoffverordnung)
BetrSichV	Verordnung über Sicherheit und Gesundheitsschutz bei der Verwendung von Arbeitsmitteln (Betriebssicherheitsverordnung)
PSA-BV	Verordnung über Sicherheit und Gesundheitsschutz bei der Benutzung persönlicher Schutzausrüstungen bei der Arbeit (PSA-Benutzungsverordnung)
GefStoffV	Verordnung zum Schutz vor Gefahrstoffen (Gefahrstoffverordnung)
GGVSEB	Verordnung über die innerstaatliche und grenzüberschreitende Beförderung gefährlicher Güter auf der Straße, mit Eisenbahnen und auf Binnengewässern (Gefahrgutverordnung Straße, Eisenbahn und Binnenschifffahrt)
GGAV	Verordnung über Ausnahmen von den Vorschriften über die Beförderung gefährlicher Güter (Gefahrgutausnahmeverordnung)
GbV	Verordnung über die Bestellung von Gefahrgutbeauftragten in Unternehmen (Gefahrgutbeauftragtenverordnung)

Richtlinien

DIN EN 1004	Fahrbare Arbeitsbühnen aus vorgefertigten Bauteilen
DIN EN 12810	Fassadengerüste aus vorgefertigten Bauteilen
DIN EN 12811-1	Temporäre Konstruktionen für Bauwerke – Teil 1: Arbeitsgerüste
DIN EN 131	Leitern
DIN 13157	Erste-Hilfe-Material – Verbandkasten C
DIN 13169	Erste-Hilfe-Material – Verbandkasten E
DIN EN 149	Atemschutzgeräte – Filtrierende Halbmasken zum Schutz gegen Partikeln
DIN EN 2	Brandklassen
DIN 4420	Arbeits- und Schutzgerüste

Technische Regeln für Arbeitsstätten (ASR)

ASR A2.1	Schutz vor Absturz und herabfallenden Gegenständen, Betreten von Gefahrenbereichen
ASR A2.2	Maßnahmen gegen Brände
ASR A2.3	Fluchtwege und Notausgänge
ASR A3.4	Beleuchtung
ASR A3.5	Raumtemperatur
ASR A3.6	Lüftung
ASR A4.1	Sanitärräume
ASR A4.2	Pausen- und Bereitschaftsräume
ASR A4.3	Erste-Hilfe-Räume, Mittel und Einrichtungen zur Ersten Hilfe
ASR A4.4	Unterkünfte

Technische Regeln für Betriebssicherheit (TRBS)

TRBS 2121-1	Gefährdung von Beschäftigten durch Absturz bei der Verwendung von Gerüsten
TRBS 2121-2	Gefährdungen von Personen bei der Verwendung von Leitern

Technische Regeln für Gefahrstoffe (TRGS)

TRGS 400	Gefährdungsbeurteilung für Tätigkeiten mit Gefahrstoffen
TRGS 401	Gefährdung durch Hautkontakt – Ermittlung, Beurteilung, Maßnahmen
TRGS 402	Ermitteln und Beurteilen der Gefährdungen bei Tätigkeiten mit Gefahrstoffen: Inhalative Exposition
TRGS 510	Lagerung von Gefahrstoffen in ortsbeweglichen Behältern
TRGS 519	Asbest: Abbruch-, Sanierungs- oder Instandhaltungsarbeiten
TRGS 521	Abbruch-, Sanierungs- und Instandhaltungsarbeiten mit alter Mineralwolle
TRGS 524	Schutzmaßnahmen bei Tätigkeiten in kontaminierten Bereichen
TRGS 555	Betriebsanweisung und Information der Beschäftigten
TRGS 900	Arbeitsplatzgrenzwerte
TRGS 903	Biologische Grenzwerte (BGW)
TRGS 905	Verzeichnis krebserzeugender, keimzellmutagener oder reproduktionstoxischer Stoffe

DGUV Vorschriften und Informationen der Deutschen Gesetzlichen Unfallversicherung

DGUV Vorschrift 1	Grundsätze der Prävention
DGUV 112-190	Benutzung von Atemschutzgeräten
DGUV 112-198	Benutzung von persönlichen Schutzausrüstungen gegen Absturz
DGUV 201-011	Handlungsanleitung für den Umgang mit Arbeits- und Schutzgerüsten
DGUV 212-515	Persönliche Schutzausrüstungen
DGUV Vorschrift 38	Bauarbeiten (Fassung 2019)

E Umweltschutz

Nur in einer gesunden Umwelt ist auch ein gesundes Leben möglich. Darum sollte der Umweltschutz ein Grundanliegen aller sein.

Maler/-innen und Lackierer/-innen müssen bei ihrer Arbeit die Umwelt vor Verunreinigungen schützen. Reste von Gefahrstoffen, wie Lösemittel, lösemittelhaltige Beschichtungsstoffe, Holzschutzmittel usw, können die Gesundheit und die Umwelt gefährden. Umweltschutz ist Gesundheitsschutz für uns, unsere Mitmenschen und die Natur.

Umweltschutz

Mit diesem Symbol wird in diesem Buch in jedem Kapitel auf den Umweltschutz aufmerksam gemacht, auf die geltenden Gesetze und Vorschriften hingewiesen und das richtige Verhalten aufgezeigt.

Aufträge

1. Welchen Zweck verfolgt der Gesetzgeber mit dem Bundes-Immissionsschutzgesetz?
2. Welcher Unterschied besteht zwischen der Immission und der Emission?
3. Was versteht man unter Luftverunreinigungen?
4. Welche Vorteile bietet der Einsatz von High-Solids-Werkstoffen?
5. Welchen Zweck verfolgte man mit der Einführung des Umweltzeichens Blauer Engel?
6. Beurteilen Sie die Umweltfreundlichkeit von Naturharzlacken bei der Verarbeitung.
7. Welche im Maler- und Lackiererhandwerk anfallenden Abfälle sind den gefährlichen Abfällen zuzuordnen?
8. Welchen Unterlagen kann man die Abfallschlüsselnummer entnehmen?
9. Sie müssen eine Baustelle räumen. Erstellen Sie für die verschiedenen Reststoffe und Abfälle ein Entsorgungskonzept.
10. Wie müssen Fahrzeuge gekennzeichnet werden, wenn sie zum Transport von Abfällen eingesetzt werden?

1 Schutz der Umwelt durch Maler/-innen und Lackierer/-innen

Maler/-innen und Lackierer/-innen führen ihre Aufträge verantwortungsvoll unter besonderer Berücksichtigung des Umwelt-, Gesundheits- und Unfallschutzes aus. Dies gilt besonders bei der Verarbeitung von Gefahrstoffen. In besonderem Maß trägt er bei Arbeiten in schimmelpilzgefährdeten Bereichen, bei Asbestinstandsetzungs- und -sanierungsarbeiten sowie bei Brandsanierungen zum Umweltschutz bei.

Bei der Arbeit der Maler/-innen und Lackierer/-innen sind drei Bereiche zu berücksichtigen:

1. Reinhaltung der Luft

Lösemittelhaltige Beschichtungsstoffe müssen möglichst in Lackierereien mit wirksamen Absauganlagen verarbeitet werden. Wasserverdünnbare Beschichtungsstoffe sind einzusetzen, wenn dies möglich ist.

Naturharzfarben belasten die Umwelt bei der Verarbeitung nicht weniger als vergleichbare Industrieprodukte. Oberflächenqualität und Schutzwirkung sind hier aber meist geringer. Selbstverständlich dürfen Löse- und Verdünnungsmittel sowie Beschichtungsstoffe nicht offen stehen bleiben! Zum Schleifen sollten Schleifmaschinen mit Staubabsaugung eingesetzt werden.

2. Reinhaltung des Wassers

Säuren und Laugen, Reste von Beschichtungsstoffen, von Löse- und Verdünnungsmitteln sowie von Hilfsstoffen, Abbeizreste u. Ä. dürfen nicht in die Kanalisation oder gar in das Grundwasser gelangen. Diese Stoffe sind als gefährliche Abfälle zu entsorgen.

3. Abfallentsorgung

Reste von Beschichtungsstoffen, Löse- und Verdünnungsmitteln, Hilfsstoffen, Abbeiz-mitteln u. Ä. dürfen nicht mit dem Hausmüll entsorgt werden. Diese Stoffe müssen unter genauer Bezeichnung des Inhalts und als gefährliche Abfälle (Sonderabfälle) deklariert entsorgt werden. Da der Transport von gefährlichen Abfällen nur mit einer speziellen Transporterlaubnis gestattet ist, wird die Entsorgung dieser Abfälle in der Regel über Spezialfirmen abgewickelt.

2 Umweltschutzgesetze

Der Gesetzgeber hat zum Schutz der Umwelt verschiedene Gesetze und Verordnungen erlassen. Hier sind besonders das Bundes-Immissionsschutzgesetz (BImSchG), das Wasserhaushaltsgesetz (WHG), die Gefahrstoffverordnung (GefStoffV) und das Kreislaufwirtschaftsgesetz (KrWG) zu nennen.

Maler- und Lackiererwerkstätten gehören entsprechend dieses Gesetzes in aller Regel zu den nicht genehmigungspflichtigen Anlagen. Nicht genehmigungsbedürftige Anlagen sind so zu errichten und betreiben, dass

- schädliche Umwelteinwirkungen verhindert werden, die nach dem Stand der Technik vermeidbar sind,
- nach dem Stand der Technik unvermeidbare schädliche Umwelteinwirkungen auf ein Mindestmaß beschränkt werden und
- die beim Betrieb der Anlagen entstehenden Abfälle ordnungsgemäß beseitigt werden können.

2.1 Bundes-Immissionsschutzgesetz

Das Gesetz zum Schutz vor schädlichen Umwelteinwirkungen durch Luftverunreinigungen, Geräusche, Erschütterungen und ähnliche Vorgänge (Bundes-Immissionsschutzgesetz – BImSchG) soll Menschen, Tiere, Pflanzen und Gegenstände vor schädlichen Umwelteinwirkungen und erheblichen Belästigungen schützen und dem Entstehen schädlicher Umwelteinwirkungen vorbeugen.

Immissionen
Im Sinne des Gesetzes sind Immissionen auf Menschen, Tiere, Pflanzen und Gegenstände einwirkende Luftverunreinigungen, Geräusche, Erschütterungen, Licht, Wärme, Strahlen und ähnliche Umwelteinwirkungen.

Emissionen
Emissionen im Sinne des Gesetzes sind die von einer Anlage oder Produktion ausgehenden Luftverunreinigungen, Geräusche, Erschütterungen, Licht, Wärme, Strahlen und ähnliche Umwelteinwirkungen in der Luft, in einem Gewässer oder im Boden.

Luftverunreinigungen
Luftverunreinigungen im Sinne des Gesetzes sind Veränderungen der natürlichen Zusammensetzung der Luft, insbesondere durch Rauch, Ruß, Staub, Gase, Aerosole, Dämpfe oder Geruchsstoffe.

VOC
Flüchtige organische Lösemittel (VOC = Volatile Organic Compounds) können die Gesundheit direkt schädigen, andererseits sind sie zusammen mit den Stickoxiden Grundlage für bodennahes Ozon, das bei hoher Sonnenstrahlung gebildet wird und den sog. Sommersmog bildet. Um diese Umweltschädigung zu verringern, wurde die Europäische VOC-Richtlinie erlassen. Diese wurde im Dezember 2004 in Deutschland in der Chemikalienrechtlichen Verordnung zur Begrenzung der Emissionen flüchtiger organischer Verbindungen (VOC) durch Beschränkung des Inverkehrbringens lösemittelhaltiger Farben und Lacke (Lösemittelhaltige Farben- und Lack-Verordnung – ChemVOCFarbV) rechtsverbindlich umgesetzt. Darin werden maximale Lösemittelmengen für die verschiedenen Beschichtungsstoffe festgelegt.

2.2 VOC-Richtlinie

Auf der Basis der Richtlinie des Europäischen Parlaments und des Rates über die Begrenzung der Emissionen flüchtiger organischer Verbindungen aufgrund der

Verwendung von Dekorfarben und -lacken wurde die deutsche Chemikalienrechtliche Verordnung zur Begrenzung der Emissionen flüchtiger organischer Verbindungen (VOC) durch Beschränkung des Inverkehrbringens lösemittelhaltiger Farben und Lacke (ChemVOCFarbV) im Dezember 2004 erlassen.

Diese Verordnung ist für Bautenlacke und -farben sowie für Autoreparatursysteme und für kleine stationäre Anlagen gültig, nicht aber für sonstige anlagengebundene Arbeiten.

Entsprechend der ChemVOCFarbV dürfen Farben und Lacke mit einem Gehalt an VOC oberhalb definierter Grenzwerte nicht mehr in Verkehr gebracht werden.

Unter VOC (Volatile Organic Compounds) versteht man organische Verbindungen mit einem Siedepunkt bis einschließlich 523 K (250 °C). Im Bereich der Maler/-innen und Lackierer/-innen sind das organische Lösemittel, Weichmacher und Restmonomere.

Der VOC-Gehalt (g/l) bezieht sich auf das gebrauchsfertige Produkt.

Die flüchtigen organischen Verbindungen sind problematisch, weil sie
- auf den Menschen unmittelbar gesundheitsschädlich wirken,
- in Verbindung mit Stickoxiden und Sonnenstrahlen das bodennahe Ozon bilden.

Wirkung von Ozon auf Menschen und Tiere:
- Es kann Augen, Schleimhäute und Lunge reizen.
- Es kann Atembeschwerden verursachen.
- Es kann die Widerstandsfähigkeit gegen Infektionen vermindern.
- Es kann als Zellgift Gewebe verändern oder zerstören.

Wirkung von Ozon auf Pflanzen:
- Es kann die Fotosynthese hemmen.
- Es kann wachstumshemmend sein.
- Es kann die Alterung beschleunigen.
- Es kann die Ernteerträge mindern.

Grenzwerte für den VOC-Höchstgehalt von Bautenfarben und -lacken in g/l

	Produktkategorie	Typ	Max. zulässige Werte
a	matte Beschichtungsstoffe (Glanz ≤ 25 E/60°) für Innenwände und -decken	wb lb	30 30
b	glänzende Beschichtungsstoffe (Glanz > 25 E/60°) für Innenwände und -decken	wb lb	100 100

ChemVOCFarbV — Chemikalienrechtliche Verordnung zur Begrenzung der Emissionen flüchtiger organischer Verbindungen (VOC) durch Beschränkung des Inverkehrbringens lösemittelhaltiger Farben und Lacke (Lösemittelhaltige Farben- und Lack-Verordnung)

	Produktkategorie	Typ	Max. zulässige Werte
c	Beschichtungsstoffe für Außenwände aus mineralischen Baustoffen	wb lb	40 430
d	Beschichtungsstoffe für Holz-, Metall- oder Kunststoffe für Gebäude, Gebäudeteile und -bekleidungen innen und außen, inkl. Grund- und Zwischenbeschichtungsstoffe	wb lb	130 300
e	Klarlacke und Lasuren für Gebäude, Gebäudeteile und -bekleidungen innen und außen	wb lb	130 400
f	minimal filmbildende Lasuren	wb lb	130 700
g	absperrende Grundbeschichtungsstoffe	wb lb	30 350
h	verfestigende Grundbeschichtungsstoffe	wb lb	30 750
i	Einkomponenten-Speziallacke für Kunststoffe, Korrosionsschutz, Graffitischutz, Brandschutz, Bodenbeschichtungen	wb lb	140 500
j	Zweikomponenten-Speziallacke	wb lb	140 500
k	Multicolor-Beschichtungsstoffe	wb lb	100 100
l	Beschichtungsstoffe für Dekorationseffekte; der Effekt wird während der Trocknung mit dem Werkzeug erzeugt	wb lb	200 200

wb = wasserbasiert *lb = lösemittelbasiert*

Grenzwerte für den VOC-Höchstgehalt von Werkstoffen für die Fahrzeuglackierung in g/l

	Produktkategorie	Max. zulässige Werte
a	Vorreinigungsmittel	200
b	Spachtel und Spritzspachtel	250
c	Grundbeschichtungsstoffe (Grundierungen und Füller)	540
d	Grundbeschichtungsstoffe Washprimer	780
e	Nass-in-Nass-Füller	420
f	Decklacke	420
g	Klarlacke	420 bzw. Stand der Technik
h	Speziallacke	840 bzw. Stand der Technik

3 Abfallentsorgung

Abfälle im Sinne des Kreislaufwirtschaftsgesetzes (KrWG) sind bewegliche Sachen, derer sich der Besitzer entledigen will oder deren geordnete Entsorgung zum Wohl der Allgemeinheit, insbesondere des Schutzes der Umwelt, geboten ist.

Im Sinne des Umweltschutzes ist die Verwertung von Reststoffen der Entsorgung vorzuziehen. So sollten z. B. verschmutzte Lösemittel wiederaufbereitet (recycelt) werden.

Einteilung der Abfälle

Abfälle
- nicht gefährliche Abfälle
- gefährliche Abfälle

Nicht gefährliche Abfälle (hausmüllähnliche Gewerbeabfälle)
Dazu gehören alle eingetrockneten Farbreste, wenn sie keine giftigen Pigmente, z. B. Bleimennige, Cadmiumpigmente, Chrompigmente, oder andere gefährliche Substanzen enthalten, z. B. gesundheitsschädliche Holzschutzmittel. Da die Entsorgung dieser Abfälle relativ unproblematisch ist, sollte man noch flüssige, wasserverdünnbare Werkstoffe vor der Entsorgung mit Sand oder Gips stichfest machen.

Gefährliche Abfälle (Sonderabfälle bzw. überwachungsbedürftige Abfälle)
Dazu gehören alle Abfälle, die nicht als haushaltsähnlicher Gewerbemüll entsorgt werden dürfen, wie flüssige Beschichtungsstoffe und Werkstoffe mit gesundheitsschädlichen Bestandteilen. Je nach Gefährlichkeit des Abfalls kann die zuständige Behörde die Führung eines Nachweisbuchs fordern. Man spricht hier auch vom Begleitscheinverfahren. Entsprechend der Abfallverzeichnis-Verordnung müssen Abfallerzeuger, bei denen im Jahr mehr als 500 kg gefährliche Abfälle anfallen, einen genau vorgeschriebenen und detaillierten Entsorgungsnachweis führen. Fallen dagegen weniger gefährliche Abfälle an, genügt ein einfacher Übernahmeschein eines zugelassenen Entsorgers. Einige Städte und Landkreise nehmen gefährliche Abfälle von Kleingewerbebetrieben in haushaltsüblichen Kleinmengen (ca. 5–10 kg) an.

Abfallschlüsselnummern
Alle Abfälle müssen entsprechend der Abfallverzeichnis-Verordnung (AVV) mit Schlüsselnummern deklariert werden. Die jeweils zutreffende Abfallschlüsselnummer kann man dem Sicherheitsdatenblatt der Werkstoffe entnehmen.

Transport der Abfälle
Nach dem Abfallgesetz dürfen Abfälle gewerbsmäßig oder im Rahmen wirtschaftlicher Unternehmen nur mit Genehmigung der zuständigen Behörde eingesammelt und befördert werden (Ausnahmen: Bauschutt ohne Verunreinigung und Erdaushub). Eine Befreiung von der Transportgenehmigung ist bei Kleingewerbebetrieben möglich und bei der Stadt bzw. den Landratsämtern zu beantragen.

Fahrzeuge, mit denen Abfälle transportiert werden, müssen mit zwei rückstrahlenden, rechteckigen Tafeln gekennzeichnet werden. Die Mindestmaße für die Tafeln betragen für die Grundlinie 40 cm, für die Höhe 30 cm. Auf den Warntafeln muss ein mindestens 20 cm hohes „A" mit mindestens 2 cm Buchstabenstärke angebracht sein. Die Warntafeln müssen am Fahrzeug vorne und hinten in max. 1,50 m Höhe senkrecht zur Fahrbahn deutlich sichtbar angebracht werden. Für das Anbringen der Warntafeln ist der Fahrzeugführer verantwortlich.

4 Gesetze und Verordnungen

BImSchG	Gesetz zum Schutz vor schädlichen Umwelteinwirkungen durch Luftverunreinigungen, Geräusche, Erschütterungen und ähnliche Vorgänge (Bundes-Immissionsschutzgesetz)
WHG	Gesetz zur Ordnung des Wasserhaushalts (Wasserhaushaltsgesetz)
GefStoffV	Verordnung zum Schutz vor Gefahrstoffen (Gefahrstoffverordnung)
ChemVOCFarbV	Chemikalienrechtliche Verordnung zur Begrenzung der Emissionen flüchtiger organischer Verbindungen (VOC) durch Beschränkung des Inverkehrbringens lösemittelhaltiger Farben und Lacke (Lösemittelhaltige Farben- und Lack-Verordnung)
KrWG	Gesetz zur Förderung der Kreislaufwirtschaft und Sicherung der umweltverträglichen Bewirtschaftung von Abfällen (Kreislaufwirtschaftsgesetz)
AVV	Verordnung über das europäische Abfallverzeichnis (Abfallverzeichnis-Verordnung)

Vorschriften zu Sicherheit, Gesundheits- und Umweltschutz/spezifische Rechtsvorschriften für den Stoff oder das Gemisch

www.dguv.de (Deutsche Gesetzliche Unfallversicherung)
Internet-Suchbegriff: Immissionsschutz
Internet-Suchbegriff: Abfallgesetz
Internet-Suchbegriff: Wasserhaushaltsgesetz
Internet-Suchbegriff: Gefahrstoffverordnung

Arbeitsverfahren, Werkzeuge, Geräte und Arbeitsmittel

Aufträge

1. Warum ist die Unterscheidung der Abdeckarbeiten in Teilabdeckungen und Ganzabdeckungen für den Malerbetrieb so wichtig?
2. Wie lassen sich bei Abdeckarbeiten Belastungen der Umwelt reduzieren?
3. In einer Wohnung sollen die Decken und Wände neu beschichtet werden. Erstellen Sie eine Material- und Geräteliste der Dinge, die Sie für diesen Auftrag benötigen.
4. Stahltüren sollen entrostet und für die Beschichtung vorbereitet werden. Erstellen Sie einen Arbeitsplan, in dem Sie alle auszuführenden Arbeiten und die dazu erforderlichen Geräte, Maschinen und Hilfsmittel auflisten.
5. Heizkörper (neue Stahlradiatoren) sollen beschichtet werden.
   Welche Geräte setzen Sie dafür ein?
   Kalkulieren Sie den m^2-Preis für die Leistung.
6. Eine stark verschmutzte Fassade soll für eine folgende Beschichtung vorbereitet werden. Erstellen Sie einen Arbeitsplan, in dem Sie alle auszuführenden Arbeiten und die dazu erforderlichen Geräte, Maschinen und Hilfsmittel auflisten. Berücksichtigen Sie dabei die erforderlichen Unfallverhütungsmaßnahmen.
7. Glatte, vorlackierte Wohnungstüren sollen für die Schlusslackierung vorbereitet werden. Welche Schleifmaschinen und welches Schleifpapier nehmen Sie mit zur Baustelle?
8. Noch nicht beschichtete furnierte Schranktüren sollen für die farblose Beschichtung vorbereitet werden. Welche Schleifmaschinen und welches Schleifpapier setzen Sie ein?
9. Erstellen Sie ein Sicherheitskonzept für alle Schleifarbeiten. Berücksichtigen Sie dabei mögliche gesundheitsschädliche Staubentwicklungen.
10. Eine Fassade wurde mit Graffitis versprüht. Welche Reinigungsgeräte sehen Sie zur Entfernung vor?
11. Eine Stahlbrücke soll durch Abstrahlen entrostet werden. Stellen Sie die Vor- und Nachteile der unterschiedlichen Verfahren gegenüber.
12. Eine Fassade wurde mit Silikatfarben gestrichen. Trotz sorgfältiger Arbeit sind nach Fertigstellung Ansätze zu sehen. Mit welchen Spritz- bzw. Sprühverfahren können Sie diese Ansätze egalisieren?
13. In Ihrem Betrieb verfügen Sie über Niederdruck-, Hochdruck- und Airlessgeräte. Fertigen Sie eine Liste an, in der Sie den in Ihrem Betrieb typischen Arbeiten die effektivsten Spritzgeräte zuordnen.

14. Erstellen Sie ein Sicherheitskonzept für den Einsatz der unterschiedlichen Spritzgeräte.
15. Erstellen Sie Betriebsanweisungen für den Einsatz der unterschiedlichen Spritzgeräte.
16. Ordnen Sie den unterschiedlichen Verfahren zur Entfernung der Beschichtungen Objekte zu, die in Ihrem Betrieb üblicherweise zu beschichten sind.

1 Abdeckarbeiten

Alle Gegenstände, die nicht beschichtet werden, müssen vor Verunreinigungen wie Farbspritzern usw. geschützt werden. Dies ist besonders in bewohnten Räumen wichtig. Der Kunde bzw. die Kundin erwartet, dass er/sie nach der Renovierung keine Farbspritzer entfernen muss. Mit Farbe verspritzte Möbel u. Ä. verärgern die Kundschaft und sind immer wieder Anlass für Streitigkeiten.

Abdeckarbeiten kosten Zeit, noch mehr Zeit kostet jedoch das Entfernen der durch die Beschichtungsarbeiten verursachten Verschmutzungen – und Reinigungsarbeiten machen keinen Spaß!

Die DIN 18363 VOB Teil C „Allgemeine Technische Vertragsbedingungen für Bauleistungen (ATV) – Maler- und Lackierarbeiten – Beschichtungen“ unterscheidet zwischen Teilabdeckungen und Ganzabdeckungen.

Teilabdeckungen sind entsprechend der VOB Teil C Nebenleistungen, also ohne gesonderte Berechnungen auszuführen. Beispiele für Teilabdeckungen sind lose Abdeckungen des Estrichs bei einem Neubau, in dem die Fußböden noch nicht verlegt sind.

Ganzabdeckungen sind entsprechend der VOB Teil C besondere Leistungen, also gesondert in Rechnung zu stellen. Bei Ganzabdeckungen wird der Grenzbereich zur Beschichtung immer mit einem Klebeband abgedeckt.

Abdeckband, das längere Zeit auf dem Untergrund verbleibt, z. B. bei Neubauten, lässt sich nur mit hohem Zeitaufwand, manchmal auch gar nicht entfernen. Der Kleber verbindet sich mit dem Untergrund und versprödet. Deshalb müssen Klebebänder entsprechend ihrer UV-Beständigkeit eingesetzt und schnellstmöglich wieder entfernt werden.

Umweltschutz

Um unnötige Abfälle zu vermeiden, sollte man mehrmals verwendbares Abdeckmaterial benutzen.

Die Entsorgung der nicht mehr verwendbaren Abdeckmaterialien ist entsprechend der darauf haftenden Verschmutzungen als hausmüllähnlicher Gewerbeabfall oder als gefährlicher Abfall durchzuführen.

Die Abdeckung erfolgt mit Papier, Tüchern, Folien und Faservliesen.

Der Einsatz von Abdeckgeräten, die das Klebeband mit einem Streifen Abdeckpapier verbinden, erleichtert die Arbeit und spart Zeit.

Abkleben ohne Gerät

Abkleben mit einem Abklebegerät

Gesundheitsschutz

Bei Abdeckarbeiten werden auch Schneidemesser und Schneidevorrichtungen verwendet. Dabei gilt es, Schnittverletzungen zu vermeiden.

2 Reinigungsarbeiten

Vor jeder Beschichtung muss der Untergrund von Verunreinigungen gesäubert werden. Auf einem verschmutzten Untergrund hält keine Beschichtung.

Je nach Verschmutzung kann das Abstauben (Abkehren) ausreichen oder auch eine Hochdruckreinigung oder eine spezielle Reinigung erforderlich sein. Die jeweils notwendige Reinigung ist abhängig von den Verschmutzungen und vom Untergrund.

Einfache Reinigungsarbeiten, wie das Abkehren des Untergrunds, sind entsprechend der DIN 18363 VOB Teil C „Allgemeine Technische Vertragsbedingungen für Bauleistungen (ATV) – Maler- und Lackierarbeiten – Beschichtungen" eine Nebenleistung und werden nicht gesondert vergütet.

Spezielle Reinigungen sind besondere Leistungen und müssen vom Auftraggeber gesondert vergütet werden.

DIN 18363 VOB Teil C „Allgemeine Technische Vertragsbedingungen für Bauleistungen (ATV) – Maler- und Lackierarbeiten – Beschichtungen"

2.1 Hochdruckreinigung

Bei der Hochdruckreinigung wird der Untergrund mit einen Wasserdruck zwischen 70 und 400 bar mit kaltem oder heißem Wasser[1], ohne und mit Chemikalienzusätzen, z. B. Säuren, Laugen, Netzmitteln, gereinigt.

Bei diesem Reinigungsverfahren kann dem Wasser im Gerät ein fester Strahlgutzusatz zugefügt werden. Die Hochdruckreinigung wird besonders bei Fassaden und Maschinen (Motoren) eingesetzt. Schlecht haftende Schichten werden von dem großen Wasserdruck abgesprengt.

Bei der Entfernung von schlecht haftenden Altbeschichtungen kann durch den Einsatz von speziellen Düsen und durch einen flachen Strahlwinkel die Wirksamkeit erhöht werden.

Gesundheitsschutz

Um Gesundheitsschäden durch unsachgemäße Nutzung der Hochdruckreiniger zu vermeiden, sind umfangreiche Vorsorgemaßnahmen erforderlich. Vor jeder Inbetriebnahme sind Strahlpistole, Schlauchleitungen und Sicherheitseinrichtungen, z. B. Druck- und Temperaturanzeige, auf augenscheinliche Mängel zu überprüfen. Elektrisch betriebene Hochdruck-Reinigungsgeräte dürfen nur über einen besonderen Speisepunkt angeschlossen werden, z. B. an Baustromverteiler mit FI-Schutzschalter.

Bei Geräten mit Pumpenwechselsätzen ist darauf zu achten, dass die Schlauchleitungen und Spritzeinrichtungen dem zulässigen Betriebsüberdruck des jeweiligen Pumpensatzes entsprechen. Es dürfen nur einwandfreie Schlauchleitungen und Spritzeinrichtungen verwendet werden, die aufgrund ihrer Kennzeichnung für den zulässigen Betriebsüberdruck des Druckerzeugers ausgelegt sind.

Die Schlauchleitungen dürfen nur von Fachpersonal, z. B. Herstellern oder Lieferanten, eingebunden und geprüft werden.

Bei Betriebstemperaturen über 373 K (100 °C) muss an den Schläuchen die maximal zulässige Betriebstemperatur angegeben sein. Die Größe und Anordnung der Düsen in den Spritzeinrichtungen müssen gemäß der Herstelleranweisung aufeinander abgestimmt werden. Die Rückstoßkraft darf bei von Hand gehaltenen Hochdruckreinigern 250 N nicht überschreiten.

Die Schlauchleitungen dürfen nicht eingeklemmt, über scharfe Kanten geführt oder mit Fahrzeugen überfahren werden. Schlingenbildung, Zug- oder Biegebeanspruchung sind zu vermeiden. Die Geräte dürfen nicht mit der Schlauchleitung gezogen werden.

---

1 Die Hochdruckreinigung mit heißem Wasser wird oft als Dampfstrahlreinigung bezeichnet. Diese Bezeichnung ist sachlich falsch, weil das Wasser bei diesem Reinigungsverfahren immer Temperaturen von < 373 K (< 100 °C) hat.

Die Abzughebel der Spritzpistole oder Fußschalter der Spritzeinrichtung dürfen während des Betriebs nicht festgesetzt werden. Der Hochdruckstrahl darf nie auf Personen gerichtet werden. Bei Arbeitsunterbrechungen ist die Spritzeinrichtung gegen unbeabsichtigtes Einschalten zu sichern.

Bei Düsenwechsel, vor Wartungs- und Instandsetzungsarbeiten sowie nach Beendigung der Arbeiten muss das Gerät ausgeschaltet, die Wasserzufuhr abgesperrt und das System drucklos gemacht werden.

Die Geräte müssen nach Bedarf, nach einer Betriebsunterbrechung von mehr als sechs Monaten, mindestens jedoch einmal jährlich durch einen Sachkundigen überprüft werden.

Jugendliche dürfen nur unter Aufsicht eines Fachkundigen und wenn es die Berufsausbildung erfordert mit Hochdruckreinigern arbeiten, dabei müssen sie mindestens 15 Jahre alt sein.

Für das Arbeiten mit Hochdruckreinigungsgeräten ist vom Betrieb eine Betriebsanweisung zu erstellen.

Das Arbeiten mit Hochdruckreinigungsgeräten von Leitern aus ist nicht zulässig.

Als Teile der persönlichen Schutzausrüstung sind zu benutzen:

- Schutzhandschuhe
- Augenschutz
- Schutzkleidung
- ggf. Atemschutz

Handschutz benutzen · *Augenschutz benutzen* · *Schutzkleidung benutzen* · *Atemschutz benutzen*

2.2 Reinigung mit der Krake

Die Krake ist ein effektives, umweltfreundliches Reinigungsverfahren. Sie besteht aus:

1. Hochdruckreiniger
2. Reinigungshaube
3. Absauggerät

Funktionsweise der Krake

1. Hochdruckreiniger
   Der Hochdruckreiniger sorgt für den nötigen Wasserdruck.
2. Reinigungshaube
   Das mit Hochdruck von der Rotationsdüse ausgestrahlte Wasser reinigt die Oberfläche wirkungsvoll. Dazu wird die Reinigungshaube in gleichmäßigen Bahnen über die zu reinigende Oberfläche geführt.
   Abwasser und Schmutz werden gleichzeitig abgesaugt. Die Bürstenabdichtung und das Vakuum halten das Spritzwasser und die Verunreinigungen zurück.
3. Absauggerät
   Das Absauggerät erzeugt das Vakuum in der Reinigungshaube, wodurch das Abwasser in das Absauggerät geleitet wird. Das Abwasser wird hier gefiltert und mithilfe einer integrierten Tauchpumpe abgeleitet.

Umweltschutz

Auffangen der Abwässer

Je nach den örtlichen Bestimmungen für die Abwasserentsorgung ist eine Behandlung der beim Reinigen entstandenen Abwässer vor der Einleitung in die Kanalisation vorzunehmen. Die Einleitung darf nur nach Freigabe durch die Untere Wasserbehörde erfolgen. Zuvor ist das Abwasser in großen Sammelbehältern wie Tanks, Containern oder ähnlichen Großbehältern aufzufangen. Von dort aus kann ggf. (wenn keine Einleitgenehmigung erteilt wird) das Abpumpen in einen Tankwagen und anschließendes Zuführen zu einer spezialisierten Annahmestelle erfolgen.

Entsorgen der Abfälle

Die Schlämme wird mit Zement verfestigt, ordnungsgemäß verpackt und gekennzeichnet. Die Entsorgung muss entsprechend den Anforderungen der behördlichen Vorschriften durchgeführt werden.

Gesundheitsschutz

Die Geräte dürfen nur von fachkundigen Personen benutzt werden, die in das Arbeitsverfahren eingewiesen und mit der Benutzung beauftragt sind.

Nach dem Gebrauch und vor dem Reinigen, Warten und Austauschen sind die Netzstecker zu ziehen.

Die Reinigungshaube darf nicht auf Personen gerichtet werden. Keinesfalls darf in die Reinigungshaube mit rotierender Rotationsdüse hineingegriffen werden.

Beim Wechseln der Filter muss eine P2-Atemschutzmaske getragen werden.

Für das Arbeiten mit Hochdruckreinigungsgeräten ist eine Betriebsanweisung zu erstellen. Die Beschäftigten sind entsprechend zu unterweisen.

Das Arbeiten mit der Krake von Leitern aus ist nicht zulässig.

Als Teile der persönlichen Schutzausrüstung sind zu benutzen:
- Schutzkleidung
- Schutzhandschuhe
- ggf. Augenschutz
- ggf. Atemschutz
- auf Gerüsten Kopfschutz mit Kinnriemen

Handschutz benutzen

Augenschutz benutzen

Kopfschutz benutzen

Schutzkleidung benutzen

Atemschutz benutzen

3 Schleifen

Schleifen ist ein spanabhebendes Verfahren. Eine Vielzahl scharfkantiger Schleifkörner trägt Material ab.

Schleifen kann unterschiedliche Aufgaben erfüllen:
- Der Untergrund wird glatt und eben.
- Verunreinigungen werden entfernt.
- Glatte Untergründe werden aufgeraut. Dadurch vergrößert sich die Adhäsionsfläche[1].

Zum Planschleifen mit Schleifpapieren mit der Hand sollte man unbedingt einen Schleifklotz verwenden. Damit wird ein gleichmäßiger Druck auf das flexible Schleifmittel ausgeübt. Außerdem ist die Schleifleistung ohne Schleifklotz geringer und der Verschleiß der Schleifmittel viel größer. Der Schleifvorgang kann je nach Untergrund und Schleifmittel trocken oder nass durchgeführt werden.

3.1 Schleifmaschinen

Mit Schleifmaschinen lassen sich auch umfangreiche Schleifarbeiten zeitsparend ausführen. Bei vielen Geräten wird der Schleifstaub bereits beim Entstehen abgesaugt. Entweder verfügen diese Maschinen über eine Absaugung, die den Staub in den anhängenden Staubsack befördert, oder an die Schleifmaschinen ist ein Staubsauger angeschlossen.

Nach der Anordnung des Schleiftellers und der Schleifbewegung unterscheidet man verschiedene Schleifmaschinentypen.

[1] Adhäsion = Anhaftkraft; die Kraft, die die Haftung der Beschichtungen bewirkt: siehe Teil C, Kapitel 2.11, Seite 169

Übersicht über die wichtigsten Schleifmaschinentypen

Schleifmaschinentypen	Besonderheiten	Einsatz der Maschinen
Winkelschleifmaschine[1] 	abgewinkelte Rundschleifmaschine	Entfernen alter Beschichtungen Entrosten, auch mit Stahldrahteinsätzen mit Rührstab zum Aufrühren von Beschichtungsstoffen mit Trennscheibeneinsatz auch zum Auftrennen von Rissen
Schwingschleifmaschine[2] 	rechteckige Schleifplatte, die eine schwingende, kreisende Bewegung ausführt	Planschleifen von Spachtel-, Füller-, Vorlack- und Lackflächen auf ebenen Flächen Maschinen mit niedriger Drehzahl für Grobschleifarbeiten, mit hohen Drehzahlen für Feinschleifarbeiten
Exzenterschleifmaschine 	runde Schleifplatte, kreisende und oszillierende Schleifbewegungen überlagern sich, viele Maschinen kann man zur Rundschleifmaschine umschalten	für den Grob- und Feinschliff an kleineren und mittleren Flächen
Dreieckschleifmaschine 	dreieckige Schleifplatte, die oszillierend hin und her schwingt	zum Schleifen in Ecken, von Kanten und Profilen

[1] Umgangssprachlich häufig als Flex bezeichnet.
[2] Auch unter den Bezeichnungen Rutscher, Sander und Vibrationsschleifer im Handel.

Schleifmaschinentypen	Besonderheiten	Einsatz der Maschinen
Bandschleifmaschine 	Schleifband läuft um zwei quer angeordnete, sich drehende Walzen	zum Schleifen von Holz, das transparent beschichtet werden soll wegen der teuren Schleifbänder werden diese Maschinen im Malerhandwerk kaum eingesetzt

3.2 Schleifmittel

Schleifmittel sind in vielfältigen Formen im Handel.

Übersicht über wichtige Schleifmittel für Maler/-innen und Lackierer/-innen

Schleifmittel	Erläuterungen
Schleifpapiere	Schleifkörner sind auf einem flexiblen Träger verklebt.
Schleifvliese	In ein Nylonvlies ist eine Vielzahl von Schleifkörnern eingebunden.
Schleifschwämme	Die Schleifkörner sind mit der Oberfläche eines Kunststoffschwamms verbunden.
Schleifgitter	Dünne Metallgitter werden zum Schleifen eingesetzt.
Schleifpasten	Schleifkörner sind in einer Paste fein verteilt. Schleifpasten werden zum Aufpolieren von Lackierungen eingesetzt.
Schleifpulver	Bimsmehl wird zum Herstellen von Schleiflack eingesetzt (= Schmucktechnik).

3.2.1 Schleifpapier

Bei den Schleifpapieren unterscheidet man:

1. zwischen Nass- und Trockenschleifpapieren
2. bei Trockenschleifpapieren zwischen offener und geschlossener Streuung[1]
3. zwischen den unterschiedlichen Schleifkornträgern

[1] Bei der offenen Streuung wird das Schleifkorn in einem größeren Abstand eingestreut. So legt sich dieses Schleifmittel durch den Schleifabtrag nicht so schnell zu, der Schleifstaub wird beim Schleifen aus dem Schleifpapier nach außen geführt. Bei der geschlossenen Streuung wird das Schleifkorn im normalen Abstand eingebettet.

4. zwischen den Schleifkörnern Aluminiumoxid (Härte 9,4 nach Mohs[1]) und Siliziumkarbid (Härte 9,6 nach Mohs)
5. nach dem Schleifkorn-Bindemittel
6. nach der Schleifkorngröße

Aufbau von Schleifpapier

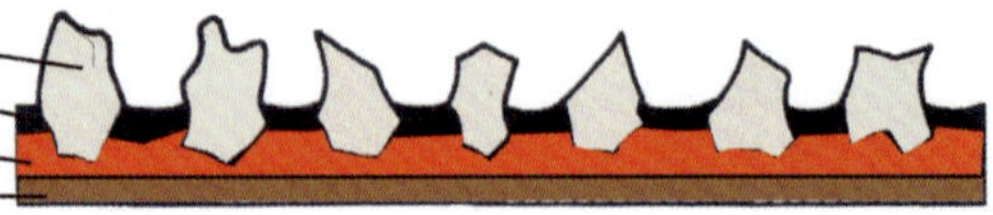

Ob ein Schleifpapier auch zum Nassschleifen eingesetzt werden kann, hängt vom Bindemittel ab, mit dem das Schleifkorn auf dem Schleifkornträger verklebt ist. Bei hochwertigen Trockenschleifpapieren legt man heute auf eine offene Streuung wert, da der Raum zwischen den Schleifkörnern dieser Schleifpapiere nicht so schnell mit Schleifstaub gefüllt und so die Schleifwirkung reduziert wird. Häufig werden diese Schleifpapiere mit einer Staub abweisenden Beschichtung versehen.

Übersicht über unterschiedliche Schleifkornträger

Schleifkornträger	Sorten	Einstufung	Weitere Charakterisierung
Papier	A	sehr dünn	ca. 70 g/m^2
	B	dünn	ca. 100 g/m^2
	C	mittel	ca. 120 g/m^2
	D	dick	ca. 150 g/m^2
	E	sehr dick	ca. 220 g/m^2
Leinen	J	flexibel	leichte Qualität
	K	steif	schwere Qualität
	U		Dicke 0,38 mm

Zum Entrosten wird noch Fiber[2] in den Dicken 0,6 mm bis 0,8 mm eingesetzt.

Das Bindemittel verklebt das Schleifkorn auf dem Schleifkornträger. Für Nassschleifpapiere sind nur Vollkunstharzklebungen geeignet.

---

[1] Diamant gilt als härtester Stoff und hat die Härte 10 nach Mohs. Der Geologe Friedrich Mohs (1773–1839) hat die Mineralien in zehn Härtestufen eingeteilt, von denen jede das vorhergehende ritzt.

[2] Fiber ist ein Schichtpressstoff aus vielen Lagen dünnen, pergamentierten Papiers.

Übersicht über die Bindungsarten

Bezeichnungen der Bindungsarten	Bindemittel des Grundbinders	Bindemittel des Deckbinders
Hautleim	Hautleim	Hautleim
Kunstharz	Hautleim	Kunstharz
Vollkunstharz	Kunstharz	Kunstharz

Neben der Härte der Schleifkörner entscheidet die Korngröße über den Wirkungsgrad der Schleifpapiere. Die Körnung der Schleifpapiere wird in Nummern von P16 bis P2400[1] angegeben. Je größer die Zahl ist, umso feiner ist die Körnung und somit die Schleifwirkung.

Zweckmäßige Schleifpapierkörnungen für Lackierarbeiten

Schleifarbeiten	Schleifpapierkörnungen
Entschichten schadhafter Beschichtungen	P 40–P 80
Holz schleifen	P 150–P 320
Lasurholzfenster anschleifen	P 120–P 240
Deckend gestrichene Fenster anschleifen	P 100–P 180
Altlackierung auf Türen anschleifen	P 120–P 320
Stahl schleifen	P 60–P 180
Grobschliff Spachtelarbeiten	P 60–P 120
Füller schleifen	P 150–P 320
Vorlack schleifen	P 180–P 320

3.2.2 Schleifvlies

Im Gegensatz zu anderen Schleifmitteln sind beim flexiblen Schleifvlies die Schleifkörper aus Aluminiumoxid oder Siliziumkarbid nicht nur an der Oberfläche gestreut, sondern durchsetzen das gesamte Nylonvlies. Schleifvliese werden zum Nass- und Trockenschleifen eingesetzt. Sie eignen sich besonders für unebene und geschwungene Flächen. Zum Planschleifen eignen sich die Schleifvliese aber wegen ihrer Flexibilität nicht.

[1] Die Zahlen geben die Anzahl der Maschen je Quadratzoll des Siebes an, welches das Schleifkorn durchlässt. 1 Zoll = 2,54 Zentimeter

Schleifkörper gebunden im Nylonvlies

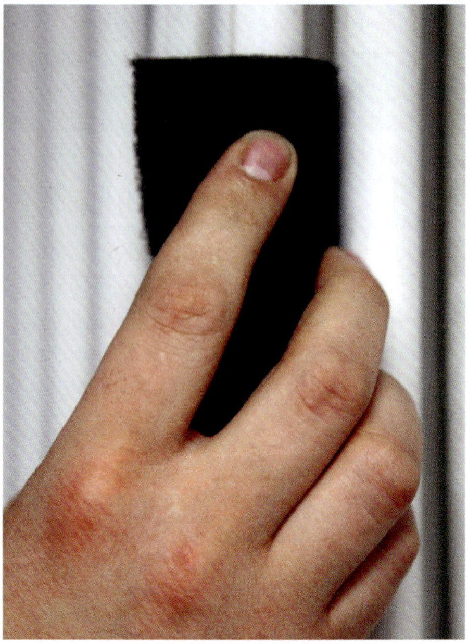

Das dreidimensionale Schleifvlies passt sich dem Untergrund an.

Schleifvlies-Sorten

Sorten	Farbe	Empfohlener Einsatz
grob	Violett	Anrauen von Aluminium, Schleifen von Autoneuteilen
mittel	Grau	Anrauen von Lackierungen, Anrauen von Füller
fein	Kupfer	Mattieren vor dem Auftrag von Wasserbasislacken, Mattieren des Beispritzbereichs in der Fahrzeuglackierung

Schleifvliese sind in Rollen, Platten und Scheiben lieferbar.

Gesundheitsschutz

Beim Schleifen alter Beschichtungen können gesundheitsschädliche und giftige Stäube entstehen. In diesem Fall ist Atemschutz mit Partikelfilter P2 zu tragen. Besondere Maßnahmen sind beim Schleifen von bleihaltigen Anstrichen zu treffen. Diese Altanstriche dürfen nur nass geschliffen werden.

Die Netzstecker der Schleifmaschinen dürfen nur bei ausgeschalteter Maschine eingesteckt werden.

Bei Schleifmaschinen mit Absaugvorrichtung ist diese zum Schleifen einzuschalten. Die Staubsammelbehälter sind rechtzeitig auszutauschen und zu entsorgen.

Die Schleifmaschine ist einzuschalten, bevor das Werkstück berührt wird. Die Maschine ist stets mit beiden Händen zu führen und erst auszuschalten, wenn die Maschine den Untergrund nicht mehr berührt.

Bevor Wartungs- oder Reinigungsarbeiten vorgenommen werden, muss der Stecker aus der Steckdose gezogen werden.

Beim Einsatz von Winkelschleifern sind Schutzbrille, Schutzhandschuhe und Schutzkleidung zu tragen.

4 Entrostungsverfahren

Rost, Walzhaut[1] und Zunder[2] müssen vor der Beschichtung vollständig entfernt werden. Zurückbleibende Reste verhindern die Haftung von Beschichtungen auf dem Stahl. Durch Unterrostung löst sich die Beschichtung vom Untergrund.

Die Wirkung der Entrostungsverfahren ist sehr unterschiedlich. Besonders Walzhaut und Zunder lassen sich nicht mit jedem Verfahren entfernen.

Übersicht über die Entrostungsverfahren

Arbeitsverfahren	Entrostungsverfahren	Wirksamkeit
mechanisch	Handentrostung	gering, fest haftende Walzhaut und Zunder lassen sich damit nicht entfernen
	maschinelles Entrosten	mäßig, nur für kleine Flächen rationell anwendbar
	Strahlen	sehr gut, aber nicht immer anwendbar
thermisch	Flammstrahlen mit Acetylen-Sauerstoff-Gemisch	sehr gut, aber nicht immer anwendbar
chemisch	Beizen mit Säuren	große Wirksamkeit, aber nur in der Industrie anwendbar

[1] Walzhaut entsteht beim Heißwalzen der Bauteile auf dem rotglühenden Stahl durch spontane Sauerstoffaufnahme. Der Sauerstoff wird dabei chemisch gebunden. Die so entstandene Schicht haftet auf Dauer nur schlecht auf dem Stahl.

[2] Zunder entsteht beim Schweißen von Stahl. Der rotglühende Stahl nimmt Sauerstoff chemisch auf. Auch Zunder blättert nach einer Zeit vom Untergrund ab.

4.1 Handentrostung

Lose aufliegenden Plattenrost kann man auf Stahlkonstruktionen mit dem Hammer abschlagen. Sonstige Rostschichten werden mit einer Drahtbürste abgebürstet oder abgeschliffen. Dabei ist der Wirkungsgrad der Schleifpapiere sehr gering.

Drahtbürsten mit Stahldrahteinsätzen werden zum Entrosten und für grobe Reinigungsarbeiten eingesetzt. Für andere spezielle Arbeiten gibt es auch Bürsten mit Kupfer- und Messingdraht.

4.2 Maschinelle Entrostung

Entrosten mit Rund- und Winkelschleifmaschine
Mit Fiber- oder Gewebescheiben bestückt, lassen sich Rund- und Winkelschleifmaschinen gut zum Entrosten einsetzen. Bei diesen Maschinen lässt sich außerdem der Schleifteller gegen einen Stahldrahtbürsteneinsatz austauschen. Der Entrostungseffekt ist bei der maschinellen Entrostung höher als bei der Handentrostung.

Entrosten mit dem Druckluft-Nadelentroster
Das Gerät ist mit einem Nadelbündel als Einsatz bestückt. Diese Nadeln sind zwischen 2 mm und 4 mm dick und bestehen in der Regel aus Stahl. Für spezielle Zwecke sind auch Nadeleinsätze aus anderen Metallen lieferbar. Bei 6 bar Luftdruck liegt der Luftverbrauch bei ca. 120 l.

Druckluft-Nadelentroster

Die Nadeln werden durch Druckluft nach vorne geschleudert. So lassen sich bei dickwandigen Stahlteilen Rost, grobe Verschmutzungen mit Beton und Mörtel usw. gut entfernen.

siehe Band 2, Teil H, Kapitel 5.1.1, Seite 32

Beim Arbeitsvorgang passen sich die Nadeln jeder Oberfläche an.

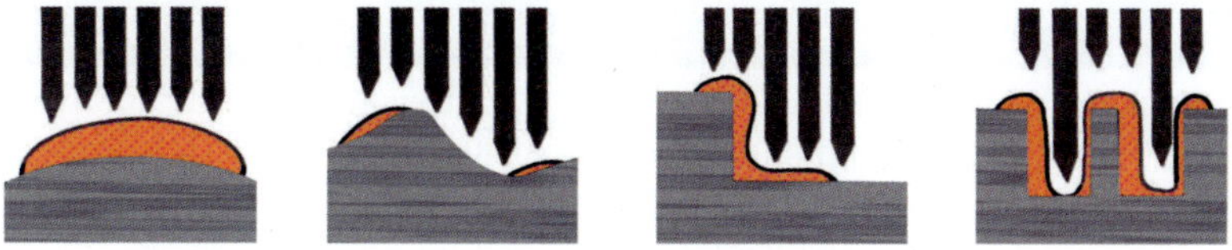

4.3 Abstrahlen

Das Arbeitsverfahren Strahlen eignet sich zur gründlichen Reinigung, zum Entschichten und zum Entrosten. Je nach Strahlverfahren wird als Strahlmedium Wasser oder Luft eingesetzt.

Übersicht über die Strahlverfahren

Strahlmedium	Strahlverfahren	Strahldruck	Einsatzgebiete
Wasser	Hochdruckstrahlen mit kaltem oder heißem Wasser, ohne und mit Chemikalienzusätzen, z. B. Säuren, Laugen, Netzmitteln	Wasserdruck 70–400 bar	Fassadenreinigung, Nachwaschen abgebeizter Beschichtungen
	Hochdruckstrahlen mit kaltem oder heißem Wasser mit festem Strahlgutzusatz	Wasserdruck 70–400 bar	Fassadenreinigung, Entschichten alter Beschichtungen
	Höchstdruckstrahlen mit kaltem Wasser, ohne und mit Strahlgutzusatz	Wasserdruck ca. 1 200 bar	Entschichten von Fassaden, Entrosten von Stahlarmierungen
Luft	Trockenstrahlen	Luftdruck 3–8 bar	Entschichten alter Beschichtungen, Entfernen von Walzhaut, Zunder und Rost
	Feuchtstrahlen	Luftdruck 3–8 bar	Entschichten alter Beschichtungen, Entfernen von Walzhaut, Zunder und Rost
	Nebelstrahlen	Luftdruck 3–8 bar, Wasserdruck 1,5 bar höher	Entschichten alter Beschichtungen, Entfernen von Walzhaut, Zunder und Rost
	Niederdruckstrahlen mit feinem Strahlgut (Strahlmittel 0,002–0,1 mm)	Luftdruck 0,5–2 bar	Reinigen von rel. weichen Untergründen, z. B. Sandstein, Entschichten von Fassaden

Übersicht über wichtige Strahlmittel

Hauptgruppe	Gruppe	Wichtige Strahlmittel
metallische Strahlmittel	Eisen- und Stahlstrahlmittel	Hartguss Stahlguss Stahldrahtkorn
	Nichteisen-Strahlmittel	Kupferschlacke
nicht metallische Strahlmittel	natürliche mineralische Strahlmittel	Quarzsand[1]
	synthetische mineralische Strahlmittel	Elektrokorund Hochofenschlacke Siliziumkarbid

4.3.1 Trockenstrahlen

Strahlen mit dem Freistrahl-Druckgebläse

Mit dem Freistrahl-Druckgebläse lassen sich auch umfangreiche Entrostungsarbeiten rationell durchführen.

Abstrahlen einer Stahlbrücke

[1] Quarzsand kann Silikose (= krankhafte Veränderung der Lunge) verursachen und darf nur noch in Ausnahmefällen zum Strahlen eingesetzt werden.

Die erforderliche Strahlanlage besteht aus den folgenden Komponenten:

1. Leistungsstarker Kompressor
Die Leistung einer Strahlanlage hängt von der Menge und vom Druck der Pressluft ab, die durch die Düse strömt. Der Kompressor muss Druckluft mit hohem Druck und Volumen über Stunden hinweg erzeugen. Stahlkonstruktionen sollte man mit einem Mindestdruck von 6 bar strahlen, zur Fassadenreinigung muss der Druck mindestens 2 bar betragen.

Der Verdichter (Kompressor) muss außerhalb von Schadstoffquellen aufgestellt werden. Die Ansaugfilter sind regelmäßig zu reinigen. Die Abdeckklappen müssen stets geschlossen gehalten werden. Das Kondenswasser am Druckluftbehälter muss regelmäßig abgelassen werden.

2. Zuführungsschlauch
Dieser Schlauch verbindet den Kompressor mit dem Stahlkessel. Die lichte Weite des Schlauchs soll mindestens 31 mm betragen. Je größer die lichte Weite (= der Innendurchmesser) ist, umso geringer ist der Reibungsverlust.

3. Strahlkessel (Freistrahlgebläse)
In den Kessel wird das Strahlmittel eingefüllt. Durch ein Dosierventil unter dem konischen Boden gelangt das Strahlmittel in den Druckluftstrom. Der Strahlkessel steht beim Strahlen unter Druck. Bei Einkammergeräten muss der Strahlvorgang deswegen zum Nachfüllen des Strahlmittels unterbrochen werden. Beim Zweikammerstrahlgebläse wird das Strahlmittel während des Strahlvorgangs automatisch von der drucklosen oberen Kammer in die untere, unter Druck stehende Kammer befördert. So kann ohne Arbeitsunterbrechung stets Strahlmittel nachgefüllt werden.

Die Entlüftungseinrichtung muss täglich auf Verschleiß kontrolliert und rechtzeitig ausgewechselt werden. Der Abblasestrom ist vom Ventil über ein mindestens 3 m langes Schlauchstück abzuleiten. Zur Schalldämpfung sollte das Schlauchende befestigt werden. Der Behälter darf zur Kontrolle des Füllstands nur mit weichen Gegenständen abgeklopft werden, z. B. mit einem Holz- oder Gummihammer. Zur Vermeidung von Verkrustungen und Anbackungen ist der Behälter nach Schichtende komplett zu entleeren.

4. Strahlschlauch
Das Strahlmittel wird im Strahlschlauch beschleunigt und zur Düse gepresst. Der Innendurchmesser sollte drei- bis viermal so groß sein wie die Durchlassöffnung der Strahldüse.

Druckluftstrahleinrichtungen, die von Hand gehalten werden, müssen mit „Totmannschaltung“ ausgerüstet sein, die beim Loslassen einen weiteren Austritt von Strahlmitteln und Druckluft verhindert und den Strahlschlauch druckentlastet. Schlauchverengungen sind zu vermeiden, es ist auf einwandfreie Verbindungen zu achten.

5. Strahldüse
Strahldüsen sind in Durchmessern von 5 mm bis 12,5 mm in verschiedenen Längen lieferbar. Mit Borkarbid ausgekleidete Düsen können für alle Strahlmittel verwendet werden. Wolframkarbiddüsen sind für alle Strahlmittel außer Aluminiumoxid geeignet.

Zum Abstrahlen von Rost, Walzhaut und Zunder sollte der Strahlwinkel zur Oberfläche ca. 90° betragen. Zum Entfernen von lockeren Beschichtungen wird die Düse in einem flacheren Winkel zur Oberfläche geführt. Dabei tritt auch Luft unter die Beschichtung und drückt diese zusätzlich ab.

Strahlarbeiten sollen nach Möglichkeit nur in Strahlräumen, z. B. Einhausungen, oder festen Strahlräumen, ausgeführt werden. Beim Trockenstrahlen sind die Strahlräume regelmäßig abzusaugen.

Strahlen mit dem Saugprinzip-Strahlgerät

Bei diesem Gerät wird aus einer Luftdüse Druckluft in eine Sanddüse eingespritzt. Da die Bohrung der Luftdüse nur halb so groß ist wie die der Sanddüse, kann sich die Druckluft plötzlich ausdehnen. So entsteht ein Vakuum, das zum Ansaugen des Strahlmittels benutzt wird. In der Spritzpistole wird das Strahlmittel dem Druckluftstrom beigemischt und in der Strahldüse beschleunigt. Das Strahlmittel wird entweder aus dem Saugbecher der Pistole gefördert oder mit einem Schlauch aus einem speziellen Behälter gesaugt.

Wegen des geringeren Luftverbrauchs und der speziellen Strahlmittelförderung erreichen diese Geräte bei Weitem nicht die Leistung wie Freistrahl-Druckgebläse. Die Geräte eignen sich aber gut zum Reinigen und Entrosten kleinerer Flächen.

Umweltschutz

Der Strahlschutt (verunreinigte Strahlmittel und abgestrahlte Beschichtungen) muss in einem Behälter gesammelt und auf zugelassenen Deponien so eingelagert werden, dass die Umwelt nicht gefährdet wird.

Gesundheitsschutz

Nach der DGUV 100-500 2.24 „Arbeiten mit Strahlgeräten (Strahlarbeiten)“ ist die Verwendung von Quarzsand als Strahlmittel unzulässig, da der entstehende feine Sandstaub Silikose verursachen kann. Die Strahlgeräte dürfen nur von fachkundigen Personen benutzt werden, die in das Arbeitsverfahren eingewiesen und mit der Benutzung beauftragt sind.

Es müssen Verständigungsmöglichkeiten zwischen Strahlbläsern und Aufgabestelle sichergestellt werden, z. B. Sichtkontakt, Sprechfunk, Signaleinrichtung. Zur Beseitigung von Staubablagerungen dürfen nur geeignete und geprüfte Industriestaubsauger verwendet werden.

Es sind Schutzmaßnahmen für mögliches Entstehen von feuer- und explosionsgefährdeten Bereichen festzulegen. Die Beschäftigten müssen über die Gefahren informiert werden.

Vor Beginn der Arbeiten muss die Notwendigkeit arbeitsmedizinischer Vorsorgeuntersuchungen geprüft werden. Dazu ist die Beratung durch Arbeitsmediziner möglich. Wartung und Reparatur von Geräten dürfen nur von Sachkundigen ausgeführt werden.

Es ist eine Betriebsanweisung aufzustellen und deren Einhaltung zu kontrollieren.

Bei Strahlarbeiten sind Strahlerhelm mit Prallschutzüberzug und Frischluftversorgung zu benutzen. Darüber hinaus sind schulter- und körperbedeckende Prallschutzkleidung, Gehörschutz, Schutzhandschuhe und Sicherheitsschuhe zu tragen.

Personen, die sich in der Umgebung der Strahlarbeiten aufhalten und hierdurch gefährdet werden können, z. B. beim Entfernen von Strahlmittelrückständen, müssen ebenfalls Atemschutz, z. B. Halbmaske mit Partikelfilter P2 oder partikelfiltrierende Halbmasken FFP2, und ggf. auch Schutzkleidung benutzen.

4.3.2 Höchstdruck-Nassstrahlen

Beim Höchstdruck-Nassstrahlen arbeitet man mit 1 200 bar hohem Wasserdruck, dem man bis zu 10 % Strahlmittel zusetzt. Der Wasserverbrauch beträgt bis zu 40 Liter in der Minute (= 2 400 Liter in der Stunde). Bei diesem Verfahren bildet sich zwar kein Strahlstaub, es fällt aber eine größere Menge Strahlschlamm an, der entsorgt werden muss.

Abstrahlen einer Fassade im Höchstdruck-Nassstrahlverfahren

DIN EN ISO 12944 „Beschichtungsstoffe – Korrosionsschutz von Stahlbauten durch Beschichtungssysteme“

DGUV 100-500 2.24 „Arbeiten mit Strahlgeräten (Strahlarbeiten)“

Dieses Strahlverfahren wird weniger bei Stahluntergründen, sondern meist bei Betonfassaden und Putzen zum Entschichten und zum Beseitigen schlecht haftender Schichten eingesetzt.

4.3.3 Feuchtstrahlen

Bei diesem Strahlverfahren ist über die Strahldüsen eine Ringdüse gestülpt, aus der wie eine Umhüllung trichterförmig ein Wasserschleier den Strahlmittelstrahl umschließt und so die Staubbildung verhindert. Ein Nachteil dieses Verfahrens ist, dass um die gestrahlte Fläche eine große Fläche mit Schlamm verschmutzt wird und so meist eine aufwendige Nachreinigung der Flächen erfolgen muss. Außerdem fällt eine große Menge Strahlschlamm an, der entsprechend den Vorschriften zu entsorgen ist.

4.3.4 Nebelstrahlen

Bei diesem Verfahren wird das vernebelte Wasser mit einem um ca. 1,5 bar höheren Druck als das Luft-Strahlmittelgemisch unmittelbar vor der Strahldüse in das Gemisch eingespritzt. Durch den höheren Druck werden die Wassertropfen in feinste Tröpfchen zerrissen. Der sich bildende Wassernebel umhüllt das Strahlmittel und bindet den Staub. Der Wasserverbrauch liegt bei diesem Verfahren zwischen 20 und 30 Litern je Stunde.

4.3.5 Trockeneisstrahlen

Das Trockeneisstrahlen wird für alle Untergründe eingesetzt.

Aus flüssiger Kohlensäure (CO_2) wird durch Entspannung Trockeneisschnee (Schüttgewicht ca. 0,5 kg/l) hergestellt und anschließend zu Pellets[1] von ca. 3 mm Durchmesser auf ca. 1,5 kg/l gepresst.

Das Granulat wird mit Druckluft auf die zu behandelnde Oberfläche gestrahlt. Der Schmutz auf der Oberfläche, z. B. schlecht haftende Beschichtungen und Verschmutzungen, wird punktuell unterkühlt und platzt ab, weil sich diese Schichten bei der Erwärmung anders ausdehnen als der Untergrund. Das CO_2-Granulat geht im Moment des Aufpralls vom festen in den gasförmigen Zustand über (= Sublimation[2]). Da das CO_2 in die Atmosphäre entweicht, bleiben nur die entfernten Substanzen als Rückstand zurück. So entfällt z. B. die Entsorgung von schadstoffbelastetem Schmutzwasser. Damit ist dieses Verfahren umweltfreundlich.

---

[1] Pellets (von engl. *pellet* = Kügelchen, Pille, Pastille, Tablette) sind Kügelchen, im Gegensatz dazu sind Granulate unregelmäßig geformt.

[2] Sublimation ist der Übergang des Aggregatzustands fest zu gasförmig, ohne dass der Stoff erst flüssig wird.

Gesundheitsschutz

Die Trockeneisreinigung mit Hochdruck erzeugt eine hohe Aufschlagkraft der Pellets. Strahlgeräte nie auf Menschen oder Tiere richten!

Die Trockeneisreinigung mit Hochdruck erzeugt einen sehr hohen Lärmpegel. Alle Personen im Anwendungsbereich müssen geeigneten Höhrschutz tragen.

Trockeneis hat eine tiefkalte Temperatur von 194,25 K (= −78,9 °C), deshalb sind geeignete isolierende Handschuhe und Schutzkleidung zu tragen.

Zum Schutz vor wegspringenden Verunreinigungen sind zusätzlich eine geeignete Schutzbrille und Sicherheitsschuhe zu tragen.

Trockeneis verdrängt in Form von CO_2-Gas den Luftsauerstoff. Dieses Gas ist schwerer als die Umgebungsluft und sammelt sich am Boden. Deshalb ist auf ausreichende Belüftung zu achten.

Sicherheitsdatenblatt beachten. Es muss eine Betriebsanweisung erstellt werden.

Warnung vor ätzenden Stoffen

Handschutz benutzen

Atemschutz benutzen

Augenschutz benutzen

Gehörschutz benutzen

Schutzkleidung benutzen

Fußschutz benutzen

Die Beschäftigten müssen durch eine Unterweisung geschult werden.

4.4 Flammstrahlen

Beim Flammstrahlen wird die zu reinigende Oberfläche mit einer Acetylen-Sauerstoffgasflamme abgeflammt.

Acetylen und Sauerstoff strömen aus den Versorgungsflaschen durch die Druckschläuche zu den Handbrennern. Am Griffstück der Brenner werden die Gasmengen reguliert und miteinander vermischt. Das Gasgemisch tritt an den Düsen der T-förmigen Kammbrenner aus. Entzündet wird es seitlich am Kammbrenner. Dann stellt man die Arbeitsflamme so ein, dass nur noch einige Düsen des Brenners bläulich leuchtend brennen. So herrscht in der Flamme ein Sauerstoffüberschuss.

Der Arbeitsdruck beträgt
- bei Acetylen je nach Schlauchlänge 0,5–0,8 bar,
- bei Sauerstoff je nach Schlauchlänge 3–5 bar.

Zum Flammstrahlen wird der Brenner in einem Neigungswinkel von 45° zur Oberfläche mit einer Geschwindigkeit von 3 m bis 5 m je Minute geschoben.

Für Flammstrahlarbeiten im Maler- und Lackiererhandwerk werden Kammbrenner von 5–25 cm Breite eingesetzt. Flammstrahlen ist nur für dickwandige Bauteile geeignet. Bleche unter 5 mm Dicke verziehen sich durch die starke Hitzeeinwirkung.

Die Temperatur der Acetylen-Sauerstoff-Flamme beträgt etwa 3473 K (3200 °C). Die Oberfläche des Stahls erwärmt sich beim Flammstrahlen auf ca. 393 K (120 °C).

Von der Brennerbreite hängen Acetylen- und Sauerstoffverbrauch ab. Mit der Brennerbreite nimmt aber auch die Flammstrahlleistung zu.

Durch die große Hitze verbrennen organische Stoffe, z. B. organische Beschichtungen. Da sich Stahl und Walzhaut bzw. Zunder bei Hitze unterschiedlich ausdehnen, verlieren diese Schichten an Haftung und platzen z. T. vom Stahl ab. Rost wird der Wasser- und Sauerstoffanteil entzogen.

Nach dem Flammstrahlen werden die Rückstände und noch locker aufliegende Schichten abgebürstet. Dazu benutzt man am besten Winkelschleifer mit eingesetzter Stahldrahtbürste.

Zum Abbürsten sollte die Topfbürste verkantet aufgesetzt werden.

Gesundheitsschutz

Der Betrieb hat spezielle arbeitsmedizinische Vorsorgeuntersuchungen zu veranlassen (Atemschutzgeräte, Lärm).

Acetylen-Einzelflaschen und ortsveränderliche Batterieanlagen müssen von einer Schutzzone umgeben sein. Acetylen-Flaschen müssen bei der Gasentnahme stehen oder mit ihrem Flaschenventil mindestens 40 cm höher als der Flaschenfuß gelagert werden.

Ausnahme: mit einem roten Ring am Flaschenkopf gekennzeichnete Flaschen.

Die Gasentnahme ist nur über zugelassene Druckminderer zulässig. Wegen des hohen Gasbedarfs ist die Verwendung von Einzelflaschenanlagen nur in Ausnahmefällen möglich, z. B. zum Anlegen einer Probefläche.

Kleine Batterieanlagen dürfen aus maximal sechs Einzelflaschen bestehen. Dazu sind die Einzelflaschen mit genormten Flaschenkupplungen zu verbinden. An kleinen Batterieanlagen darf nur ein Flammstrahl-Handbrenner angeschlossen werden.

In großen Batterieanlagen mit mehr als sechs Einzelflaschen sind maximal drei Einzelflaschen mit Flaschenkupplungen über Hochdruckventile an eine Hochdrucksammelleitung anzuschließen.

Die Gasentnahme aus großen Batterieanlagen darf nur über einen Zentralanschluss am Ende der Hochdrucksammelleitung mit bauartzugelassener

- handbetriebener Schnellschlusseinrichtung,
- Hauptdruckminderer und
- trockener Gebrauchsstellenvorlage

entnommen werden.

Die Gasentnahme aus Flaschenbündeln darf nur über einen Zentralanschluss mit bauartzugelassener

- selbsttätiger Schnellschlusseinrichtung,
- Hauptdruckminderer und
- trockener Gebrauchsstellenvorlage

entnommen werden.

Es ist darauf zu achten, dass alle Ventile geöffnet sind. Bei Anschluss mehrerer Flammstrahlbrenner muss jeder Brenner unmittelbar hinter dem Druckminderer mit Gebrauchsstellenvorlage abgesichert werden.

Die Größe der Flaschenbatterie oder Bündelanlage ist in Abhängigkeit von der Anzahl, Art und Größe der Brenner auszuwählen (max. Acetylenentnahme = 500 l/h und Druckgasflasche).

Es sind mindestens 5 m lange Schläuche zu benutzen. Neue Gasschläuche müssen vor erstmaliger Benutzung ausgeblasen werden. Als Schlauchverbindungen dürfen nur Schlauchtüllen mit Schlauchschellen oder Patentkupplungen verwendet werden. Die Gasschläuche müssen vor mechanischen Beschädigungen und gegen Anbrennen geschützt werden und dürfen nicht über die Armaturen an Flaschen aufgewickelt werden.

Bei Flammrückschlägen dürfen die Brenner erst nach Behebung der Störung erneut gezündet werden.

Beim Flammstrahlen sind folgende Teile der persönlichen Schutzausrüstung zu verwenden:

- Schutzbrille mit Seitenschutz und Schweißerschutzfilter Stufe 2
- schwer entflammbarer Schutzanzug
- Schutzhelm
- Sicherheitsschuhe
- Lederhandschuhe
- Gesichts- und Nackenschutz, besonders bei Arbeiten über Kopf
- Gehörschutz

Für ausreichende Belüftung ist zu sorgen, z. B. durch Ventilatoren, Gebläse, Absaugung im Entstehungsbereich.

Beim Flammstrahlen beschichteter Teile ist die Entstehung gesundheitsgefährdender Gase und Dämpfe zu überprüfen.

Beim Entfernen von Rostschutzanstrichen ist Atemschutz mit Partikelfilter P3 zu benutzen.

4.5 Chemische Entrostung

4.5.1 Industrielles Beizen

Rost, Walzhaut und Zunder lassen sich chemisch mit Salzsäure, Schwefelsäure, Salpetersäure und Phosphorsäure entfernen. Dieses Verfahren wird als chemisches Beizen bezeichnet. Nach dem Beizvorgang müssen die Säuren vollständig entfernt werden. Zurückbleibende Säurereste fördern die erneute Rostbildung.

Im Handwerk wird das Beizen nicht angewandt, Säurereste und die sich bildenden Salze können nur in industriellen Anlagen gründlich genug entfernt werden. Außerdem wären die gesundheitlichen Risiken enorm.

4.5.2 Rostumwandler und Roststabilisatoren

Rostumwandler und Roststabilisatoren sollen den Rost in stabile Eisenverbindungen umwandeln.

Gewünschte Wirkungsweise und Probleme von Rostumwandlern und Roststabilisatoren

Werkstoffe	Gewünschte Wirkungsweise	Probleme
Phosporsäurehaltige Rostumwandler	Die Phosphorsäure soll den Rost in stabiles Eisenphosphat umwandeln, das dann chemisch mit dem Stahl verbunden ist.	Die Menge des aufzutragenden Rostumwandlers lässt sich nicht auf die vorhandene Rostmenge abstimmen. So bleibt meist freier Rost zurück.
		Walzhaut und Zunder lassen sich damit nicht umwandeln.
		Zurückbleibende Phosphorsäure fördert bei den nachfolgenden Beschichtungen die Blasenbildung.
		Im Rost enthaltene Salze, wie Sulfate und Chloride, werden nicht umgewandelt und fördern immer wieder die Rostbildung.
Tanninhaltige Rostumwandler	Die Tanninlösung soll den Rost in Eisentannat umwandeln, das dann chemisch auf dem Stahl haftet.	Die für die jeweilige Rostmenge erforderliche Tanninmenge lässt sich nicht bestimmen.
		Im Rost enthaltene Salze, wie Sulfate und Chloride, werden nicht umgewandelt und fördern immer wieder die Rostbildung.

DIN EN ISO 12944 „Beschichtungsstoffe – Korrosionsschutz von Stahlbauten durch Beschichtungssysteme“

Werkstoffe	Gewünschte Wirkungsweise	Probleme
Roststabilisierungs-mittel	Rost soll in stabiles Eisenoxid umgewandelt und in die Stabilisierungsbeschichtung einbezogen werden.	Nur eine sehr dünne Rostschicht lässt sich in die Stabilisierungsbeschichtung einarbeiten.
		Die Umwandlung in stabiles Eisenoxid ist sehr unvollkommen.
		Rostfördernde Stoffe, wie Sulfate und Chloride, werden nicht umgewandelt.

Rostumwandler und Roststabilsatoren haben sich in der Praxis nicht bewährt. Deshalb sind sie entsprechend der geltenden Richtlinien und Normen nicht für Bauteile zugelassen.

5 Beschichtungstechniken

Beschichtungsstoffe werden in flüssiger, pastöser oder pulveriger Form auf den Untergrund aufgetragen. Dazu sind unterschiedliche Auftragsverfahren (= Applikationsverfahren) geeignet und möglich.

Die Wahl der jeweils zweckmäßigen Beschichtungstechnik hängt von verschiedenen Faktoren ab:

- vom Beschichtungsstoff
- von der Größe des zu beschichtenden Objektes
- von der Anzahl der zu beschichtenden Objekte
- von den Anforderungen an die Beschichtung
- von etwaigen gesetzlichen Auflagen

Übersicht über im Maler- und Lackiererhandwerk übliche Beschichtungsverfahren

Beschichtungs-verfahren	Vorteile	Nachteile
Spachteln	einfaches Verfahren, einfache Werkzeuge	geringe Flächenleistung, nur zum Glätten des Untergrunds und für spezielle Techniken, z. B. Glättetechnik, anwendbar
Streichen	einfaches Verfahren, einfache Werkzeuge, vielseitig anwendbar	geringe Flächenleistung, der Verlauf (die Oberflächenqualität) ist nicht immer zufriedenstellend
Rollen	einfaches Verfahren, einfache Werkzeuge	mäßige Flächenleistung, der Verlauf (die Oberflächenqualität) ist nicht immer zufriedenstellend

Beschichtungs-verfahren	Vorteile	Nachteile
Spritzen	große Flächenleistung, glatte Oberflächen, gleichmäßige Schichtdicke, gute Kantenabdeckung	aufwendige und teure Geräte, Energieversorgung erforderlich, nicht ohne Übung anwendbar
Fluten	große Flächenleistung, nur geringer Materialverlust	Gefahr der Läuferbildung, große Lösemittelverluste
Tauchen	einfaches Verfahren, große Flächenleistung, nur geringer Materialverlust	Gefahr der Läuferbildung, nur für transportable Objekte

5.1 Streichen

Der Farbauftrag mit Pinsel und Streichbürste ist das älteste Applikationsverfahren. Auch heute noch bietet diese Arbeitsweise viele Vorteile.

Zum Streichen sind keine teuren Geräte erforderlich. Der Materialverlust ist sehr gering. Manche Arbeiten können zudem nur mit dem Pinsel rationell durchgeführt werden.

Dazu gehören handwerkliche Beschichtungen auf Fenstern. Außerdem dürfen manche Werkstoffe, z. B. bestimmte Holzschutzmittel, wegen der möglichen Gesundheitsgefahren nicht verspritzt werden.

Maler/-innen und Lackierer/-innen bekommen beim Streichen ein unmittelbares Gefühl für die Viskosität (= Flüssigkeitsgrad) des Beschichtungsstoffs und die Saugkraft des Untergrunds. Gut verlaufende Beschichtungen ohne Läufer erfordern aber einige Erfahrung und Geschick.

Streichwerkzeuge

Unterscheidung der Streichwerkzeuge

Unterscheidungs-merkmale	Bezeichnungen	Einsatzbeispiele
Besteckmaterial	Borstenpinsel	Lackierpinsel für lösemittelhaltige Lacke
	Haarpinsel	Malpinsel, feine Lackierpinsel
	Fiberpinsel	Pflanzenfaserpinsel für Abbeizarbeiten
	synthetische Borsten	Lackierpinsel für wasserverdünnbare Lacke, z. T. für Billigpinsel
Befestigungsart	Streichbürste	großflächige Decken- und Wandanstriche
	Ringpinsel	Fensteranstriche
	Flachpinsel	flächige Lackierarbeiten

Unterscheidungs-merkmale	Bezeichnungen	Einsatzbeispiele
Verwendung	Lackierpinsel	Lackierarbeiten
	Heizkörperpinsel	schlecht zugängliche Stellen
	Malpinsel	feine Malerarbeiten

Für die Qualität der Streichwerkzeuge ist besonders das Besteckmaterial entscheidend. Früher war man allein auf Naturhaare und Naturborsten angewiesen. In den letzten Jahren wurden die synthetischen Haare und Borsten immer wichtiger. Naturhaare und Naturborsten quellen bei der Verarbeitung von wasserverdünnbaren Beschichtungsstoffen stark an und werden lappig. Daher sind sie für die Verarbeitung wasserverdünnbarer Werkstoffe nicht geeignet. Gerade diese Beschichtungsstoffe werden jedoch immer wichtiger. Das Besteckmaterial und dessen Eigenschaften entscheiden über den Einsatzbereich, aber auch den Preis der Pinsel.

Bei den Naturmaterialen wird zwischen Borsten und Haaren unterschieden. Die Borsten stammen immer vom Haus- oder Wildschwein. Kunstborsten müssen entsprechend den Richtlinien mit einem eindeutigen Zusatz, wie z. B. Polyamidborsten, gekennzeichnet sein. Bei den Naturborsten hat das chinesische Schwein die größte Bedeutung. Von ihm stammt die am meisten eingesetzte Chinaborste.

Bei den Naturborsten sind die Spitzen in drei bis vier Teile gespalten. Diese Spitzen werden als Fahnen bezeichnet.

Gute Borstenpinsel sind auf Schluss gearbeitet. Dabei werden zwei gleich starke Borstenbüschel ohne Spannung gegeneinander gebunden. Diese Pinsel spreizen sich auch bei Druck nicht und behalten auch nach intensivem Gebrauch ihre Form. Bei preisgünstigeren Pinseln mit präpariertem Schluss werden die geraden Borsten durch Erhitzen oder Kleben in Form gebracht. Diese Pinsel sind zwar billiger als Schlusspinsel, aber weniger formstabil.

Borsten werden für Deckenbürsten, Flächenstreicher, Lackierpinsel und günstige Malpinsel eingesetzt.

Die Grobhaare (Langhaare) stammen von der Mähne und vom Schweif der Pferde oder vom Schweif der Rinder. Das Pferdehaar (Rosshaar) wird traditionell für Streichbürsten und für Besen verwendet. Rindshaar ist ein wichtiges Besteckmaterial für Malpinsel.

Das wertvollste (teuerste) Feinhaar ist das Kolinskyhaar. Es stammt von einer in Asien lebenden Marderart. Wegen seiner rotblonden Farbe wird dieses Haar häufig auch als Rotmarder bezeichnet. Das Kolinskyhaar ist besonders elastisch, fein und doch kräftig. Es wird für Schriften- und Malpinsel verwendet, wenn die beste Qualität gefordert ist. Für übliche Beschichtungsarbeiten sind diese Haare nicht geeignet und zudem viel zu teuer.

Als Beimischung für das Kolinskyhaar wird Wieselhaar eingesetzt. Aber auch günstigere Malpinsel werden damit hergestellt.

Das Dachshaar wird im sog. Dachshaarvertreiber zum feinen Verteilen von Beschichtungsstoffen in der Gestaltung eingesetzt.

Iltishhaare können wegen der verringerten Länge nur für kleine Feinhaarpinsel eingesetzt werden.

Das sog. Fehhaar, das aus dem Schweif von Eichhörnchen gewonnen wird, wird für Malpinsel und für Vergoldearbeiten eingesetzt.

Von geringer Qualität sind Ponyhaar und das Feinhaar von Bären und Ziegen. Es wird nur für Malpinsel verwendet.

Sowohl Borsten als auch Haare werden heute auch künstlich hergestellt. Begünstigt durch die immer knapper und damit teurer werdenden Naturstoffe können sich die künstlichen Borsten und Haare heute einen erheblichen Marktanteil sichern. Eingesetzt werden dafür die Kunststoffe Polyamid, Polyvinylchlorid (PVC), Polystyrol, Polyester und Polypropylen. Bei den Polyamiden sind die Markenbezeichnung Nylon und Perlon am bekanntesten. Zur besseren Farbaufnahme sind Kunstborsten konisch, rund oder kleeblattförmig.

Für spezielle Zwecke, z. B. für Abbeizpinsel, werden auch pflanzliche Fasern eingesetzt. Verwendet werden dazu die Pflanzenfasern der Kokospalme und die Fasern von bestimmten Agavenarten.

Für Pinsel für lösemittelhaltige Werkstoffe werden in der Regel Chinaborsten (Borsten vom chinesischen Schwein) eingesetzt. Für wasserverdünnbare Beschichtungsstoffe sind reine Chinaborsten nicht geeignet, sie verlieren ihre Spannung und werden lappig. Diese Werkstoffe lassen sich am besten mit Kunstborsten verarbeiten. Diese sollte man aber vor dem Einsatz in einem Wasserbad lagern. Dadurch werden die Borsten elastischer.

Eine gute Beschichtung hängt in großem Maß von einem guten Werkzeug bzw. Gerät ab. Für das Streichverfahren gilt das ganz besonders. Für die Gestaltung werden zudem eine Reihe von speziellen Pinseln eingesetzt.

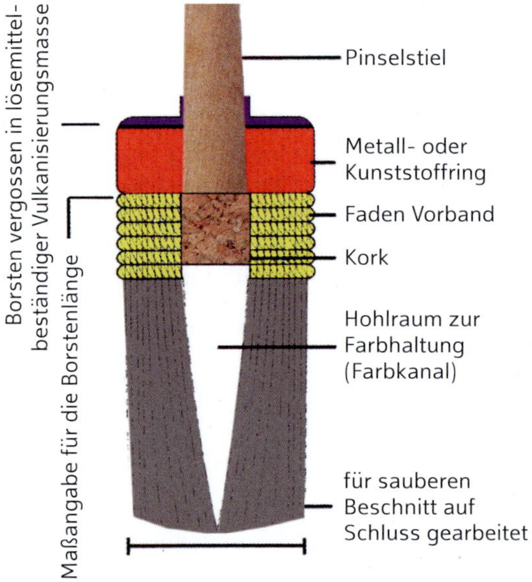

Größen:
2 = 20 mm, 4 = 25 mm, 6 = 30 mm, 8 = 35 mm,
10 = 40 mm, 12 = 45 mm, 14 = 50 mm, 16 = 55 mm

Schnittbild eines Ringpinsels

Wichtige Streichwerkzeuge[1]

Streichwerkzeug	Bild[2]	Beschreibung	Verwendung
Streichbürste		Die Borsten oder Haare sind im Borstenbrett verleimt. Der Griff wird im Brett verschraubt. Größen: 170 x 80 mm und 130 x 55 mm	Mit Bürsten werden wässrige Beschichtungsstoffe auf große Flächen aufgetragen. Besonders zum Verarbeiten von Kalk-, Zement- und Silikatfarben ist dieses Werkzeug unentbehrlich.
Flächenstreicher		Die Borsten oder Haare sind in einer Holzleiste verleimt. Größen: 20–100 mm	Diese Pinsel eignen sich für nahezu alle flächigen Arbeiten.
Flachpinsel		Helle oder dunkle Chinaborste, z. T. auch Kunstborsten, sind in einer flachen Metallfassung verleimt. Größen: 20–100 mm	Diese Pinsel eignen sich für nahezu alle flächigen Arbeiten. Die besondere Eignung hängt vom Besteckmaterial ab.
Ovalpinsel		Helle oder dunkle Chinaborste, z. T. auch Kunstborsten, sind in einer ovalen Metallfassung verleimt. Größen: 20–100 mm	Diese Pinsel eignen sich für nahezu alle flächigen Arbeiten. Die besondere Eignung hängt vom Besteckmaterial ab.
Ringpinsel		Ein Metallring umfasst das Borstenmaterial. Dieses wird im Bund von einem Korken gespreizt und von einer Schnur oder von Kunststoff zusammengehalten. Größen: Nr. 2–16	Mit diesem Pinsel lassen sich besonders Beschneidearbeiten, z. B. am Fenster, ausführen. Dieses Werkzeug ist aber auch sonst universell einsetzbar.

[1] Die Bezeichnungen und die Bedeutung der unterschiedlichen Pinsel weisen regionale Unterschiede auf. Die Pinselgrößen variieren je nach Hersteller.

[2] Die Abbildungen sind nicht maßstabsgetreu.

Streichwerkzeug	Bild	Beschreibung	Verwendung
Plattpinsel		Helle oder dunkle Chinaborsten, z. T. auch Kunstborsten, sind in einer flachen Metallfassung verleimt. Der Stiel kann auch gebogen sein. Größen: 10–25 mm	Besonders geeignet für schwer zugängliche Flächen.
Heizkörperpinsel		Dieser Pinsel entspricht einem Flächenstreicher, besitzt aber einen langen Stiel. Dieser kann gerade oder gebogen sein. Größen: 25–75 mm	Besonders geeignet für schwer zugängliche Flächen, z. B. hinter Heizkörpern.
Ringstrichzieher		Ein Metallring umfasst das lange Borstenmaterial.	Dieser Pinsel wird für Linierarbeiten eingesetzt.
Schrägstrichzieher		Schwarze Chinaborsten sind in einer Metallzwinge verleimt. Größen: 25–75 mm	Dieser Pinsel wird für Linierarbeiten eingesetzt.
Stupfpinsel		Die kurzen, steifen Borsten sind in kleine, flache Blechzwingen gepresst. Größen: Ø 5–25 mm	Dieser Pinsel wird bevorzugt für Schablonierarbeiten eingesetzt.

Streichwerkzeug	Bild	Beschreibung	Verwendung
Dachshaar-vertreiber		Das Dachshaar ist im Holz verleimt. Größen: 3–4 Zoll	Dieser Pinsel wird heute besonders für Holzimitationen (Maserierarbeiten) und Steinimitationen (Marmorieren) eingesetzt.
Anschießer		Das Fehhaar ist zwischen zwei Kartonstücken verleimt. Größen: 3–4 Zoll	Mit diesem Pinsel werden Blattmetalle angelegt.
Einkehrpinsel		Das Fehhaar ist in runde Kapseln gepresst und mit einem Draht gebunden. Größe: Ø 15 mm	Zum Einkehren und Versäubern von Blattmetallen.
Fächerpinsel		Rotmarderhaare, Fehhaare, Borsten oder sehr feine Synthetikfasern sind fächerförmig in Bleckkapseln gepresst. Größen: Nr. 1–5	Der Pinsel wird zum Blattgoldanlegen in Hohlkellen, z. B. bei Bilderrahmen, und für spezielle Gestaltungsarbeiten eingesetzt.
Zackenpinsel		Helle Chinaborsten sind in der Metallfassung verleimt. Größen: 1–4 Zoll	Dieser Pinsel wird für Holzimitationen (Maserierarbeiten) und Steinimitationen (Marmorieren) eingesetzt.
Schläger		Die extrem langen Haare sind in flache Blechzwingen gepresst. Größen: 2–4 Zoll	Dieser Pinsel wird für Holzimitationen (Maserierarbeiten) eingesetzt.

Streichwerkzeug	Bild	Beschreibung	Verwendung
Plattpinsel (Flachpinsel)		Die Haare oder Borsten sind in kleine, flache Blechzwingen gepresst. Plattpinsel mit langem Haarbesatz werden als Plakatschreiber bezeichnet. Größen: Nr. 2–20	Dieser Pinsel wird für besonders feine Malarbeiten eingesetzt. Plakatschreiber werden für Pinselschriften eingesetzt.
Spitzpinsel[1]		Die Haare oder Borsten sind in kleine, runde Blechzwingen gepresst. Größen: Nr. 1–12	Dieser Pinsel wird für besonders feine Malarbeiten und zum Schriftschreiben eingesetzt.
Modler		Die kurzen Borsten sind in einer flachen Blechzwinge befestigt. Größen: 1–5 Zoll	Dieser Spezialpinsel wird für Gestaltungsarbeiten, z. B. Schleiflack, eingesetzt.

Gute Pinsel und Streichbürsten sind teuer und müssen sofort nach Gebrauch gereinigt werden.

Zum Reinigen darf man keine zu scharfen Lösemittel verwenden. In den Pinseln und Streichbürsten würden aus Farbresten und Lösemitteln unverträgliche Zusammenlagerungen entstehen. Diese streichen sich erst nach und nach aus den Streichwerkzeugen und verunreinigen so die Beschichtung.

Pinselpflege

- Neue Pinsel können anfangs Haare oder Borsten verlieren. Dies hört bei guten Pinseln schnell auf.
- Wenn nur eine kurze Arbeitspause eingelegt wird, kann man gebrauchte Pinsel luftdicht in einer Plastiktüte aufbewahren. Sie können dann ohne Zwischenreinigung weiter verwendet werden.
- Pinsel sollte man nie ungereinigt eintrocknen lassen.
- Vor dem Reinigen sollte der Pinsel gut ausgestrichen werden.
- Wasserlösliche und wasserverdünnbare Werkstoffe sollten sofort nach dem Gebrauch mit Wasser ausgewaschen und gereinigt werden.
- Den frisch gereinigten Pinsel sollte man nie auf seine Borsten stellen. Besser liegend oder hängend trocknen lassen.
- Für den nächsten Einsatz müssen die Pinsel gut getrocknet sein.

[1] Spitzpinsel mit langem Haarbesatz werden als Schlepper, z. T. auch als Plakatschreiber bezeichnet. Schlepper werden auch zum Ziehen dünner Linien eingesetzt.

Übersicht über zweckmäßige Reinigungsmittel

Verwendeter Beschichtungsstoff	Lösemittel bei sofortiger Reinigung	Lösemittel bei Reinigung nach Erhärtung
Kleister	Wasser	Wasser
Leimfarben	Wasser	Wasser
Dispersionsfarben	Wasser	Abbeizfluid[1]
Kalkfarben	Wasser	●
Zementfarben	Wasser	●
Silikatfarben	Wasser	●
Ölfarben	Testbenzin oder Kunstharzverdünnung	Abbeizfluid
Alkydharzlacke	Testbenzin oder Kunstharzverdünnung	Abbeizfluid
Schellacke	Spiritus	Spiritus
Nitrolacke	Nitroverdünnung	Nitroverdünnung
Polymerisatharzlacke	Nitroverdünnung	Abbeizfluid
2K-Lacke	Spezialverdünnung	●

● = nach der Erhärtung ist keine Reinigung mehr möglich.

Auch mit sog. Pinselreinigern lassen sich viele Lacke lösen.

5.2 Spachteln

Das Spachteln dient zur Glättung des Untergrunds. Dazu werden gut füllende, pastöse Werkstoffe mit dünnen Blech- oder Kunststoffspachteln gleichmäßig aufgezogen. In den meisten Fällen folgen nach der Spachtelung noch weitere Beschichtungen.

Ausnahmen bilden die Glättetechnik, die Kalkpresstechnik und der Reibeputz. Bei der Glättetechnik wird auch die Schlussbeschichtung mit farbig getönter Spachtelmasse gleichmäßig fleckend aufgetragen. Der Reibeputz wird mit nicht rostenden Traufeln und Spachteln aufgezogen und nach einer Ablüftzeit mit einer Kunststofftraufel gleichmäßig verrieben.

[1] Abbeizfluide dürfen nicht mit alkalischen Abbeizmitteln (Abbeizlaugen) verwechselt werden. Während Abbeizfluide starke Lösemittel enthalten, bestehen alkalische Abbeizmittel aus starken Laugen. Diese würden alle Naturhaare und -borsten zerstören.

Spachtel werden auch zum Verschließen von Rissen und Löchern eingesetzt. Werden nur die Risse, Vertiefungen und Löcher bei Holz mit spachtelfähiger Masse geschlossen, spricht man vom „Auskitten".

Beim Spachteln wird der Untergrund vollflächig mit spachtelfähigem Material geglättet.

Beim Auskitten werden nur Löcher, Risse und Vertiefungen mit dem pastösen Material geschlossen.

Entsprechend der DIN 18363 VOB Teil C ist das Auskitten eine Nebenleistung, das vollflächige Spachteln ist jedoch eine besondere Leistung, die gesondert zu vereinbaren und zu bezahlen ist.

Übersicht über wichtige Spachtelwerkzeuge

Spachtelwerkzeug	Bild[1]	Beschreibung	Verwendung
Griffspachtel		Die lange, annähernd trapezförmige Klinge steckt in einem Holz- oder Kunststoffgriff. Diese Spachtel werden oft als Malerspachtel bezeichnet. Der sog. Englische Spachtel ist der hochwertigste, aber auch der empfindlichste.	Dieses Universalwerkzeug für Maler/-innen eignet sich zum Verschließen von Rissen und Löchern, zum Öffnen von Gebinden, zum Abstoßen von schlecht haftenden Beschichtungen und Verunreinigungen usw.
Japanspachtel		Das dünne Blech steckt in einem kleinen Kunststoffgriff. Dieses Werkzeug wird oft als Satz mit meist vier unterschiedlichen Breiten angeboten. Japanspachteln sind auch gänzlich aus Kunststoff gefertigt im Handel.	Mit diesem Werkzeug werden Spachtelarbeiten ausgeführt.
Doppel-Flächenspachtel		Dieses Werkzeug entspricht den Japanspachteln, ist aber größer. Um ein zu starkes Durchbiegen zu vermeiden, ist auf dem eigentlichen Spachtelblech ein zweites, verkürztes Blech lose befestigt. Dieses übt beim Spachteln einen Gegendruck aus.	Für größere Flächen, z. B. Türblätter, eignet sich dieser Flächenspachtel sehr gut.

[1] Die Abbildungen sind nicht maßstabsgetreu.

DIN 18363 VOB Teil C „Allgemeine Technische Vertragsbedingungen für Bauleistungen (ATV) – Maler- und Lackierarbeiten – Beschichtungen"

Spachtel-werkzeug	Bild	Beschreibung	Verwendung
Traufel (Glätt-kelle)		Die Spachtelfläche dieses Werkzeugs besteht aus Stahl oder Kunststoff.	Mit Glättkellen werden vor allem Dispersionsspachtelmassen und Kunststoffputze auf größeren Flächen aufgezogen.
Flächen-spachtel	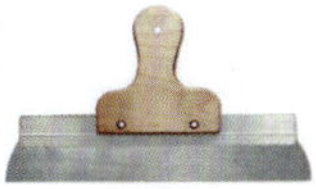	Die Spachtelfläche dieses Werkzeugs besteht aus Stahl oder Kunststoff.	Zum Glattspachteln von großen Wand- und Deckenflächen
Zahn-spachtel		Die Spachtelfläche dieses Werkzeugs besteht aus Stahl oder Kunststoff, ist aber zum Auftragen von Klebern gezahnt.	Zum Auftragen von pigmentierten Klebstoffen

Spritzgeräte zum Auftragen von Spachtelmassen

Zum großflächigen Auftragen von Dispersionsspachtelmassen auf Decken- und Wandflächen können spezielle Spritzgeräte eingesetzt werden. Diese bestehen aus folgenden Einzelteilen:

1. leistungsfähiger Kompressor
2. Förderaggregat
3. Materialschlauch
4. Spritzpistole

Der Kompressor muss für den Spritzauftrag eine Ansaugleistung von 1 000 Liter je Minute und einen Enddruck von 5–7 bar erzeugen. Dieser Druck betreibt das Förderaggregat. Hier wird das Material durch spezialgehärtete Schrauben verdichtet und durch den Materialschlauch zur Spritzpistole gedrückt.

Die Spritzpistole kann wahlweise mit Spritzdüsen von 6–10 mm Durchmesser ausgestattet werden. Dadurch ergeben sich Strukturmöglichkeiten von fein bis grob. Nach dem Aufspritzen kann die Spachtelmasse mit breiten Spachteln (20–60 cm) geglättet werden.

5.3 Rollen

Der Farbroller hat heute im Malerhandwerk vielfach Pinsel und Bürste abgelöst. Dies liegt an der einfachen Handhabung und der größeren Flächenleistung. Der Farbroller wird besonders gerne für Decken- und Wandbeschichtungen sowie für Fassaden eingesetzt. Mit ihm lassen sich auch raue Putzflächen gleichmäßig beschichten.

Auch bei Lackierungen setzt sich der Roller immer mehr durch. Bei schnell anziehenden, schlecht verlaufenden Lacken entsteht aber durch diesen Lackauftrag ein Orangenschaleneffekt. Allerdings lassen sich streifige Lackierungen vermeiden.

Ein Farbroller besteht aus zwei Teilen:
1. Handgriff mit Bügel
2. Auftragswalze

Die Auftragswalze kann mit unterschiedlichem Belag überzogen sein. Auftragswalzen sind z. T. auch gepolstert. Für die Eignung der Roller sind neben dem Bezugsstoff die Polhöhe und die Polsterung wichtig.

Eignung der Rollen

Walzen mit langem Pol	für Dispersionsfarben auf Großflächen und strukturierte Oberflächen (z. B. Fassaden und grobe Raufaser) je höher der Pol, desto höher die Farbaufnahme
Walzen mit niedrigem Pol	für Dispersionsfarben, aber auch Versiegelungen usw. auf glatten Untergründen (z. B. gefilzte Putze), ergibt eine feine Rollstruktur, spritzt nicht so stark, die Farbaufnahme ist aber geringer
Stark gepolsterte Walzen	für raue, stark strukturierte Untergründe, eckenausrollend, genähter Bezug
Ungepolsterte Walzen	für glatte Untergründe, nicht eckenausrollend, thermofusionierter (verschweißter) bzw. geklebter Bezug

Farbroller werden in unterschiedlichen Breiten und Walzendurchmessern angeboten.

Übersicht über wichtige Bezüge

Bezüge	Abbildungen	Beschreibungen
Lammfell	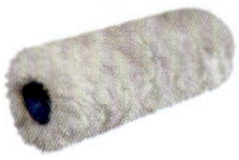	Naturprodukt, gute Farbaufnahme und -abgabe, hervorragende Oberflächenqualität, besonders für wasserverdünnbare Materialien
Webwolle/ Velours		Wolle mit geringer Zumischung von Kunstfaser, dem Lammfell nachempfunden, leicht zu reinigen
Polyamid		Kunstfaser, sehr gute Farbaufnahme und -abgabe, verfilzt nicht, unempfindlich, lange Haltbarkeit
Microfaser		Kunstfaser, extrem saugfähig, tropft nicht, daher besonders für dünnflüssige Beschichtungsstoffe geeignet, häufig eingesetzt für wasserverdünnbare Parkettversiegelungen und 2K-Bodenbeschichtungen, praktisch flusenfrei durch Endlosfaden
Acryl (Polyacryl)		wie Polyamid, aber geringere Fadenstabilität und weicheres Fasermaterial

Bezüge	Abbildungen	Beschreibungen
Polyester[1]		preiswertes Bezugsmaterial in gestrickter Form, geringere Dichte, geringeres Farbhaltevermögen, geringere Oberflächenqualität der Beschichtung, in gewebter Form etwas hochwertiger
Modacryl		besonders geeignet für wasserverdünnbare Lacke
Schaumstoff		wird für kleine Lackierwalzen eingesetzt
Schaumstoff beflockt		besonders geeignet für extrem feine, bläschenfreie Lackierungen

Einsatz der Farbwalzen

Bezug der Farbwalzen und Schurr- bzw. Polhöhe	Polsterung[2]		Beschichtungsstoffe						
	ungepolstert für glatte Untergründe	gepolstert für raue Untergründe	Dispersions- und Dispersionssilikatfarben	Silikonharzfarben	Dispersionslackfarben	Alkydharzlacke lösemittelhaltig	Parkettversiegelungen wasserverdünnbar	2K-Beschichtungen	Dickschichtlasuren
Lammfell Großflächenwalze 22 mm Schurrhöhe	●	●	● [3]	●					
Web-Wolle Großflächenwalze 22 mm Polhöhe	●	●	●	●					
Polyamid[4] Großflächenwalze 21 mm Polhöhe	●	●	●	●					
Polyamid[4] Kleinflächenwalze 12–13 mm Polhöhe	●		●	●	●	●			
Polyamid[4] Groß- und Kleinflächenwalze texturiert 14 mm Polhöhe	●		○	○	●	○		●	

● = gut geeignet ○ = bedingt geeignet

[1] Vestan ist ein Markenname für Polyester gestrickt.

[2] Im Handel erhältliche Farbrollen.

[3] Nicht für Latexfarben geeignet.

[4] Die allgemeine Bezeichnung ist Nylon.

Bezug der Farbwalzen und Schurr- bzw. Polhöhe	Polsterung[1]		Beschichtungsstoffe						
	ungepolstert für glatte Untergründe	gepolstert für raue Untergründe	Dispersions- und Dispersionssilikatfarben	Silikonharzfarben	Dispersionslackfarben	Alkydharzlacke lösemittelhaltig	Parkettversiegelungen wasserverdünnbar	2K-Beschichtungen	Dickschichtlasuren
Polyamid[2] Groß- und Kleinflächenwalze hochtexturiert 6–7 mm Polhöhe	●				●			●	●
Polyester gewebt, Groß- und Kleinflächenwalze 13 mm Polhöhe	●		●	●	●	●		●	
Polyester gewebt, Kleinflächenwalze 4 mm Polhöhe	●				●	●	●	●	○
Polyester gestrickt, Groß- und Kleinflächenwalze 15–22 mm Polhöhe	●	●	●	●					
Polyacryl Großflächenwalze 18 mm Polhöhe	●	●	●	●					
Microfaser Groß- und Kleinflächenwalze 9 mm Polhöhe	●	●	○	○	○				●
Modacryl Groß- und Kleinflächenwalze 4 mm Polhöhe	●				○	○	●	●	●
Mohair-Lackierwalze 4 mm Polhöhe	●				●	●	●	○	
Velours-Lackierwalze 4 mm Polhöhe	●				●	●	●	○	
Flock-Lackierwalze 4 mm Polhöhe	●				●	○			
Schaumstoff-Lackierwalze 4 mm Polhöhe	●				●	○			

● = gut geeignet ○ = bedingt geeignet

Farbroller mit Materialzuführung

Die Industrie bietet auch Spritz-Farbroller an. Bei diesen Geräten wird der Farbwalze mit einem Airlessgerät während des Rollvorgangs Beschichtungsstoff zugeführt.

---

[1] Im Handel erhältliche Farbrollen.

[2] Die allgemeine Bezeichnung ist Nylon.

Das Eintauchen und Abrollen auf einem Gitter erübrigen sich also. Die Arbeitsleistung ist bei diesen Geräten bedeutend höher.

Rollen von Dispersionsfarben mit einem airlessgespeisten Rollgerät

Farbroller-Reinigungsgeräte

Bei den Farbroller-Reinigungsgeräten müssen zwei Systeme unterschieden werden:

1. Die meisten Farbroller-Reinigungsgeräte arbeiten mit dem üblichen Leitungswasserdruck. Der Wasserstrahl wird auf die in einem Gehäuse rotierende Farbrolle gespritzt. Dabei entstehen an der sich schnell drehenden Rolle starke Zentrifugalkräfte, die Farbreste werden aus der Rolle geschleudert.

2. Andere Farbroller-Reinigungsgeräte werden an einen Hochdruckreiniger angeschlossen. Da hier ein besonders starker Wasserstrahl aus seitlich im Gehäuse angebrachten Düsen auf die im Inneren des Reinigungsgehäuses deponierte Farbrolle auftrifft, lassen sich die Farbrollen in kurzer Zeit und mit wenig Wasser reinigen.

5.4 Spritzen

Beim Spritzverfahren wird das Material mit mechanischen Kräften, meist durch Luftdruck oder Materialdruck, in feine Tröpfchen zerstäubt. Diese verteilen sich auf dem zu beschichtenden Untergrund.

Dieses Verfahren wird angewandt, wenn besonders gleichmäßige, schöne Oberflächen gewünscht sind, z. B. bei der Kraftfahrzeuglackierung, oder wenn große Flächen oder eine größere Anzahl von Gegenständen zu beschichten sind.

Spritzvorgang

Die jeweils zweckmäßige Viskosität zum Verspritzen der Beschichtungsstoffe ist dem Aufdruck auf dem Gebinde und/oder dem Technischen Merkblatt zu entnehmen. Im Malerbereich stellt der Hersteller die Werkstoffe heute meist bereits auf die richtige Viskosität ein. Bei den Fahrzeuglackierern wird der erforderliche Lösemittelzusatz mithilfe von Messstäben oder einer Waage ermittelt.

Beim Spritzvorgang wird die Spritzpistole im 90°-Winkel (= rechter Winkel) gleichmäßig über die Spritzfläche geführt. Die Schnelligkeit der Bewegung der Pistole richtet sich nach dem Materialdurchfluss. Der Abstand zwischen Pistole und Untergrund hängt vom Spritzverfahren und von der verwendeten Spritzpistole ab und muss beim gesamten Spritzgang gleich bleiben.

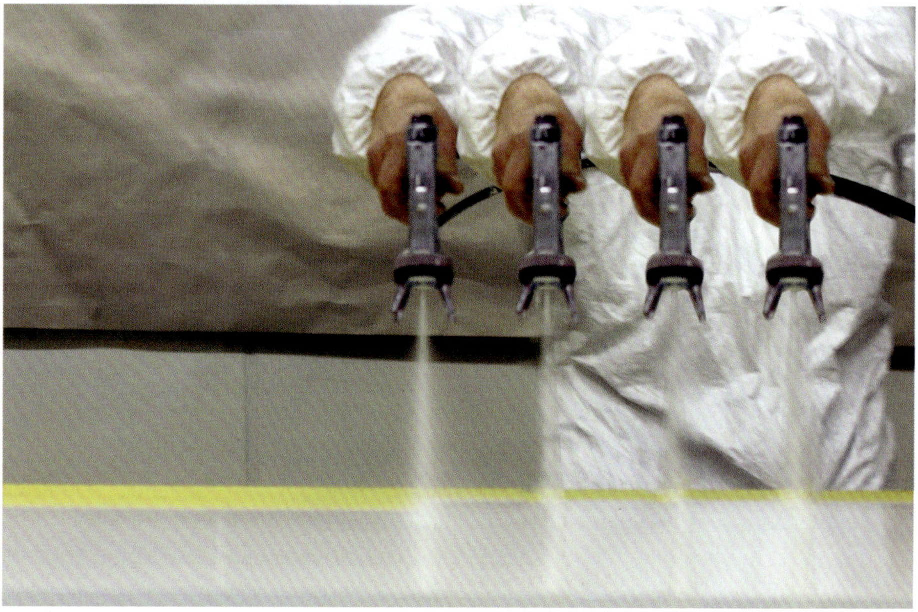

Richtige Spritzpistolenführung

Bei zu großem Abstand bilden sich vermehrt Farbnebel (= Overspray). Diese schlagen sich auf der gespritzten Oberfläche und der Spritzumgebung nieder und verursachen so eine raue Fläche. Bei zu geringem Abstand wird zu viel Material aufgetragen. Eine gleichmäßige Oberfläche ist so schwierig herzustellen. Die Gefahr der Läuferbildung wächst.

Beim Spritzvorgang werden gleichmäßige Streifen angelegt. Jeder Streifen überdeckt den vorhergehenden zum Teil.

Überlapptes Spritzen

Die Pistole wird dabei immer über den Rand der zu beschichtenden Fläche hinausgeführt. So vermeidet man zu großen Farbauftrag an den Rändern.

Vor dem Beschichten der Fläche werden stets die Kanten gespritzt. Bei Außenecken kann man die Spritzpistole direkt auf die Ecken halten. Bei Innenecken spritzt man jede in der Ecke zusammentreffende Fläche einzeln. Dazu wird zunächst auf der Fläche am Eck entlang ein senkrechter Streifen angelegt. Dann spritzt man aus der Ecke heraus mit waagerechten Streifen fertig.

Um Deckfähigkeit und Schichtdicke zu erhöhen, werden auf der Fläche mehrere Schichten im Kreuzgang gespritzt. Dabei wechselt man zwischen waagerechten und senkrechten Spritzgängen. Ein waagerechter und ein senkrechter Spritzgang ergeben immer einen Kreuzgang.

Sehr große Flächen werden in Teilstücken gespritzt. Die einzelnen Stücke müssen sich dabei immer etwas überlappen.

Für profilierte oder schmale Objekte kann das Hochdruck- oder Höchstdruckspritzen mit Elektrostatikgeräten kombiniert werden. Diese laden den Beschichtungsstoff elektrostatisch gegenpolig zum Untergrund auf.

Übersicht über unterschiedliche Spritzgeräte und Spritzverfahren

Spritzgeräte	Druckerzeugung	Druckart	Spritzdruck	Beschichtungsstoffzufuhr	Vor- und Nachteile	Verwendung
Handspritzpumpe	Handpumpe	Materialdruck bzw. Luftdruck	5–20 bar	Ansaugschlauch oder Druckkessel	geringe Kosten, kein Stromanschluss erforderlich, nicht geeignet für hochwertige Beschichtungen	für mineralische Anstriche und Imprägnierungen
Sprühdosen	Treibgas	Treibgasdruck	3–4 bar	Sprühdose	geringe Kosten, keine Reinigungsarbeiten, nicht geeignet für hochwertige Beschichtungen und große Flächen, wegen des Treibgases besonders umweltschädlich	nur für kleine Flächen und Ausbesserungen
Niederdruckspritzgerät	Schaufelradgebläse oder Kompressor mit Druckumwandler	Luftdruck	unter 1 bar	Fließ- oder Saugbecher	günstige Anschaffung, einfache Wartung, kaum Overspray (Spritznebel)	für kleinere Flächen
Hochdruckspritzgerät	Membran-, Schrauben- oder Kolbenkompressor	Luftdruck	1–10 bar	Fließ- oder Saugbecher bzw. Materialdruckgefäß	sehr gutes Spritzergebnis, gute Flächenleistung	für hochwertige Lackierungen
Materialdruckspritzgerät (Airless, Höchstdruckspritzgerät)	Membranpumpe mit Strom-, Benzin oder Dieselmotor oder kompressorbetriebene Kolbenpumpe	Materialdruck	60–530 bar, im Handwerk max. 250 bar, in der Industrie max. 530 bar	Materialgefäß und Materialdruckschlauch	sehr große Flächenleistung, auch für hochviskose[1] Werkstoffe	zum Verspritzen von Lacken und Dispersionsfarben auf großen Flächen
Kombiniertes Materialdruck-Druckluft-Spritzen[2]	Kolbenpumpe oder Membranpumpe mit Kompressor	Materialdruck und Luftdruck	50–120 bar Materialdruck, 1–2,5 bar Luftdruck	Materialgefäß und Materialdruckschlauch	sehr große Flächenleistung bei gutem Spritzergebnis	zum Verspritzen von Lacken und Dispersionsfarben

[1] hochviskos = dickflüssig bzw. zähflüssig
[2] unter den Bezeichnungen Airmix, Spraymix oder Aircoat im Handel

5.4.1 Arbeiten mit Sprühgeräten (Handdruckpumpen)

Handdruckpumpen gibt es als Brettspritzen oder als Tragegeräte. Bei den Brettspritzen ist die einfach konstruierte Pumpe auf einem Brett montiert. Beim Sprühvorgang steht eine Person auf dem Brett und pumpt über einen langen Hebel das Material aus dem Farbgefäß durch einen Gummischlauch zur Zerstäubungsdüse. Diese Düse befindet sich auf einem Rohr. Das Rohr wird zum Sprühen von einer zweiten Person gleichmäßig über die Anstrichfläche geführt. Dabei wird das Anstrichmittel durch die Zerstäubungsdüse gedrückt und auf den Untergrund gesprüht.

Bei den Tragegeräten wird in den Farbkessel mit einer Handpumpe Luft gepumpt. Diese Luft drückt beim Sprühvorgang das Anstrichmittel aus dem Farbkessel und versprüht es. Wie bei der Brettspritze wird dabei die an einem Rohr befindliche Zerstäubungsdüse über den Untergrund geführt. Der Verbindungsschlauch zwischen Rohr und Farbkessel ist beweglich.

Beim Arbeiten mit diesen Sprühgeräten lässt sich ein Pulsieren des Spritzgutes nicht vermeiden. Deshalb verwendet man diese Handdruckpumpen nur zum Versprühen von Kalkfarben und Imprägniermitteln, wenn an die Oberfläche keine besonderen Ansprüche gestellt werden.

5.4.2 Arbeiten mit Sprühdosen

Handliche Sprühdosen enthalten außer dem Spritzmaterial ein Treibgas. Dieser Stoff befindet sich im oberen Teil der Dose und übt auf das Material einen Druck aus. Beim Druck auf den Sprühkopf öffnet sich die Düse und der Beschichtungsstoff wird fein herausgepresst und durch den Druckabfall vor der Düse fein zerstäubt.

Sprühdosen werden vor allem für kleine Flächen und Ausbesserungen verwendet. Mittlerweile gibt es jeden Autolack-Farbton auch in Sprühdosen. Ausbesserungen mit Sprühdosen sind aber oft sichtbar. Dies gilt besonders für Metalliclackierungen. Daneben gibt es Grundierungen, Absperrlacke und Seidenglanzlacke in Sprühdosen. Da zur Verarbeitung dieser Werkstoffe keine zusätzlichen Geräte erforderlich sind, erfreuen sich Sprühdosen besonders bei Heimwerkern großer Beliebtheit. Als Bindemittel werden Zellulosenitrat, Acrylharze, Alkydharze und Kombinationen eingesetzt. Als Treibmittel wird meist Kohlendioxid verwendet. Sprühdosen gelten als besonders umweltschädlich.

Vor dem Spritzen ist die Sprühdose zu schütteln, bis die Kugel nicht mehr zu hören ist. Die Kugel in der Dose wird beim Schütteln herumgeschleudert und vermischt so den Lack gleichmäßig. Das aufgerührte Lackmaterial verhindert dann das Anschlagen der Kugel an den Dosenwänden. Gesprüht wird mit aufrechter Sprühdose im Abstand von 20–30 cm.

Damit die Düse nicht durch eingetrockneten Lack verstopft, dreht man die Sprühdose nach dem Sprühvorgang auf den Kopf und sprüht, bis nur noch Treibgas entweicht.

Sprühdosen stehen unter Druck und dürfen keinen Temperaturen über 323 K (50 °C) ausgesetzt werden. Auf keinen Fall darf man die Dosen beschädigen oder gar gewaltsam öffnen. Entsorgen darf man diese Behälter erst nach völliger Entleerung. Aber auch dann sind die Dosen vor großer Hitzeeinwirkung zu schützen. Nicht auf heiße Flächen oder in offene Flammen sprühen!

5.4.3 Spritzen mit Druckluft

Übersicht über die Druckluft-Spritztechniken

Bezeichnungen	Abk.	Zerstäuberdruck	Eigenschaften
Niederdrucktechnik (Low pressure)	LP	unter 0,7 bar	Durch feine Zerstäubung perfektes Oberflächenfinish. Durch den niedrigen Zerstäuberdruck wird bis zu 30 % Material eingespart.
Mitteldrucktechnik (Medium pressure)	MP	0,7 bis 1,4 bar	Bei optimaler Zerstäubung lässt sich eine hohe Arbeitsgeschwindigkeit erreichen.
Hochdrucktechnik (High pressure)	HP	3,5 bis 4 bar	Extrem feine Zerstäubung und große Flächenleistung ermöglichen perfekte Oberflächen bei großer Arbeitsleistung.

5.4.3.1 Niederdruck-Spritzverfahren

Beim Niederdruckspritzen wird der Beschichtungsstoff mithilfe großer Luftmengen unter niedrigem Druck (unter 0,7 bar) zerstäubt.

Heizkörperspritzen mit dem Niederdruckspritzgerät mit XVLP-Pistole.

Der Spritzstrahl lässt sich exakt einstellen, deshalb geht beim Spritzen nur wenig Farbmaterial als Farbnebel (= Overspray) verloren.

Das Niederdruck-Spritzverfahren eignet sich für alle wasserverdünnbaren und lösemittelhaltigen Werkstoffe zum Verarbeiten von Raufaserfarben und dekorativen Materialien, z. B. Bunteffektfarben. Mit einer speziellen Beflockungspistole können farbige Trockenchips gleichmäßig auf eine vorbeschichtete Oberfläche aufgetragen werden. Die XVLP-Technologie (E**X**tra **V**olume **L**ow **P**ressure) besteht aus einer Hochleistungsturbine mit Handgriff und drei das Material aufnehmenden Sprühaufsätzen. Durch Wechsel zwischen den drei Sprühaufsätzen können niederviskose und dünnflüssige Materialien wie Lasuren, aber auch wasserbasierende und lösemittelhaltige Lacke oder Dispersionsfarben verspritzt werden.

Das große Luftvolumen der Hochleistungsturbine in Verbindung mit einer ausgeklügelten Düsentechnologie ermöglicht es, mit hoher Geschwindigkeit bei einem maximalen Spritzdruck von 0,2 bar eine optimale Oberflächenqualität zu erreichen.

Zerstäubung und Arbeitsgeschwindigkeit können durch Regulierung von Material- und Luftmenge individuell eingestellt werden. Eine Zwei-Stufen-Automatik am Abzug ermöglicht es zudem, die Turbine nur bei Bedarf in Betrieb zu nehmen. Die Sprühstrahlbreite sowie der Wechsel zwischen vertikalem oder horizontalem Sprühstrahl können auf das jeweilige Objekt abgestimmt werden.

5.4.3.2 Hochdruck-Spritzverfahren

Mit dem Hochdruckspritzen lässt sich das beste Spritzbild und somit die schönste Oberfläche erreichen. Deshalb wird dieses Spritzverfahren insbesondere in der Fahrzeuglackierung eingesetzt.

Die zum Hochdruckspritzen erforderliche Druckluft wird im Kompressor verdichtet. Dazu werden drei unterschiedliche Kompressorarten eingesetzt:

Spritzen im Hochdruck-Spritzverfahren

1. Membrankompressor
Diese Kompressoren eignen sich nur für einen relativ geringen Druck bis ca. 3 bar und nicht für Dauerleistungsbetrieb. So sind diese Verdichter nur für kleinere Arbeiten sinnvoll einsetzbar.

2. Schraubenkompressor
Diese Kompressoren sind für hohen Luftverbrauch und einen Druck bis zu 15 bar ausgelegt. Da diese Verdichter auch für den Dauerbetrieb geeignet und sehr wartungsfreundlich sind, dabei aber nicht viel Platz benötigen, findet man sie in vielen Lackierwerkstätten.

3. Kolbenkompressor
Diese Kompressoren gibt es ein- und mehrstufig. Sie verfügen über großdimensionierte Windkessel und sind auch bei Drücken über 15 bar sehr wirtschaftlich. Leider weisen diese Verdichter aber viele Verschleißteile auf.

Aufbereitung der Druckluft

Die verdichtete Luft kann Verunreinigungen enthalten. So kann bereits verunreinigte Luft angesaugt werden. Im Kompressor können Ölrückstände in die Spritzluft gelangen. Außerdem bildet sich durch die Verdichtung der Luft Kondenswasser. So muss die Druckluft für das Spritzen aufbereitet werden.

Die jeweils erforderliche Stufe der Druckluftaufbereitung hängt vom Verwendungszweck der Druckluft ab.

Stufen der Druckluftqualität

Luftqualität	Erforderliche Geräte bzw. Geräteteile
von Wasser, Öl und Schmutz z. T. gereinigt	Zentrifugalabscheider
von Wasser, Öl und Schmutz bis zu 0,01 µm[1] gereinigt	Zentrifugalabscheider und Mikrofilter
von Wasser, Öl und Schmutz bis zu 0,003 µm gereinigt	Zentrifugalabscheider, Mikrofilter und Aktivkohle-Absorber
von Wasser, Öl und Schmutz gereinigt und 100 %ig trocken	Kältetrockner
technisch ölfrei, steril und geruchsfrei	Zentrifugalabscheider, Trockner, Mikrofilter, Aktivkohle-Absorber und Sterilfilter

In Lackierwerkstätten werden zur Druckluftaufbereitung insbesondere folgende Geräte bzw. Geräteteile eingesetzt:

- Haupt-, Öl- und Wasserabscheider am Kompressor
- Kältetrockner
- Mikrofilter und Aktivkohle-Absorber

An der Druckluftentnahmestelle sorgt die Kombifeinstfiltereinheit mit Manometer für die Spritzgeräte zusätzlich für die Reinheit der Druckluft.

Kompressoren dürfen grundsätzlich nur in staubfreier Umgebung aufgestellt werden. Bei Temperaturen unter 278 K (5 °C) und über 308 K (35 °C) kann die Spritzluft nicht von Kondenswasser, Ölresten und Schmutz freigehalten werden.

Spritzpistolen

Druckluft und Beschichtungsstoff werden in der Spritzpistole durch getrennte Kanäle zur Spritzdüse geführt. Der Düsensatz bildet ein Nadelventil. Beim Druck auf den Abzugbügel öffnet sich erst die Luftzufuhr, beim weiteren Durchdrücken wird der Farbkanal frei. Der Beschichtungsstoff verlässt die Spritzpistole und wird vor der Düse vom Luftstrahl fein zerstäubt.

Wie viel Beschichtungsstoff beim Spritzen ausströmt, hängt von der Viskosität (= Flüssigkeitsgrad) des Werkstoffs und vom verwendeten Düsensatz ab.

[1] 1 µm = 0,001 mm = 1/1 000 mm

Eine Feinregulierung ist über den Abzugbügel möglich. Je nach Größe des Druckes auf den Bügel verändert sich der Abstand zwischen konischer Farbnadel und Farbdüse. So fließt mehr oder weniger Beschichtungsstoff durch die Düse. Durch Regulierung der durchströmenden Luftmenge ändern sich das Spritzbild und die Strahlbreite.

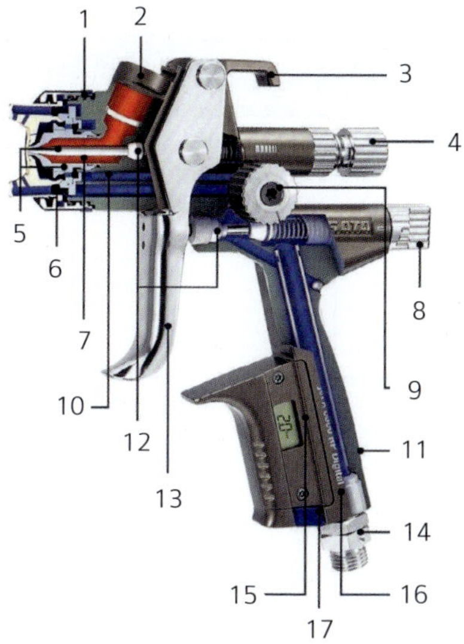

1 = Luftdüse
2 = Becheranschluss mit Bajonett
3 = Anhängehaken
4 = Materialmengenregulierung
5 = Farbdüse und -nadel
6 = Luftkanal (blau)
7 = Materialkanal (rot)
8 = Luftmikrometer
9 = Rund-/Breitstrahlregulierung
10 = Farbdüsenabdichtung
11 = Ergonomischer Griff
12 = Selbstnachstellende Dichtungen an Luftkolben und Farbnadel
13 = Abzugsbügel
14 = Luftanschluss
15 = Digitale Druckanzeige
16 = Eloxal-Oberfläche (korrosionsfest)
17 = Color Code System

Querschnitt durch eine HVLP-Spritzpistole

Die Industrie bietet eine Vielzahl von Spritzpistolen an. Je nach Art der Farbzuführung kann man drei Systeme unterscheiden.

Übersicht über Spritzpistolentypen

Spritzpistolentypen	Farbzuführung
Fließbecherpistole	Das Material fließt durch die Schwerkraft in die Pistole.
Saugbecherpistole	Das Material wird aus dem unter der Pistole hängenden Becher nach oben gesaugt.
Druckpistole	Das Material wird aus einem Farbkessel zur Spritzpistole gepumpt.

Um unterschiedliche Materialien verarbeiten zu können, lassen sich die Düsensätze der Spritzpistolen auswechseln. Jeder Düsensatz ist in unterschiedlichen Größen lieferbar. Die jeweils richtige Größe hängt von der Pistolenart und vom Beschichtungsstoff ab. So verwendet man für Lackarbeiten mit der Fließbecherpistole Düsengrößen von 1,2–1,5 mm, mit Saugbecherpistolen 1,5–1,7 mm. Für Hammerschlaglacke sind Düsen von 1,8–2,2 mm üblich; für dickflüssige Materialien, z. B. Füller, gibt es spezielle Düsensätze. Für Kompressoren mit geringer Luftleistung werden besondere, Luft sparende Düsensätze angeboten.

Für Wasserlacke müssen alle mit wasserverdünnbaren Stoffen in Kontakt kommenden Flächen in nicht rostendem Edelstahl ausgestattet sein.

Bei manchen Spritzpistolen kann man den Spritzstrahl durch Drehen an einer Rändelschraube stufenlos in Rund- bzw. Breitstrahl verändern. Aber auch durch Drehen der Luftdüse lässt sich die Form des Spritzstrahls verstellen.

Stellung der Düse	Form des Spritzstrahls	Ursache der Strahlform	Anwendung der Strahlform
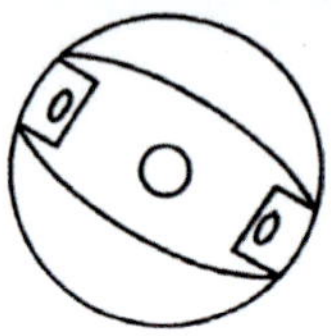 schräg	 Rundstrahl	Die Seitenluftkanäle sind geschlossen, so tritt nur aus dem Hauptkanal Luft aus.	Der Rundstrahl eignet sich besonders für kleine, profilierte Flächen.
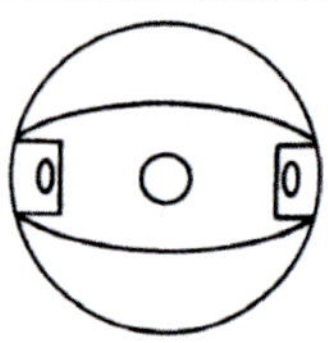 waagerecht	 senkrechter Breitstrahl	Die Seitenluftkanäle sind geöffnet. Durch die waagerechte Stellung der Seitenluftkanäle entsteht der senkrechte Breitstrahl.	Dieser Strahl eignet sich besonders zum waagerechten Spritzen.
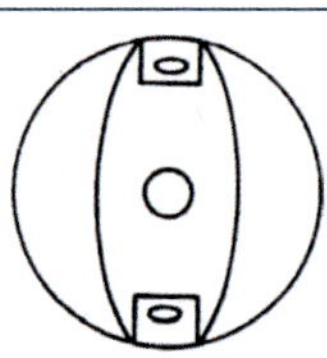 senkrecht	 waagerechter Breitstrahl	Da die Seitenluftkanäle geöffnet sind, wird der Farbstrahl breit gedrückt.	Dieser Strahl eignet sich besonders zum senkrechten Spritzen.

HVLP-Spritzpistolen

HVLP (High Volumen Low Pressure) ist die Bezeichnung für ein spritznebelreduziertes Niederdrucksystem.

Bei diesen Spritzpistolen wird der vom Kompressor mit 3,5 bis 4,5 bar zur Pistole strömende Luftdruck durch einen Druckvolumenwandler (Airconverter) in der Pistole in einen max. 0,7 bar hohen Niederdruck umgewandelt. Je nach Spritzmaterial lassen sich die Farb- und Spritznebel stark vermindern.

Bei diesen Pistolen ergeben sich folgende Vorteile:
1. Materialeinsparung (bis 30 %)
2. geringerer Reinigungsaufwand
3. Schonung der Umwelt
4. Reduzierung der Lackschlammmenge
5. geringerer Filterverbrauch in der Spritzkabine

Beseitigung von Funktionsstörungen beim Hochdruckspritzen

Funktionsstörung	Mögliche Ursachen	Beseitigung der Störung
Die Pistole tropft.	Die Farbnadel ist nicht angezogen. Fremdkörper in der Farbdüse verhindern die Abdichtung in der Düsenspitze.	Die Farbnadel fest einschrauben. Farbdüse und Farbnadel gut reinigen.
An der Farbnadel tritt Farbe aus.	Die Stopfbüchse ist nicht richtig angezogen. Die Stopfbüchsenpackung ist defekt.	Die Stopfbüchse besser anziehen. Stopfbüchse ersetzen.
Am Luftkolben strömt Luft aus.	Die Dichtung ist verschlissen oder fehlt. Die Stopfbüchse ist zu schwach angezogen.	Die Dichtung erneuern. Die Stopfbüchse anziehen.
Der Luftkolben klemmt oder kommt nur langsam.	Die Stopfbüchse ist zu stark angezogen. Die Feder ist defekt.	Die Stopfbüchse lösen. Die schadhafte Feder ersetzen.
Der Spritzstrahl ist gespalten (schwalbenschwanzförmig).	Das Material ist zu dünn. Der Zerstäubungsdruck ist zu hoch.	Die Materialmenge reduzieren. Den Zerstäubungsdruck reduzieren.
Der Spritzstrahl ist oval oder tropfenförmig.	Ein Farbdüsenzäpfchen ist verschmutzt. Der Luftkreis ist verschmutzt.	Farbdüsenzäpfchen reinigen. Spritzpistole reinigen.
Der Spritzstrahl flattert.	Im Becher ist zu wenig Material. Die Farbdüse ist nicht angezogen. Der Farbdüsensatz ist verunreinigt.	Material nachfüllen. Farbdüse anziehen. Spritzpistole reinigen.
Der Materialauftrag ist in der Mitte zu stark.	Der Materialdurchfluss ist zu groß. Die Viskosität ist zu hoch. Der Zerstäubungsdruck ist zu gering.	Die Materialzufuhr drosseln. Das Material verdünnen. Den Luftdruck erhöhen.
Das Material sprudelt im Becher.	Die Luftdüse ist nicht ganz aufgeschraubt. Der Luftkreis ist verstopft, dadurch gelangt über den Farbkanal Luft in den Farbbecher.	Luftdüse anschrauben. Spritzpistole reinigen.

5.4.4 Materialdruckspritzen (Airless)

Beim Airless-Spritzen (Höchstdruckspritzen) wird das Spritzmaterial durch einen hohen Materialdruck von maximal 250 bar im Handwerk und maximal 530 bar in der Industrie fein zerstäubt.

Dieser Druck kann durch zwei unterschiedliche Verfahren erzeugt werden:
- Sowohl Membran- als auch Kolbenpumpen können mit einem Elektro- oder Benzinmotor angetrieben werden.

- Für besondere Anforderungen, beispielsweise beim Arbeiten in einer Spritzkabine oder in einem explosionsgefährdeten Bereich, gibt es Pumpen, die durch Druckluft angetrieben werden. Bei diesen Geräten ist ein Kompressor erforderlich.

Airless-Spritzen von Dispersionsfarben im Innenraum

Durch den Materialdruck wird der Werkstoff zur Airlesspistole gepresst. In der Spritzpistole verschließt eine Farbnadel die Düsenöffnung. Beim Druck auf den Abzughebel wird die Düse freigegeben und das Material herausgepresst. Außerhalb der Düse fällt der Druck plötzlich stark ab. Dadurch wird das Spritzmaterial in winzige Tröpfchen zerrissen und so zerstäubt.

Vor- und Nachteile des Airlessspritzens

Vorteile	Nachteile
sehr große Arbeitsleistung	Spritzbild ist etwas gröber als bei AirCoat
auch dickflüssige Werkstoffe werden gut zerstäubt	bei profilierten Untergründen Gefahr der Läuferbildung
aufgrund der hohen Viskosität (= Dickflüssigkeit) der Beschichtungsstoffe gutes Deckvermögen und gute Kantenabdeckung	weniger geeignet für kleine Flächen
umweltfreundlich, da keine großen Mengen Lösemittel erforderlich sind	weniger geeignet bei häufigem Materialwechsel

Beim Airlessgerät kann durch Austausch der Düse und des Pistolenfilters bei den unterschiedlichen Werkstoffen ein optimales Spritzbild erreicht werden. Mit der HEA-Technologie (High Efficiency Airless) läßt sich ein nebelarmes Spritzen mit bis zu 55 % weniger Sprühnebel (Overspray) erreichen.

Die Markierung auf der Düse gibt den Düsenwinkel und den Bohrungsdurchmesser an und bestimmt so auch das Durchflussvolumen. Der Düsenwinkel (Spritzwinkel) bestimmt die Strahlbreite.

Beispiel:
Die Düse 419 hat einen Spritzwinkel von 40°, eine Bohrung von 0,019 inch (0,43 mm) und beim üblichen Spritzabstand von 30 cm eine Strahlbreite von 19 cm.

Um Verstopfungen der Düse und dadurch bedingte zeitintensive Unterbrechungen zu vermeiden, müssen geeignete Pistolenfilter verwendet werden. Zum schnellen Reinigen hat sich die Wendedüse sehr bewährt.

Übersicht über zweckentsprechende Airlessdüsen und geeignete Pistolenfilter (am Beispiel der Firma Wagner)

Zu verarbeitende Werkstoffe	Düsenbohrungen inch	mm	Spritzwinkel °	Strahlbreite mm	Pistolenfilter
wasserverdünnbare und lösemittelhaltige Lacke und Lackfarben	0,007–0,009	0,18–0,23	40–60	160–220	rot
Alkydharzlacke (= Kunstharzlacke), PVC-Lacke	0,011	0,28	10–60	85–265	rot
Grundierungen, Füller, Vorlacke, Lacke	0,013	0,33	10–80	100–305	rot oder gelb
Füller, Rostschutzfarben	0,015	0,38	10–80	90–325	gelb
Rostschutzfarben, Dispersionsfarben	0,017	0,43	20–80	110–400	gelb bis 0,0017 weiß ab 0,019
Brandschutzfarben	0,021	0,53	20–80	145–375	weiß
Dachbeschichtungen	0,023	0,58	20–80	155–345	weiß
Dickschichtmaterialien für den Korrosionsschutz	0,025–0,035	0,64–0,90	20–60	130–295	grün
Spritzspachtel	0,035–0,067	0,89–1,70	20–60	19–300	kein Filter

Beseitigung von Funktionsstörungen beim Materialdruckspritzen

Funktionsstörung	Mögliche Ursachen	Beseitigung der Störung
Das elektrische Airless-Gerät springt nicht an.	Das Stromnetz ist zu niedrig abgesichert.	defekte Sicherungen ersetzen
Beim pneumatischen Airless-Gerät arbeitet die Pumpe nicht.	Die Druckluft ist nicht angeschlossen. Materialschlauch, Absperrventil,	Druckluft anschließen Materialpumpe demontieren und
	Pistole oder Filter sind verstopft. Die Steuerung blockiert.	Verstopfung beseitigen Gerät reparieren lassen
Beim pneumatisch betrie-benen Airless-Gerät arbeit die Pumpe unregelmäßig.	Im Saugventil befindet sich ein Fremdkörper.	Saugrohr abmontieren, Pumpe reinigen und unteres Ventilspiel kontrollieren
	Der Ansaugfilter ist verstopft.	Filter reinigen
	Die Packungen sind ausgeschliffen.	Packungen erneuern lassen
	Die Viskosität des Materials ist zu hoch.	Material verdünnen
	Die Pumpe bekommt Luft.	Ansaugschlauch und Ansaugrohr richtig eindichten
	Die Ventile sind verklebt.	Lösemittel ansaugen lassen
Das Airlessgerät saugt nicht an.	Der Ansaugfilter ist verstopft.	Filter reinigen
	Der Ansaugfilter taucht nicht tief genug in das Material.	Material auffüllen
	Der Ölstand ist zu gering.	Öl auffüllen
Der Druck sinkt beim Spritzvorgang stark ab.	Die Bohrung der verwendeten Düse ist zu groß.	kleinere Düse verwenden
	Das Material hat nicht die richtige Konsistenz.	Viskosität des Materials über-prüfen
	Der Kompressor des pneumatischen Airlessgeräts bringt nicht die erfor-derliche Leistung.	leistungsstärkeren Kompressor einsetzen
Die Materialpumpe verliert an Leistung und arbeitet bei geschlossenem Ab-sperrventil.	Packungen, Ventile, Kolbenstange sind abgenutzt.	Teile erneuern lassen
	Steuerung oder Luftmotor dichten nicht richtig ab, sodass Druckluft entweicht.	neue Dichtungen einbauen
Der Luftmotor friert ein.	In der Luftzufuhr ist zu viel Kondenswasser.	Wasserabscheider überprüfen, ggf. erneuern

Nebelfreies Airless-Spritzverfahren (NESPRI[1])

Das Spritzgerät bildet gemeinsam mit eigens dafür entwickelten Materialien eine Einheit, um nebelfrei[2] spritzen zu können, z. B. an der Fassade. Nur in Verbindung mit diesem Beschichtungsstoff kann man den nebelfreien Auftrag erreichen.

Die Geräteleistung ist so konzipiert, dass der Einsatz auf der Baustelle für kleine bis hin zu großflächigen Beschichtungsarbeiten mit Dispersionsfarben möglich ist.

Im Gerät saugt eine Membranpumpe den Beschichtungsstoff an und fördert ihn über einen Hochdruckfilter und den elektrisch beheizten Hochdruckschlauch zur speziellen Doppeldüse. Im Hochdruckschlauch befindet sich eine Heizdrahtschlaufe, die sich über die gesamte Länge des Schlauchs erstreckt. Dieser elektrische Heizdraht erwärmt den unter hohem Druck vorbeiströmenden Beschichtungsstoff. Beim Austritt aus der Düse wird der Beschichtungsstoff zerstäubt.

Der Beschichtungsstoff wird in Airless-Qualität spritzbereit ausgeliefert. Eine zusätzliche Verdünnung und ein Aufrühren führen zum Verlust der optimalen Eigenschaften für das nebelfreie Spritzen und sollten deshalb vermieden werden.

Durch die Erwärmung im Schlauch reduziert sich die Viskosität des Beschichtungsstoffs an der Düse beträchtlich, sodass eine gleichmäßige Zerstäubung möglich wird. Für einen störungsfreien Betrieb ist eine ausreichende Filterung des Materials erforderlich.

Während des Spritzvorgangs muss die Spritzpistole gleichmäßig geführt werden. Die Bewegung muss mit dem Arm und nicht mit dem Handgelenk ausgeführt werden. Ein paralleler Abstand von ca. 30 cm zwischen Düse und Untergrund sollte immer eingehalten werden. Dabei ist die Spritzpistole immer im Winkel von 90° zur Spritzfläche zu führen. Ein schräg auf die Spritzfläche gerichteter Spritzstrahl führt zu ungewolltem Spritznebel.

Die Arbeit in einem Dreier-Team wurde als besonders effektiv erkannt. Von einer Person wird mit dem Spritzgerät die Farbe vorgelegt, eine Person rollt nach, um sie gleichmäßig zu verteilen, und eine Person mit Pinsel und kleiner Rolle führt die Beschneidearbeiten aus.

[1] NESPRI ist eine geschützte Marke der Firma Wagner, das Verfahren wurde gemeinsam mit dem Farbenhersteller Caparol entwickelt.

[2] NESPRI ist von der BG Bau im Fassadenbereich als nebelfrei zertifiziert.

5.4.5 Materialdruck-Druckluftspritzen

Wie beim Materialdruck-Spritzverfahren (Airless) wird das Material verdichtet und durch Materialdruck an der Düse vorzerstäubt.

Der Materialdruck liegt aber nur bei 40–80 bar.

Über spezielle Bohrungen an der Luftklappe wird das grob zerstäubte Material durch Luft mit einem Überdruck von etwa 1–2,5 bar fein zerstäubt.

Mit diesem Verfahren bleibt die Farbnebelbildung gering, was Materialeinsparung und Umweltschutz bedeutet. Durch den im Vergleich zum Airlessverfahren geringeren Materialdruck und die zusätzliche Zerstäubung durch Druckluft werden Qualitätslackierungen an größeren Objekten möglich. Auch stark profilierte Teile lassen sich ohne Läuferbildung beschichten.

Materialdruck-Druckluft-Spritzgerät

Diese Spritzgeräte sind unter den Bezeichnungen Airmix, Spraymix und AirCoat im Handel erhältlich.

5.4.6 Elektrostatisches Spritzen

Im Handwerk wird dieses Verfahren in Verbindung mit dem Hochdruck- oder dem Airless-Spritzverfahren angewendet.

Die Sprühpistole erzeugt über die Hochspannungselektrode ein elektrostatisches Feld zum geerdeten Werkstück. Das Lackmaterial wird elektrostatisch (–) aufgeladen. Dadurch wird es von der Oberfläche des gegenpolig geladenen Objekts (+) angezogen.

Vorteile des elektrostatischen Spritzens:

- Es wird eine höhere Arbeitsleistung erreicht.
- Durch die Führung im elektrostatischen Feld geht nur wenig Beschichtungsstoff verloren.
- Dünnere Werkstücke lassen sich durch den elektrostatischen Umgriff von einer Seite aus beschichten.
- Durch die geringere Farbnebelbildung verlängern sich die Reinigungsintervalle der Spritzkabine.
- Durch die geringere Farbnebelbildung werden Mensch und Umwelt geschont.

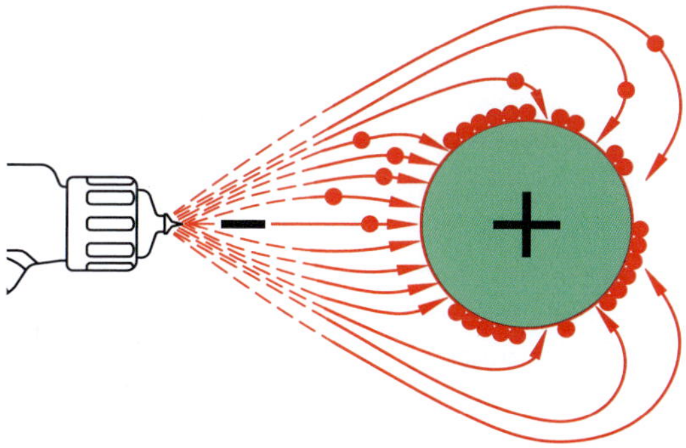

Weg der Farbteilchen im elektrostatischen Feld

Gesundheitsschutz

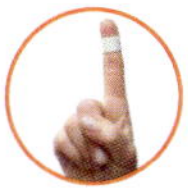

Airless-Pistole und Airless-Druckluftpistole nicht auf Personen richten. Das Spritzgerät steht so lange unter Druck, bis der Antrieb ausgeschaltet und der Druck durch Drücken des Abzughahnes der Pistole abgebaut wird.

Hand und Finger nicht vor die Düse halten!

Bei Arbeitsunterbrechungen den Abzughahn der Pistole mit Sicherungshebel feststellen.

Betriebsanweisungen beachten!

Farbnebel und Lösemitteldämpfe sind gesundheitsschädlich. Ist bei der Beschichtung das Einatmen von organischen Lösemitteln durch gute Lüftung oder andere technische Maßnahmen nicht gänzlich zu vermeiden, sind Atemschutzmasken mit der Gasfiltertype A, Kennfarbe Braun, zu tragen.

Auf keinen Fall dürfen Lösemittel zum Händewaschen verwendet werden. Ist eine Verunreinigung der Hände mit Farben und Lacken nicht auszuschließen, sind Handschuhe zu tragen.

Bei der Arbeit sind das Essen, Trinken und Rauchen verboten, da dadurch Gefahrstoffe in den Körper gelangen können.

5.5 Pulverbeschichten

Unter Pulverbeschichtung versteht man die Beschichtung von Metallen (in der letzten Zeit auch von Kunststoffen und Holz) durch elektrostatisches Beschichten und Sintern (= Verschmelzen) von wärmehärtenden Pulvern.

Bei der Pulverbeschichtung wird das Pulver elektrisch geladen und auf das geerdete Werkstück gesprüht. So hängen die zu beschichtenden Bauteile während der Pulverbeschichtung in der Regel an elektrisch leitfähigen Haken. Auch das Bauteil selbst muss elektrisch leitfähig sein. Metallische Bauteile eignen sich daher für dieses Beschichtungsverfahren besonders.

In den letzten Jahren wurden aber auch Verfahren entwickelt, mit denen etwa Holzwerkstoffe oder Kunststoffe pulverbeschichtet werden können. Da diese Untergründe gegen höhere Temperaturen sehr empfindlich sind, wurden spezielle Niedertemperaturpulver entwickelt, die bereits bei geringen Temperaturen verschmelzen.

Die Pulverbeschichtung ermöglicht eine weitgehend automatisierte Arbeitsweise. Das Verfahren wird zunehmend bei der Herstellung von Autoteilen, Haushaltsgeräten und in der Möbelindustrie verwendet. Die Pulverlackierung ist ein umweltfreundliches, da emissionsarmes, Lackierverfahren. Bei diesem Beschichtungsverfahren entweichen keine Lösemittel. Die Reinigung der Anlagen ist sehr einfach, da lediglich abgesaugt werden muss.

Mit diesem Verfahren lassen sich hochwertige Beschichtungen herstellen, die mechanisch hoch belastbar und sehr abriebbeständig sind, sehr beständig gegen Lösemittel und Chemikalien sind, sehr gut haften und einen guten Korrosionsschutz bieten.

Zur elektrostatischen Pulverbeschichtung eignen sich besonders duroplastische Pulverlacke aus Epoxid-, Polyester- und Acrylharzen. Beim Wirbelsintern bevorzugt man Thermoplaste aus Polyamid, Ethylen-Vinylalkohol-Copolymere, Polyethylen, Polyvinylchlorid (PVC), Polyester u. Polyepoxide.

Bei den Pulverlacktypen unterscheidet man:

- Reaktiv härtende Pulver (Duroplaste)
  Das Bindemittel reagiert durch Wärme chemisch und vernetzt zu einer duroplastischen Beschichtung, sie wird bei Wärme nicht mehr weich.
- Nicht reaktive Pulver (Thermoplaste)
  Das Bindemittel verschmilzt durch Wärme zu einer thermoplastischen Beschichtung, die auch nach der Erhärtung durch Wärme wieder weich wird und lösemittelempfindlich ist.

Eigenschaften und Einsatz von Pulverlacken

Basis	Chemie	Vernetzung	Eigenschaften	Anwendung
Epoxidharz	Epoxidharze vernetz mit Dicyandiamid oder Amidinsalzen	Polyaddition ab 403 K (130 °C)[1]	gute Beständigkeit gegen mechanische Einflüsse und Chemikalien, neigt außen zum Kreiden und Vergilben	Korrosionsschutz, Autoinnenteile, Rohr- und Behälterbeschichtung
Epoxid/Polyester (Hybrid)	Epoxidharz vernetzt mit den Carboxylgruppen des Polyesterharzes	Polyaddition ab 433 K (160 °C)[1]	nur für innen, gute mechanische Beständigkeit, aber begrenzte UV- und Chemikalienbeständigkeit	Metallmöbel, Haushaltsgeräte, Drahtwaren
Polyester	Polyesterharz vernetzt mit aromatischem Glycidester und/oder Hydroxyalkylamid	Polyaddition und/oder Polykondensation ab 453 K (180 °C)	gute Wetterbeständigkeit, guter Korrosionsschutz	Fassadenbauteile, Räder, Garten- und Freizeitmöbel
Polyurethan	Polyesterharz vernetzt mit Polyisocyanat[1]	Polyaddition ab 453 K (180 °C)	sehr gute Wetterbeständigkeit, sehr guter Korrosionsschutz, sehr gute Chemikalienbeständigkeit	Fassadenbauteile, Räder, Garten- und Freizeitmöbel
Acryl	Acrylharz vernetzt mit Dodecandisäure	Polyaddition ab 433 K (160 °C)	sehr gute Wetterbeständigkeit, sehr guter Korrosionsschutz	Klarlackierung bei der Autoproduktion, Fassadenbauteile, Räder, Garten- und Freizeitmöbel
Polyvinylidenfluorid		physikalisch durch Verschmelzen	sehr gute Wetterbeständigkeit, optimale Glanzhaltung	Fassadenbauteile
Polyamid		physikalisch durch Verschmelzen	gute mechanische Beständigkeit	Kleinteile, Armaturen, Spülkörbe
Polyethylen		physikalisch durch Verschmelzen	gute mechanische Beständigkeit	Kleinteile, Armaturen, Spülkörbe
Polyvinylchlorid		physikalisch durch Verschmelzen	gute mechanische Beständigkeit	Kleinteile, Armaturen, Spülkörbe
Ethylen-Vinylalkohol		physikalisch durch Verschmelzen	gute mechanische Beständigkeit	Kleinteile, Armaturen, Spülkörbe

[1] Für temperatursensible Substrate gibt es Niedertemperaturpulver.

5.5.1 Applizieren der Pulverbeschichtung

Handwerkliches Verfahren

Im Handwerk werden zur Pulverbeschichtung zwei Möglichkeiten der elektrostatischen Aufladung genutzt:

1. **Ionisierung – Aufladung durch eine Corona**[1]
   Die vermahlenen Pulverlackteilchen mit einer durchschnittlichen Korngröße von 30–50 µm werden, von einem Luftstrom getragen, an einer Elektrode vorbeigeführt. An dieser Elektrode liegt eine Spannung von 30–100 kV an. Diese ionisiert (lädt) die umgebende Luft. Es entsteht an der Elektrodenspitze ein typisches, blauweißes Licht: die Corona. Die Pulverpartikel passieren dieses Feld, wobei Luftionen an die Partikeloberfläche angelagert werden. Durch die Aufnahme dieser Ladung folgt das Pulverpartikel nicht mehr nur dem Luftstrom, sondern auch einem elektrischen Feld, das sich zwischen Elektrode und geerdetem Werkstück ausbildet.

2. **Triboelektrisch – Aufladung durch Reibung**
   Die Aufteilung der Teilchen erfolgt nicht durch Fremdspannung, sondern durch Reibungsaufladung in einem mit Teflon beschichteten Kunststoffrohr. Erkennbar sind solche Pistolen an ihrer längeren Bauform. Da nur die Pulverpartikel selbst aufgeladen werden, können keine umgebenden Ionen die Applikation stören. Dadurch ergeben sich in der Regel schöner verlaufende Beschichtungen. Mit diesem Verfahren lassen sich auch ansonsten schwer zugängliche Flächen beschichten.

Durch die Auswahl der jeweils geeignetsten Düse können Pulververbrauch und Beschichtungsqualität optimiert und auf die zu beschichtenden Objekte abgestimmt werden.

Elektrostatische Pulverbeschichtung in einer handwerklichen Pulverkabine

1 lat. *corona* = Kranz, Krone

Industrielles Verfahren

In der Industrie wird die Pulverbeschichtung durch elektrostatisches Spritzen in automatisierten Anlagen ausgeführt. Bei der Beschichtung wird der Pulverlack aus einem Gebinde über eine Ansauglanze in ein Fördersystem gesaugt, in den Arbeitsbehälter eines Versorgungssystems und zur Pulverpistole gepumpt. Das Pulver wird an der Pistolendüse zerstäubt und dabei elektrisch geladen, sodass das Pulver an den geerdeten Bauteilen haften bleibt. Die Werkstücke werden dabei über ein elektromechanisches Fördersystem kontinuierlich durch die Kabine bewegt und mit Pulverlack beschichtet. Der nicht auf dem Werkstück haftende Anteil des verspritzen Pulvers (Overspray) sammelt sich am Boden und wird zu den Absaugrohren entlang der Pulverkabine geblasen und abgesaugt.

Die Absaugung aus der Kabine erfolgt über ein Filtersystem am Ende der Absaugleitung. Durch den erzeugten Unterdruck wird das Overspray-Pulver aus der Kabine entfernt und über Rohrleitungen zum Filter transportiert. Eine weitere Aufgabe der Absaugung ist es, durch einen leichten Unterdruck zu verhindern, dass Pulver aus der Kabine austritt.

Das Overspray-Pulver sammelt sich am Auslauftrichter und wird dort durch eine Pumpe zurück in den Arbeitsbehälter gefördert. Aufgrund der physikalischen Gegebenheiten ist der Abscheidegrad im Fliehkraftabscheider (= Zyklon) kleiner als 100 % (typischerweise 96 %). Die restlichen 4 % gelangen mit dem Luftstrom in den Nachfilter, werden dort in Filterpatronen abgeschieden und in einer Auffangwanne gesammelt. Dieser Anteil besteht hauptsächlich aus sehr kleinen Pulverpartikeln (Feinstaub) und wird üblicherweise als Abfall entsorgt.

Die mit Pulver erzeugte Beschichtung verschmilzt und erhärtet durch Hitze.

5.5.2 Wirbelsintern

Bei diesem industriellen Beschichtungsverfahren wird nach dem Vorheizen bei 523 K–673 K (250–400 °C) das Werkstück in ein mit Beschichtungspulver gefülltes Wirbelsinterbecken getaucht. Die durch von unten einströmende Luft in Schwebe gehaltenen Pulverteilchen legen sich auf dem Werkstück ab und verschmelzen zu einer 250–300 µm dicken Beschichtung. Die Tauchzeit beträgt in der Regel 2–5 Sekunden. Durch Abkühlen an der Luft erreicht man seidenmatte Oberflächen, Wasserkühlung erzeugt hochglänzende Oberflächen.

5.6 Tauchen

Beim Tauchen wird das zu beschichtende Objekt in das Material getaucht. Dadurch überzieht es sich gleichmäßig mit dem Beschichtungsstoff. Beim Herausnehmen des Werkstücks fließt das überschüssige Material in das Tauchbecken zurück. So geht kaum Beschichtungsstoff verloren.

Das Tauchen eignet sich für alle transportablen Gegenstände, solange keine Beschneidearbeiten (Abgrenzungen zu anderen, nicht zu bearbeitenden oder andersfarbigen Flächen) erforderlich sind. Vor allem Imprägnierungen und Grundierungen werden im Tauchverfahren aufgetragen.

Elektrotauchen (Elektrophorese)

Bei diesem industriellen Beschichtungsverfahren werden wasserverdünnbare Lackfarben auf der Basis von Phenol-, Melamin-, Epoxid- oder Acrylharzen verwendet. In diesen Beschichtungsstoffen sind die Pigmente vom Bindemittel umhüllt als Lackfarbenpartikel im Wasser fein verteilt.

Je nach Verfahren wird der Beschichtungsstoff negativ oder positiv geladen. Die zu beschichtenden Werkstücke sind gegenpolig geladen. So lagert sich der Beschichtungsstoff auf dem Werkstück ab.

Dieses Beschichtungsverfahren wird in der Industrie vor allem zum Grundieren eingesetzt. Heute werden alle europäischen Autos mit diesem Verfahren grundiert.

Anodisches Tauchverfahren (Anaphorese)

Bei dem älteren anodischen Elektrotauchverfahren (Anode = positiv geladene Elektrode) wird das Werkstück mit einer Spannung von 50–300 Volt positiv geladen. Tauchbecken und Beschichtungsstoff sind negativ geladen. Der negativ (–) geladene Beschichtungsstoff setzt sich auf dem positiv (+) geladenen Werkstück ab. Die Schichtdicke des Films beträgt bis zu 30 µm.

Kathodisches Tauchverfahren (Kataphorese)

Bei dem neueren katodischen Elektrotauchverfahren (Kathode = negativ geladene Elektrode) wird das Tauchbecken isoliert. Das Werkstück wird negativ geladen. Der Beschichtungsstoff wird über eine eingehängte Elektrode positiv geladen. Bei diesem Verfahren reicht eine Stromspannung von 20–50 Volt aus. Der positiv (+) geladene Beschichtungsstoff setzt sich auf dem negativ (–) geladenen Werkstück ab. Die Schichtdicke des Films beträgt nur ca. 15 µm. Aufgrund der Ladungsverhältnisse bietet diese Schicht aber einen besseren Korrosionsschutz als die durch Anaphorese erzeugte Grundierung.

Gesundheitsschutz

Da organische Löse- und Verdünnungsmittel die Gesundheit und die Umwelt stark belasten, sollten zum Tauchen nur mit Wasser verdünnbare Beschichtungsstoffe eingesetzt werden.

Atemschutz benutzen

Handschutz benutzen

Farbnebel und Lösemitteldämpfe sind gesundheitsschädlich. Ist bei der Beschichtung das Einatmen von organischen Lösemitteln durch gute Lüftung oder andere technischen Maßnahmen nicht gänzlich zu vermeiden, sind Atemschutzmasken mit der Gasfiltertype A, Kennfarbe Braun, zu tragen.

Auf keinen Fall dürfen Lösemittel zum Händewaschen verwendet werden. Ist eine Verunreinigung der Hände mit Farben und Lacken nicht auszuschließen, sind Handschuhe zu tragen.

5.7 Fluten und Gießen

Handwerkliches Fluten

Beim Fluten wird das zu beschichtende Objekt mit Lack übergossen. Das überschüssige Material läuft in eine Auffangwanne. Nach einer Filterung wird der Beschichtungsstoff durch einen Schlauch wieder nach oben geführt und erneut zum Fluten verwendet.

Beim Fluten verdunsten stets Löse- und Verdünnungsmittel. Deshalb muss die Viskosität des Beschichtungsstoffs von Zeit zu Zeit überprüft werden.

Da organische Löse- und Verdünnungsmittel die Gesundheit und die Umwelt stark belasten, sollten zum Fluten nur mit Wasser verdünnbare Beschichtungsstoffe eingesetzt werden.

Das Fluten eignet sich besonders für komplizierte Formen, z. B. für Heizkörper. Der Materialbedarf ist geringer als beim Tauchen, da keine Tauchbecken zu befüllen sind.

Industrielles Gießen

Bei diesem industriellen Beschichtungsverfahren durchlaufen die zu beschichtenden Gegenstände einen Lackvorhang. Dieser wird von einem quer zum Band angeordneten Gießkopf erzeugt. Die Beschichtungsdicke lässt sich mit der Durchlaufgeschwindigkeit und der Materialdosierung verändern.

Wie beim handwerklichen Flutverfahren wird der überschüssige Beschichtungsstoff über eine Auffangrinne in den Vorratsbehälter zurückgepumpt. Von dort fließt das Material wieder zum Gießkopf und ist so ständig im Umlauf.

Gesundheitsschutz

Da organische Löse- und Verdünnungsmittel die Gesundheit und die Umwelt stark belasten, dürfen zum Fluten nur mit Wasser verdünnbare Beschichtungsstoffe eingesetzt werden.

Farbnebel und Lösemitteldämpfe sind gesundheitsschädlich. Ist bei der Beschichtung das Einatmen von organischen Lösemitteln durch gute Lüftung oder andere technischen Maßnahmen nicht gänzlich zu vermeiden, sind Atemschutzmasken mit der Gasfiltertype A, Kennfarbe Braun, zu tragen.

Auf keinen Fall dürfen Lösemittel zum Händewaschen verwendet werden. Ist eine Verunreinigung der Hände mit Farben und Lacken nicht auszuschließen, sind Handschuhe zu tragen.

Bei der Arbeit sind das Essen, Trinken und Rauchen verboten, da dadurch Gefahrstoffe in den Körper gelangen können.

6 Trockner

Beschichtungen trocknen physikalisch oder erhärten chemisch bei normalen Temperaturen. Durch erhöhte Temperaturen in Umlufttrocknern oder durch den gezielten Einsatz von Infrarottrocknern lässt sich die Durchhärtung von Beschichtungen enorm beschleunigen.

In der Industrie ist auch die Einbrennerhärtung bei Temperaturen von mehr als 383 K (110 °C) sowie die UV-Erhärtung, in Ausnahmefällen auch die Erhärtung durch Elektronenstrahlen üblich.

Umlufttrockner
Dieses Verfahren wird in allen üblichen Trockenkabinen von Fahrzeuglackierer/-innen eingesetzt. Bei Umlufttrocknern wird erhitzte Luft durch Ventilatoren in die Trockenkabinen geblasen. Dort gibt die Luft ihre Wärme an den Beschichtungsstoff und den beschichteten Gegenstand ab. Durch Wärme verdunsten Lösemittel schneller, und chemische Erhärtungsreaktionen laufen schneller ab. Die Umluft kann mit Gasbrennern oder indirekt mit Wärmetauschern, die mit Gas, Öl oder elektrisch beheizt werden, erwärmt werden. Für einen raschen Wärmeübergang ist in erster Linie die Luftgeschwindigkeit maßgebend. Angestrebt wird eine Luftgeschwindigkeit von 10 bis 15 m/s.

Infrarottrockner
Die Infrarotstrahlen durchdringen die Beschichtungen. An der Werkstückoberfläche werden die Strahlen teilweise reflektiert, z. T. auch unter Erwärmung aufgenommen. Dadurch erhärten die Beschichtungen von unten nach oben. So können auch Lösemittel ungehindert entweichen, es entstehen blasen- und kocherfreie Oberflächen.

Für die Aushärtung von Lackschichten ist eine Wärmeleistung der Infrarotstrahler von 5 bis 25 kW je m^2 zu trocknender Fläche erforderlich. Da es kleine, transportable IR-Trockner gibt, lässt sich dieses Verfahren besonders in der Auto-Reparaturlackierung einsetzen.

7 Entschichtungsverfahren

Die Entfernung von Beschichtungen kann aus unterschiedlichen Gründen notwendig werden:

1. Der Untergrund soll freigelegt werden, z. B. weil ein bislang deckend beschichteter Holzuntergrund mit Lasuren behandelt werden soll.
2. Die vorhandene Beschichtung ist für die folgende Beschichtung nicht geeignet, z. B. ein Altanstrich haftet nur schlecht auf dem Untergrund.

Zur Entfernung gibt es unterschiedliche Verfahren. Nicht alle Arbeitsverfahren sind für jeden Untergrund, jede Beschichtung und jeden Zweck geeignet.

Übersicht über verschiedene Möglichkeiten zur Entschichtung

Art des Entfernens	Bezeichnung des Verfahrens	Vorteile	Nachteile
physikalisch-mechanisch	Abstoßen und Abkratzen	lose Schichten können schnell entfernt werden	für fest haftende Beschichtungen nicht anwendbar
	Abschleifen	mit Winkelschleifmaschinen und Exzenterschleifern lassen sich alte Beschichtungen gut entfernen	der Untergrund wird oft angegriffen und z. T. beschädigt
	Abstrahlen	wirtschaftliches Verfahren aller Beschichtungen auf Stahl, gleichzeitig gründliches Entrosten	nur bei großen Blechdicken möglich, der Untergrund kann beschädigt werden, z. T. starke Staubentwicklung
physikalisch-thermisch	Abbrennen	schnelle Entfernung aller Öl- und Alkydharzlacke	nicht für dünne Bleche geeignet, nicht für Holz geeignet, wenn eine farblose Beschichtung gewünscht wird
	Flammstrahlen	schnelle Entfernung aller organischen Beschichtungen, bei Stahl lassen sich Zunder, Walzhaut und Rost gleich mit entfernen	nicht für dünne Teile geeignet, spezielle Flammstrahlausbildung erforderlich
physikalisch-lösend	Abwaschen	der Untergrund wird nicht angegriffen	nur bei Leimfarbanstrichen mit Wasser möglich, das Lösen von Lackfarben mit Lösemitteln (soweit überhaupt möglich) sollte wegen der großen Gesundheits- und Umweltgefahren nicht durchgeführt werden
	Abbeizen mit Abbeizfluiden	schnelle Entfernung von Dispersionsfarben und den meisten Lacken und Lackfarben	 Achtung Achtung Gesundheits- und Umweltschädigung durch starke Lösemittel möglich
chemisch-verseifend	Abbeizen mit Abbeizlaugen	gute Wirkung für Öl- und Alkydharzlackfarben, kann mit Wasser nachgewaschen werden	gerbstoffreiche Hölzer (z. B. Eiche) verfärben sich dunkel und müssen anschließend aufgehellt werden  Gefahr

7.1 Physikalische Entschichtung

7.1.1 Mechanische Verfahren

Abstoßen und Abkratzen alter Beschichtungen
Mit Spachteln, Ziehklingen und Zugschabern lassen sich nur lose aufliegende, schlecht haftende Beschichtungen entfernen.

Abschleifen alter Beschichtungen
Alte Beschichtungen lassen sich mit Rund- und Winkelschleifmaschinen zeitsparend abschleifen. Auf zu grobe Schleifmittel sollte man aber verzichten. Die entstehenden Schleifriefen würden umfangreiche Nacharbeiten erfordern oder sind letztendlich sichtbar.

Abstrahlen alter Beschichtungen
Durch Abstrahlen lassen sich alle Beschichtungen entfernen. Dabei darf aber der Untergrund nicht beschädigt werden. Je nach Verfahren fällt mehr oder weniger Staub und Schmutz an.

7.1.2 Physikalisch lösende Verfahren

Abwaschen alter Beschichtungen

Zelluloseleime sind reversibel und lösen sich auch nach Jahren wieder in Wasser auf. So können wischbeständige Leimfarben mit Wasser abgewaschen werden. Sogenannte Mischbinderfarben (häufig als Mischbinderfarben im Handel) sind eigentlich Leimfarben mit relativ geringem Dispersionszusatz, lösen sich schwerer, quellen aber beim Überstreichen an und müssen deshalb ebenfalls entfernt werden.

Arbeitsvorgang

Die Beschichtung wird mit Wasser angenässt. Dickere Farbschichten kann man nach einiger Zeit mit dem Spachtel abschaben. Verbleibende Leimfarbreste lassen sich dann mit einer Streichbürste und sauberem Wasser abwaschen.

Das Abwaschen erfordert viel Zeit. Alte Leimfarben und Mischbinderfarben müssen aber vor einer neuen Beschichtung abgewaschen werden, wenn man spätere Anstrichschäden vermeiden will. Eine ausreichende Festigung, z. B. mit Putzgrundiermittel, ist nicht möglich. Vor der erneuten Beschichtung muss der Untergrund trocken sein.

Abbeizen mit Abbeizfluiden

Abbeizfluide enthalten starke Lösemittel (früher auch sehr giftige Chlorkohlenwasserstoffe, wie Methylenchlorid[1]. Zugesetzte Verdickungsmittel sollen das Ablaufen von senkrechten Flächen verhindern. Die enthaltenen Wachse und Paraffine sollen das schnelle Verdunsten der Lösemittel unterbinden. Abbeizfluide können für viele viele organische Beschichtungen wie Dispersionsfarben und -lacke eingesetzt werden, lösen aber auch viele Kunststoffe an.

Die starken Lösemittel in den Abbeizfluiden lösen die organischen Beschichtungen physikalisch.

Arbeitsvorgang

Zum Abbeizen wird das Abbeizfluid mit Spachteln oder Pinseln dick aufgetragen. Das Fluid löst die Beschichtung an und zieht sie hoch. Nach einer längeren Einwirkzeit kann man die Schicht mit dem Spachtel abschieben. Anschließend muss gründlich mit Nitrouniversalverdünnung oder Testbenzin nachgewaschen werden. In einigen Abbeizfluiden sind Emulgatoren enthalten. Bei diesen Abbeizfluiden kann mit Wasser nachgewaschen werden.

Eine erneute Beschichtung darf erst nach völliger Trocknung erfolgen.

Umweltschutz

Abbeizfluide enthalten z. T. sehr gesundheits- und umweltschädliche Lösemittel. Abbeizreste sind als gefährliche Abfälle zu entsorgen.

Farbreste entsorgen

Farbdosen entsorgen

[1] Chlorkohlenwasserstoffe dürfen wegen ihrer Giftigkeit im Handwerk nicht mehr eingesetzt werden.

siehe Teil F, Kapitel 4.2, Seite 342
siehe Teil F, Kapitel 4.3, Seite 343

Gesundheitsschutz

Abbeizfluide enthalten gesundheits- und umweltschädliche Lösemittel, die auch sensibilisierend wirken können.

Beim Abbeizen sind Schutzhandschuhe, Atemschutzmaske (Gasfiltertype A, Kennfarbe Braun), Schutzbrille und Schutzkleidung zu tragen.

Auf keinen Fall dürfen Lösemittel zum Händewaschen benutzt werden.

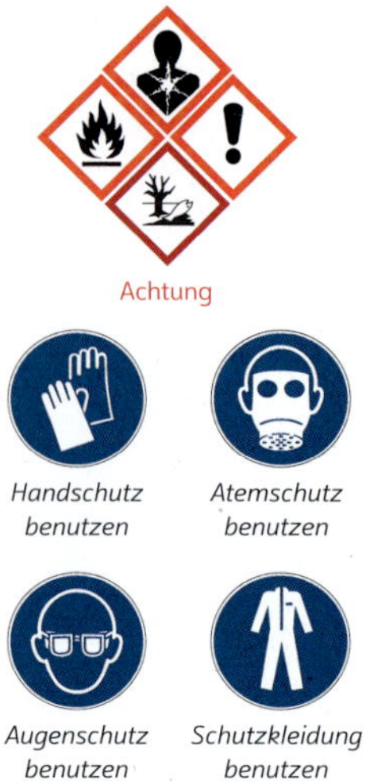

7.1.3 Thermische Verfahren

Abbrennen alter Beschichtungen

Durch Hitze erweichen alte Öl- und Alkydharzlackfarben und bilden Blasen. Die weiche Beschichtung lässt sich dann mit dem Spachtel abschieben. Die erforderliche Hitze wird mit einer Abbrennlampe, einem Propangasbrenner oder einem elektrischen Heizgerät erzeugt.

Die Abbrennrückstände werden abgeschliffen. Das Abbrennverfahren ist sehr wirtschaftlich, lässt sich aber nicht für alle Untergründe anwenden. Dünne Bleche verziehen sich durch die starke Hitze. Viele Kunststoffe schmelzen. Auch die Beschichtungen von Holzflächen kann man nicht abbrennen, wenn eine Klarlackierung folgen soll, denn beim Abbrennen werden die Holzfasern an der Oberfläche angesengt. Dies wäre später sichtbar.

Gesundheitsschutz

Beim Abbrennen von Beschichtungen können gesundheitsschädliche Dämpfe entstehen.

Abbrennlampen dürfen während des Betriebs nicht nachgefüllt werden. Dies ist erst nach dem Abkühlen des Brenners gefahrlos möglich. Bei Arbeitsunterbrechungen sind die Abbrennlampen sofort zu löschen. Propangas ist schwerer als Luft. Da das Gas deshalb den Sauerstoff verdrängt, darf nur in gut durchlüfteten Räumen abgebrannt werden. Gas-Luftgemische sind explosionsfähig.

Bei der Arbeit sind Schutzhandschuhe, Atemschutz und Schutzkleidung zu tragen.

Entfernen alter Beschichtungen durch Flammstrahlen

Beim Flammstrahlen verbrennen organische Beschichtungen. Durch die Hitze der Acetylen-Sauerstoff-Flamme lassen sich auch Rost und Zunder auf Stahl entfernen. Das Flammstrahlen eignet sich aber auch besonders für Betonuntergründe. Durch unterschiedliche Ausdehnung bei Hitze platzen schlecht haftende Teile des Betons, z. B. Schlämmschichten, ab.

Beim Flammstrahlen sind umfangreiche Maßnahmen zum Gesundheitsschutz und zur Unfallverhütung zu beachten. Diese werden in Teil F, Kapitel 4.4 aufgezeigt. Zusätzlich wird auf die Unfallverhütungsvorschriften verwiesen.

7.2 Chemische Entschichtung (chemisch verseifendes Verfahren)

Abbeizen mit Abbeizlaugen

Ablaugmittel bestehen aus starken Laugen, meist Natronlauge oder Kalilauge, und verdickenden Zusätzen.

Die starken Laugen verseifen aus Ester bestehende Bindemittel, also Ölfarben und Alkydharzlacke. Nach einiger Zeit können die verseiften Beschichtungsstoffe mit dem Spachtel abgezogen und mit Wasser abgewaschen werden. Dabei dürfen keine Reste zurückbleiben.

siehe Teil F, Kapitel 4.4, Seite 349
siehe Teil G, Kapitel 6.3, Seite 553
siehe Teil C, Kapitel 1.12.1, Seite 108
siehe Teil C, Kapitel 1.22, Seite 134
siehe Teil C, Kapitel 1.22, Seite 136

Arbeitsvorgang:

Diese Ablaugmittel werden auf Ölfarben und Alkydharzlacken dick aufgetragen. Dazu dürfen keine Pinsel mit Naturhaaren oder Naturborsten eingesetzt werden. Die starken Laugen würden diese in kurzer Zeit zerstören.

Gerbstoffreiche Hölzer, z. B. Eiche, verfärben sich durch die Laugen dunkler. Die Gerbsäure im Holz reagiert mit den Laugen der Abbeizmittel und bildet Salze. Dadurch verfärbt sich das Holz graubraun bis schwarz.

Die verfärbten Hölzer hellen durch Neutralisation mit verdünnten Säuren wieder auf. In der Praxis benutzt man dazu Zitronensäure oder Oxalsäure. Aber auch Wasserstoffperoxid (H_2O_2) ist geeignet. Die bei dieser Reaktion entstehenden Salze müssen gründlich mit Wasser abgewaschen werden.

Holzuntergründe quellen durch Wassereinwirkung auf. Stahluntergründe neigen zum Rosten.

Vor der erneuten Beschichtung müssen die Untergründe wieder völlig trocken sein.

Umweltschutz

Abbeizlaugen bestehen aus gesundheits- und umweltschädlichen Laugen.

Abbeizreste sind als gefährliche Abfälle zu entsorgen.

Farbreste entsorgen

Farbdosen entsorgen

Gesundheitsschutz

Die Ablaugmittel enthalten starke Laugen.

Gefahrenhinweise:

H290 Kann gegenüber Metallen korrosiv sein.

H314 Verursacht schwere Verätzungen der Haut und schwere Augenschäden.

Sicherheitshinweise:

P280 Schutzhandschuhe/Schutzkleidung/Augenschutz/Gesichtsschutz tragen.

P301 + P330 + P331 Bei Verschlucken: Mund ausspülen. Kein Erbrechen herbeiführen.

P303 + P361 + P353 Bei Berührung mit der Haut (oder dem Haar): Alle kontaminierten Kleidungsstücke sofort ausziehen. Haut mit Wasser abwaschen (oder duschen).

P305 + P351 + P338 Bei Kontakt mit den Augen: Einige Minuten lang behutsam mit Wasser ausspülen. Eventuell vorhandene Kontaktlinsen nach Möglichkeit entfernen. Weiter ausspülen.

Gefahr

Achtung

Handschutz benutzen

Augenschutz benutzen

Schutzkleidung benutzen

Vom Betrieb ist auf der Grundlage des Sicherheitsdatenblattes eine Betriebsanweisung zu erstellen und die Mitarbeiter/-innen sind entsprechend zu unterweisen.

8 Gesetze, Verordnungen, Vorschriften und Richtlinien

Gesetze und Verordnungen

ArbSchG	Gesetz über die Durchführung von Maßnahmen des Arbeitsschutzes zur Verbesserung der Sicherheit und des Gesundheitsschutzes der Beschäftigten bei der Arbeit (Arbeitsschutzgesetz)
ChemG	Gesetz zum Schutz vor gefährlichen Stoffen (Chemikaliengesetz)
ArbStättV	Verordnung über Arbeitsstatten (Arbeitsstättenverordnung)
BaustellV	Verordnung über Sicherheit und Gesundheitsschutz auf Baustellen (Baustellenverordnung)
BetrSichV	Verordnung über Sicherheit und Gesundheitsschutz bei der Verwendung von Arbeitsmitteln (Betriebssicherheitsverordnung)
PSA-BV	Verordnung über Sicherheit und Gesundheitsschutz bei der Benutzung persönlicher Schutzausrüstungen bei der Arbeit (PSA-Benutzungsverordnung)
GefStoffV	Verordnung zum Schutz vor Gefahrstoffen (Gefahrstoffverordnung)

Richtlinien

DIN EN ISO 14877	Schutzkleidung für Strahlarbeiten mit körnigen Strahlmitteln
DIN EN 149	Atemschutzgeräte – Filtrierende Halbmasken zum Schutz gegen Partikeln
DIN 18363 VOB Teil C	Allgemeine Technische Vertragsbedingungen für Bauleistungen (ATV) – Maler- und Lackierarbeiten – Beschichtungen
DIN 18364 VOB Teil C	Allgemeine Technische Vertragsbedingungen für Bauleistungen (ATV) – Korrosionsschutzarbeiten an Stahlbauten

Technische Regeln für Gefahrstoffe (TRGS)

TRGS 400	Gefährdungsbeurteilung für Tätigkeiten mit Gefahrstoffen
TRGS 555	Betriebsanweisung und Information der Beschäftigten
TRGS 900	Arbeitsplatzgrenzwerte

DGUV Vorschriften der Deutschen Gesetzlichen Unfallversicherung

DGVU Regel 112-189	Benutzung von Schutzkleidung
DGVU Regel 112-192	Benutzung von Augen- und Gesichtsschutz
DGUV Regel 112-193	Benutzung von Kopfschutz
DGUV Regel 112-194	Benutzung von Gehörschutz
DGUV Regel 112-195	Benutzung von Schutzhandschuhen
DGUV Regel 100-500	Betreiben von Arbeitsmitteln
DGUV Regel 212-515	Persönliche Schutzausrüstungen

G Werk- und Hilfsstoffe

1 Zusammensetzung der Beschichtungsstoffe

Die Analyse eines deckenden Beschichtungsstoffs zeigt vier unterschiedliche Stoffgruppen.

Bindemittel	Löse- und Verdünnungsmittel	Pigmente	Zusatzstoffe (Additive)

Übersicht über die Stoffgruppen in einer Beschichtung

Stoffgruppen	Aufgaben in der Beschichtung
Bindemittel	verankern die Beschichtung auf dem Untergrund (= Adhäsion) und verkleben die Pigmente miteinander
Löse- und Verdünnungsmittel	lösen bzw. verdünnen das Bindemittel
Pigmente	verleihen der Beschichtung Farbe, Deckkraft und Fülle, schützen den Untergrund, erhöhen die Beständigkeit und Haltbarkeit der Beschichtung
Zusatzstoffe (Additive)	sollen bestimmte Eigenschaften der Beschichtungsstoffe verbessern und negative Eigenschaften mindern

Farblose Beschichtungsstoffe enthalten keine Pigmente, deshalb ist ihre Schutzwirkung in der Regel geringer.

DIN EN ISO 4618 „Beschichtungsstoffe – Begriffe“
DIN 55945 „Beschichtungsstoffe und Beschichtungen – Ergänzende Begriffe zu DIN EN ISO 4618“

Aufträge

In der Diskussion mit einem Auftraggeber wird Ihnen eine Fülle von Fragen gestellt. Beantworten Sie diese unter Zuhilfenahme dieses Fachbuchs.

1. Das Bindemittel ist der wichtigste Bestandteil einer Beschichtung. Begründen Sie diese Aussage.
2. Welche Aufgaben erfüllen Bindemittel in Beschichtungen?
3. Nennen Sie Eigenschaften einer Beschichtung, die ganz oder teilweise vom Bindemittel abhängen.
4. Warum werden aus anorganischen Bindemitteln hergestellte Anstrichmittel auch als Mineralfarben bezeichnet?
5. Welche Vorteile bieten Hydraulische Kalke im Vergleich zu Luftkalken?
6. Auf eine Baustelle wird für den Kelleranstrich Weißfeinkalk geliefert.
   a) Um welchen Kalk handelt es sich?
   b) Welche Angaben finden Sie auf dem Papiersack?
7. Für einen frischen Kalkputz wurde ein Anstrichmittel mit nicht alkalibeständigen Pigmenten verwendet. Deshalb verfärben sich die Pigmente. Welcher Stoff im Kalkputz ist für diesen Schaden verantwortlich?
8. Für welche Untergründe können Sie Kalkfarben sinnvoll einsetzen?
9. Warum sind bei Kalkfarben keine dunklen Farbtöne möglich?
10. Aus welchem Grund setzt man Kalkfarben bis zu 0,5 % Leinölfirnis zu?
11. Erstellen Sie eine Betriebsanweisung für die Verarbeitung von Kalk.
12. Warum sollte man im Hochbau nur Portlandzement einsetzen?
13. Für welche Untergründe eignen sich Zementfarben?
14. Wie bereiten Sie einen stark saugenden Putz für den Anstrich mit Zementfarben vor?
15. Aus welchen Komponenten besteht eine Silikatfarbe?
16. Warum dürfen zum Abtönen Silikatfarben grundsätzlich nur die Pigmente des Silikatfarben-Herstellers verwendet werden?
17. Für welche Untergründe eignen sich Silikatfarben?
18. Eine Fassade aus Kalkputz saugt stark und soll mit Silikatfarbe gestrichen werden. Beschreiben Sie den Arbeitsablauf. Kalkulieren Sie diese Arbeit.
19. Bei einer mit Silikatfarben gestrichenen Fassade sind glasige Flecken zu sehen.
    Nennen Sie die Ursache dieses Mangels.
20. Begründen Sie, warum bei Arbeiten mit Silikatfarben Glas und Keramik besonders geschützt werden müssen.

21. Wodurch unterscheiden sich Dispersionssilikatfarben von Silikatfarben?
22. Welche Vorteile haben Dispersionssilikatfarben im Vergleich zu Silikatfarben?
23. Wie viel Liter Wasser benötigen Sie für zwei Kleisterpäckchen mit je 125 g Normalkleister, wenn damit eine normale Tapete verklebt werden soll?
24. Zelluloseleime sind reversibel. Erklären Sie diese Aussage.
25. Ein Raum soll tapeziert werden. Decken und Wände sind bislang mit Leimfarbe gestrichen.
    a) Welche Untergrundprüfung zeigt Ihnen, dass es sich um einen Leimfarbenanstrich handelt?
    b) Wie bereiten Sie den Untergrund auf die Tapezierung vor?
26. Begründen Sie, warum alte Leimfarbanstriche nicht ausreichend mit Putzgrundiermitteln gefestigt werden können, wenn eine Dispersionsfarbenbeschichtung folgen soll.
27. Was versteht man unter Mischbinderfarben?
28. Warum dürfen keine Mischbinderfarben eingesetzt werden?
29. Beschreiben Sie, wie ein Hautleim in Tafelform gelöst werden kann.
30. Welcher Stoff in Knochen-, Haut- und Fischleimen bewirkt die Klebekraft?
31. Für welche Aufgaben wird Gelatine verwendet?
32. Mit welchen Stoffen kann das wasserunlösliche Kaseinpulver aufgeschlossen und so wasserlöslich werden?
33. Für wetterbeständige Außenanstriche muss Kasein mit einem bestimmten Anstrichmittel gemischt werden. Wie heißt dieses Anstrichmittel?
34. Zeigen Sie die Unterschiede zwischen Emulsionen und Suspensionen auf.
35. Was versteht man unter einem „synthetischen Harz"?
36. Begründen Sie, warum Kunststoffdispersionen nicht bei Temperaturen von unter 278 K (5 °C) verarbeitet werden dürfen.
37. Was versteht man unter „emissionsfreien" Dispersionsfarben?
38. Für welche Putze sind Kunststoffdispersionen nicht geeignet? Begründen Sie Ihre Aussage.
39. In welchen Qualitätsstufen werden Innendispersionsfarben nach DIN EN 13300 geliefert?
40. Welche Bindemittel werden in Dispersionslacken verwendet?
41. Nennen Sie wichtige Eigenschaften von Dispersionslacken und -lackfarben.
42. Aus welchem Grund enthalten Silikonharzfarben eine größere Menge Kunststoffdispersion?

43. Welche Eigenschaften haben mit Silikonharzfarben hergestellte Beschichtungen?

44. Welche Silikonharzimprägniermittel unterscheidet man?

45. Welche Eigenschaften haben Silikonharzimprägnierungen?

46. Welche Eigenschaften einer Alkydharzlack-Beschichtung hängen besonders vom Ölanteil ab?

47. Welche Vorteile und welche Nachteile bieten Naturharzlacke gegenüber Alkydharzlacken?

48. Welche Rohstoffe werden zur Herstellung von Alkydharzen benötigt?

49. Wie hoch ist der Ölanteil von Alkydharzen, die als Bindemittel in Malerlacken und -lackfarben verwendet werden?

50. Was versteht man unter einem modifizierten Alkydharz?

51. Erklären Sie die oxidative Erhärtung der Alkydharze.

52. Welche Stoffe werden Alkydharzlacken und -lackfarben bei der Herstellung zugesetzt, um die oxidative Erhärtung zu beschleunigen?

53. Auf welchen Untergründen dürfen Sie Alkydharzlacke und -lackfarben einsetzen?

54. Welche Stoffe in Alkydharzen verursachen die sog. Dunkelvergilbung?

55. Nennen Sie die unterschiedlichen Stoffgruppen, die im Stammlack eines ungesättigten Polyesterharzfüllers enthalten sind.

56. Welche Aufgabe hat der Härter bei ungesättigten Polyesterharzlacken und -lackfarben?

57. Warum sind mit ungesättigten Polyesterharzlacken und -lackfarben besonders hohe Schichtdicken möglich?

58. Wie lange ist die Topfzeit bei Polyurethanharzlacken und -lackfarben?

59. Warum muss das vorgeschriebene Mischungsverhältnis von Stammlack und Härter bei Polyurethanharzlacken und -lackfarben genau eingehalten werden?

60. Warum ist die Feuchtigkeit bei der Erhärtung von Polyurethanharzlacke und -lackfarben so problematisch?

61. Welche besonderen Eigenschaften haben Polyurethanharzlacke und -lackfarben?

62. Welche Vorteile ergeben sich bei der Verwendung von feuchtigkeitshärtenden PUR-Lacken und -lackfarben?

63. Welche Stoffe werden als Härter für Epoxidharzlacke und -lackfarben eingesetzt?

64. Wie lange ist die Topfzeit von Epoxidharzlacken und -lackfarben?

65. Welche Vorteile bringt die Verwendung von lösemittelfreien Epoxidharzlacken und -lackfarben?

66. Welche besonderen Eigenschaften haben Beschichtungen aus Epoxidharzlackfarben?

67. Nennen Sie die Eigenschaften und die Verwendungsmöglichkeiten von wasserverdünnbaren Epoxidharzlackfarben.

68. In welchen Beschichtungsstoffen werden Acrylharze als Bindemittel eingesetzt?

69. Welche Eigenschaften eines mineralischen Untergrunds werden durch eine Grundierung mit Putzgrundiermitteln verbessert?

70. Welche Vorteile bringt die Verwendung von lösemittelhaltigen Acrylharzlackfarben auf mineralischen Untergründen im Vergleich zu Dispersionsfarben?

71. Nennen Sie die Nachteile von lösemittelhaltigen Acrylharzlackfarben im Vergleich zu Dispersionsfarben.

72. Nennen Sie die Eigenschaften und Einsatzgebiete von PVC-Lackfarben.

73. Beschichtungen aus Polyvinylacetat-Lackfarben sind thermoplastisch, reversibel und verseifbar. Erklären Sie diese Aussagen.

74. Was versteht man unter ...
a) einem Zaponlack,
b) einer Nitro-Mattine,
c) einem Nitro-Sperrgrund,
d) einem Nitro-Schnellschliffgrund?

75. Für welche Aufgaben werden Schellacklösungen im Malerhandwerk eingesetzt?

2 Bindemittel

Das Bindemittel ist der wichtigste Bestandteil eines Beschichtungsstoffs und der daraus hergestellten Beschichtung.

Das Bindemittel bildet die Beschichtung. Deshalb bezeichnet man das Bindemittel bei den organischen Beschichtungen auch als Filmbildner.

Das Bindemittel erfüllt im Beschichtungsstoff und in der Beschichtung wichtige Aufgaben:

- Es hält die Beschichtung zusammen. Es verursacht die **Kohäsionskraft** (= Zusammenhangskraft) in der Beschichtung.
  In lasierenden und deckenden Beschichtungen verbindet das Bindemittel auch die Pigmente miteinander.

- Es verursacht die **Adhäsionskraft** (= Anhaftkraft) der Beschichtung auf dem Untergrund.

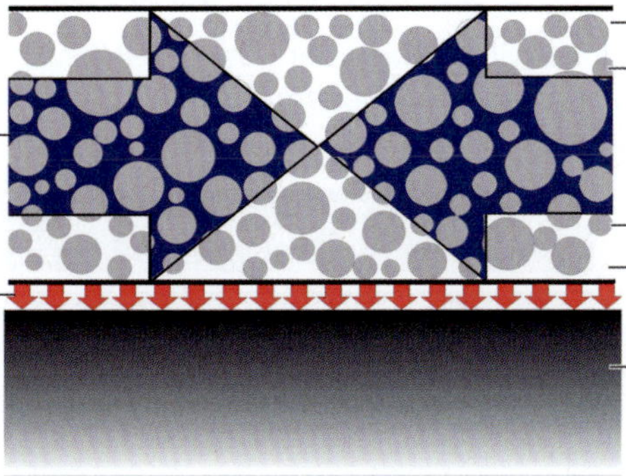

Pigmentierte Beschichtung auf dem Untergrund

Das Bindemittel bestimmt weitgehend die Eigenschaften der Beschichtungen.

Beispiele:
Folgende wichtige Eigenschaften hängen ganz oder teilweise vom Bindemittel ab:
- Viskosität[1] des Beschichtungsstoffs
- Trocknung bzw. Erhärtung des Beschichtungsstoffs
- Härte und Elastizität der Beschichtung
- Beständigkeit der Beschichtung gegen Wasser, Witterung, UV-Strahlen, Hitze, Chemikalien, Säuren und Laugen

Auch der Schutz des Untergrunds und die Haltbarkeit einer Beschichtung hängen besonders vom Bindemittel ab. Aber kein Bindemittel ist für alle Aufgaben und alle Untergründe geeignet. So muss man stets den zweckmäßigen Beschichtungsstoff mit dem richtigen Bindemittel nach der zu erwartenden Belastung auswählen.

Um Vorteile der verschiedenen Bindemittel auszunutzen und mögliche Nachteile zu vermeiden, verwendet man heute in zahlreichen Beschichtungsstoffen Kombinationen unterschiedlicher Bindemittel. Dabei ist es für Maler/-innen und Lackierer/-innen heute häufig nicht mehr möglich, zu erkennen, welche Bindemittel enthalten sind. Somit ist auch die Auswahl des richtigen Beschichtungsstoffes nicht so einfach. Die Bezeichnungen auf dem Gebinde sind meist nichtssagend, z. B. heißt es dann nur, dass spezielle Kunststoffe enthalten sind. Hilfreich sind in der Regel die Angaben im Sicherheitsdatenblatt.

2.1 Einteilung der Bindemittel

Die Einteilung der Bindemittel ist nicht genormt. Sie kann nach unterschiedlichen Kriterien erfolgen:
- Einteilung in anorganische und organische Bindemittel
- Einteilung nach der Trocknung bzw. Erhärtung der Bindemittel

[1] Viskosität = Flüssigkeitsgrad der Beschichtung; siehe auch Teil C, Kapitel 2.9

- Einteilung nach wichtigen Eigenschaften, z. B. in alkalische und nicht alkalische Bindemittel
- Einteilung nach der Löslichkeit bzw. der Verdünnbarkeit der Bindemittel

Vorteilhaft ist die Einteilung nach der Löslichkeit bzw. Verdünnbarkeit. Heute werden auch häufig anorganische Bindemittel mit organischen Bindemitteln vermischt, um die Eigenschaften des Beschichtungsstoffes zu verbessern.

Bindemittel

mit Wasser verdünnbar

anorganisch

Mineralfarben

Kalk
Zement
Wasserglas

organisch

Leime und Kleister

Knochenleim
Hautleim
Fischleim
Kasein
Zelluloseleim
Zellulosekleister

Kunststoffdispersionen

Polyvinylacetat
Polyvinylpropionat
Polymethacrylat
Polyetylacrylat
Styrol-Acrylat
Styrol-Butadien (Latex)

Harze

Alkydharze
Acrylharze
Epoxidharze
Polyurethanharze
Silikonharze

mit organischen Lösemitteln verdünnbar

organisch

Öle

Leinöl
Leinölfirnis
Leinöl-Standöl

Harze

Schellack
Alkydharz
Acrylharz
Polyesterharz
Polyurethanharz
Epoxidharz
Silikonharz

abgewandelte Naturprodukte

Zellulosenitrat
Chlorkautschuk
Cyclokautschuk

Kunststoffe

Polyvinylchlorid
Polyvinylacetat

> Wird bei einem Beschichtungsstoff eine Mischung unterschiedlicher Bindemittel eingesetzt, erfolgt die Benennung nach dem Bindemittel, das überwiegend enthalten ist.

Umweltschutz

Organische Lösemittel gefährden Umwelt und Gesundheit. Der Gesetzgeber schränkt deshalb den Einsatz von lösemittelhaltigen Lacken und Lackfarben immer mehr ein. Zunehmend werden wasserverdünnbare Bindemittel eingesetzt.

2.2 Anorganische Bindemittel

Die anorganischen Bindemittel Kalk, Zement und Wasserglas werden aus Mineralien hergestellt. Anstrichstoffe mit diesen Bindemitteln werden deshalb auch als Mineralfarben bezeichnet. Bei der Erhärtung werden diese Werkstoffe wieder zu Mineralien.

Da das Bindemittel der Dispersionssilikatfarben und der Sol-Farben überwiegend aus Wasserglas besteht, werden auch diese Beschichtungsstoffe den Mineralfarben zugeordnet.

Durch chemische Prozesse bei der Herstellung werden die anorganischen Bindemittel wasserlöslich. In der Lösung wirken sie alkalisch (= laugenhaft). Dies bedeutet, dass nur alkalibeständige Pigmente eingesetzt werden dürfen.

Die Erhärtung ist wiederum eine chemische Reaktion. Danach werden diese Bindemittel wieder zu wasserunlöslichen Mineralien.

Vorteil der Mineralfarben ist die gute Wasserdampfdurchlässigkeit. Mineralfarbenanstriche sollten nur auf mineralischen Untergründen aufgetragen werden. Hier zeigen diese Werkstoffe bei unterschiedlichen Temperaturen ähnliche physikalische Eigenschaften wie die mineralischen Untergründe.

Dispersionssilikatfarben werden zunehmend im Innenraum auch auf alte Dispersionsfarbenanstriche aufgetragen. An Fassaden kann dies aber wegen der Thermoplastizität der Dispersionsfarben zu Rissen und Abplatzungen beim Anstrich führen.

Gesundheitsschutz

Mineralfarben sind alkalisch und wirken ätzend. Bei ihrer Verarbeitung sind umfangreiche Schutzmaßnahmen erforderlich.

Gefahrenhinweise:

H290 Kann gegenüber Metallen korrosiv sein.
H314 Verursacht schwere Verätzungen der Haut und schwere Augenschäden.

Sicherheitshinweise:

P280 Schutzhandschuhe/Schutzkleidung/Augenschutz/Gesichtsschutz tragen.
P303 + P361 + P353 Bei Berührung mit der Haut (oder dem Haar): Alle kontaminierten Kleidungsstücke sofort ausziehen. Haut mit Wasser abwaschen (oder duschen).

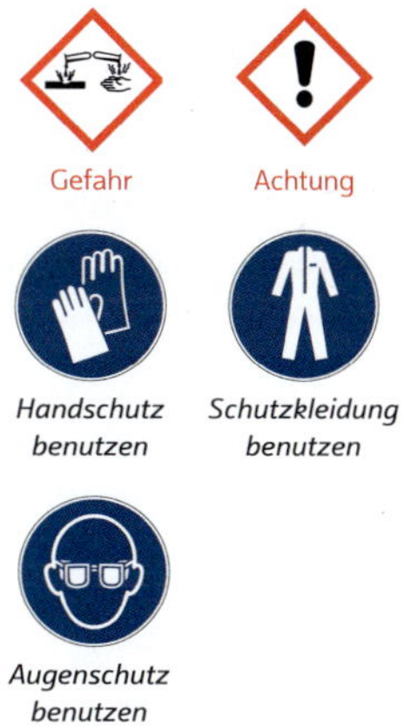

P305 + P351 + P338 Bei Kontakt mit den Augen: Einige Minuten lang behutsam mit Wasser ausspülen. Eventuell vorhandene Kontaktlinsen nach Möglichkeit entfernen. Weiter ausspülen.

Im Betrieb ist auf der Grundlage des Sicherheitsdatenblattes eine Betriebsanweisung zu erstellen und die Mitarbeiter/-innen sind entsprechend zu unterweisen.

2.3 Kalke

Im Maler- und Lackiererhandwerk werden fast ausschließlich Luftkalke eingesetzt. Der Rohstoff wird als Kalkstein in der Natur abgebaut. Der Kalk kommt nach dem fabrikmäßigen Brennen, z. T. auch nach dem zusätzlichen Ablöschen mit Wasserdampf, in den Handel. Da der Kalk bei der chemischen Härtung wieder zu Kalkstein wird, spricht man von einem Kalkkreislauf.

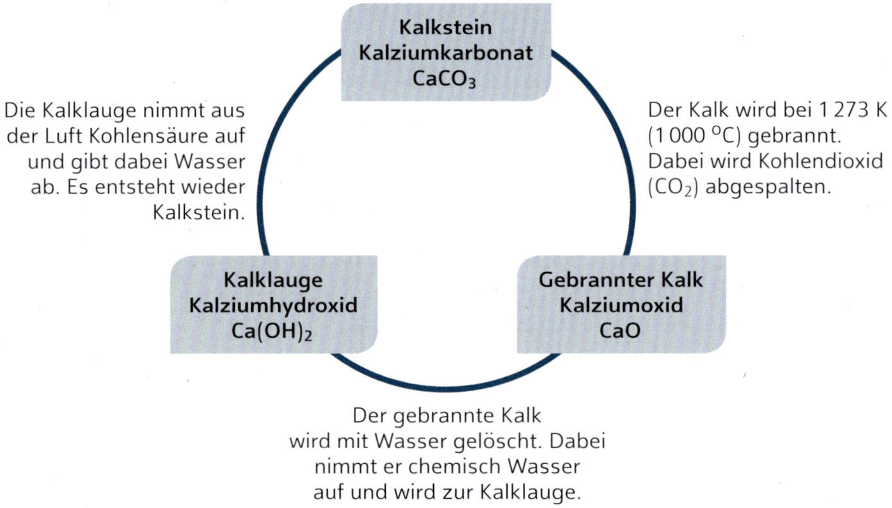

Kalkkreislauf

Der Kalkkreislauf als Reaktionsgleichung:

1. Brennen des Kalks
   Kalkstein (Kalziumkarbonat) → Gebrannter Kalk (Kalziumoxid) + Kohlendioxid
   $CaCO_3 \rightarrow CaO + CO_2$
2. Löschen des Kalks
   Gebrannter Kalk (Kalziumoxid) + Wasser → Kalklauge (Kalziumhydroxid)
   $CaO + H_2O \rightarrow Ca(OH)_2$
3. Erhärten des Kalks

DIN EN 459 „Baukalk“
Internetsuchbegriffe: WINGIS, Baukalke

Kalklauge (Kalziumhydroxid) + Kohlensäure → Kalkstein (Kalziumkarbonat) + Wasser
$Ca(OH)_2 + H_2CO_3 \rightarrow CaCO_3 + 2\,H_2O$

Anmerkung: Das Kohlendioxid in der Luft verbindet sich mit Luftfeuchtigkeit und dem Wasser im Anstrich zu Kohlensäure und reagiert erst dann mit der Kalklauge.

Weil sich bei der Erhärtung des Kalks wieder ein Karbonat (das Salz der Kohlensäure) bildet, wird die Erhärtung des Kalks als Karbonatisierung bezeichnet.

Mit Holzkohle gebrannter Kalk nimmt beim Brennen weniger Schwefel auf und enthält deshalb weniger Gips. Deshalb ist dieser Kalk von besserer Qualität. Wird der Kalk nach dem Löschen einige Jahre eingesumpft, können bislang ungelöschte Teilchen nachlöschen. Fremdkörper lagern sich unten ab (= sedimentieren). Gleichzeitig verbessern sich die Verstreichbarkeit und die Wischbeständigkeit von mit Kalkfarben hergestellten Anstrichen. So werden für Anstrichzwecke in historischen Bauten bevorzugt mehr als fünf Jahre eingesumpfte Kalke eingesetzt. Diese Vorteile sind aber für Kalkputze nicht von Bedeutung.

Grundsätzlich unterteilt man die Kalke nach Art der Erhärtung in zwei Gruppen:

Kalke

Luftkalke	**Hydraulische[1] Kalke**
Erhärten nur an der Luft durch chemische Bindung von Kohlendioxid (= Karbonatisierung).	Erhärten durch chemische Bindung von Kohlendioxid und Wasser an der Luft und nach einer bestimmten Zeit auch unter Wasser.
Erhärten langsamer und bleiben weicher.	Erhärten schneller und werden fester.

Hydraulische Kalke enthalten neben dem Kalk noch hydraulisch wirkende Stoffe, die Hydraulefaktoren SiO_2 (Siliziumdioxid), Al_2O_3 (Aluminiumoxid) und Fe_2O_3 (Eisenoxid). Diese Stoffe kommen in Kalksteinmergel physikalisch vermengt natürlich vor. Beim Brennen reagieren sie zu hydraulisch (durch Wasserbindung) erhärtenden Verbindungen.

Kalke sind gebrannt oder bereits abgelöscht lieferbar. Für Putze werden Luftkalke und hydraulische Kalke eingesetzt. Wegen des Kalkanteils wirken diese Putze bis zur völligen Durchhärtung (Karbonatisierung) alkalisch (laugenhaft).

[1] Ein Bindemittel wird als hydraulisch bezeichnet, wenn es durch chemische Wasserbindung erhärtet und das daraus entstehende Produkt wasserunlöslich ist.

Handelsformen der Baukalke nach DIN EN 459 Baukalk

Bezeichnungen der Kalkgruppen	Bezeichnungen der Kalksorten nach der Handelsform			
	ungelöscht (vor der Verarbeitung nach den Vorschriften des Herstellers mit Wasser abzulöschen)		**gelöscht** (ohne Ablöschen nach den Vorschriften des Herstellers zu verarbeiten)	
	Stückkalk	**Pulverkalk**	**Kalkteig**	**Pulverkalk**
Luftkalke	Weißstückkalk	Weißfeinkalk	Weißkalkteig	Weißkalkhydrat
	Dolomitstückkalk	Dolomitfeinkalk	Dolomitkalkteig	Dolomitkalkhydrat
Hydraulische Kalke	Wasserstückkalk	Wasserfeinkalk		Wasserkalkhydrat
				Hydraulischer Kalk
				Hochhydraulischer Kalk

Die grau unterlegten Kalksorten haben nur geringe Bedeutung.

Ungelöschte Kalke müssen erst mit Wasser abgelöscht werden. Dabei erhitzt sich die entstehende Kalklauge stark. Verwendet werden können diese Kalke frühestens zwölf Stunden nach dem Ablöschen.

2.3.1 Kalkhaltige Untergründe

Baukalke sind wichtige Bindemittel für Mörtel und Putze. Wegen des Kalkanteils wirken diese Mörtel und Putze bis zur völligen Durchhärtung (Karbonatisierung) alkalisch. Enthalten Putze als Bindemittel nur Luftkalke, benötigen sie auch nach der Erhärtung Kohlendioxid (CO_2), da sie ansonsten mürbe und weich werden. Diese Putze dürfen deshalb nicht mit wetterbeständigen Dispersionsfarben oder lösemittelhaltigen Fassadenfarben beschichtet werden.

2.3.2 Kalkfarben

Verdünnte Kalklauge kann als Anstrichmittel für Kalkputze, Kalkzementputze, Zementputze, Beton und alte Kalkfarbanstriche verwendet werden.

Verwendung
Im Streich- oder Sprühverfahren lassen sich mit mehreren Anstrichen deckende Flächen erzielen. In der Regel werden drei bis vier Anstriche ausgeführt. Starke Farbtöne sind nicht möglich. Das Bindemittel Kalk kann nur max. 5 % Pigmente binden.

Kalkfarben müssen mit der Streichbürste verarbeitet werden. Ein Versprühen mit der Kalkspritze ist möglich, wenn nur geringe Ansprüche an die Optik gestellt werden. Zu dick aufgetragene Kalkanstriche platzen ab.

Der geringe Zusatz von max. 0,5 % Leinölfirnis verbessert die Verstreichbarkeit des nachfolgenden Anstrichs. Zusätze von Kasein, Kunststoffdispersion oder Zelluloseleim erhöhen zusätzlich die Wischbeständigkeit. Da Zelluloseleim wasserlöslich ist, verschlechtert sich mit dem Zellulosezusatz die Wasserbeständigkeit der Kalkanstriche. Außerdem nimmt die Anfälligkeit gegen Pilze zu. Es sind auch mit speziellen Kunststoffdispersionen modifizierte Kalkfarben streichfertig auf dem Markt. In der Restaurierung wird auch Kasein als Zusatz verwendet. Auch damit werden Verstreichbarkeit und Wischbeständigkeit erhöht.

Kalkfarben sind unempfindlich gegen Feuchtigkeit und können auch auf feuchte (nicht nasse) Untergründe gestrichen werden. Die Kalklauge wirkt wegen der Alkalität bis zur völligen Durchhärtung (Karbonatisierung) fungizid (= pilzwidrig).

Obwohl sich mit Kalkfarben wetterbeständige Anstriche herstellen lassen, können diese Werkstoffe in Stadt- und Industriegegenden nur bedingt im Außenbereich eingesetzt werden. Die schwefeligen Gase in der Luft zerstören den Kalkfarbenanstrich. Diese Gase bilden mit Wasser schweflige Säuren. Diese Säuren reagieren wiederum mit dem Kalk, es entsteht Gips. Dieser ist hygroskopisch (Wasser anziehend) und wasserlöslich.

Reaktionsgleichung der Kalkzerstörung durch Schwefeleinwirkung:

1. Schwefeldioxid aus der Luftverschmutzung + Wasser → Schweflige Säure
   $SO_2 + H_2O \rightarrow H_2SO_3$
2. Die schweflige Säure nimmt Sauerstoff auf und oxidiert zu Schwefelsäure (H_2SO_4).
3. Kalkstein (Kalziumkarbonat) + Schwefelsäure → Gips + Kohlendioxid
   $CaCO_3 + H_2SO_4 \rightarrow CaSO_4 \cdot 2\,H_2O + CO_2$

Gesundheitsschutz bei der Verarbeitung von Kalken

Kalklauge ist alkalisch und ätzend. Bei der Verarbeitung sind umfangreiche Schutzmaßnahmen erforderlich.

Gefahrenhinweise:

H290 Kann gegenüber Metallen korrosiv sein.
H314 Verursacht schwere Verätzungen der Haut und schwere Augenschäden.

Sicherheitshinweise:

P280 Schutzhandschuhe/Schutzkleidung/Augenschutz/Gesichtsschutz tragen.
P303 + P361 + P353 Bei Berührung mit der Haut (oder dem Haar): Alle kontaminierten Kleidungsstücke sofort ausziehen. Haut mit Wasser abwaschen (oder duschen).

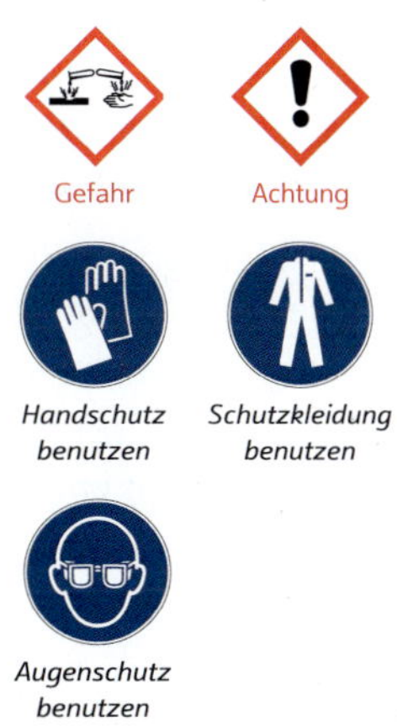

P305 + P351 + P338 Bei Kontakt mit den Augen: Einige Minuten lang behutsam mit Wasser ausspülen. Eventuell vorhandene Kontaktlinsen nach Möglichkeit entfernen. Weiter ausspülen.

Im Betrieb ist auf der Grundlage des Sicherheitsdatenblattes eine Betriebsanweisung zu erstellen und die Mitarbeiter/-innen sind entsprechend zu unterweisen.

2.4 Zemente

Die wichtigsten Zementrohstoffe sind Kalkstein, Ton und deren natürliches Gemisch, der Kalksteinmergel. Außer Kalk enthalten die Rohstoffe die Hydraulefaktoren Siliziumdioxid (SiO_2), Eisenoxid (Fe_2O_3) und Aluminiumoxid (Al_2O_3). Um eine optimale Mischung zu erreichen, wird der Kalksteinmergel homogenisiert, d. h., durch Vermahlen von Rohstoffen mit unterschiedlichen Zusammensetzungen erreicht man eine optimale Mischung.

Die Rohstoffe werden in Drehöfen bei ca. 1 723 K (1 450 °C) bis zur Sinterung (= Verschmelzung) erhitzt.

Der so entstandene Rohstoff wird abgekühlt und trägt dann die Bezeichnung Zementklinker. Um möglichst optimale Eigenschaften zu erreichen, wird der Zementklinker fein vermahlen. Da der vermahlene Zementklinker zu schnell erhärten würde, gibt man beim Mahlprozess bis zu 8 % Gips oder Anhydrit zur Erhärtungsverzögerung zu. Das so entstandene Gemisch wird als Portlandzement bezeichnet. Durch Zusatz von latent (= versteckt) hydraulisch[1] reagierenden Zusätzen, wie Hüttensand und Trass, entstehen weitere Zementsorten. Die latent hydraulischen Zusätze erhärten wie Portlandzement chemisch durch Wasserbindung.

Nach DIN EN 197 „Zement“ unterscheidet man fünf Zementgruppen:

- **Portlandzement (CEM I)**
  Dieser Zement enthält nur vermahlenen Portlandzementklinker und erhärtungsregulierende Zusätze.
- **Portlandpuzzolanzement (CEM II)**
  Diese Zementart beinhaltet alle Zemente mit Zumahlstoffen bis zu 35 % Massenanteil, wie den Portlandhüttenzement, den Portlandpuzzolanzement und den Portlandölschieferzement.
- **Hochofenzement (CEM III)**
  Dieser Zement enthält neben Portlandzementklinker 35–85 % Hüttensand sowie erhärtungsregulierende Zusätze.
- **Puzzolanzement (CEM IV)**
  Dieser Zement enthält neben Portlandzementklinker 11–55 % Hüttensand, Silicastaub, Puzzolane und Flugasche.

[1] hydraulisch = durch Wasserbindung durchhärtend

- **Kompositzement (CEM V)**
  Dieser Zement enthält neben Portlandzementklinker 18–50 % Hüttensand und 18–50 % Puzzolane und kieselsäurereiche Flugasche.

Normenzemente und ihre Zusammensetzung nach DIN EN 197 (Tabelle vereinfacht)[1]

Hauptzementarten	Bezeichnungen	Portlandzementklinker	Hüttensand	Silicastaub	Puzzolane	Flugasche	gebrannter Schiefer	Kalkstein
CEM I	Portlandzement	95–100						
CEM II	Portlandhüttenzement	65–94	6–35					
	Portlandsilicastaubzement	90–94		6–10				
	Portlandpuzzolanzement	65–94			6–35			
	Portlandflugaschezement	65–94				6–35		
	Portlandschieferzement	65–94					6–35	
	Portlandkalksteinzement	65–94						6–35
	Portlandkompositzement	65–94	6–35					
CEM III	Hochofenzement	5–64	36–95					
CEM IV	Portlandpuzzolanzement	45–89	11–55					
CEM V	Kompositzement	20–64	18–50		18–50			

Zement wird in den Festigkeitsklassen Z 32,5, Z 42,5 und Z 52,5 hergestellt. Die Zahl der Festigkeitsklasse entspricht der Mindestdruckfestigkeit in N/mm^2 nach 28 Tagen.

Zemente erhärten chemisch durch Wasserbindung. Bei dieser Erhärtung wird Kalklauge (Kalziumhydroxid) frei. Diese verursacht die Alkalität in Zementputzen und im Beton. Beim Stahlbeton ist diese Alkalität zum Schutz des Bewehrungsstahls erforderlich. Sinkt die Alkalität im Beton unter den pH-Wert 9,5, beginnt der Armierungsstahl zu rosten.

[1] Nebenbestandteile sind in der Tabelle nicht berücksichtigt.

DIN EN 196 „Prüfverfahren für Zement“
DIN EN 197 „Zement“

Nur bei der Erhärtung von Portlandzement (CEMI) wird ausreichend Kalziumhydroxid frei, um den Bewehrungsstahl zu schützen. Deshalb setzt man nur diesen Zement für Beton im Hochbau ein.

2.4.1 Zementhaltige Untergründe

Zement wird als Bindemittel für Beton und für Wasser sperrende Zementputze sowie für Kalkzementputze eingesetzt. Da diese Untergründe lange Zeit alkalisch sind und z. T. auch bleiben sollen, können darauf nur alkalibeständige Beschichtungsstoffe verwendet werden. Zement wird für Putze eingesetzt, wenn eine besondere Härte und Widerstandsfähigkeit der Putze gefordert werden.

2.4.2 Zementfarben

Als Zementfarben verwendet man eisenoxidfreie, entfärbte Portlandzemente. Vielfach werden aber auch hochhydraulische Kalke oder Mischungen aus weißem Portlandzement und hochhydraulischen Kalken als Zementfarben eingesetzt.

Verwendung
Zementfarben werden in Pulverform zum Anrühren in Wasser geliefert. Abgetönt mit zementechten[1] (= hochalkalibeständigen) Pigmenten sind auch pastellige Farbtöne möglich. Die Zementfarben werden bereits fertig abgetönt geliefert und müssen nur noch mit Wasser angerührt werden.

Mit diesen Anstrichstoffen lassen sich auf Kalk-, Kalkzementputz und Beton wetterbeständige, aber wasserdampfdurchlässige Anstriche erzielen. Der Untergrund darf für diese Anstriche nicht zu stark saugen. Oftmals empfiehlt es sich, mit Wasser vorzunässen. Der Anstrich wird mit der Streichbürste oder mit der Kalkspritze aufgetragen. In der Regel werden zwei Anstriche ausgeführt. Auf alten, dickschichtigen Kalkanstrichen sollten jedoch keine Zementfarben eingesetzt werden. Da Zementfarben härter sind als Kalkfarben, kann es zu Rissen und zu Abplatzungen kommen.

Da Zementfarben durch Wasserbindung erhärten und so auch mit dem Anmachwasser chemisch reagieren, sind diese Farben nicht lagerfähig. Die Streichwerkzeuge müssen sofort gereinigt werden, da diese Werkstoffe chemisch erhärten und ein späteres Anlösen nicht möglich ist.

Bei den Zementfarben erhärtet der Anteil des Zements durch Wasserbindung, der Kalkanteil durch Karbonatisierung, also durch chemische Bindung von Kohlensäure. Aufgrund ihrer Alkalität sind diese Werkstoffe bis zur völligen Neutralisierung fungizid und algizid.

---

1 Nicht zementechte Pigmente verfärben sich durch die starke Alkalität.

Gesundheitsschutz

Zemente sind alkalisch und reizend. Besonders gefährdet sind Augen und Haut. So sind bei der Verarbeitung besondere Schutzmaßnahmen erforderlich.

Gefahr

Achtung

Handschutz benutzen

Schutzkleidung benutzen

Augenschutz benutzen

Gefahrenhinweise:
H315 Verursacht Hautreizungen.
H318 Verursacht schwere Augenschäden.
H 335 Kann die Atemwege reizen.

Sicherheitshinweise:
P280 Schutzhandschuhe/Schutzkleidung/Augenschutz/Gesichtsschutz tragen.
P302 + P352 + P333 + P313 Bei Berührung mit der Haut: Mit viel Wasser und Seife waschen. Bei Hautreizung oder -ausschlag: Ärztlichen Rat einholen/ärztliche Hilfe hinzuziehen.
P305 + P351 + P338 Bei Kontakt mit den Augen: Einige Minuten lang behutsam mit Wasser ausspülen. Eventuell vorhandene Kontaktlinsen nach Möglichkeit entfernen. Weiter ausspülen.
P261 + P304 + P340 + P312 Einatmen von Staub vermeiden. Bei Einatmen: Die Person an die frische Luft bringen und für ungehinderte Atmung sorgen. Bei Unwohlsein Giftinformationszentrum/Arzt anrufen.
P501 Inhalt/Behälter zu geeigneten Abfallsammelpunkten bringen.

Im Betrieb ist auf der Grundlage des Sicherheitsdatenblattes eine Betriebsanweisung zu erstellen und die Mitarbeiter/-innen sind entsprechend zu unterweisen.

2.5 Wasserglas

Wasserglas wird durch Zusammenschmelzen von Quarzsand und Pottasche (Kaliumkarbonat) bei über 1 573 K (1 300 °C) in Wannen oder Drehöfen hergestellt. Das dabei entstehende Stückglas wird unter Druck in heißem Wasser gelöst.

2.5.1 Silikatfarben

Silikatfarben bestehen aus zwei Komponenten:

Fixativ + **Farbpulver** → **Silikatfarbe**

Das als Fixativ bezeichnete Bindemittel besteht aus Kaliwasserglas. Fixativ wird auch zum Verdünnen der Silikatfarbe verwendet. Das Farbpulver enthält wasserglasbeständige Pigmente und verkieselungsfördernde Füllstoffe.

Das Farbpulver sollte bereits einen Tag vor der Verarbeitung im entsprechenden Verhältnis in Fixativ eingesumpft werden[1].

Silikatfarben sind sehr gas- und wasserdampfdurchlässig. Sie erhärten chemisch.

Silikatfarben können auf mineralischen Untergründen verkieseln. Diese chemische Verbindung erfolgt mit Kalk oder Quarz im Untergrund.

Reaktionsgleichung der Verkieselung mit einem alkalischen Untergrund:

Kalklauge + Kaliwasserglas + Kohlensäure → Kalziumsilikat + Pottasche + Wasser

$$Ca(OH)_2 + K_2SiO_3 + H_2CO_3 \rightarrow CaSiO_3 + K_2CO_3 + 2\,H_2O$$

Reaktionsgleichung der Verkieselung ohne alkalischen Untergrund:

Kaliwasserglas + Kohlensäure → Silikat + Pottasche + Wasser

$$K_2SiO_3 + H_2CO_3 \rightarrow SiO_2 + K_2CO_3 + H_2O$$

Die Anstriche trocknen matt auf und erzeugen die Farbwirkung von Kalkfarben. Allerdings sind hier auch dunklere Farbtöne möglich. Silikatfarben sind gegen saure Einflüsse, z. B. durch die Luftverschmutzung, sehr beständig. Deshalb werden diese Beschichtungsstoffe besonders gerne für historische Fassaden eingesetzt. Hier wirkt sich auch die besonders gute Wasserdampf- und Kohlendioxiddurchlässigkeit positiv aus. Aufgrund ihrer Alkalität sind diese Werkstoffe bis zur völligen Neutralisierung fungizid und algizid.

Da sich Spritzer in Glas und Keramik einätzen, müssen diese Werkstoffe unbedingt abgedeckt werden.

Verwendung

Silikatfarben sind für mineralische Untergründe wie Kalk- und Zementputze, Faserzementplatten, Ziegel, Kalksandstein und Glas sowie auf Zink geeignet. Auf Beton haften diese Werkstoffe zwar sehr gut, lassen aber zu viel Kohlendioxid durch. Der Beton verliert so früh die Alkalität, der Schutz des Armierungsstahls nimmt ab und es kommt zu Betonschäden.

Gipshaltige Untergründe sind ungeeignet. Das Wasserglas reagiert chemisch mit dem Gips. Die entstehende Schicht platzt ab.

Ohne Silikonharzimprägnierung sollte man Silikatfarben nicht auf Porenbeton verwenden. Silikatfarben lassen immer etwas Wasser durch. Da aber Porenbeton Feuchtigkeit sehr lange speichert und nur zögernd wieder abgibt, würde sich die Wärmedämmung des Porenbetons sehr stark verringern.

Vor dem Anstrich werden die Untergründe gereinigt und evtl. abgebürstet. Putzschäden sind mit artgleichem Material auszubessern. Saugende Putze werden mit verdünntem Fixativ vorgestrichen.

[1] Beispielhafte Rezeptur der Firma Keim: In 4 Liter Keim Fixativ werden 5 kg Purkristalat Farbpulver eingesumpft und anschließend homogen verrührt. Diese Mischung ergibt 10 kg streichfertige Farbe. Für Grund- und Zwischenanstrich wird dieser Beschichtungsstoff mit Fixativ verdünnt.

Das Fixativ kann hier mit Wasser verdünnt werden. Neue und zu glatte, versinterte Untergründe werden mit Ätzflüssigkeit[1] vorbehandelt und nach dem Trocknen mit klarem Wasser gründlich nachgewaschen.

Der Grundanstrich wird je nach Saugfähigkeit des Untergrunds mit Fixativ verdünnt und mit der Bürste gestrichen. Der Schlussanstrich kann gestrichen oder gespritzt werden. Zwischen den einzelnen Anstrichen ist eine Trockenzeit von mindestens zwölf Stunden einzuhalten.

Silikatfarbenanstriche mit zu geringem Kaliwasserglasanteil (= Fixativ) neigen zum Kreiden und sind kaum ansatzfrei zu überstreichen.

Glasige Flecken entstehen bei zu hohem Fixativanteil.

Angerichtete Silikatfarben sind nicht lagerfähig. Werkzeuge und Geräte sind nach Abschluss der Arbeiten sofort mit Wasser zu reinigen. Eine Reinigung nach der Erhärtung ist nicht mehr möglich.

Nicht zu behandelnde Flächen (Glas, Keramik und Naturstein) werden von diesem Material verätzt und sind abzudecken.

Bei Malereien wird auch die sog. Keim-A-Technik ausgeführt. Dabei wird mit den in Wasser angeteigten Pigmenten gemalt. Anschließend wird die Malerei mit dem Bindemittel Kaliwasserglas (dem Fixativ) übersprüht und so an den Untergrund gebunden.

2.5.2 Dispersionssilikatfarben

Nach DIN 18363 VOB ATV „Maler- und Lackierarbeiten" weist eine Dispersionssilikatfarbe folgende Bestandteile auf:

- Kaliwasserglas
- kaliwasserglasbeständige Pigmente
- Kunststoffdispersion
  (bis zu 5 Gew.-% organische Anteile, bezogen auf die Gesamtmenge des Werkstoffs in der Lieferform)

Verwendung

Aufgrund des Dispersionsanteils kann dieser Werkstoff streichfertig als Einkomponentenfarbe geliefert werden. Die Kunststoffdispersion stabilisiert die fabrikmäßig gemischte Dispersionssilikatfarbe.

Dispersionssilikatfarben lassen sich leichter verarbeiten als Silikatfarben ohne Dispersionsanteil. Der Dispersionsanteil bewirkt auch eine bessere Haftung auf organischen Untergründen, wie alten Dispersionsfarben, Gipskarton und Raufasertapeten im Innenraum.

Dispersionssilikatfarben eignen sich für die Renovierung und den Neuanstrich auf mineralischen Untergründen.

[1] Als Ätzflüssigkeit wird eine fabrikmäßige Mischung von Hexafluorokieselsäure und Fluorwasserstoffsäure eingesetzt.

Mit diesem Werkstoff hergestellte Anstriche sind sehr diffusionsoffen (gasdurchlässig). Das Material kann gestrichen, gerollt oder Airless gespritzt werden. Zwischen dem Grund- und Schlussanstrich ist eine Trocknungszeit von mindestens zwölf Stunden einzuhalten.

Der Untergrund muss trocken, tragfähig, kreidungsfrei, sauber und staubfrei sein. Schlecht haftende Teile sind mechanisch oder durch Wasserdruckstrahlen zu entfernen. Fehlstellen sind mit einem geeigneten Ausbesserungsmaterial zu ergänzen und strukturgleich anzupassen. Versinterungen sind zu entfernen. Stark saugende Flächen müssen mit Spezial-Fixativ grundiert werden.

Nicht zu beschichtende Flächen (Glas, Keramik und Naturstein) werden von diesem Material verätzt und sind abzudecken.

2.5.3 Sol-Silikatfarben

Diese Generation der Silikatfarben ist eine Bindemittelkombination von Kieselsol[1] und Wasserglas und enthält wie die Dispersionssilikatfarbe bis zu 5 Gew.-% organische Anteile, also Kunststoffdispersion. Diese Bindemittelkombination ermöglicht silikatische Anstriche nicht nur auf mineralischen, sondern auch auf einer Vielzahl organischer Untergründe – direkt und ohne zusätzliche Haftbrücken.

Verwendung
Sol-Silikatfarben eignen sich für die Renovierung und den Neuanstrich von tragfähigen, dispersions- und silikonharzgebundenen Anstrichen und Putzen ebenso wie für mineralische Untergründe. Ausgenommen sind Holz, plastoelastische Beschichtungen, verseifungsfähige Altfarben (z. B. bestimmte Ölfarben), nicht benetzbare Untergründe (z. B. Lacke) und Porenbeton-Montagebauteile.

Beschichtungen mit diesem Werkstoff sind sehr diffusionsoffen (gasdurchlässig) und hoch wasserabweisend. Das Material kann gestrichen, gerollt oder Airless gespritzt werden. Zwischen Grund- und Schlussanstrich ist eine Trocknungszeit von mindestens zwölf Stunden einzuhalten.

Der Untergrund muss trocken, tragfähig, nicht kreidend, sauber und staubfrei sein. Schlecht haftende Altbeschichtungen sind mechanisch oder mit Wasserdruckstrahlen zu entfernen. Fehlstellen sind mit einem geeigneten Ausbesserungsmaterial zu ergänzen und strukturgleich anzupassen. Versinterungen sind zu entfernen. Stark saugende Flächen sind mit Sol-Fixativ zu grundieren.

Nicht zu behandelnde Flächen (Glas, Keramik, Naturstein und Metalle) werden von diesem Material verätzt und sind abzudecken.

---

[1] Kieselsol wird durch den Austausch von Ionen (Änderung der elektrischen Ladung der Moleküle) aus Wasserglas hergestellt. Für Farben wird Kieselsol als wässrige kolloidale Suspension nahezu kugelförmiger Polykieselsäure-Moleküle mit 30 % bis maximal 60 % Siliciumdioxid verwendet.

DIN 18363 VOB Teil C „Allgemeine Technische Vertragsbedingungen für Bauleistungen (ATV) – Maler- und Lackierarbeiten – Beschichtungen“

Internetsuchbegriff: WINGIS

Gesundheitsschutz beim Arbeiten mit Ätzflüssigkeit und Silikatfarben

Gefahrenhinweise:
H315 Verursacht Hautreizungen.
H318 Verursacht schwere Augenschäden.
H335 Kann die Atemwege reizen.

Sicherheitshinweise:
P280 Schutzhandschuhe/Schutzkleidung/Augenschutz/Gesichtsschutz tragen.
P302 + P352 + P333 + P313 Bei Berührung mit der Haut: Mit viel Wasser und Seife waschen. Bei Hautreizung oder -ausschlag: Ärztlichen Rat einholen/ärztliche Hilfe hinzuziehen.
P305 + P351 + P338 Bei Kontakt mit den Augen: Einige Minuten lang behutsam mit Wasser ausspülen. Eventuell vorhandene Kontaktlinsen nach Möglichkeit entfernen. Weiter ausspülen.
P261 + P304 + P340 + P312 Einatmen vermeiden. Bei Einatmen: Die Person an die frische Luft bringen und ungehinderte Atmung sorgen. Bei Unwohlsein Giftinformationszentrum/Arzt anrufen.
P501 Inhalt/Behälter zu geeigneten Abfallsammelpunkten bringen.

Im Betrieb ist auf der Grundlage des Sicherheitsdatenblattes eine Betriebsanweisung zu erstellen und die Mitarbeiter/-innen sind entsprechend zu unterweisen.

2.6 Organische Bindemittel

Organische Bindemittel bestehen aus komplizierten Kohlenstoffverbindungen. Während die anorganischen Bindemittel seit Jahrhunderten nahezu unverändert eingesetzt werden, sind viele organische Bindemittel in den letzten Jahrzehnten erstmals hergestellt worden. Die Entwicklung geht rasant weiter.

wasserverdünnbare Bindemittel

Emulsionen	Suspensionen
Eigentlich nicht mischbare Flüssigkeiten werden mithilfe eines Emulgators miteinander vermischt.	Feste Stoffe werden in einer Flüssigkeit fein verteilt (dispergiert).

Einteilung der wasserverdünnbaren (nicht wasserlöslichen) organischen Bindemittel

Von den organischen Bindemitteln waren ursprünglich nur Leime, Kleister und Kasein in Wasser löslich. Lackbindemittel waren in der Regel nur mit organischen Lösemitteln zu lösen und zu verdünnen.

Die Lösemittel schädigen Gesundheit und Umwelt. So wird immer mehr versucht, diese Bindemittel auch wasserverdünnbar oder sogar wasserlöslich herzustellen. Wasser bietet sich als Löse- und Verdünnungsmittel besonders an. Es ist billig, unbrennbar und ungiftig. Zur Herstellung von wasserverdünnbarem oder wasserlöslichem Lackbindemittel sind aber häufig Stoffe erforderlich, die ebenfalls gesundheits- und umweltschädlich wirken, z. B. Amine.

Beim Verdünnen mit Wasser wird stets nur der Wasseranteil erhöht, der wasserunverträgliche Anteil der Mischung wird nicht beeinflusst.

Emulsionen

Bei Emulsionen sind zwei an sich unverträgliche Flüssigkeiten, z. B. Leinöl und Wasser, miteinander vermischt.

Diese Mischung wird durch zugesetzte Emulgatoren, z. B. Zelluloseleime, möglich. Die Emulgatoren verhindern die Entmischung.

Als Emulsionen wurden früher häufig Leinöl, Holzöl, Öllacke und Alkydharzlacke in Leim- oder Kaseinlösung verwendet. Diese Beschichtungsstoffe wurden von den Kunststoffdispersionen abgelöst.

Maler/-innen verwenden heute Silikonharzemulsionen, die in der Mischung mit Kunststoffdispersionen als Silikonharzfarben im Handel sind.

Auch bei anderen wasserverdünnbaren, neuzeitlichen Lackbindemitteln liegt eine Emulsion vor, wenn z. B. das organische Bindemittel erst in organischen Lösemitteln gelöst und dann in der wässrigen Lösung verteilt wurde. Das Lösemittel wird z. T. bei der Herstellung wieder durch Destillieren aus dem Werkstoff entfernt.

Suspensionen

Bei Suspensionen sind an sich feste Teilchen in einer Flüssigkeit fein verteilt. Dies trifft z. B. auf die Bindemittel von Dispersionsfarben und Dispersionslackfarben zu.

Bei Dispersionsfarben und Dispersionslackfarben sind die Bindemittel als kleine Kunststoffteilchen in einer wässrigen Lösung fein verteilt. Beim Verdünnen wird die wässrige Lösung dünnflüssiger, die Kunststoffteilchen, also die Bindemittel, werden nicht angelöst.

2.7 Zelluloseleime und -kleister

Bei der Herstellung von Zelluloseleimen und -kleistern wird die wasserunlösliche Zellulose durch chemische Reaktionen mit Alkoholen in wasserlösliche Zelluloseether umgewandelt. Meistens verwendet man dazu Methanol (Methylalkohol). Der Zelluloseether wird dann als Methylzellulose (MC) bezeichnet.

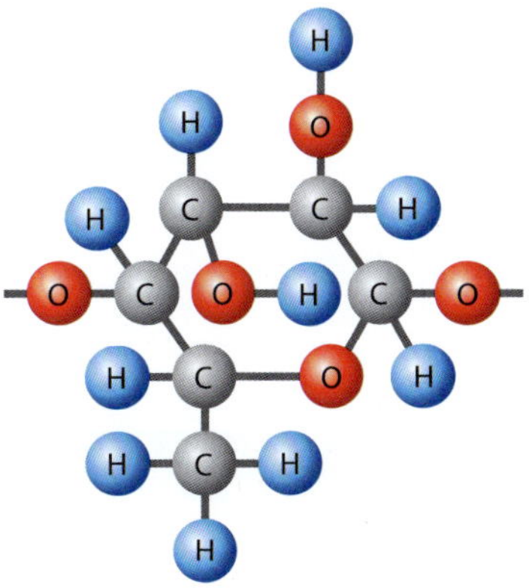

Ausschnitt aus einem wasserunlöslichen Zellulosemolekül

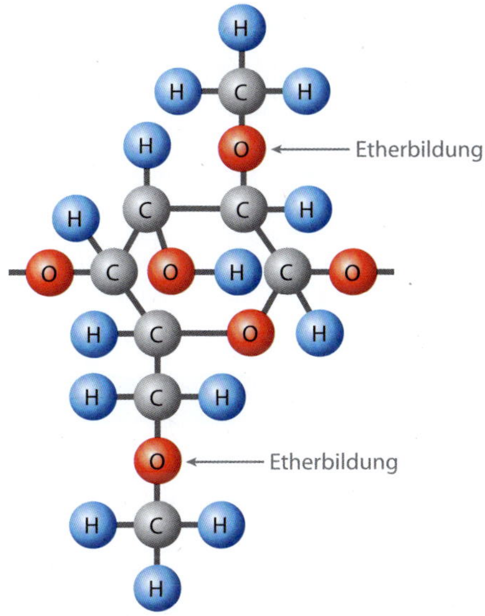

Ausschnitt aus einem wasserlöslichen Zelluloseethermolekül

Ether enthalten die charakteristische Gruppe Kohlenstoff-Sauerstoff-Kohlenstoff:

Andere Kleister enthalten als Bindemittel Carboxymethylcellulose (CMC), das Natriumsalz des Glykolsäureethers der Zellulose. Dieses Bindemittel wird durch Umsetzung von mit Natronlauge behandelter Zellulose mit Essigsäure hergestellt. Herstellungsbedingt enthalten diese Kleister bis zu 40 % Kochsalz (NaCl) und Natriumglykolate. Dadurch sind diese Kleister im ungereinigten Zustand feuchtigkeitsempfindlicher als Methylzellulosekleister. Besonders auf Spachtelungen auf Gipskartonplatten ist es beim Einsatz dieser Kleister immer wieder zu Blasenbildungen und Ablösungen gekommen, wenn nach dem Verarbeiten feuchte Umgebungsbedingungen herrschten und der Kleister zu lange nass stehen blieb, also zu langsam trocknete und damit die Spachtelmassen anquellen konnten.

CMC-haltige Kleister sind im Gegensatz zu MC-Kleistern alkaliempfindlich und eignen sich nicht für alkalische Neuputze.

Die Molekülketten der Kleister sind länger als die von Zelluloseleimen. Deshalb sind die Kleister dickflüssiger (hochviskos) als die Leime.

Zelluloseleime und -kleister sind als grießartige Pulver oder als Granulate im Handel. Die Leime und Kleister werden klumpenfrei in kaltes Wasser eingerührt. Normalkleister sollte etwa 20 Minuten, Spezialkleister etwa 30 Minuten quellen. Vor Gebrauch muss die Kleistermasse nochmals kräftig durchgeschlagen werden. Auf den Leim- bzw. Kleisterpackungen ist das Ansatzverhältnis Leim bzw. Kleister zu Wasser in Gewichtsanteilen angegeben.

2.7.1 Leimfarben

Leimfarben sind streichfertig im Handel, können aber auch selbst hergestellt werden. Dazu werden die Pigmente in Wasser eingesumpft. Als Pigmente werden meist Kreide, Lithopone sowie anorganische und organische Buntpigmente verwendet. Da diese Pigmente nicht besonders gut decken, ist das Deckvermögen der Leimfarben im Vergleich zu hochwertigen Dispersionsfarben eingeschränkt.

Die Pigmente werden in Wasser eingesumpft. Getrennt dazu wird der Zelluloseleim in sauberes, kaltes Wasser klumpenfrei eingerührt.

Ansatzverhältnis für Zelluloseleime

Leim : Wasser	Verwendung
1 : 25	als Bindemittel für Leimfarben
1 : 50	zum Vorleimen stark saugender Flächen

Nach 30 Minuten wird der Leim kräftig durchgeschlagen. Anschließend kann man die Leimlösung den Pigmenten zusetzen. Für wischbeständige Innenanstriche ist eine 3 %ige Ableimung erforderlich. Dies entspricht einem Leimbedarf von 3 kg auf 100 kg Kreide oder 1 Teil dick angeteigter Kreide und 1 Teil Leimlösung (Ansatzverhältnis 1 : 25).

Leimfarben sind reversibel, d. h., sie sind auch nach der Trocknung wasserlöslich. Diese Anstrichmittel sind deshalb kein tragfähiger Untergrund für Dispersionsfarbenanstriche oder Tapezierungen. Leimfarben müssen vor einer neuen Beschichtung vollständig abgewaschen werden. Die Festigung alter Leimfarbanstriche mit Putzgrundiermitteln ist nicht dauerhaft möglich[1].

Leimfarben dürfen keine Zusätze von Kunststoffdispersionen enthalten, da die Entfernung dieser als Mischbinderfarben bezeichneten Anstrichstoffe nur schwer möglich, andererseits eine problemlose Überarbeitung nicht möglich ist. Abplatzungen wären die Folge.

Die DIN 18363 VOB Teil C „Allgemeine Technische Vertragsbedingungen für Bauleistungen (ATV) – Maler- und Lackierarbeiten – Beschichtungen" fordert, dass Leimfarben nicht überstrichen, sondern bei einer Renovierung mit Wasser abgewaschen werden. Rechnet man den Arbeitsaufwand, der bei der Entfernung der Leimfarben anfällt, ist der Einsatz von Leimfarben heute in der Anstrichtechnik unwirtschaftlich.

[1] In der Praxis entstehen immer wieder Schäden durch Abplatzungen, weil versucht wurde, vorhandene Leimfarben oder wischbeständige Innenwandfarben mit Putzgrundiermittel (Tiefgrund) zu festigen.

DIN 18363 VOB Teil C „Allgemeine Technische Vertragsbedingungen für Bauleistungen (ATV) – Maler und Lackierarbeiten – Beschichtungen"

Internetsuchbegriff: Kleister

Eine gewisse Bedeutung haben Leimfarben heute in der Denkmalpflege. Sie werden im Innenraum für Decken- und Wandanstriche eingesetzt, wenn wasserfeste Anstrich- oder Malschichten überstrichen werden sollen und die Leimfarben später für eine angedachte Restaurierung der historischen Schichten wieder rückstandsfrei entfernt werden sollen.

2.7.2 Kleister

Neben dem Normalkleister wurde eine ganze Reihe von speziellen Kleistersorten entwickelt.

Kleistersorten und ihre Besonderheiten

Kleistersorten	Besonderheiten	Verwendung
Normalkleister	Anrühren im kalten Wasser, nach 20 Minuten gebrauchsfertig	für normale bis schwere Papiertapeten
Spezialkleister	enthält Kunststoffdispersionszusätze, dadurch größere Klebkraft	für schwere Tapeten, Prägetapeten, Raufaser, Strukturtapeten, Vinyltapeten, Naturwerkstofftapeten, Fotodrucke, Tekkotapeten, Textiltapeten, restlos abziehbare Tapeten sowie Tapeten auf Vliesträger
Instant-Spezial-Kleister	enthält Kunststoffdispersionszusätze, dadurch größere Klebkraft, in 3 Minuten gebrauchsfertig, besonders ergiebig	für schwere Tapeten, Prägetapeten, Raufaser, Strukturtapeten, Vinyltapeten, Naturwerkstofftapeten, Fotodrucke, Tekkotapeten, Textiltapeten, restlos abziehbare Tapeten sowie Tapeten auf Vliesträger, auch für den Roll- oder Spritzauftrag auf der Wand geeignet
Tapeziergeräte-Kleister	enthält Kunststoffdispersionszusätze, dadurch größere Klebkraft, niedrigere Viskosität, dadurch besonders für Tapeziergeräte geeignet, in 3 Minuten gebrauchsfertig	für schwere Tapeten, Prägetapeten, Raufaser, Strukturtapeten, Vinyltapeten, Naturwerkstofftapeten, Fotodrucke, Tekkotapeten, Textiltapeten, restlos abziehbare Tapeten
Neuputzkleister	Spezialkleister für Gipsputze, kann hier auch zur Egalisierung der Saugfähigkeit eingesetzt werden, für die Verarbeitung mit Tapeziergeräten geeignet	für Mustertapeten, Prägetapeten, Raufaser, Strukturtapeten sowie Tapeten auf Vliesträger, auch für den Roll- oder Spritzauftrag auf der Wand geeignet
Textiltapeten-Kleister	enthält Kunststoffdispersionszusätze und spezielle Klebekraft verstärkende Zusätze, dadurch größere Klebkraft, schnell gebrauchsfertig, besonders ergiebig	speziell für Strukturtapeten, Textiltapeten, Glasgewebetapeten und Raufaser

Übliche Ansatzverhältnisse für Zellulosekleister*

Verwendungszweck	Normal-kleister Ansatz	Spezial-kleister Ansatz	Instant-Spezial-Kleister Ansatz	Tapezier geräte-Kleister Ansatz	Textiltapeten-Kleister Ansatz
Vorkleistern	1 : 80	1 : 40	1 : 40	1 : 70	–
leichte Papiertapete	1 : 70	–	–	–	–
normale Papiertapete	1 : 60	–	–	1 : 35	–
schwere Papiertapete	1 : 50	1 : 20	1 : 25	1 : 35	–
Raufaser	–	1 : 20	1 : 25	1 : 35	1 : 14
Strukturtapeten	–	–	–	–	1 : 14
Textiltapeten	–	–	–	–	1 : 14
Glasgewebe	–	–	–	–	1 : 14

* Werden vom Kleister- oder Tapetenhersteller andere Ansatzverhältnisse gefordert, sind diese verbindlich einzuhalten.

Kleisterflecken sollten noch im feuchten Zustand entfernt werden, da sonst Flecken zurückbleiben. Auf empfindlichen Tapeten lassen sich Kleisterflecken nicht fleckenfrei entfernen und müssen deshalb unbedingt vermieden werden. Kleister sind auch nach der Trocknung wasserlöslich (= reversibel). Allerdings wird diese Eigenschaft durch den Kunststoffdispersionszusatz abgeschwächt. In der Regel können alte Tapeten nach dem Einweichen mit Wasser relativ gut vom Untergrund entfernt werden.

2.7.3 Haut- und Knochenleime

Diese Leime werden aus tierischen Abfällen, wie Knochen und Häuten, hergestellt. Beim Auskochen dieser Rohstoffe wird der Eiweißstoff Glutin gelöst. Das Glutin bewirkt die Klebe- und Bindekraft.

Die Naturprodukte werden durch Heißwasserextraktion aus frischen, entfetteten Knochen oder aus Häuten hergestellt. Das Knochenleim- oder Hautleim-Granulat wird zunächst in kaltes Wasser eingerührt, hier quillt es, ohne in Lösung zu gehen. Nach der vollständigen Quellung, die einige Stunden dauert, löst sich der Leim nach dem Erwärmen im Wasserbad (auf höchstens 333 K = 60 °C erwärmen).

Hautleim ist elastischer als Knochenleim.

Je nach Ausgangsmaterial unterscheidet man zwischen Knochen-, Haut-, Hasen-, Fisch- und Hausenblasenleim. Fischleim wird aus Fischabfällen, Gräten, Häuten, Hausenblasenleim aus den Schwimmblasen der Hausen und des Störs gewonnen.

Bei der Herstellung von Hautleim legt man die frischen Hautabfälle und Felle aus Abdeckereien, Gerbereien usw. zwei bis vier Wochen lang in eine 5 %ige Kalklauge. Dadurch wird die Hautstruktur aufgelockert und die Masse angequollen.

Dies erleichtert die nachfolgende Hydrolyse[1]. Anschließend wird der Kalk mit Wasser gründlich ausgewaschen und das zurückbleibende Kollagenmaterial zusammen mit Wasser etwa zwei Stunden lang auf 343 K (70 °C) erwärmt. Die dabei entstehende Lösung wird abgelassen (1. Sud) und als Gelatine verarbeitet. Beim nächsten Sud erhitzt man das zurückbleibende Material auf ca. 353 K (80 °C). So stellt man drei bis vier Sude mit steigenden Temperaturen her; erst beim letzten Sud wird zum Sieden erhitzt. Je höher die Temperatur ist, um so dunkler ist die Farbe des Suds, umso weiter ist der Abbau (die Hydrolyse) fortgeschritten. Bei der Weiterverarbeitung werden mehrere Sude miteinander vereinigt, geklärt, gebleicht und im Vakuum bei 333 K (60 °C) auf 25 bis 40 % eingedampft. Die so erhaltene zähflüssige Brühe gießt man in 1 cm hohe Schichten auf Leimtische, die von unten mit Wasser gekühlt werden. Die halbfeste Masse wird weiter getrocknet, z. T. zerkleinert und ist dann beliebig lange haltbar.

Der Leim ist umso besser, je klarer er ist.

Die Leime kommen in hellgelben bis braunen Tafeln, als Körnern oder Pulver in den Handel. Vor der Verarbeitung müssen sie erst in kaltem Wasser quellen. Dies dauert bei Tafelleim bis zu 24 Stunden. Die Quellzeit reduziert sich bei Pulverleim auf etwa 15 Minuten. Anschließend sind die gequollenen Leime im bis zu 333 K (60 °C) warmen Wasserbad löslich.

Tierische Leime nach Herkunft der Rohstoffe

Leimsorten	Herkunft der Rohstoffe
Knochenleim	aus Knochenabfällen
Hautleim	aus Hautabfällen
Lederleim	aus Lederabfällen
Hasenleim	aus Hasenfellen
Fischleim	aus Fischgräten
Hausenblasen	aus den Schwimmblasen der Hausen und des Störs
Gelatine	aus besonders guten Häuten, z. B. Kalbshäuten

Tierische Leime werden heute nur noch für besondere Aufgaben, z. B. zum Aufbau des Kreidegrundes für Polimentvergoldungen, und Gelatine für glänzende Hinterglasvergoldungen verwendet. Hier sind sie allerdings bislang nicht zu ersetzen.

2.8 Kasein

Kasein ist der wichtigste Eiweißbestandteil von Milch. Zur Herstellung von Kasein wird Vollmilch zentrifugiert. Dadurch wird der Fettgehalt stark reduziert.

[1] Die Hydrolyse ist die Umkehrung der Neutralisation. Es entstehen wieder basische Stoffe und Säuren; siehe Teil C, Kapitel 1.16, Seite 123

Die so entstandene Magermilch erwärmt man auf 318 K (35 °C), dann setzt man Milchsäurebakterien zu. Nach einigen Stunden wird die Temperatur auf über 323 K (45 °C) erhöht. Die Milchsäurebakterien vermehren sich, Milchsäure wird abgespalten. Ab dem pH-Wert 4,6 gerinnt das Kasein. Die klare, überstehende Flüssigkeit (Molke) lässt man ablaufen. Nach dem Auswaschen mit Wasser wird das Wasser aus dem Kasein ausgepresst und das Kasein anschließend getrocknet und pulverisiert. Das Kasein wird als leicht gelbliches Pulver geliefert.

Das getrocknete Kaseinpulver ist in Wasser unlöslich. Deshalb wird es für Anstrichzwecke mit laugenhaften Stoffen, z. B. Kalklauge, Natronlauge, Kalilauge, Ammoniak oder Borax, aufgeschlossen und somit wasserlöslich.

Kasein trocknet physikalisch durch Verdunsten des Wassers, ist aber wasserbeständiger als Leime. Für wetterbeständige Außenanstriche ist Kasein aber nur in der Mischung mit Kalkfarbe geeignet. Früher verwendete man Kasein auch in Emulsionen mit Leinöl. Anstriche mit Kaseinfarben sind sehr spannungsreich. Um Abplatzungen zu vermeiden, darf der Kaseinanteil nicht zu hoch sein.

Kasein wird für historische Techniken, die Restaurierung und die Denkmalpflege verwendet. Historisch bedingt gibt es für die Herstellung von Kasein zahlreiche Rezepte.

Rezept 1 für Kalkkasein

5 Volumenteile Quark (Magerquark) durch ein Sieb streichen oder gut durchrühren,

1 Volumenteil Breikalk (Sumpfkalk) einrühren.

Im Verlauf von ungefähr einer Minute wird das Kasein aufgeschlossen und so wasserlöslich.

Rezept 2 für Kalkkasein

40 g Pulverkasein in 125 ml kaltem Wasser quellen lassen,

33 g (Breikalk) zusetzen.

Das abgewogene Kaseinpulver wird in der Reibschale mit der angegebenen Wassermenge eingeweicht und an einem warmen Ort zugedeckt einige Stunden stehen gelassen, bis es zu einem weichen Schlamm durchgequollen ist. Das Kasein hat dann das meiste Wasser aufgenommen. Erst dann wird die breiige Mischung mit dem Kalk vermengt.

Rezept für Borax-Kasein nach Wehlte

40 g Milchsäurekaseinpulver lässt man ca. zwölf Stunden in 125 ml kaltem Wasser quellen,

16 g Borax, kristallin, wird in 125 ml heißem Wasser gelöst.

Die heiße Boraxlösung wird in den grießigen Kaseinschlamm eingerührt, nach wenigen Minuten rührt man einige Mal um und lässt die Mischung dann ein bis zwei Stunden stehen.

Rezept für Ammonium-Kasein nach Dörner

40 g Kasein wird in wenig kaltem Wasser angeteigt, dann wird 250 ml warmes Wasser zugegeben und glatt gerührt,

10 g Ammoniumkarbonat, in wenig Wasser gelöst, werden zugegeben und die Mischung verrührt.

Gebrauchsfertig ist das Kasein, wenn kleine Bläschen das aus dem Karbonat aufsteigende Kohlendioxid anzeigen.

Ammonium-Kasein wird schnell von Bakterien und Pilzen angegriffen und verdirbt so. Dieses Kasein ist aber verhältnismässig spannungsarm.

2.9 Kunststoffdispersionen

Kunststoffdispersionen werden durch Polymerisation hergestellt. Dazu werden Einzelmoleküle (Monomere) mit reaktionsfähigen Doppelbindungen in einer wässrigen Lösung fein verteilt. Diese Lösung enthält außer Wasser noch Emulgatoren[1] und Schutzkolloide[2]. Die Zusätze verhindern die Entmischung und stabilisieren die Dispersion.

Die Polymerisation wird in der wässrigen Lösung durch Wärme und zugesetzte Reaktionsbeschleuniger ausgelöst. Dabei klappen die Doppelbindungen auf und die Einzelteilchen verbinden sich an den aufgebrochenen Doppelbindungen. Nunmehr sind die so entstandenen Makromoleküle in der wässrigen Lösung fein verteilt.

Makromoleküle in wässriger Lösung

[1] Emulgiermittel haben ein wasserfreundliches (fettfeindliches) und ein wasserfeindliches (fettfreundliches) Ende. Mit Emulgiermitteln lassen sich an sich unverträgliche Flüssigkeiten, z. B. Öl und Wasser, mischen.

[2] Schutzkolloide sind hochmolekulare und hochviskose Stoffe (Beispiel Zelluloseether = Zelluloseleime). Diese können beim Lösevorgang eine große Menge Wasser binden. Damit erhöht sich die Viskosität, die Entmischung wird verhindert.

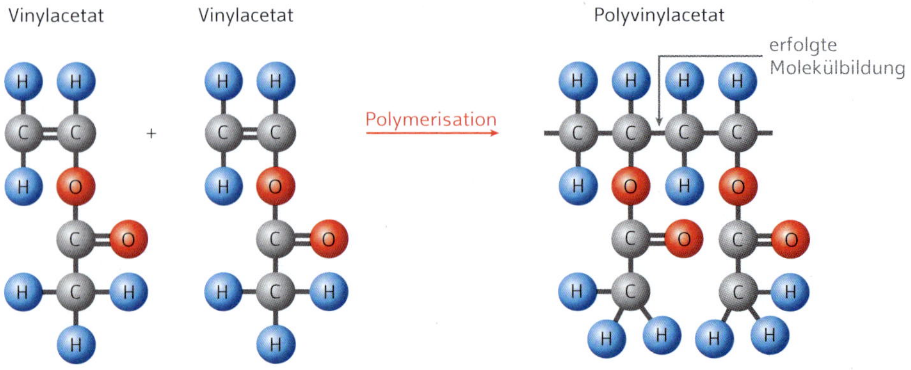

Herstellung von Kunststoffdispersionen am Beispiel der Polyvinylacetatdispersion

Vorgang:

1. Vinylacetat wird in der wässrigen Lösung fein verteilt.
2. Das Vinylacetat polymerisiert. Dabei öffnen sich die Doppelbindungen zwischen den Kohlenstoffatomen (grauer Farbton). Die Einzelmoleküle verbinden sich zu einem Riesenmolekül.

Kunststoffteilchen eines Putzgrundiermittels

Die Größe der Riesenmoleküle hängt von den verwendeten Monomeren (Einzelteilchen), aber auch von der Art und Menge der Emulgatoren und der Schutzkolloide ab. Setzt man überwiegend Emulgatoren zu, entstehen feinteilige Dispersionen. Verwendet man dagegen Schutzkolloide, entstehen gröbere Dispersionen.

Bei den homopolymeren Dispersionen verbinden sich gleiche Monomere zu Polymeren (Riesenmolekülen).

Wichtige homopolymere Dispersionen

Monomere	Polymere (Kunststoffdispersionen)	Abk.	Alkalibeständigkeit
Vinylacetat	Polyvinylacetat	PVAC	sehr schlecht
Vinylpropionat	Polyvinylpropionat	PVP	schlecht
Methacrylat	Polymethacrylat	PMA	sehr gut
Ethacrylat	Polyethacrylat	PEA	sehr gut

Polyvinylacetat- und Polyvinylpropionat-Dispersionen sind nicht laugenbeständig und dürfen deshalb auf alkalischen Untergründen nicht eingesetzt werden. Sie würden dort verseifen[1] und so zerstört werden.

Bei den copolymeren Dispersionen verbinden sich unterschiedliche Monomere zu Riesenmolekülen.

Die Copolymerisation wählt man gerne, weil sich damit die Eigenschaften optimieren lassen und man zumindest bei Innenwandfarben weitgehend auf Weichmacher und Filmbildungsstoffe (Lösemittel) verzichten kann.

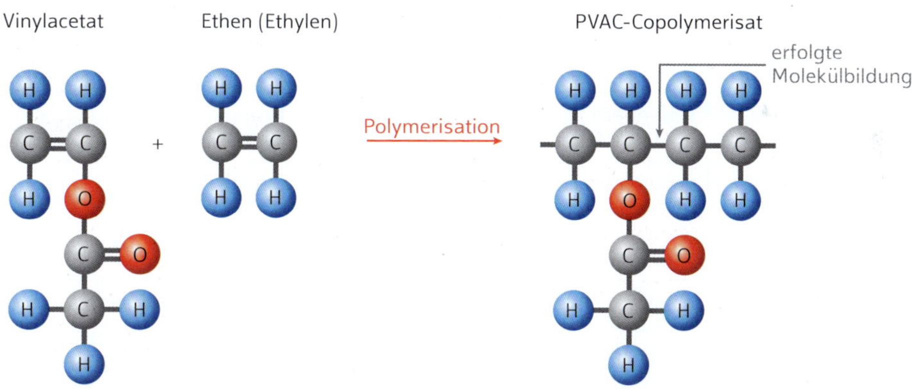

Beispiel einer Copolymerisation

[1] Verseifung ist die chemische Zerstörung eines Esters durch Laugen. Der wasserunlösliche Ester wird durch Laugen wasserlöslich und kann mit Wasser abgewaschen werden. Siehe Teil C, Kapitel 1.22, Seite 130

Wichtige copolymere Dispersionen

Monomere	Polymere (Kunststoffdispersionen)	Verwendungsbeispiele
Methacrylat + Ethacrylat	Polyacrylat-Copolymerisat	auf Beton
Styrol + Ethacrylat	Styrol-Acrylat	für Fassadenfarben
Styrol + Butadien	Styrol-Butadien	für Latexfarben

Erforderliche Zusatzmittel

Kunststoffdispersionen enthalten Zusätze. Um Kosten zu sparen und die Umwelt zu schonen, setzt man nur die mindestens erforderliche Menge ein. Dies sieht man daran, dass sich eine stark verdünnte Dispersionsfarbe nicht bläschenfrei rollen lässt und eine stark verdünnte Dispersionsfarbe schnell von Bakterien und Pilzen befallen wird, erkennbar am Geruch und der verringerten Viskosität.

Zusatzmittel (Additive) für Kunststoffdispersionen

Zusatzmittel	Aufgaben	Häufig eingesetzte Mittel
Verdickungsmittel	verhindern die Entmischung, ermöglichen die Verarbeitung mit der Farbrolle	Zelluloseleim, Polyvinylalkohol, Alginate
Netzmittel	verbessern die Benetzung der Pigmente und damit die Dispergierung	Natriumstearat, Ethylenoxidaddukte, Phosphate
Entschäumungsmittel	verhindern das Einrühren von Luft und damit die Schaumbildung, ein blasenfreies Verarbeiten mit der Farbrolle wird möglich	Mineralöle, Fettsäurederivate
Konservierungsmittel	verhindern bei der Lagerung Pilz- und Bakterienbefall	Ammoniumverbindungen
Filmbildungshilfsstoffe[1]	machen die Oberfläche der Kunststoffteilchen klebrig und fähig zu Filmbildung, Verlauf und Glanz lassen sich verbessern	Testbenzin, Alkohole
Weichmacher[2]	plastifizieren die Dispersion, dadurch ist sie bei Temperaturen über 278 K (5 °C) fähig zur Filmbildung, außerdem wird die Versprödung der Beschichtung bei tiefen Temperaturen verhindert	Phosphorsäureester, Phthalsäureester, Adipinsäureester

[1] Bei Innenwandfarben verzichtet man heute weitgehend auf den Einsatz von Filmbildungshilfsstoffen. Diese Dispersionsfarben werden dann häufig als Lf-Dispersionsfarben (Lf = lösemittelfrei) bezeichnet.

[2] Bei copolymeren Dispersionen kann man meist auf den Zusatz von Weichmachern verzichten. Weichmacherzusätze sind unbeliebt, weil sich der Weichmacher verflüchtigen kann und damit eine Versprödung der Beschichtung oder ein Klebrigwerden der angrenzenden Beschichtung erfolgen kann, wenn diese den flüchtigen Weichmacher aufnimmt.

Zum Schutz der Wandflächen gegen Algen- und Pilzbewuchs reicht der übliche Konservierungsmittelanteil nicht aus. Hier müssen speziell fungizid und algizid eingestellte Dispersionsfarben eingesetzt werden. Aber auch damit lässt sich ein Bewuchs nicht dauerhaft beseitigen.

Dispersionsfarben für besondere Einsatzgebiete enthalten noch weitere Zusätze. Zum Beispiel enthalten Brandschutzfarben spezielle Salze, die im Brandfall vergasen und zum Aufschäumen der Beschichtung führen.

Trocknung der Kunststoffdispersionen

Kunststoffdispersionen trocknen physikalisch. Dabei verdunstet das Wasser aus der wässrigen Lösung. Die Kunststoffteilchen fließen zusammen und verkleben. Diesen Vorgang bezeichnet man auch als Kalten Fluss.

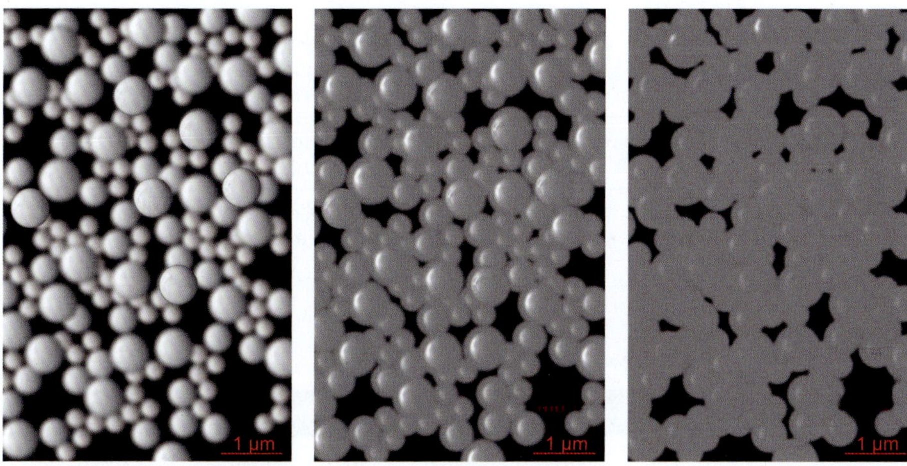

Verfilmung von Dispersionsbindemittel durch Kalten Fluss

Da die Kunststoffteilchen thermoplastisch sind und bei tiefen Temperaturen nicht verfilmen, dürfen Dispersionsfarben nicht unter der Mindestfilmbildungstemperatur (MFT) von 278 K (5 °C) verarbeitet werden.

Beim Unterschreiten der Mindestfilmbildungstemperatur würde ein Dispersionsbindemittel nicht mehr verfilmen, die kleinen Kunststoffteilchen würden aufgrund der Lichtbrechung weißlich sichtbar bleiben. Deshalb bezeichnet man die unmittelbar unter der MFT angesiedelte Temperatur als Weißpunkt.

Einige Hersteller bieten für Dispersionswerkstoffe zur Verarbeitung in der kalten Jahreszeit Zusätze an, die die Mindestfilmtemperatur auf unter 273 K (= 0 °C) absenken. Bei der Verwendung dieser Additive sind die Herstellerangaben genau einzuhalten.

Der Kalte Fluss ist nur möglich, wenn die Kunststoffteilchen weich und klebrig sind. Um eine niedrige Mindestfilmbildungstemperatur zu erreichen, setzt man Weichmacher und Filmbildungshilfsstoffe ein. Als Filmbildungshilfsstoffe verwendet man organische Lösemittel.

Diese Stoffe verdunsten bei der Trocknung der Dispersionsfarben. Weichmacher wirken wie Lösemittel lösend, sollen aber nicht verdunsten und in der Beschichtung verbleiben. Hier können sie auf die Beschichtung elastifizierend wirken und das Kälteverhalten der Dispersionsfarben entscheidend verbessern. Da Weichmacher auswandern oder sich chemisch verändern können, wird der Weichmacherzusatz kritisch gesehen.

Übersicht über unpigmentierte Kunststoffdispersionen

Werkstoffe	Eigenschaften	Verwendung
Putzgrundiermittel (Tiefgrund wasserverdünnbar)	aufgrund der kleinen Kunststoffteilchen gutes Eindringvermögen, alkalibeständig	als Grundierung auf mineralischen Untergründen und Gipskarton
farblose Überzugsmittel	aufgrund der kleinen Kunststoffteilchen glänzend und gut verlaufend	zum Schutz und zur Erhöhung der Reinigungsfähigkeit von Wandanstrichen und Tapeten
Dispersionsbinder	typisches Bindemittel für Beschichtungsstoffe	zum Herstellen von Beschichtungsstoffen, Zusatz für Tapezierungen
Dispersionskleber (ist auch pigmentiert mit Füllstoffen im Handel)	besonders gutes Klebevermögen	zum Kleben von Polystyrol-Hartschaum und anderen Belägen

Übersicht über pigmentierte Kunststoffdispersionen

Werkstoffe	Eigenschaften	Verwendung
Dispersionsfarben für innen	werden nach DIN EN 13300 nach der Nassabriebbeständigkeit in den Klassen 1–5 angeboten	für Innenanstriche, in der Regel auf mineralischen Untergründen und Gipskarton
Dispersionsfassadenfarben	wetterbeständig, lichtbeständig, alkalibeständig	für Fassadenanstrich und besonders stark beanspruchte Innenanstriche, in der Regel auf mineralischen Untergründen
Dispersionsabtönfarben	in der Regel wetterbeständig, lichtbeständig, gut färbend und deckend	als Volltonfarben für innen und meist auch für außen sowie zum Abtönen der Dispersionsfarben
heizölbeständige Dispersionsfarben	absolut ölbeständig, sehr elastisch, alkalibeständig, müssen vom Deutschen Institut für Bautechnik (DIBt) geprüft sein und ein Prüfzeichen und eine Prüfnummer des Instituts besitzen	für Heizöltankräume auf Beton oder Zementputzen, die erforderliche Schichtdicke ist dem Prüfbescheid zu entnehmen
fungizide und algizide Dispersionsfarben	enthalten fungizide (pilzwidrige) und algizide (gegen Algen wirkende) Wirkstoffe	für pilz- und algenbefallene Fassaden und Innenräume, die vom Hersteller angegebenen Mindestauftragsmengen sind einzuhalten

Werkstoffe	Eigenschaften	Verwendung
Brandschutzfarben	die enthaltenen Flammschutzsalze vergasen im Brandfall, dadurch entsteht eine bis zum hundertfachen Volumen aufgeblähte Kohledämmschicht, diese isoliert gegen Hitze und hält den zum Brennen erforderlichen Sauerstoff fern; müssen vom Deutschen Institut für Bautechnik (DIBt) geprüft sein und ein Prüfzeichen und eine -nummer des Instituts besitzen	für Brandschutzbeschichtungen: der Schichtenaufbau und die Mindestauftragsmengen können dem Zulassungsbescheid entnommen werden
Raufasereffekt-Dispersionsfarben	die enthaltenen feinen Holzspäne erzeugen den bekannten Raufasereffekt	zum Rollen und Spritzen im Innenraum, meist auf Raumdecken
Dispersions-spachtelmassen	stark gefüllte (mit großem Anteil an Füllstoffen), dickflüssige Dispersion	zum Glätten auf mineralischen Untergründen
Kunststoffputze	die enthaltenen Füllstoffe, wie Quarzsand, Marmorsplitt, Granitsand, Buntglas usw., erzeugen den charakteristischen Effekt, der Korndurchmesser beträgt in der Regel einige Millimeter	als Reibeputze, Streichputze, Spritzputze, Rollputze, Buntsteinputze, Marmorputze usw. auf mineralischen Untergründen, werden auf Korngröße abgezogen
Armierungsfarben	die besonders elastischen Dispersionsfarben enthalten häufig zusätzlich Kunststofffasern zur Rissüberbrückung	zur dauerhaften Überbrückung von feinen Rissen

2.9.1 Dispersionsfarben

Im Außenbereich kann man bislang nicht auf einen geringen Anteil an organischen Lösemitteln als Filmbildungsstoffe verzichten. Bei Innenwandfarben haben sich die lösemittelfreien Dispersionsfarben (Lf-Qualitäten) und die emissionsfreien Dispersionsfarben durchgesetzt.

Emissionsfreie Dispersionsfarben enthalten weder Lösemittel noch Weichmacher oder Restmonomere.

Thermisches Verhalten der Dispersionsfarben

Dispersionsfarben enthalten als Bindemittel Polymerisatharze. Deshalb sind sie thermoplastisch, werden also bei Wärme weich, um dann bei niedrigen Temperaturen in den harten, starren Zustand überzugehen. Alle thermoplastischen Kunststoffe erreichen bei niedrigen Temperaturen die sog. Glasübergangstemperatur, einen Bereich, in dem die Beschichtungsfilme glasartig spröde werden. Unmittelbar bei dieser Temperatur ist die Kältebruchtemperatur angesiedelt.

Unter der Kältebruchtemperatur versteht man die Temperatur, bei der ein nach Erreichen der Glasübergangstemperatur glasartig gewordener Beschichtungsfilm bei geringer Belastung bricht.

In der Praxis bedeutet das, dass sich ein Riss in der Fassade bei kalten Temperaturen vergrößert, ein Dispersionsfarbenfilm aber immer härter und spröder wird, bis er bei Erreichen der Kältebruchtemperatur reißt.

Dies würde heißen, dass im Winter eine Rissbewegung an der Fassade immer zu einem Riss in der Dispersionsfarbenbeschichtung und zu den bekannten Folgeschäden durch eindringende Feuchtigkeit führen würde. Tatsächlich spielen aber auch die Luftfeuchtigkeit und die Feuchtigkeit in der Beschichtung eine Rolle. Es ist gelungen, die Kältebruchtemperatur der Dispersionsfarben auf Werte zu senken, die in der Regel keine Probleme aufwerfen.

Qualitäten der Dispersionsfarben

Durch die Auswahl der entsprechenden Dispersionsbindemittel, der entsprechenden Pigmente und Füllstoffe sowie deren Anteil im Beschichtungsstoff lassen sich unterschiedliche Sorten in verschiedenen Qualitätsstufen und Preisklassen herstellen.

Alleine durch unterschiedliche Pigmentmengen kann man mit einem Kunststoffdispersionsbindemittel wetterbeständige, scheuerbeständige und waschbeständige Dispersionsfarben herstellen.

Die DIN EN 13300 gilt für alle wasserhaltigen Beschichtungsstoffe für Decken und Wände im Innenbereich. In dieser Norm werden folgende Differenzierungen vorgenommen:

- Nassabriebbeständigkeit
- Kontrastverhältnis (Deckvermögen)
- Glanz
- maximale Korngröße

Die Nassabriebbeständigkeit beurteilt die Beständigkeit der Beschichtung gegen wiederholtes Reinigen. Die Beschichtungsstoffe werden in Nassabriebklassen von 1 bis 5 eingestuft. Stufe 1 hat die größte Nassabriebbeständigkeit. Geprüft werden die Nassabriebklassen in einer genormten Prüfeinrichtung.

Die gebräuchliche Bezeichnung „scheuerbeständig“ entspricht der Nassabriebklasse 2, „waschbeständig“ entspricht der Nassabriebklasse 3.

DIN EN 13300	„Beschichtungsstoffe – Wasserhaltige Beschichtungsstoffe und Beschichtungssysteme für Wände und Decken im Innenbereich – Einteilung“
DIN 18363 VOB Teil C	„Allgemeine Technische Vertragsbedingungen für Bauleistungen (ATV) – Maler- und Lackierarbeiten – Beschichtungen“

Internetsuchbegriff: Dispersionsfarben

Nassabriebbeständigkeit nach DIN EN 13300

Klasse	Nassabrieb/Hübe
Klasse 1	< 5 µm bei 200 Hub
Klasse 2	≥ 5 µm bis 20 µm bei 200 Hub
Klasse 3	≥ 20 µm bis 70 µm bei 200 Hub
Klasse 4	< 70 µm bei 40 Hub
Klasse 5	≥ 70 µm bei 40 Hub

Das Kontrastverhältnis (Deckvermögen) wird in der DIN EN 13300 in die Klasen 1 bis 4 unterteilt. Nach Norm ist das Kontrastverhältnis immer in Verbindung mit der Ergiebigkeit in m^2/l anzugeben. Zur Messung des Kontrastverhältnisses ist ein Farbmessgerät[1] erforderlich.

Kontrastverhältnis nach DIN EN 13300

Klasse	Kontrastverhältnis
Klasse 1	≥ 99,5
Klasse 2	≥ 98 bis 99,5
Klasse 3	≥ 95 bis 98
Klasse 4	< 95

Der Glanzgrad nach Norm lässt sich nur mit einem Glanzgradmessgerät[2] messen.

Glanzgrade nach DIN EN 13300

Bezeichnung	Messwinkel	Reflektormeterwert
glänzend	60°	≥ 60
mittlerer Glanz	60° 85°	< 60 ≥ 10
matt	85°	< 10
stumpfmatt	85°	< 5

Für den Begriff „mittlerer Glanz“ dürfen nach Norm weiterhin die bekannten Begriffe „seidenmatt“ und „seidenglänzend“ verwendet werden.

Für die Dispersions-Werkstoffgruppen sind in der Norm maximale Korngrößen angegeben.

---

1 siehe Teil C, Kapitel 2.17.9, Seite 224
2 siehe Teil C, Kapitel 2.17.12, Seite 227

Maximale Korngrößen nach DIN EN 13300

Bezeichnung	Korngröße	Produkte
fein	bis 100 µm	Innenfarben
mittel	bis 300 µm	Streichputze
grob	bis 1 500 µm	feine Strukturputze
sehr grob	über 1 500 µm	grobe Strukturputze

Strukturlose Beschichtungsstoffe für Decken und Wände haben in der Regel eine Korngröße von unter 100 µm und tragen somit die Bezeichnung „fein".

Verwendung
Die Beschichtungsstoffe sind für nahezu alle Untergründe geeignet, nicht aber für aus Luftkalkmörteln hergestellte Putze (Mörtelgruppe 1a). Derartige Putze benötigen ständig Kohlendioxid. Wetterbeständige Beschichtungen aus Kunststoffdispersionen lassen aber nur wenig Kohlendioxid durch, so werden diese Putze unter den Kunststoffdispersionen mit der Zeit mürbe. Diese Putze sollten deshalb nicht mit Dispersionsfassadenfarben gestrichen werden. Reine Luftkalkmörtelputze findet man aber heute nur noch an älteren Häusern. Heute werden für Fassadenputze Kalke mit hydraulischen Anteilen eingesetzt. Die damit hergestellten Putze sind gegenüber der Umweltbelastung generell beständiger und auf die ständige Kohlendioxideinwirkung nicht angewiesen. Ein Dispersionsfassadenfarbenanstrich wirkt sich hier nicht negativ auf die Putzfestigkeit aus.

Abplatzender Dispersionsfarbenanstrich auf einem mürben Luftkalkmörtelputz

Beton muss vor starker CO_2-Einwirkung geschützt werden, da dadurch die den Armierungsstahl schützende Alkalität vermindert wird, Betonschäden wären die Folge. Für diese Untergründe werden zu Recht Dispersionsfassadenfarben mit hoher Kohlendioxidsperrwirkung eingesetzt.

2.9.2 Dispersionslacke und -lackfarben

Als Bindemittel für Dispersionslacke und -lackfarben werden wasserverdünnbare Acrylharze, Alkydharze und Polyurethanharze verwendet. Wie bei den Dispersionsfarben sind diese Bindemittel als Kunststoffteilchen in einer wässrigen Lösung fein verteilt. Die Teilchengröße ist aber kleiner als bei Dispersionsfarben. Dispersionslacke, die mit dem „Blauen Engel" gekennzeichnet sind, enthalten bis zu 10 % organische Lösemittel als Filmbildungshilfsstoffe. So entstehen nach dem Verdunsten des Wassers besonders gleichmäßige, glatte Filme mit gutem Glanz.

Der Pigmentanteil ist in Dispersionslackfarben deutlich geringer als in Dispersionsfarben. Als Weißpigmente verwendet man meist Titandioxid und Füllstoffe. Als Buntpigmente werden hochwertige anorganische und organische Pigmente eingesetzt.

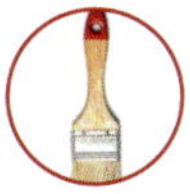

Dispersionslacke und -lackfarben lassen sich mit jedem üblichen Beschichtungsverfahren auftragen. Zum Streichen eignen sich besonders Pinsel mit Nylon- oder Perlonborsten. Naturborsten und -haare quellen zu stark auf und werden nach kurzer Zeit lappig.

Dispersionslacke und -lackfarben haften auf nahezu allen Untergründen. Die Anstrichfilme sind sehr wetterbeständig und beständig gegen UV-Strahlen. Manche Dispersionslacke werden von den Holzinhaltsstoffen exotischer Hölzer verfärbt. So empfehlen sich für diese Untergründe spezielle Dispersionslacke. Für Fensteranstriche ist die Blockfestigkeit der Dispersionslacke zu beachten. Blockfeste Beschichtungsstoffe verkleben nicht im Falzbereich. Dies ist vor allem für die Beschichtung älterer Fenster wichtig.

2.9.3 Dispersionslasuren

Auch für Dispersionslasuren verwendet man wasserverdünnbare Acrylharze und Alkydharze. Die Bindemittelteilchen sind hier sehr klein, aber immer noch größer als bei den in organischen Lösemitteln gelösten Lasurwerkstoffen. So dringen Dispersionslasuren weniger in das Holz ein.

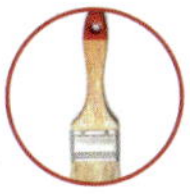

Verwendung
Ein Hauptanwendungsgebiet dieser wasserverdünnbaren Lasuren ist die lasierende Holzbeschichtung im Innenraum. Hier bringen sie den Vorteil, dass die Lösemittelbelastung entfällt. Aber auch im Fensterbereich setzen sich diese Beschichtungsstoffe zunehmend durch. Im Vergleich zu lösemittelhaltigen Lasuren fällt auf, dass die wasserverdünnbaren Lasuren schneller anziehen (antrocknen) und so die ansatzfreie Verarbeitung schwieriger wird.

Die UV-Beständigkeit der hier eingesetzten Bindemittel ist in aller Regel besser als bei den lösemittelhaltigen, wasserverdünnbaren Alkydharzwerkstoffen. Diese beginnen bei zunehmender UV-Belastung zu kreiden.

Dispersionslasuren dagegen sind sehr beständig gegen UV-Strahlen, platzen aber ab, wenn der Holzuntergrund unter der Beschichtung durch UV-Bestrahlung vergraut.

Für die Verarbeitung eignen sich Kunstfaserpinsel besser als natürliche Borstenpinsel. Die Naturborsten quellen durch das Wasser stark an und verlieren so an Spannung.

Dispersionslasuren sind heute wie alle Lasuren vorwiegend mit mikronisierten Pigmenten[1] pigmentiert. Mit lichtbeständigen Bindemitteln erreichen diese Werkstoffe eine gute Wetterbeständigkeit und einen guten UV-Schutz für Holzuntergründe. Herstellungsbedingt quellen Dispersionslasuren bei Wasserbelastung stärker an und können dadurch weißlich anlaufen.

2.10 Silikonharze

Silikonharze (Abk. Si) bestehen aus Silizium-Sauerstoffketten mit organischen Seitengruppen. Die Silikonharze entstehen durch Hydrolyse[2] und anschließende Polykondensation[3] aus Silanen.

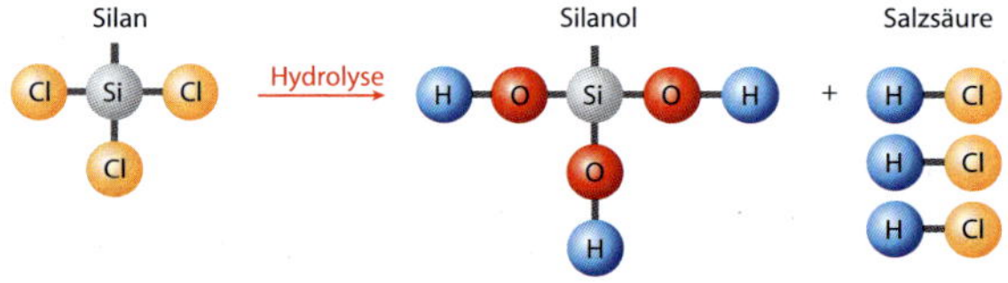

Vernetzung zu Silikonharz

Silanole sind nicht beständig und verbinden sich unter Wasserabspaltung (Polykondensation) zu Siloxanen.

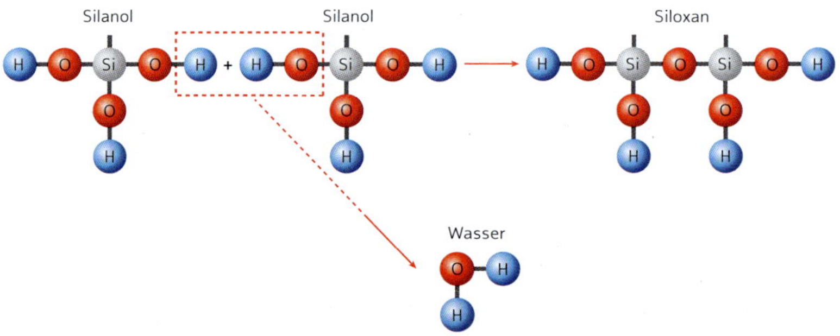

Polykondensation von Silanolen zu Siloxanen

[1] Mikronisierte Pigmente haben eine geringe Teilchengröße, die unter der Wellenlänge des sichtbaren Lichts liegt. Dadurch decken diese Pigmente nur schlecht, reflektieren aber die UV-Strahlen gut. So eignen sich diese Pigmente besonders gut für Holzlasuren.

[2] Die Hydrolyse ist die Umkehrung der Neutralisation. Es entstehen wieder basische Stoffe und Säuren.

[3] Bei der Polykondensation verbinden sich Monomere (Einzelmoleküle) zu Polymeren (Riesenmolekülen) unter Abspaltung eines Stoffs, meist Wasser.

Die Siloxane verbinden sich unter Wasserabspaltung weiter zu Silikonharzen.

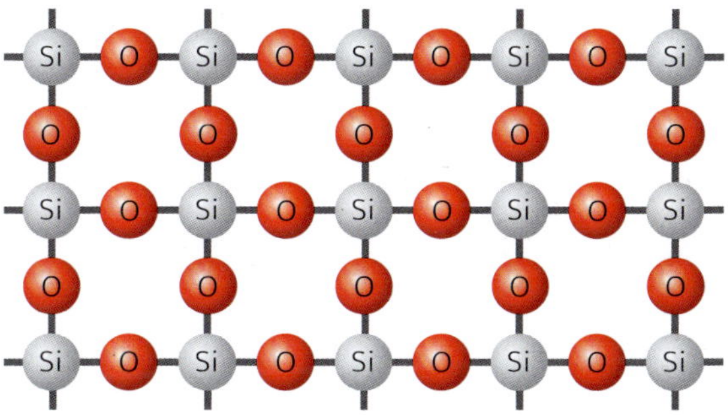

Silikonharz

Die organischen Seitengruppen wurden im Schema nicht berücksichtigt.

Silikonharze werden meist mit organischen Lösemitteln verdünnt. Zwischenzeitlich sind aber auch wasserverdünnbare Silikonharzimprägniermittel im Handel. Für Silikonharzfarben werden lösemittelverdünnbare Siloxane oder Silikonharze in einer wässrigen Lösung emulgiert und so wasserverdünnbar.

2.10.1 Silikonharzimprägniermittel

Imprägniermittel reduzieren das Saugvermögen und die Wasseraufnahme des Untergrunds.

Imprägniermittel können ohne nachfolgende Beschichtung oder als Grundierung für die folgende Beschichtung und als Schutz auf eine Beschichtung aufgetragen werden.

Abperleffekt durch Imprägniermittel

Für Imprägniermittel eignen sich Silikonharze besonders gut.

Sie haben folgende Vorteile:
- gutes Eindringvermögen und gute Verankerung im Untergrund
- keine Verfärbung des Untergrunds
- sehr gute Alkalibeständigkeit
- ausgezeichnete UV- und Witterungsbeständigkeit
- Verminderung der Wasseraufnahme um ca. 90 %
- Reduzierung der Wasserdampf- und CO_2-Durchlässigkeit um ca. 5 %
- Reduzierung der Verschmutzung

Silikonimprägnierungen werden nach ihrer Molekülgröße in drei Gruppen eingeteilt.

Gruppen von Silikonimprägnierungen

Bezeichnung	Molekülgrößen	Eigenschaften	Verwendung
Silane	kleine Einzelmoleküle, Ausgangsprodukt zur Silikonharzherstellung	besonders gutes Eindringvermögen, sehr alkalibeständig, reagiert im Untergrund zu Silikonharzen, sehr flüchtig	für dichte und auch feuchte Untergründe, wegen ihrer Flüchtigkeit ist der Einsatz zurückgegangen
Siloxane	Verbindung von mehreren Silanen, Zwischenprodukt bei der Silikonharzherstellung	gutes Eindringvermögen, sehr alkalibeständig, reagiert im Untergrund zu Silikonharzen	auch für weniger saugende und auch leicht feuchte Untergründe, wird am häufigsten eingesetzt
Silikonharze	Verbindung von mehreren Siloxanen, damit größtes Molekül	weniger gutes Eindringvermögen, alkalibeständig, wegen der physikalischen Trocknung schnell wirksam	für trockene, saugfähige Untergründe

Silikonharzimprägniermittel werden mit organischen Lösemitteln, die Kohlenwasserstoffe und Alkohole enthalten, verdünnt. Silikonmikroemulsionen sind wasserverdünnbar. Bei diesen Imprägniermitteln sind Silane von Silikontensiden[1] umhüllt. Dadurch lassen sich diese Imprägniermittel sehr gut in Wasser verteilen. Aufgrund der kleinen Teilchengrößen dringen auch diese Imprägniermittel gut in den Untergrund.

Verwendung

Imprägniermittel sollten im Sprühverfahren mit möglichst geringem Druck aufgetragen werden. Auf kleineren Flächen kann man die Mittel auch streichen oder rollen.

Die Imprägnierung muss gleichmäßig erfolgen. Stark saugende Flächen sollte man zwei- bis dreimal nass in nass imprägnieren.

Schlecht saugende Untergründe sollte man nur einmal imprägnieren. Vor der Imprägnierung sind Glas, Holz, Metall und auch Zierpflanzen in der Umgebung abzudecken.

[1] Tenside sind grenzflächenaktive Stoffe, die bevorzugt als Netzmittel eingesetzt werden und die Benetzung mit Wasser verbessern.

Gesundheitsschutz bei der Verarbeitung lösemittelhaltiger Silikonharz-imprägniermittel

Bei der Verarbeitung sind eine Reihe von Schutzmaßnahmen zu beachten.

Gefahrenhinweise:
H226 Flüssigkeit und Dampf entzündbar.
H318 Verursacht schwere Augenschäden.

Sicherheitshinweise:
P102 Darf nicht in die Hände von Kindern gelangen.
P210 Von Hitze, heißen Oberflächen, Funken, offenen Flammen und anderen Zündquellen fernhalten. Nicht rauchen.
P261 Einatmen von Aerosol vermeiden.
P280 Schutzhandschuhe/Schutzkleidung/Augenschutz/Gesichtsschutz tragen.
P310 Bei Exposition sofort Giftinformationszentrum/Arzt anrufen.
P305 + P351 + P338 Bei Kontakt mit den Augen: Einige Minuten lang behutsam mit Wasser ausspülen. Eventuell vorhandene Kontaktlinsen nach Möglichkeit entfernen. Weiter ausspülen.
P303 + P361 + P353 Bei Berührung mit der Haut (oder dem Haar) alle kontaminierten Kleidungsstücke sofort ausziehen. Haut mit Wasser abwaschen (oder duschen).
P501 Inhalt/Behälter zugelassenem Entsorger oder kommunaler Sammelstelle zuführen.

2.10.2 Kieselsäureester

Kieselsäureester werden durch Veresterung der Kieselsäure mit Alkoholen hergestellt. Diese Werkstoffe hydrolysieren[1] unter dem Einfluss von Luftfeuchtigkeit und geeigneten Katalysatoren. Dabei wird der Alkohol wieder abgespalten. Die so entstehende Kieselsäure reagiert unter Wasserabspaltung zu Siliziumdioxid. Durch Zusatz von Silanen lässt sich gleichzeitig eine Hydrophobierung[2] erzielen.

Kieselsäureester werden in der Denkmalpflege zur Verfestigung und zum Hydrophobieren von Natursteinen, z. B. Sand- und Kalksteinen, eingesetzt.

Die Kieselsäureester werden durch Sprühen bzw. Fluten möglichst satt auf den zu verfestigenden Untergrund auftragen.

[1] Die Hydrolyse ist die Umkehrung der Neutralisation oder, wie hier, die Umkehrung der Veresterung, d. h., es entsteht wieder Kieselsäure, die den Untergrund verfestigen kann.

[2] Unter Hydrophobierung versteht man die Erzeugung einer wasserabweisenden Wirkung auf einem Untergrund.

Die optimalen Verarbeitungstemperaturen liegen zwischen 283 und 293 K (= 10–20 °C). Die Reaktion im Untergrund dauert zwischen zehn und 20 Tagen.

2.10.3 Silikonharzfarben

Diese Beschichtungsstoffe enthalten als Bindemittel ein in Wasser emulgiertes Siliconat oder Silikonharz und einen großen Anteil Kunststoffdispersion.

Bindemittelzusammensetzung bei einer optimal formulierten Silikonharzfarbe

Bindemittel	Anteil in Gew.-%
Silikonharz	50–60
Dispersion	40–50

Als Dispersionsbindemittel werden Styrol-Acrylat oder Reinacrylat verwendet. Wenn die Bezeichnung Silikonharzfarbe gerechtfertigt ist, muss der Dispersionsanteil bezogen auf den Bindemittelanteil unter 50 % liegen.

Der Silikonharzanteil verursacht die sehr gute wasserabweisende Wirkung. Der Dispersionsanteil bewirkt eine bessere Haftung auf dem Untergrund und eine größere Bindung der Pigmente. Ohne Kunststoffdispersion würde die Silikonharzfarbe stark kreiden.

Verwendung
Silikonharzfarben sind besonders wasserabweisend (= hydrophob), dabei sehr gas- und wasserdampfdurchlässig. Beschichtungen mit diesen Werkstoffen erreichen die Diffusionsfähigkeit von Dispersionssilikatfarben.

Silikonharzfarben können auf allen mineralischen Untergründen und allen tragfähigen Fassadenbeschichtungen aufgetragen werden, mit Ausnahme von sehr elastischen Dispersionsfarben. Eine Verkieselung mit dem Untergrund ist entgegen den Angaben mancher Hersteller mit Silikonharzfarben nicht möglich. Die Wasseraufnahme und die Verschmutzungsneigung dieser Beschichtungen werden aber reduziert.

2.10.4 Selbstreinigende Fassadenfarben

Bei den sog. Lotosanfarben handelt es sich um Silikonharzfarben mit besonders hoher wasserabweisender Wirkung. An der Fassade haftender Schmutz soll vom Regen abgewaschen werden.

Noch aktueller sind die nach dem Prinzip der Fotokatalyse reinigenden Fassadenfarben. Bei der Fotokatalyse wird der Katalysator durch Licht angeregt und wirksam.

Zur Selbstreinigung der Fassaden durch Fotokatalyse ist Licht in den Wellenlängen zwischen 320 und 390 Nanometer (im Tageslicht enthalten) erforderlich.

Internetsuchbegriff: Silikonharzfarben

Durch die entstehende Energie wird der Schmutz angelöst und zerstört. Aufgrund der besonders guten Benetzung dieser Beschichtungsstoffe gelangt hinter die so entstandenen kleinen Partikel Wasser und spült den Schmutz ab.

Die Fotokatalysatoren wirken auf jede organische Verbindung. Dies bedeutet, dass neben der gewünschten Wirkung auch Nebenwirkungen auftreten können. So können organische Bindemittel und organische Pigmente angegriffen und zerstört werden. So wird z. B. die Kreidung der Beschichtungen gefördert. Organische Pigmente können ausbleichen.

2.11 Öle als Bindemittel

Öle sind dickflüssige, wasserunlösliche Werkstoffe. Sie sind leichter als Wasser und schwimmen daher auf dem Wasser.

Als alleiniges Bindemittel für Beschichtungsstoffe lässt sich nur Leinöl einsetzen. Andere Öle sind wichtige Rohstoffe zur Lack- und Lackfarbenherstellung.

2.11.1 Leinöl

Leinöl wird aus Flachssamen gewonnen. Aus diesem Samen wird das Leinöl herausgepresst. Man unterscheidet die Kalt- und die Heißpressung. Bei der Heißpressung ist die Ausbeute größer, wegen der größeren Menge an Schleimstoffen usw. ist diese Qualität aber schlechter. Nach der Pressung werden die Schleimstoffe aus dem Öl entfernt. Anschließend kann man das Öl mit Bleicherde und Aktivkohle aufhellen.

Verwendung
Reines Leinöl härtet erst nach vier bis acht Tagen durch. Deshalb wird es für Beschichtungen in der Regel weiterbehandelt. Leinöl härtet durch Oxidation, also chemisch durch Sauerstoffaufnahme.

Um die Erhärtung zu beschleunigen, kann man das Leinöl voroxidieren. Dazu wird es bis zu 393 K (120 °C) erhitzt und Luft wird durchgeblasen. Das so entstandene Produkt wird als geblasenes Leinöl bezeichnet.

Leinölfirnis ist ein Leinöl, dem bei höheren Temperaturen Sikkative (= Trockenstoffe) zugesetzt worden sind. So härtet Leinölfirnis in kürzerer Zeit durch.

Leinölstandöl ist ein durch Erhitzen eingedicktes Leinöl. Durch diese Behandlung werden allgemein die Widerstandsfähigkeit und der Glanz verbessert.

Mit den Leinölwerkstoffen ist es für Maler/-innen und Lackierer/-innen möglich, selbst Ölfarben und Standöllacke herzustellen. Der Ölanteil entscheidet über die Elastizität der Beschichtungen, deren Vergilbung und Wasserquellbarkeit. Leinölwerkstoffe zeigen vor allem eine starke Dunkelvergilbung. Auf alkalischen Untergründen werden diese Beschichtungen verseift[1].

[1] Unter der Verseifung eines Beschichtungsstoffes versteht man die chemische Reaktion einer Beschichtung, deren Bindemittel ein Ester ist, mit Lauge (auch mit der Lauge in einem alkalischen Untergrund), bei der die Beschichtung wasserlöslich wird und sich so mit Wasser abwaschen lässt.

Mit der industriellen Herstellung der Lacke und Lackfarben wurde das Bindemittel Leinöl bald von Alkydharzen abgelöst. Zur Herstellung von Alkydharzen ist Leinöl nach wie vor von großer Bedeutung. Mit der Neuentwicklung der Naturharzlacke nahm auch die Bedeutung der Leinölprodukte wieder zu.

2.12 Lackbindemittel

Nach DIN 55945 „Beschichtungsstoffe und Beschichtungen – Ergänzende Begriffe zu DIN EN ISO 4618" ist die Bezeichnung „Lack" ein Sammelbegriff für Werkstoffe, die eine Beschichtung mit lackähnlichen Eigenschaften ergeben.

Die Filmbildner, also die Bindemittel, waren früher natürliche Öle und Harze. Heute werden die Lackbindemittel meist vollsynthetisch hergestellt.

Pigmentierte Lacke, also deckende Lacke, werden als Lackfarben bezeichnet. Lackfarben mit großem Füllstoffanteil werden als Füller und Vorlacke oder in pastöser Form als Spachtelmassen eingesetzt.

Öle zur Lackherstellung
Öle sind wichtige Rohstoffe zur Lackherstellung. Die verschiedenen Öle enthalten unterschiedliche Fettsäuren. Die Art und Menge der enthaltenen Fettsäuren beeinflussen die Eigenschaften der Lacke und Lackfarben und der damit hergestellten Beschichtungen.

Eigenschaften, die vom verwendeten Öl abhängen:
- Erhärtung der Lacke und Lackfarben
- Elastizität der Beschichtung
- Wetterbeständigkeit der Beschichtung
- Wasserbeständigkeit und Wasserquellbarkeit der Beschichtung
- Chemikalienbeständigkeit, insbesondere Verseifbarkeit der Beschichtung
- Vergilbung der Beschichtung

Unterteilung der Öle nach ihrem Trocknungsverhalten

Ölgruppen	Trocknungsverhalten
trocknende Öle	erhärten in 2–4 Tagen zu einem festen Film
halb trocknende Öle	bilden erst nach längerer Zeit einen festen Film
nicht trocknende Öle	bilden auch nach längerer Zeit keinen festen Film

Übersicht über wichtige trocknende Öle

Trocknende Öle	Herkunft	Wichtige Eigenschaften	Verwendung
Leinöl	aus Flachssamen gepresst	elastisch, vergilbt stark, quillt bei Wassereinwirkung stark, wird von Laugen verseift	als Bindemittel in Ölfarben, zur Herstellung von Öllacken und Alkydharzen
Holzöl (Tungöl)	aus den Samen des asiatischen Tungbaums gepresst	besonders wasserbeständig, gegen schwache Laugen beständig, hart und spröde	zur Herstellung von sehr wasserbeständigen Alkydharzen
Oiticicaöl	aus den Nüssen des Oiticicabaums gepresst	sehr wasserbeständig, hart und spröde	zur Herstellung von sehr wasserbeständigen Alkydharzen
Perillaöl	aus den Samen der Perillapflanze	elastisch, vergilbt stark, quillt bei Wassereinwirkung stark, wird von Laugen verseift	zur Herstellung von Alkydharzen
Talöl	durch Destillation aus dem Holz von Nadelbäumen gewonnen	je nach Anteil der Harzsäuren mehr oder weniger stark vergilbend und elastisch	zur Herstellung von Alkydharzen

Übersicht über wichtige halb trocknende Öle

Halb trocknende Öle	Herkunft	Wichtige Eigenschaften	Verwendung
Safloröl	Öl der Saflorpflanze	sehr elastisch, vergilbt kaum	zur Herstellung vergilbungsbeständiger Alkydharze
Sojaöl	Öl der Sojabohne	vergilbt kaum, gute Durchtrocknung	zur Herstellung vergilbungsbeständiger Alkydharze
Sonnenblumenöl	Öl der Sonnenblumensamen	elastisch, vergilbt kaum	zur Herstellung vergilbungsbeständiger Alkydharze
Baumwollsaatöl	Öl der Baumwollsaat	vergilbt kaum	zur Herstellung vergilbungsbeständiger Alkydharze

Übersicht über wichtige nicht trocknende Öle

Nicht trocknende Öle	Herkunft	Wichtige Eigenschaften	Verwendung
Rizinusöl	Öl aus Rizinussamen	dickflüssig, elastisch, umwandelbar in das halb trocknende Ricinenöl	Weichmacher in Nitrolacken, Ricinenöl zur Herstellung von Einbrenn-Alkydharzen
Erdnussöl	Öl aus Erdnüssen	wirkt plastifizierend, fördert die Haftung	zur Herstellung von Einbrenn-Alkydharzen

Harze zur Lackherstellung

Neben den Ölen sind Harze die wichtigsten filmbildenden Lackrohstoffe. Sie erhöhen den Festkörpergehalt, verbessern die Haftfestigkeit, die Härte und die Durchhärtung.

Einteilung der Harze nach ihrer Herkunft

Herkunft der Harze	Gruppenbezeichnungen
aus lebenden Bäumen	rezente Harze
versteinerte Harze aus längst abgestorbenen Bäumen	fossile Harze
harzartige Ausscheidung der Lackschildlaus	tierisches Harz
künstlich hergestellte Harze	synthetische Harze

Übersicht über wichtige Naturharze

Naturharze	Herkunft	Geeignete Lösemittel	Wichtige Eigenschaften	Verwendung
Kolophonium	aus Kiefern gewonnen	Alkohole, Terpentinöl, Testbenzin, Aromate	je nach Nachbehandlung weich bis hart, starke Vergilbung, wird durch Wärme weich, wasserempfindlich	zur Herstellung von Öl- und Naturharzlacken sowie in der Restaurierung
Dammare	aus asiatischen Laubbäumen gewonnen (besonders in Sumatra)	Terpentinöl, Testbenzin, Aromate	sehr hell, vergilbt kaum, besonders wasserbeständig	nur noch für spezielle Zwecke, z. B. für Gemäldefirnisse[1]
Kopale	aus abgestorbenen tropischen Bäumen, nach dem Ausschmelzen bei 413 K (140 °C) in heißem Leinöl gelöst	Terpentinöl, Testbenzin	je nach Herkunft helle bis dunkle Färbung, hart, witterungsbeständig	früher für harte, wetterbeständige Lacke und Lackfarben, heute in der Restaurierung

[1] Schlussüberzug auf einem Ölgemälde

Naturharze	Herkunft	Geeignete Lösemittel	Wichtige Eigenschaften	Verwendung
Bernstein	fossiles Harz aus längst abgestorbenen Kiefernbäumen (Ostseeraum), nach dem Ausschmelzen bei 573 K (300 °C) in heißem Leinöl gelöst	Terpentinöl, Testbenzin	helle bis braune Farbe, sehr hart und widerstandsfähig	früher für harte Fußbodenlacke, heute in der Restaurierung
Sandarak	Ausfluss bestimmter Koniferen (Mittelmeerküste, Nordafrika, Australien)	Alkohole, Azeton (Ketone), Ether	leicht rötliche Farbe, hart und widerstandfähig, sehr guter Verlauf, neigt zum Verspröden	als Gemäldefirnis und für Lüster[1] und Goldlacke[2], als Überzugslack für Marmorierungen
Drachenblut	Harz der Früchte der Rotanpalmen (Indonesien)	Terpentinöl, Testbenzin, Alkohole, Aceton (Ketone)	rotes Farbharz, geringer Festkörper, stark reversibel[3]	in Verbindung mit anderen Harzen als färbende Komponente in der Restaurierung
Gummigutt	Milchsaft der Garcinia-Bäume (Thailand)	Alkohole, Wasser	gelbes Farbharz, geringe Lichtbeständigkeit, giftig	in Verbindung mit anderen Harzen als färbende Komponente in der Restaurierung, als Goldfirnis[4], als wässrige Lösung goldgelb lasierende Aquarellfarbe
Mastix	Ausscheidung der Pistaziensträucher im Mittelmeergebiet	Terpentinöl, Testbenzin, Alkohole	elastische, glänzende Schicht, vergilbt kaum	als Gemäldefirnis und Überzugslack für Blattmetalle
Schellack	Ausscheidungsprodukt der Lackschildlaus	Alkohole	hellbraune Farbe, hart und spröde	als Abdeck- und Absperrlacke in der Kirchenmalerei und Denkmalpflege, früher als Möbelpolituren

Naturharze werden heute fast ausschließlich in der Kirchenmalerei und Denkmalpflege für Restaurierungen eingesetzt.

---

1 Als Lüster bezeichnet man Überzüge aus transparenten Farblacken, mit denen Metalloberflächen, z. B. Blattmetalle, überzogen werden.
2 Als Goldlacke werden goldfarbene Lüster bezeichnet, mit denen man z. B. Silber und Zinn ein goldfarbenes Aussehen verleiht.
3 Wird beim Überstreichen mit dem gleichen Produkt wieder angelöst.
4 Als Goldfirnis wird ein goldfarbener Lüster bezeichnet.

Übersicht über wichtige synthetische Harze

Synthetische Harze	Herstellung	Geeignete Lösemittel	Wichtige Eigenschaften	Verwendung
Alkydharze (Abk. AK)*	durch Polykondensation aus Di- und Tricarbonsäuren, mehrwertigen Alkoholen und Fettsäuren	Testbenzin, Terpentinöl, Ester, Ketone	hängen stark vom Ölanteil ab, vergilben bei Hitze und im Dunkeln	je nach Ölanteil für oxidativ erhärtende Lacke oder für Einbrennlacke, nicht für Zink und alkalische Untergründe
Ungesättigte Polyester (Abk. UP)	durch Polykondensation aus Dicarbonsäuren und Glykolen	Styrol	sehr kurze Topfzeit, sehr gut füllende Beschichtungen mit hoher Widerstandsfähigkeit und Beständigkeit	Spachtel und Spritzfüller für die Fahrzeuglackierung
Polyurethanharze (Abk. PUR)	durch Polyaddition aus Polyester bzw. Polyether mit Polyisocyanat[1]	Ketone, Ester, Aromate, Glykolether	auch wasserverdünnbar, wasserklar, vergilbungsbeständig, gute Haftfestigkeit, sehr chemikalien- und lösemittelbeständig, mechanisch hoch belastbar	feuchtigkeitshärtende Einkomponenten- und Zweikomponentenlacke für Beton und Metalluntergründe, für Kunststoffe, z. T. auch auf Holz
Epoxidharze (Abk. EP)	durch Polyaddition aus Epichlorhydrin und Bisphenol A	Ketone, Ester, Aromate, Glykolether	auch wasserverdünnbar, sehr gute Haftfestigkeit, sehr chemikalien- und lösemittelbeständig, mechanisch hoch belastbar, neigt außen zum Kreiden	Zweikomponentenlacke für Beton und Metalluntergründe
Acrylharze (Abk. AY)	durch Polymerisation aus Metha- und Ethacrylsäureestern	Testbenzin, Glykole, Ester, Ketone	auch wasserverdünnbar, wasserklar, vergilbungsbeständig, z. T. thermoplastisch	für physikalisch trocknende Lacke sowie für Zweikomponentenlacke, für Einbrennlacke in der Industrie
Melaminharze (Abk. MF)	durch Polykondensation aus Melamin und Formaldehyd	Ester, Ketone, Aromate	ergibt sehr harte, vergilbungsbeständige Beschichtungen	für Einbrennlacke in der Industrie
Phenolharze (Abk. PF)	durch Polykondensation aus Phenol und Formaldehyd	Ester, Ketone, Aromate	ergibt sehr harte, aber vergilbende Beschichtungen	für Einbrennlacke in der Industrie
Harnstoffharze (Abk. UF)	durch Polykondensation aus Harnstoff und Formaldehyd	Ester, Ketone, Aromate	sehr spröde, vergilbungsbeständig	in Kombination mit anderen Harzen für Einbrennlacke in der Industrie
Silikonharze (Abk. Si)	durch Polykondensation aus Silanen	Ester, Ketone, Aromate	sehr hitze- und vergilbungsbeständig	für Einbrennlacke in der Industrie

* Die Abkürzungen (Abk.) entsprechen den Kurzzeichen der DIN 55950 „Bindemittel für Beschichtungsstoffe – Kurzzeichen".

[1] Das Polyurethan bildet sich erst bei der chemischen Erhärtung.

Übersicht über Kunststoffe zur Lackherstellung

Kunststoffe zur Lackherstellung	Herstellung	Geeignete Lösemittel	Wichtige Eigenschaften	Verwendung
Polyvinylchlorid (Abk. PVC)*	durch Polymerisation von Vinylchlorid mit andern Monomeren	Ester, Ketone, Aromate	wetter- und chemikalienbeständig, aber empfindlich gegen tierische Fette	für Beton- und Metallbeschichtungen
Polyvinylacetat (Abk. PVAC)	durch Polymerisation von Vinylacetat	Ester, Ketone, Aromate	wetterbeständig, reversibel, nicht alkalibeständig	für neutrale Untergründe
Polychloropren	durch Chlorieren von Butadien	Ester, Ketone, Aromate	besonders wasser- und chemikalienbeständig	für Beton- und Metallbeschichtungen
Chlorsulfoniertes Polyethylen (Abk. CSM)	durch chemische Reaktion von Chlor und Chlorsulfonsäure auf Polyethylen	Ester, Ketone, Aromate	ausgezeichnete Haftung, wasser-, wetter- und chemikalienbeständig	besonders für Metallbeschichtungen

* Die Abkürzungen (Abk.) entsprechen den Kurzzeichen der DIN 55950 „Bindemittel für Beschichtungsstoffe – Kurzzeichen". Für Polychloropren ist in dieser Norm kein Kurzzeichen festgelegt.

Übersicht über abgewandelte Naturprodukte

Abgewandelte Naturprodukte	Herstellung	Geeignete Lösemittel	Wichtige Eigenschaften	Verwendung
Zellulosenitrat (Abk. CN)*	durch Veresterung von Zellulose mit Salpetersäure	Alkohole, Ester, Ketone	hart und spröde, physikalisch trocknend, ergibt nur dünne Filme	als Bindemittel in den sog. Nitrolacken für Möbel
Chlorkautschuk (Abk. RUC)	durch Chlorierung von Kautschuk	Ketone, Glykolether, Aromate	chemikalien-, wetter- und wasserbeständig, neigt zum Vergilben und Kreiden, empfindlich gegen tierische Fette und Öle	als Bindemittel für säure- und laugenbeständige Beschichtungen, auch für Unterwasserbeschichtungen, heute von geringer Bedeutung
Cyclokautschuk (Abk. RUI)	durch Cyclisierung von Kautschuk	Testbenzin, Aromate	wie Chlorkautschuk, aber empfindlich gegen Lösemittel	als Bindemittel für säure- und laugenbeständige Beschichtungen, heute von geringer Bedeutung

* Die Abkürzungen (Abk.) entsprechen den Kurzzeichen der DIN 55950 „Bindemittel für Beschichtungsstoffe – Kurzzeichen".

Übersicht über bituminöse Stoffe

Bituminöse Stoffe	Herkunft bzw. Herstellung	Geeignete Lösemittel	Wichtige Eigenschaften	Verwendung
Asphalt	als Naturstoff im Bergbau gewonnen, künstlich hergestellter Asphalt aus Bitumen und Mineralstoffen hat kaum Bedeutung	Testbenzin, Terpentinöl und Aromate	hart und spröde, in Kombination mit Ölen und Harzen sowie Bitumen sehr wasser-, wetter-, hitze- und alterungsbeständig	zur Herstellung spezieller Lackfarben für Metallbeschichtungen, zur Herstellung von Einbrennlacken
Bitumen (Abk. B)*	durch Destillation aus Erdöl	Testbenzin, Terpentinöl und Aromate	beständig gegen Wasser, verdünnte Säuren und Laugen, unbeständig gegen Benzin, Öl und Fett	zum Unterbodenschutz, zur Herstellung spezieller Lackfarben für Metalle und Betonfundamente
Teer (Abk. T)	durch thermische Zersetzung von Steinkohle	Testbenzin, Terpentinöl und Aromate	wasser-, säuren- und laugenbeständig	in Kombination mit Epoxidharzen und Polyurethanharzen
Pech	durch Destillation von Steinkohlen- bzw. Braunkohlenteer	Testbenzin, Terpentinöl und Aromate	besonders wasser- und wetterbeständig	zur Herstellung spezieller Lackfarben für Metalle und Betonfundamente

* Die Abkürzungen (Abk.) entsprechen den Kurzzeichen der DIN 55950 „Bindemittel für Beschichtungsstoffe – Kurzzeichen". Für Asphalt und Pech sind in der DIN keine Kurzzeichen vorgesehen.

2.13 Naturharzlacke und -lackfarben

Der Fachnormenausschuss Anstrichstoffe und ähnliche Beschichtungsstoffe (FA) im Deutschen Institut für Normung hat für Naturharzlacke in der DIN 55945 „Beschichtungsstoffe und Beschichtungen" folgende Begriffsdefinition veröffentlicht, die auch für Naturfarben Geltung hat:

„Naturharzlacke sind Beschichtungsstoffe aus in der Natur entstandenen oder entstehenden Komponenten, die nachträglich weder chemisch modifiziert noch in ihrer natürlichen Struktur verändert worden sind und die keine künstlich hergestellten Komponenten und/oder Zusatzstoffe (Additive) enthalten."

Die im Handel befindlichen Naturharzlacke und -lackfarben enthalten künstlich hergestellte Stoffe, wie z. B. Titandioxid. Allerdings werden bevorzugt natürlich vorkommende und nachwachsende Harze und Öle sowie Erdpigmente eingesetzt. Auch Naturharzlacke enthalten gesundheits- und umweltschädliche Lösemittel, z. B. Terpentinöle usw. Zusammensetzung und Eigenschaften der Naturharzlacke und -lackfarben ähneln den Öllacken und -lackfarben.

Mit Naturharzlacken und -lackfarben lassen sich nicht die Oberflächenqualitäten erreichen, wie man sie mit Kunstharzlacken und -lackfarben gewohnt ist. Besonders fallen überlange Trockenzeiten und Vergilbung auf.

Gesundheitsschutz bei der Verarbeitung von Naturharzlacken

Bei der Verarbeitung von Naturharzlacken sind umfangreiche Schutzmaßnahmen zu treffen. Insbesondere ist in Innenräumen für gute Lüftung zu sorgen.

Gefahrenhinweise:
H225 Flüssigkeit und Dampf leicht entzündbar.
H411 Schädlich für Wasserorganismen, mit langfristiger Wirkung.

Sicherheitshinweise:
P102 Darf nicht in die Hände von Kindern gelangen.
P210 Von Hitze, heißen Oberflächen, Funken, offenen Flammen und anderen Zündquellen fernhalten. Nicht rauchen.
P280 Schutzhandschuhe/Schutzkleidung/Augenschutz/Gesichtsschutz tragen.
P303 + P361 + P353 Bei Berührung mit der Haut (oder dem Haar): Alle kontaminierten Kleidungsstücke sofort ausziehen. Haut mit Wasser abwaschen (oder duschen).
P501 Inhalt/Behälter gemäß den örtlichen/regionalen/nationalen/internationalen Vorschriften der Entsorgung zuführen.

Im Betrieb ist auf der Grundlage des Sicherheitsdatenblattes eine Betriebsanweisung zu erstellen und die Mitarbeiter/-innen sind entsprechend zu unterweisen.

2.14 Öllacke und -lackfarben

Öllacke und -lackfarben werden aus trocknenden Ölen, meist Leinöl, aber auch Holzöl und Sojaöl hergestellt. Diese Öle werden mit Harzen verkocht. Der Harzanteil erhöht die Härte und Widerstandsfähigkeit der Beschichtungen.

Als Lösemittel verwendet man Testbenzin, z. T. auch Terpentinöl.

Öllacke und -lackfarben erhärten durch Sauerstoffaufnahme, also chemisch durch Oxidation. Die Erhärtung lässt sich mit Sikkativen (Trockenstoffen) beschleunigen[1].

[1] Sikkative sind Trockenstoffe: Das sind Metallseifen (die Verbindung von bestimmten Fettsäuren mit Metallen, wie Blei, Mangan, Kalzium und Zink), die als Katalysatoren (Trocknungsbeschleuniger) tätig werden und die bei Öl- und Alkydharzlacken und -lackfarben unverzichtbar sind.

DIN EN ISO 4618	„Beschichtungsstoffe – Begriffe“
DIN 55945	„Beschichtungsstoffe und Beschichtungen – Ergänzende Begriffe zu DIN EN ISO 4618“
DIN 55950	„Bindemittel für Beschichtungsstoffe – Kurzzeichen“

Verwendung

Die Beschichtungen werden nach einiger Zeit sehr hart und sind wetterbeständig. Negativ fallen die starke Vergilbung, insbesondere bei Temperaturen über 353 K (80 °C), und die starke Dunkelvergilbung auf. Die Beschichtungen werden von Laugen verseift und so wasserlöslich. Dies nutzt man auch beim Abbeizen dieser Beschichtungen mit Abbeizlaugen aus.

Da Alkydharzlacke und -lackfarben bessere Eigenschaften zeigen, haben sie die Öllacke und -lackfarben heute weitgehend abgelöst.

Gesundheitsschutz Öllack

Bei der Verarbeitung von Öllacken sind umfangreiche Schutzmaßnahmen zu treffen. Insbesondere ist in Innenräumen für gute Lüftung zu sorgen.

Gefahrenhinweise:
H225 Flüssigkeit und Dampf leicht entzündbar.
H411 Schädlich für Wasserorganismen, mit langfristiger Wirkung.

Sicherheitshinweise:
P102 Darf nicht in die Hände von Kindern gelangen.
P210 Von Hitze, heißen Oberflächen, Funken, offenen Flammen und anderen Zündquellen fernhalten. Nicht rauchen.
P280 Schutzhandschuhe/Schutzkleidung/Augenschutz/Gesichtsschutz tragen.
P303 + P361 + P353 Bei Berührung mit der Haut (oder dem Haar): Alle kontaminierten Kleidungsstücke sofort ausziehen. Haut mit Wasser abwaschen (oder duschen).
P501 Inhalt/Behälter gemäß den örtlichen/regionalen/nationalen/internationalen Vorschriften der Entsorgung zuführen.
EUH066 Wiederholter Kontakt kann zu spröder oder rissiger Haut führen.

Im Betrieb ist auf der Grundlage des Sicherheitsdatenblattes eine Betriebsanweisung zu erstellen und die Mitarbeiter/-innen sind entsprechend zu unterweisen.

2.15 Alkydharze (Abk. AK)

Alkydharze werden aus drei Rohstoffgruppen hergestellt.

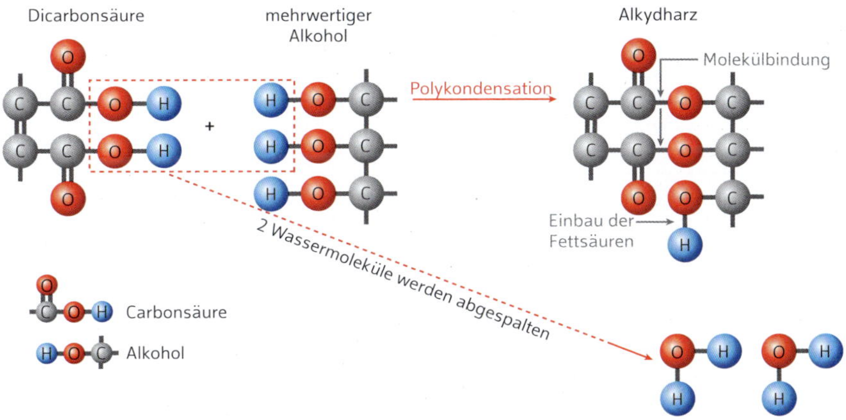

Herstellung von Alkydharz

Vorgang:
Die Verbindung wird möglich, weil Wasser abgespalten wird. Diese Veresterung kann man auch als Polykondensation bezeichnen. Bei der Polykondensation verbinden sich Einzelmoleküle zu einem Großmolekül unter Abspaltung eines Stoffs, meist Wasser. Durch den zusätzlichen Einbau der Fettsäuren (hier nicht eingezeichnet) in das Molekül entstehen hochwertige Alkydharze.

Alkydharzsorten nach dem Fettsäureanteil

Fettsäureanteil	Alkydharzsorten	Verwendung
unter 40 %	kurzölig	Einbrennlacke für die Industrie
40–60 %	mittelölig	lufttrocknende Malerlacke für innen und außen
über 60 %	langölig	lufttrocknende Malerlacke für Holz- und Korrosionsbeschichtungen im Außenbereich

[1] Dicarbonsäuren enthalten zwei Carboxylgruppen, Tricarbonsäuren enthalten drei Carboxylgruppen(siehe Teil C, Kapitel 1.2.2).

[2] Mehrwertige Alkohole enthalten im Molekül mehrere OH-Gruppen(siehe Teil C, Kapitel 1.2.2).

[3] Fettsäure ist ein Sammelbegriff für gesättigte Carbonsäuren, d. h. für Carbonsäuren mit Einfachbindungen, also ohne Doppelbindungen(siehe Teil C, Kapitel 1.2.2).

Sog. modifizierte Alkydharze enthalten chemisch gebunden im Molekül eine vierte Komponente. Dadurch sollen bestimmte Eigenschaften verbessert werden. Häufig verändern sich aber andere Eigenschaften negativ.

Veränderungen der Eigenschaften durch Modifikation

Modifizierende Komponenten	Positive Veränderungen	Negative Veränderungen
Polyisocyanat	schnellere Durchhärtung, höhere Elastizität, besseres Haftvermögen, mechanisch und chemisch höher belastbar	vergilbt stärker
Polyamin	thixotrope Wirkung	nicht bekannt
Epoxid	höhere Elastizität, besseres Haftvermögen, besserer Glanz, vergilbt weniger, mechanisch und chemisch höher belastbar	neigt im Außenbereich zum Kreiden
Acryl	schnellere Erhärtung, größere Wetterbeständigkeit, besseres Haftvermögen	kratzempfindlicher
Styrol	schnellere Erhärtung, vergilbt weniger, besseres Haftvermögen, bessere Chemikalienbeständigkeit	kratzempfindlicher, neigt zum Verspröden
Phenolharz	schnellere Erhärtung, besseres Haftvermögen, höherer Glanz, mechanisch und chemisch höher belastbar	vergilbt stärker, neigt zum Verspröden, geringere Wetterbeständigkeit
Vinyltoluol	erhärtet schneller, besseres Haftvermögen, vergilbt weniger, größere Wetterbeständigkeit	kratzempfindlicher
Silikon	größere Härte, besseres Haftvermögen, vergilbt weniger, mechanisch und chemisch höher belastbar, hitzebeständiger	Erhärtung nur bei Einbrenntemperaturen

2.15.1 Oxidativ erhärtende Alkydharzlacke und -lackfarben

Diese Lacke und Lackfarben werden als typische Malerlacke seit über 70 Jahren eingesetzt. Die Lacke enthalten als Bindemittel mittelölige oder langölige, gelöste Alkydharze. Die Lackfarben sind pigmentiert.

Verwendung

Alkydharzlacke und -lackfarben lassen sich für Grundierungen, Vorlacke und Decklacke auf Holz, Metall, neutralen Putzen und teilweise auch auf Kunststoffen einsetzen.

Besonders Heizkörper-, Fenster- und Türenlacke haben bislang Alkydharze als Bindemittel enthalten. Zwischenzeitlich werden für diese Objekte wegen der geringeren Lösemittelanteile meist wasserverdünnbare Dispersionslacke eingesetzt. Diese können als Bindemittel wasserverdünnbare Alkydharze, häufiger aber Acrylharze und z. T. auch Polyurethanharze enthalten.

In der Fahrzeuglackierung wurden die Alkydharzlacke und -lackfarben von den PUR-Acrylharzlacken und -lackfarben und zwischenzeitlich von den wasserverdünnbaren Polyurethanharzlacken verdrängt.

Seidenglanzlacke und -lackfarben
Durch Zusatz von Mattierungsmitteln lassen sich die Alkydharzlacke und -lackfarben auch seidenglänzend bis matt herstellen. Als Mattierungsmittel verwendet man Silikate, Kieselsäuren, Polyethylen oder Polypropylen.

Thixotrope Alkydharzlacke und -lackfarben
Durch Modifikation der Alkydharze mit Polyaminen oder durch den Zusatz von Additiven entstehen thixotrope Beschichtungsstoffe.

Thixotrope Alkydharzlacke und -lackfarben lassen sich leicht verarbeiten. Sie laufen auch auf senkrechten Flächen kaum ab. So sind hohe Schichtdicken mit einem Arbeitsgang möglich.

Die früher beobachteten Mängel, wie starke Vergilbung, geringer Glanz und schlechter Verlauf, lassen sich heute weitgehend vermeiden.

2.15.2 Wasserverdünnbare Alkydharzlacke und -lackfarben

Bei der Herstellung von Alkydharzen können Carboxylgruppen[1] unverestert zurückbleiben. Neutralisiert man diese Gruppen mit Ammoniak oder Aminen[2], entstehen im Alkydharzmolekül salzartige, wasserfreundliche (= hydrophile) Gruppen. Eine nochmals bessere Wasserverdünnbarkeit erreicht man durch den Einbau von zusätzlichen hydrophilen Gruppen, z. B. Glykolen[3], in das Alkydharzmolekül. Diese Alkydharze sind dann wasserverdünnbar, teilweise sogar wasserlöslich. Der flüchtige Anteil an organischen Lösemitteln und Ammoniak liegt unter 10 %. Diese Werkstoffe unterscheiden sich in der Verarbeitung und im Trocknungsverhalten wesentlich von lösemittelhaltigen Alkydharzen.

Wasserverdünnbare Alkydharze werden im Handwerk als Bindemittel in Holzlasuren und Dispersionslacken sowie in Korrosionsschutzfarben eingesetzt, häufig auch in Kombinationen mit wasserverdünnbaren Acrylharzen. In der Industrie setzt man die wasserverdünnbaren Alkydharze in Verbindung mit Phenol-, Harnstoff- und Melaminharzen für Grundierungen, Füller und Decklacke ein.

Bei der Trocknung verdunsten Wasser und Lösemittel. Gleichzeitig erhärten die Alkydharze je nach Sorte durch Oxidation[4] oder kombiniert mit Phenol-, Melamin- oder Harnstoffharzen bei Einbrenntemperaturen durch Polykondensation[5].

[1] Charakteristische Carboxylgruppe: $-\overset{\overset{\displaystyle O}{\|}}{C}-O-H$

[2] Charakteristische Amingruppe: $-\underset{\underset{\displaystyle H}{|}}{\overset{\overset{\displaystyle H}{|}}{N}}$

[3] Glykole sind zweiwertige Alkohole, d. h., sie haben zwei OH-Gruppen im Molekül.

[4] Erhärtung durch Oxidation = Erhärtung durch chemische Sauerstoffbindung

[5] Erhärtung durch Polykondensation = bei der Erhärtung wird Wasser chemisch abgespalten, dadurch findet eine chemische Vernetzung der Moleküle statt.

Gesundheitsschutz Allkydharzlack lösemittelhaltig

Bei der Verarbeitung von Alkydharzlacken sind umfangreiche Schutzmaßnahmen zu treffen. Insbesondere ist in Innenräumen für gute Lüftung zu sorgen.

Gefahrenhinweise:

H225 Flüssigkeit und Dampf leicht entzündbar.

H411 Schädlich für Wasserorganismen, mit langfristiger Wirkung.

Sicherheitshinweise:

P102 Darf nicht in die Hände von Kindern gelangen.

P210 Von Hitze, heißen Oberflächen, Funken, offenen Flammen und anderen Zündquellen fernhalten. Nicht rauchen.

P280 Schutzhandschuhe/Schutzkleidung/Augenschutz/Gesichtsschutz tragen.

P303 + P361 + P353 Bei Berührung mit der Haut (oder dem Haar): Alle kontaminierten Kleidungsstücke sofort ausziehen. Haut mit Wasser abwaschen (oder duschen).

P501 Inhalt/Behälter gemäß den örtlichen/regionalen/nationalen/internationalen Vorschriften der Entsorgung zuführen.

EUH066 Wiederholter Kontakt kann zu spröder oder rissiger Haut führen.

Achtung

Handschutz benutzen

Augenschutz benutzen

Atemschutz benutzen

Schutzkleidung benutzen

Keine offene Flamme; Feuer, offene Zündquelle und Rauchen verboten

Im Betrieb ist auf der Grundlage des Sicherheitsdatenblattes eine Betriebsanweisung zu erstellen und die Mitarbeiter/-innen sind entsprechend zu unterweisen.

2.16 Polyesterharze

Ungesättigte Polyesterharze (Abk. UP) werden aus ungesättigten Dicarbonsäuren und Glykolen (zweiwertigen Alkoholen) hergestellt. Ungesättigte Dicarbonsäuren enthalten noch reaktionsfähige Doppelbindungen zwischen den Kohlenstoffatomen. Diese Doppelbindungen weist auch das ungesättigte Polyesterharz auf.

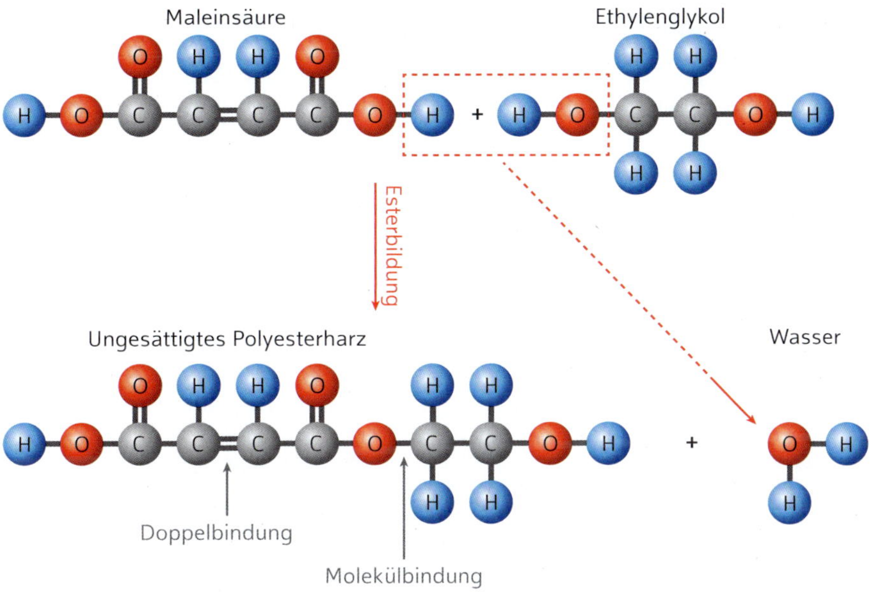

Herstellung von ungesättigten Polyesterharzen durch Polykondensation

Die Verbindung der Moleküle wird möglich, weil sich Wasser abspaltet. Diese Art der Molekülbindung wird als Polykondensation bezeichnet. Die Molekülvergrößerung setzt sich an den Molekülenden weiter fort.

Das Polyesterharz wird als ungesättigt bezeichnet, weil es zwischen zwei Kohlenstoffatomen noch reaktionsfähige Doppelbindungen besitzt. An diesen Doppelbindungen erfolgt die chemische Erhärtung.

Ungesättigte Polyesterharze werden für Lacke und Lackfarben, für Spachtelmassen, für Gießharze und Laminierharze eingesetzt. Große Bedeutung haben mit Glasfasern verstärkte ungesättigte Polyester (Abk. GFK).

Gesättigte Polyesterharze (Abk. SP) werden aus gesättigten Dicarbonsäuren und mehrwertigen Alkoholen hergestellt. Gesättigte Dicarbonsäuren enthalten keine reaktionsfähigen Doppelbindungen zwischen den Kohlenstoffatomen.

Gesättigte Polyesterharze werden meist zu Polyesterfasern verarbeitet. Aber auch Lacke und Lackfarben lassen sich mit gesättigten Polyestern herstellen. Die Beschichtungsstoffe trocknen physikalisch durch Verdunsten der Lösemittel, härten chemisch durch Reaktion mit Polyisocyanaten[1] oder bei Einbrenntemperaturen chemisch mit Harnstoff- oder Melaminharzen.

Durch chemische Reaktion mit Polyisocyanaten härtende Polyesterharze bezeichnet man als Polyurethanharze. Das Polyurethan bildet sich aber erst bei der chemischen Erhärtung durch Polyaddition aus Stammlack und Härter.

---

[1] Polyisocyanate enthalten im Molekül diese charakteristische Atomanordnung: $\overset{\overset{O}{\|}}{C}=N-$

2.16.1 Ungesättigte Polyesterharzlacke und -lackfarben

Diese Beschichtungsstoffe sind, wenn sie im Handwerk eingesetzt werden, Zweikomponenten-Materialien, bestehen also aus den beiden Komponenten Stammlack und Härter.

Der Stammlack enthält das im Styrol gelöste ungesättigte Polyesterharz und Beschleuniger. Bei den Lackfarben ist der Stammlack pigmentiert.

Der Härter enthält Peroxide. Diese wirken als Anreger (Katalysatoren) und lösen nach dem Vermischen von Stammlack und Härter die Erhärtung aus. Dabei verbindet sich das ungesättigte Polyesterharz mit dem Lösemittel chemisch durch Polymerisation.

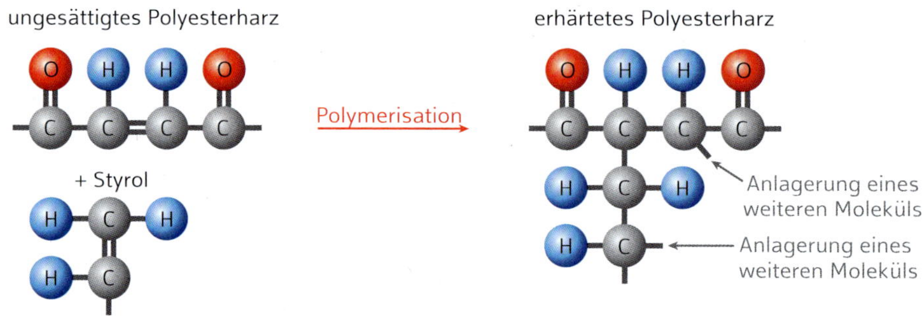

Erhärtung von ungesättigten Polyesterharzen durch Polymerisation

Die Erhärtung wird möglich, weil sich die Doppelbindungen zwischen den Kohlenstoffatomen (schwarze Farbe) öffnen. Derartig ablaufende Molekülvergößerungen werden als Polymerisation bezeichnet.

Die Topfzeit[1] ist für einen Beschichtungsstoff sehr kurz und liegt meist nur bei 20 Minuten.

Verwendung

Da bei den ungesättigten Polyesterharzlacken und Lackfarben das Lösemittel Styrol chemisch gebunden und so Bestandteil des Bindemittels wird, lassen sich mit einem Arbeitsgang hohe Schichtdicken erreichen.

Beschichtungen mit diesen Werkstoffen sind sehr widerstandsfähig, beständig gegen Wasser, Lösemittel, Laugen und verdünnte Säuren.

Holzinhaltsstoffe können die chemische Erhärtung verzögern oder verhindern. Deshalb sollte man gerbstoffreiche und phenolhaltige Hölzer, z. B. Eiche und Palisander, vor der Beschichtung mit Polyurethanharzlack absperren.

Größere Bedeutung hat ungesättigtes Polyesterharz für Spachtelmassen und Spritzspachtel in der Fahrzeug-Reparaturlackierung.

[1] Topfzeit ist die Zeit, in der das angerührte 2K-Material verarbeitet werden muss.

Internetsuchbegriff: Polyester

2.16.2 Gesättigte Polyesterharzlacke und -lackfarben

Gesättigte Polyesterharzlacke können als physikalisch trocknende Bindemittel in Lacken und Lackfarben eingesetzt werden. Diese Beschichtungen sind reversibel und somit lösemittelempfindlich. Dies schränkt ihren Einsatz sehr ein.

In der Industrie werden gesättigte Polyesterharze mit Melaminharzen für Einbrennlacke eingesetzt. Da aber auch hier zunehmend wasserverdünnbare Beschichtungsstoffe eingesetzt werden, lässt die Bedeutung nach.

Gesundheitsschutz beim Umgang mit ungesättigten Polyesterharzen

Ungesättigte Polyesterharzwerkstoffe gehören zu den umwelt- und gesundheitschädlichsten Werkstoffen, die im Maler- und Lackiererhandwerk eingesetzt werden. Die folgenden, einem Sicherheitsmerkblatt entnommenen Gefahren- und Sicherheitshinweise beweisen das. Deshalb verzichtet man so weit wie möglich auf die Verwendung dieser Werkstoffe. Wenn das nicht möglich ist, müssen umfangreiche Schutzmaßnahmen ergriffen werden.

Gefahrenhinweise:
H226 Flüssigkeit und Dampf entzündbar.
H315 Verursacht Hautreizungen.
H317 Kann allergische Hautreaktionen verursachen.
H319 Verursacht schwere Augenreizung.
H332 Gesundheitsschädlich bei Einatmen.
H334 Kann bei Einatmen Allergie, asthmaartige Symptome oder Atembeschwerden verursachen.
H335 Kann die Atemwege reizen.
H361d Kann vermutlich das Kind im Mutterleib schädigen.
H372 Schädigt die Organe bei längerer oder wiederholter Exposition.
H412 Schädlich für Wasserorganismen, mit langzeitiger Wirkung.

Sicherheitshinweise:
P210 Von Hitze, heißen Oberflächen, Funken, offenen Flammen sowie anderen Zündquellen fernhalten. Nicht rauchen.
P233 Behälter dicht verschlossen halten.
P240 Behälter und zu befüllende Anlage erden.

P241 Explosionsgeschützte elektrische Betriebsmittel/Lüftungsanlagen/Beleuchtung verwenden.
P242 Funkenarmes Werkzeug verwenden.
P243 Maßnahmen gegen elektrostatische Entladungen treffen.
P261 Einatmen von Staub/Rauch/Gas/Nebel/Dampf/Aerosol vermeiden.
P264 Nach Gebrauch alle exponierten Hautstellen gründlich waschen.
P270 Bei Gebrauch nicht essen, trinken oder rauchen.
P271 Nur im Freien oder in gut belüfteten Räumen verwenden.
P273 Freisetzung in die Umwelt vermeiden.
P312 Bei Unwohlsein Giftinformationszentrum/Arzt anrufen.
P304 + P340 Bei Einatmen: Die Person an die frische Luft bringen und für ungehinderte Atmung sorgen.
P332 + P313 Bei Hautreizung: Ärztlichen Rat einholen/ärztliche Hilfe hinzuziehen.
P337 + P313 Bei anhaltender Augenreizung: Ärztlichen Rat einholen/ärztliche Hilfe hinzuziehen.
P362 + P364 Kontaminierte Kleidung ausziehen und vor erneutem Tragen waschen.
P302 + P352 + P361 Bei Berührung mit der Haut: Mit viel Wasser und Seife waschen. Alle kontaminierten Kleidungsstücke sofort ausziehen.
P305 + P351 + P338 Bei Kontakt mit den Augen: Einige Minuten lang behutsam mit Wasser ausspülen. Eventuell vorhandene Kontaktlinsen nach Möglichkeit entfernen. Weiter ausspülen.
P403 + P235 An einem gut belüfteten Ort aufbewahren. Kühl halten.
P405 Unter Verschluss aufbewahren.
P501 Inhalt/Behälter gemäß örtlichen und nationalen Vorschriften der Entsorgung zuführen.

Im Betrieb ist auf der Grundlage des Sicherheitsdatenblattes eine Betriebsanweisung zu erstellen und die Mitarbeiter/-innen sind entsprechend zu unterweisen.

2.17 Polyurethan (Abk. PUR)

Polyurethan für Lacke und Lackfarben wird durch Polyaddition aus Polyester bzw. Polyether und Polyisocyanaten hergestellt.

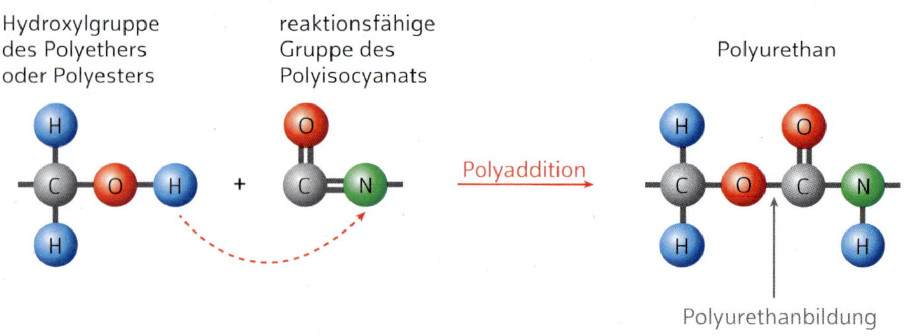

Herstellung von Polyurethan durch Polyaddition

Vorgang:

1. Das Wasserstoffatom (blau) wechselt zum Stickstoffatom (grün).
2. Die Verbindung am Stickstoffatom wird möglich, weil sich die Doppelbindung zwischen dem Stickstoffatom (grün) und dem Kohlenstoffatom (schwarz) öffnet.
3. Durch den Wechsel des Wasserstoffatoms zum Stickstoffatom ist am Sauerstoffatom (rot) ein Bindungsarm frei geworden. Sauerstoffatom (rot) und Kohlenstoffatom (schwarz) verbinden sich an den freien Bindungsarmen.
4. Da Polyester bzw. Polyether und Polyisocyanat jeweils mehrere reaktionsfähige Gruppen enthalten, verbinden sich die Moleküle an mehreren Stellen miteinander. So entstehen räumlich vernetzte, sehr stabile Riesenmoleküle.

Verwendung

Polyurethanharzlacke und -lackfarben sind unter der Bezeichnung „DD-Lacke" bekannt geworden. DD-Lack ist ein geschützter Handelsname.

Aus Polyurethan werden neben Lacken und Lackfarben auch Klebstoffe, Fasern, Schaumstoffe, Pressmassen und Polyurethan-Kautschuk hergestellt.

> Der Beschichtungsaufbau muss mit artgleichem Material oder anderen Reaktionslacken bzw. -lackfarben erfolgen. Alkydharz- oder 1K-Acrylharzwerkstoffe sind als Untergrund ungeeignet.

2.17.1 Zweikomponenten-Polyurethanharzlacke und -lackfarben

Bei diesen Beschichtungsstoffen werden die beiden Reaktionspartner als Stammlack und als Härter getrennt geliefert.

Der Stammlack enthält Polyester bzw. Polyether, der Härter das Polyisocyanat. Stammlack und Härter werden vor der Verarbeitung im richtigen Verhältnis vermischt (Angaben des Herstellers beachten). Die beiden Reaktionspartner verbinden sich danach chemisch zu Polyurethanharz.

Das Polyisocyanat des Härters reagiert auch mit Feuchtigkeit. Deshalb ist bei der Verarbeitung auf Feuchtigkeit zu achten. Auch Luftfeuchtigkeit wirkt sich negativ auf die Beschichtungen aus. Durch die Reaktion des Härters mit der Luftfeuchtigkeit bilden sich sog. Kocher, das sind kleinste Bläschen und Krater in der Beschichtung.

Kocher lassen sich mit Spachtelungen und Füllerschichten nicht schließen. Die betroffenen Schichten müssen vollständig abgeschliffen werden. Die Topfzeit der im Maler- und Lackiererhandwerk eingesetzten 2K-Polyurethanlacke und -lackfarben beträgt etwa einen Tag. Die in der Fahrzeuglackierung eingesetzten Polyurethanharzlacke erhärten in sehr viel kürzerer Zeit.

Als Löse- und Verdünnungsmittel verwendet man Spezialverdünnungen. Diese enthalten meist Ketone und Ester.

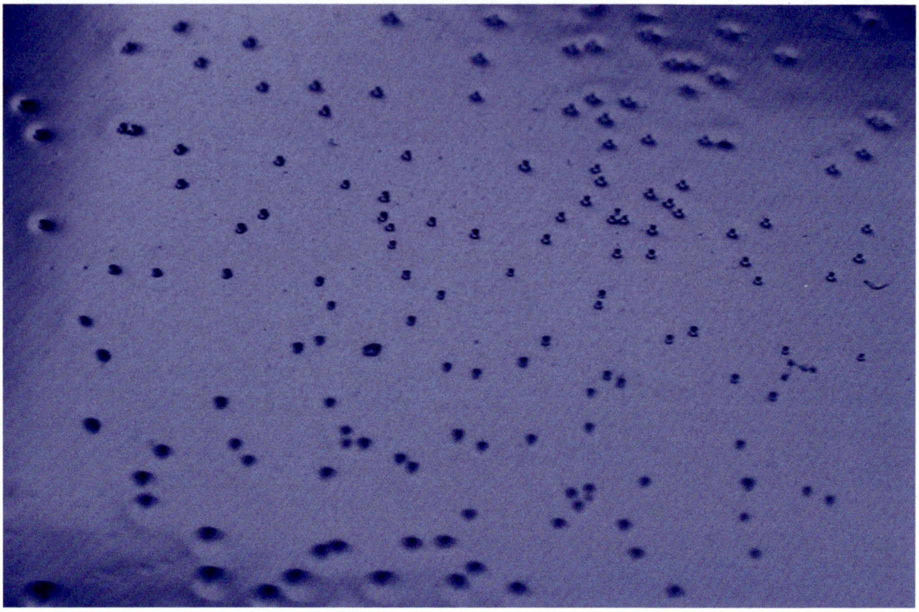

Kocherbildung bei einem Fahrzeugteil

Lösemittelfreie Polyurethanharzlacke und -lackfarben

Die Bindemittel dieser Werkstoffe werden in so kurzen Molekülketten hergestellt, dass das Bindemittel bereits in verarbeitungsfähiger Konsistenz vorliegt. Muss trotzdem verdünnt werden, setzt man sog. reaktive Lösemittel ein. Diese enthalten chemische Gruppen, die bei der Erhärtung mit dem Bindemittel reagieren und so Bestandteil des Bindemittels werden.

Verwendung

Zweikomponenten-Polyurethanharzlacke lassen sich bei der Herstellung für nahezu alle Aufgabengebiete abstimmen. Dies trifft besonders auf die Elastizität und die Härte zu. Die Beschichtungen sind abriebbeständig, wetterbeständig und chemikalienbeständig. Hier fällt wiederum die besondere Säurebeständigkeit auf. Spezielle Polyurethanharzlacke und Lackfarben für die Fahrzeug- und Flugzeuglackierung erreichen hervorragenden Verlauf und Glanz.

Der Beschichtungsaufbau muss mit artgleichem Material oder anderen Reaktionslacken bzw. -lackfarben erfolgen. Alkydharz- oder 1K-Acrylharzwerkstoffe sind als Untergrund ungeeignet.

Polyurethanharzwerkstoffe verwendet man für stark belastete Innen- und Außenbeschichtungen auf Beton, Stahl, Aluminium, Zink, Holz und vielen Kunststoffen. In der Praxis hat sich die Polyurethanharzbeschichtung auf Epoxidharzgrundierungen sehr bewährt. Dies trifft besonders für den Korrosionsschutz und für Betonfußbodenbeschichtungen zu. Hier hält die Polyurethanbeschichtung stärksten mechanischen Belastungen stand.

2.17.2 Feuchtigkeitshärtende Polyurethanharzlacke und -lackfarben

Diese Lacke und Lackfarben sind Einkomponentenwerkstoffe. Die Reaktionspartner Polyester bzw. Polyether und Polyisocyanat sind bereits vermischt. Sie haben sich aber noch nicht vollständig chemisch verbunden. Dies wird erst durch die Einwirkung von Luftfeuchtigkeit möglich.

Die Erhärtung durch Luftfeuchtigkeit kann auf zwei Wegen erfolgen:

1. Polyisocyanat reagiert mit Luftfeuchtigkeit zu Polyamin, bei der Aushärtung entsteht Polyharnstoff.

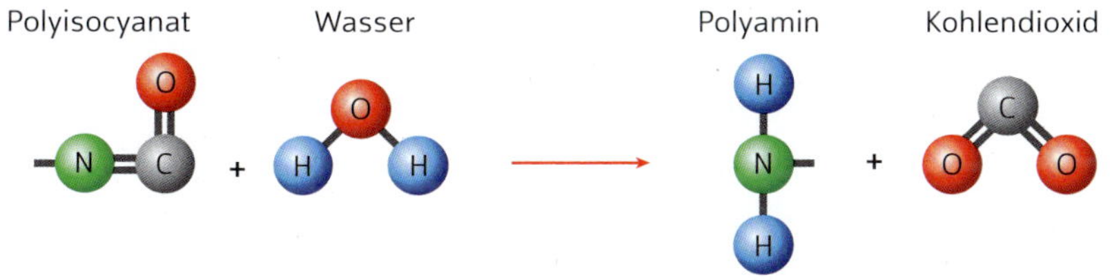

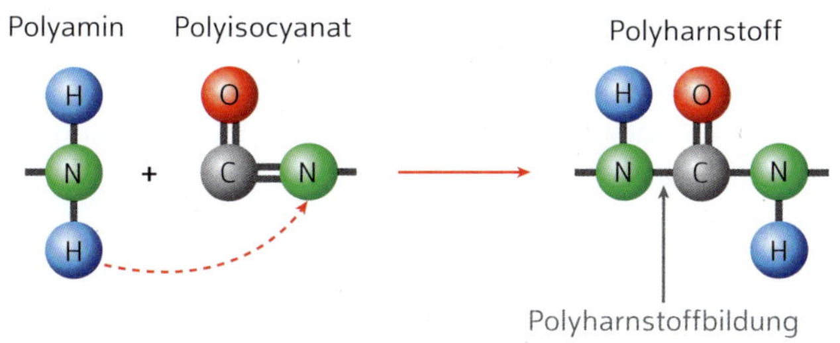

   Mit Luftfeuchtigkeit bilden sich aus den nicht vernetzten Polyisocyanaten Polyamine. Diese Amine verbinden sich mit anderen reaktionsfähigen Polyisocyanaten zu Polyharnstoff. Dadurch vernetzt das Bindemittel vollständig und erhärtet.

2. Blockiermittel reagieren mit Luftfeuchtigkeit, dadurch kann die Erhärtung erfolgen. Diese Beschichtungsstoffe enthalten blockierte Polyisocyanate und Polyamine. Erst wenn das Blockiermittel mit Feuchtigkeit reagiert, werden die Polyisocanate und Polyamine frei und können so vollständig vernetzen. Dadurch härten die Lacke und Lackfarben durch.

Feuchtigkeitshärtende Polyurethanharzlacke und -lackfarben werden vor allem zur Versiegelung von Holzfußböden, aber auch für Betonbeschichtungen eingesetzt.

2.17.3 Wasserverdünnbare Polyurethanharzlacke und -lackfarben

Die Herstellung von wasserverdünnbaren Polyurethanharzlacken und -lackfarben ist schwierig, da viele Härter, die Polyisocyanat enthalten, auch mit Wasser chemisch reagieren. Bislang gibt es zur Herstellung von wasserverdünnbaren Polyurethanharzlacken und -lackfarben zwei Möglichkeiten:

1. Polyurethandispersionen

Bei diesen Bindemitteln werden bereits vernetzte, sauer eingestellte, gelöste Polyurethanharze unter gleichzeitiger Neutralisation in Wasser dispergiert. Eine andere Möglichkeit bietet die Herstellung von Urethan-Acrylat-Dispersionen. Hier werden die Acrylate in Gegenwart von Polyurethanen in der wässrigen Lösung dispergiert. Die Eigenschaften dieser Dispersionen sind weitgehend von den Polyurethanen bestimmt.

Polyurethandispersionen werden als alleiniges Bindemittel oder gemeinsam mit anderen in Grundierungen, Dispersionslacken, Einschichtlacken und Spezialeffektlacken eingesetzt.

2. Wasserverdünnbare 2K-Polyurethanharzlacke und -lackfarben

Bei diesen Lacksystemen werden feinteilige, viele OH-Gruppen enthaltende Dispersionen mit speziellen, dünnflüssigen Polyisocyanaten vermischt. Bei der chemischen Erhärtung entstehen Beschichtungen mit vielen Urethangruppen und Eigenschaften, die denen der lösemittelhaltigen Systeme weitgehend entsprechen.

2.17.4 Zweikomponenten-Polyurethan-Acrylharzlacke und -lackfarben

Bei diesen Reaktionslacken enthält der Stammlack Acrylharze mit freien Hydroxylgruppen (= OH-Gruppen). Bei den Lackfarben ist der Stammlack pigmentiert. Als Härter verwendet man Polyisocyanat. Daneben kann die Härterlösung noch Amine als Katalysatoren (= Erhärtungsbeschleuniger) enthalten.

Stammlack und Härter werden kurz vor der Verarbeitung im richtigen Verhältnis vermischt. Die Topfzeit dieser Lacke und Lackfarben hängt vom Material und von der herrschenden Temperatur ab.

Bei der Erhärtung vernetzt das Polyisocyanat durch Polyaddition chemisch mit den Hydroxylgruppen (OH-Gruppen) der Acrylharze. Dabei bildet sich eine Polyurethangruppe. Die Erhärtung der PUR-Acrylharzlacke und -lackfarben entspricht der Erhärtung von Zweikomponenten-Polyurethanharzlacken und -lackfarben.

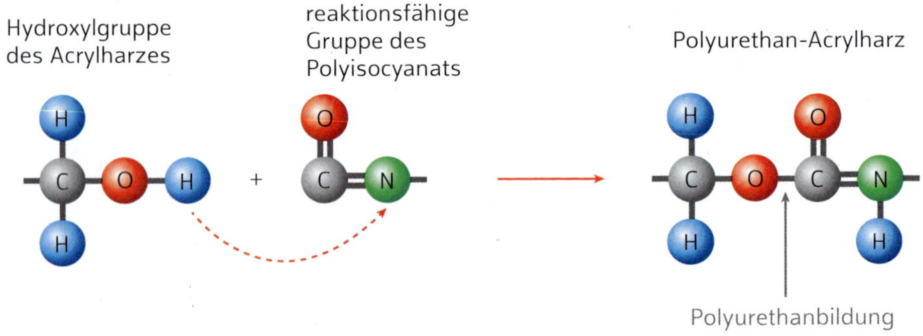

Erhärtung der 2K-Acrylharzlacke

Aus der Hydroxylgruppe und der reaktiven Gruppe des Polyisocyanats bildet sich eine Molekülgruppe, die man als Polyurethangruppe bezeichnet. Diese Gruppe bedingt die große Beständigkeit gegen Lösemittel und Chemikalien, besonders gegen Säuren.

Verwendung
Mit diesen Werkstoffen lassen sich sehr harte, glatte, licht-, glanz- und wetterbeständige Beschichtungen erzeugen. Sie haften ausgezeichnet und sind unempfindlich gegen Chemikalien, Benzin und Öl. Die Beschichtungsstoffe eignen sich für sehr widerstandsfähige Beschichtungen auf Metallen, Holz und Kunststoffen. 2K-PUR-Acrylharzlacke und Lackfarben konnten sich besonders in der Fahrzeuglackierung durchsetzen. Wegen der hohen Lösemittelanteile wurden diese Werkstoffe aber zunehmend von wasserverdünnbaren Polyurethanharzlacken verdrängt.

Handwerkliche Fahrzeuglackierung

2.17.5 Urethanalkydharzlacke und -lackfarben

Polyisocyanat reagiert auch mit freien Hydroxylgruppen der Alkydharze. Teilweise wird bei der Herstellung der Alkydharze auch ein Teil der Phthalsäure durch Polyisocyanat ersetzt. Dieses Isocyanat reagiert mit den Hydroxylgruppen der Alkohole. Die entstehenden Urethanalkydharze erhärten durch Sauerstoffaufnahme (= oxidative Erhärtung).

Die mit diesem Bindemittel hergestellten Lacke und Lackfarben sind im Vergleich zu herkömmlichen Alkydharzlacken härter und widerstandsfähiger gegen Wasser, Lösemittel und Chemikalien. Außerdem härten diese Beschichtungsstoffe schneller durch.

2.17.6 Polyurethan-Teerfarben

Durch die Kombination von Polyisocyanat mit Teer entstehen Korrosionsschutzfarben mit ausgezeichneter Beständigkeit gegen Wasser, verdünnte Säuren und Laugen, Öle und Benzine.

Polyurethan-Teerlackfarben sind als Zweikomponentenlacke und als feuchtigkeitshärtende Lacke im Handel. Die feuchtigkeitshärtenden Lackfarben haften sogar auf feuchten Untergründen gut. Die Werkstoffe werden für Beschichtungen auf Holz, Metallen und Beton eingesetzt.

2.17.7 Polyurethan-Einbrennlacke und -lackfarben

Bei diesen Beschichtungsstoffen sind die Reaktionspartner Polyester bzw. Polyether und Polyisocyanat bereits physikalisch vermischt. Das Polyisocyanat ist blockiert, daher ist bei normalen Temperaturen keine Vernetzung möglich. Bei Temperaturen über 433 K (160 °C) wird das Blockiermittel abgespalten. Die Lacke und Lackfarben vernetzen chemisch durch Polyaddition.

Diese Einbrennlacke und -lackfarben werden wegen der erforderlichen hohen Einbrenntemperaturen nur in der Industrie für sehr widerstandsfähige Beschichtungen verwendet.

Gesundheitsschutz Polyurethanharzlacke

Die Umwelt- und Gesundheitsgefährdung ist bei den Polyurethanharzwerkstoffen je nach Lösemittelanteil und Härter sehr unterschiedlich. Das Sicherheitsdatenblatt gibt genauere Auskunft. Es folgen exemplarisch die Angaben aus dem Sicherheitsdatenblatt eines lösemittelhaltigen 2K-Produktes.

Aufgrund der enthaltenen Lösemittel und Härter sind diese Werkstoffe sehr umwelt- und gesundheitsschädlich, was u. a. ein Grund dafür ist, dass sie nur für besonders widerstandsfähige Beschichtungen eingesetzt werden. Bei der Anwendung sind umfangreiche Sicherheitsmaßnahmen erforderlich.

Gefahrenhinweise:

H315 Verursacht Hautreizungen.
H317 Kann allergische Hautreaktionen verursachen.
H318 Verursacht schwere Augenschäden.
H412 Schädlich für Wasserorganismen, mit langfristiger Wirkung.

Internetsuchbegriff: Polyurethan

Sicherheitshinweise:
P101 Ist ärztlicher Rat erforderlich, Verpackung oder Kennzeichnungsetikett bereithalten.
P102 Darf nicht in die Hände von Kindern gelangen.
P103 Vor Gebrauch Kennzeichnungsetikett lesen.
P261 Einatmen von Staub/Rauch/Gas/Nebel/Dampf/Aerosol vermeiden.
P280 Schutzhandschuhe/Schutzkleidung/Augenschutz/Gesichtsschutz tragen.
P310 Bei Exposition sofort Giftinformationszentrum/Arzt anrufen.
P302 + P352 Bei Berührung mit der Haut: Mit viel Wasser waschen.
P333 + P313 Bei Hautreizung oder -ausschlag: Ärztlichen Rat einholen/ärztliche Hilfe hinzuziehen.
P305 + P351 + P338 Bei Kontakt mit den Augen: Einige Minuten lang behutsam mit Wasser ausspülen. Eventuell vorhandene Kontaktlinsen nach Möglichkeit entfernen. Weiter ausspülen.
P501 Inhalt/Behälter zugelassenem Entsorger oder kommunaler Sammelstelle zuführen.

Im Betrieb ist auf der Grundlage des Sicherheitsdatenblattes eine Betriebsanweisung zu erstellen und die Mitarbeiter/-innen sind entsprechend zu unterweisen.

2.18 Epoxidharze (Abk. EP)

Epoxidharze für Lacke und Lackfarben werden durch Polykondensation aus geeigneten Rohstoffen, häufig Epichlorhydrin und Bisphenol A, hergestellt.
Epoxidharze werden auch als Klebstoffe, als Gießharze, als Bindemittel für glasfaserverstärkte Kunststoffe (GFK) und für Schichtstoffe sowie zur Herstellung von Hartschaumstoffen eingesetzt.

2.18.1 Zweikomponenten-Epoxidharzlacke und -lackfarben

Bei diesen Beschichtungsstoffen werden die beiden Reaktionspartner als Stammlack und als Härter getrennt geliefert.

Der Stammlack enthält das flüssige Epoxidharz, der Härter je nach System Polyisocyanat, Polyamine oder Polyamide. Stammlack und Härter werden vor der Verarbeitung im richtigen Verhältnis vermischt (Angaben des Herstellers beachten). Die beiden Reaktionspartner verbinden sich danach chemisch durch Polyaddition zum ausgehärteten Epoxidharz. Die Topfzeit beträgt je nach Produkt und Temperatur zwischen einem und drei Tagen.

Die Erhärtung der Epoxidharze ist über zwei unterschiedliche reaktive Gruppen möglich.

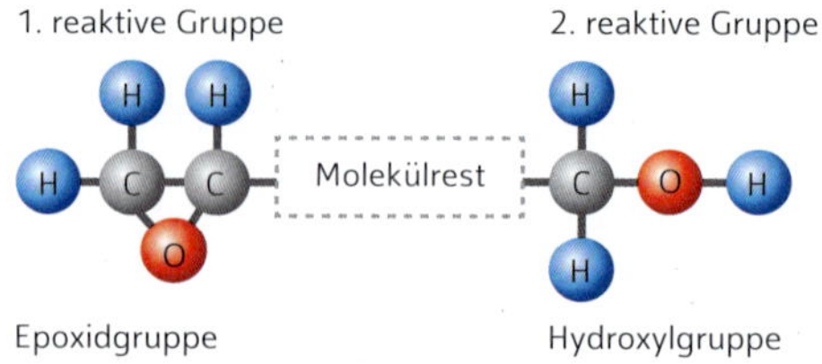

Beide reaktiven Gruppen sind in einem Epoxidharzmolekül mehrmals enthalten. So können Epoxidharze räumlich (dreidimensional) vernetzen.

Beispiele: Erhärtung von Epoxidharz durch Polyaddition

1. Erhärtung mit Polyaminen

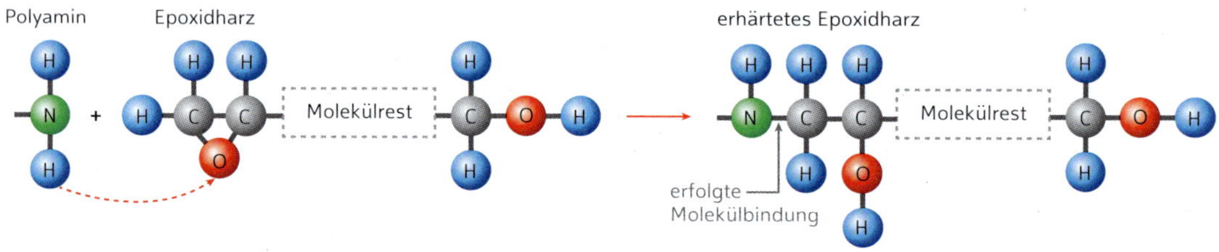

Die Erhärtung durch Polyaddition wird möglich, weil ein Wasserstoffatom (blau) des Polyamins zur Epoxidgruppe wechselt und sich dort an den Sauerstoff (rot) anlagert. Dabei öffnet sich eine Bindung zwischen dem Sauerstoff (rot) und dem Kohlenstoff (schwarz). Der frei gewordene Bindungsarm des Kohlenstoffes verbindet sich mit dem frei gewordenen Bindungsarm des Stickstoffs (grün). Auf gleiche Weise ist die Erhärtung mit Polyamiden möglich.

2. Erhärtung mit Polyisocyanat

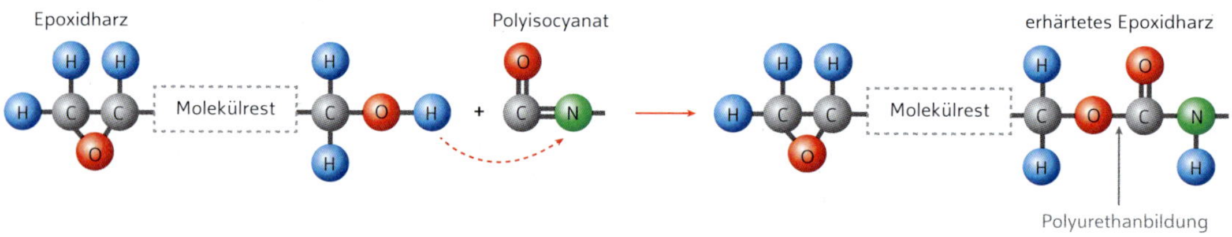

Diese Erhärtung entspricht der Polyurethanbildung. Sie wird möglich, weil ein Wasserstoffatom (blau) aus der OH-Gruppe des Epoxidharzes zum Stickstoff (grün) des Polyisocyanats wechselt. Dabei öffnet sich die Doppelbindung zwischen dem Stickstoffatom (grün) und dem Kohlenstoffatom (schwarz) des Polyisocyanats. Der freie Bindungsarm des Kohlenstoffatoms (schwarz) verbindet sich mit dem freien Bindungsarm des Sauerstoffatoms (rot).

Als Löse- und Verdünnungsmittel werden Gemische aus Ketonen, Estern, Aromaten und Alkoholen verwendet.

Lösemittelfreie Epoxidharzlackfarben

Epoxidharz-Zweikomponentenlackfarben lassen sich auch lösemittelfrei herstellten. Dazu benutzt man Epoxidharze mit kurzen Molekülketten (= niedermolekulare

Epoxidharze). Wegen der kleinen Moleküle sind diese Harze flüssig, sie müssen bei der Lackherstellung nicht erst gelöst werden. Als Verdünnung kann man reaktive Lösemittel verwenden. Diese vernetzen bei der Erhärtung chemisch mit dem Bindemittel und werden so Bestandteil des Bindemittels.

Mit lösemittelfreien Epoxidharzlackfarben lassen sich besonders hohe Filmdicken in einem Arbeitsgang erreichen, da keine Löse- und Verdünnungsmittel verdunsten.

Verwendung
Epoxidharz-Zweikomponentenlacke und -lackfarben dürfen unter 288 K (15 °C) nur verarbeitet werden, wenn der Hersteller die einwandfreie Durchhärtung bei niedrigeren Temperaturen zusichert. In der Regel härten diese Werkstoffe bei niedrigeren Temperaturen nicht durch.

Beschichtungen mit diesen Werkstoffen sind absolut alkalibeständig sowie beständig gegen andere Chemikalien und Lösemittel. Obwohl die Beschichtungen ausgezeichnet wasser- und wetterbeständig sind, neigen Außenbeschichtungen mit diesen Werkstoffen zum Kreiden. Die Beschichtungen zeigen auch ausgezeichnete Beständigkeit gegen mechanischen Abrieb.

Die Eigenschaften der Beschichtungen hängen auch vom verwendeten Härter ab.

Eigenschaften nach Härter

Härter	Eigenschaften der Beschichtungen
Polyamine	besonders lösemittel- und chemikalienbeständig
Polyamide	besonders elastisch, besonders wasserbeständig
Polyisocyanate	besonders beständig gegen Säuren und Lösemittel

Grundsätzlich ist der vom Hersteller vorgeschriebene Härter zu verwenden, da sonst Beschichtungsschäden nicht auszuschließen sind.

Aminhaltige Epoxidharzlacke dürfen nicht für Kupferuntergründe eingesetzt werden. Das Polyamin würde mit dem Kupfer zu grünen Kupfersalzen reagieren. Ein Abplatzen der Beschichtung kann die Folge sein.

Zweikomponenten-Epoxidharzbeschichtungen eignen sich besonders zum Korrosionsschutz, für Betonbodenbeschichtungen, für Unterwasserbeschichtungen auf Stahl und Beton sowie als Grundierung für alle Metalle und als Fahrzeugfüller[1].

2.18.2 Wasserverdünnbare Epoxidharzlacke und -lackfarben

Wasserverdünnbare Epoxidharze werden für die Verarbeitung im Handwerk in unterschiedlichen Formen angeboten:

- Emulsionen von flüssigen Epoxidharzen in einer wässrigen Lösung
- Suspensionen (Dispersionen) von Epoxidharzen in einer wässrigen Lösung

[1] Fahrzeugfüller sind sehr hoch gefüllte (pigmentierte) Lackwerkstoffe, die besonders in der Fahrzeuglackierung anstelle von Spachtelmassen eingesetzt werden, um Höhendifferenzen auszugleichen und zu glätten.

Emulsionen und Suspensionen auf Epoxidharzbasis müssen vor der Verarbeitung mit geeigneten Härtern, meist Polyaminen, vermischt werden. Die Topfzeit hängt vom verwendeten System und der Temperatur ab. Die Werkzeuge können nur innerhalb der Topfzeit mit Wasser gereinigt werden.

Verwendung
Nach der Erhärtung sind die Beschichtungen wasser- und wetterbeständig, neigen aber wie fast alle Epoxidharzbeschichtungen im Außenbereich zum Kreiden. Die Beständigkeit gegen aggressive Einflüsse ist bei den wasserverdünnbaren System etwas geringer als bei den lösemittelhaltigen, aber immer noch gut und für die meisten Anwendungsgebiete ausreichend.

Wegen der mechanischen Beständigkeit und der großen Alkalibeständigkeit werden diese Beschichtungsstoffe häufig für Betonböden eingesetzt. Nach einer entsprechenden Grundierung können damit aber auch Metalle beschichtet werden.

2.18.3 Epoxidharz-Teerkombinationslackfarben

Epoxidharze lassen sich mit Steinkohlenteer kombinieren. Bei der chemischen Vernetzung mit Härtern finden auch Nebenreaktionen mit Teerbestandteilen statt. Dadurch wird die Wasserbeständigkeit noch erhöht.

Beschichtungen mit diesen Werkstoffen sind schlag- und abriebbeständig sowie beständig gegen Salzwasser, Mineralöle und Chemikalien. Die Beständigkeit gegen Lösemittel und Säuren ist aber geringer als bei Epoxidharzlackfarben.

Da Epoxidharz-Teer-Kombinationslackfarben sehr gut auf Beton und Metall haften, eignen sich diese Werkstoffe besonders für Unterwasserbeschichtungen, z. B. an Schleusen, Hafenanlagen, Schiffen usw.

2.18.4 Epoxidharzesterlacke und -lackfarben

Epoxidharze lassen sich mit Fettsäuren verestern.

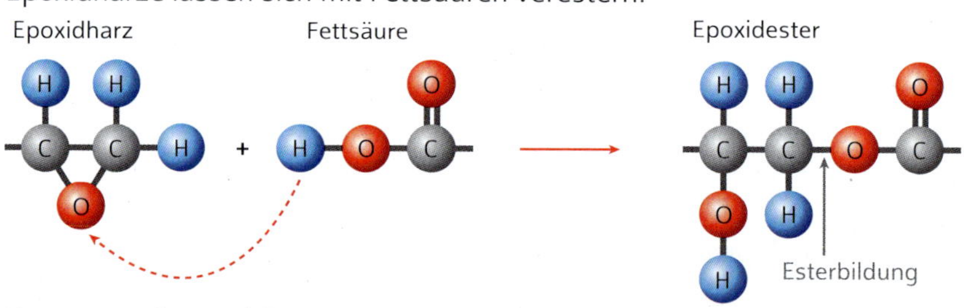

Veresterung der Epoxidharze

Ein Wasserstoffatom (blau) löst sich vom Fettsäuremolekül und lagert sich an den Sauerstoff (rot) der Epoxidgruppe. Dazu müssen sich Bindungsarme zwischen dem Sauerstoff (rot) und einem Kohlenstoffatom (schwarz) der Epoxidgruppe lösen.

DGUV Regel 113-012 „Tätigkeiten mit Epoxidharzen“
Internetsuchbegriff: Epoxidharze

Der freie Arm des Kohlenstoffatoms (schwarz) verbindet sich mit dem freien Bindungsarm des Sauerstoffs (rot) der Fettsäure. Dadurch hat sich ein Ester gebildet.

Epoxidharzester können auch wasserverdünnbar, z. T. auch wasserlöslich hergestellt werden. Dazu lässt man z. B. die Hydroxidgruppe mit Maleinsäure reagieren oder man polymerisiert Acrylsäure ein. Möglich ist auch die Reaktion mit Phenolharz. In jedem Fall wird erst das Harz hergestellt, das man dann im Wasser emulgiert bzw. dispergiert.

Epoxidharzesterlacke und -lackfarben erhärten oxidativ, also durch Sauerstoffaufnahme aus der Luft. Mit Phenol hergestellte Epoxidharzesterlacke und -lackfarben erhärten bei Einbrenntemperaturen durch Polykondensation.

Diese Werkstoffe sind widerstandsfähiger als Alkydharzlacke und -lackfarben, erreichen aber nicht die Beständigkeit der 2K-Epoxidharzlacke und -lackfarben. Wegen der Kreidungsneigung im Außenbereich werden diese Beschichtungsstoffe nicht für Decklackierungen eingesetzt. Der größte Teil der Werkstoffe wird für industrielle Grundierungen und für den Korrosionsschutz eingesetzt.

2.18.5 Einbrennlacke und -lackfarben auf Epoxidharzbasis

Für Einbrennlacke und -lackfarben kombiniert man die Epoxidharze mit Harnstoff-, Melamin- und Phenolharzen. Bei Temperaturen zwischen 433 und 473 K (160 °C 200 °C) vernetzen die Epoxidharze mit den anderen Harzen chemisch zu sehr widerstandsfähigen Beschichtungen. Wegen der hohen Einbrenntemperaturen sind diese Beschichtungsstoffe nur in der Industrie einsetzbar.

Zur kathodischen Grundierung von Autokarossen haben sich wasserverdünnbare Epoxidharze durchgesetzt. Für diese Anwendung lässt man die Epoxidharze mit Aminprodukten reagieren. Nach Behandlung mit Essigsäure ist dieses Produkt wasserlöslich. Die Erhärtung erfolgt über blockierte Isocyanate, die bei Einbrenntemperaturen um 453 K (180 °C) mit dem Epoxidharz reagieren.

Gesundheitsschutz beim Umgang mit Epoxidharzlackfarben

Die Umwelt- und Gesundheitsgefährdung wird bei den Epoxidharzlackfarben insbesondere von den enthaltenen Lösemitteln und dem Härter verursacht. Das Sicherheitsdatenblatt gibt genauere Auskunft. Bei der Anwendung sind umfangreiche Sicherheitsmaßnahmen erforderlich.

Es folgen exemplarisch die Angaben aus dem Sicherheitsdatenblatt einer Epoxidharzlackfarbe.

Wasserverdünnbare Epoxidharzlackfarben belasten die Umwelt und die Gesundheit sehr viel weniger.

Gefahrenhinweise:
H226 Flüssigkeit und Dampf entzündbar.
H315 Verursacht Hautreizungen.
H317 Kann allergische Hautreaktionen verursachen.

H319 Verursacht schwere Augenreizung.
H335 Kann die Atemwege reizen.
H373 Kann die Organe (Hörorgane, Zentralnervensystem) schädigen bei längerer oder wiederholter Exposition durch Einatmen.
H412 Schädlich für Wasserorganismen, mit langfristiger Wirkung.

Sicherheitshinweise:
P210 Von Hitze, heißen Oberflächen, Funken, offenen Flammen und anderen Zündquellen fernhalten. Nicht rauchen.
P260 Staub/Rauch/Gas/Nebel/Dampf/Aerosol nicht einatmen.
P273 Freisetzung in die Umwelt vermeiden.
P280 Schutzhandschuhe/Augenschutz/Gesichtsschutz tragen.
P370 + P378 Bei Brand: Trockensand, Löschpulver oder alkoholbeständigen Schaum zum Löschen verwenden.
P303 + P361 + P353 Bei Berührung mit der Haut (oder dem Haar): Alle kontaminierten Kleidungsstücke sofort ausziehen. Haut mit Wasser abwaschen (oder duschen).

Im Betrieb ist auf der Grundlage des Sicherheitsdatenblattes eine Betriebsanweisung zu erstellen und die Mitarbeiter/-innen sind entsprechend zu unterweisen.

2.19 Acrylharze (Abk. AY)

Acrylharze werden durch Polymerisation aus Acrylsäureestern oder Methacrylsäureestern hergestellt.

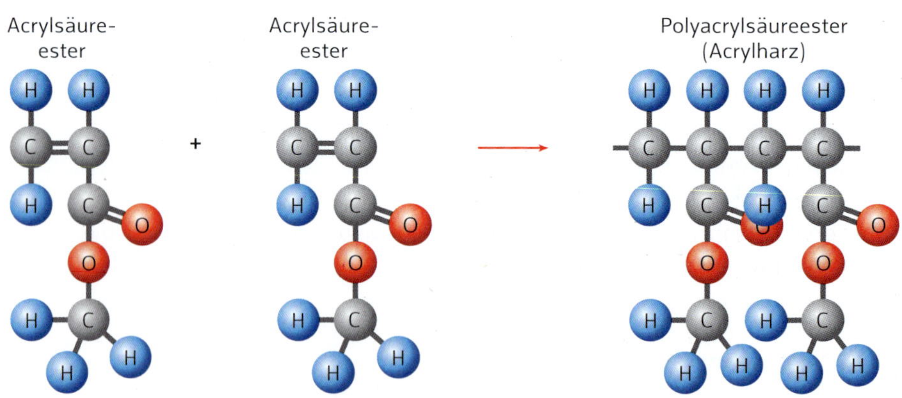

Herstellung von Acrylharzen durch Polymerisation

Polymerisation bedeutet: Kleine Einzelmoleküle verbinden sich durch Aufklappen von Doppelbindungen zu Riesenmolekülen.

Durch gemeinsames Polymerisieren mit anderen Monomeren entstehen copolymere Acrylharze. Besonders gerne wird hier Styrol eingesetzt, so entstehen Styrol-Acrylate.

Das Polymerisationsverfahren entscheidet darüber, ob und wie eine Wasserverdünnbarkeit erreicht werden kann.

1. Bei der Emulsionspolymerisation erreicht man durch Polymerisieren in Wasser in Gegenwart von Schutzkolloiden und Emulgatoren Acrylat-Dispersionen mit ihrer bekannten Wasserverdünnbarkeit.
2. Findet die Polymerisation als Block oder in wassermischbaren Lösemitteln wie Alkoholen statt, kann man saure, niedermolekulare (mit kurzen Molekülketten) Acrylharze erhalten. Diese werden durch nachträgliche Neutralisation mit Aminen, Ammoniak oder Alkalien wasserlöslich. Die organischen Lösemittel können bei der Herstellung wieder durch Destillation entfernt werden. So hergestellte wasserverdünnbare Acrylharze enthalten keine Emulgatoren und weisen damit eine bedeutend geringere Wasserquellbarkeit auf.
3. Blockpolymerisate können in geeigneten Lösemitteln gelöst als Bindemittel für lösemittelhaltige Werkstoffe eingesetzt werden.

Die Vielfalt an Möglichkeiten hat dazu geführt, dass Acrylharze sowohl im lösemittelhaltigen als auch im wasserverdünnbaren Beschichtungsstoffbereich größte Bedeutung erlangten.

Anwendungsbeispiele für Acrylharzbindemittel

Mit Wasser verdünnbar	Mit organischen Lösemitteln verdünnbar
Putzgrundiermittel	Putzgrundiermittel
Dispersionsfarben für innen und außen	Decken- und Wandfarben innen und außen
Dispersionslacke	1K-Lacke
Industriegrundierungen	2K-Lacke
	Einbrennlacke

2.19.1 Lösemittelhaltige Putzgrundiermittel

Für lösemittelhaltige Putzgrundiermittel werden stark verdünnte Lösungen von Acrylharzen verwendet. Die Mittel dringen gut in saugende Untergründe. Dabei grundieren sie und sperren gleichzeitig leicht ab.

Die Putzgrundiermittel trocknen physikalisch, die Lösemittel verdunsten. Für die Gesundheit und den Umweltschutz ist das Freiwerden der Lösemittel problematisch. Deshalb ist die Verwendung dieser Werkstoffe stark zurückgegangen.

Mit der Putzgrundierung wird der Untergrund etwas gefestigt.

Verwendung
Lösemittelhaltige Putzgrundiermittel werden auf Putzen, Beton, Porenbeton, Faserzement, Kalksandstein, Ziegel und kreidenden Anstrichen verwendet.

Stark saugende Untergründe sind zweimal nass in nass zu imprägnieren. Dabei sollte man das Grundiermittel bis zur Sättigung auftragen. Saugt der Untergrund nur wenig, muss das Putzgrundiermittel verdünnt werden. Auf keinen Fall darf auf dem Untergrund ein glänzender Film zurückbleiben. Auf diesem Film würden die nachfolgenden Beschichtungen nur schlecht haften.

Lösemittelhaltige Putzgrundiermittel werden nur verwendet, wenn Beschichtungen mit Kunststoffdispersionsfarben oder lösemittelhaltigen Acrylharzfarben folgen. Wegen der Lösemittelbelastung haben die lösemittelhaltigen Putzgrundiermittel nur noch geringe Bedeutung. Als Ersatz werden wasserverdünnbare Putzgrundiermittel aus besonders feinen Acrylharzdispersionen eingesetzt.

2.19.2 Lösemittelhaltige Acrylharz-Wandfarben

Bei diesen Anstrichstoffen ist ein Acrylharz in Testbenzin und anderen, in der Regel langsam verdunstenden Lösemitteln gelöst. Die Innenwandfarben weisen einen höheren Füllstoffanteil auf als die Fassadenfarben. Da die Acrylharze unverseifbar sind, eignen sich die lösemittelhaltigen Innenwand- und Fassadenfarben auch für Beton, Faserzementplatten und andere alkalische Untergründe.

Verwendung
Im Vergleich zu den Dispersionsfarben fallen die Frostbeständigkeit und die absperrende Wirkung gegen Nikotin- und Wasserflecken auf. So verwendet man diese Anstrichstoffe noch manchmal für Fassadenanstriche, wenn bei niedrigen Temperaturen oder bei stark fleckigen Untergründen gearbeitet werden muss. Aufgrund der enthaltenen gesundheits- und umweltschädlichen Lösemittel ist die Verwendung dieser Werkstoffe jedoch stark zurückgegangen.

2.19.3 Lösemittelhaltige Acrylharzlackfarben

Bei 1K-Lackfarben ist ein Acrylharz in Testbenzin und anderen Lösemitteln gelöst. Diese Acrylharzlackfarben werden für Beton, Faserzementplatten und besonders für die Beschichtung von Zink, verzinktem Stahl und Aluminium eingesetzt.

Zweikomponentige lösemittelhaltige Acrylharzlackfarben werden als Fahrzeuglacke und auch als ungemein widerstandsfähige Versiegelungsmassen für Betonböden verwendet.

Internetsuchbegriff: Acrylharze

Umweltschutz

Wegen der in den Werkstoffen enthaltenen Lösemittel sollten diese nur in Ausnahmefällen eingesetzt werden.

Gesundheitsschutz bei lösemittelhaltigen Acrylharzlacken

Die Umwelt- und Gesundheitsgefährdung ist bei den Acrylharzwerkstoffen je nach Lösemittelanteil und Härter sehr unterschiedlich. Das Sicherheitsdatenblatt gibt genauere Auskunft.

Achtung

Achtung

Handschutz benutzen

Schutzkleidung benutzen

Augenschutz benutzen

Atemschutz benutzen

Rauchen verboten

Es folgen exemplarisch die Angaben aus dem Sicherheitsdatenblatt eines lösemittelhaltigen 2K-Produktes.

Aufgrund der enthaltenen Lösemittel und Härter sind diese Werkstoffe umwelt- und gesundheitsschädlich. Bei der Verarbeitung sind umfangreiche Sicherheitsmaßnahmen erforderlich.

Gefahrenhinweise:
H226 Flüssigkeit und Dampf entzündbar.
H315 Verursacht Hautreizungen.
H317 Kann allergische Hautreaktionen verursachen.
H319 Verursacht schwere Augenreizung.
H335 Kann die Atemwege reizen.
H412 Schädlich für Wasserorganismen, mit langfristiger Wirkung.

Sicherheitshinweise:
P261 Einatmen von Staub/Rauch/Gas/Nebel/Dampf/Aerosol vermeiden.
P280 Schutzhandschuhe/Schutzkleidung/Augenschutz/Gesichtsschutz tragen.
P312 Bei Unwohlsein Giftinformationszentrum/Arzt anrufen.
P305 + P351 + P338 Bei Kontakt mit den Augen: Einige Minuten lang behutsam mit Wasser ausspülen. Vorhandene Kontaktlinsen nach Möglichkeit entfernen. Weiter ausspülen.
P403 + P233 An einem gut belüfteten Ort aufbewahren. Behälter dicht verschlossen halten.
P501 Inhalt/Behälter der Problemabfallentsorgung zuführen.

Im Betrieb ist auf der Grundlage des Sicherheitsdatenblattes eine Betriebsanweisung zu erstellen und die Mitarbeiter/-innen sind entsprechend zu unterweisen.

2.20 Polyvinylchlorid (Abk. PVC)

Polyvinylchlorid wird durch Polymerisation aus Vinylchlorid hergestellt.

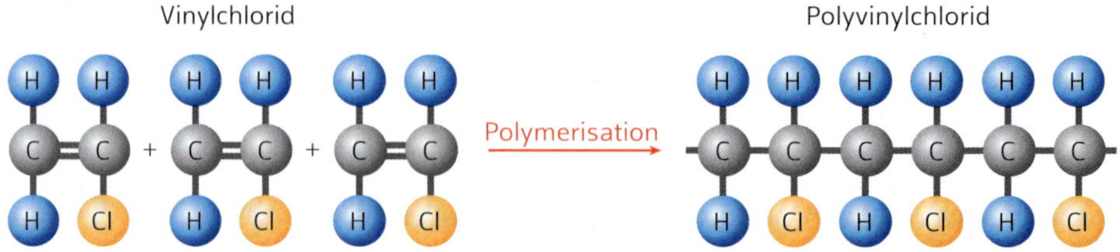

Herstellung von Polyvinylchlorid

Da sich Polyvinylchlorid nur schwer in organischen Lösemitteln lösen lässt, wird es durch Copolymerisation mit anderen Stoffen, z. B. mit Maleinsäure, modifiziert.

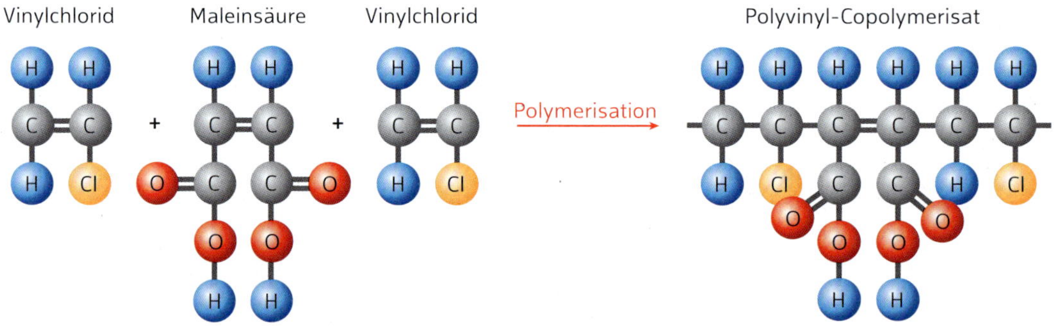

Copolymerisation mit Maleinsäure

Art und Menge der Polymerisationspartner beeinflussen die Eigenschaften.

2.20.1 Polyvinylchlorid-Lackfarben

Diese Beschichtungsstoffe ziehen rasch an und trocknen in kurzer Zeit durch. Deshalb verlaufen gestrichene Flächen manchmal schlecht. Um eine optimale Oberflächenqualität zu erreichen, sollte man größere Flächen spritzen.

Die seidenglänzenden Beschichtungen sind wetterbeständig und unempfindlich gegen viele Chemikalien, werden aber von tierischen und menschlichen Fetten angelöst. Deshalb sind diese Beschichtungsstoffe z. B. nicht für Handläufe geeignet.

Verwendung
PVC-Lackfarben werden auf mineralischen Untergründen, Metallen und Kunststoffen eingesetzt. Meistens werden Beschichtungen mit drei Schichten erzeugt.

Gesundheitsschutz bei der Verarbeitung von PVC-Lacken

Wegen der in diesen Lacken enthaltenen Lösemittel sind die Sicherheitsdatenblätter zu beachten und die hier vorgeschriebenen Schutzmaßnahmen zu berücksichtigen.

Gefahrenhinweise:
H226 Flüssigkeit und Dampf entzündbar.
H336 Kann Schläfrigkeit und Benommenheit verursachen.
H412 Schädlich für Wasserorganismen, mit langfristiger Wirkung.

Sicherheitshinweise:
P101 Ist ärztlicher Rat erforderlich, Verpackung oder Kennzeichnungsetikett bereithalten.
P102 Darf nicht in die Hände von Kindern gelangen.
P103 Vor Gebrauch Kennzeichnungsetikett lesen.
P210 Von Hitze, heißen Oberflächen, Funken, offenen Flammen und anderen Zündquellen fernhalten. Nicht rauchen.
P241 Explosionsgeschützte elektrische Geräte/Lüftungsanlagen/ Beleuchtungsanlagen verwenden.
P261 Einatmen von Staub/Rauch/Gas/Nebel/Dampf/Aerosol vermeiden.
P303 + P361 + P353 Bei Berührung mit der Haut (oder dem Haar): Alle kontaminierten Kleidungsstücke sofort ausziehen. Haut mit Wasser abwaschen (oder duschen).
P405 Unter Verschluss aufbewahren.
P501 Inhalt/Behälter gemäß den örtlichen/regionalen/nationalen/internationalen Vorschriften der Entsorgung zuführen.

Im Betrieb ist auf der Grundlage des Sicherheitsdatenblattes eine Betriebsanweisung zu erstellen und die Mitarbeiter/-innen sind entsprechend zu unterweisen.

2.21 Polyvinylacetat (Abk. PVAc)

Polyvinylacetat wird durch Polymerisation hergestellt. Dabei verbinden sich Vinylacetatmoleküle durch Aufklappen der Doppelbindungen zu Polyvinylacetat. Polyvinylacetat wird insbesondere als Bindemittel in Dispersionsfarben eingesetzt[1], aber auch Lacke und Lackfarben lassen sich mit diesem Bindemittel herstellen.

[1] siehe Teil G, Kapitel 2.9, Seite 425

2.21.1 Polyvinylacetatlacke und -lackfarben

Für Lacke und Lackfarben wird das Bindemittel Polyvinylacetat in geeigneten Lösemitteln gelöst, etwa in Alkoholen, Estern, Ketonen, Ethern und aromatischen Kohlenwasserstoffen. Polyvinylacetatlacke und -lackfarben trocknen physikalisch durch Verdunsten der Lösemittel.

Verwendung
Die Beschichtungen sind reversibel und thermoplastisch. Die chemische Beständigkeit reicht für die meisten Ansprüche aus. Die Bindemittel werden aber von starken Alkalien (Laugen) verseift. Die Beschichtungen sind wetterbeständig.

Diese Lacke und Lackfarben werden für Beschichtungen auf neutralen Putz- und Betonuntergründen, auf Holz- und Metalluntergründen eingesetzt.

Gesundheitsschutz bei der Verarbeitung von Polyvinylwerkstoffen

Polyvinylacetat gilt als umweltverträglich und gesundheitlich unbedenklich.

Bei den lösemittelhaltigen Produkten sind bedingt durch den Lösemittelanteil zusätzliche Belastungen möglich. Genauere Auskunft dazu gibt das jeweilige Sicherheitsdatenblatt.

2.22 Zellulosenitrat (Abk. CN)

Zellulosenitrat (= Nitrozellulose) entsteht durch Veresterung Zellulose mit Salpetersäure. Diesen Vorgang bezeichnet man auch als Nitrierung. Davon leitet sich wiederum der Begriff Nitro ab.

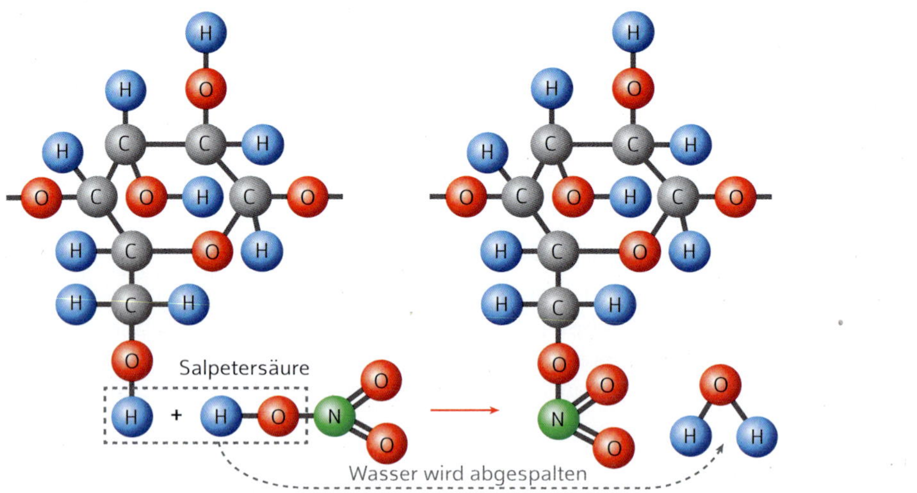

Ausschnitt aus einem Zellulosemolekül *Ausschnitt aus einem Zellulosenitratmolekül*

Durch Wasserabspaltung (= Polykondensation) verbindet sich die Salpetersäure mit dem Zellulosemolekül = Nitrierung.

Je nachdem, wie viele Hydroxylgruppen (OH-Gruppen) unverestert zurückbleiben, löst sich die Nitrozellulose in Alkoholen oder Estern (auch Ketonen). Alkohollösliche Nitrozellulose ist von schlechterer Qualität. Deshalb wird sie nur für Spezialzwecke, z. B. Isoliermittel, verwendet. Esterlösliche Nitrozellulose wird für hochwertige Nitrolacke und -lackfarben eingesetzt.

2.22.1 Nitrozelluloselacke und -lackfarben

Für Lacke und Lackfarben werden dem gelösten Zellulosenitrat noch Harze und Weichmacher zugesetzt. Lackfarben enthalten zusätzlich geeignete Pigmente. Die Harze erhöhen den Festkörpergehalt und den Glanz. Als Harze werden vorwiegend Schellack, verbesserte Naturharze, Alkydharze und Acrylharze zugesetzt.

Weichmacher elastifizieren den sonst spröden Lackfilm. Außer den Estern der Phthalsäure und der Phosphorsäure verwendet man dazu noch Rizinusöl.

Der Festkörpergehalt von Nitrozelluloselacken und -lackfarben beträgt nur 25–45 %. So enthalten diese Lacke und Lackfarben 55–75 % Löse- und Verdünnungsmittel. Die eingesetzten Lösemittelgemische enthalten außer Estern und Ketonen zur Verbilligung noch Alkohole und Aromate.

Verwendung
Nitrozelluloselacke und -lackfarben trocknen physikalisch in kurzer Zeit durch Verdunsten der Löse- und Verdünnungsmittel.

Die Lackfilme sind reversibel. So werden beim Überstreichen die darunter liegenden Schichten angelöst. Da die Werkstoffe zudem schnell anziehen, ein streifenfreies Verstreichen also kaum möglich ist, werden Nitrozelluloselacke und -lackfarben in der Regel verspritzt.

Die Beschichtungen sind licht- und wasserbeständig. Farblose Überzugslacke können aber durch Feuchtigkeit milchig anlaufen. Nicht alle Nitrozelluloselacke und -lackfarben sind wetterbeständig. Dies gilt besonders für Anstriche auf Holz.

Nitrozelluloselacke und -lackfarben werden für Beschichtungen auf Holz und Metallen verwendet. Die Werkstoffe sind auch unter anderen Bezeichnungen im Handel.

Bezeichnung	Verwendung
Zaponlack	dünner Überzugslack für Kupfer, Messing usw.
Nitropolitur	polierbarer, hochwertiger Klarlack für Möbel usw.
Nitro-Mattine	preisgünstiger, nicht polierfähiger Klarlack, der aber gut glänzt
ölfreie Grundiermittel	schnelltrocknendes Grundiermittel für Holz
Nitro-Einlassgrund	schnelltrocknendes Grundiermittel für Holz
Nitro-Schnellschliff-grund	schnelltrocknendes Grundiermittel für Holz
Nitro-Sperrgrund	zum Absperren von Bitumen und Teer

2.22.2 Nitrozellulose-Kombinationslacke und -lackfarben

Die Kombinationslacke und -lackfarben enthalten neben dem Zellulosenitrat größere Mengen anderer Harze, meist Alkydharze. Dadurch erreicht man einen größeren Festkörpergehalt, also dickere Lackfilme. Gleichzeitig verbessern sich Glanz und Wetterbeständigkeit.

Verwendung

Die Lacke und Lackfarben hatten als Autodecklacke große Bedeutung. Heute verwendet man dazu andere Produkte mit besseren Eigenschaften. Stark gefüllte Nitrozellulose-Kombinationslackfarben werden noch als Füller und Spachtel für die Reparaturlackierung an Autos eingesetzt.

Gesundheitsschutz bei Zellulosenitratlacken

Ein Problem des Umwelt- und Gesundheitsschutzes besteht bei diesen Werkstoffen im hohen Lösemittelanteil. Bei der Verarbeitung sind umfangreiche Schutzmaßnahmen zu beachten.

Keine offene Flamme; Feuer, offene Zündquelle und Rauchen verboten

Gefahrenhinweise:

H226 Flüssigkeit und Dampf entzündbar.
H315 Verursacht Hautreizungen.
H319 Verursacht schwere Augenreizung.
H336 Kann Schläfrigkeit und Benommenheit verursachen.
H412 Schädlich für Wasserorganismen, mit langfristiger Wirkung.

Sicherheitshinweise:

P210 Von Hitze, heißen Oberflächen, Funken, offenen Flammen sowie anderen Zündquellen fernhalten. Nicht rauchen.
P312 Bei Unwohlsein Giftinformationszentrum/Arzt anrufen.
P370 + P378 Bei Brand: Sand, Kohlendioxid oder Pulverlöschmittel zum Löschen verwenden.
P403 + P233 An einem gut belüfteten Ort aufbewahren. Behälter dicht verschlossen halten.
P501 Inhalt/Behälter industrieller Verbrennungsanlage zuführen.
EUH066 Wiederholter Kontakt kann zu spröder oder rissiger Haut führen.

Im Betrieb ist auf der Grundlage des Sicherheitsdatenblattes eine Betriebsanweisung zu erstellen und die Mitarbeiter/-innen sind entsprechend zu unterweisen.

2.23 Schellack

Schellack ist das Ausscheidungsprodukt der Lackschildlaus. Diese lebt auf bestimmten Bäumen und Sträuchern in Indien, Thailand, Sumatra und den Molukken. Hier sticht sie die jungen Zweige an und saugt deren Saft aus.

Im Körper der Lackschildlaus wird der Saft zu einer harzartigen Masse umgewandelt und dann ausgeschieden. Als Stocklack umhüllt dieses Produkt dann die Zweige und wird so eingesammelt.

Stocklack

Der Stocklack enthält 60–80 % Reinschellack, 4–6 % Schellackwachs und als Rest Holzteile, tote Insekten und Wasser. Der Stocklack wird zerkleinert. Der so entstehende Rohschellack wird als Körnerlack bezeichnet und in fließendem Wasser gereinigt. Der gewaschene Körnerlack enthält noch ca. 5 % Schmutz.

Da der wachshaltige Schellack trübe Lösungen ergibt, wird im Laufe der Reinigung und Veredelung das Schellackwachs entfernt. Durch Bleichen mit chemischen Mitteln hellt man die dunkle Eigenfarbe des Schellacks auf. Schellack wird für Lacke, besonders aber für Haarsprays, Lederappreturen und andere spezielle Zwecke weiterverarbeitet.

Verwendung

Schellack lässt sich in Spiritus und anderen Alkoholen lösen. Die Schellackbeschichtung ist nicht wetterbeständig. So beschränkt sich der Einsatz dieses Werkstoffs auf den Innenraum. In der Kirchenmalerei und Denkmalpflege wird Schellack gerne zum farblosen oder lasierenden Abdecken von Blattmetallen, zum Schutz von Marmorierungen auf Holz und als Absperrlack usw. eingesetzt. Da die Schellackbeschichtung reversibel[1] ist, kann man die Beschichtung mit Spiritus wieder anlösen und so entfernen.

[1] reversibel = wieder anlösbar mit dem gleichen Lösemittel, in dem es vor der Trocknung gelöst war. Reversible Bindemittel trocknen physikalisch durch Verdunsten des Löse- und Verdünnungsmittels.

Gesundheitsschutz bei der Verarbeitung von Schellack

Schellack gehört nicht zu den umwelt- und gesundheitsschädlichen Bindemitteln. Wegen der enthaltenen Lösemittel sind aber die Sicherheitsdatenblätter zu beachten und die hier vorgeschriebenen Schutzmaßnahmen zu berücksichtigen.

Gefahrenhinweise:
H225 Flüssigkeit und Dampf leicht entzündbar.

Sicherheitshinweise:
P102 Darf nicht in die Hände von Kindern gelangen.
P210 Von Hitze, heißen Oberflächen, Funken, offenen Flammen und anderen Zündquellen fernhalten. Nicht rauchen.
P280 Schutzhandschuhe/Schutzkleidung/Augenschutz/Gesichtsschutz tragen.
P303 + P361 + P353 Bei Berührung mit der Haut (oder dem Haar): Alle kontaminierten Kleidungsstücke sofort ausziehen. Haut mit Wasser abwaschen (oder duschen).
P501 Inhalt/Behälter gemäß den örtlichen/regionalen/nationalen/internationalen Vorschriften der Entsorgung zuführen.
EUH066 Wiederholter Kontakt kann zu spröder oder rissiger Haut führen.

Im Betrieb ist auf der Grundlage des Sicherheitsdatenblattes eine Betriebsanweisung zu erstellen und die Mitarbeiter/-innen sind entsprechend zu unterweisen.

2.24 Chlorkautschuk (Abk. RUC)

Zur Herstellung von Chlorkautschuk wird heute künstlicher Kautschuk verwendet. Zur Herstellung löst man den Kautschuk in geeigneten Lösemitteln. In diese Lösung leitet man Chlor ein. Dabei lagern sich die Chloratome an die Kautschukmoleküle. Diesen Vorgang bezeichnet man als Chlorierung.

2.24.1 Chlorkautschuklackfarben

Das Bindemittel besteht aus ca. 65 % Chlorkautschuk und etwa 35 % Weichmachern. Ohne Weichmacher würden nur spröde, unbrauchbare Beschichtungen entstehen. Als Weichmacher verwendet man meist Chlorparaffine. Häufig setzt man auch unverseifbare Harze zu.

Verwendung
Chlorkautschukanstriche sind beständig gegen Säuren und Laugen, aber empfindlich gegen tierische Fette und Öle. Die Beschichtungen sind auch starker mechanischer Belastung gewachsen. Außen neigen diese Werkstoffe zum Kreiden und Vergilben, sind aber wetter- und sehr wasserbeständig.

Bei Temperaturen über 363 K (90 °C) spalten sich aus Chlorkautschuk Wasserstoff und Chlor in Form von Salzsäuren (HCl) ab. Die Beschichtungen sind also nicht hitzebeständig.

Beschichtungen aus Chlorkautschuk sind porös. Daher müssen in der Regel drei bis vier Schichten aufgetragen werden.

Chlorkautschuklackfarben trocknen physikalisch. Die enthaltenen Lösemittel verdunsten. Da diese Lackfarben reversibel sind, werden vorhergehende Beschichtungen beim Überstreichen angelöst.

Chlorkautschuklackfarben werden besonders für chemisch stark beanspruchte Beschichtungen und Unterwasseranstriche eingesetzt. Die Lackfarben können auf Metallen, aber auch auf alkalischen Untergründen wie Beton, Zementputzen und Faserzementplatten verwendet werden.

Diese Werkstoffe lassen sich nur schwer verstreichen und sind zäh. Beim Spritzen zieht die Lackfarbe Fäden. Heute hat die Bedeutung dieser Lackfarben stark abgenommen.

2.24.2 Chlorkautschuk-Kombinationslackfarben

Bei diesen Kombinationslackfarben ist der Chlorkautschukanteil meist geringer als der Anteil des anderen Bindemittels.

Der Chlorkautschuk wird Alkydharzen und Acrylharzen zugesetzt, um Wasser- und Chemikalienbeständigkeit zu erhöhen.

2.25 Cyclokautschuk (Abk. RUI)

Cyclokautschuk weist die gleiche atomare Zusammensetzung auf wie Naturkautschuk. Allerdings sind die Atome beim Cyclokautschuk zu ringförmigen (griech. *cyclo* = kreisförmig) Molekülen verbunden. Dadurch besitzt der Cyclokautschuk weniger Doppelbindungen als der Naturkautschuk und somit andere Eigenschaften.

Der Cyclokautschuk wird in einem komplizierten Verfahren aus Kautschuk hergestellt.

2.25.1 Cyclokautschuklackfarben

Cyclokautschuk ist sehr hart und kaum elastisch. Deshalb verwendet man für Bindemittel meist eine Kombination von Cyclokautschuk und Alkydharzen. Aber auch mit anderen Harzen verträgt sich der Cyclokautschuk gut.

Als Löse- und Verdünnungsmittel kann Testbenzin eingesetzt werden. Damit wird bei diesem Produkt auch die Gesundheits- und Umweltschädlichkeit reduziert.

Verwendung

Cyclokautschuklackfarben lassen sich leichter verarbeiten als Chlorkautschuklackfarben. Die pigmentierten Lackfarben trocknen physikalisch durch Verdunsten der Lösemittel und chemisch durch Oxidation (= Sauerstoffaufnahme) an den vorhandenen, wenigen Doppelbindungen.

Die Beschichtungen sind bis 393 K (120 °C) hitzebeständig, außerdem wetter-, alkali- und chemikalienbeständig. Die Beschichtungen reagieren aber auf Lösemittel, Fette und Öle sehr empfindlich.

Cyclokautschuklackfarben werden auf Metallen und mineralischen Untergründen eingesetzt. In der Regel werden drei Anstriche aufgetragen.

Als Bindemittel in hochpigmentierten Zinkstaubfarben eignet sich Cyclokautschuk sehr gut für den Korrosionsschutz. Da Cyclokautschuk schwer entflammbar ist, wird er auch als Bindemittel in Flammschutzfarben eingesetzt.

Gesundheitsschutz bei Chlorkautschuklackfarben

Die Umwelt- und Gesundheitsgefährdung bei Chlorkautschuklackfarben und Cyclokautschuklackfarben wird insbesondere von den enthaltenen Lösemitteln verursacht. Das Sicherheitsdatenblatt gibt genauere Auskunft. Bei der Anwendung sind umfangreiche Sicherheitsmaßnahmen erforderlich.

Es folgen exemplarisch die Angaben aus dem Sicherheitsdatenblatt einer Chlorkautschuklackfarbe.

Gefahrenhinweise:

H226 Flüssigkeit und Dampf entzündbar.
H315 Verursacht Hautreizungen.
H319 Verursacht schwere Augenreizung.
H335 Kann die Atemwege reizen.
H336 Kann Schläfrigkeit und Benommenheit verursachen.
H373 Kann die Organe schädigen bei längerer oder wiederholter Exposition.
H411 Giftig für Wasserorganismen, mit langfristiger Wirkung.

Sicherheitshinweise:

P101 Ist ärztlicher Rat erforderlich, Verpackung oder Kennzeichnungsetikett bereithalten.
P102 Darf nicht in die Hände von Kindern gelangen.
P103 Vor Gebrauch Kennzeichnungsetikett lesen.
P210 Von Hitze, heißen Oberflächen, Funken, offenen Flammen und anderen Zündquellen fernhalten. Nicht rauchen.
P241 Explosionsgeschützte elektrische Betriebsmittel/Lüftungsanlagen/Beleuchtung verwenden.
P303 + P361 + P353 Bei Berührung mit der Haut (oder dem Haar): Alle kontaminierten Kleidungsstücke sofort ausziehen. Haut mit Wasser abwaschen (oder duschen).
P305 + P351 + P338 Bei Kontakt mit den Augen: Einige Minuten lang behutsam mit Wasser ausspülen. Vorhandene Kontaktlinsen nach Möglichkeit entfernen. Weiter ausspülen.

P405 Unter Verschluss aufbewahren.
P501 Inhalt/Behälter gemäß den örtlichen/regionalen/nationalen/internationalen Vorschriften der Entsorgung zuführen.
EUH066 Wiederholter Kontakt kann zu spröder oder rissiger Haut führen.

Im Betrieb ist auf der Grundlage des Sicherheitsdatenblattes eine Betriebsanweisung zu erstellen und die Mitarbeiter/-innen sind entsprechend zu unterweisen.

2.26 Asphalte

Asphalt kommt in verschiedenen Ländern natürlich vor. Zur Lackherstellung wird aber nur der Naturasphalt Gilsonit verwendet. Dieser Rohstoff enthält kaum Mineralstoffe. Gilsonit wird in den USA bergmännisch abgebaut.

Naturasphalt ist hart und spröde. Daher setzt man Gilsonit häufig Bitumen, Harze und Weichmacher zu. Besonders hochwertige Asphaltlackfarben entstehen durch Verkochen von Gilsonit mit trocknenden Ölen.

2.26.1 Lufttrocknende Asphaltlackfarben

Als Bindemittel für Asphaltlackfarben wird Gilsonit mit den Zusätzen in aromatischen (= ringförmigen) Kohlenwasserstoffen gelöst. Durch Zugabe farbkräftiger Pigmente lassen sich farbige Asphaltlackfarben herstellen.

Asphaltlackfarben trocknen physikalisch durch Verdunsten der Löse- und Verdünnungsmittel. Ölhaltige erhärten z. T. auch oxidativ, also chemisch durch Sauerstoffaufnahme.

Die Beschichtungen haften ausgezeichnet auf Metalluntergründen wie Zink und Stahl. Die Anstrichfilme sind wetter-, wasser-, hitze- und alterungsbeständig. Asphaltlackfarben eignen sich besonders zum Korrosionsschutz für Stahlkonstruktionen.

Ölfreie Asphaltlackfarben können auch als Abdecklacke bei Glas- und Steinätzungen verwendet werden. Dies ist möglich, da Asphalt gegen die zum Ätzen erforderliche Flusssäure beständig ist. Die Elastizität und Widerstandsfähigkeit der Asphaltlackfarben können zu diesem Zweck durch Zusatz von Bienenwachs noch verstärkt werden.

2.26.2 Asphalt-Einbrennlackfarben

Für Einbrennlackfarben kombiniert man den Asphalt mit Ölen oder mit Stearinpech. Die Lackfarben erhärten bei Einbrenntemperaturen über 473 K (200 °C). Die Lackfilme sind elastisch, hart und schlagfest. Wegen der hohen Einbrenntemperaturen sind diese Beschichtungsstoffe nur in der Industrie einsetzbar.

Gesundheitsschutz bei der Verarbeitung von Asphaltlackfarben

Asphaltlackfarben gefährden Umwelt und Gesundheit. Bei ihrer Verarbeitung sind die Sicherheitsdatenblätter zu beachten und die hier vorgeschriebenen Schutzmaßnahmen zu berücksichtigen.

Achtung Achtung Achtung

Handschutz benutzen

Schutzkleidung benutzen

Augenschutz benutzen

Atemschutz benutzen

Keine offene Flamme; Feuer, offene Zündquelle und Rauchen verboten

Gefahrenhinweise:
H226 Flüssigkeit und Dampf entzündbar.
H336 Kann Schläfrigkeit und Benommenheit verursachen.
H411 Giftig für Wasserorganismen, mit langfristiger Wirkung.
EUH066 Wiederholter Kontakt kann zu spröder oder rissiger Haut führen.

Sicherheitshinweise:
P210 Von Hitze, heißen Oberflächen, Funken, offenen Flammen und anderen Zündquellen fernhalten. Nicht rauchen.
P261 Einatmen von Staub/Rauch/Gas/Nebel/Dampf/Aerosol vermeiden.
P273 Freisetzung in die Umwelt vermeiden.
P312 Bei Unwohlsein Giftinformationszentrum/Arzt anrufen.
P370 + P378 Bei Brand: Trockensand, Löschpulver oder alkoholbeständigen Schaum zum Löschen verwenden.
P303 + P361 + P353 Bei Berührung mit der Haut (oder dem Haar): Alle kontaminierten Kleidungsstücke sofort ausziehen. Haut mit Wasser abwaschen (oder duschen).
P501 Inhalt/Behälter gemäß den örtlichen/regionalen/nationalen/internationalen Vorschriften der Entsorgung zuführen.

Im Betrieb ist auf der Grundlage des Sicherheitsdatenblattes eine Betriebsanweisung zu erstellen und die Mitarbeiter/-innen sind entsprechend zu unterweisen.

2.27 Bitumen (Abk. B)

Bitumen bleibt bei der Destillation von Erdöl als Rückstand zurück.

Einteilung der Bitumen

Bitumenart	Herstellung	Eigenschaften
destilliertes Bitumen	durch Destillation von Erdöl	weich bis mittelhart
Hochvakuumbitumen	durch Destillation von Erdöl bei besonders hohem Vakuum	hart
geblasenes Bitumen	durch Einblasen von Luft in geschmolzenes, weiches Bitumen	plastisch und elastisch

2.27.1 Bitumenlackfarben

Als Bindemittel für Bitumenlackfarben wird das Bitumen in Testbenzin gelöst. Füllstoffe verbessern die mechanische Widerstandsfähigkeit, die Wetter- und Wasserbeständigkeit und die Korrosionsschutzwirkung. Die Farbgebung ist wegen der dunklen Eigenfarbe des Bitumens nur beschränkt möglich.

Verwendung
Bitumenlackfarben sind gegen Salzwasser, verdünnte Säuren und Laugen beständig. Allerdings lässt diese Beständigkeit mit steigenden Temperaturen nach. Gegen Öle und Fette sind diese Beschichtungen nicht beständig. Sie haften aber auf allen Untergründen gut.

Bitumenlackfarben werden besonders zum Schutz von Bauwerksfundamenten eingesetzt.

2.27.2 Bitumen-Öl-Kombinationslackfarben

Der Zusatz von trocknenden Ölen, z. T. auch Harzen, verbessert die Elastizität und Wetterbeständigkeit des Bitumens. Durch den Ölanteil erhärten diese Lackfarben nach dem Verdunsten der Löse- und Verdünnungsmittel auch oxidativ durch Sauerstoffaufnahme.

Verwendung
Bitumen-Öl-Kombinationslackfarben werden zum Korrosionsschutz von Stahlbauteilen, für Blechdächer und für Dachrinnenanstriche eingesetzt. Diese Beschichtungen sollten nicht mit anderen Beschichtungen überarbeitet werden, denn der Bitumenanteil verfärbt die anderen Lackfarben. Außerdem kann es, bedingt durch die große Elastizität der Bitumenlackfarben, zu Rissbildungen in der härteren oberen Beschichtung kommen.

Bitumen-Öl-Kombinationslackfarben neigen im Außenbereich zum Kreiden.

Gesundheitsschutz bei der Verarbeitung von Bitumenlackfarben

Bitumenlackfarben gefährden Umwelt und Gesundheit. Bei ihrer Verarbeitung sind die Sicherheitsdatenblätter zu beachten und die hier vorgeschriebenen Schutzmaßnahmen zu berücksichtigen.

Gefahrenhinweise:
H226 Flüssigkeit und Dampf entzündbar.
H304 Kann bei Verschlucken und Eindringen in die Atemwege tödlich sein.
H336 Kann Schläfrigkeit und Benommenheit verursachen.
H411 Giftig für Wasserorganismen, mit langfristiger Wirkung.
EUH066 Wiederholter Kontakt kann zu spröder oder rissiger Haut führen.

Sicherheitshinweise:
P210 Von Hitze, heißen Oberflächen, Funken, offenen Flammen und anderen Zündquellen fernhalten. Nicht rauchen.
P261 Einatmen von Staub/Rauch/Gas/Nebel/Dampf/Aerosol vermeiden.
P273 Freisetzung in die Umwelt vermeiden.
P280 Schutzhandschuhe/Schutzkleidung/Augenschutz/Gesichtsschutz tragen.
P301 + P310 Bei Verschlucken: Sofort Giftinformationszentrum/Arzt anrufen.
P303 + P361 + P353 Bei Berührung mit der Haut (oder dem Haar): Alle kontaminierten Kleidungsstücke sofort ausziehen. Haut mit Wasser abwaschen (oder duschen).

Handschutz benutzen

Schutzkleidung benutzen

Augenschutz benutzen

Atemschutz benutzen

Keine offene Flamme; Feuer, offene Zündquelle und Rauchen verboten

Im Betrieb ist auf der Grundlage des Sicherheitsdatenblattes eine Betriebsanweisung zu erstellen und die Mitarbeiter/-innen sind entsprechend zu unterweisen.

2.28 Gesetze, Verordnungen, Vorschriften und Richtlinien

Gesetze und Verordnungen

MuSchG — Gesetz zum Schutz von Müttern bei der Arbeit, in der Ausbildung und im Studium (Mutterschutzgesetz)

JArbSchG — Gesetz zum Schutz der arbeitenden Jugend (Jugendarbeitsschutzgesetz)

ArbSchG — Gesetz über die Durchführung von Maßnahmen des Arbeitsschutzes zur Verbesserung der Sicherheit und des Gesundheitsschutzes der Beschäftigten bei der Arbeit (Arbeitsschutzgesetz)

ChemG — Gesetz zum Schutz vor gefährlichen Stoffen (Chemikaliengesetz)

ArbStättV — Verordnung über Arbeitsstatten (Arbeitsstättenverordnung)

BaustellV — Verordnung über Sicherheit und Gesundheitsschutz auf Baustellen (Baustellenverordnung)

BioStoffV — Verordnung über Sicherheit und Gesundheitsschutz bei Tätigkeiten mit Biologischen Arbeitsstoffen (Biostoffverordnung)

GefStoffV — Verordnung zum Schutz vor Gefahrstoffen (Gefahrstoffverordnung)

GGVSEB — Verordnung über die innerstaatliche und grenzüberschreitende Beförderung gefährlicher Güter auf der Straße, mit Eisenbahnen und auf Binnengewässern (Gefahrgutverordnung Straße, Eisenbahn und Binnenschifffahrt)

Richtlinien

DIN EN 197 — Zement – Teil 1: Zusammensetzung, Anforderungen und Konformitätskriterien von Normalzement

DIN EN 196 — Prüfverfahren für Zement

DIN EN 459 — Baukalk

DIN EN 13300 Beschichtungsstoffe – Wasserhaltige Beschichtungsstoffe und Beschichtungssysteme für Wände und Decken im Innenbereich – Einteilung
DIN EN ISO 4618 Beschichtungsstoffe – Begriffe
DIN 55950 Bindemittel für Beschichtungsstoffe – Kurzzeichen

Technische Regeln für Gefahrstoffe (TRGS)

TRGS 400 Gefährdungsbeurteilung für Tätigkeiten mit Gefahrstoffen
TRGS 401 Gefährdung durch Hautkontakt - Ermittlung, Beurteilung, Maßnahmen
TRGS 402 Ermitteln und Beurteilen der Gefährdungen bei Tätigkeiten mit Gefahrstoffen: Inhalative Exposition
TRGS 430 Isocyanate - Gefährdungsbeurteilung und Schutzmaßnahmen
TRGS 460 Vorgehensweise zur Ermittlung des Standes der Technik
TRGS 510 Lagerung von Gefahrstoffen in ortsbeweglichen Behältern
TRGS 555 Betriebsanweisung und Information der Beschäftigten
TRGS 900 Arbeitsplatzgrenzwerte
TRGS 903 Biologische Grenzwerte (BGW)

Unfallverhütungsvorschriften

DGUV Regel 113-012 Tätigkeiten mit Epoxidharzen
DGUV Information 201-007 Epoxidharze in der Bauwirtschaft – Handlungsanleitung

3 Löse- und Verdünnungsmittel

Lösemittel sind Flüssigkeiten, die feste Stoffe ohne chemische Veränderung lösen können. Flüssigkeiten, in denen ein Bindemittel gelöst werden kann, werden als Lösemittel bezeichnet.

Verdünnungsmittel verdünnen die flüssigen Beschichtungsstoffe auf die geeignete Verarbeitungsviskosität.

Löse- und Verdünnungsmittel verdunsten bei der Trocknung bzw. der Erhärtung aus dem Anstrich bzw. der Beschichtung.

Ungeeignete Löse- und Verdünnungsmittel können die Beschichtungsstoffe trüben oder zersetzen. Aber auch Oberflächenstörungen der Beschichtungen, wie mangelhafter Verlauf, Kocherbildung (= kleiner Krater), Orangenschaleneffekt, Hochziehen der Beschichtung u. Ä., sind häufig auf ungeeignete Löse- und Verdünnungsmittel zurückzuführen.

Zu starke Lösemittel ziehen die Beschichtung auf

Werden einem Beschichtungsstoff zu große Mengen Löse- bzw. Verdünnungsmittel zugesetzt, verringern sich Deckfähigkeit, Glanz und Beständigkeit gegen viele Einflüsse. Bei seidenglänzenden Lacken und Lackfarben können durch den Zusatz von Verdünnungsmitteln Glanzflecken entstehen.

Silikatfarben dürfen nur mit dem Bindemittel Wasserglas (= Fixativ) verdünnt werden. Die Anstriche würden sonst zu stark kreiden und übermäßig saugen.

Holzlasuren werden durch den Zusatz von farblosen Holzlasuren (= Bindemittel) verdünnt. Die Lasuren würden sonst zu stark ausmagern und könnten ihre Schutzfunktion nicht mehr erfüllen.

Ein Beschichtungsstoff wird auch durch Erwärmen dünnflüssiger. Dieses Verfahren bringt unter anderem eine bessere Kantenabdeckung und eine verringerte Ablaufneigung.

DIN EN ISO 4618	„Beschichtungsstoffe – Begriffe“
DIN 55945	„Beschichtungsstoffe und Beschichtungen – Ergänzende Begriffe zu DIN EN ISO 4618“

Internetsuchbegriff: Lösemittel

Aufträge

1. Für einen Fensteranstrich sind Alkydharzlackfarben vorgesehen.
   Welche Löse- und Verdünnungsmittel müssen Sie auf die Baustelle mitnehmen?
   Wie müssen diese Lösemittel gekennzeichnet sein?
2. Neue, grundierte Heizkörper sollen im Spritzverfahren beschichtet werden.
   Welche Werkstoffe empfehlen sich hierfür?
   Welche Lösemittel benötigen Sie auf der Baustelle, wenn Alkydharzlackfarben für die Beschichtung eingesetzt werden sollen?
   Welche Teile der persönlichen Schutzausrüstung benötigen Sie auf der Baustelle?
3. Eine mit Dispersionslacken hergestellte Beschichtung auf Fensterläden muss abgebeizt werden. Welche Lösemittel müssen im Sicherheitsdatenblatt aufgelistet sein, wenn die Abbeizmittel zum Abbeizen der Dispersionslacke geeignet sind?
   Erstellen Sie eine Liste der benötigten Werkstoffe und der zum Schutz der Gesundheit erforderlichen Gerätschaften.
   Erstellen Sie einen Entsorgungsplan für die beim Abbeizen anfallenden Stoffe.
4. Ein im Freien gelegenes Schwimmbad ist mit einer inzwischen schadhaften Chlorkautschuklackfarbe beschichtet. Die Beschichtung muss abgebeizt werden.
   Warum muss trotz der Lage im Freien eine wirkungsvolle Entlüftung eingerichtet werden?
   Planen Sie eine wirkungsvolle Entlüftungsmaßnahme.

3.1 Lösevermögen

Soll ein Stoff in einem anderen gelöst werden, müssen die zwischenmolekularen Kräfte in den Stoffen überwunden werden. Beim Lösevorgang lösen sich die zwischenmolekularen Kräfte im Lösemittel und im zu lösenden Stoff und bauen sich zwischen Lösemittel und gelöstem Stoff erneut auf.

Die zwischenmolekularen Kräfte bewirken den Zusammenhalt der Moleküle untereinander. Diese Kräfte lassen sich in drei Gruppen einteilen:

1. Van-der-Waals-Kräfte (der Forscher van der Waals entdeckte diese Kräfte) beruhen auf einer elektrostatischen Anziehung. Diese elektrische Aufladung entsteht durch die sich sehr schnell bewegenden Außenelektronen an den Nachbaratomen.
2. Ionenkräfte treten bei unterschiedlich geladenen Atomen (= Ionen) und Molekülen auf.
3. Die Wasserstoffbrückenbindung geht von den Wasserstoffatomen (H) der Hydroxylgruppen (OH-Gruppen) oder der Stickstoff-Wasserstoff-Gruppen (NH-Gruppen) aus und führt zu einem anderen Sauerstoff- oder Stickstoffatom. Dadurch liegt eine zwischenmolekulare Bindung vor.

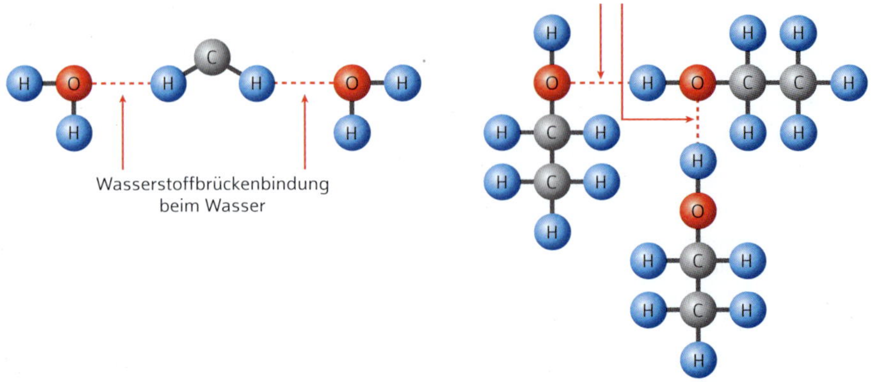

Beispiele der Wasserstoffbrückenbindung

Stoffe mit Wasserstoffbrückenbindung lösen sich in Flüssigkeiten mit Wasserstoffbrücken. Stoffe mit Van-der-Waals-Bindungen lösen sich in Flüssigkeiten mit der gleichen Bindung. Lösemittel mit Wasserstoffbrücken verhalten sich wasserfreundlich (= hydrophil) und fettabstoßend (= lipophob).

Lösemittel mit ausschließlich Van-der-Waals-Bindungen verhalten sich dagegen wasserabstoßend (= hydrophob) und fettfreundlich (= lipophil).

Es gibt aber auch wasserfreundliche und fettfreundliche Lösemittel, z. B. einwertige Alkohole. Diese Stoffe haben jeweils ein wasserfreundliches und ein fettfreundliches Molekülende.

Beispiel: Alkohol

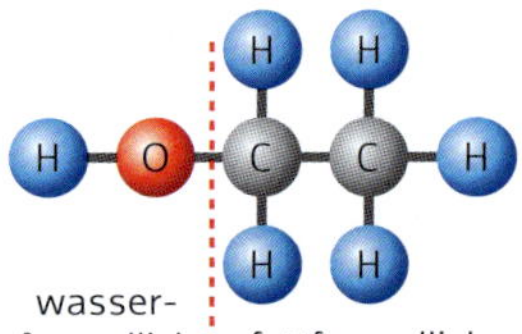

Wie gut ein Lösemittel löst, hängt von der Stärke der zwischenmolekularen Bindung im Lösemittel und im zu lösenden Stoff ab.

> Ein Lösemittel löst gut, wenn die zwischenmolekularen Kräfte im Lösemittel in der gleichen Größenordnung liegen wie die der zwischenmolekularen Kräfte im zu lösenden Stoff. Je unterschiedlicher diese Größenordnung ist, desto schlechter löst das Lösemittel.

Für Beschichtungsstoffe verwendet man gut lösende, aber nicht zu scharfe Lösemittel. Zu starke Lösemittel würden Altbeschichtungen und Grundierungen anlösen, hochziehen und/oder Blasen verursachen.

Lösemittel mit sehr großem Lösevermögen werden in physikalisch lösenden Abbeizmitteln, den Abbeizfluiden, eingesetzt.

Bei den Lösemitteln unterscheidet man zwischen echten Lösern, latenten Lösern und Verschnittlösern.

Unterscheidung von Lösemitteln

Lösemittel	Eigenschaft	Beispiele
echte Löser	lösen einen Stoff bei Raumtemperatur	z. B. Ketone, Ester, Glykolether
latente[1] Löser	latente Löser haben ein verstecktes Lösevermögen, das erst durch die Mischung mit anderen Lösemitteln entsteht	z. B. Alkohole und hochmolekulare Ester und Ketone
Nichtlöser	können für sich alleine nicht lösen, werden anderen Lösemitteln als Verschnittlöser zugesetzt	z. B. Aromate, wie Toluol und Xylol, z. T. auch Alkohole

Die Begriffe echte Löser, latente Löser und Nichtlöser beziehen sich immer auf ein bestimmtes Bindemittel. Dies nutzt man bei den Universalverdünnungen. Diese enthalten verschiedene Lösemittel mit sehr unterschiedlichem Lösevermögen. Da diese Lösemittel jeweils unterschiedliche Bindemittel lösen, kann das Lösemittelgemisch für eine ganze Reihe unterschiedlicher Bindemittel verwendet werden.

3.2 Physikalische Eigenschaften von Löse- und Verdünnungsmitteln

Dichte

Die Dichte ist das Verhältnis der Masse eines Stoffs zu seinem Volumen.

Die Dichte der meisten organischen Lösungsmittel ist kleiner als die von Wasser. Deshalb schwimmen die meisten organischen Lösemittel auf Wasser. Da zudem viele Lösemittel nicht mit Wasser mischbar sind, können Lösemittelbrände oft nur mit Schaum gelöscht werden.

Lösemitteldämpfe haben eine größere Dichte als Luft. Deshalb sinken die Dämpfe zu Boden. Es besteht in diesem Bereich Explosionsgefahr.

Lösemitteldämpfe müssen am Boden abgesaugt werden.

[1] lat. *latent* = versteckt

Farbe
Lösemittel sollen farblos sein. Leicht gelbe bis braune Farbtöne können durch Verunreinigungen verursacht sein.

Verdunstungsgeschwindigkeit
Die Verdunstungsgeschwindigkeit der Lösemittel hängt von verschiedenen Faktoren ab, z. B. von der Art des Lösemittels, der Temperatur, der Luftfeuchtigkeit, der Luftturbulenz, dem Lösemittel-Rückhaltevermögen der Bindemittel (= Retention) usw.

Die für jedes Lösemittel charakteristische Verdunstungsgeschwindigkeit wird unter genormten Bedingungen im Labor ermittelt und als Verdunstungszahl ausgedrückt. Dabei wird die Verdunstungszeit der Lösemittel mit der Verdunstungszeit der gleichen Menge Diethylether (häufig kurz als Ether bezeichnet) ausgedrückt. Für Diethylether wurde die Verdunstungszahl 1 festgelegt.

Die Verdunstungszahl eines Lösemittels gibt an, wie viel Mal länger ein Lösemittel zum Verdunsten benötigt als die gleiche Menge Diethylether bei gleichen Bedingungen.

Verdunstungszahlen wichtiger Lösemittel

Lösemittel	Verdunstungszahl
Diethylether	1
Aceton	2,1
Toluol	6,1
Ethanol	8,3
Butylacetat	11

Lösemittel	Verdunstungszahl
Terpentinöl	38
Testbenzin	60
Wasser	80
Tetralin	200
Ethyldiglykol	1 200

Gruppen von Lösemitteln nach der Verdunstungszahl:

Bezeichnung der Gruppe	Verdunstungszahl
leichtflüchtig	unter 10
mittelflüchtig	10–35
schwerflüchtig	35–50
sehr schwerflüchtig	über 50

Leichtflüchtige Lösemittel beschleunigen die Trocknung. Beim raschen Verdunsten wird aber der Anstrichfläche Wärme entzogen. Die Oberfläche kühlt dadurch ab. Bei hoher Luftfeuchtigkeit kann auf der abgekühlten Fläche Wasser kondensieren. Dadurch können sich Lackfilme trüben oder weiß anlaufen. Um diese Erscheinung zu verhindern, werden bei der Herstellung der Lacke und Lackfarben auch schwerflüchtige Lösemittel zugesetzt.

Lacke und Lackfarben enthalten Lösemittelgemische aus leichtflüchtigen, mittelflüchtigen und schwerflüchtigen Lösemitteln. Die leichtflüchtigen Lösemittel ermöglichen ein schnelles Anziehen der Beschichtungen, mittel- und schwerflüchtige Lösemittel verbessern die Verarbeitung und den Verlauf.

Je nach dem Anteil der leicht-, mittel- und schwerflüchtigen Lösemittel lassen sich Lacke und Lackfarben für bestimmte Auftragsverfahren, z. B. Spritz- und Streichlacke, herstellen. Sehr schwerflüchtige Lösemittel beeinflussen Filmbildung, Glanz und Durchtrocknung besonders stark. Deshalb werden diese Lösemittel nur in sehr geringen Mengen oder für Sonderzwecke verwendet.

Siedepunkt

Der unterschiedliche Siedepunkt der verschiedenen Lösemittel ist für die Gewinnung der Lösemittel durch Destillation sehr wichtig. So lassen sich aus Erdöl verschiedene Lösemittel aufgrund ihrer unterschiedlichen Siedepunkte herausdestillieren.

Gruppen von Lösemitteln nach dem Siedepunkt

Stoffgruppen	Siedepunkt
Niedrigsieder	unter 373 K (100 °C)
Mittelsieder	373–423 K (100–150 °C)
Hochsieder	über 423 K (150 °C)

Flammpunkt (Abk. Fp)

Der Flammpunkt ist die Temperatur, bei der ein brennbares Lösemittel gerade so viel Dampf entwickelt, dass sich das Dampf-Luft-Gemisch mit einer Zündquelle entzünden lässt.

Flammpunkt wichtiger Lösemittel

Lösemittel	Flammpunkt	
	in K	in °C
Aceton	254	–19
Toluol	278	5
Ethanol	284	11
Styrol	304	31

Lösemittel	Flammpunkt	
	in K	in °C
Terpentinöl	305	32
Testbenzin	312	39
Tetralin	351	78
Ethyldiglykol	363	90

Der Flammpunkt der Lösemittel hängt wie die Verdunstungszahl und der Siedepunkt von den zwischenmolekularen Kräften und der Molekülgröße ab.

Gefahrenklassen entzündbarer Flüssigkeiten

Gefahrstoffe, auch entzündliche Flüssigkeiten, werden entsprechend dem Global Harmonisierten System zur Einstufung und Kennzeichnung von Chemikalien (GHS) in Gefahrenklassen eingeteilt.[1]

> Kriterien für die Einteilung der entzündlichen Flüssigkeiten sind der Flammpunkt und der Siedepunkt.

Gefahrenklassen entzündbarer Flüssigkeiten

Gefahren-klasse	Flamm- und Siedepunkt	Pikto-gramm	Signal-wort	Gefahren-hinweis	Gefahrgut-Kennzeich-nung
Kategorie 1	Flammpunkt < 23 °C Siedepunkt ≤ 35 °C		Gefahr	H224 Flüssigkeit und Dampf extrem entzündbar.	
Kategorie 2	Flammpunkt < 23 °C Siedepunkt > 35 °C		Gefahr	H225 Flüssigkeit und Dampf leicht entzündbar.	
Kategorie 3	Flammpunkt ≤ 60 °C		Achtung	H226 Flüssigkeit und Dampf entzündbar.	

Zündtemperatur (Abk. Zt)

Ein Lösemitteldampf-Luft-Gemisch kann durch eine offene Flamme entzündet werden. Beim Erreichen einer bestimmten Temperatur entzündet es sich aber auch selbst.

> Die niedrigste Temperatur, bei der sich ein Lösemitteldampf-Luft-Gemisch selbst entzündet, wird als Zündtemperatur bezeichnet. Sie stellt ein Maß für die Selbstentzündlichkeit dar.

[1] Übersicht und Kennzeichnung der Gefahrstoffe siehe Teil D, Kapitel 6.1, Seite 279

VbF	Verordnung über Anlagen zur Lagerung, Abfüllung und Beförderung brennbarer Flüssigkeiten zu Lande (Verordnung über brennbare Flüssigkeiten)
BetrSichV	Verordnung über Sicherheit und Gesundheitsschutz bei der Verwendung von Arbeitsmitteln (Betriebssicherheitsverordnung)

Zündtemperaturen einiger wichtiger Lösemittel

Lösemittel	Zündtemperatur	
	in K	in °C
Testbenzin	513	240
Terpentinöl	525	252
Ethanol	696	425

Lösemittel	Zündtemperatur	
	in K	in °C
Styrol	781	508
Aceton	813	540
Toluol	842	569

Zündgruppen von Lösemitteln nach Zündtemperaturen

Zündtemperatur in K	Zündtemperatur in °C	Zündgruppe
> 723	> 450	T1
573 ≤ 723	300 ≤ 450	T2
473 ≤ 573	200 ≤ 300	T3
408 ≤ 373	135 ≤ 200	T4
373 ≤ 408	100 ≤ 135	T5
358 ≤ 373	85 ≤ 100	T6

Explosionsgrenzen

Eine Explosion ist eine blitzschnelle Verbrennung (Oxidation), die durch eine Zündung ausgelöst wird.

Die Explosion eines Lösemitteldampf-Luft-Gemischs ist nur in bestimmten Grenzen möglich. Unterhalb der Explosionsgrenze ist zu wenig Lösemitteldampf in der Luft. Oberhalb der Explosionsgrenze überwiegt der Lösemitteldampf in der Luft, wegen des zu geringen Sauerstoffanteils kann das Gemisch nicht explodieren.

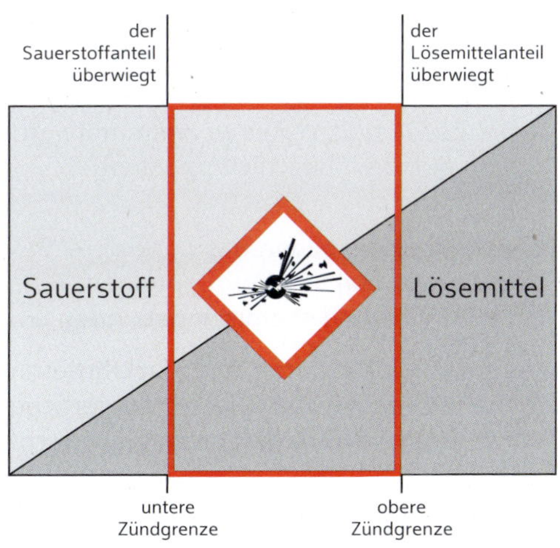

Die Explosionsgrenzen von Lösemitteln werden als untere und obere Zündgrenze in Volumenprozent angegeben.

Die untere Zündgrenze zeigt, wie viel Volumenprozent Lösemittel mindestens in der Luft sein muss, damit das Lösemittel-Luft-Gemisch explodieren kann. Die obere Zündgrenze gibt an, wie viel Volumenprozent Lösemittel höchstens in der Luft sein darf, damit das Lösemittel-Luft-Gemisch explodieren kann.

Explosionsgrenzen einiger wichtiger Lösemittel

Lösemittel	Zündgrenze in Vol.-%	
	untere	obere
Aceton	2,1	13
Ethanol	3,3	19
Toluol	1,2	7

Lösemittel	Zündgrenze in Vol.-%	
	untere	obere
Styrol	1	6,3
Testbenzin	0,6	6,5
Terpentinöl	0,7	6

Keine offene Flamme; Feuer, offene Zündquelle und Rauchen verboten

Die Ermittlung der Explosionsgrenzen ist in der Praxis nur schwer möglich. Häufig schwankt der Lösemittelgehalt in der Luft.

Aus Sicherheitsgründen sind Feuer, offenes Licht und Rauchen verboten, wenn bei Arbeiten brennbare Lösemitteldämpfe entstehen.

3.3 Chemische Eigenschaften der Löse- und Verdünnungsmittel

Löse- und Verdünnungsmittel dürfen sich weder bei der Lagerung noch beim Lösen bzw. Verdünnen chemisch verändern.

Die Löse- und Verdünnungsmittel verdunsten bei der Trocknung bzw. Erhärtung aus dem Beschichtungsstoff.

Eine Ausnahme bilden das Lösemittel Styrol beim ungesättigten Polyesterharzlack und andere reaktive Verdünnungen. Diese Löse- und Verdünnungsmittel werden bei der Erhärtung chemisch gebunden und so Bestandteil der Bindemittel.

Die für Alkydharzlacke und -lackfarben manchmal eingesetzte Härterverdünnung enthält Polyisocyanat. Dieses reagiert chemisch mit freien OH-Gruppen der Alkydharze. Dadurch erhärten diese Werkstoffe zusätzlich durch Polyaddition[1].

[1] siehe Teil C, Kapitel 1.23.2, Seite 140

3.4 Wichtige Löse- und Verdünnungsmittel

Löse- und Verdünnungsmittel werden nach ihrem chemischen Aufbau unterschieden:

- in anorganische Löse- und Verdünnungsmittel
- in organische Verdünnungsmittel

Zu den anorganischen Löse- und Verdünnungsmitteln gehört nur Wasser. Alle anderen Löse- und Verdünnungsmittel sind organisch.

3.4.1 Anorganische Löse- und Verdünnungsmittel

Das Löse- und Verdünnungsmittel Wasser ist unbrennbar, ungiftig, billig und reichlich vorhanden. Es löst anorganische Bindemittel und dient als Verdünnungsmittel für Dispersionsfarben sowie Dispersionslacke und -lackfarben.

Zwischenzeitlich kann man aber auch durch den Einbau wasserfreundlicher Gruppen in die Bindemittelmoleküle wasserlösliche Lacke und Lackfarben herstellen.

Wasser besteht aus H_2O-Molelkülen. Im flüssigen Zustand werden diese Moleküle von einer relativ großen zwischenmolekularen Kraft zusammengehalten[1]. Dadurch liegen Siedepunkt und Verdunstungszahl (80) des Wassers im Vergleich mit organischen Lösemitteln sehr hoch. So müssen beim Verarbeiten wasserlöslicher Lacke und Lackfarben längere Ablüftzeiten eingehalten werden. Bei hoher Luftfeuchtigkeit verzögert sich die Verdunstung zusätzlich.

Wasser weist auch eine hohe Oberflächenspannung auf. Die ansonsten schlechte Benetzung kann aber bei der Herstellung durch Netzmittelzusatz verbessert werden.

3.4.2 Organische Löse- und Verdünnungsmittel

Zu den organischen Löse- und Verdünnungsmitteln gehören alle Stoffe, die zum Lösen und Verdünnen von lösemittelhaltigen Beschichtungsstoffen eingesetzt werden können.

3.4.2.1 Terpentinöle

Terpentinöl ist ein natürliches Gemisch von Terpenkohlenwasserstoffen. Dies sind natürlich vorkommende ketten- oder ringförmige Kohlenwasserstoffe mit einer charakteristischen Kohlenstoffanordnung im Molekül.

Terpentinöl wird aus dem Harzausfluss von Nadelhölzern destilliert oder fällt bei der Zellstoffproduktion an. Das etherische Öl ist farblos oder hat eine leicht gelbliche Färbung und einen angenehmen Geruch.

[1] siehe Teil G, Kapitel 3.1, Seite 489

www.gefahrstoffdaten.de
www.gischem.de

Unterscheidung der Terpentinöle nach DIN 53248

Bezeichnung	Herstellung
Balsamterpentinöl	durch schonende Destillation aus dem Harzausfluss geeigneter Nadelhölzer
dampfdestilliertes Wurzelterpentinöl	aus dem zerkleinerten Holz der Wurzeln und Stümpfe von Nadelhölzern
gereinigtes Sulfatterpentinöl	als Nebenprodukt bei der Zelluloseherstellung gewonnen und anschließend gereinigt

Terpentinöl ist in Wasser unlöslich, dagegen mit Alkoholen, Ölen und vielen organischen Lösemitteln mischbar. Terpentinöl wird als Lösemittel in Öl- und Alkydharzlacken, besonders aber in Naturharzlacken eingesetzt.

Terpentinöl kann Allergien auslösen. Eine solche Terpentinallergie wird als „Terpentin-" oder „Malerkrätze" bezeichnet.

Gesundheitsschutz beim Umgang mit Terpentinöl

Terpentinöl ist ein gesundheitsschädliches Lösemittel. Bei der Verwendung ist das Sicherheitsdatenblatt zu berücksichtigen.

Gefahrenhinweise:

H226 Flüssigkeit und Dampf entzündbar.
H304 Kann bei Verschlucken und Eindringen in die Atemwege tödlich sein.
H315 Verursacht Hautreizungen.
H317 Kann allergische Hautreaktionen verursachen.
H319 Verursacht schwere Augenreizung.
H302 + H312 + H332 Gesundheitsschädlich bei Verschlucken, Hautkontakt oder Einatmen.
H411 Giftig für Wasserorganismen, mit langfristiger Wirkung.

Sicherheitshinweise:

P280 Schutzhandschuhe/Schutzkleidung/Augenschutz/Gesichtsschutz tragen.
P273 Freisetzung in die Umwelt vermeiden.
P331 KEIN Erbrechen herbeiführen.
P301 + P310 Bei Verschlucken: Sofort Giftinformationszentrum/Arzt anrufen.
P302 + P352 Bei Berührung mit der Haut: Mit viel Wasser und Seife waschen.

Im Betrieb ist auf der Grundlage des Sicherheitsdatenblattes eine Betriebsanweisung zu erstellen und die Mitarbeiter/-innen sind entsprechend zu unterweisen

3.4.2.2 Testbenzin

Testbenzin besteht aus unterschiedlichen aliphatischen (kettenförmigen) Kohlenwasserstoffen und wird vorwiegend durch Destillation aus Erdöl gewonnen.

Beispiele: aliphatische Kohlenwasserstoffe

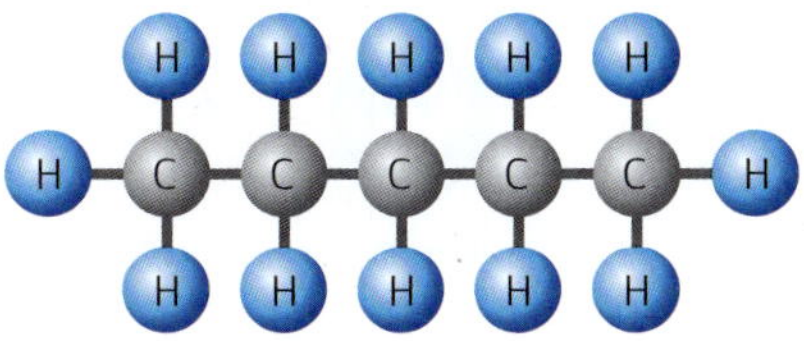

Pentan

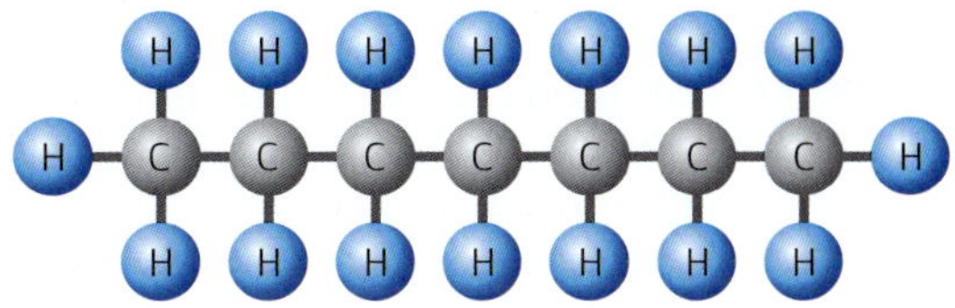

Heptan

Testbenzin ist eine farblose Flüssigkeit mit benzinartigem Geruch. Das Lösemittel ist in Wasser unlöslich. Wegen der geringeren Gesundheitsgefährdung sollte aromatenfreies Testbenzin verwendet werden.

Testbenzin wird in Öllacken und -lackfarben, Alkydharzlacken und -lackfarben, Cyclokautschuklackfarben, Bitumen und Asphaltlackfarben, in Klebstoffen und Holzschutzmitteln eingesetzt.

Testbenzin ist das Lösemittel, das Maler/-innen und Lackierer/-innen am häufigsten zum Verdünnen von Alkydharzlacken und -lackfarben einsetzen. Ob es für das jeweilige Lackprodukt am besten geeignet ist, kann aus dem Technischen Merkblatt ersehen werden.

Gesundheitsschutz beim Umgang mit Testbenzin

Testbenzin ist ein gesundheitsschädliches Lösemittel. Bei der Verwendung ist das Sicherheitsdatenblatt zu beachten. Es folgen exemplarisch die Angaben aus dem Sicherheitsdatenblatt einer Epoxidharzlackfarbe.

Wasserverdünnbare Epoxidharzlackfarben belasten die Umwelt und die Gesundheit sehr viel weniger.

Gefahrenhinweise:

H226 Flüssigkeit und Dampf entzündbar.
H304 Kann bei Verschlucken und Eindringen in die Atemwege tödlich sein.
H336 Kann Schläfrigkeit und Benommenheit verursachen.
H372 Schädigt die Organe bei längerer oder wiederholter Exposition.
H410 Sehr giftig für Wasserorganismen, mit langfristiger Wirkung.
EUH066 Wiederholter Kontakt kann zu spröder oder rissiger Haut führen.

Sicherheitshinweise:
P210 Von Hitze, heißen Oberflächen, Funken, offenen Flammen und anderen Zündquellen fernhalten. Nicht rauchen.
P260 Staub/Rauch/Gas/Nebel/Dampf/Aerosol nicht einatmen.
P331 KEIN Erbrechen herbeiführen.
P301 + P310 Bei Verschlucken: Sofort Giftinformationszentrum/Arzt anrufen.
P370 + P378 Bei Brand: Sand, Kohlendioxid oder Pulverlöschmittel zum Löschen verwenden.
P403 + P233 An einem gut belüfteten Ort aufbewahren. Behälter dicht verschlossen halten.

Im Betrieb ist auf der Grundlage des Sicherheitsdatenblattes eine Betriebsanweisung zu erstellen und die Mitarbeiter/-innen sind entsprechend zu unterweisen.

3.4.2.3 Cycloalkane

Cycloalkane sind ringförmige Kohlenwasserstoffe. Diese Lösemittel eignen sich für Fette, Öle, Wachse, Alkydharze, Bitumen, Chlorkautschuk, Cyclokautschuk und Acrylate. Cycloalkane sind mit den meisten organischen Lösemitteln mischbar, nicht aber mit Wasser.

Cycloalkane werden von Herstellern in sehr geringen Mengen bei der Produktion von Lacken und Lackfarben zugesetzt.

Beispiel: Cyclohexan

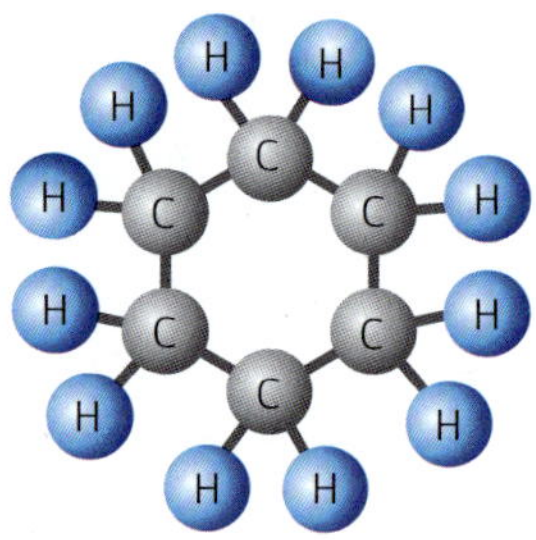

Gesundheitsschutz Cycloalkane

Cycloalkane werden bei der Herstellung von Lacken und Lackfarben verwendet. Die Umwelt- und Gesundheitsgefahren dieser Lösemittel sind aus den Sicherheitsdatenblättern der entsprechenden Produkte zu entnehmen.

3.4.2.4 Aromate

Aromatische Kohlenwasserstoffe[1] (Aromate) bestehen aus ringförmigen ungesättigten Kohlenwasserstoffen (= Kohlenwasserstoffe mit Doppelbindungen).

[1] Der bekannteste aromatische Kohlenwasserstoff ist Benzol. Dieser Stoff darf aber wegen seiner gesundheitsschädlichen Wirkung nicht mehr als Lösemittel eingesetzt werden.

Aromate sind besonders geeignet für Alkydharze, Polyester, Acrylate und andere Polymerisatharze. Dabei wurden sie besonders gerne als Verschnittmittel eingesetzt.

Wegen ihrer Gesundheitsschädlichkeit hat man die aromatischen Kohlenwasserstoffe weitgehend ersetzt.

Wichtige aromatische Lösemittel sind Toluol, Xylol und Styrol.

Beispiel: Toluol

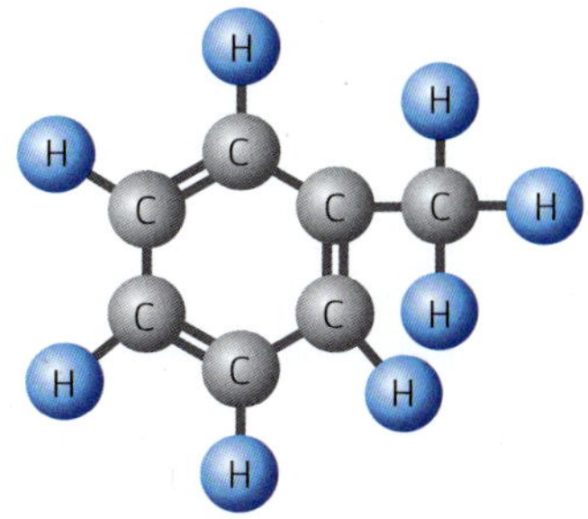

Maler/-innen und Lackierer/-innen haben die aromatischen Kohlenwasserstoffe nur in Spezialverdünnungen eingesetzt. Allerdings enthalten viele Lösemittel (häufig auch Testbenzin) Aromaten als Verunreinigungen. Liegt der Aromatengehalt im Produkt unter 1 %, dürfen die Lösemittel als „aromatenfrei" bezeichnet werden. Oberhalb von 1 % müssen sie als „aromatenhaltig" bezeichnet werden. Wegen der damit verbundenen Gesundheitsgefahren sollte man darauf achten, dass die eingesetzten Lösemittel und Lackfarben aromatenfrei sind.

Gesundheitsschutz Aromate

Aromate werden bei der Herstellung von Lacken und Lackfarben sowie in Spezialverdünnungen verwendet. Die Umwelt- und Gesundheitsgefahren dieser Lösemittel sind den Sicherheitsdatenblättern der entsprechenden Produkte zu entnehmen.

3.4.2.5 Alkohole

Alkohole enthalten im Molekül Hydoxylgruppen (OH-Gruppen = Sauerstoff-Wasserstoffgruppen). Als Löse- und Verdünnungsmittel werden nur einwertige Alkohole (mit einer OH-Gruppe) eingesetzt.

Beispiel: Ethanol

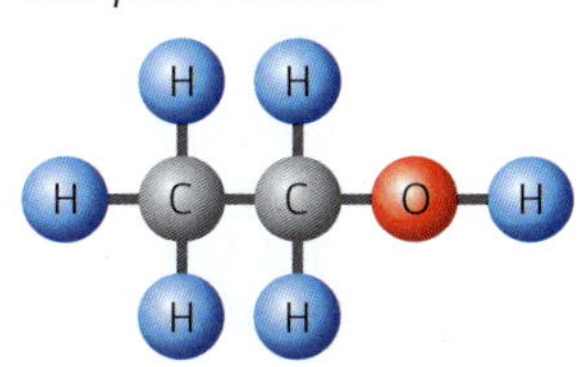

Alkohole mit kurzen Molekülketten sind mit Wasser in jedem Verhältnis mischbar, sind aber auch wichtige Löser für Zellulosenitrat, Phenolharze, Polyvinylacetat, Schellack, Kopale und andere Naturharze. Bei anderen Bindemitteln werden Alkohole häufig als Verschnittlöser eingesetzt. Die mäßigen Lösungseigenschaften sind bei der Verwendung in Decklacken und bei Beschichtungen auf Kunststoffen von Vorteil, weil der Untergrund nicht angelöst wird. Das an sich begrenzte Lösevermögen lässt sich durch Mischen mit Essigsäureestern (Acetaten) verbessern.

Wichtige als Lösemittel eingesetzte Alkohole sind Ethanaol, Propanol, Butanol und Benzylalkohol.

Ethanol wird aus steuerlichen Gründen als Lösemittel vergällt (= für den Verzehr ungenießbar gemacht, z. B. durch Zusatz von Methylethylketon). Dieser Alkohol ist als Spiritus im Handel.

Gesundheitsschutz beim Umgang mit Spiritus

Ethanol ist vergälltes (ungenießbar gemachtes) Ethanol.

Beim Umgang mit Ethanol sind eine Reihe von Sicherheitsmaßnahmen zu beachten.

Gefahrenhinweise:
H225 Flüssigkeit und Dampf leicht entzündbar.
H319 Verursacht schwere Augenreizung.
EUH066 Wiederholter Kontakt kann zu spröder oder rissiger Haut führen.

Sicherheitshinweise:
P210 Von Hitze, heißen Oberflächen, Funken, offenen Flammen und anderen Zündquellen fernhalten. Nicht rauchen.
P233 Behälter dicht verschlossen halten.
P305 + P351 + P338 Bei Kontakt mit den Augen: Einige Minuten lang behutsam mit Wasser ausspülen. Eventuell vorhandene Kontaktlinsen nach Möglichkeit entfernen. Weiter ausspülen.

Im Betrieb ist auf der Grundlage des Sicherheitsdatenblattes eine Betriebsanweisung zu erstellen und die Mitarbeiter/-innen sind entsprechend zu unterweisen.

3.4.2.6 Ester

Ester entstehen unter Wasserabspaltung aus der Verbindung von organischen Säuren und Laugen. Ester zeigen im Molekül eine charakteristische Molekülgruppe. Als Lösemittel werden meist die Ester der Essigsäure eingesetzt.

Ester lösen die meisten Lackbindemittel gut und steigern zudem das Lösevermögen der Alkohole.

Wichtige als Lösemittel eingesetzte Ester sind Methylacetat, Ethylacetat und Butylacetat.

Beispiel: Ethylacetat

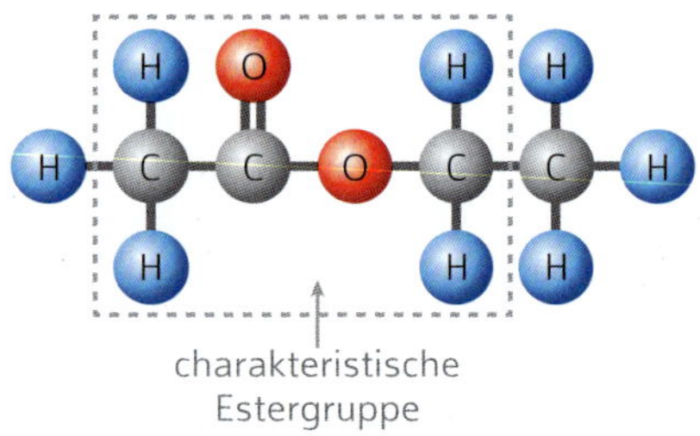

Ester sind wichtige Lösemittel und in der Lackproduktion unverzichtbar. Male/-innen und Lackierer/-innen verwenden die Lösemittelgruppe der Ester in der Mischung mit anderen Lösemitteln in Spezialverdünnungen, auch Nitroverdünnung enthält u. a. Ester.

Gesundheitsschutz Ester

Ester werden bei der Herstellung von Lacken und Lackfarben sowie in Spezialverdünnungen verwendet. Die Umwelt- und Gesundheitsgefahren dieser Lösemittel sind den Sicherheitsdatenblättern der entsprechenden Produkte zu entnehmen.

3.4.2.7 Ketone

Ketone sind chemische Verbindungen mit der dafür charakteristischen Molekülgruppe.

Die Lösemittelgruppe der Ketone löst Zellulosenitrat, Acrylharze, Polyurethanharze, Epoxidharze, Polyvinylchlorid und Chlorkautschuk. Die meisten Ketone verdunsten schnell.

Wichtige als Lösemittel eingesetzte Ketone sind Aceton, Butanon, Mehylisobutylketon und Cyclohexanon

Beispiel: Aceton

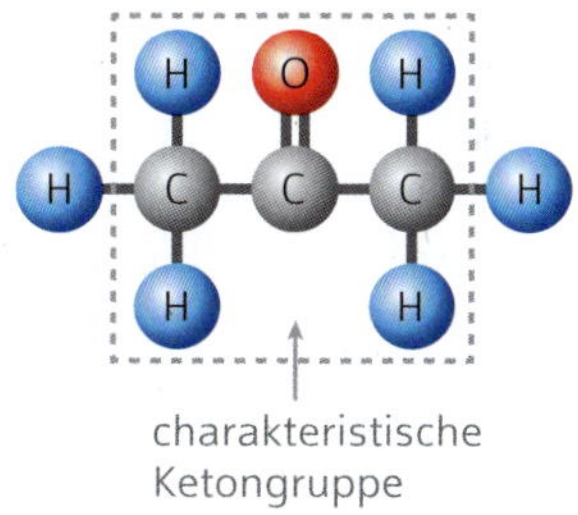

Maler/-innen und Lackierer/-innen verwenden die Lösemittelgruppe der Ketone in der Mischung mit anderen Lösemitteln in Spezialverdünnungen, auch Nitroverdünnung enthält u. a. Ketone.

Aceton kann zum Nachweis von Dispersionslackfarben und Dispersionsfarben eingesetzt werden. Auch Nitroverdünnung eignet sich dazu. Aceton und Nitroverdünnung lösen diese Beschichtungen an.

Gesundheitsschutz Ketone

Ketone werden bei der Herstellung von Lacken und Lackfarben sowie in Spezialverdünnungen verwendet. Die Umwelt- und Gesundheitsgefahren dieser Lösemittel sind den Sicherheitsdatenblättern der entsprechenden Produkte zu entnehmen.

3.4.2.8 Ether

Ether sind chemische Verbindungen mit der charakteristischen Molekülgruppe Kohlenstoff – Sauerstoff – Kohlenstoff.

Beispiel: 2-Butoxyethanol (Butylglykol)

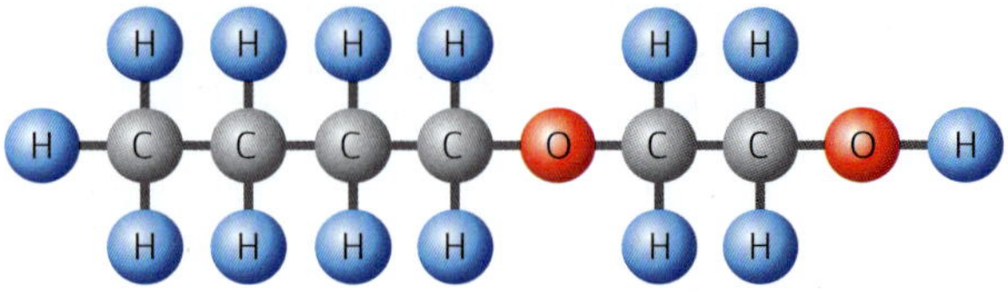

Der bekannte Diethylether, meist nur kurz als Ether bezeichnet, wird wegen seiner schnellen Verdunstung (Verdunstungszahl 1) als Löse- und Verdünnungsmittel nicht eingesetzt. Andere Ether mit größeren Molekülketten sind wichtige Lösemittel für die meisten Bindemittel. Ein Teil dieser Lösemittel wird aber wegen der großen Gesundheits- und Umweltgefahren nicht mehr eingesetzt.

Wichtige als Lösemittel eingesetzte Ether sind Tetrahydrofuran und Butylglykol.

Maler/-innen und Lackierer/-innen verwenden die Lösemittelgruppe Ether in der Mischung mit anderen Lösemitteln in Spezialverdünnungen, auch Nitroverdünnung enthält u. a. Ether.

Gesundheitsschutz Ether

Ether werden bei der Herstellung von Lacken und Lackfarben sowie in Spezialverdünnungen verwendet. Die Umwelt- und Gesundheitsgefahren dieser Lösemittel sind den Sicherheitsdatenblättern der entsprechenden Produkte zu entnehmen.

3.4.2.9 Chlorkohlenwasserstoffe

Chlorkohlenwasserstoffe sind Kohlenwasserstoffe, bei denen ein oder mehrere Wasserstoffatome durch Chloratome ersetzt wurden.

Beispiel: Methylenchlorid

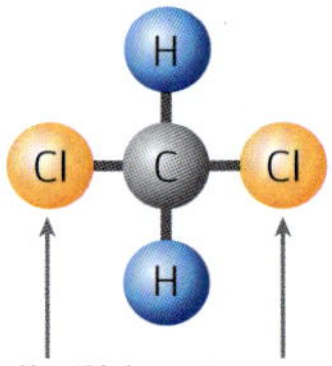

Die Chloratome verhindern die Brennbarkeit, erhöhen das Lösevermögen, aber auch die Gesundheits- und Umweltschädlichkeit. Wegen ihrer Giftigkeit dürfen die meisten Chlorkohlenwasserstoffe nicht mehr als Löse- und Verdünnungsmittel eingesetzt werden. Zu diesen gehören Chloroform, Tetrachlorkohlenstoff, Dichlormethan, Tetra- und Pentachlorethan sowie Trichlorethylen. Die Chlorkohlenwasserstoffe gelten neben den Fluorkohlenwasserstoffen als besonders ozonschädigende Substanzen.

Bei den Chlorkohlenwasserstoffen hat nur mehr Metylenchlorid eine und auch nur geringe Bedeutung.

Die Verwendung von Chlorkohlenwasserstoffen als Lösemittel oder in Abbeizmitteln ist aus Gesundheits- und Umweltschutzgründen teilweise verboten, zumindest aber sehr stark eingeschränkt. Im Maler- und Lackiererhandwerk sollten diese Stoffe nicht mehr verwendet werden.

Besondere Gefahren:

Gefahr Achtung

Gesundheitsschädlich, umweltgefährdend, wassergefährdend (WGK 2), Verdacht auf krebserzeugende Wirkung

3.5 Lösemittelgemische

Zum Verdünnen von Beschichtungsstoffen werden häufig Lösemittelgemische verwendet. Durch Kombination geeigneter Lösemittel in den Gemischen lassen sich wichtige Eigenschaften der Beschichtungsstoffe wie Ablaufneigung, Verlauf, mögliche Schichtdicke, Trocknung bzw. Erhärtung beeinflussen.

Um die gute Qualität der Beschichtungsstoffe zu erhalten, sollte man immer die vom Hersteller empfohlenen Löse- und Verdünnungsmittel verwenden.

Falsche oder nicht optimal auf den Beschichtungsstoff abgestimmte Lösemittel können folgende Mängel verursachen:

1. beim Verarbeiten
   - zu hoher Löse- und Verdünnungsmittelverbrauch wegen ungenügender Lösekraft
   - Verfärbungen durch Ausschwimmen von Bestandteilen des Beschichtungsstoffes
   - verstärkte Bodensatzbildung (= Sedimentation)
   - Verlaufsstörungen
   - Läuferbildungen
   - übermäßige Tropfenbildung beim Fluten und Tauchen
2. während der Filmbildung
   - mangelnde Koordination von An- und Durchtrocknung
   - Anlaufen der Beschichtung bei höherer Luftfeuchtigkeit
   - Bildung von Kochern
3. bei der Beschichtung
   - verringerte Beständigkeit gegen die unterschiedlichsten Einflüsse
   - verringerte Haftung
   - Trübung von farblosen Beschichtungen
   - Verfärbungen und Korrosion der beschichteten Metalle

Kunstharzverdünnung

Kunstharzverdünnung dient zum Verdünnen von Alkydharzlacken und -lackfarben. Das Lösemittelgemisch enthält außer Testbenzin geringe Mengen von Butanol,

Estern und Ethern. Heute fordert man wegen des Gesundheits- und Umweltschutzes aromatenfreie Kunstharzverdünnungen.

Streich- und Spritzverdünnung
Diese Lösemittelgemische werden immer für bestimmte Lacke und Lackfarben angeboten. Bei der Zusammenstellung des Gemisches werden aber die Verdunstungszahlen der Lösemittel besonders beachtet. So enthält eine Streichverdünnung allgemein langsamer verdunstende Lösemittel als eine Spritzverdünnung. Deshalb ziehen Alkydharzlacke und -lackfarben schnell an, wenn sie mit einer Spritzverdünnung verdünnt werden. Andererseits bleiben sie länger offen und verarbeitbar, wenn sie mit einer Streichverdünnung verdünnt werden.

Nitroverdünnung
Nitroverdünnung wird zum Verdünnen von Nitrolacken und Lackfarben eingesetzt. Das Lösemittelgemisch besteht aus Estern, Aromaten, Ketonen und Alkoholen.

Universalverdünnung
Universalverdünnungen können für verschiedene Bindemittel, z. B. für Alkydharze und Zellulosenitrat (Nitrolacke), verwendet werden. Dies ist möglich, weil das Lösemittelgemisch aus sehr unterschiedlichen Lösemitteln besteht. Ein Teil dieser Lösemittel wirkt jeweils als Löser, ein anderer Teil als Verschnittmittel. Bei einem anderen Bindemittel wirken andere Lösemittel des Gemisches als Löser.

Spezialverdünnung
Als Spezialverdünnung kann man eigentlich jedes Lösemittelgemisch bezeichnen, da es entweder für ein spezielles Bindemittel oder eine besondere Aufgabe verwendet wird.

Lösemittelgemische für spezielle Bindemittel

Spezialverdünnung für ...	Enthaltene Lösemittel
gesättigte Polyesterharzlacke und -lackfarben	Butanol, Aromate, Ester, Ketone
Polyurethanharzlacke und -lackfarben	Ketone, Ester, Ether
Epoxidharzlacke und -lackfarben	Ketone, Ester, Ether, Alkohole
Polymerisatharzlacke und -lackfarben	Ketone, Ester, Ether
Chlorkautschuklackfarben	Ketone, Ester, Ether

Waschverdünnung
Waschverdünnung enthält neben Testbenzin meist noch Benzin, Petroleum und andere Lösemittel.

> Waschverdünnung bedeutet **nicht**: „geeignet zum Händewaschen“.

Abbeizfluide
Diese physikalisch lösenden Abbeizmittel bestehen aus einem Lösemittelgemisch aus Estern, Ketonen, Benzylalkohol, Tetralin und z. T. Aromaten, Verdickungsmitteln und gelegentlich Emulgatoren. Methylenchloridhaltige (Dichlormethan enthalten-

de) Abbeizmittel dürfen gemäß der REACH-Verordnung seit Juni 2012 nicht mehr verwendet werden.

Die starken Lösemittel lösen die Beschichtungen an. Diese quellen, kräuseln und heben sich schließlich vom Untergrund ab.

Die Verdickungsmittel ermöglichen ein sattes Auftragen auch auf senkrechten Flächen und unterbinden das schnelle Verdunsten der Lösemittel.

Sind Emulgatoren enthalten, kann das Abbeizmittel nach dem Abbeizen mit Wasser abgewaschen werden.

3.6 Gesundheitsgefährdung durch Lösemittel

Da Lösemittel heute fast ausnahmslos als Mischung unterschiedlicher Stoffgruppen verwendet werden, kann die tatsächliche Gefährdung bei einem Werkstoff nur anhand des Sicherheitsdatenblattes festgestellt werden. Dieses muss für jeden Beschäftigten zugänglich am Verwendungsort vorliegen. Da sich die Zusammensetzung eines Lösemittelgemisches oder die Vorschriften zum Gesundheitsschutz bei der Verwendung der Lösemittel ändern können, ist darauf zu achten, dass jeweils die aktuelle Version des Sicherheitsdatenblattes vorliegt.

Ob und wie sehr Lösungsmittel die Gesundheit gefährden können, hängt von verschiedenen Faktoren ab, z. B.:

- Art der Lösungsmittel
- Menge der Lösungsmittel
- Einwirkzeit auf den Menschen

Schädliche Lösemittel können auf unterschiedliche Weise in den Körper gelangen:

1. Lösemittel können als Dämpfe eingeatmet werden und so in die Lunge gelangen.

Der Geruch der Lösemittel kann als Warnung dienen. Mild riechende Lösemittel können aber schädlicher sein als scharf riechende.

Atemschutz benutzen

Entstehen Lösemitteldämpfe und kann die Einwirkung auf den Menschen nicht völlig vermieden werden, sind unbedingt Atemschutzmasken zu tragen.

Die Atemschutzmasken müssen gegen Lösemittel mit Atemfiltern bestückt sein, die den Kennbuchstaben A und die Kennfarbe braun aufweisen.

2. Lösemittel können durch die Haut aufgenommen werden und so in den Körper gelangen.

Lösemittel entziehen der Haut Fett. Dadurch wird die Haut spröde und rissig. Bakterien können leichter eindringen und Infektionen verursachen. Lösemittel können aber auch die Haut direkt angreifen und Blasen verursachen. Versucht man Holzschutzmittel mit Lösemitteln von der Haut zu waschen, werden die Gifte des Holzschutzmittels in die Haut gewaschen.

Das Händereinigen mit Lösemitteln kann außerdem Allergien verursachen. Zu diesen Lösemitteln gehören z. B. Terpentinöl und Testbenzin. Die Allergien können auch auf andere Körperpartien übergreifen und sogar zu Berufsunfähigkeit führen.

Handschuhe benutzen

Beim Umgang mit Lösemitteln und lösemittelhaltigen Werkstoffen sind geeignete Handschuhe zu tragen.

Welche Handschuhe geeignet sind, kann man dem Sicherheitsdatenblatt entnehmen.

3. Lösemittel können durch den Magen in den Körper gelangen.

Essen und Trinken verboten

Rauchen verboten

Bei der Arbeit mit lösemittelhaltigen Werkstoffen sind das Essen, Trinken und Rauchen verboten, da dadurch Gefahrstoffe in den Körper gelangen können.

Um das Trinken der Lösemittel durch Verwechslungen zu vermeiden, dürfen Lösemittel nicht in Trinkflaschen oder ähnliche Flaschen abgefüllt werden. Lösemittel sind grundsätzlich entsprechend der Informationen im Sicherheitsdatenblatt als solche zu kennzeichnen.

Vergiftungen durch Lösemittel zeigen sich durch Benommenheit, Schwindel, Kopfschmerzen und Bewusstlosigkeit, da das zentrale Nervensystem gestört wird.

Die Lösemittel reichern sich auch im Hirn, in den Nerven, im Knochenmark, in der Leber und Niere an. Dabei werden die Zellen durch die Lösemittel selbst oder deren Abbauprodukte geschädigt.

Kennzeichnung für Lösemittel

Die Kennzeichnung der Lösemittel entsprechend dem seit 2010 in Europa vorgeschriebenen GHS (Globally Harmonised System of Classification and Labelling of Chemicals) besteht aus folgenden Elementen:

- Gefahrenpiktogramme mit einem Signalwort
- H-Sätze (Hazard Statements)
- P-Sätze (Precautionary Statements)
- EUH-Sätze (besondere Gefährdungen)

Umweltschutz

Organische Lösemittel schädigen die Umwelt je nach Art und Menge unterschiedlich stark. Deshalb sind Beschichtungsstoffe mit möglichst geringem Lösemittelanteil zu verwenden. Wasserverdünnbare Beschichtungsstoffe enthalten auch organische Lösemittel, aber in geringerer Menge. Gebrauchte Lösemittel lassen sich wiederaufbereiten und als Reinigungsmittel verwenden.

Mit Lösemitteln durchtränktes Material (z. B. Putzlappen) ist in unbrennbaren, verschließbaren Entsorgungsbehältern zu sammeln. Lösemittel-Abfälle sind gefährliche Abfälle (Sonderabfälle).

Für gefährliche Abfälle ist ein Nachweisverfahren (Entsorgungsnachweis und Begleitscheine) durchzuführen. Die Sammelentsorgung ist davon z. T. ausgenommen. Vollständig restentleerte bzw. gereinigte Metallgebinde können zur Schrottverwertung abgegeben werden.

Farbreste entsorgen

Farbdosen entsorgen

Zur Entsorgung der Löse- und Farbreste sowie der leeren Dosen findet man in den Sicherheitsdatenblättern die notwendigen Informationen.

Gesundheitsschutz

Die für jeden lösemittelhaltigen Werkstoff erforderlichen Schutzmaßnahmen können der den Vorschriften entsprechenden Kennzeichnung auf den Gebinden und dem Sicherheitsdatenblatt entnommen werden.

Organische Lösemittel sind **nicht** zum Händereinigen geeignet. Für die Reinigung der Hände sind spezielle ungefährliche Reinigungsmittel im Handel. Am besten ist es aber, sich mit Schutzhandschuhen zu schützen.

Werden lösemittelhaltige Beschichtungsstoffe eingesetzt und ist bei der Beschichtung das Einatmen von organischen Lösemitteln durch gute Lüftung oder andere technischen Maßnahmen nicht gänzlich zu vermeiden, sind Atemschutzmasken mit der Gasfiltertype A, Kennfarbe Braun, zu tragen.

Bei der Arbeit mit lösemittelhaltigen Werkstoffen sind das Essen, Trinken und Rauchen verboten, da dadurch Gefahrstoffe in den Körper gelangen können.

Achtung

Achtung

Gefahr

Achtung

Handschutz benutzen

Atemschutz benutzen

Essen und Trinken verboten

Rauchen verboten

3.7 Gesetze, Verordnungen, Vorschriften und Richtlinien

MuSchG	Gesetz zum Schutz von Müttern bei der Arbeit, in der Ausbildung und im Studium (Mutterschutzgesetz)
JArbSchG	Gesetz zum Schutz der arbeitenden Jugend (Jugendarbeitsschutzgesetz)
ArbSchG	Gesetz über die Durchführung von Maßnahmen des Arbeitsschutzes zur Verbesserung der Sicherheit und des Gesundheitsschutzes der Beschäftigten bei der Arbeit (Arbeitsschutzgesetz)
ChemG	Gesetz zum Schutz vor gefährlichen Stoffen (Chemikaliengesetz)
ArbStättV	Verordnung über Arbeitsstatten (Arbeitsstättenverordnung)
BioStoffV	Verordnung über Sicherheit und Gesundheitsschutz bei Tätigkeiten mit Biologischen Arbeitsstoffen (Biostoffverordnung)
GefStoffV	Verordnung zum Schutz vor Gefahrstoffen (Gefahrstoffverordnung)
GGVSEB	Verordnung über die innerstaatliche und grenzüberschreitende Beförderung gefährlicher Güter auf der Straße, mit Eisenbahnen und auf Binnengewässern (Gefahrgutverordnung Straße, Eisenbahn und Binnenschifffahrt)
VbF	Verordnung über Anlagen zur Lagerung, Abfüllung und Beförderung brennbarer Flüssigkeiten zu Lande (Verordnung über brennbare Flüssigkeiten)
BetrSichV	Verordnung über Sicherheit und Gesundheitsschutz bei der Verwendung von Arbeitsmitteln (Betriebssicherheitsverordnung)

Richtlinien

DIN EN 149	Atemschutzgeräte – Filtrierende Halbmasken zum Schutz gegen Partikeln – Anforderungen, Prüfung, Kennzeichnung
DIN 18363 VOB Teil C	Allgemeine Technische Vertragsbedingungen für Bauleistungen (ATV) – Maler- und Lackierarbeiten – Beschichtungen
DIN 18364 VOB Teil C	Allgemeine Technische Vertragsbedingungen für Bauleistungen (ATV) – Korrosionsschutzarbeiten an Stahlbauten
DIN EN ISO 4618	Beschichtungsstoffe – Begriffe
DIN 55945	Beschichtungsstoffe und Beschichtungen – Ergänzende Begriffe zu DIN EN ISO 4618

Technische Regeln für Gefahrstoffe (TRGS)

TRGS 400	Gefährdungsbeurteilung für Tätigkeiten mit Gefahrstoffen
TRGS 401	Gefährdung durch Hautkontakt – Ermittlung, Beurteilung, Maßnahmen
TRGS 402	Ermitteln und Beurteilen der Gefährdungen bei Tätigkeiten mit Gefahrstoffen: Inhalative Exposition
TRGS 510	Lagerung von Gefahrstoffen in ortsbeweglichen Behältern
TRGS 555	Betriebsanweisung und Information der Beschäftigten
TRGS 900	Arbeitsplatzgrenzwerte
TRGS 905	Verzeichnis krebserzeugender, keimzellmutagener oder reproduktionstoxischer Stoffe
TRGS 907	Verzeichnis sensibilisierender Stoffe und von Tätigkeiten mit sensibilisierenden Stoffen

DGUV Vorschriften der Deutschen Gesetzlichen Unfallversicherung

DGUV Regel 112-190	Benutzung von Atemschutzgeräten
DGUV Information 212-515	Persönliche Schutzausrüstungen

4 Pigmente

Farbmittel

Pigmente	**Farbstoffe**
Pigmente sind unlösliche Farbmittel.	Farbstoffe sind lösliche Farbmittel.

> Pigmente sind nach DIN 55945 „Beschichtungsstoffe und Beschichtungen – Ergänzende Begriffe zu DIN EN ISO 4618" in Bindemittel und Lösemittel unlösliche, anorganische und organische, bunte oder unbunte Farbmittel.

Rotes Pigment

Pigmente sind weiße, farbige oder schwarze Pulver. Die einzelnen Pigmentteilchen sind nur unter dem Elektronenmikroskop zu erkennen. Sie können quaderförmig, kugelförmig, stabförmig oder unregelmäßig geformt sein. Natürlich gibt es auch Mischformen.

quaderförmig *kugelförmig* *stabförmig* *unregelmäßig*

Pigment-Einzelteilchen

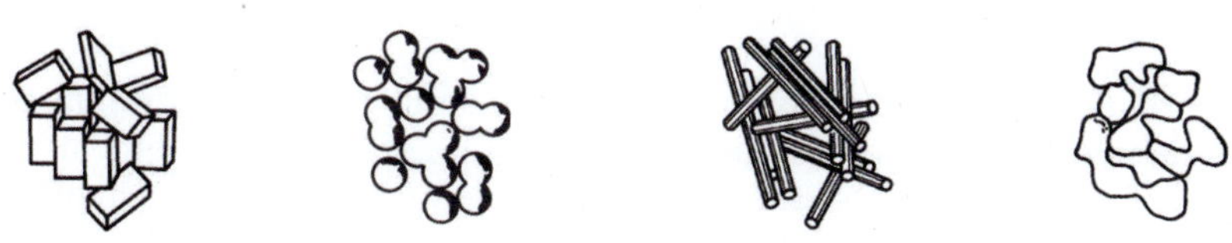

Zusammenlagerung von Einzelteilchen

DIN EN ISO 4618	„Beschichtungsstoffe – Begriffe"
DIN 55945	„Beschichtungsstoffe und Beschichtungen – Ergänzende Begriffe zu DIN EN ISO 4618"
DIN EN ISO 18451-1	„Pigmente, Farbstoffe und Füllstoffe – Begriffe"

Das Pigment Schwerspat verteilt in Bindemittel unter dem Elektronenmikroskop

Unregelmäßig geformte Pigmente kommen auch in Schuppenform vor. Diese Pigmente sind besonders zum Korrosionsschutz geeignet.

Die Teilchengröße der Pigmente beeinflusst besonders das Deck- und das Färbevermögen sowie die gleichmäßige Verteilung im Bindemittel sehr stark. Besonders günstig sind Pigmentgrößen von 0,4–5 µm.

Pigmente unter 0,4 µm lasieren, decken also kaum. Die kurzwelligen UV-Strahlen werden aber gut reflektiert. So werden Eisenoxidpigmente für Holzlasuren durch Mikronisieren fein vermahlen. Bei diesem Verfahren werden die Pigmente in Mühlen von 473 K (200 °C) heißem Wasserdampf mit einem Druck von 15 bar und einer Geschwindigkeit von 100–200 m/s beschleunigt. Die Pigmente prallen mit hoher Geschwindigkeit aufeinander und werden so besonders fein vermahlen. Beim Mikronisieren können Teilchengrößen von 0,1–2 µm erreicht werden.

Pigmente sind auch heute noch in Pulverform im Handel. Zum Mischen der benötigten Farbtöne verwendet man aber meist Abtönpasten oder Abtönfarben. Diese enthalten neben stark färbenden Pigmenten noch Netzmittel und häufig Bindemittel. Bei der Anwendung ist die Bindemittelart zu beachten.

Farbstoffe

Im Gegensatz zu Pigmenten lösen sich Farbstoffe in bestimmten Bindemitteln und Lösemitteln.

Farbstoffe werden kaum in Beschichtungsstoffen verwendet. Mit Farbstoffen wären keine deckenden Beschichtungen möglich. Wegen der oft schlechten Lichtbeständigkeit werden Farbstoffe auch kaum neben Pigmenten in Beschichtungsstoffen eingesetzt. Außerdem könnten sich die Farbstoffe immer wieder anlösen.

Farbstoffe werden in Holzbeizen, besonders aber zum Färben von Stoffen verwendet. Aus Farbstoffen lassen sich auch Pigmente herstellen. Durch diesen Herstellungsprozess verbessert sich auch oft die Lichtbeständigkeit.

Farblacke

Farbstoffe können auf eine Unterlage, ein Substrat, gebracht und durch chemische Reaktionen unlöslich mit diesem verbunden werden. Als Substrat dienen schlecht färbende weiße Erdpigmente, z. B. Ton.

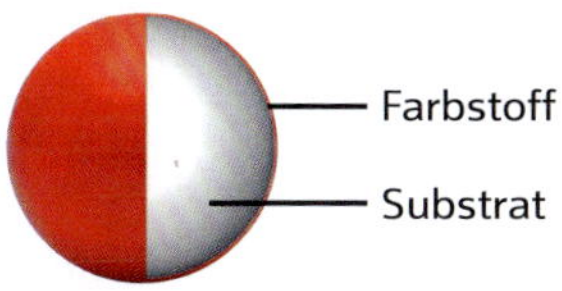

Verlackung

Pigmente können aber auch durch eine chemische Reaktion der Farbstoffe mit Metallsalzen hergestellt werden.

Aus Farbstoffen hergestellte Pigmente werden als Farblacke bezeichnet. Der Herstellungsvorgang wird Verlackung genannt.

Aufträge

1. Ein Kunde wünscht ein Gespräch mit Ihnen. Anlass ist, dass er Holzfenster farblos lackiert haben möchte. Bereiten Sie sich auf dieses Gespräch schriftlich vor. Berücksichtigen Sie dabei die Teilchengröße der Pigmente.
2. Warum kann man das Färbevermögen bei Weißpigmenten auch als Aufhellvermögen bezeichnen?
3. Erläutern Sie einer Kundin den Unterschied zwischen dem Färbe- und dem Deckvermögen.
4. Der Innenraum eines historischen Bauwerks soll mit Kalkfarben gestrichen werden. Erläutern Sie dem Kunden, warum die Farbtonauswahl hier eingeschränkt ist.
5. Nennen Sie die heute am meisten eingesetzten Korrosionsschutzpigmente und erläutern Sie deren Wirksamkeit.
6. Begründen Sie gegenüber einer Kundin, warum Zinkstaubfarben heute für den Korrosionsschutz so wichtig geworden sind.
7. Erläutern Sie einem Kunden, warum es wenig Sinn hat, weiße Erdpigmente in Lackfarben als Pigmente einzusetzen.
8. Zeigen Sie die Bedeutung von farbigen Erdpigmenten bei der Restaurierung einer historischen Kirche auf.
9. Begründen Sie die Bedeutung der Teerpigmente für Lackfarben.
10. Auf welche Pigmente müssen Sie bei der Gefahrenanalyse besonders achten? Wie können Sie sich und andere beim Umgang mit diesen Pigmenten schützen?

4.1 Aufgaben der Pigmente

Pigmente erfüllen im Anstrichmittel und in der Beschichtung wichtige Aufgaben:

1. Sie verleihen einer Beschichtung den gewünschten Farbton.
2. Sie ermöglichen das Deckvermögen (die Deckkraft) einer Beschichtung.
3. Sie erhöhen das Füllvermögen der Beschichtung und damit die Schichtdicke.
4. Sie schützen den Untergrund vor chemischen Einflüssen, z. B. vor UV-Strahlen.
5. Sie schützen den Untergrund vor physikalischen Einwirkungen und verringern so z. B. den mechanischen Abrieb.
6. Sie erhöhen die Wetter-, Wasser- und Alterungsbeständigkeit von Beschichtungen.

In welchem Maß die Pigmente diese Aufgaben erfüllen können, hängt auch davon ab, in welchen Bindemitteln die Pigmente verwendet werden.

4.2 Anforderungen an Pigmente

Färbevermögen

> Unter dem Färbevermögen versteht man die Eigenschaft eines Pigments, in der Mischung mit anderen Pigmenten im Anstrichmittel den Farbton des Anstrichmittels zu verändern.

Bei den Weißpigmenten wird das Färbevermögen auch als Aufhellvermögen bezeichnet. Pigmente sollen grundsätzlich ein gutes Färbevermögen aufweisen.

Deckvermögen

> Unter dem Deckvermögen versteht man die Fähigkeit eines Beschichtungsstoffs, Farbtonunterschiede zum Untergrund zu überdecken.

Ermittlung des Deckvermögens; der Beschichtungsstoff wird in unterschiedlichen Schichtdicken über einen schwarz-weißen Untergrund aufgezogen.

Das Deckvermögen hängt von verschiedenen Faktoren ab:
1. vom Unterschied des Lichtbrechungsvermögens von Bindemittel und Pigment
2. von der Teilchengröße und der Form der Pigmente
3. von der Pigmentmenge
4. von der Schichtdicke der Beschichtung
5. vom Farbtonkontrast der Beschichtung zum Untergrund

Schlecht deckende und nur schwach färbende, billige Pigmente werden häufig mit besonders gut deckenden und gut färbenden, teuren Pigmenten vermischt. Dadurch werden die Beschichtungsstoffe auch billiger. Die so eingesetzten, nur schwach färbenden Pigmente mit geringem Deck- und Färbevermögen werden als Verschnittmittel, als Füllstoffe oder Extender bezeichnet.

Reinheit der Pigmente

Pigmente sollen möglichst rein sein und keine Verunreinigungen enthalten.

Beimengungen würden den Farbton, das Färbevermögen und das Deckvermögen negativ beeinflussen. Außerdem sind chemische Reaktionen der Verunreinigungen mit anderen Stoffen möglich. Beimengungen können sich aber auch physikalisch lösen.

Verträglichkeit mit dem Bindemittel

Die Pigmente dürfen sich im Bindemittel nicht unerwünscht verändern.

Pigmente müssen alkalibeständig sein, wenn sie in Kalk-, Zement- oder Silikatfarben verwendet werden. Ungeeignet für diese Bindemittel sind z. B. Chromgelb, Chromgrün, Zinkgelb, Zinkgrün, Berliner Blau und Manganviolett. Diese Pigmente würden sich durch die Alkalität verfärben. Gelbpigmente würden sich rot verfärben, alle anderen Pigmente würden sich braun verfärben.

Die Pigmente Leichtspat, Bleiweiß, Chromgelb, Chromgrün, Zinkgrün, Zinnoberrot und Manganviolett dicken durch chemische Reaktionen mit Wasserglas ein und sind deshalb nicht für Silikatfarben geeignet.

Verträglichkeit mit anderen Pigmenten

Pigmente werden meist in der Mischung mit anderen Pigmenten verwendet. Dabei dürfen sie ihren Farbton nicht verändern.

Diese Forderung ist erfüllt, solange keine bleihaltigen Pigmente mit schwefelhaltigen Pigmenten vermischt werden. In dieser Mischung würden sich die Pigmente verfärben.

Chemikalienbeständigkeit

Wird von einer Beschichtung Chemikalienbeständigkeit gefordert, müssen sowohl Bindemittel als auch Pigmente chemikalienbeständig sein.

Die Pigmente erfüllen diese Forderung, wenn sie alkali- und säurebeständig sind. Ansonsten kommt es zu Verfärbungen.

Lichtbeständigkeit

Die Pigmente sollen auch bei langer Lichteinwirkung nicht ausbleichen oder nachdunkeln.

Die Lichtbeständigkeit nimmt allgemein mit zunehmender Aufhellung mit Weißpigmenten ab. Dabei hängt die Lichtbeständigkeit der Anstrichmittel auch vom verwendeten Bindemittel ab.

Dispergierbarkeit

Die Pigmente müssen sich im Anstrichmittel gut dispergieren (= verteilen) lassen.

Dies ist nur möglich, wenn sich die Pigmente gut benetzen lassen. Dazu werden als Zusatzstoffe oft Netzmittel eingesetzt. So lässt sich auch die Sedimentationsneigung, also die Neigung der Pigmente, sich im Anstrichmittel abzusetzen, vermindern.

4.3 Pigmentanteil im Beschichtungsstoff

Die Pigmente benötigen zur völligen Benetzung und Umhüllung eine bestimmte Bindemittelmenge. Die erforderliche Menge hängt von der Pigmentgröße, der Oberflächenstruktur der Pigmente und den Hohlräumen zwischen den Pigmenten ab.

Der Bindemittelbedarf der Pigmente beeinflusst die Eigenschaften der Beschichtungsstoffe.

Bei hohem Bindemittelbedarf
- erhöht sich die Viskosität des Beschichtungsstoffs,
- trocknen die Beschichtungsstoffe unter Umständen langsamer,
- quellen die Beschichtungsstoffe durch Wasseraufnahme stärker,
- verschlechtert sich allgemein die mechanische Widerstandsfähigkeit.

4.3.1 Ölzahl

Der Bindemittelbedarf der Pigmente wird allgemein über die Ölzahl ermittelt.

Die Ölzahl gibt die Leinölmenge in Gramm an, die von 100 g eines völlig wasserfreien Pigments aufgenommen wird, bis eine zusammenhängende, noch nicht schmierende Masse erreicht wird.

Die Ölzahl ist eine wichtige Größe für die Herstellung der Beschichtungsstoffe.

4.3.2 Pigmentvolumenkonzentration (PVK)

Die Pigmentmenge im Anstrichstoff wird als Pigmentvolumenkonzentration (Abk. PVK) angegeben.

Unter der Pigmentvolumenkonzentration versteht man das Verhältnis vom Pigmentvolumen zum Gesamtvolumen der nicht flüchtigen Anteile eines Beschichtungsstoffs in Prozent. Hierbei wird das Volumen des Füllstoffes zum Pigment hinzugerechnet.

$$\text{PVK} = \frac{\text{Pigmentvolumen}}{\text{Pigmentvolumen} + \text{Bindemittelvolumen}} \; 100\,\%$$

Die verschiedenen Beschichtungsstoffe weisen auch bei gleichem Bindemittel je nach Fabrikat und Farbton unterschiedliche PVK-Werte auf.

Beim Erreichen eines bestimmten PVK-Werts verändern sich einige Eigenschaften nicht mehr, andere verändern sich gegenteilig. Dieser PVK-Wert wird als kritische Pigmentvolumenkonzentration (Abk. KPVK) bezeichnet. Die KPVK hängt von der Ölzahl, aber auch von der Bindemittelart ab. So kann für die KPVK kein allgemeingültiger Wert angegeben werden. Der Mittelwert für Lackfarben liegt bei ca. 35 %. Einige Beschichtungsstoffe werden absichtlich überkritisch formuliert, dazu gehören z. B. sog. Ventilationsgründe für Fenster, aber auch Innendispersionen.

4.3.3 Bindemittel-Pigment-Verhältnis (BPV)

Das Bindemittel-Pigment-Verhältnis gibt das Verhältnis in Gewichtsteilen an. Das Bindemittel-Pigment-Verhältnis wird zur Herstellung der Beschichtungsstoffe benötigt, da man hier mit Gewichtsanteilen arbeitet.

4.4 Aktive und passive Pigmente

Während aktive Pigmente im Anstrichmittel chemisch oder elektrochemisch reagieren und sich so verändern, bleiben passive Pigmente in der Beschichtung unverändert. Passive Pigmente werden auch als inaktiv oder inert (lat. *iners* = untätig) bezeichnet.

Aktive Pigmente können auf unterschiedliche Weise tätig werden, z. B. durch
- Seifenbildung,
- Passivierung schädlicher, saurer Produkte,
- kathodischen Korrosionsschutz,
- Silikatbildung mit Wasserglas.

Seifenbildung
Basische Pigmente bilden mit den Fettsäuren öliger Bindemittel unlösliche Seifen. Zu diesen Pigmenten gehören Bleimennige, Bleiweiß, Zinkweiß und Zinkoxid.

Durch die Seifenbildung werden die Beschickungen dichter und fester. Sie quellen bei Feuchtigkeitseinwirkung weniger und sind alterungsbeständiger. Seifenbildende Pigmente wurden früher besonders für den Korrosionsschutz eingesetzt (z. B. Bleimennige).

Passivierung schädlicher, saurer Produkte
Basische Pigmente können saure Stoffe neutralisieren und so unschädlich machen. Die sauren Produkte wirken durch Umwelteinflüsse ein und können die Korrosion fördern. Basische Pigmente passivieren diese Stoffe und nehmen ihnen ihre aggressive Wirkung.

Kathodischer Korrosionsschutz
Beim kathodischen Korrosionsschutz wird der aus einem edleren Metall bestehende Untergrund, z. B. Stahl, von einer Schicht aus einem unedleren Metall, z. B. Zink, geschützt. Ist zwischen den beiden Metallen eine Verbindung durch eine elektrisch leitende Flüssigkeit vorhanden, zersetzt sich das unedlere Metall und schützt dadurch das edlere Metall vor Korrosion. So können Zinkstaubfarben einen kathodischen Korrosionsschutz bewirken, wenn sie auf blank gestrahltem Stahl aufgetragen werden. Der Zinkstaubanteil in der durchgehärteten Beschichtung muss dazu aber zwischen 90 und 95 % liegen.

Silikatbildung mit Wasserglas
Die Pigmente der Silikatfarben enthalten verkieselungsfördernde Zusätze, z. B. Quarz und Kalkspat. Dadurch soll neben der Verkieselung (chemische Verbindung mit dem Untergrund) bei der Erhärtung auch eine Silikatbildung des Wasserglases mit den Pigmenten stattfinden.

4.5 Füllstoffe

Füllstoffe (Extender) unterscheiden sich von Pigmenten durch ihr geringeres Deck- und Färbevermögen. Als Füllstoffe werden anorganische Stoffe wie Kalkspat, Schwerspat, Leichtspat, Ton, Kreide usw. eingesetzt.

Füllstoffe verbilligen einen Beschichtungsstoff.

Sie erhöhen den Festkörperanteil einer Beschichtung und damit die Schichtdicke. So enthalten besonders alle Anstrichmittel, die gut füllen sollen, z. B. Spachtelmassen und Füller, große Mengen Füllstoffe.

Geeignete Füllstoffe in einem Beschichtungsstoff verbessern die Schleifbarkeit der Beschichtung. Dies ist für Spachtel- und Füllerschichten besonders wichtig.

Füllstoffe erhöhen die mechanische Festigkeit einer Beschichtung. Sie wird gegen den mechanischen Abrieb beständiger. Füllstoffe können außerdem die Adhäsion (= die Haftung) einer Beschichtung verbessern und Oberflächeneffekte der Beschichtung verstärken, z. B. den Matteffekt fördern.

Füllstoffe sind teilweise sehr schwer. Sie beeinflussen damit die Masse (das Gewicht) eines Beschichtungsstoffs. Außerdem neigen schwere Füllstoffe zum Absetzen (= Sedimentation).

4.6 Einteilung der Pigmente

Pigmente

- **anorganische Pigmente**
  - natürliche anorganische Pigmente – Erdpigmente
  - künstliche anorganische Pigmente – Mineralpigmente
- **organische Pigmente**
  - natürliche organische Pigmente – Tier- und Pflanzenpigmente
  - künstliche organische Pigmente – Teerpigmente[1]

Erdpigmente

Weißpigmente
Kreide
Kalkspat
Leichtspat
Schwerspat
Talk
Kaolin
Quarz
Glimmer

Buntpigmente
Ocker
Auripigment
Rote Erdpigmente
Zinnober
Umbra
Terra Siena
Eisenglimmer
Malachit
Grüne Erde
Azurit

Mineralpigmente

Weißpigmente
Titandioxid
Zinksulfid
Lithopone
Zinkweiß
Zinkoxid
Bleiweiß
Blanc fixe
Zinkphosphat

Buntpigmente
Neapelgelb
Nickeltitangelb
Eisenoxidgelb
Chromtitangelb
Nickeltitangelb
Chromgelb
Chromrot
Molybdatrot
Eisenoxidrot
Bleimennige
Zinnoberrot (künstlich)
Chromgrün
Chromoxidgrün
Chromoxidhydratgrün
Eisenblau
Kobaltblau
Ultramarinblau

Schwarzpigmente
Eisenoxidschwarz

Metallpigmente
Zinkstaub
Aluminiumpigment
Kupferpigment

Metalleffektpigmente
Goldbronze
Silberbronze
Aluminiumbronze

Tier- und Pflanzenpigmente

Buntpigmente
Indischgelb
Gummigutt
Karmin
Purpur
Drachenblut
Sepia
Krapplack
Indigo
Kassler Braun

Schwarzpigmente
Beinschwarz
Pflanzenschwarz

Teerpigmente[1]

Buntpigmente
Benzimidazolongelb
Azomethingelb
Anthrachinongelb
Anthrachinonrot
Dibromanthrantronrot
Perlylenrot
Diketopyrrolopyrrolrot
Chinacridonerot
Dioxazinviolett
Phthalocyaninblau
Indantronblau
Phthalocyaningrün

[1] Angegeben sind hier Firmenbezeichnungen.

4.7 Erdpigmente

Erdpigmente sind wichtige farbige Mineralien, die in der Erde fertig vorkommen. Sie werden im Bergbau gewonnen. Da die Pigmente oft stark verunreinigt sind, werden sie meist schon am Fundort gereinigt. Diese Reinigung im Wasser wird als Schlämmen bezeichnet. Nach dem Trocknen werden die Pigmente fein vermahlen und kommen so in den Handel.

Weiße Erdpigmente
Die weißen Erdpigmente bestehen aus unlöslichen Salzen der Metalle Kalzium, Barium, Aluminium und Magnesium.

Kristalliner Kalkspat (Kalziumkarbonat)

Kristalliner Schwerspat (Baryt)

Die weißen Erdpigmente decken nur in wässrigen Bindemitteln gut, in öligen und in Lackbindemitteln dagegen nur schlecht. Alle weißen Erdpigmente sind licht- und alkalibeständig. Als Pigment wird aber nur Kreide in Leim- und Dispersionsfarben für Innen eingesetzt. Alle anderen weißen Erdpigmente dienen als Füllstoffe.

Übersicht über weiße Erdpigmente

Erdpigmente	Zusammensetzung	Eigenschaften	Verwendung
Kreide	fein kristallines Kalziumkarbonat, entstanden durch Ablagerungen von Kalkschalen kleiner Muscheltiere unter hohem Druck im Meer	gutes Deckvermögen in wässrigen Bindemitteln, lasierend in Lackbindemitteln, lichtbeständig, außen kreidend	als Pigment in Leim- und preisgünstigen Dispersionsfarben, als Füllstoff in Spachtelmassen und Kitten
Kalkspat	ungebrannter Kalk (grob kristallines Kalziumkarbonat)	gutes Deckvermögen in wässrigen Bindemitteln, lasierend in Lackbindemitteln, lichtbeständig	als Füllstoff in Dispersionsfarben, vielen Lackfarben und Spachtelmassen
Leichtspat	ungebrannter Gips (Kalziumsulfat)	gutes Deckvermögen in wässrigen Bindemitteln, lasierend in Lackbindemitteln, lichtbeständig, nicht wasserglasbeständig, etwas wasserlöslich, daher nicht für außen geeignet	als Füllstoff (Verschnittmittel) für Beschichtungsstoffe, die im Innenraum eingesetzt werden, und für Klebstoffe

Erdpigmente	Zusammensetzung	Eigenschaften	Verwendung
Schwerspat	Barium-Mineral (Bariumsulfat $BaSO_4$)	gutes Deckvermögen in wässrigen Bindemitteln, lasierend in Lackbindemitteln, lichtbeständig	als Füllstoff für Beschichtungsstoffe innen und außen, besonders für Spachtelmassen
Talk	wasserhaltiges Magnesiumsilikat	lichtbeständig, geringes Deckvermögen	als Füllstoff für Beschichtungsstoffe innen und außen
Kaolin (China Clay)	Aluminiumsilikathydrat	lichtbeständig, geringes Deckvermögen, fördert die Thixotropie[1]	als haftungsverbessernder Füllstoff in Grundierungen und Füllern
Quarz	fein vermahlener Quarzsand (Siliziumdioxid SiO_2)	lichtbeständig, geringes Deckvermögen	als Füllstoff in Dispersionsfarben, Kunststoffputzen und Spachtelmassen, Bodenbeschichtungen und Markierungsfarben
Glimmer (Mica)	Aluminiumsiliziumoxid	geringes Deckvermögen, laugen- und säurebeständig, hitzebeständig, sehr wetterbeständig, rissüberbrückend	als Füllstoff in Beschichtungen, besonders in Armierungsfarben

Farbige Erdpigmente

Bei den farbigen Erdpigmenten wird der Farbton von Eisenoxiden, Eisensilikaten, Manganoxiden und von Kohlenstoffen verursacht.

Natürlicher Ocker

Natürlicher Zinnober

[1] Als Thixotropie bezeichnet man die Eigenschaft eines Beschichtungsstoffs, beim ruhigen Stehen dickflüssig zu sein, beim Verarbeiten aber dünnflüssiger zu werden. Vorteile sind die gute Kantenabdeckung und geringe Ablaufneigung bei gleichzeitig leichter Verarbeitung.

Azurit (Bergblau)

Malachit (Berggrün)

Die farbigen Erdpigmente weisen je nach Fundort sehr schwankende Zusammensetzungen auf. Dadurch weichen auch die Eigenschaften, besonders aber der Farbton, etwas voneinander ab. So werden die farbigen Erdpigmente immer mehr von künstlich (synthetisch) hergestellten Pigmenten mit genau festgelegten Eigenschaften abgelöst. Über Jahrtausende hinweg waren die Erdpigmente aber die einzigen licht-, laugen- und säurebeständigen Pigmente. Für die Denkmalpflege und Restaurierung sind sie nach wie vor unersetzlich und von großer Bedeutung.

Übersicht über farbige Erdpigmente

Erdpigmente	Zusammensetzung	Eigenschaften	Verwendung
Ocker	Verwitterungsprodukt von Eisenerzen (Eisenhydroxid Fe_2OOH)	gutes Deckvermögen, sehr lichtbeständig, alkali- und säurebeständig	als Pigment für alle Beschichtungsstoffe
Rotes Erdpigment (Oxidrot, Spanischrot, Persischrot, Englischrot, Pombejanischrot)[1]	wasserfreies Verwitterungsprodukt von Eisenerzen (Eisenoxid Fe_2O_3)	gutes Deckvermögen, sehr lichtbeständig, alkalibeständig	als Pigment für alle Beschichtungsstoffe, als Korrosionsschutzpigment
Zinnober	mineralisches Quecksilbersulfid (HgS)	gutes Deckvermögen, lichtbeständig	als Pigment in Künstlerfarben und in der Denkmalpflege
Umbra (Erdbraun, Römischbraun, Sepiabraun, Kaledonischbraun)	eisen- und manganhaltiger Ton	gutes Deckvermögen, sehr lichtbeständig, alkalibeständig, beschleunigt die oxidative Erhärtung	als Pigment für alle Beschichtungsstoffe
Terra di Siena (Gebrannte Siena, Brauner Ocker, Italienischer Ocker)[1]	mit Eisenoxiden gefärbte Aluminiumsilikate	lasierend, lichtbeständig, alkalibeständig	als Lasurpigment für alle Beschichtungsstoffe

[1] Die unter der allgemein üblichen Pigmentbezeichnung in Klammern aufgelisteten Pigmentnamen sind regional für das gleiche Pigment ebenfalls üblich.

Erdpigmente	Zusammensetzung	Eigenschaften	Verwendung
Eisenglimmer	feinschuppiges Eisenoxid (besondere Ausbildungsform des Minerals Hämatit)	metallisch glänzend, gutes Deckvermögen, aber schlechtes Färbevermögen, sehr lichtbeständig	als Korrosionsschutz-pigment
Grüne Erde (Veroneser Grün, Tyroler Grün, Kaadener Grün)	Verwitterungsprodukt von Silikaten, das Kalzium, Magnesium und Eisen enthält	gutes Deckvermögen in wässrigen Bindemitteln, lasierend in Lackbinde-mitteln, lichtbeständig, alkalibeständig	als Pigment in Künstler-farben[1] und in der Denk-malpflege
Malachit (Berggrün)	Mineral, das aus Kupferkarbonat besteht	gutes Deckvermögen in wässrigen Bindemitteln, lasierend in Lackbinde-mitteln, lichtbeständig, alkalibeständig, sehr teuer	wegen der Giftigkeit und des hohen Preises nur selten, in der Denkmal-pflege, sehr teuer
Azurit (Bergblau)	Mineral, das aus Kupferkarbonat besteht, eng verwandt mit Malachit	gutes Deckvermögen in wässrigen Bindemitteln, lasierend in Lackbinde-mitteln, lichtbeständig, alkalibeständig, sehr teuer	wegen der Giftigkeit und des hohen Preises nur selten in der Denkmal-pflege, sehr teuer

4.8 Mineralpigmente

Mineralpigmente sind künstlich hergestellte, anorganische Pigmente. Sie werden in teilweise sehr komplizierten chemischen Verfahren aus Mineralien hergestellt.

Gesundheitsschutz

Wegen ihrer Gesundheits- und Umweltschädlichkeit geht die Verwendung der bleihaltigen Pigmente ständig zurück.

Kadmiumpigmente sind seit dem 01.01.1996 entsprechend der EU-Richtlinien verboten. Dieses Verbot gilt nicht für Künstlerfarben.

Entsprechend der Gefahrstoffverordnung dürfen mit dem Gefahrensymbol „Totenkopf“ (akute Toxizität) gekennzeichnete Pigmente an nicht gewerbliche Endverbraucher nur geliefert werden, wenn dafür eine behördliche Erlaubnis vorliegt.

Mit dem Gefahrensymbol „Totenkopf“ gekennzeichnete Pigmente dürfen nur an über die Gefahren informierte Personen abgegeben werden, von denen Name und Anschrift sowie die bestimmungsgemäße Verwendung oder erlaubte Wiederveräußerung bekannt ist. Bei Abgabe an nicht gewerbliche Endverbraucher ist zusätzlich ein Abgabebuch zu führen.

[1] Sog. Künstlerfarben sind Malfarben.

Weiße Mineralpigmente

Die Gruppe der Mineralpigmente stellt die wichtigsten Weißpigmente. Allein die Produktion von Titandioxidpigmenten beträgt mengenmäßig mehr als 80 % aller anorganischen Pigmente, wobei Titandioxid wiederum meist in der beständigeren Sorte Rutil hergestellt wird. In Nanopartikelgröße zeigt Titandioxid kein Deckvermögen mehr, während UV-Strahlen gut reflektiert werden. So wird es in dieser Form als Lichtschutzmittel eingesetzt. Wegen seines elektrischen Verhaltens wird Nano-Titandioxid auch als Energieträger für die Fotokatalyse verwendet.

Die geringe Bedeutung der anderen weißen Mineralpigmente liegt an der eingeschränkten Verwendungsmöglichkeit. So kreiden die meisten Zinksulfidsorten im Außenbereich. Zinkweiß bildet als aktives Pigment mit den Fettsäuren öliger Bindemittel sehr beständige, aber spröde Zinkseifen. Bleiweiß wiederum wird wegen der Giftigkeit nur noch in sehr wenigen Fällen für Restaurierungen eingesetzt. Blanc fixe deckt in öligen Bindemitteln und in Lackbindemitteln nur schlecht und kann in diesen Bindemitteln nur als Verschnittmittel eingesetzt werden.

Das Pigment Blanc fixe (künstlicher Schwerspat AW10) unter dem Elektronenmikroskop

Weiße Mineralpigmente zeichnen sich im Vergleich zu weißen Erdpigmenten durch chemische Reinheit aus. Außerdem decken mit Ausnahme von Blanc fixe alle weißen Mineralpigmente auch in öligen Bindemitteln und in Lackbindemitteln gut.

Übersicht über weiße Mineralpigmente

Mineral-pigmente	Herstellung	Sorten	Eigenschaften	Verwendung
Titandioxid	Titansand wird mit Chlor erhitzt, das sich bildende Titanchlorid oxidiert bei großer Hitze zu Titandioxid	1. Anatas 2. Rutil (Rutil unterscheidet sich von Anatas durch ein stabileres Kristallgitter und ist deshalb im Gegensatz zu Anatas auch wetterbeständig.) Titanweiß ist ein Gemisch aus Titandioxid und Verschnittmitteln.	sehr gutes Deckvermögen, sehr lichtbeständig, sehr chemikalienbeständig: Anatas kreidet im Außenbereich und ist deshalb nicht wetterbeständig	das wichtigste Weißpigment kann für alle Beschichtungsstoffe eingesetzt werden
Zinksulfid	Fällung aus Zinksulfat- und Bariumsulfidlösung	1. Silbersiegel 2. Grünsiegel 3. Rotsiegel	gutes Deckvermögen, lichtbeständig, kreidet außen	in Grundierungen und Spachtelmassen
Lithopone	Fällung aus Zinksulfat- und Bariumsulfidlösung	1. Silbersiegel 2. Grünsiegel 3. Rotsiegel	das Deckvermögen ist bei Silbersiegel am besten, lichtbeständig, kreidet außen	nur im Innenraum, meist nur für billige Beschichtungsstoffe, für Grundierungen
Zinkweiß	Verdampfen von Zink, dabei nimmt das Zink Sauerstoff auf	1. Weißsiegel 2. Grünsiegel 3. Rotsiegel (Die Pigmentgröße nimmt von Weißsiegel zu Rotsiegel zu, die Deckkraft nimmt im gleichen Maß ab.)	gutes Deckvermögen, sehr lichtbeständig, bildet mit den Fettsäuren öliger Bindemittel sehr beständige, aber spröde Zinkseifen	in der Mischung mit anderen Pigmenten für Lackfarben, besonders zum Korrosionsschutz, z. T. auch für Dispersionsfarben
Bleiweiß (Kremserweiß)	chemische Reaktion von Blei mit Essigsäure und Bindung von Kohlensäure	1. Bleiweiß rein 2. Bleiweiß V 20 (Gemisch aus 80 % Bleiweiß und 20 % Schwerspat) 3. Bleiweiß TZ (Gemisch aus 70 % Bleiweiß, 20 % Zinkweiß und 10 % Titandioxid Rutil)	gutes Deckvermögen, sehr lichtbeständig, bildet mit den Fettsäuren öliger Bindemittel sehr beständige Bleiseifen	wegen der Giftigkeit nicht mehr für Anstrichstoffe
Blanc fixe	Fällung aus Bariumchlorid und Natriumsulfat	je nach Korngröße	gutes Deckvermögen in wässrigen Bindemitteln, lasierend in Lackbindemitteln, lichtbeständig	als Füllstoff für Beschichtungsstoffe innen und außen

Farbige Mineralpigmente

Mineralpigmente verfügen im Vergleich zu Erdpigmenten über eine größere Reinheit sowie zahlreiche und feurige Farbtöne. So werden speziell für den Lackbereich heute nur noch synthetische Pigmente eingesetzt. Die Eigenschaften der Mineralpigmente sind z. T. sehr unterschiedlich.

Bei den jeweiligen Pigmenten sind je nach genauer chemischer Zusammensetzung und Teilchengröße variierende Farbtöne und unterschiedliches Deck- und Färbevermögen möglich.

Zur Gruppe der farbigen Mineralpigmente gehören wichtige Korrosionsschutzpigmente, wie Zinkphosphat und Eisenoxidrot, aber auch Pigmente, die wegen ihrer Giftigkeit nur noch für Sonderzwecke eingesetzt werden dürfen.

Übersicht über farbige Mineralpigmente

Mineralpigmente	Herstellung	Eigenschaften	Verwendung
Nickeltitangelb	Glühen von Titandioxid, Nickel und Antimonsalzen	gutes Deckvermögen, sehr lichtbeständig, laugen- und säurebeständig, hitzebeständig	in allen Beschichtungsstoffen
Eisenoxidgelb (künstlicher Ocker)	Oxidation und Hydrolyse aus Eisensulfat	gutes Deckvermögen, sehr licht- und wetterbeständig, alkali- und säurebeständig	zum Korrosionsschutz, für Lackfarben, Holzlasuren und Dispersionsfarben
Chromtitangelb	Erhitzen einer Mischung aus Antimontrioxid und Titandioxid	heller Ockerton, gutes Deckvermögen, sehr lichtbeständig, alkali- und säurebeständig	in Auto-, Industrie- und Bautenlacken, für Dispersionsfarben
Nickeltitangelb	Erhitzen einer Mischung aus Antimontrioxid und Nickel mit Titandioxid	zitronengelb, gutes Deckvermögen, sehr lichtbeständig, alkali- und säurebeständig	in Auto-, Industrie- und Bautenlacken, für Dispersionsfarben
Eisenoxidrot	fällt als Nebenprodukt bei der Anilinherstellung an, ansonsten durch Erhitzen von Eisenoxidgelb (Ocker)	gutes Deckvermögen, sehr lichtbeständig, alkali- und säurebeständig, hitzebeständig	zum Korrosionsschutz, für Lackfarben, Holzlasuren und Dispersionsfarben
Bleimennige[1, 2]	durch Erhitzen aus gelbem Bleioxid oder Bleiweiß	gutes Deckvermögen, nicht lichtbeständig, bildet mit den Fettsäuren öliger Bindemittel sehr beständige Bleiseifen, besonders gute Korrosionsschutzwirkung, giftig	wegen der Giftigkeit nur noch für spezielle Aufgaben, z. B. in der Denkmalpflege

1 Bleimennige darf wegen seiner Giftigkeit nicht mehr in der Anstrichtechnik eingesetzt werden.

2 Bundesbahnbleimennige enthält Zusätze von 40 % Schwerspat oder Eisenoxidrot.

Mineralpigmente	Herstellung	Eigenschaften	Verwendung
Zinnoberrot (künstlich)	Glühen von Quecksilber mit Schwefel	leuchtend roter Farbton, gutes Deckvermögen, lichtbeständig	als Pigment in Künstlerfarben und in der Denkmalpflege
Chromoxidgrün	Erhitzen von Kaliumbichromat und Schwefel	olivgrüner Farbton, sehr gutes Deckvermögen, sehr lichtbeständig, alkalibeständig, säurebeständig, hitzebeständig	in allen Beschichtungsstoffen, häufig in Kombination mit Glimmer für Korrosionsschutzbeschichtungen
Kobaltgrün	Erhitzen einer Mischung aus Kobalt-, Aluminium- und Chromverbindungen mit Titandioxid	gutes Deck- und Färbevermögen, gute Lichtbeständigkeit, alkali- und säurebeständig, teuer	für Künstlerfarben, für Lackfarben, für Tarnfarben im militärischen Bereich
Chromoxidhydratgrün	Erhitzen von Natriumbichromat und Schwefel	feurig grüner Farbton, geringes Deckvermögen, Lasurpigment, lichtbeständig, laugen- und säurenbeständig	häufig in Kombination mit Glimmer für Korrosionsschutzbeschichtungen
Eisenblau (Berliner Blau, Preußischblau, Pariserblau, Braunschweiger Blau, Sächsischblau, Zwickauer-blau, Wasserblau, Miloriblau, Ferrocyanblau, Cyaneisenblau, Stahlblau, Turnbullsblau, Chinablau, Bronceblau, Toning blue)[1]	Fällung aus Eisenchlorid und Blutlaugensalz	mäßiges Deckvermögen, hohes Färbevermögen, gute Lichtbeständigkeit, nicht alkalibeständig	für Lackfarben, besonders für dunkelblaue Autolacke, in der Denkmalpflege, z. B. für Restaurierungen
Kobaltblau (Azurblau, Kaiserblau, Gahns Ultramarin, Lethners Blau, Thénars' Blau)	Erhitzen einer Mischung aus Kobalt-, Aluminium- und Chromverbindungen	gutes Deck- und Färbevermögen, gute Lichtbeständigkeit, alkalibeständig	für Künstlerfarben, für Dispersions- und Lackfarben, für Tarnfarben im militärischen Bereich
Ultramarin (künstlich)	Brennen von Soda, Kaolin, Quarzsand und Schwefel	leuchtend grünblaue, blaue, violette und rotviolette Farbtöne möglich, gutes Deckvermögen nur in wässrigen Bindemitteln, sehr lichtbeständig, hitzebestän-dig, alkalibeständig, säureempfindlich	für Künstlerfarben, für Dispersions- und Lackfarben

[1] Die unter der allgemein üblichen Pigmentbezeichnung in Klammern aufgelisteten Pigmentnamen sind regional für das gleiche Pigment ebenfalls üblich.

Mineralpigmente	Herstellung	Eigenschaften	Verwendung
Zinkphosphat	Verbindung von Zinkoxid mit Phosphorsäure	grauer Farbton, geringes Deckvermögen, lichtbeständig, gute Korrosionsschutzwirkung	heute eines der wichtigsten Pigmente für Korrosionsschutzgrundierungen auf Stahl
Eisenoxidschwarz	aus Eisenoxidgelb (Ocker) durch Zusatz von Eisensalzen und anschließendes Glühen	gutes Deckvermögen, sehr licht- und wetterbeständig, alkali- und säurebeständig	in Silikat- und Zementfarben, vermehrt auch in Künstlerfarben und z. T. auch in Lackfarben

Metallpigmente
Metallpigmente sind pulverisiertes Metall. Diese Pigmente, vorzugsweise Zinkstaub und Aluminium, werden vorwiegend auf Stahl zum Schutz vor Korrosion eingesetzt.

Zinkstaub in der Grundierung kann bei Stahl einen kathodischen Korrosionsschutz bewirken. Dazu muss der Zinkstaubanteil in der durchgehärteten Beschichtung zwischen 90 und 95 % liegen. Die schuppenförmigen Aluminiumpigmente in den Deckbeschichtungen schützen besonders vor eindringender Feuchtigkeit.

Schuppenförmiges Pigment für Metalleffektlacke unter dem Elektronenmikroskop

4.9 Tier- und Pflanzenpigmente

Aus Tieren, Tierprodukten und Pflanzen wurden Farbstoffe und Pigmente hergestellt. Nur ein kleiner Teil dieser Pigmente wurde für Anstrichmittel verwendet. Den größten Teil der Pigmente und besonders die Farbstoffe setzte man zum Färben von Geweben ein.

Getrocknete Chochenilleläuse zur Herstellung von Karmin-Farbstoff

Tier- und Pflanzenpigmente sind nur gering lichtbeständig und decken schlecht. So werden diese Pigmente heute nur noch in der Restaurierung und der Denkmalpflege eingesetzt. Eine Ausnahme stellt das Kasseler Braun dar. Dieses aus weicher, erdiger Braunkohle bestehende Pigment lasiert nur und wird deshalb nach wie vor für Lasuren, z. B. für Maserierungen (Holzimitationen), und zur Herstellung der sog. Nusskörnerbeize verwendet.

Übersicht über wichtige Tier- und Pflanzenfarbstoffe bzw. -pigmente

Farbstoffe bzw. Pigmente	Farbton	Herkunft
Indischgelb[1]	leicht getrübter, lasierend gelber Farbton	Farbstoff aus dem Harn von Kühen, die mit den Blättern des Mangobaums gefüttert wurden; wird durch Erhitzen zum Pigment
Gummigutt	gelber Farbton	Farbharz aus Garcinienbäumen

[1] Die Herstellung ist heute aus Gründen des Tierschutzes verboten.

Farbstoffe bzw. Pigmente	Farbton	Herkunft
Karmin	etwas bläulicher, roter Farbton	Farbstoff aus den getrockneten Weibchen der Chochenilleschildläuse
Purpur	kräftiger, roter Farbton	Farbstoff aus dem Saft der Purpurschnecke
Drachenblut[1]	roter, lasierender Farbton	Harz des im Vorderen Orient heimischen Drachenbaumes und der in Südostasien wachsenden Rotanpalme
Sepia	brauner Farbton	Farbstoff aus dem getrockneten Tintenbeutel von Tintenfischen
Krapplack (Bettkoberlack, van Dykrot, Rembrandtlack, Rubenslack, Steinerlack)[2]	roter, lasierender Farbton	Farbstoff aus der Wurzel der Färberröte
Indigo (Purrée)	blauer Farbton	Farbstoff aus dem europäischen Färberwaid, der ostindischen Indigopflanze oder dem chinesischen Färberknöterich
Kasseler Braun	dunkelbrauner, lasierender Farbton	weiche, feinerdige Braunkohle
Beinschwarz (Elfenbeinschwarz, Knochenkohle, Knochenschwarz)	bräunlich schwarzer Farbton	verkohlte Knochen
Pflanzenschwarz (Frankfurter Schwarz, Hefeschwarz, Holzkohlenschwarz, Kaffeeschwarz, Kernschwarz, Korkschwarz, Rebenschwarz)	grau-schwarzer Farbton	verkohltes Holz

4.10 Teerpigmente

Diese organischen Pigmente werden künstlich aus Teer hergestellt. Dazu sind sehr komplizierte, für jeden Farbton unterschiedliche Verfahren notwendig.

Heute können organische Pigmente mit speziellen Eigenschaften für nahezu jeden Verwendungszweck hergestellt werden. Im Vergleich mit den anorganischen Pigmenten verfügen die Teerpigmente häufig über eine höhere Alkali- und Säurebeständigkeit, die Hitzebeständigkeit war meist gering. Zwischenzeitlich gibt es aber Teerpigmente mit hoher Hitzebeständigkeit.

---

[1] Drachenblut ist ein rotes alkohollösliches Harz, das als Lüsterfarbe (Lasurfarbe) auf Blattmetallen wird.

[2] Die unter der allgemein üblichen Pigmentbezeichnung in Klammern aufgelisteten Pigmentnamen sind regional für das gleiche Pigment ebenfalls üblich.

Bei größerem Färbevermögen besitzen die Teerpigmente meist ein geringeres Deckvermögen, die meisten Teerpigmente sind zudem teurer als Mineralpigmente.

In der Regel wird bei der Herstellung von Lackfarben eine Grundpigmentierung mit Mineralpigmenten vorgelegt. Den intensiven Farbton erhält der Beschichtungsstoff dann durch die Teerpigmente. So werden die Teerpigmente meistens gemeinsam mit anorganischen Pigmenten eingesetzt.

Besonders die Brillanz von Metallic-Lacken in der Fahrzeuglackierung ist ohne hochwertige (und teure) Teerpigmente nicht denkbar.

Auswahl wichtiger Teerpigmente

Pigmente	Eigenschaften	Verwendung
Benzimidazolongelb (Azo-Pigment)	sehr licht- und wetterbeständig, rel. gutes Deckvermögen, sehr laugen-, säuren- und lösemittelbeständig	für bleifreie, wetterbeständige Decklacke
Azomethin-Gelb	sehr licht- und wetterbeständig, laugen-, säuren- und lösemittelbeständig	für Dispersionsfarben, für Lackfarben, besonders für Auto-Uni- und Auto-Metallic-Lacke
Anthrachinon-Gelb (Carbonylpigment)	neutraler gelber Farbton, sehr licht- und wetterbeständig, sehr laugen-, säuren- und lösemittelbeständig, sehr hitzebeständig	für Dispersionsfarben, für Lackfarben, besonders für Auto-Uni- und Auto-Metallic-Lacke
Anthrachinon-Rot (Carbonylpigment)	blaustichiges, brillantes Rot, sehr licht- und wetterbeständig, sehr laugen-, säuren- und lösemittelbeständig, sehr hitzebeständig, sehr teuer	für hochwertige Lackfarben, besonders für Auto-Unilacke
Dibromanthranthron-Rot (Carbonylpigment)	sehr licht- und wetterbeständig, sehr laugen-, säuren- und lösemittelbeständig, sehr hitzebeständig, sehr teuer	für hochwertige Lackfarben, besonders für Auto-Uni- und Auto-Metallic-Lacke
Perylen-Rot	roter bis violetter Farbton, sehr licht- und wetterbeständig, laugenempfindlich, säuren- und lösemittelbeständig, sehr hitzebeständig, sehr teuer	für hochwertige Lackfarben, besonders für Auto-Uni- und Auto-Metallic-Lacke
Diketoprrolopyrrolrot	sehr licht- und wetterbeständig, relativ gutes Deckvermögen, sehr laugen-, säuren- und lösemittelbeständig, sehr teuer	für hochwertige Lackfarben, besonders für Auto-Uni- und Auto-Metallic-Lacke, wenn die Pigmentierung bleifrei sein soll
Chinacridone-Rot	roter bis violetter Farbton, sehr licht- und wetterbeständig, sehr laugen-, säuren- und lösemittelbeständig, sehr hitzebeständig, sehr teuer	für hochwertige Lackfarben, besonders für Auto-Uni- und Auto-Metallic-Lacke

Pigmente	Eigenschaften	Verwendung
Dioxazinviolett	extrem farbstarkes Pigment mit guter Licht-, Wetter- und Chemikalienbeständigkeit	einziges, bedeutendes violettes Blaupigment in der Lackindustrie, auch für Dispersionsfarben
Phthalocyaninblau	sehr licht- und wetterbeständig, sehr laugen-, säuren- und lösemittelbeständig, sehr hitzebeständig, günstige Preise	für Dispersionsfarben und alle Lackfarben
Indanthronblau	rötliches, etwas trübes Blau, besonders licht- und wetterbeständig, sehr laugen-, säuren- und lösemittelbeständig, sehr hitzebeständig, hohe Preise	in Künstlerfarben, für Auto-Uni- und Auto-Metallic-Lacke
Phthalocyaningrün	vielseitigstes Grünpigment, sehr licht- und wetterbeständig, sehr laugen-, säuren- und lösemittelbeständig, sehr hitzebeständig, günstige Preise	für Dispersionsfarben und alle Lackfarben

4.11 Effektpigmente

Metalleffektpigmente

Metalleffektpigmente sind nach DIN 55945 „Beschichtungsstoffe und Beschichtungen" vorwiegend schuppenförmige Messing- oder Aluminiumpigmente, die auch gefärbt sein können. Die Pigmente glänzen metallisch.

Die in Metalleffektlacken eingesetzten Aluminiumpigmente können durch den Zusatz von lasierenden Pigmenten eine Vielfalt von Farbtönen erhalten.

Außerdem werden hier noch spezielle Kunststoffgranulate eingesetzt. Da sich Messingpigmente bei sauren Einflüssen verfärben, werden für Metallic-Lacke nur Aluminiumpigmente eingesetzt. Auch Goldtöne werden durch den Zusatz von lasierenden Pigmenten erzeugt.

Eine besondere Problematik ergibt sich bei der Verwendung von Metalleffektpigmenten in wasserverdünnbaren Bindemitteln. Da die Pigmente bei Kontakt mit Wasser korrodieren, werden sie hier nur beschichtet eingesetzt.

Metalleffektpigmente sind auch unter den Bezeichnungen Goldbronze, Silberbronze und Aluminiumbronze im Handel. Diese Bezeichnungen beziehen sich nur auf das Aussehen, nicht auf die Zusammensetzung.

Übersicht über Metalleffektpigmente

Bronzen	Zusammensetzung	Eigenschaften	Verwendung
Bleichgold	85 % Kupfer 15 % Zink	rötlicher Goldton, gutes Deckvermögen, lichtbeständig, nicht wetterbeständig, unbeständig gegen Säuren, verfärbt sich durch Hitze	eingerührt in Bindemitteln zur Imitation von Vergoldungen
Reichbleichgold	80 % Kupfer 20 % Zink	gelber Goldton, gutes Deckvermögen, lichtbeständig, nicht wetterbeständig, unbeständig gegen Säuren, verfärbt sich durch Hitze	eingerührt in Bindemitteln zur Imitation von Vergoldungen
Reichgold	75 % Kupfer 25 % Zink	gelbgrüner Goldton, gutes Deckvermögen, lichtbeständig, nicht wetterbeständig, unbeständig gegen Säuren, verfärbt sich durch Hitze	eingerührt in Bindemitteln zur Imitation von Vergoldungen
Anlaufbronze	Kupfer und Zink	durch Hitze rötlich verfärbt	für Effekte
Patentbronze	mit Farbstoffen oder lasierenden Pigmenten gefärbte Bronzen (auch Silber- bzw. Aluminiumbronzen)	metallische Grün-, Blau- und Violetttöne	für Effekte
Silberbronze bzw. Aluminiumbronze	Aluminium	silberfarben, gutes Deckvermögen, sehr lichtbeständig, hitzebeständig, empfindlich gegen Säuren und Laugen	für Effektlackfarben

4.12 Ruß

Ruß ist ein feinteiliger, verunreinigter Kohlenstoff, der durch unvollständige Verbrennung aus Gasen und Ölen hergestellt wird. Dieses Schwarzpigment deckt gut und ist gegen Säuren und Laugen sehr beständig. Die teilweise schlechte Benetzung in wässrigen Bindemitteln lässt sich mit Netzmitteln verbessern.

Ruß ist ein wichtiges Schwarzpigmente. Das Pigment wird allerdings in Beschichtungsmitteln, die eine solare Aufheizung minimieren sollen, nicht eingesetzt, da sich andere Schwarzpigmente weniger stark aufheizen. Das Pigment wird allerdings in Beschichtungsmitteln, die eine solare Aufheizung minimieren sollen nicht eingesetzt, da sich andere Schwarzpigmente nicht so stark aufheizen.

4.13 Spezielle Pigmente

Perlglanzpigmente (Interferenzpigmente)
Diese Pigmente erzeugen je nach Sichtwinkel ein Vielfarbenspiel.

Voraussetzung für diese Interferenz sind sehr dünne, transparente Schichten mit unterschiedlichen Lichtbrechungszahlen. Erzeugt wird das Phänomen durch die Beschichtung der Pigmente mit transparenten Metalloxidschichten mit hoher Lichtbrechung auf transparenten, blättchenförmigen Glimmerpigmenten. Als metallischer Überzug werden Titandioxid, auch in Verbindung mit Eisen- und Chromoxiden, oder auch bei Kupfertönen nur Eisenoxide eingesetzt.

Die nachfolgenden Abbildungen zeigen verschiedene Perlglanzpigmente unter dem Elektronenmikroskop.

In unterschiedlichen Farbtönen changierendes Perlglanzpigment

In rötlichen Farbtönen changierendes Perlglanzpigment

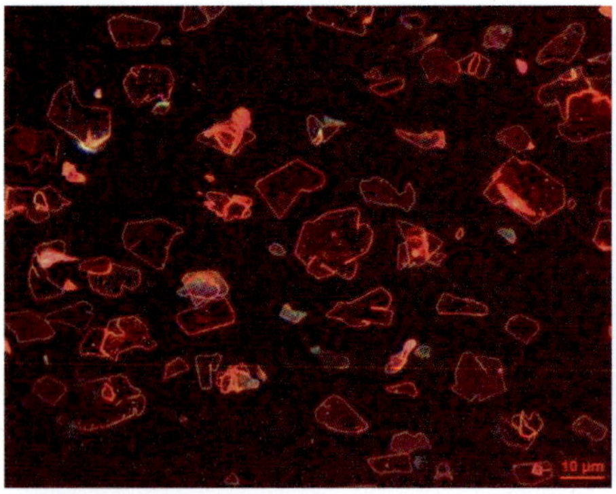

In rötlichen Farbtönen changierendes Perlglanzpigment auf schwarzem Grundton

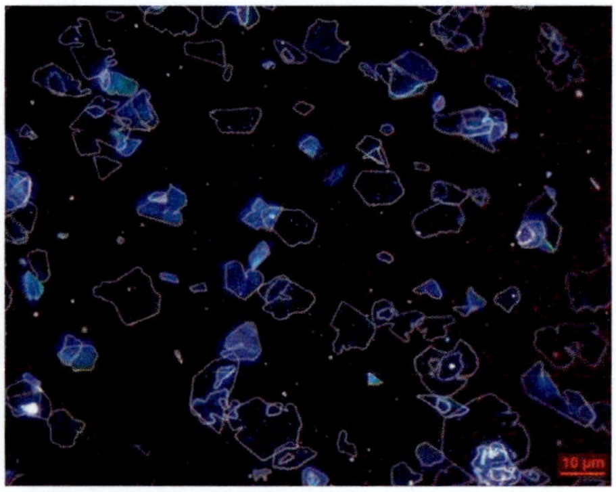

In blauen Farbtönen changierendes Perlglanzpigment auf schwarzem Grundton

Der Perlglanzeffekt kann gezielt durch den Farbton des Untergrunds beeinflusst werden. Zunehmend werden auch Perlglanzpigmente gemeinsam mit Aluminiumpigmenten eingesetzt, so wird eine besondere Wirkung erzielt.

Flüssigkristalline Pigmente (LC-Pigmente)
LC-Pigmente sind organische, transparente Mikroplättchen, die wie ein Farbfilter wirken. Der größte Teil des sichtbaren Lichts wird von den Plättchen transmittiert, ein kleiner Teil reflektiert. Die Wellenlänge und damit die Farbe des reflektierten Lichts hängt vom Betrachtungswinkel ab.

LC-Pigmente zeigen sich in Pigmentform als farbloses Pulver, erst in Kombination mit dem farbigen Untergrund entstehen die typischen farbchangierenden Effekte.

Bislang sind bei diesen Pigmenten vier Farben auf dem Markt: Blau nach Transparent wandernd, grün zu blau verändernd, von grün nach Gold kippend und von Kupferrot nach grün übergehend.

Die Pigmente können in lösemittelhaltigen und wasserbasierten Lacken eingesetzt werden. Wegen der geringen Lichtbeständigkeit dieser Pigmente müssen sie zum Schutz mit UV-absorberhaltigen Klarlacken beschichtet werden.

Tagesleuchtpigmente
Tagesleuchtpigmente sind mit löslichen Teerfarbstoffen gefärbte Kunststoffpulver, die durch Vermahlen auf die mögliche Pigmentteilchengröße hergestellt werden.

Die Tagesleuchtpigmente wandeln unsichtbares kurzwelliges Licht in langwelliges sichtbares Licht um und reflektieren es mit dem Licht ihrer Eigenfarbe. Dadurch empfindet das Auge diese Pigmente als ungewöhnlich intensiv leuchtend. Tagesleuchtpigmente gibt es in den Farbtönen Grün, Gelb, Orange, Rosa, Violett, Blau und insbesondere in Rot.

Das Deckvermögen von Tagesleuchtpigmenten ist sehr gering. Deshalb werden Lackfarben mit diesen Pigmenten auf reinweißen Untergründen eingesetzt. So wird die Leuchtkraft noch verstärkt. Die Licht- und die Wetterbeständigkeit der Tagesleuchtpigmente sind schlecht. Die Haltbarkeit wird aber auch vom verwendeten Bindemittel und evtl. von Überzugslacken beeinflusst. So können Beschichtungen mit diesen Pigmenten ohne Weiteres eine für spezielle Aufgaben, z. B. für Feuerwehrfahrzeuge, ausreichende Beständigkeit erreichen.

Leitfähige Pigmente
Elektrisch leitfähige Pigmente werden für folgende Bereiche benötigt:
- für ableitfähige Fußbodenbeläge, z. B. für elektrostatisch gefährdete Zonen
- für elektrisch leitfähige Grundierungen für das elektrostatische Lackieren von nicht leitenden Werkstücken, z. B. aus Kunststoffen

Für diese Sonderzwecke werden folgende Pigmentgruppen eingesetzt:
- leitfähige Ruße
- Metallpigmente, z. B. mit leitfähigen Metalloxiden beschichteter Glimmer, Zinkoxid oder Zinndioxid, Nickelpulver, Kupferpulver, silberbeschichtete Nickelplättchen usw.

Umweltschutz

Giftige und gesundheitsschädliche Pigmente, wie arsen-, cadmium-, chrom- und bleihaltige Pigmente, dürfen für Anstriche und Beschichtungen sowie zur Kunststoffherstellung nicht mehr verwendet werden. Für Sonderzwecke gibt es Ausnahmen, z. B. für Malfarben oder für Farben in der Restaurierung und Denkmalpflege.

Sollten sich in den Werkstätten noch Lackfarben mit giftigen und gesundheitsschädlichen Pigmenten finden, sind diese als gefährliche Abfälle entsprechend den geltenden Vorschriften zu entsorgen.

Auch die bei der Entfernung alter, schadstoffbelasteter Beschichtungen anfallenden Reste sind als gefährliche Abfälle zu entsorgen.

Farbreste entsorgen

Farbdosen entsorgen

Gesundheitsschutz

Auch wenn giftige und gesundheitsschädliche Pigmente heute so gut wie nicht mehr in aktuellen Beschichtungsstoffen eingesetzt werden dürfen, haben Maler/-innen und Lackierer/-innen in Altanstrichen noch damit zu tun, denn diese müssen angeraut oder sogar entfernt werden. Hierbei sind insbesondere drei Pigmente zu nennen: Bleiweiß, Bleimennige und Zinkchromat.

Bleiweiß bereitet (auch volumenmäßig) am meisten Probleme. Dieses Pigment hat man früher bei praktisch allen Holzfenstern, meist gemeinsam mit anderen Weißpigmenten zur Pigmentierung von damals selbst hergestellten Ölfarben eingesetzt und man findet es an fast allen historischen Fenstern. Wie alle bleihaltigen Pigmente kann man Bleiweiß erkennen, weil es sich bei Kontakt mit Schwefel, also auch mit schwefeliger Säure und Schwefelsäure, dunkelgrau färbt. Bei einem Teil der historischen Fenster sind diese Verfärbungen zu sehen, bedingt durch den sog. sauren Regen. Gewissheit gibt die Überprüfung mit schwefeliger Säure oder (wegen des Gesundheitsschutzes stark verdünnter) Schwefelsäure. Da Bleiweißanstriche häufig zwischenzeitlich mit anderen Anstrichen überarbeitet wurden, sollte man zur Überprüfung die obersten Schichten der Altbeschichtung vorsichtig abschaben. Wegen der mit der Entfernung der bleihaltigen Anstriche verbundenen Gefahren und Risiken sollte man die eigene Sachkunde kritisch prüfen und ggf. einen Spezialisten mit der Überprüfung beauftragen.

Speziell für die Entfernung von bleiweißhaltigen Beschichtungen z. B. an Fenstern, wurde die Handlungsanleitung „Abbeizen bleihaltiger Beschichtungen auf Holz“ erstellt. Die Inhalte dieser Handlungsanleitung sind einzuhalten. Sie bietet auch wichtige Hinweise für die Entfernung anderer schadstoffbelasteter Altbeschichtungen.Gefahren und Risiken sollte man die eigene Sachkunde kritisch prüfen und ggf. einen Spezialisten mit der Überprüfung beauftragen.

Beispiel Bleiweiß; Auszug aus dem Sicherheitsdatenblatt:

In jedem Falle ist entsprechend § 5 Arbeitsschutzgesetz, § 6 Gefahrstoffverordnung und § 3 Betriebssicherheitsverordnung für die erforderlichen Tätigkeiten eine Gefährdungsbeurteilung durchzuführen. Anhand der Ergebnisse dieser Gefährdungsbeurteilung muss auch eine Unterweisung der Beschäftigten durchgeführt werden.

Es hat sich herausgestellt, dass für die Entfernung der schadstoffbelasteten Altbeschichtungen nur das Abbeizen infrage kommt. Beim Abschleifen oder Abbrennen würden große Mengen Schadstoffe freigesetzt werden.

Gefahrenhinweise:
H302 Gesundheitsschädlich bei Verschlucken.
H332 Gesundheitsschädlich bei Einatmen.
H360 Kann die Fruchtbarkeit beeinträchtigen oder das Kind im Mutterleib schädigen.
H373 Kann die Organe schädigen bei längerer oder wiederholter Exposition.
H410 Sehr giftig für Wasserorganismen, mit langfristiger Wirkung.

Sicherheitshinweise:
P260 Staub/Rauch/Gas/Nebel/Dampf/Aerosol nicht einatmen.
P261 Einatmen von Staub/Rauch/Gas/Nebel/Dampf/Aerosol vermeiden.
P280 Schutzhandschuhe/Schutzkleidung/Augenschutz/Gesichtsschutz tragen.
P405 Unter Verschluss aufbewahren.
P501 Inhalt/Behälter gemäß den örtlichen, regionalen, nationalen und internationalen Vorschriften der Entsorgung zuführen.

ArbSchG	Gesetz über die Durchführung von Maßnahmen des Arbeitsschutzes zur Verbesserung der Sicherheit und des Gesundheitsschutzes der Beschäftigten bei der Arbeit (Arbeitsschutzgesetz)
GefStoffV	Verordnung zum Schutz vor Gefahrstoffen (Gefahrstoffverordnung)
BetrSichV	Verordnung über Sicherheit und Gesundheitsschutz bei der Verwendung von Arbeitsmitteln (Betriebssicherheitsverordnung)
TRGS 505	„Blei“
Handlungsanleitung	„Abbeizen bleihaltiger Beschichtungen auf Holz“

4.14 Gesetze, Verordnungen, Vorschriften und Richtlinien

Gesetze und Verordnungen

MuSchG	Gesetz zum Schutz von Müttern bei der Arbeit, in der Ausbildung und im Studium (Mutterschutzgesetz)
JArbSchG	Gesetz zum Schutz der arbeitenden Jugend (Jugendarbeitsschutzgesetz)
ArbSchG	Gesetz über die Durchführung von Maßnahmen des Arbeitsschutzes zur Verbesserung der Sicherheit und des Gesundheitsschutzes der Beschäftigten bei der Arbeit (Arbeitsschutzgesetz)
BetrSichV	Verordnung über Sicherheit und Gesundheitsschutz bei der Verwendung von Arbeitsmitteln (Betriebssicherheitsverordnung)
ChemG	Gesetz zum Schutz vor gefährlichen Stoffen (Chemikaliengesetz)
ArbStättV	Verordnung über Arbeitsstatten (Arbeitsstättenverordnung)
GefStoffV	Verordnung zum Schutz vor Gefahrstoffen (Gefahrstoffverordnung)

Richtlinien

DIN 18363 VOB Teil C	Allgemeine Technische Vertragsbedingungen für Bauleistungen (ATV) – Maler- und Lackierarbeiten – Beschichtungen
DIN EN ISO 4618	Beschichtungsstoffe – Begriffe
DIN 55945	Beschichtungsstoffe und Beschichtungen – Ergänzende Begriffe zu DIN EN ISO 4618
DIN EN ISO 18451-1	Pigmente, Farbstoffe und Füllstoffe – Begriffe – Teil 1: Allgemeine Begriffe

Technische Regeln für Gefahrstoffe (TRGS)

TRGS 400	Gefährdungsbeurteilung für Tätigkeiten mit Gefahrstoffen
TRGS 402	Ermitteln und Beurteilen der Gefährdungen bei Tätigkeiten mit Gefahrstoffen: Inhalative Exposition
TRGS 505	Blei
TRGS 555	Betriebsanweisung und Information der Beschäftigten
TRGS 900	Arbeitsplatzgrenzwerte
TRGS 905	Verzeichnis krebserzeugender, keimzellmutagener oder reproduktionstoxischer Stoffe
TRGS 907	Verzeichnis sensibilisierender Stoffe und von Tätigkeiten mit sensibilisierenden Stoffen

DGUV Vorschriften der Deutschen Gesetzlichen Unfallversicherung

DGUV Regel 112-190	Benutzung von Atemschutzgeräten
DGUV Information 212-515	Persönliche Schutzausrüstungen
Handlungsanleitung	„Abbeizen bleihaltiger Beschichtungen auf Holz"

5 Additive (Zusatzstoffe)

Additive sind Stoffe, die Beschichtungsstoffen in kleinen Mengen zugesetzt werden, um bestimmte Eigenschaften zu verbessern, unerwünschte Eigenschaften zu verhindern oder chemische Reaktionen gewollt einzuleiten.

Ein Additiv kann, je nachdem wo es eingesetzt wird, unterschiedlich und/oder vielseitig wirken. Die Additive werden in der Regel bereits bei der Herstellung der Beschichtungsstoffe zugesetzt.

Aufträge

1. Begründen Sie im Gespräch mit einer Architektin, warum es sinnvoll ist, auf Weichmacher in Dispersionsfarben zu verzichten.
2. Im Kontaktbereich zu einem Dichtstoff hat sich der Fassadenanstrich dunkel verfärbt. Erläutern Sie gegenüber Ihrem Kunden die Ursache dieses Mangels und zeigen Sie Abhilfemaßnahmen auf.
3. Warum sollte man fabrikfertigen Alkydharzlackfarben keine Sikkative zusätzlich zugeben?
4. Erläutern Sie, warum der Einsatz von Trockenstoffen die Verwendung von Hautverhütungsmitteln erfordert.
5. Für Ausbesserungszwecke verdünnen Sie eine Innendispersionsfarbe stark. Beim Rollen dieses Beschichtungsstoffs stellen Sie eine leichte Bläschenbildung fest. Nach vier Wochen öffnen Sie den gut verschlossenen Eimer mit genau diesem Werkstoff wieder und stellen einen starken, unangenehmen Geruch der Innenwandfarbe fest. Erläutern Sie die Ursachen.
6. Erläutern Sie Ihrer Kundin, warum bei den üblichen Innendispersionsfarben bislang auf Konservierungsmittel nicht verzichtet werden kann.
7. Warum kann man bei algenbefallenen Fassaden auf algizide Lösungen nicht verzichten?
8. Warum wirken Beschichtungsstoffe in der Regel nur insektenvorbeugend?
9. Begründen Sie, warum die Bekämpfung von Holzinsekten und Mauerspinnen problematisch ist.
10. Begründen Sie gegenüber Ihrem Kunden die Wirksamkeit von UV-Absorbern in Holzschutzmitteln.

5.1 Weichmacher

Weichmacher sind Stoffe, die Bindemitteln und Kunststoffen bei der Herstellung zugesetzt werden, um auf physikalischem Weg die Elastizität und Plastizität zu erhöhen.

Die Moleküle der Weichmacher lagern sich zwischen den Molekülen der Kunststoffe oder der Bindemittel an. Dadurch schwächt sich die zwischenmolekulare Bindung der weich zu machenden Stoffe ab, Elastizität und Plastizität werden erhöht.

Weichmacher können das Haftvermögen einer Beschichtung steigern und die Filmbildung von Kunststoffdispersionen auch bei niedrigen Temperaturen ermöglichen.

Die Weichmacher werden für Nitrolacke und -lackfarben, Chlorkautschuklackfarben, Cyclokautschuklackfarben, Asphaltlackfarben und einen Teil der Kunststoffdispersionen benötigt. Zur Beschichtung von elastischen Kunststoffen setzt man bei der Fahrzeuglackierung den 2K-Acrylharzlacken und -lackfarben Weichmacher (= Elastifizierungszusatz) zu. Auch bei den Dichtstoffen kommt man nicht ohne Weichmacher aus.

Als Weichmacher werden häufig Phthalsäureester, Phosphorsäureester, Chlorparaffine und Epoxidweichmacher eingesetzt.

Weichmacherwanderung
Weichmacher wirken nur physikalisch. Sie sind nicht chemisch mit dem Bindemittel verbunden. Daher können die Weichmacher im Stoff wandern oder zu einem anderen Stoff wechseln. Die Weichmacherwanderung wird als „Migration“ bezeichnet. Diese Eigenschaft wird durch erhöhte Temperaturen, Feuchtigkeit und UV-Strahlen gefördert.

Möglichkeiten der Weichmacherwanderung	Bildliche Darstellung	Auswirkungen der Weichmacherwanderung
Die Weichmacher sind gleichmäßig verteilt.	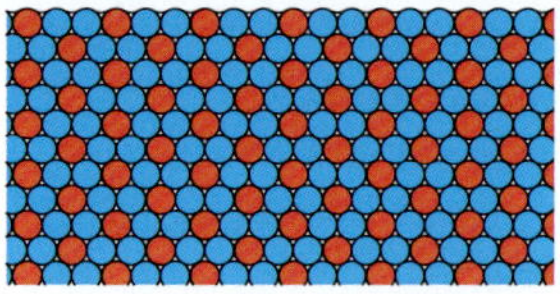	Der Kunststoff oder die Beschichtung ist gleichmäßig elastisch.
Die Weichmacher wandern an die Oberfläche.	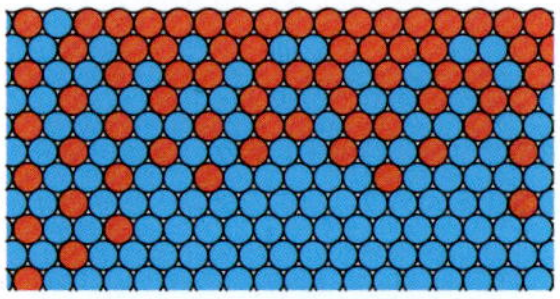	Die Oberfläche wird klebrig.
Die Weichmacher wandern von der Oberfläche weg.	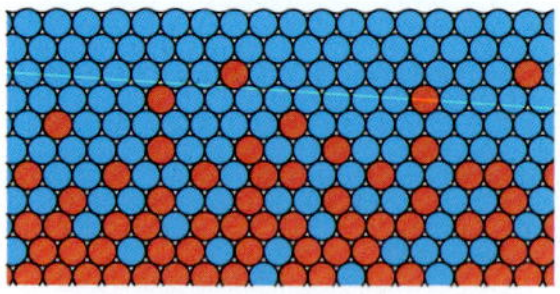	Die Oberfläche versprödet, Risse werden möglich.
Die Weichmacher wandern in einen angrenzenden Stoff.	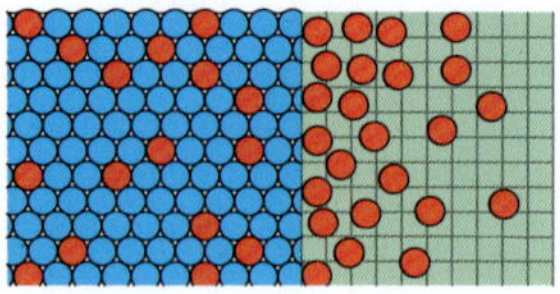	Der Weichmacher abgebende Stoff versprödet, der Weichmacher aufnehmende Stoff wird klebrig. Der aufnehmende Stoff kann sich auch dunkel färben.

Die häufig bei Kunststoffen und Kunststoffdispersionen praktizierte „innere Weichmachung“ wird nicht durch den Zusatz von Weichmachern bewirkt. Hier werden die weich machenden Stoffe in die Bindemittelmoleküle einpolymerisiert, also chemisch gebunden.

5.2 Trockenstoffe (Sikkative)

Sikkative sind flüssige Trockenstoffe.

Sikkative werden Ölfarben, Öllacken und -lackfarben sowie mittel- bis langöligen Alkydharzlacken und -lackfarben zugesetzt, um deren oxidative Erhärtung[1] zu beschleunigen.

Als Sikkative werden Metallseifen der Linolen-, Abietin-, Naphthen- und der Octansäure verwendet. Metallseifen entstehen durch die chemische Verbindung von Fettsäuren mit Metallen. Meistens werden als Metalle Eisen, Zirkonium, z. T. auch Kalzium und Zink eingesetzt.

Sikkative werden nur in geringen Mengen zugesetzt. Größere Mengen verursachen überlange Trockenzeiten und Beschichtungsfehler, wie Runzelbildung, Veränderung des Farbtons und schnelle Alterung der Beschichtungen. Deshalb dürfen bereits fertig gelieferten Beschichtungsstoffen, wie z. B. Alkydharzlacken, keine zusätzlichen Sikkative mehr zugesetzt werden.

5.3 Hautverhütungsmittel

Alle oxidativ erhärtenden Lacke und Lackfarben, z. B. Alkydharzlacke und -lackfarben, neigen zur Hautbildung. Die Hautbildung wird von der Sikkativanreicherung an der Lackoberfläche ausgelöst.

Die Hautbildung kann durch unterschiedliche Methoden verhindert werden:
1. durch Abdecken des Beschichtungsstoffs mit reaktionshemmenden Lösemitteln, z. B. mit Aromaten
2. Bei der Herstellung werden dem Beschichtungsstoff Additive zugesetzt, die die Reaktion mit Sauerstoff hemmen.

Als Hautverhütungsmittel werden meist Oxime eingesetzt. Diese verbinden sich mit den Sikkativen. Dadurch verändert sich die Wertigkeit der Sikkative, die Reaktionsfähigkeit ändert sich und die trocknungsfördernde Wirkung der Sikkative ist aufgehoben. Bei und nach dem Beschichten lösen sich die Oxime wieder von den Sikkativen und verdunsten. Die Sikkative können nun ihre Wirkung wieder voll entfalten.

[1] Erhärtung durch chemische Sauerstoffbindung

5.4 Netzmittel

Netzmittel verringern die Oberflächenspannung zwischen Bindemittel und Pigment und erleichtern so die Dispergierung[1] der Pigmente. Als Netzmittel werden Tenside eingesetzt. Diese grenzflächenaktiven Stoffe mindern auch die Sedimentationsneigung, also das Entmischungs- und Absetzbestreben. Gleichzeitig fördern sie aber auch die Schaum- und Blasenbildung.

Als Netzmittel werden Phosphate, Carboxylate, Ammonium-Verbindungen, Aminocarbonsäure und Polyacrylsäure eingesetzt.

5.5 Schaum- und Blasenverhütungsmittel

Bei der Schaum- und Blasenbildung ist zu unterscheiden:

1. Schaumbildung im unverarbeiteten Material
   Sie tritt bevorzugt bei der Herstellung durch Netzmittelreste auf.
2. Schaumbildung bei der Beschichtung
   Diese Schaumbildung tritt besonders beim Walzauftrag durch das Einrollen von Luft auf und kann nach der Erhärtung sichtbare Blasen und Krater erzeugen.

Schaum- und Blasenverhütungsmittel sollen die Oberfläche der Beschichtungsstoffe so verändern, dass die eingeschlossene Luft leicht austreten kann.

In wasserverdünnbaren Beschichtungsstoffen werden Silikonentschäumer und Mineralölentschäumer verwendet. Für lösemittelhaltige Beschichtungsstoffe setzt man Siloxane ein.

5.6 Verdickungsmittel

Verdickungsmittel werden den Beschichtungsstoffen bei der Herstellung zugesetzt, um die Viskosität zu erhöhen.

Die Verdickungsmittel vermindern die Entmischung eines Beschichtungsstoffs durch Ausschwimmen bzw. Absetzen (= Sedimentation) des Bindemittels oder der Pigmente. Gleichzeitig lassen sich die Beschichtungsstoffe mit manchen Beschichtungsverfahren leichter verarbeiten. Manche Verdickungsmittel verursachen auch Thixotropie[2].

Als Verdickungsmittel werden Zelluloseverbindungen, Acrylat- und Polyurethanverdicker eingesetzt.

---

[1] Dispergieren = Verteilung der Pigmente im Beschichtungsstoff

[2] Thixotropie ist die Eigenschaft eines Beschichtungsstoffs, im Ruhezustand dickflüssig zu sein, bei der Verarbeitung aber durch den Druck des Werkzeugs bzw. Geräts dünnflüssiger zu werden und sich so gut verarbeiten zu lassen. Thixotrope Beschichtungsstoffe können in hohen Schichten aufgetragen werden und decken auch an den Kanten gut.

siehe Teil C, Kapitel 2.9.2, Seite 162

5.7 Bakterizide, Algizide und Fungizide

Bakterizide sind Stoffe, die gegen Bakterien wirken.
Algizide sind Stoffe, die gegen Algen wirken.
Fungizide sind Stoffe, die gegen Pilze wirken.

Bakterien sind für das menschliche Auge nicht sichtbar, ihre Wirkung kann aber den Beschichtungsstoff schädigen, zu Verfärbungen beim Holz führen und für die Gesundheit des Menschen verheerend sein. Algen sind als grüne Verfärbungen z. B. an Fassaden sichtbar. Pilze zeigen sich zuerst in einem schwärzlichen Farbton und haben später oft farbige Fruchtkörper.

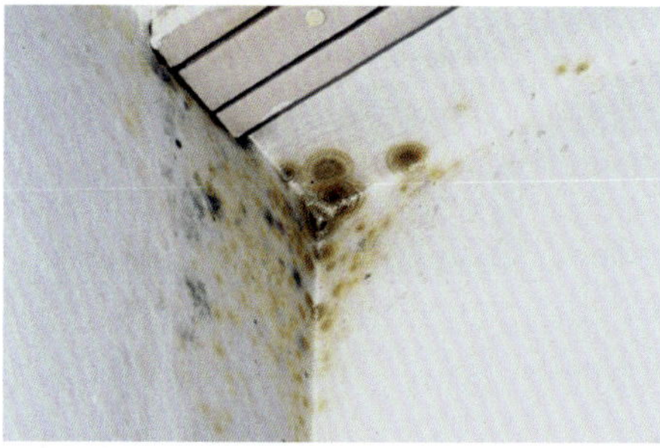

Pilzbefall in einer Raumecke

Algenbewuchs an der Nordseite einer Fassade

Lagerkonservierung der Beschichtungsstoffe
Wässrige Beschichtungsstoffe sind ohne Bakterizide und Fungizide nicht haltbar. Die enthaltenen Emulgatoren, Verdickungsmittel und auch einige Dispersionsbindemittel können von Bakterien und Pilzen abgebaut werden. Übler Geruch, Verfärbungen und Viskositätsverlust sind die Folge.

Die Lagerkonservierung lässt sich durch alkalische oder saure Einstellung der Beschichtungsstoffe, aber auch durch Zusatz geringer Mengen von Bakteriziden und Fungiziden erreichen.

Fungizide und algizide Beschichtungen
Pilze und Algen benötigen zum Wachstum Feuchtigkeit. Schlechte Belüftung im Innenraum fördert die Pilzbildung. Nahe stehende Bäume und Sträucher an der Fassade führen häufig zu Algenbewuchs.

Algen und Pilze müssen vor der Beschichtung gründlich mit algizider bzw. fungizider Lösung beseitigt werden. Mit algizid bzw. fungizid eingestellten Beschichtungsstoffen lässt sich der Befall der Beschichtung zumindest für einige Zeit vermeiden.

---

siehe Teil C, Kapitel 3.3.1, Seite 234
siehe Teil C, Kapitel 3.3.2.2, Seite 236
siehe Teil G, Kapitel 6.5, Seite 557

Chemische Holzschutzmittel

Chemische Holzschutzmittel werden unterschieden in

- vorbeugend wirksame Holzschutzmittel und
- bekämpfende Holzschutzmittel.

Häufig werden als Wirkstoffe Borverbindungen, Silikofluoride, Hydrogenfluoride, Chrom-, Ammonium- und Kupferverbindungen sowie Dichlorfluanid und organische Lösemittel eingesetzt.

Achtung

Umweltschutz

Bakterizide und Fungizide gehören zu den umweltschädigenden und wassergefährdenden Stoffen. Diese Stoffe dürfen nicht in den Boden oder in Gewässer gelangen.

Die Reste und Gebinde von Bakterizide und Fungizide enthaltenden Werkstoffen sind als gefährliche Abfälle zu entsorgen. Dies trifft nicht auf Werkstoffe zu, die geringe Mengen dieser Wirkstoffe nur zur Lagerkonservierung enthalten.

Farbreste entsorgen

Farbdosen entsorgen

Gesundheitsschutz

Bakterizide, Fungizide und Algizide sind gesundheitsschädlich, im Extremfall sogar giftig. Deshalb ist hier der Inhalt des Sicherheitsdatenblatts von besonderer Bedeutung und die Betriebsanweisung besonders zu beachten.

Ist keine ausreichende Belüftung möglich, muss Atemschutz benutzt werden. Bei der Arbeit sind geeignete Schutzhandschuhe zu tragen.

Für alle unbedeckten Körperteile ist fetthaltige Hautschutzcreme zu verwenden.

Achtung

Gefahr

Atemschutz benutzen

Handschutz benutzen

5.8 Insektizide

Insektizide sind Stoffe, die gegen Insekten wirken.

Insekten können Holz schweren Schaden zufügen. Deshalb werden zum Schutz gefährdeter Hölzer (zum Holzschutz) Insektizide eingesetzt.

siehe Teil C, Kapitel 3.4.1, Seite 245
siehe Teil C, Kapitel 3.4.2, Seite 248

Beschichtungen werden nur insektenvorbeugend ausgestattet. Insekten bekämpfende Mittel sind stark gesundheits- und umweltschädlich. Der Einsatz dieser Mittel bleibt in der Regel Spezialbetrieben vorbehalten.

Häufig werden als Wirkstoffe Borverbindungen, Silikofluoride, Hydrogenfluoride, Ammonium- und Kupferbindungen sowie Triazole, Dichlorfluanid und organische Lösemittel eingesetzt.

Achtung

Umweltschutz

Insektizide gehören zu den umweltschädigenden und wassergefährdenden Stoffen. Es darf kein Insektizid in den Boden oder ins Gewässer gelangen.

Farbreste entsorgen

Farbdosen entsorgen

Die Reste und Gebinde von Insektizide enthaltenden Werkstoffen sind als gefährliche Abfälle (Sondermüll) zu entsorgen.

Gesundheitsschutz

Insektizide sind auch für den Menschen gesundheitsschädlich, im Extremfall sogar giftig. Deshalb sind hier der Inhalt des Sicherheitsdatenblatts von besonderer Bedeutung und die Betriebsanweisung besonders zu beachten.

Bei der Verarbeitung muss Atemschutz benutzt werden.

Bei der Arbeit sind geeignete Schutzhandschuhe zu tragen.

Für alle unbedeckten Körperteile ist fetthaltige Hautschutzcreme zu verwenden.

Achtung

Gefahr

Atemschutz benutzen

Handschutz benutzen

5.9 Mattierungsmittel

Der Glanz einer Beschichtung hängt von der Oberflächenglätte ab. Bei rauer Oberfläche werden die Lichtstrahlen zerstreut zurückgeworfen. Dadurch erscheint die Oberfläche matt.

Eine matte Oberfläche lässt sich bei der Herstellung von Beschichtungsstoffen auf drei Wegen fördern:

1. Durch Überpigmentierung wird die Oberfläche matt. Mit zunehmender Pigmentmenge im Beschichtungsstoff ändern sich aber auch die Eigenschaften der Beschichtungen. Deshalb wird dieses Verfahren nicht gerne angewandt. Außerdem ist bei mechanischem Abrieb ein Aufglänzen der Oberfläche zu beobachten.

2. Die Oberfläche wird durch die Mischung unverträglicher Stoffe im Beschichtungsstoff rau und erscheint dadurch matt. Dieses Verfahren ist kompliziert, da die Eigenschaften der Beschichtungen nicht negativ beeinflusst werden sollen.
3. Einem Beschichtungsstoff werden Mattierungsmittel zugesetzt. Diese Additive beeinflussen die Oberfläche der Beschichtungen, sodass ein matter Effekt entsteht. Dieses Verfahren weist die meisten Vorzüge auf und wird deshalb am häufigsten angewandt.

5.10 UV-Absorber

Beschichtungen, besonders aber Holzuntergründe, werden von UV-Strahlen stark angegriffen und zerstört. In den Lasuren und Lackfarben reflektieren die enthaltenen Pigmente die UV-Strahlen und bewirken so einen UV-Schutz. Farblosen Lacken und Lasuren setzt man bei der Herstellung gerne UV-Absorber zu. Diese wandeln die einwirkenden energiereichen UV-Strahlen in Wärme um und verringern so die Schädlichkeit dieser Strahlen.

Geeignete Stoffe sind Verbindungen des Benzophenons, der Benzotriazole sowie Phenol-Acrylate und Salicylate.

5.11 Fotokatalysatoren

Die Fotokatalyse wird heute bei einer Gruppe der sog. selbstreinigenden Fassadenfarben und bei geruchsreduzierenden Innenwandfarben angewandt.

Bei einem Teil der sog. selbstreinigenden Fassadenfarben werden Nanoteilchen der Titandioxide als Fotokatalysatoren eingesetzt. Durch UV-Licht entsteht bei diesen Nanoteilchen eine elektrische Ladung. Dadurch werden organische Schmutzpartikel auf der Fassade zerstört.

Zur Selbstreinigung der Fassaden durch Fotokatalyse ist Licht in den Wellenlängen zwischen 320 und 390 Nanometer erforderlich. Durch die entstehende Energie wird der Schmutz angelöst und zerstört. Aufgrund der besonders guten Benetzung dieser Beschichtungsstoffe gelangt hinter die so entstandenen kleinen Partikel Wasser. Dieses spült den Schmutz ab.

In Innenräumen wird die Fotokatalyse unterstützend zum Abbau von Schadstoffen und Gerüchen eingesetzt. Das in Räumen geringere Licht reicht nur aus, wenn in den Beschichtungsstoffen zusätzliche Beschleuniger eingesetzt werden.

> Die Fotokatalysatoren wirken auf jede organische Verbindung. Dies bedeutet, dass neben der gewünschten Wirkung auch Nebenwirkungen auftreten können. So können organische Bindemittel und organische Pigmente angegriffen und zerstört werden, z. B. wird die Kreidung der Beschichtungen gefördert. Organische Pigmente können ausbleichen (heller werden).

5.12 Gesetze, Verordnungen, Vorschriften und Richtlinien

Gesetze und Verordnungen

MuSchG	Gesetz zum Schutz von Müttern bei der Arbeit, in der Ausbildung und im Studium (Mutterschutzgesetz)
JArbSchG	Gesetz zum Schutz der arbeitenden Jugend (Jugendarbeitsschutzgesetz)
ArbSchG	Gesetz über die Durchführung von Maßnahmen des Arbeitsschutzes zur Verbesserung der Sicherheit und des Gesundheitsschutzes der Beschäftigten bei der Arbeit (Arbeitsschutzgesetz)
BetrSichV	Verordnung über Sicherheit und Gesundheitsschutz bei der Verwendung von Arbeitsmitteln (Betriebssicherheitsverordnung)
ChemG	Gesetz zum Schutz vor gefährlichen Stoffen (Chemikaliengesetz)
ArbStättV	Verordnung über Arbeitsstatten (Arbeitsstättenverordnung)
GefStoffV	Verordnung zum Schutz vor Gefahrstoffen (Gefahrstoffverordnung)

Richtlinien

DIN 18363 VOB Teil C	Allgemeine Technische Vertragsbedingungen für Bauleistungen (ATV) – Maler- und Lackierarbeiten – Beschichtungen
DIN EN ISO 4618	Beschichtungsstoffe – Begriffe
DIN 55945	Beschichtungsstoffe und Beschichtungen – Ergänzende Begriffe zu DIN EN ISO 4618

Technische Regeln für Gefahrstoffe (TRGS)

TRGS 400	Gefährdungsbeurteilung für Tätigkeiten mit Gefahrstoffen
TRGS 402	Ermitteln und Beurteilen der Gefährdungen bei Tätigkeiten mit Gefahrstoffen: Inhalative Exposition
TRGS 555	Betriebsanweisung und Information der Beschäftigten
TRGS 900	Arbeitsplatzgrenzwerte

DGUV Vorschriften der Deutschen Gesetzlichen Unfallversicherung

DGUV Regel 112-190	Benutzung von Atemschutzgeräten
DGUV Information 212-515	Persönliche Schutzausrüstungen

6 Spezielle Werkstoffe

Aufträge

1. Decken und Wände in einer Wohnung sind zu beschichten. Durch einen Wasserschaden sind an den Wänden starke Wasserflecken sichtbar. Welches Absperrmittel verwenden Sie, wenn die ansonsten gut haftende Altbeschichtung mit Dispersionsfarben hergestellt wurde und erneut eine Dispersionsfarbe für die Beschichtung vorgesehen ist?
2. Welches Absperrmittel verwenden Sie zum Absperren von Wasserflecken in einer historischen Kirche, wenn der Altanstrich mit Kalkfarbe ausgeführt war und wieder eine Kalkfarbe gewünscht wird?
3. Eine Holzverkleidung an der Fassade ist mit Dispersionslackfarbe deckend weiß gestrichen worden. Nach einem halben Jahr zeigen sich die Äste des Holzes gelblich verfärbt. Mit welchem Absperrmittel hätte sich der Mangel vermeiden lassen?
4. Eine neue Klinkerfassade soll mit Imprägniermitteln vor Feuchtigkeitseinwirkung geschützt werden. Welches Imprägniermittel setzen Sie ein? Begründen Sie Ihre Entscheidung.
5. Eine alte Eichenholztür ist stark verwittert und dunkel. Nach dem Entfernen der alten Beschichtung und des vergrauten Holzes ist die Holzfläche im Helligkeitswert sehr unterschiedlich. Welche Maßnahmen schlagen Sie vor, wenn die Tür wieder gleichmäßig hell werden soll?
6. Die rustikal wirkende neue Holzverkleidung aus Fichtenholz soll farbig gebeizt werden. Ihre Kundin wünscht ein Beratungsgespräch. Bereiten Sie sich auf dieses Gespräch schriftlich vor und stellen Sie Vor- und Nachteile der Systeme gegenüber.
7. Neue Kiefernholzfenster sollen mit Holzschutzmittel behandelt werden. Worauf müssen Sie bei der Auswahl des geeigneten Holzschutzmittels achten?
8. Begründen Sie, warum
   a) Dickschichtlasuren für Fenster und
   b) Imprägnierlasuren für Holzverkleidungen
   am besten geeignet sind.
9. Erstellen Sie eine Arbeitsbeschreibung für eine Stahlkonstruktion, die bislang nicht beschichtet ist und die eine Brandschutzbeschichtung erhalten soll.
10. Wählen Sie einen Fugendichtstoff zum Schließen der Sanitärfugen in einem Bad und begründen Sie Ihre Wahl.
11. Begründen Sie, warum bei Holzfenstern keine Spachtelarbeiten ausgeführt werden sollen.
12. Ein Turmkreuz soll vergoldet werden. Schlagen Sie eine Blattgoldsorte vor und begründen Sie Ihren Vorschlag.

6.1 Absperrmittel

Absperrmittel sind Werkstoffe, die Flecken im Untergrund absperren sollen, sodass die folgende Beschichtung fleckenfrei auftrocknet.

Durch eindringendes Wasser verursachte Flecken an einer Wand

Übersicht über die Anwendung der wichtigsten Absperrmittel

Abzusperrende Stoffe	Untergründe	Folgende Beschichtungen	Absperrmittel
Wasserflecken	mineralische Untergründe	mineralische Anstriche	Fluate, im Innenraum auch Absperrsalze
		organische Beschichtungen	Absperrlacke, Absperrdispersionsfarben, lösemittelhaltige Absperrfarben
Metallsalze und Rost	mineralische Untergründe	mineralische Anstriche	Fluate
		organische Beschichtungen	Absperrlacke, lösemittelhaltige Absperrfarben
Nikotinverfärbungen (Teerrückstände)	mineralische Untergründe	mineralische Anstriche	Fluate
		organische Beschichtungen	Absperrlacke, Absperrdispersionsfarben, lösemittelhaltige Absperrfarben
Holzinhaltsstoffe	Holz	organische Beschichtungen	Dispersions-Absperrlacke, Polyurethanharz-Absperrlacke

Bei der Verwendung von Fluaten und Absperrsalzen schlagen die Stoffe möglicherweise trotzdem vermindert durch. Jedoch können keine wirksamen Absperrlacke eingesetzt werden, wenn mineralische Anstriche vorgesehen sind. Diese würden auf den Absperrlacken nicht ausreichend haften.

6.1.1 Fluate

Fluate (= Fluorsilikate) sind Salze der Kieselfluorwasserstoffsäure. Diese Salze entstehen aus der chemischen Verbindung von Kieselfluorwasserstoffsäure mit den Metallen Blei, Aluminium, Magnesium und/oder Zink. Fälschlicherweise wird auch die Kieselfluorwasserstoffsäure manchmal als Fluat bezeichnet.

Die verschiedenen Metalle in den Fluaten bewirken unterschiedliche Eigenschaften.

Eigenschaften verschiedener Fluate

Fluat	Eigenschaften	Verwendung
Aluminiumfluat	neutralisiert	für alkalische Putze
Bleifluat	isoliert	für verräucherte Decken, Wasserflecken usw.
Magnesiumfluat	härtet	bei mangelnder Putzfestigkeit
Zinkfluat	konserviert	für pilzbefallene Putze, Moosbewuchs usw.

Ein Fluat, das mehrere Metalle gleichzeitig enthält, vereinigt mehrere Eigenschaften. Solche Fluate werden als Mehrfachfluate bezeichnet. Die Fluate sind in Salzform und flüssig im Handel.

Neutralisationsvorgang
Alkaliempfindliche Bindemittel werden auf alkalischen Untergründen zerstört. Verschiedene Pigmente verfärben sich durch Alkalität. Verantwortlich für die Alkalität in einem Untergrund ist das enthaltene Kalziumhydroxid (= Kalklauge).

Das Kalziumhydroxid lässt sich mit Fluat neutralisieren. Dabei bildet sich das neutrale, fast unlösliche Salz Kalziumfluorid.

Im Folgenden wird der Neutralisationsvorgang in Beispielen gezeigt.

1. Neutralisation mit Kieselfluorwasserstoffsäure

Kalziumhydroxid + Kieselfluorwasserstoffsäure → Kalziumfluorid + Quarz + Wasser

$$3\,Ca(OH)_2 + H_2SiF_6 \rightarrow 3\,CaF_2 + SiO_2 + 4\,H_2O$$

2. Neutralisation mit Magnesiumfluat

Kalziumhydroxid + Magnesiumfluat → Kalziumfluorid + Magnesiumfluorid + Quarz + Wasser

$$2Ca(OH)_2 + MgSiF_6 \rightarrow 2\,CaF_2 + MgF_2 + SiO_2 + 2\,H_2O$$

Das Fluat reagiert aber auch mit bereits karbonatisiertem und dadurch neutralem Kalk:

Kalziumkarbonat + Magnesiumfluat → Kalziumfluorid + Magnesiumfluorid + Quarz + Kohlendioxid

$$2\,CaCO_3 + MgSiF_6 \rightarrow 2\,CaF_2 + MgF_2 + SiO_2 + 2\,CO_2$$

Da stets nur eine dünne Oberschicht vom Fluat erfasst wird, beschränkt sich die Wirksamkeit der Fluate auf diese dünne Schicht.

Verarbeitung
Fluate können bei Kalkputzen nach dem Abtrocknen der Mörtelfeuchtigkeit, bei Zementputzen nach zwei bis vier Wochen zum Neutralisieren eingesetzt werden. Dazu wird das Fluat 1:1 bis 1:4 mit Wasser verdünnt. Die Lösung wird dann ein- oder zweimal mit der Streichbürste gut eingerieben.

Nach dem Trocknen müssen die Restbestände sorgfältig mit Wasser abgewaschen werden. Beim mehrfachen Fluatieren soll sich die Konzentration des Fluats von Arbeitsgang zu Arbeitsgang erhöhen.

Für Gipsuntergründe sind Fluate nicht geeignet.

Fluate ätzen Glas und Keramik. Diese Flächen müssen also sorgfältig vor Fluatspritzern geschützt werden.

6.1.2 Absperrsalze

Als Absperrsalze werden sog. Doppelsalze[1], z. B. Alaun, eingesetzt.

Die Salze werden in Wasser gelöst und zur Härtung der Oberfläche sowie zum Absperren an Nikotin- und Wasserflecken eingesetzt. Beim Trocknen kristallisieren die Salze in den Poren aus und bilden gegen wasserlösliche Stoffe eine sperrende Schicht.

Vor dem nächsten Anstrich müssen überschüssige Salze abgekehrt werden. Sie würden sonst die Haftung der Anstriche mindern. Sollte sich beim Absperren eine glänzende Schicht bilden, muss diese vor der Beschichtung entfernt werden (ggf. durch Abwaschen), da auf der Salzschicht die Beschichtung nicht dauerhaft haften kann und abplatzt.

Da Absperrsalze auch nach der Verwendung wasserlöslich sind, sollten sie nur im Innenraum, z. B. auf saugenden Putzen, eingesetzt werden.

6.1.3 Lösemittelhaltige Putzgrundiermittel

Lösemittelhaltige Putzgrundiermittel sind stark verdünnte Lösungen von Acrylharzen.

Die lösemittelhaltigen Putzgrundiermittel bilden bei der Trocknung einen wasserunlöslichen Film, der Bitumen-, Nikotin- und Wasserflecken absperrt. Allerdings ist diese absperrende Wirkung beschränkt. Aus Gründen des Gesundheits- und Umweltschutzes sollte man ohnehin auf den Einsatz dieser lösemittelhaltigen Werkstoffe verzichten.

6.1.4 Absperrlacke

Absperrlacke enthalten ein in kurzer Zeit trocknendes Bindemittel, heute meist auf Polymerisatharzbasis. Die Lacke können auch pigmentiert sein.

[1] Doppelsalze kristallisieren aus der Lösung von zwei oder mehreren Salzen aus und zerfallen bei der Auflösung in Wasser in die Ionen (elektrisch geladenen Teilchen) der Salze, aus denen sie sich aufbauen.

Mit Absperrlacken lassen sich wasserlösliche Stoffe wie Eisensalze in Wasserflecken, Nikotinflecken usw. absperren. Sie können meist nur im Innenraum auf absolut trockenen Untergründen eingesetzt werden.

Polyurethanlacke
Holzinhaltsstoffe, besonders in tropischen Hölzern, können die Erhärtung von Alkydharz- und Polyesterharzlacken verzögern und sogar verhindern.

Da die Erhärtung von Polyurethanlacken dagegen von den Inhaltsstoffen nicht beeinflusst wird, verwendet man Polyurethanlacke zum Absperren. Danach kann man mit allen Lacken weiterarbeiten.

Gesundheitsschutz beim Umgang mit Fluaten

Entsprechend dem Sicherheitsdatenblatt sind beim Umgang mit Fluaten umfangreiche Sicherheitsmaßnahmen zu beachten.

Gefahrenhinweise:
H302 Gesundheitsschädlich bei Verschlucken.
H315 Verursacht Hautreizungen.
H318 Verursacht schwere Augenschäden.

Sicherheitshinweise:
P101 Ist ärztlicher Rat erforderlich, Verpackung oder Kennzeichnungsetikett bereithalten.
P102 Darf nicht in die Hände von Kindern gelangen.
P262 Nicht in die Augen, auf die Haut oder auf die Kleidung gelangen lassen.
P280 Schutzhandschuhe/Schutzkleidung/Augenschutz/Gesichtsschutz tragen.
P301 + P312 Bei Verschlucken: Bei Unwohlsein Giftinformationszentrum/Arzt anrufen.
P302 + P352 Bei Berührung mit der Haut mit viel Wasser und Seife waschen.
P305 + P351 + P338 Bei Kontakt mit den Augen: Einige Minuten lang behutsam mit Wasser ausspülen. Eventuell vorhandene Kontaktlinsen nach Möglichkeit entfernen. Weiter ausspülen.
P501 Inhalt/Behälter gemäß den lokalen/regionalen/nationalen Vorschriften der Problemabfallentsorgung zuführen.

Im Betrieb ist auf der Grundlage des Sicherheitsdatenblattes eine Betriebsanweisung zu erstellen und die Mitarbeiter/-innen sind entsprechend zu unterweisen.

6.2 Imprägniermittel

Imprägnierungen sollen die Saugfähigkeit des Untergrunds oder eines mineralischen Anstrichs mindern, ohne eine Schicht zu bilden.

Für Imprägnierungen eignen sich besonders Silikonharze. Meistens werden Siloxane eingesetzt. Die Imprägniermittel können je nach Produkt mit organischen Lösemitteln oder Wasser verdünnt werden.

Silikonharz-Imprägniermittel sind sehr wetterbeständig und unempfindlich gegen UV-Strahlen. Die Imprägniermittel werden zum Schutz vor Durchfeuchtung auf mineralischen Untergründen, auch mineralischen Anstrichen, eingesetzt. Flüssiges Wasser wird sehr gut abgehalten, Wasserdampf dagegen kann ungehindert hindurchdiffundieren. Diese Imprägniermittel sind sehr alkali- und alterungsbeständig.

6.3 Bleichmittel

Bleichmittel sind chemisch wirkende Stoffe, die zum Aufhellen von Holz verwendet werden.

Bleichmittel werden eingesetzt,
1. um die Eigenfarbe des Holzes zu verändern,
2. um Flecken im Holz zu egalisieren,
3. um Farbtonabweichungen des Holzes durch Bleichen und anschließendes Beizen anzugleichen.

Die Bleichmittel für Holz lassen sich in zwei Gruppen einteilen:
1. Bleichmittel zum Aufhellen gerbstoffreicher Holzarten, z. B. Eiche, mit organischen Säuren, wie Oxalsäure und Zitronensäure und dem Salz der Oxalsäure, dem Kleesalz
2. Bleichmittel zum Aufhellen von Holzarten mit geringem Gerbstoffgehalt, z. B. von Fichte und Kiefer. Diese Mittel bleichen das Holz durch Oxidation und Reduktion. Hierzu verwendet man Wasserstoffperoxid.

Oxalsäure
Oxalsäure ist in Pulverform im Handel. Zum Bleichen werden 30–50 g/l in heißem Wasser aufgelöst. Die Lösung wird heiß auf den zu bleichenden Untergrund aufgetragen. Da Rückstände der Oxalsäure Beizen und Anstrichmittel zerstören können, muss mit warmem Wasser nachgewaschen werden, solange die Oberfläche noch feucht ist. Oxalsäure ist gesundheitsschädlich. So ist beim Verarbeiten besondere Vorsicht geboten.

Kleesalz
Kleesalz entsteht durch die Verbindung von Oxalsäure mit Kalium. Wirkung und Verarbeitung dieses Bleichmittels entsprechen der Oxalsäure.

Zitronensäure
Zitronensäure ist im Gegensatz zu Oxalsäure und Kleesalz nicht gesundheitsschädlich. So wird Zitronensäure oft als Ersatz für Oxalsäure und Kleesalz verwendet. Auch Zitronensäure wird in heißem Wasser gelöst (30–50 g/l). Sie zeigt die stärkste Wirkung, wenn sie heiß aufgetragen wird. Anschließend muss gründlich mit warmem Wasser nachgewaschen werden.

Wasserstoffperoxid

Wasserstoffperoxid wird in 30 %iger Konzentration flüssig geliefert. Die Lösung enthält außerdem zur Stabilisation starke Säuren, z. B. Phosphorsäure. Zum Bleichen wird Wasserstoffperoxid im Verhältnis 1:1 mit Wasser verdünnt. Bei der Anwendung zerfällt das Wasserstoffperoxid in Wasser und bleichwirksamen Sauerstoff. Diese durch die Stabilisatoren gebremste Reaktion muss durch Wärme oder Salmiakzusatz unmittelbar beim Beizen beschleunigt werden.

In der Praxis setzt man dem Wasserstoffperoxid unmittelbar vor der Verarbeitung 10 % eines 25 %igen, konzentrierten Salmiakgeists zu. Höherer Zusatz vermindert die Bleichwirkung. Geringerer Zusatz reicht nicht aus. Bei größeren Flächen kann man auch erst die Wasserstoffperoxidlösung und dann darauf die Salmiaklösung auftragen. Die Bleichlösung lässt man einwirken und abtrocknen. Der sich bildende Schaum zeigt, dass bleichfähiger Sauerstoff ungenutzt entweicht. Anschließend muss das gebleichte Holz mit warmem Wasser nachgewaschen werden.

Gesundheitsschutz

Bei der Verarbeitung von Aufhellmitteln sind die Angaben im Sicherheitsdatenblatt zu beachten.

Oxalsäure und Kleesalz

Gefahrenhinweise:
H302 + H312 Gesundheitsschädlich bei Verschlucken oder Hautkontakt.

Sicherheitshinweise:
P280 Schutzhandschuhe/Augenschutz tragen.
P302 + P352 Bei Berührung mit der Haut: Mit viel Wasser und Seife waschen.

Wasserstoffperoxid

Gefahrenhinweise:
H318 Verursacht schwere Augenschäden.

Sicherheitshinweise:
P280 Schutzhandschuhe/Schutzkleidung/Augenschutz tragen.
P313 Ärztlichen Rat einholen/ärztliche Hilfe hinzuziehen.
P305 + P351 + 338 Bei Kontakt mit den Augen: Einige Minuten lang behutsam mit Wasser ausspülen. Vorhandene Kontaktlinsen nach Möglichkeit entfernen. Weiter ausspülen.

Im Betrieb ist auf der Grundlage des Sicherheitsdatenblattes eine Betriebsanweisung zu erstellen und die Mitarbeiter/-innen sind entsprechend zu unterweisen.

6.4 Holzbeizen

Holzbeizen sollen die Holzoberfläche färben. Dabei muss die Holzstruktur erhalten bleiben, die Beizen dürfen also nicht decken.

Die Beize wird immer mit einem Lack geschützt.

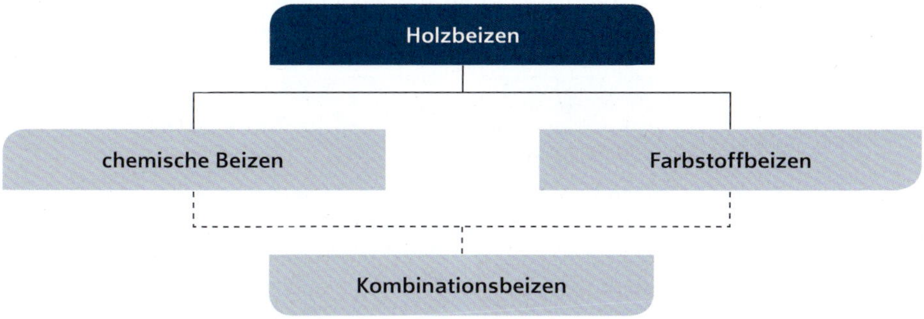

Einteilung der Holzbeizen

Besonderheiten von Beizen

Farbstoffbeizen	Chemische Beizen	Kombinationsbeizen
färben das Holz physikalisch	färben das Holz chemisch	Färben das Holz physikalisch und chemisch
der Farbton ist sofort sichtbar	der Farbton entwickelt sich erst langsam	der Farbton ist sofort sichtbar, verändert sich aber noch
erzeugen ein negatives Beizbild	erzeugen ein positives Beizbild	erzeugen ein gemischtes Beizbild
bestehen aus einem Werkstoff	bestehen aus Vor- und Nachbeize (Doppelbeize)	bestehen aus einem Werkstoff
sind für alle Hölzer geeignet	sind für alle Hölzer geeignet	sind nur für gerbstoffhaltige Hölzer geeignet

1. **Farbstoffbeizen**
   Der Farbstoff liegt in der Beize schon vor. Das Beizen ist ein physikalischer Vorgang. Da die helleren Stellen im Holz mehr Farbstoffbeize aufsaugen als die härteren, dunkleren Stellen des Holzes, färben sich die helleren Partien des Holzes beim Beizen dunkler. So entsteht ein negatives Beizbild.

2. **Chemische Beizen**
   Der Farbton bildet sich erst einige Zeit nach dem Beizen durch chemische Reaktionen des Beizmittels im Holz. Dazu wird das Holz in der Regel erst mit einer Vorbeize, dann mit einer Nachbeize behandelt. Deshalb bezeichnet man diese Beizen auch als Doppelbeizen.

Da sich der Farbton im Holz erst nach einiger Zeit bildet, spricht man auch von einer Entwicklerbeize. Es entsteht immer ein positives Beizbild, der Eindruck des Holzes bleibt also erhalten. Da die chemischen Beizen sehr schwierig zu verarbeiten sind, werden sie heute kaum mehr von Malern und Lackierern eingesetzt.

3. Kombinationsbeizen

Durch die Kombination von Farbstoffen mit chemischen Beizen wird das Holz physikalisch durch Farbstoffe und chemisch durch Reaktionen im Holz gefärbt.

positives Beizbild

negatives Beizbild

Übersicht über wichtige Holzbeizen

Handelsformen	Beschreibungen
Pulverbeizen	Pulverbeizen werden in heißem Wasser aufgelöst, aber kalt verwendet. Es gibt sie in allen Holztönen und vielen Bunttönen. Durch erhöhte Wasserzugabe können die Farbtöne aufgehellt werden. Das Wasser quillt die Holzfasern an, so wird das Holz rau.
Wasserbeizen	Die flüssigen, gebrauchsfertigen Beizen gibt es in allen Holztönen und vielen Bunttönen. Durch Mischen gleicher Beizen mit unterschiedlichen Farbtönen und/oder mit Beizkonzentrat lassen sich weitere Farbtöne erzielen. Wasserbeizen wirken egalisierend, so können Unregelmäßigkeiten im Holz ausgeglichen werden. Die Beizen sind frostempfindlich. Zur Verarbeitung dürfen keine rostenden Arbeitsgeräte eingesetzt werden. Der Wasseranteil raut das Holz auf.
Wasser-Alkohol-Beizen	Diese Beizen sind wie die Wasserbeizen sofort gebrauchsfertig, weisen besonders brillante Farbtöne auf, trocknen schneller und rauen das Holz weniger auf.

Handelsformen	Beschreibungen
Wachsbeizen	Die flüssigen, gebrauchsfertigen Wachsbeizen auf Wasserbasis wirken egalisierend und ergeben einen seidigen Antik-Effekt. Für stärker belastete Flächen eignen sich diese Beizen nicht.
lösemittelhaltige Beizen	Bei diesen flüssigen und gebrauchsfertigen Beizen sind die Farbstoffe und Pigmente in Lösemitteln eingearbeitet. Dadurch verkürzen sich die Trockenzeiten. Die Beizen betonen die Poren des Holzes, z. B. bei Esche und Eiche. Holzfehler wie Äste, Wirbel und gestürzte Furniere werden verstärkt sichtbar. Die Holzfaser wird nicht aufgeraut.
Laugenbeizen	Mit diesen gebrauchsfertigen Kombinationsbeizen wird der Effekt der gelaugten Eiche erzielt.
Farb- und Beizextrakte	Mit diesen Werkstoffen lassen sich die Farbtöne der Beizen verändern, die Farb- und Beizextrakte müssen aber zu dem System der jeweiligen Beizen gehören.

Beizen müssen vor Gebrauch gründlich durchgeschüttelt oder aufgerührt werden. Bei Verwendung mehrerer Einzelgebinde muss deren Inhalt vor Arbeitsbeginn gemeinsam durchgemischt werden.

Holzleimreste müssen sorgfältig entfernt werden. Danach wird die Holzfläche mit Schleifpapier der Körnung P 150 bis P 180 in Maserrichtung gründlich geschliffen und der Holzstaub entfernt. Die Poren werden ausgebürstet.

Je nach Beizsorte können die Holzbeizen gestrichen oder gespritzt werden. Dabei ist darauf zu achten, dass nicht zu viel Material aufgetragen wird. Für chemische Beizen und Kombinationsbeizen dürfen keine metallhaltigen Pinsel, Spritzpistolen und Blechgebinde eingesetzt werden.

Der endgültige Farbton der Beizen ist abhängig von der Art und Eigenfarbe sowie dem Schliff des Holzes, der Auftragsmenge der Beize und dem folgenden Lack. Deshalb ist immer eine Probebeize einschließlich des vorgesehenen Endlackes erforderlich.

6.5 Holzschutzmittel

Holzschutzmittel sollen das Holz vor Bakterien, Pilzen und Insekten schützen.

In der Bundesrepublik Deutschland müssen Holzschutzmittel für den Hochbau von anerkannten Prüfstellen (z. B. durch die Bundesanstalt Materialforschung und -prüfung, BAM) geprüft und vom Deutschen Institut für Bautechnik (DIBt) zugelassen werden. Die Geltungsdauer ist befristet und beträgt maximal fünf Jahre. Die zugelassenen Holzschutzmittel erhalten von diesem Institut eine Prüfnummer. Die festgestellten Schutzwirkungen werden auf der Verpackung und in den technischen Merkblättern der Holzschutzmittel in Form von Kurzzeichen angegeben.

Braunfäulepilzbefall an einem Fenster

Insektenbefall (Hausbock) an einem Dachstuhlbalken

Einer allgemeinen bauaufsichtlichen Zulassung nach der Bauordnung der Bundesländer bedürfen folgende Stoffe:

- Mittel zum vorbeugenden Schutz von Bauprodukten und Bauteilen aus Holz für tragende und/oder aussteifende Zwecke vor holzzerstörenden Pilzen und Insekten
- Mittel zum vorbeugenden Schutz von Bauprodukten und Bauteilen aus Holzwerkstoffen für tragende und/oder aussteifende Zwecke vor holzzerstörenden Pilzen und Insekten
- Mittel zur Bekämpfung eines vorhandenen Befalls von Bauteilen aus Holz und Holzwerkstoffen durch holzzerstörende Pilze und Insekten
- Mittel zur Verhinderung des Durchwachsens von Mauerwerk durch den Echten Hausschwamm (Schwammsperrmittel)

Keiner bauaufsichtlichen Zulassung bedürfen:

- Mittel zum vorbeugenden Schutz von Bauprodukten und Bauteilen aus Holz für nicht tragende und/oder nicht aussteifende Zwecke, z. B. innere Wand- und Deckenverkleidungen, Fenster, Außentüren
- Mittel zum vorbeugenden Schutz von Gegenständen, die nicht Teil einer baulichen Anlage im Sinne der Landesbauverordnung sind, z. B. Gartenmöbel, Bänke
- Mittel zur Bekämpfung eines Befalls durch holzzerstörende Insekten von Gegenständen, die nicht Teil einer baulichen Anlage im Sinne der Landesbauverordnung sind, z. B. alte Möbel
- Bläueschutzmittel zum vorbeugenden Schutz von Holz im Außenbereich ohne Erdkontakt einschließlich Fenster und Außentüren gegen holzverfärbende Organismen

Holzschutzmittel mit der Gütebezeichnung RAL sind güteüberwacht und auf ihre Wirksamkeit geprüft. Daneben erfolgen eine gesundheitliche Bewertung durch das Bundesinstitut für Risikobewertung (BFR) und umweltbezogen eine amtliche Prüfung.

Bläueschutzmittel nach der VDL-Richtlinie unterliegen einer freiwilligen Registrierung beim Umweltbundesamt (UBA), die eine Prüfung auf die Wirksamkeit und die gesundheitlichen Risiken und die Umweltverträglichkeit beinhaltet.

Kurzzeichen für Holzschutzmittel

Kurzzeichen	Schutzwirkung bzw. Eigenschaften
P	wirksam gegen Pilze; Fäulnisschutz
Iv	vorbeugend wirksam gegen Insekten
Ib	Insekten bekämpfend
S	geeignet zum Streichen, Spritzen und Tauchen
W	geeignet auch für Holz, das der Witterung ausgesetzt ist
E	geeignet auch für Holz, das extremer Beanspruchung ausgesetzt ist, z. B. mit Erdkontakt oder in fließendem Wasser
K	behandeltes Holz führt bei Chrom-Nickel-Stahl nicht zu Lochkorrosion

Das vom DIBt herausgegebene Holzschutzmittelverzeichnis[1] listet alle Holzschutzmittel mit bauaufsichtlicher Zulassung auf, enthält aber nicht den Wortlaut der Zulassung. Den verbindlichen Wortlaut der allgemeinen bauaufsichtlichen Zulassung kann man erfahren

- beim Hersteller des Holzschutzmittels (kostenlos),
- im Internet beim DIBt (kostenpflichtig),
- im Internet beim Fraunhofer-Informationszentrum Raum und Bau (kostenpflichtig).

Holzschutzmittel mit allgemeiner bauaufsichtlicher Zulassung

- sind nur für die gewerbliche Verwendung zugelassen,
- dürfen nur durch im Holzschutz qualifizierte Fachfirmen und Fachleute, die über die erforderliche technische Ausrüstung verfügen, verarbeitet werden,
- werden in den für die Mittel in den allgemeinen bauaufsichtlichen Zulassungen festgelegten Anwendungsbereichen und Einbringverfahren verarbeitet.

Für die Verarbeitung der Bekämpfungsmittel und Schwammsperrmittel müssen die ausführenden Fachleute außerdem über einen Sachkundenachweis nach der Gefahrstoffverordnung verfügen.

Der Sachkundenachweis „Holzschutz am Bau“ erfolgt durch das erfolgreiche Ablegen einer schriftlichen und mündlichen Prüfung.[2]

Für die Verwendung von Holzschutzmitteln gelten neben dem Wortlaut der bauaufsichtlichen Zulassung

- die Bestimmungen der DIN 68800 „Holzschutz“,
- die geltenden Gesetze, Vorschriften und Regeln zum Arbeits- und Umweltschutz mit den zugehörigen konkreten
  - Gefahrenhinweisen,
  - Sicherheitsratschlägen,
  - Schutzmaßnahmen und
- die Kennzeichnungspflicht für Holzschutzmittel.

---

[1] im Buchhandel erhältlich

[2] Deutscher Holz- und Bautenschutzverband e. V., https://www.dhbv.de/

Im Innenraum ist in aller Regel kein Schutz durch chemische Holzschutzmittel erforderlich.

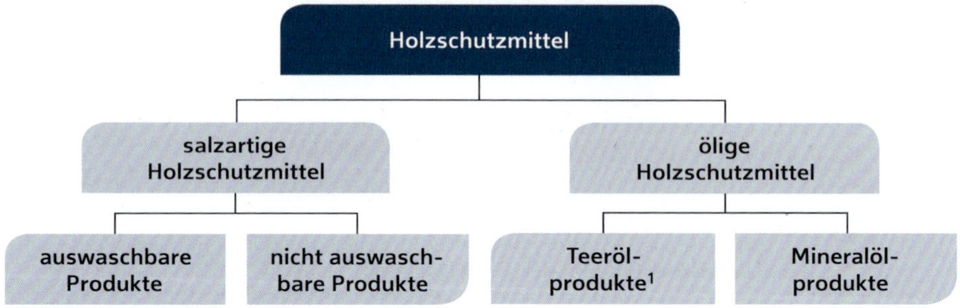

Einteilung der Holzschutzmittel

Holzschutzmittelgruppen

Holzschutzmittel	Wichtige Eigenschaften
Holzschutzsalze	werden in wasserlöslicher Salzform geliefert, einige Holzschutzsalze sind aber nach der Verwendung durch chemische Reaktionen im Holz wasserunlöslich; sind nicht für maßhaltiges Holz[2] geeignet
ölige Holzschutzmittel	werden als gebrauchsfertige Lösung geliefert, sind z. T. pigmentiert und somit farbgebend (Imprägnierlasuren)
Holzschutzmittel-Spezialprodukte	Spezialprodukte zur Bekämpfung von Mauerschwamm oder zum Schutz von Holzwerkstoffen
Bekämpfungsmittel	spezielle Holzschutzsalze oder ölige Mittel, die zur Bekämpfung von holzzerstörenden Insekten eingesetzt werden; sind besonders gesundheitsschädlich

Übersicht über vorbeugend wirksame Holzschutzsalze

Holzschutzmittel-Typ	Wirkstoffe	Schutzwirkung (Kurzzeichen)
B-Salze	Borverbindungen	P, Iv
SF-Salze	Silicofluoride	P, Iv
HF-Salze	Hydrogenfluoride	P, Iv
Chromfreie Cu-Präparate	Kupfer-, Bor- und Kupfer-HDO-Verbindungen	P, Iv

[1] Die Verwendung von Teerölen in Holzschutzmitteln ist aus Gesundheitsgründen nach § 15 GefStoffV verboten. Teeröle sind hier aufgeführt, weil sie durch Maler/-innen möglicherweise im Holz als Untergrund vorgefunden werden.

[2] maßhaltiges Holz = verleimte Holzkonstruktion

Holzschutzmittel-Typ	Wirkstoffe	Schutzwirkung (Kurzzeichen)
Chromfreie Cu-Präparate	Kupfer-, Bor- und Triazol-Verbindungen	P, Iv
Bor- und Quat-Präparate	Bor- und Quartäre Ammonium-Verbindungen[1]	P, Iv
Quat-Präparate	Quartäre Ammonium-Verbindungen	P, Iv
Chromfreie Cu-Präparate	Kupfer- und Quartäre Ammonium-Verbindungen	P, Iv, W, E
CK-Salze	Chrom- und Kupfer-Verbindungen	P, Iv, W, E

Übersicht über wasserverdünnbare/lösemittelhaltige, vorbeugend wirksame Holzschutzmittel

Holzschutzmittel-Typ	Wirkstoffe	Schutzwirkung (Kurzzeichen)
wässrig/wasserverdünnbar	Carbamate, Pyrethroide, Triazole	P, Iv
wässrig/wasserverdünnbar, reizend	Triazole, Farox	P, Iv
lösemittelhaltig, entaromatisiert	Carbamate, Pyrethroide, Triazole, Fluanide	P, Iv
lösemittelhaltig, aromatenarm	Carbamate, Pyrethroide, Triazole, Fluanide	P, Iv
lösemittelhaltig, aromatenreich	Carbamate, Pyrethroide, Fluanide, Ammonium-HDO	P, Iv

Übersicht über wasserverdünnbare/lösemittelhaltige, bekämpfend wirksame Holzschutzmittel

Holzschutzmittel-Typ	Wirkstoffe	Schutzwirkung (Kurzzeichen)
wässrig/wasserverdünnbar	Bor-Verbindungen	P, Iv, Ib
wässrig/wasserverdünnbar	Ammonium-Verbindungen	P, Iv, Ib
wässrig/wasserverdünnbar	Pyrethroide, Benzoylharnstoffderivate	P, Iv, Ib

[1] Quartäre Ammoniumverbindungen sind organische Ammoniumverbindungen, bei denen alle vier Außenelektronen (Valenzen) eines Stickstoffatoms organisch gebunden sind.

Holzschutzmittel-Typ	Wirkstoffe	Schutzwirkung (Kurzzeichen)
lösemittelhaltig, entaromatisiert	Pyrethroide, Benzoylharnstoffderivate, Triazole	P, Iv, Ib
lösemittelhaltig, aromatenarm	Pyrethroide, Benzoylharnstoffderivate, Triazole	P, Iv, Ib
lösemittelhaltig, aromatenreich	Pyrethroide, Triazole	P, Iv, Ib

Achtung

Umweltschutz

Holzschutzmittel gehören zu den umweltschädigenden und wassergefährdenden Stoffen. Bei der Verarbeitung muss die Umgebung des Holzschutzmittels sauber gehalten werden. Es darf kein Holzschutzmittel in den Boden oder in Gewässer gelangen.

Holzschutzmittel dürfen nur im Außenbereich und nur dann eingesetzt werden, wenn auf den chemischen Holzschutz entsprechend der DIN 68800 „Holzschutz“ und der Landesbauverordnungen nicht verzichtet werden kann.

Die Reste und Gebinde der Holzschutzmittel sind als gefährliche Abfälle zu entsorgen.

Farbreste entsorgen

Farbdosen entsorgen

Gesundheitsschutz beim Umgang mit Holzschutzmitteln

Holzschutzmittel sind gesundheits- und umweltschädlich. Je nach Zusammensetzung ist ihre Schädlichkeit unterschiedlich stark ausgeprägt. Die Beachtung des jeweiligen Sicherheitsdatenblattes ist unabdingbar.

Gefahrenhinweise:

H302 Gesundheitsschädlich bei Verschlucken.
H304 Kann bei Verschlucken und/oder Eindringen in die Atemwege tödlich sein.
H315 Verursacht Hautreizungen.
H317 Kann allergische Hautreaktionen verursachen.
H319 Verursacht schwere Augenreizung.
H400 Sehr giftig für Wasserorganismen.
H410 Sehr giftig für Wasserorganismen, mit langfristiger Wirkung.
EUH401 Zur Vermeidung von Risiken für Mensch und Umwelt die Gebrauchsanleitung einhalten.

DIN 68800 „Holzschutz“

Sicherheitshinweise:
P261 Einatmen von Staub/Rauch/Gas/Nebel/Dampf/Aerosol vermeiden.
P264 Nach Gebrauch mit viel Wasser und Seife gründlich waschen.
P270 Bei Verwendung dieses Produkts nicht essen, trinken oder rauchen.
P272 Kontaminierte Arbeitskleidung nicht außerhalb des Arbeitsplatzes tragen.
P280 Schutzhandschuhe/Schutzkleidung/Augenschutz/Gesichtsschutz tragen.
P330 Mund ausspülen.
P331 KEIN Erbrechen herbeiführen.
P361 Alle kontaminierten Kleidungsstücke sofort ausziehen.
P391 Verschüttete Mengen aufnehmen.
P301 + P310 Bei Verschlucken: Sofort Giftinformationszentrum/Arzt anrufen.
P302 + P352 Bei Berührung mit der Haut: Mit viel Wasser und Seife waschen.
P333 + P313 Bei Hautreizung oder -ausschlag: Ärztlichen Rat einholen/ärztliche Hilfe hinzuziehen.
P305 + P351 + P338 Bei Kontakt mit den Augen: Einige Minuten lang behutsam mit Wasser ausspülen. Vorhandene Kontaktlinsen nach Möglichkeit entfernen. Weiter ausspülen.
P501 Inhalt/Behälter der Problemabfallentsorgung zuführen.

Im Betrieb ist auf der Grundlage des Sicherheitsdatenblattes eine Betriebsanweisung zu erstellen und die Mitarbeiter/-innen sind entsprechend zu unterweisen.

6.6 Holzlasuren

Holzlasuren sollen dem Holz einen Farbton verleihen, ohne die Holzmaserung zu verdecken. Im Außenbereich müssen die Holzlasuren auch vor Verwitterung schützen. Hierzu gehört der Schutz vor Feuchtigkeit und vor UV-Strahlen. Ein guter UV-Schutz ist nur mit pigmentierten Holzlasuren möglich. Zu helle Lasuren schützen das Holz nicht ausreichend vor UV-Strahlen. Die zugesetzten UV-Absorber verlieren mit der Zeit an Wirksamkeit.

Dunkle Holzlasuren schützen meist gut vor UV-Strahlen, allerdings sind bei dunklen Anstrichen durch die Aufheizung Holzschäden wie Harzausfluss und aufgehende Verleimungen möglich. Insektenvorbeugende und pilzwidrige Wirkstoffe sind in der Regel nur in Imprägnierlasuren sinnvoll möglich. Nur diese Lasuren sind dünn genug, um in das Holz einzudringen und so den speziellen Holzschutz zu ermöglichen.

Helle Lasuren können das Holz nicht ausreichend vor den schädlichen UV-Strahlen schützen.

Einteilung der Holzschutzlasuren

Holzlasuren	Bindemittel	Festkörper[1]	Eigenschaften und Verwendung
Imprägnier-lasuren	Alkydharze	unter 30 %	sehr dünnflüssig, daher besonders gutes Eindringvermögen, insektenvorbeugende und pilzwidrige Einstellung ist möglich, ergeben nur sehr dünne Beschichtungen, daher sehr wasserdampfdurchlässig, besonders für nicht maßhaltiges Holz, wie Holzverkleidungen, Balkenkonstruktionen usw., geeignet.
Dickschicht-lasuren	Alkydharze	30–60 %	dickflüssig, dringen deshalb kaum in das Holz ein, höhere Schichtdicken sind möglich, höherer Schutz gegen eindringende Feuchtigkeit, besonders für maßhaltiges Holz wie Fenster u. Ä. geeignet
Dispersi-onslasuren	Acrylharze, z. T. auch Alkydharze	30–50 %	enthalten kaum Lösemittel, daher besonders gesundheits- und umweltfreundlich, dickflüssiger, dringen deshalb kaum in das Holz ein, höhere Schichtdicken sind möglich

6.7 Brandschutzmittel

Brandschutzmittel sind Beschichtungsstoffe, die auf einen Untergrund aufgetragen werden, um das Brandverhalten der Baustoffe und Bauteile zu verbessern.

[1] Unter Festkörper versteht man die nach dem Trocknen bzw. Erhärten des Beschichtungsstoffs zurückbleibende Menge in Prozent.

Brandversuch bei einer Brandschutzbeschichtung auf Holz. Der sich durch die Hitze bildende Kohlenstoffschaum schützt den Untergrund vor der Hitze.

Als Brandschutzmittel werden heute ausschließlich Dämmschichtbildner eingesetzt. Diese Beschichtungsstoffe enthalten als Wirkstoffe Ammoniumpolyphosphate, Melamin, Dipentaerythrit und Chlorparaffine.

Bei Temperaturen ab 423 K (150 °C) bildet sich eine mehrere Zentimeter dicke Kohlenstoffschaumschicht. Durch die extrem schlechte Wärmeleitfähigkeit dieser Schicht wird der Untergrund vor der Hitze geschützt. Da die Dämmschichtbildner häufig feuchtigkeitsempfindlich sind, können die meisten Brandschutzbeschichtungen nur im Innenraum eingesetzt werden.

Dämmschichtbildner werden eingesetzt
1. zum Schwerentflammbarmachen von brennbaren Baustoffen, z. B. von Holz,
2. zur Verbesserung der Feuerwiderstandsdauer von nicht brennbaren Baustoffen, z. B. von Stahl.

Ein Brandschutzsystem besteht aus drei Schichten:
1. auf das Brandschutzsystem abgestimmte Grundierung
2. eigentlicher Dämmschichtbildner
3. auf das Brandschutzsystem abgestimmter Schutzlack, der den Dämmschichtbildner vor Feuchtigkeit und Beschädigung schützen soll

Die Brandschutzmittel müssen vom Deutschen Institut für Bautechnik (DIBt) geprüft sein und ein Prüfzeichen dieses Institutes aufweisen. Die im Prüfbescheid vorgeschriebene Schichtdicke der Brandschutzbeschichtung ist unbedingt einzuhalten.

6.8 Dichtstoffe

Dichtstoffe werden als spritzbare Masse zum Verschließen von Fugen und für Verglasungen eingesetzt.

Die früher aufgrund der Rohstoffbasis getroffene Unterscheidung in erhärtende, plastische und elastische Dichtstoffsysteme kann durch Maler/-innen oft nicht mehr durchgeführt werden, der Übergang ist fließend. Dies kann man insbesondere bei den Acryldichtstoffen erkennen. Erhärtende Dichtstoffe spielen heute praktisch keine Rolle mehr.

Übersicht verschiedener Dichtstoffsysteme

Rohstoffbasis	Dichtstoffsystem
Silikon	sauer härtend
	alkalisch härtend
	neutral härtend
Polyurethan	einkomponentig
	zweikomponentig
Polysulfid (Thiokol)	einkomponentig
	zweikomponentig
Acryldispersion	elastoplastisch
	plastoelastisch
	elastisch
Acryl	lösemittelhaltig
MS-Polymer	elastisch
Butylkautschuk	plastisch

Für Fugen in Nassbereichen müssen entsprechend den Richtlinien fungizid eingestellte (pilzwidrige) Dichtstoffe eingesetzt werden.
Erhärtende Dichtstoffe (Leinölkitte) müssen überstrichen werden, plastische Dichtstoffe dürfen überstrichen werden und elastische Dichtstoffe dürfen nicht überstrichen werden. Auf elastischen Dichtstoffen ist der Anstrich in 1 mm Breite zu beschneiden.

Da die Unterscheidung in plastische und elastische Dichtstoffe vom Verarbeiter nicht mehr problemlos möglich ist, ist hierzu alleinig die Festlegung des Dichtstoffherstellers entscheidend. Werden elastische Dichtstoffe überstrichen, platzt die Beschichtung ab oder bekommt aufgrund der geringeren Dehnfähigkeit Risse, die auch zum Reißen des Dichtstoffs führen können.

siehe auch Band 2, Teil H, Kapitel 12, Seite 217

6.9 Baugipse

Gips wird durch Brennen aus Gipsstein bei Temperaturen zwischen 393 und 473 K (= 120–200 °C) hergestellt. Dabei entweicht ein Teil des chemisch gebundenen Wassers. Dieses Wasser wird bei der Erhärtung wieder aufgenommen. Deshalb kann man auch von einem Kreislauf des Gipses sprechen. Er läuft wie folgt ab:

1. Herstellung

Gipsstein (Kalziumsulfat-doppelhydrat)	→	Gips (Kalziumsulfat-halbhydrat)	+	Wasser
$CaSO_4 \cdot 2\ H_2O$	→	$CaSO_4 \cdot 0{,}5\ H_2O$	+	$1{,}5\ H_2O$

2. Erhärtung

Stuckgips (Kalziumsulfat-halbhydrat)	+	Wasser	→	Gipsstein (Kalziumsulfat-doppelhydrat)
$CaSO_4 \cdot 0{,}5\ H_2O$	+	$1{,}5\ H_2O$	→	$CaSO_4 \cdot 2\ H_2O$

Gips muss beim Anmachen in das Wasser gestreut werden (nie umgekehrt), bis sich auf der Oberfläche kleine Inseln bilden. Erst dann darf umgerührt werden. Beim falschen Anrühren entstehen Knollen, die ungebundenen Gips enthalten.

Die Erhärtung lässt sich durch Leim-, Kalk- und Dispersionszusätze verzögern. Wärme oder der Zusatz bestimmter Salze, z. B. Glaubersalz, beschleunigen die Erhärtung.

Die Verarbeitung des Gipses muss abgeschlossen werden, bevor der Gips steif wird. Nach dem Anziehen des Gipses darf kein Wasser mehr eingerührt werden. Der Gips würde sonst seine Festigkeit nicht erreichen.

Durch unterschiedliche Brenntemperaturen (unterschiedlich starkes Austreiben des Kristallwassers) und Zusatz von Hilfsstoffen lassen sich verschiedene Gipssorten herstellen.

Gipssorten

Baugipssorten	Hinweise zur Anwendung
Stuckgips	ist ca. zehn bis 15 Minuten verarbeitungsfähig, Verwendung für Innenputze und Stuckarbeiten, für Ausbesserungen und zur Fertigung von Gipsbauarbeiten
Putzgips	ist ca. 30 bis 60 Minuten verarbeitungsfähig, wird für Innenputze eingesetzt
Fertigputzgips	erhärtet nach ca. fünf Stunden, wird für Innenputze eingesetzt
Haftgips	ist wegen der haftungsverbessernden Zusätze besonders für dünne, einlagige Innenputze geeignet

Baugips-sorten	Hinweise zur Anwendung
Ansetzgips	wird zum Ansetzen von Gipskartonplatten eingesetzt
Fugengips	zieht nur langsam an, wird zum Verfugen von Gipskartonplatten eingesetzt
Spachtelgips	wird zum Verspachteln von Gipskartonplatten eingesetzt
Maschinen-putzgips	Zusätze erleichtern die maschinelle Verarbeitung, zur Herstellung dichter, gering saugender Innenputze.

Die sog. hydraulisch abbindenden Spachtelmassen, z. B. Moltofil, enthalten neben Gips noch die Erhärtung verzögernde Zusatzstoffe, wie z. B. Zelluloseleime.

Gipse sind hygroskopisch (= Wasser anziehend). Sie müssen deshalb unbedingt trocken gelagert werden.

Gipse sind auch nach der Erhärtung etwas wasserlöslich und deshalb nicht für außen geeignet.

6.10 Spachtelmassen

Spachtelmassen sind nach DIN 55945 „Beschichtungsstoffe und Beschichtungen" stark pigmentierte und gefüllte Anstrichstoffe zum Ausgleichen von Unebenheiten des Untergrunds. Spachtelmassen werden zum Glätten des Untergrunds eingesetzt.

Spachtelmassen können bei zieh-, streich- oder spritzfähig hergestellt werden. Die getrocknete Spachtelschicht muss sich gut schleifen lassen. In der Regel folgen auf der durchgehärteten Spachtelschicht noch Beschichtungen.

Durch den hohen Füllstoffanteil verlieren Spachtelmassen an Elastizität. So sind Spachtelungen auf Holz und auf Kunststoffen im Außenbereich problematisch und sollten vermieden werden.

Die Beschichtung der Außentür platzt von der Spachtelschicht ab. Wegen mangelnder Elastizität und Plastizität sind derartige Spachtelungen außen nicht zulässig.

Übersicht über wässrige Spachtelmassen

Spachtelmassen	Wichtige Eigenschaften	Verwendung
Gipsspachtel (mit Leim- oder Kunststoffdispersionszusatz)	gutes Haftvermögen, auf saugenden Untergründen ist aber ein Annässen erforderlich; sehr gutes Füllvermögen; feuchtigkeitsempfindlich, daher nicht wetterbeständig; überstreichbar mit Leim- und Kunststoffdispersionsfarben	auf mineralischen Untergründen im Innenraum
Zementspachtel (mit Kunststoffdispersionszusatz)	gutes Haftvermögen, Annässen erforderlich; sehr gut füllend; überstreichbar mit Leim- und Kunststoffdispersionsfarben	auf Beton
Leimspachtel	gutes Haftvermögen, gut füllend; feuchtigkeitsempfindlich, daher nicht wetterbeständig; überstreichbar mit Leim- und Kunststoffdispersionsfarben	auf mineralischen Untergründen im Innenraum
Kunststoffdispersionsspachtel	sehr gutes Haftvermögen nach vorhergehender Grundierung; im Allgemeinen gut füllend; die meisten Produkte sind nicht wetterbeständig; überstreichbar mit Leim- und Kunststoffdispersionsfarben	auf mineralischen Untergründen, meist im Innenraum

Übersicht über Einkomponenten-Spachtelmassen

Spachtelmassen	Wichtige Eigenschaften[1]	Verwendung
Ölspachtel[2]	gutes Haftvermögen nach vorheriger Grundierung; mäßig füllend; härtet nur in dünnen Schichten gut durch; schleifbar nach ca. 24 Stunden; überstreichbar mit Öl- und Alkydharzlacken sowie mit Dispersionslackfarben	innen auf neutralen mineralischen Untergründen, auf Holz und Metallen im Innenraum
Alkydharzspachtel[3]	gutes Haftvermögen nach vorheriger Grundierung; mäßig füllend; härtet nur in dünnen Schichten gut durch; schleifbar nach ca. zwölf Stunden; überstreichbar mit Öl- und Alkydharzlacken sowie mit Dispersionslackfarben	innen auf neutralen mineralischen Untergründen, auf Holz und Metallen (auf Holz aber nur im Innenraum)
Nitrokombinationsspachtel[4]	gutes Haftvermögen nach vorheriger Grundierung; Auftrag nur in dünnen Schichten möglich; mäßig füllend; härtet nur in dünnen Schichten gut durch; schleifbar nach ca. zwölf Stunden; an einem Tag können aber bis zu sechs Schichten aufgetragen werden; überstreichbar mit Alkydharz- und Acrylharzlacken	speziell in der Fahrzeug-Reparaturlackierung zum Ausgleichen geringer Unebenheiten, heute nur noch von geringer Bedeutung

[1] Bei der Überstreichbarkeit werden nur die dafür üblichen Beschichtungsstoffe angegeben.
[2] siehe auch Teil G, Kapitel 2.11, Seite 441
[3] siehe auch Teil G, Kapitel 2.15, Seite 451
[4] siehe auch Teil G, Kapitel 2.22.2, Seite 478

Übersicht über Zweikomponenten-Spachtelmassen

Spachtelmassen	Wichtige Eigenschaften	Verwendung
Polyesterspachtel[1]	sehr gute Haftung; sehr gutes Füllvermögen; kurze Topfzeit; härtet in jeder Schichtdicke durch; überarbeitbar mit allen Lackfarben	besonders in der Fahrzeug-Reparaturlackierung
Polyurethanspachtel[2]	sehr gute Haftung; sehr gutes Füllvermögen; eingeschränkte Topfzeit; große Härte- und Wasserbeständigkeit; auf saugenden Untergründen ist eine Grundierung auf Epoxidharz- oder Polyurethanbasis erforderlich; überstreichbar mit allen Lackfarben	für Beton und für Metalle
Epoxidharzspachtel[3]	sehr gute Haftung; sehr gutes Füllvermögen; eingeschränkte Topfzeit; große Härte- und Wasserbeständigkeit; auf saugenden Untergründen ist eine Grundierung auf Epoxidharzbasis erforderlich; überstreichbar mit allen Lackfarben	besonders geeignet für Beton, manche Sorten auch für Metalle

6.11 Blattmetalle

Blattmetalle sind hauchdünn gewalzte und geschlagene Metallfolien. Mit Blattmetallen werden Untergründe überzogen, um ihnen das Aussehen der verwendeten Metalle zu verleihen.

Schneiden und Entnehmen von Blattgold aus einem Heftchen

---

1 siehe auch Teil G, Kapitel 2.16, Seite 454
2 siehe auch Teil G, Kapitel 2.17, Seite 458
3 siehe auch Teil G, Kapitel 2.18, Seite 465

Übersicht über Blattmetalle

Bezeichnungen	Enthaltene Metalle	Besonderheiten
Blattgold	Gold, meist als Legierung	Der Goldanteil wird in Karat[1] angegeben. Reines Gold hat 24 Karat. Für außen muss Gold mindestens 23 Karat haben. Transfergold ist Blattgold, das auf Seidenpapier gepresst wurde. Doppelgold ist etwas dickeres Blattgold.
Blattsilber	Silber	Muss mit einem Lacküberzug vor Verfärbungen geschützt werden.
Blattaluminium	Aluminium	Ist wetterbeständig und wird häufig als Ersatz für Blattsilber eingesetzt.
Schlagmetall bzw. Kompositionsgold	Messing	Wird als Blattgoldersatz (Imitation) verwendet, muss mit einem Lacküberzug vor Korrosion geschützt werden.

6.11.1 Blattgold

Das Gold wird rein oder mit genau ausgewogenen Anteilen von Platin, Silber und Kupfer geschmolzen und in Formen gegossen. Anschließend walzt man das Gold in Maschinen in mehreren Arbeitsgängen zu immer dünnerem Goldblech. Dieses wird in kleine Blättchen zerschnitten. Die einzelnen Blättchen legt man in der Goldschlägerform zwischen Lagen von speziellen Kunststoffblättchen[2]. Durch Ausschlagen (früher von Hand, heute in aller Regel computergesteuert) und Zuschneiden und erneutes Ausschlagen erreicht man Blattgolddicken zwischen 1/7000 mm und 1/10000 mm.

Das Blattgold wird in Quadrate mit 80 mm bzw. 85 mm Seitenlänge zugeschnitten, wobei auf Wunsch auch Sondermaße hergestellt werden.

Das Blattgold wird Blatt für Blatt in Heftchen aus Seidenpapier eingelegt. Ein Heftchen enthält 25 Stück Blattgold. Zwölf Heftchen werden zu einem Buch zusammengefasst. Blattgold ist als Heftchen oder als Buch erhältlich.

Blattgoldsorten

Die verschiedenen Blattgoldsorten unterscheiden sich in der Blattdicke oder im Goldgehalt und somit auch im Farbton.

---

[1] Karat (nach griech. *keration* = getrockneter Samen des Johannesbrotbaums, der früher zum Wiegen von Gold und Diamanten verwendet wurde) war im Mittelalter die Bezeichnung für einen Teil der in 24 Teile geteilten Kölnischen Mark.
Reines Gold hat 24 Karat. Ein Blattgold mit 23 Karat enthält 23 Teile Gold und ein Teil andere Metalle. Bei Schmuck wird der Goldgehalt seit Langem in Tausendstel ausgedrückt. So besagt der Stempel 333 auf einem Schmuckstück, dass es aus 333 Teilen Gold und 667 Teilen anderer Metalle besteht, dies würde etwa 8 Karat entsprechen.
Bei Edelsteinen ist das Karat ein Gewichtsmaß: 1 Karat = 0,2 Gramm.

[2] Früher verwendete man dazu präparierten Ochsenblinddarm.

Unterscheidung der Blattgoldsorten nach Blattdicke

Blattgoldsorten	Blattdicken	Verwendung
Einfachgold	übliche Blattdicke ca. 1/10000 mm	für die meisten Vergoldungen
Doppelgold	ursprünglich doppelt so dick wie das Einfachgold, heute zwar dicker als das Einfachgold, aber nicht mehr doppelt so dick	besonders für Außenvergoldungen
Dreifachgold	dicker als Doppelgold, aber nicht mehr wie früher drei mal so dick wie Einfachgold	für besonders beständige Außenvergoldungen

Der Anteil an Legierungsmetallen, wie Platin, Silber und Kupfer, beeinflusst Farbton und Wetterbeständigkeit.

Unterscheidung der Blattgoldsorten nach dem Goldgehalt

Bezeichnung	Karat	Goldanteil	Platinanteil	Silberanteil	Kupferanteil
Ewiggold	24	1 000/1 000	–	–	–
Platora	über 23 $\frac{3}{4}$	995/1 000	5/1 000	–	–
Orangegold (Rosenobelgold)	23 $\frac{3}{4}$	991/1 000	–	7/1 000	2/1 000
Orangegold (Dukatengold)	23 $\frac{1}{2}$	980/1 000	–	12/1 000	8/1 000
Orangegold (Dukatengold)	23	958/1 000	–	30/1 000	12/1 000
Orangegold	22 $\frac{1}{2}$	937/1 000	–	43/1 000	20/1 000
Hellorangegold	22	917/1 000	–	55/1 000	28/1 000
Rotgold	22 $\frac{3}{4}$	950/1 000	–	10/1 000	40/1 000
Gelbgold	20 $\frac{1}{2}$	850/1 000	–	125/1 000	25/1 000
Zitronengold	18 $\frac{1}{2}$	770/1 000	–	200/1 000	30/1 000
Grüngold	17 $\frac{1}{2}$	630/1 000	–	350/1 000	20/1 000
Weißgold	12	500/1 000	–	500/1 000	–
Zwischengold	8 $\frac{1}{2}$	350/1 000	–	650/1 000	–

Da Silber und Kupfer oxidieren und so den Farbton ändern, sind im Außenbereich ohne Schutzlackierung nur Blattgoldsorten über 23 Karat beständig.

Um das Blattgold bei Ölvergoldungen leichter verarbeiten zu können, wird es auch auf Seidenpapier gepresst. Dieses Blattgold ist als Transfergold oder Sturmgold im Handel. Transfergold lässt sich gemeinsam mit dem Seidenpapier mit der Schere schneiden. Bei Ölvergoldung wird das Gold mit dem Seidenpapier nach oben in das Mixtion (= Anlegeöl) eingelegt und leicht angerieben. Dadurch haftet das Blattgold auf dem Anlegeöl. Das Seidenpapier wird weggenommen.

6.11.2 Blattsilber

Die Herstellung von Blattsilber entspricht der von Blattgold. Allerdings kann das Blattsilber nicht so dünn ausgeschlagen werden wie das Blattgold, dazu ist das Silber zu spröde. Blattsilber wird wie Blattgold in Heftchen mit jeweils 25 Stück gehandelt, wobei hier zehn Heftchen ein Buch ergeben. Das Standardmaß von Blattsilber beträgt bei einer Dicke von 1/4000 mm 95 × 95 mm. Auf Wunsch ist auch Transfersilber lieferbar.

Blattsilber ist gegen Hitze und schwefelige Verunreinigungen in der Luft sehr empfindlich. Deshalb muss es stets mit einem Lacküberzug geschützt werden. Daher hält sich die Anwendung von Blattsilber in Grenzen.

6.11.3 Blattaluminium

Blattaluminium ist dünn gewalztes, reines Aluminium. Es wird im Heftchen bündig geschnitten[1] in den Größen 100 × 100 mm, 140 × 140 mm und 160 × 160 mm ohne Papierzwischenlage in sog. Schlägen zu 50 oder 100 Blatt gehandelt.

Blattaluminium ist wetterbeständig. Daher wird es häufig als Ersatz für Blattsilber eingesetzt und auf Mixtion (Anlegeöl) oder der sog. Anlagemilch (Dispersionsbindemittel) eingelegt.

6.11.4 Blattmessing

Die ca. 1/2000 mm dünnen, goldfarbenen Metallblättchen bestehen aus einer Legierung von 80 % Kupfer und 20 % Zink. Blattmessing wird durch Walzen hergestellt.

Durch Variieren der Metallanteile in der Legierung werden verschiedene Farbabstufungen hergestellt.

Farbbezeichnungen und Tönungen von Blattmessing

Farbe 1	Rotgold
Farbe 2	Dunkelgold
Farbe $2\frac{1}{2}$	Mittelgold
Farbe 3	Hellgold

[1] Das Blattaluminium wird gemeinsam mit dem Seidenpapierheftchen beschnitten, die Kanten des Blattaluminiums schließen somit mit den Papierkanten ab.

Die allgemeine Handelsbezeichnung von Blattmessing ist „Schlagmetall". Geliefert wird dieses Blattmetall in 160 × 160 mm großen Blättern, die im sog. „Schlag" zu jeweils 100 Stück lose übereinander liegen.

Wird Blattmessing in Heftchen und Büchern geliefert, wird es in der Farbe 2½ Mittelgold unter der Bezeichnung „Kompositionsgold" gehandelt. Das Metall wird hier mit dem Heftchen zugeschnitten und nicht wie Blattgold in das Heftchen eingelegt. Die Blattmaße betragen 85 × 85 mm, 95 × 95 mm oder 140 × 140 mm.

Da Blattmessing gegenüber Sauerstoff, Laugen und Säuren sowie Hitze sehr empfindlich ist, muss es stets mit einem Lacküberzug geschützt werden.

Schlagmetall und Kompositionsgold werden stets für billigere Imitationen des teuren, echten Blattgoldes auf Mixtion oder Anlegemilch eingesetzt.

6.11.5 Blattkupfer

Für die dekorative Verwendung wird Kupfer in dünne Blättchen gewalzt. Durch die Behandlung mit Säuren, Alkalien und schwefelhaltigen Stoffen lassen sich interessante Färbungen erzielen. Blattkupfer wird nur auf Mixtion eingesetzt.

In der häufigsten Lieferform wird das Blattkupfer in Heftchen in den Größen 100 × 100 mm und 140 × 140 mm verkauft.

6.12 Gesetze, Verordnungen, Vorschriften und Richtlinien

Gesetze und Verordnungen

MuSchG Gesetz zum Schutz von Müttern bei der Arbeit, in der Ausbildung und im Studium (Mutterschutzgesetz)

JArbSchG Gesetz zum Schutz der arbeitenden Jugend (Jugendarbeitsschutzgesetz)

ArbSchG Gesetz über die Durchführung von Maßnahmen des Arbeitsschutzes zur Verbesserung der Sicherheit und des Gesundheitsschutzes der Beschäftigten bei der Arbeit (Arbeitsschutzgesetz)

ChemG Gesetz zum Schutz vor gefährlichen Stoffen (Chemikaliengesetz)

ArbStättV Verordnung über Arbeitsstatten (Arbeitsstättenverordnung)

GefStoffV Verordnung zum Schutz vor Gefahrstoffen (Gefahrstoffverordnung)

Richtlinien

DIN EN 20-1 Holzschutzmittel; Bestimmung der vorbeugenden Wirkung gegenüber Lyctus brunneus (Stephens); Teil 1: Oberflächenbehandlung (Laboratoriumsverfahren)

DIN EN 20-2 Holzschutzmittel; Bestimmung der vorbeugenden Wirkung gegenüber Lyctus brunneus (Stephens); Teil 2: Anwendung durch Volltränkung (Laboratoriumsverfahren)

DIN EN 46-1 Holzschutzmittel – Bestimmung der vorbeugenden Wirkung gegenüber frisch geschlüpften Larven von Hylotrupes bajulus (Linnaeus) – Teil 1: Anwendung durch Oberflächenverfahren (Laboratoriumsverfahren)

DIN EN 47	Holzschutzmittel – Bestimmung der Grenze der Wirksamkeit gegenüber Larven von Hylotrupes bajulus (Linnaeus) – (Laboratoriumsverfahren)
DIN EN 48	Holzschutzmittel – Bestimmung der bekämpfenden Wirkung gegenüber Larven von Anobium punctatum (De Geer) – (Laboratoriumsverfahren)
DIN EN 1014-1	Holzschutzmittel – Kreosot (Teerimprägnieröl) und damit imprägniertes Holz – Probenahme und Analyse – Teil 1: Verfahren zur Probenahme von Kreosot
DIN EN 15651-2	Fugendichtstoffe für nicht tragende Anwendungen in Gebäuden und Fußgängerwegen – Teil 2: Fugendichtstoffe für Verglasungen
DIN EN 15651-3	Fugendichtstoffe für nicht tragende Anwendungen in Gebäuden und Fußgängerwegen – Teil 3: Dichtstoffe für Fugen im Sanitärbereich
DIN 4102	Brandverhalten von Baustoffen und Bauteilen
DIN 18363 VOB Teil C	Allgemeine Technische Vertragsbedingungen für Bauleistungen (ATV) – Maler- und Lackierarbeiten – Beschichtungen
DIN 18540	Abdichten von Außenwandfugen im Hochbau mit Fugendichtstoffen
DIN 18545	Abdichten von Verglasungen mit Dichtstoffen – Anforderungen an Glasfalze und Verglasungssysteme
DIN 52452-4	Prüfung von Dichtstoffen für das Bauwesen – Verträglichkeit der Dichtstoffe – Teil 4: Verträglichkeit mit Beschichtungssystemen
DIN 55945	Beschichtungsstoffe und Beschichtungen – Ergänzende Begriffe zu DIN EN ISO 4618
DIN 68800	Holzschutz
DIN EN ISO 4618	Beschichtungsstoffe – Begriffe
DIN EN ISO 6927	Dichtstoffe im Hoch- und Tiefbau – Begriffe
DIN EN ISO 8394-1	Hochbau – Fugendichtstoffe – Teil 1: Bestimmung der Verarbeitbarkeit von Dichtstoffen

Technische Regeln für Gefahrstoffe (TRGS)

TRGS 400	Gefährdungsbeurteilung für Tätigkeiten mit Gefahrstoffen
TRGS 402	Ermitteln und Beurteilen der Gefährdungen bei Tätigkeiten mit Gefahrstoffen: Inhalative Exposition
TRGS 555	Betriebsanweisung und Information der Beschäftigten
TRGS 900	Arbeitsplatzgrenzwerte
TRGS 905	Verzeichnis krebserzeugender, keimzellmutagener oder reproduktions-toxischer Stoffe
TRGS 907	Verzeichnis sensibilisierender Stoffe und von Tätigkeiten mit sensibilisierenden Stoffen

Regeln und Merkblätter

BFS-Merkblatt Nr. 15	Brandschutzbeschichtungen auf Holz, Holzwerkstoffen und Stahlbauteilen

IVD[1] -Merkblatt 1	Abdichtung von Bodenfugen mit elastischen Dichtstoffen
IVD-Merkblatt 2	Klassifizierung von Dichtstoffen
IVD-Merkblatt 3-1	Konstruktive Ausführung und Abdichtung von Fugen in Sanitär- und Feuchträumen – Teil 1: Abdichtung mit spritzbaren Dichtstoffen
IVD-Merkblatt 9	Spritzbare Dichtstoffe in der Anschlussfuge für Fenster und Außentüren
IVD-Merkblatt 10	Glasabdichtung am Holzfenster mit Dichtstoffen
IVD-Merkblatt 11	Erläuterungen zu Fachbegriffen aus dem „Brandschutz" aus Sicht der Dichtstoffe bzw. den mit Dichtstoffen ausgespritzten Fugen
IVD-Merkblatt 12	Überstreichbarkeit von Dichtstoffen
IVD-Merkblatt 13	Glasabdichtung an Holz-Metall-Fensterkonstruktionen mit Dichtstoffen
IVD-Merkblatt 14	Dichtstoffe und Schimmelpilzbefall – Ursachen –Vorbeugung – Sanierung
IVD-Merkblatt 16	Anschlussfugen im Trockenbau
IVD-Merkblatt 20	Fugenabdichtung an Holzbauteilen und Holzwerkstoffen – Einsatzmöglichkeiten von spritzbaren Dichtstoffen
IVD-Merkblatt 26	Abdichten von Fenster- und Fassadenfugen mit vorkomprimierten und imprägnierten Fugendichtbändern (Kompri-Bänder)
IVD-Merkblatt 27	Abdichten von Anschluss- und Bewegungsfugen an der Fassade mit spritzbaren Dichtstoffen
IVD-Merkblatt 28	Sanierung von defekten Fugenabdichtungen an der Fassade
IVD-Merkblatt 29	Fugenarbeiten im Maler- und Lackiererhandwerk
IVD-Merkblatt 31	Sanierung von Fugenabdichtungen im Hochbau

7 Wandbekleidungen

Wandbekleidungen ist der Überbegriff für alle Werkstoffe, die an Decken und Wänden verklebt oder verspannt werden.

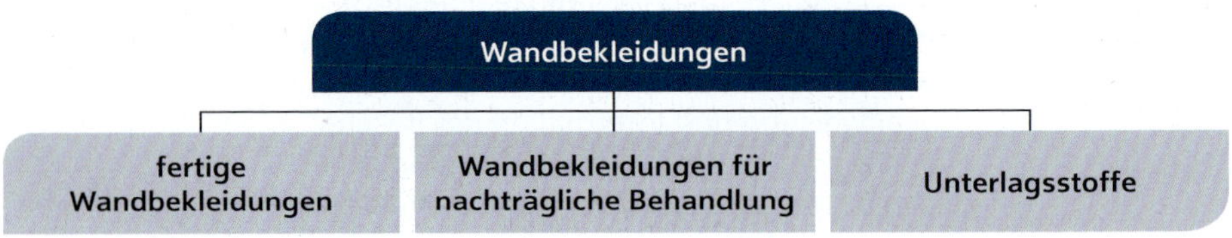

Unterscheidung der Wandbekleidungen entsprechend der Europäischen Normen „Wandbekleidungen in Rollen"

[1] IVD = Industrieverband Dichtstoffe e. V.

Der Begriff „Tapete" wird in diesen Normen nicht verwendet. Im Malerhandwerk hat sich dieser Begriff aber eingebürgert.

Aufträge

1. Eine Wohnung soll tapeziert werden. Bereiten Sie sich in Schriftform für ein Beratungsgespräch mit dem Kunden vor.
2. Ein Wohnzimmer wurde mit einer Mustertapete tapeziert. Nach der Trocknung der Tapete ist genau zu sehen, an welcher Stelle eine neue Tapetenrolle eingesetzt wurde. Erläutern Sie die Ursache des Mangels.
3. Ein Schlafzimmer wurde mit einer unifarbenen Tapete tapeziert. Nach der Trocknung zeichnet sich jede Bahn ab. Was wurde falsch gemacht?
4. Welche Tapeten und Unterlagsstoffe können als Wasserdampfsperre eingesetzt werden?
5. Ein großer Verkaufsraum mit einer Bodenfläche von 15,75 m × 36,95 m und einer Höhe von 3,35 m soll mit Raufaser tapeziert werden. Wie viele Rollen werden benötigt? Führen Sie die Berechnung für jede mögliche Rollengröße durch. Fenster und Türen brauchen Sie nicht zu berücksichtigen.
6. Wie viele Rollen einer Mustertapete benötigen Sie für ein Wohnzimmer mit der Bodenfläche 4,00 m × 4,85 m und der Raumhöhe 2,55 m, wenn die Tapete keinen Rapport hat? Fenster und Türen bleiben unberücksichtigt.
7. Welche kalkulatorischen Vorteile erzielen Sie, wenn Sie statt Papiertapeten Vliestapeten einsetzen?

7.1 Tapeten

Der Begriff „Tapete" kommt von den Römern, die ihre Wandteppiche als „Tapetum" bezeichneten.

Tapeten bestehen ursprünglich aus ein- (Simplex) oder zweischichtigen (Duplex), holzhaltigen oder holzfreien Papieren. Die Oberfläche ist häufig im Leim-, Flexo-, Sieb- oder Kupfertiefdruck bedruckt.
Heute werden zunehmend Vliestapeten eingesetzt. Statt Papier wird hier ein reißfestes Fasermaterial aus Kunststoffen und Zellstofffasern verwendet.

Qualitäts-Vliestapeten sind dimensionsstabil, d. h., sie dehnen sich im Kleisterbett, also bei Wassereinwirkung, nicht aus und schrumpfen auch nicht. Das erleichtert das Tapezieren und macht es schneller, denn bei Vliestapeten kann statt der Tapetenrückseite die Wand eingekleistert werden. Die Vliestapete wird in das Kleisterbett eingelegt. Die für Tapeten in der Regel üblichen Weichzeiten entfallen. Darüber hinaus haben Vliestapeten eine hohe Nassfestigkeit und sind rissüberbrückend.

Es gibt Vliestapeten in drei Varianten:
1. fertige Tapete mit bereits dekorierter Oberfläche
2. Halbfertigprodukt, das nach dem Tapezieren beschichtet werden muss
3. Spezialprodukt zur Sanierung gerissener Untergründe usw.

Die Bezeichnung „Vliestapete" bezieht sich auf das Trägermaterial und nicht auf die Tapetenoberfläche. Dies bedeutet, dass eine Vliestapete auch eine geschlossene Kunststoffoberfläche aufweisen kann. Derartige Tapeten werden allgemein als Kunststofftapeten oder auch als Vinyltapeten bezeichnet, weil dieser Kunststoffüberzug früher aus PVC (Polyvinylchlorid) hergestellt wurde. Heute verwendet man dazu in aller Regel andere Kunststoffe, die Bezeichnung ist aber geblieben.

Tapeten werden heute meist in Bahnen von genormter Breite auf Rotationsmaschinen bedruckt. Das sind Druckmaschinen, bei denen die Druckformen auf sich drehenden Zylindern befestigt sind.

Übersicht über die Druckverfahren

Druckverfahren	Beschreibung
Leimdruck	Hochdruckverfahren mit Druckwalzen aus Holz für einfache Muster und billige Tapeten
Flexodruck	Hochdruckverfahren mit Gummiwalzen für einfache Muster und vielfältige Anwendung
Kupfertiefdruck	Tiefdruckverfahren für fotografisch genaue Muster
Siebdruck	Farbauftrag durch ein Sieb, Rotationsdruck für große Stückzahlen, aber auch Handdruck für wertvolle Tapeten

Viele Tapeten weisen eine mehr oder weniger feine Untergrundprägung auf. Diese Tapeten werden als gaufrierte Tapeten bezeichnet.

Dicken von Papiertapeten

leichte Papiertapeten	ca. 90–110 g/m^2
mittlere Papiertapeten	ca. 110–140 g/m^2
schwere Papiertapeten	ca. 140–180 g/m^2

Für einen Raum werden stets mehrere Rollen der Tapeten bzw. anderen Wandbekleidungen benötigt. Die einzelnen Bahnen dürfen sich aber an Decke und Wand nicht unterscheiden. Diese Forderung kann man nur erfüllen, wenn für einen Raum Tapeten bzw. andere Wandbeläge aus einer Fertigung (= gleicher Druckgang) verwendet werden. Der Lieferant ist verpflichtet, die entsprechende Anzahl von Rollen für die Tapezierung einzelner Räume aus einer Fertigung, erkennbar an der gleichen Anfertigungsnummer, zu liefern. Die Anfertigungsnummer muss deutlich lesbar auf jeder Rolle angebracht sein.

DIN EN 233 „Wandbekleidungen in Rollen – Festlegungen für fertige Papier-, Vinyl- und Kunststoffwandbekleidungen"
DIN EN 234 „Wandbekleidungen in Rollen – Festlegungen für fertige Wandbekleidungen für nachträgliche Behandlung"
DIN EN 235 „Wandbekleidungen – Begriffe und Symbole"
DIN EN 259-1 „Wandbekleidungen in Rollen – Hoch beanspruchbare Wandbekleidungen – Teil 1: Anforderungen"
DIN EN 266 „Wandbekleidungen in Rollen – Festlegungen für Textilwandbekleidungen"

Wandbekleidungen einer Lieferung müssen, wenn sie nicht aus einer Anfertigung zusammengestellt werden können, nach Fertigungsnummern sortiert verpackt und gekennzeichnet werden. Der Verarbeiter ist durch einen schriftlichen Hinweis auf unterschiedliche Anfertigungsnummern aufmerksam zu machen. Wandbekleidungen müssen muster- und qualitätsgetreu nachgeliefert werden.

Das Muster der Wandbekleidungen muss durch die Klarsichtverpackung deutlich erkennbar sein. Die Rollenkanten müssen gegen Transportschäden ausreichend geschützt sein. Wandbekleidungen, die Besonderheiten in der Verarbeitung aufweisen bzw. die bei der Verarbeitung besonders behandelt werden müssen, sind vom Hersteller mit einem entsprechenden Hinweis zu versehen.

Die Kennzeichnung der Wandbekleidungen muss nach DIN EN 235 „Wandbekleidungen – Begriffe und Symbole" vorgenommen werden und folgende Angaben enthalten:

- Anfertigungskennzeichnung
- Angaben zur Waschbarkeit
- Angaben zur Farbbeständigkeit gegen Licht
- Angaben zum Ansatz des Musters und Rapport in cm
- Angaben zur Verarbeitung
- Angaben zum Verfahren für das Entfernen

Zur Kennzeichnung werden die Symbole aus der DIN EN 235 „Wandbekleidungen – Begriffe und Symbole" verwendet.

Wasser- u. Waschbeständigkeit	Lichtbeständigkeit	Musteransatz
 wasserbeständig zum Zeitpunkt der Verarbeitung	 ausreichend lichtbeständig	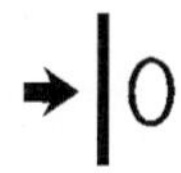 ansatzfrei
 waschbeständig	 befriedigend lichtbeständig	 gerader Ansatz
 hoch waschbeständig	 gut lichtbeständig	 versetzter Ansatz
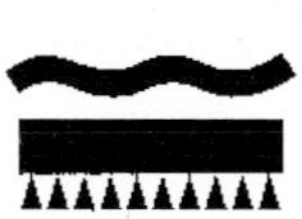 scheuerbeständig	 sehr gut lichtbeständig	 gestürztes Kleben

Verarbeitung	Verfahren für das Entfernen	Verschiedenes
 hoch scheuerbeständig	 ausgezeichnet lichtbeständig	 horizontal ansetzen
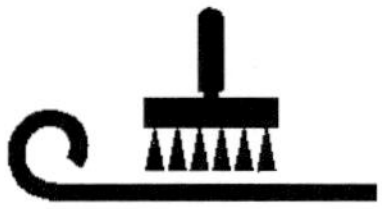 Klebstoff auf die Wandbekleidung auftragen	 restlos abziehbar	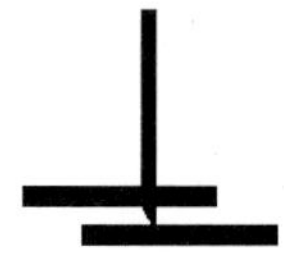 Überlappung und Doppelschnitt
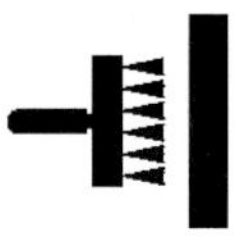 Klebstoff auf den Untergrund auftragen	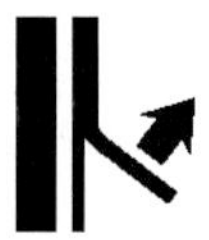 spaltbar	 duplierte Prägewand-bekleidung
 vorgekleisterte Wandbekleidung	 nass zu entfernen	 Stoßfestigkeit

Übersicht über wichtige Tapetenarten

Tapetenarten	Besonderheiten
Raufaser-tapeten	aus mehreren Papierlagen bestehende Tapete, in deren Mitte unterschiedliche Holzfasern eingearbeitet sind, die Struktur entsteht durch die Größe und Form der Holzpartikel, trocken abziehbare Raufaser ist rückseitig mit einer speziellen Beschichtung ausgerüstet, die das Abziehen der Bahnen im trockenen Zustand ermöglicht, Raufaser wird nach dem Verkleben und der Trocknung mit wasch- oder scheuerbeständiger Dispersionsfarbe (Klasse 3 bzw. 2 nach DIN EN 13300) überstrichen
Struktur-tapeten	unbedruckte, strukturierte Tapeten, die nach dem Verkleben und der Trocknung mit wasch- oder scheuerbeständiger Dispersionsfarbe (Klasse 3 bzw. 2 nach DIN EN 13300) überstrichen werden
Naturell-tapeten	billige, leichte Tapete, die Oberfläche der holzhaltigen Tapeten ist nur zum Teil bedruckt, das nicht bedruckte Papier vergilbt mit der Zeit

Tapetenarten	Besonderheiten
Fondtapeten	leichte bis schwere Tapeten, vollflächig bedruckt, daher mehr oder weniger lichtbeständig; z. T. wasch- bis hoch scheuerbeständig
glatte Papiertapeten	bedruckte Tapeten mit unterschiedlicher Licht- und Waschbeständigkeit ohne Prägung
gaufrierte Papiertapeten	Tapete mit leichter bis deutlicher Untergrundprägung
Relieftapeten	das Reliefmuster wird durch Siebdruck mit aufschäumbaren PVC- oder Polyacryl-Materialien erzeugt
Prägetapeten	durch hohen Druck werden zwischen zwei Walzen schwere, feste Papiere geprägt; die Tapeten werden z. T. nach dem Verkleben überstrichen, ein Teil der Tapeten wird bei der Herstellung bereits bedruckt und mit einem Überzug versehen, Duplex-Prägetapeten bestehen aus zwei Papierschichten, die gleichzeitig geprägt und miteinander verklebt (kaschiert) werden, dadurch wird eine standfeste Prägung erreicht
Kunststofftapeten (Vinyltapeten, PVC-Tapeten)	auf den Papierbahnen ist eine Kunststoffoberfläche (meist PVC) verklebt, die Kunststoffoberfläche kann glatt, bedruckt oder geschäumt sein, die Tapeten sind in der Regel spaltbar
Naturwerkstofftapeten	Naturwerkstoffe wie Gräser, Blätter, Kork und Holzfurniere werden auf beschichtete Papierbahnen verklebt, naturbedingt weisen diese Tapeten unregelmäßige Oberflächen auf
Korktapeten	dünn geschälter Kork auf farbig beschichtetem Papierträger, z. T. auch bedruckt
Grastapeten	getrocknete Gräser auf farbig beschichtetem Papierträger
Holztapeten	dünnes Holzfurnier auf Papierträger
Seidentapeten	Papiertapete, deren Oberfläche durch Druck oder Prägung oder durch einen mit Metallen pigmentierten Dispersionsauftrag seiden schimmert
Velourstapeten	schweres, festes Papier mit samtartiger Oberfläche durch senkrecht auf der Oberfläche stehende Kunstfasern, mit Muster oder z. T. auch mit Wildledereffekt
Kettfadentapeten	mittelschwere bis schwere Textiltapete, bei der die Fäden nur in Längsrichtung auf der Papierbahn verklebt sind
Gewebetapeten	Textiltapete, bei der ein Gewebe aus sich kreuzenden Fäden, den Kett- und Schussfäden, auf den Papierbahnen verklebt oder in geschmolzenes Polyethylen eingebettet ist, die Fäden können in unterschiedlicher Dicke verschieden dicht verwebt sein, sodass ein Muster entsteht, als Textilien werden Seide, Leinen, Viskose, Polyacryl, Jute und Glasfaser eingesetzt, die Gewebetapeten können zusätzlich im Siebdruckverfahren bedruckt sein, z. T. ist auch ein Faservlies auf der Papierbahn kaschiert
Metalltapeten	dünne Metallfolien mit glatter, geprägter, bedruckter oder chemisch behandelter Oberfläche auf einem Papierträger, die Metallfolie ist meist durch eine dünne, transparente Kunststoffschicht geschützt

Tapetenarten	Besonderheiten
Fotobild-drucke	aus Fotopapier hergestellt oder nach Fotografien gedruckt, werden als Bögen geliefert
Perlglanz-effekttapeten	wertvolle Tapete mit Seidenglanz- und Brokateffekten, restlos trocken abziehbar
Porzellan-tapeten	feinstes japanisches Porzellan wird bei der Herstellung bewusst durch hohe Temperaturen zum Bersten und Splittern gebracht (Crackleverfahren), diese Teilchen sind auf die Tapete kaschiert
Mica-Tapeten	Tapete mit einer Oberfläche aus aufgeblähten Vermiculit-Gesteinspartikeln unterschiedlicher Größe und Farbnuancen
Lincrusta	hoch wasserbeständige Relieftapete mit linoleumähnlicher Oberfläche
Tekko-Tapeten	hochwertige Tapete aus stabilem Spezialpapier und einer Beschichtung mit Perlfarbglanzpigmenten bzw. Echtmetallaufdruck
Lacktapeten	auf einem dichten Baumwollgewebe werden mehrere Lackschichten in hoher Dicke aufgetragen
Schaum-tapeten	spaltbare Tapete mit einer Oberfläche aus geschäumtem Kunststoff (Polyvinylacetat, PVA)

Raufaser ist in den Größen 17,00 × 0,53 m, 33,50 × 0,53 m, 60,00 × 0,75 m und 125,00 m × 0,75 m im Handel. Alle anderen Tapeten werden häufig als Europarolle in den Maßen 10,05 × 0,53 m angeboten. Daneben gibt es bei Spezialtapeten noch stark abweichende Breiten und Längen.

Mustertapeten haben häufig einen Rapport, darunter versteht man die Tapetenlänge bis zur Musterwiederholung. Tapeten mit großem Musterrapport verursachen häufig einen hohen Verschnitt, der bei der Tapetenbestellung berücksichtigt werden muss. So erhält man bei Mustertapeten und einer üblichen Raumhöhe von 2,55 m aus einer Europarolle meist nur drei Bahnen.

Die folgenden Abbildungen zeigen einige Tapetenbeispiele.

Raufasertapete

Bedruckte Papiertapete

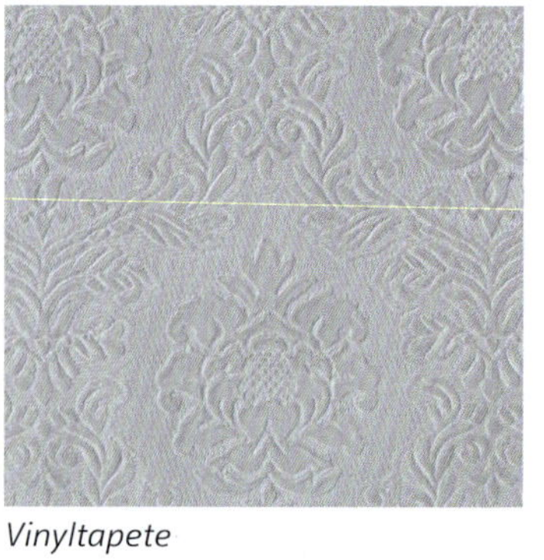

Vinyltapete

Kettfadentapete

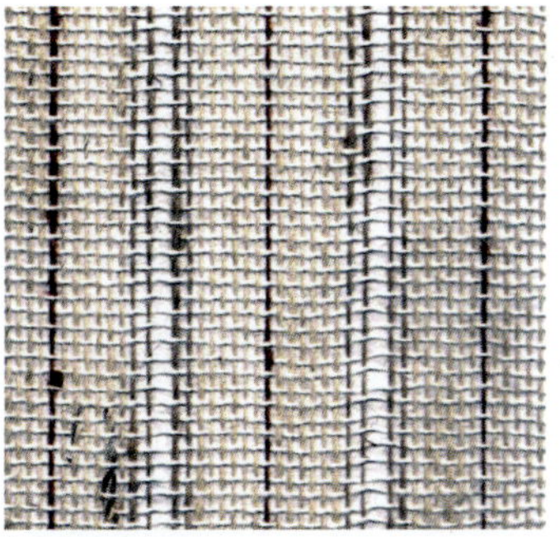

Gewebetapete

Velourstapete

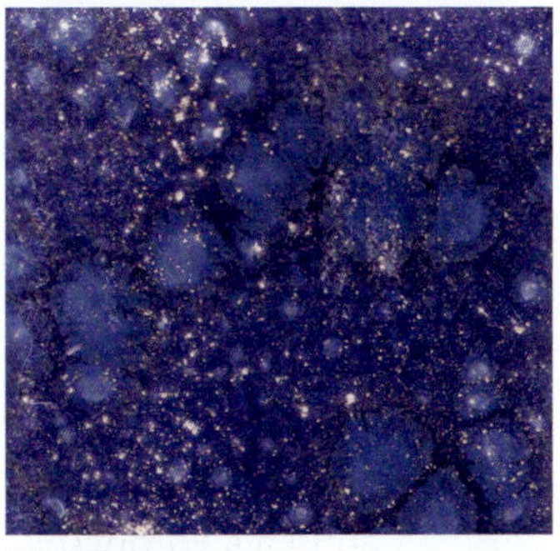

Metalltapete

Grastapete

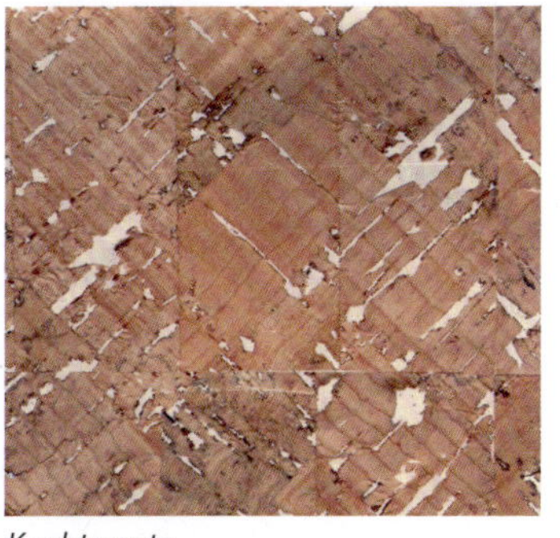

Korktapete

7.2 Decken- und Wandbeläge

Beläge sind dickere Werkstoffe, die auf Decken, Wänden und Böden verklebt werden können und keine Papierunterlage aufweisen.

Lieferformen von Belägen

Bezeichnungen	Erläuterung
Bahnenbeläge	werden in unterschiedlichen Breiten in Bahnen nach Metern geliefert
Plattenbeläge	werden meist quadratisch in unterschiedlichen Plattengrößen geliefert

Übersicht über Decken- und Wandbeläge

Beläge	Besonderheiten
Glasseidengewebe	in unterschiedlichen Strukturen lieferbar; eignet sich gut zur Rissüberbrückung im Innenraum; werden in der Regel überstrichen
Kunststoffschaumbeläge	die ca. 2 mm dicken Beläge bestehen meist aus PVC-Schaum; sind sehr elastisch und wirken so rissüberbrückend; wirken schalldämpfend

Beläge	Besonderheiten
Kunststofffolien mit Geweberückseite	die sehr strapazierfähigen, chemikalienbeständigen Beläge werden mit Geweberückseite meist aus PVC hergestellt
textile Wandbeläge	auf einem Kunststoffträger wird eine flauschige textile Oberfläche erzeugt, so ähneln diese Beläge den textilen Bodenbelägen
Stoff-Wandbekleidungen	unifarbener oder gemusterter Stoff auf einer Kunststoffschicht
Fotoleinen	ein Baumwollgewebe ist mit einer fotografischen Emulsion beschichtet und als Foto belichtet; die Oberfläche ist stumpfmatt und sehr strapazierfähig
Polystyrol-Hartschaumplatten	die Platten werden meist als Deckensichtplatten mit unterschiedlichen Hartschaumplatten, Strukturen und Profilen geliefert
Keramikfliesen	die aus Ton, Kaolin und Sand gebrannten Fliesen sind in der Regel mit einer Glasur versehen und sehr widerstandsfähig

7.3 Unterlagsstoffe

Unterlagsstoffe werden für Tapeten und Wandbeläge eingesetzt, um damit einen gleichmäßig saugenden, spannungsarmen Untergrund zu erhalten. Zum Teil werden diese Stoffe auch zum Glätten des Untergrunds, zum Absperren, z. B. vor Feuchtigkeit, oder zur Wärmedämmung verwendet.

Übersicht über flüssige Unterlagsstoffe

Unterlagsstoffe	Besonderheiten
Feinmakulatur	besteht aus Zelluloseleim, Faserstoffen und anderen Füllstoffen; das Pulver wird in Wasser eingerührt; kann je nach Ansatzverhältnis gestrichen oder gespachtelt werden; muss nach DIN 18366 VOB ATV „Tapezierarbeiten" immer aufgetragen werden, wenn vor dem Tapezieren kein anderer Unterlagsstoff gefordert wird
Putzgrundiermittel	wasserverdünnbare Acryldispersionen oder in organischen Lösemitteln gelöste Acrylharze mindern das Saugvermögen des Untergrunds und wirken begrenzt festigend
Dispersionsspachtelmassen	werden auf grundierten Flächen zum Glätten des Untergrunds verwendet; dürfen nicht verwendet werden, wenn Kunststofftapeten oder Metalltapeten folgen, weil diese Spachtelmassen anquellen und dadurch eine unregelmäßige Oberfläche entsteht
hydraulisch abbindende Spachtelmassen	enthalten Gips und Leim bzw. Dispersionszusätze; werden auf mineralischen Untergründen zum Glätten verwendet

Übersicht über feste Unterlagsstoffe

Unterlagsstoffe	Besonderheiten
Makulaturpapier	unbedrucktes Rohpapier als Tapetenunterlage; wird bei allen schweren Tapeten und bei Tapeten eingesetzt, die beim Trocknen größere Spannungen verursachen
Metallfolien	Aluminiumfolien sollen Wärme reflektieren und/oder Flecken im Untergrund absperren; werden außerdem als Dampfsperren eingesetzt
Polystyrol-Hartschaum	wird zur innenseitigen Wärmedämmung eingesetzt
Polyurethan-Weichschaum	wird zur innenseitigen Wärmedämmung[1] und zur Rissüberbrückung verwendet
Gewebe und Vliese	meist aus Glasfasern, werden zur Rissüberbrückung eingesetzt
EMV[2]-Tapeten	spezieller Wandbelag, der elektromagnetische Strahlung dämpft und Abhörsicherheit bietet

7.4 Gesetze, Verordnungen, Vorschriften und Richtlinien

Gesetze und Verordnungen

MuSchG — Gesetz zum Schutz von Müttern bei der Arbeit, in der Ausbildung und im Studium (Mutterschutzgesetz)

JArbSchG — Gesetz zum Schutz der arbeitenden Jugend (Jugendarbeitsschutzgesetz)

ArbSchG — Gesetz über die Durchführung von Maßnahmen des Arbeitsschutzes zur Verbesserung der Sicherheit und des Gesundheitsschutzes der Beschäftigten bei der Arbeit (Arbeitsschutzgesetz)

BetrSichV — Verordnung über Sicherheit und Gesundheitsschutz bei der Verwendung von Arbeitsmitteln (Betriebssicherheitsverordnung)

ChemG — Gesetz zum Schutz vor gefährlichen Stoffen (Chemikaliengesetz)

ArbStättV — Verordnung über Arbeitsstatten (Arbeitsstättenverordnung)

GefStoffV — Verordnung zum Schutz vor Gefahrstoffen (Gefahrstoffverordnung)

Richtlinien

DIN EN 233 — Wandbekleidungen in Rollen – Festlegungen für fertige Papier-, Vinyl- und Kunststoffwandbekleidungen

DIN EN 234 — Wandbekleidungen in Rollen – Festlegungen für fertige Wandbekleidungen für nachträgliche Behandlung

DIN EN 235 — Wandbekleidungen – Begriffe und Symbole

DIN EN 259 — Wandbekleidungen in Rollen – Hoch beanspruchbare Wandbekleidungen

DIN EN 266 — Wandbekleidungen in Rollen – Festlegungen für Textilwandbekleidungen

DIN 18366 VOB Teil C — Allgemeine Technische Vertragsbedingungen für Bauleistungen (ATV) – Tapezierarbeiten

---

[1] Wegen der geringen Dicke ist die Wärmedämmung sehr eingeschränkt.

[2] EMV = elektromagnetische Verträglichkeit

Technische Regeln für Gefahrstoffe (TRGS)

TRGS 400	Gefährdungsbeurteilung für Tätigkeiten mit Gefahrstoffen
TRGS 402	Ermitteln und Beurteilen der Gefährdungen bei Tätigkeiten mit Gefahrstoffen: Inhalative Exposition
TRGS 555	Betriebsanweisung und Information der Beschäftigten
TRGS 900	Arbeitsplatzgrenzwerte

DGUV Vorschriften der Deutschen Gesetzlichen Unfallversicherung

DGUV Regel 112-190	Benutzung von Atemschutzgeräten
DGUV Information 212-515	Persönliche Schutzausrüstungen

Merkblätter

BFS-Merkblatt Nr. 7	Prüfrichtlinien für Wandbekleidungen vor, bei und nach der Verarbeitung
BFS-Merkblatt Nr. 16	Technische Richtlinien für Tapezier- und Spanarbeiten innen

8 Fußbodenbeläge

An Fußbodenbeläge werden sehr unterschiedliche Ansprüche gestellt. Für eine Gruppe der Bevölkerung ist eine lange Nutzungsdauer besonders wichtig. Bei der Nutzung im privaten Bereich entscheidet dagegen die (oft vermeintliche) Umwelt- und Gesundheitsschädlichkeit die Wahl für den einen oder anderen Fußbodenbelag.

Besonders die elastischen und textilen Bodenbeläge, aber auch die Laminat-Bodenbeläge und die Kombination aller dieser Bodenbeläge mit den Unterlagen ergeben eine verwirrende Vielzahl an Bodenbelägen mit besonderen Eigenschaften.

Um Kundinnen und Kunden die Klassifizierung, die unterschiedlichen Eigenschaften und die sinnvollen Anwendungen bei Fußbodenbelägen schnell und verständlich erkennbar zu machen, wurden grafische Symbole erarbeitet. Diese wurden in der DIN EN 15398 „Elastische, textile, Laminat- und modulare mechanisch verriegelnde Bodenbeläge – Standardisierte Symbole für Bodenbeläge“ für alle nutzbar gemacht.

In dieser Norm wurden nur Symbole für Eigenschaften erarbeitet, die unmittelbar mit einer europäischen oder internationalen Norm in Verbindung gebracht werden können.

Nachfolgend ist ein Überblick über die wichtigsten Symbole zusammengefasst.

Kennzeichnung der empfohlenen Einsatzbereiche auf dem jeweiligen Fußbodenbelag nach der zu erwartenden Belastung

Belastung	Wohnbereich	Gewerbe	Industrie
gering	 Klasse 21	 Klasse 31	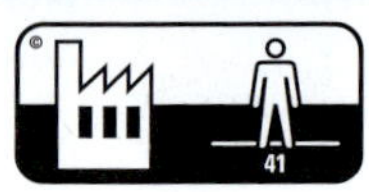 Klasse 41

Belastung	Wohnbereich	Gewerbe	Industrie
normal	Klasse 22 Klasse 22+	Klasse 32	Klasse 42
stark	Klasse 23	Klasse 33	Klasse 43
sehr stark		Klasse 34	

Kennzeichnung wichtiger Eigenschaften von Fußbodenbelägen

Rollenlänge	Rollenbreite	Plattengröße	Maßänderung	Elaszität
Wärmedurch-lasswiderstand	Wasserdampf-Diffusions-widerstand	Antistatischer Belag	Rutsch-hemmung	Akustik-Schall-absorption
Farbechtheit gegen Licht	Treppennutzung dauerhaft	Treppennutzung gelegentlich	Stuhlrollen dauerhaft	Stuhlrollen gelegentlich
Schnittkanten-festigkeit	Wasser-dichtigkeit	Zigarettenglut-beständigkeit	Flecken-beständigkeit	Chemikalien-beständigkeit

Aufträge

1. Eine Kundin wünscht einen Parkettboden. Bereiten Sie sich auf das Beratungsgespräch vor.
2. In diesem Gespräch fragt die Kundin nach dem Unterschied zwischen Parkett und Laminat. Erläutern Sie dies.
3. In Bezug zur Umweltbelastung wird nach dem Unterschied zwischen Linoleum- und PVC-Bodenbelägen gefragt. Bewerten Sie die beiden Bodenbeläge.
4. Ein Kunde will in seinem Wohnzimmer einen Teppichboden haben. Die Beheizung des Zimmers erfolgt über eine Bodenheizung. Bereiten Sie sich auf das Gespräch mit dem Kunden vor.
5. Welche Probleme können generell auftreten, wenn in einem Arbeitszimmer Teppichböden verlegt sind?
6. Bewerten Sie die Eignung von Kork-Bodenbelägen für den Einsatz in Küchen.

8.1 Parkett

Parkett besteht aus Holz bzw. einer Verbindung aus Holz und Holzwerkstoffen. Es werden folgende Parkettarten unterschieden:

- einschichtige (massive) Parkettelemente mit unbehandelter Oberfläche (Rohparkett, ungeschliffen und unversiegelt)
- einschichtige (massive) Parkettelemente mit behandelter Oberfläche (Fertigparkett, geschliffen, versiegelt, geölt oder gewachst)
- mehrschichtige Parkettelemente mit unbehandelter Oberfläche (Rohparkett, ungeschliffen und unversiegelt)
- mehrschichtige Parkettelemente mit behandelter Oberfläche (Fertigparkett, geschliffen, versiegelt, geölt oder gewachst)

Die Feuchtigkeit von massiven Parketthölzern muss bei europäischen Holzarten zum Zeitpunkt der Lieferung bei 9 ± 2 %, bei Fertigparkettelementen bei 8 ± 2 % liegen (Werte bezogen auf die Darrmasse[1]).

8.2 Laminat

Ein Laminatboden ist ein harter Fußbodenbelag mit einer dekorativen, abriebbeständigen Oberfläche. Diese besteht aus einer oder mehreren dünnen Schichten eines Fasermaterials (meist Papier), imprägniert mit wärmegehärteten Kunststoffen, meist Melaminharz. Die Schichten werden entweder miteinander verpresst oder auf Holzwerkstoffen verklebt. Der Träger ist in der Regel noch mit einer Konterlaminierung (Gegenzug) stabilisiert.

[1] Darrmasse = Masse des absolut trockenen Holzes

8.3 Elastomer-Bodenbeläge

Elastomer-Bodenbeläge werden auch als Kunstkautschuk- oder Gummibeläge bezeichnet.

Übersicht über Elastomer-Bodenbeläge

Elastomer-Beläge	Beschreibung
homogene und heterogene Elastomer-Beläge	oberseitig glatte Beläge in Bahnen und Platten mit glatter, geschliffener Rückseite und einer Gesamtdicke ab 2 mm. Bei homogenen Belägen entspricht die Nutzschicht der Gesamtdicke. Bei heterogenen Belägen beträgt die Nutzschicht mind. 1 mm.
Elastomer-Beläge mit einer Unterschicht aus Schaumstoff	oberseitig glatte Beläge in Bahnen mit einer Schaumstoff-Unterschicht. Die Gesamtdicke beträgt mind. 3,5 mm, die Nutzschichtdicke mind. 1,0 mm.
Elastomer-Beläge mit profilierter Oberfläche und glatter, geschliffener Rückseite	oberseitig profilierte Beläge in Platten. Die Gesamtdicke beträgt mind. 2,5 mm, die Nutzschichtdicke entspricht der Profilschichtdicke von mind. 0,5 mm.
Elastomer-Beläge mit profilierter Oberfläche und strukturierter, geschliffener Rückseite	oberseitig profilierte Beläge in Platten. Die Gesamtdicke beträgt mind. 2,5 mm, die Nutzschichtdicke entspricht der Profilschichtdicke von mind. 0,5 mm.

8.4 Linoleum-Bodenbeläge

Der bahnenförmige Belag Linoleum besteht aus überwiegend natürlichen Rohstoffen, wie oxidiertem Leinöl, Harz, Kork und/oder Holzmehl. Diese Stoffe werden auf einen Juterücken aufgepresst. Linoleum quillt bei Feuchtigkeitseinwirkung auf und dehnt sich dadurch aus. Die Nähte sollten deshalb verschweißt werden.

Um die Abriebbeständigkeit zu verbessern, wird Linoleum häufig mit Polyvinylacetat oder Polyacrylat beschichtet.

Problematisch sind bei diesem Belag die sog. Hängebuchten. Darunter versteht man Stellen in der Bahn, die in der gesamten Breite unter starker Wölbespannung stehen und deshalb zu Hohllagen neigen. Hängebuchten entstehen durch das schlaufenförmige Aufhängen der Bahnen in der Trockenkammer. Sie befinden sich meist in der Mitte der Rollenlänge und können je nach Belagdicke und Temperatur unterschiedlich stark ausgeprägt sein.

DIN EN 1817 „Elastische Bodenbeläge – Spezifikation für homogene und heterogene ebene Elastomer-Bodenbeläge“

DIN EN 1816 „Elastische Bodenbeläge – Spezifikation für homogene und heterogene ebene Elastomer-Bodenbeläge mit Schaumstoffbeschichtung“

DIN EN 12199 „Elastische Bodenbeläge – Spezifikationen für homogene und heterogene profilierte Elastomer-Bodenbeläge“

8.5 Kork-Bodenbeläge

Diese Bodenbeläge werden überwiegend in Plattenform angeboten. Der Naturstoff Kork kann darin als Korkschrot und/oder Korkfurnier mit unterschiedlichen Bindemitteln und Kunststoffen kombiniert werden.

Farbabweichungen sind bei Kork-Bodenbelägen naturbedingt und nicht vermeidbar. Ein möglichst gleichmäßiges Erscheinungsbild lässt sich durch gezieltes Sortieren der Platten aus unterschiedlichen Verpackungseinheiten erreichen.

Korkbelag wird als Korkparkett und auf einer MDF-Trägerschicht als Korkfertigparkett angeboten. Die Nutzschicht sollte mindestens 4 mm dick sein.

Die Oberfläche von Kork-Bodenbelägen muss zur Verbesserung des Abriebverhaltens beschichtet werden. Dazu sind folgende Verfahren üblich:

- Werkseitige Beschichtung mit einer PVC-Verschleißschicht, z. T. auch mit Kork- oder Holzdekoration. Die Rückseite ist mit einer PVC-Folie als Gegenzug versehen.
- Beschichtung der Kork-Bodenbeläge vor Ort mit Naturharz- oder Polyurethanharzlacken

8.6 PVC-Bodenbeläge

Diese Bodenbeläge werden aus Polyvinylchlorid (PVC), Weichmachern, Pigmenten, mineralischen Zuschlägen, Stabilisatoren und weiteren Additiven hergestellt.

Entsprechend der Normen unterscheidet man folgende Arten:
- homogene und heterogene flexible PVC-Bodenbeläge ohne Unterschicht
- PVC-Bodenbeläge mit einem Rücken aus Polyestervlies
- PVC-Bodenbeläge mit einer Schaumstoffschicht
- PVC-Bodenbeläge mit einem Korkrücken
- PVC-Flex-Platten

8.7 Teppichböden

Teppichböden bestehen aus drei Schichten:
1. Nutzschicht aus Schurwolle, Baumwolle, Jute, Polyamid, Polyester oder Nylon. Auch Mischgarne, z. B. Schurwolle und Polyamid, sind möglich.
2. Mittelschicht, meist aus einer Klebermasse, mit der die Nutzschicht (die Fasern) auf der Trägerschicht aus Polypropylen oder Polyestervlies fixiert wird. Als Kleber wird meist Latex (synthetischer Gummi) eingesetzt.

DIN EN 650	„Elastische Bodenbeläge – Bodenbeläge aus Polyvinylchlorid mit einem Rücken aus Jute oder Polyestervlies oder auf Polyestervlies mit einem Rücken aus Polyvinylchlorid – Spezifikation"
DIN EN 652	„Elastische Bodenbeläge – Polyvinylchlorid-Bodenbeläge mit einem Rücken auf Korkbasis – Spezifikation"

3. Rückenschicht aus einem synthetischen Gewebe oder wiederum aus Latex Teppichbeläge werden meist im Tuftingverfahren[1] hergestellt. Dabei wird das Garn durch zahlreiche parallel angeordnete Nadeln in das vorgefertigte Trägermaterial eingestickt. Dadurch entstehen zahlreiche Schlingen.

Es gibt drei Grundtypen des Tuftingverfahrens:
1. Der Schlingenflor (Bouclé) besteht aus geschlossenem Garn oder Faserschlingen. Diese Teppichböden sind besonders belastbar.
2. Der Flor wird aufgeschnitten (Velours). Durch den kurzen, dichten Flor wirken diese Teppichböden glatt und samtig.
3. Der Flor wird nur teilweise aufgeschnitten und bleibt z. T. als Schlinge stehen. Dadurch lassen sich Muster erzielen.

Die Belastbarkeit und somit die Eignung der Teppichbeläge hängt vom Flor, aber auch besonders von der Nutzschicht ab. Am widerstandsfähigsten sind Kunstfasern. Die Eignung wird mit Symbolen angegeben, die auf der Rückseite der Beläge zu finden sind (siehe Übersicht auf S. 586 und 587).

Die Belastbarkeit der textilen Beläge hängt zudem von der Polart und den eingesetzten Fasern ab.

Eignung der am häufigsten eingesetzten Fasern für textile Bodenbeläge

Textil	Eigenschaften und Verwendung
Polyamid	höchster Scheuerwiderstand und besonders widerstandfähig gegen Verschmutzungen, sehr gutes Wiedererholungsvermögen, wird deshalb am häufigsten eingesetzt
Polypropylen	guter Scheuerwiderstand, geringes Wiedererholungsvermögen, wird deshalb besonders für Nadelvliesbeläge eingesetzt
Polyester	geringes Wiedererholungsvermögen, wird besonders geschätzt wegen der textilen Erscheinung, wird für hochflorige, weiche, dichte Velours-Teppichböden eingesetzt
Polyacryl	wollähnliche Faser, besonders widerstandsfähig, wird nur bei hochwertigen Velours-Bodenbelägen und in der Mischung mit Polyamid eingesetzt
Schurwolle	bestes Wiedererholungsvermögen, neigt am wenigsten zum Verschmutzen, wird häufig in der Kombination mit anderen Fasern verwendet

[1] engl. *tuft* = Büschel, Flor

DIN EN 1307 „Textile Bodenbeläge – Einstufung"
DIN EN 15115 „Textile Bodenbeläge – Bestimmung der Wasserfleckenempfindlichkeit"

Mögliche Musterungen von Teppichbelägen

Musterung	Bezeichnung	Erläuterung
durch Polygarnsteuerung	Hoch-Tief-Musterung 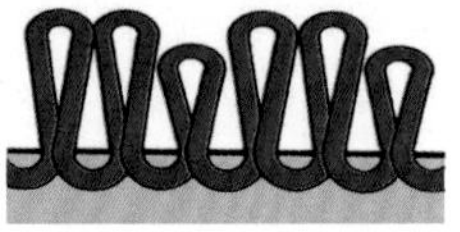	Durch Steuerung der Garnzufuhr mit unterschiedlichen Geschwindigkeiten lassen sich unterschiedlich hohe Polschlingen herstellen. Durch die gleichzeitige Verwendung von unterschiedlich farbigen Polgarnen ergeben sich vielseitige Musterungsmöglichkeiten.
durch Scherung	Tip-sheared 	Hoch-Tief gemusterte Schlingenware ergibt durch An- und Abscheren der hohen Polnoppen unterschiedliche Muster.
	Random-sheared 	Durch das An- und Abscheren des Pols entsteht ein zufällig wirkender Schereffekt.
	Level-sheared 	Die hohen Polschlingen werden bis auf die niedrigeren Schlingen abgeschoren, dadurch wird die Hoch-Tief-Struktur aufgehoben.

Weitere Möglichkeiten ergeben sich durch Färben und Bedrucken des textilen Bodenbelags, sodass heute bei den textilen Bodenbelägen vielfältige Gestaltungen möglich sind.

8.8 Gesetze, Verordnungen, Vorschriften und Richtlinien

Gesetze und Verordnungen

MuSchG	Gesetz zum Schutz von Müttern bei der Arbeit, in der Ausbildung und im Studium (Mutterschutzgesetz)
JArbSchG	Gesetz zum Schutz der arbeitenden Jugend (Jugendarbeitsschutzgesetz)
ArbSchG	Gesetz über die Durchführung von Maßnahmen des Arbeitsschutzes zur Verbesserung der Sicherheit und des Gesundheitsschutzes der Beschäftigten bei der Arbeit (Arbeitsschutzgesetz)
BetrSichV	Verordnung über Sicherheit und Gesundheitsschutz bei der Verwendung von Arbeitsmitteln (Betriebssicherheitsverordnung)
ChemG	Gesetz zum Schutz vor gefährlichen Stoffen (Chemikaliengesetz)
ArbStättV	Verordnung über Arbeitsstatten (Arbeitsstättenverordnung)
GefStoffV	Verordnung zum Schutz vor Gefahrstoffen (Gefahrstoffverordnung)

Richtlinien

DIN EN 650	Elastische Bodenbeläge – Bodenbeläge aus Polyvinylchlorid mit einem Rücken aus Jute oder Polyestervlies oder auf Polyestervlies mit einem Rücken aus Polyvinylchlorid – Spezifikation
DIN EN 652	Elastische Bodenbeläge – Polyvinylchlorid-Bodenbeläge mit einem Rücken auf Korkbasis – Spezifikation
DIN EN 1307	Textile Bodenbeläge – Einstufung
DIN EN 1816	Elastische Bodenbeläge – Spezifikation für homogene und heterogene ebene Elastomer-Bodenbeläge mit Schaumstoffbeschichtung
DIN EN 1817	Elastische Bodenbeläge – Spezifikation für homogene und heterogene ebene Elastomer-Bodenbeläge
DIN EN 12199	Elastische Bodenbeläge – Spezifikationen für homogene und heterogene profilierte Elastomer-Bodenbeläge
DIN EN 13553	Elastische Bodenbeläge – Polyvinylchlorid-Bodenbeläge zur Anwendung in besonderen Nassräumen
DIN EN 15115	Textile Bodenbeläge – Bestimmung der Wasserfleckenempfindlichkeit
DIN 18365 VOB Teil C	Allgemeine Technische Vertragsbedingungen für Bauleistungen (ATV) – Bodenbelagsarbeiten

Bildnachweis

Alamy Stock Photo (RMB), Abingdon/Oxfordshire: 216.1; Erdogdu, Aykut 218.1; Furian, Peter Hermes 217.2, 217.3.

Automation Dr. Nix GmbH & Co. KG, Köln: 152.1.

Bablick, Michael, München: Titel, Titel, Titel, 23.5, 23.6, 23.7, 23.8, 52.1, 107.1, 117.2, 120.1, 120.2, 121.2, 127.1, 151.2, 151.3, 155.2, 163.2, 166.2, 169.3, 171.1, 171.2, 172.1, 172.2, 172.3, 173.1, 173.2, 173.3, 173.4, 173.5, 174.1, 174.2, 175.1, 176.1, 181.1, 184.2, 184.3, 190.2, 211.1, 233.2, 234.1, 236.1, 236.2, 237.1, 237.2, 237.3, 237.4, 239.1, 243.1, 244.6, 246.1, 246.2, 246.3, 246.4, 247.1, 247.2, 247.3, 247.4, 247.5, 247.6, 247.7, 247.8, 247.9, 248.1, 248.2, 275.1, 331.1, 331.2, 336.3, 340.1, 340.2, 342.1, 342.2, 344.1, 347.6, 356.1, 357.1, 357.2, 357.3, 357.4, 357.5, 358.1, 358.2, 358.3, 358.4, 358.5, 359.1, 359.2, 359.3, 359.4, 360.1, 360.2, 360.3, 362.2, 362.3, 362.4, 363.1, 363.2, 363.3, 364.1, 364.2, 364.3, 364.4, 364.5, 365.1, 365.2, 365.3, 365.4, 367.1, 368.1, 369.1, 398.1, 425.1, 426.2, 429.1, 429.2, 429.3, 434.2, 437.3, 460.1, 479.1, 488.1, 511.2, 513.1, 520.1, 520.2, 521.1, 521.2, 522.1, 522.2, 529.1, 543.2, 543.3, 549.2, 556.1, 556.2, 558.1, 558.2, 564.1, 568.1, 570.2, 582.1, 582.2, 582.3, 583.1, 583.2, 583.3, 583.4, 583.5, 583.6.

BC GmbH Verlags- und Medien-, Forschungs- und Beratungsgesellschaft, Ingelheim: 109.6, 109.7, 109.8, 113.5, 113.6, 113.7, 232.3, 232.5, 235.4, 235.6, 242.5, 242.6, 242.7, 244.2, 244.5, 245.3, 245.6, 249.5, 249.7, 249.9, 259.3, 259.4, 259.5, 259.6, 259.7, 259.8, 259.9, 259.10, 260.1, 260.2, 260.3, 260.4, 260.5, 260.6, 260.7, 260.8, 260.9, 260.10, 260.11, 260.12, 260.13, 260.14, 260.15, 260.16, 260.17, 261.1, 261.2, 261.3, 261.4, 261.5, 261.6, 261.7, 261.8, 261.9, 261.10, 261.11, 261.12, 261.13, 261.14, 261.15, 261.16, 262.1, 262.2, 262.3, 262.4, 262.5, 262.6, 262.7, 262.8, 262.9, 262.10, 262.11, 262.12, 262.13, 262.14, 262.15, 262.17, 262.18, 262.19, 262.20, 263.1, 263.2, 263.3, 263.4, 263.5, 263.6, 263.7, 263.8, 263.9, 263.10, 263.11, 273.3, 273.4, 274.1, 280.1, 280.2, 280.3, 281.1, 281.3, 281.4, 281.5, 281.6, 282.1, 282.2, 282.3, 282.4, 282.5, 282.6, 282.7, 287.1, 287.2, 287.3, 287.4, 287.5, 287.6, 287.7, 288.2, 288.3, 288.4, 288.5, 288.6, 288.8, 288.9, 288.10, 288.11, 289.1, 289.2, 289.3, 289.4, 295.2, 299.1, 299.2, 300.1, 300.2, 300.3, 300.4, 300.5, 300.6, 300.7, 300.8, 300.9, 300.10, 300.11, 300.12, 300.13, 300.14, 300.15, 300.16, 300.17, 301.1, 301.2, 303.4, 309.2, 309.3, 309.4, 309.5, 310.1, 310.2, 310.3, 310.4, 310.5, 310.6, 333.1, 333.2, 333.3, 333.4, 335.1, 335.2, 335.3, 335.4, 335.5, 341.1, 341.2, 341.3, 341.4, 341.5, 341.6, 341.7, 347.1, 347.2, 347.3, 347.4, 349.2, 349.3, 349.5, 349.6, 349.7, 349.8, 351.1, 351.2, 351.3, 351.4, 351.5, 351.6, 351.7, 351.8, 372.2, 383.3, 383.4, 383.5, 383.6, 383.8, 383.9, 383.10, 388.2, 388.3, 389.3, 389.4, 389.5, 389.6, 389.7, 389.8, 389.9, 391.1, 391.3, 394.2, 394.3, 394.4, 394.6, 394.7, 394.8, 394.9, 395.2, 395.3, 395.4, 395.5, 395.6, 395.7, 395.8, 396.6, 396.7, 396.8, 396.9, 405.4, 405.5, 405.6, 405.7, 405.8, 409.3, 409.4, 409.5, 409.6, 409.7, 413.4, 413.5, 413.6, 417.2, 417.3, 417.4, 417.5, 417.6, 439.2, 439.3, 439.4, 439.5, 439.6, 439.7, 439.8, 449.2, 449.3, 449.4, 449.5, 449.6, 449.7, 449.8, 450.3, 450.4, 450.5, 450.6, 450.7, 450.8, 450.9, 454.2, 454.3, 454.4, 454.5, 454.6, 454.7, 457.2, 457.4, 457.5, 457.6, 457.7, 457.8, 457.9, 457.10, 464.2, 464.3, 464.4, 464.5, 464.6, 464.7, 470.1, 470.2, 470.4, 470.5, 470.6, 470.7, 470.8, 473.3, 473.4, 473.5, 473.6, 473.7, 473.8, 473.9, 475.2, 475.3, 475.4, 475.5, 475.6, 475.7, 475.8, 478.3, 478.4, 478.5, 478.6, 478.7, 478.8, 478.9, 480.2, 480.3, 480.4, 480.5, 480.6, 480.7, 480.8, 482.2, 482.3, 482.6, 482.7, 482.8, 482.9, 484.2, 484.3, 484.5, 484.6, 484.7, 484.8, 484.9, 485.5, 485.6, 486.1, 486.2, 486.3, 486.4, 486.5, 491.3, 494.2, 494.3, 494.4, 494.5, 495.2, 495.3, 496.3, 498.3, 498.4, 498.7, 498.8, 498.9, 498.10, 499.5, 499.6, 500.1, 500.2, 500.3, 500.4, 502.3, 502.4, 502.7, 502.8, 502.9, 502.10, 505.2, 505.3, 507.2, 508.1, 508.2, 508.3, 509.5, 509.6, 509.9, 509.10, 509.11, 509.12, 523.2, 537.1, 537.4, 537.5, 537.6, 537.7, 537.8, 537.9, 537.10, 544.2, 544.6, 544.7, 544.8, 544.9, 545.1, 545.7, 545.8, 545.9, 552.2, 552.4, 552.5, 552.6, 554.2, 554.3, 554.4, 554.5, 554.6, 554.7, 554.8, 562.2, 563.1, 563.2, 563.3, 563.4, 563.5, 563.6, 563.7.

Beuth Verlag GmbH, Berlin: 225.1, 579.2, 579.4, 579.5, 579.6, 579.11, 580.1, 580.2, 580.3, 580.4, 580.5, 580.6, 580.8, 580.9, 580.10, 580.11, 586.1, 586.2, 586.3, 587.1, 587.2, 587.3, 587.4, 587.5, 587.6, 587.7, 587.8, 587.9, 587.10, 587.11, 587.12, 587.13, 587.14, 587.15, 587.16, 587.17, 587.18, 587.19, 587.20, 587.21, 587.22, 587.23, 587.24, 587.25, 587.26, 587.27, 587.28.
bpk-Bildagentur, Berlin: Klassik Stiftung Weimar | Andreas Bein 216.2.
Bundesministerium für Digitales und Verkehr, Berlin: 288.7.
BYK-Gardner GmbH, Geretsried: 165.1, 165.2, 165.3, 165.4, 167.3, 167.4, 168.1, 168.2, 226.2.
da Vinci Künstlerpinselfabrik DEFET GmbH, Nürnberg: 359.5, 359.6.
Deutsche Gesetzliche Unfallversicherung e. V. (DGUV-Test), Sankt Augustin: 303.1.
Di Gaspare, Michele (Bild und Technik Agentur für technische Grafik und Visualisierung), Bergheim: 184.1, 201.1, 201.2, 201.3, 383.1, 540.1, 540.2, 540.3, 540.4.
DIN-Deutsches Institut für Normung e. V., Berlin: 579.1, 579.3, 579.7, 579.8, 579.9, 579.10, 579.12, 580.7, 580.12.
ECKART GmbH, Hartenstein: 528.1.
Europäische Kommission, Berlin: © Europäische Union 2020 303.2.
Festool GmbH, Wendlingen, Wendlingen: 336.1, 336.2, 336.4.
fotolia.com, New York: Michel, T. 457.3, 470.3, 482.4, 482.5, 484.4, 485.7, 485.8, 498.5, 498.6, 499.7, 499.8, 502.5, 502.6, 509.7, 509.8, 537.2, 537.3.
Future Mindset 2050 GmbH, Gehrden: 217.1, 226.1; Vorlage: Michael Bablick 271.1.
Heinrich Klar Schilder- u. Etikettenfabrik GmbH & Co. KG, Wuppertal: 109.4, 109.5, 113.3, 113.4, 232.4, 235.3, 235.5, 242.2, 242.3, 242.4, 242.8, 242.9, 244.3, 244.4, 245.4, 245.5, 249.2, 249.3, 249.4, 249.6, 249.8, 262.16, 263.12, 263.13, 263.14, 263.15, 263.16, 263.17, 263.18, 263.19, 265.2, 265.3, 265.4, 281.2, 349.4, 383.7, 391.2, 394.5, 396.5, 413.2, 413.3, 545.6, 552.3.
J. Wagner GmbH, Markdorf: 276.2, 311.2, 372.4, 378.1, 379.1, 382.2, 386.1.
Maier, Miriam: 311.1, 534.1, 534.2, 534.3, 534.4.
NCS Colour AB, Stockholm: 219.1, 220.1.
OKS Group, Delhi: 94.2, 98.1, 99.1, 101.1, 101.2, 126.1, 126.2, 126.3, 126.4, 135.1, 135.3, 139.2, 139.3, 141.1, 141.3, 206.2, 207.1, 227.2, 227.3, 228.1, 228.2, 229.1, 308.1, 308.2, 308.3, 308.4, 308.5, 308.6, 308.7, 308.8, 308.9, 308.10, 308.11, 308.12, 419.1, 419.2, 426.1, 427.3, 436.1, 436.2, 437.1, 451.1, 455.1, 456.1, 458.1, 461.1, 462.1, 466.1, 466.2, 466.3, 468.2, 470.9, 474.1, 474.2, 476.3, 490.1, 490.2, 499.1, 499.2, 500.5, 501.1, 501.4, 502.11, 503.3, 504.1, 504.4; bearbeitet durch punktgenau GmbH 136.2.
Picture-Alliance GmbH, Frankfurt a.M.: CPA Media Co. Ltd 215.1.
Rudolf Hensel GmbH, Börnsen: 565.1.
SACHTLEBEN MINERALS GMBH & CO. KG, Hausach: 512.1, 524.1.
SATA GmbH & Co. KG, Kornwestheim: 375.1.
Satz und mehr, Bad Nenndorf: 161.2, 161.3, 180.1, 189.1, 266.1, 338.1, 343.1, 376.2, 376.3, 376.4, 393.2, 393.3, 396.2, 396.3, 403.1, 509.2, 509.3, 511.3, 511.4, 511.5, 511.6, 511.7, 511.8, 511.9, 511.10, 536.2, 536.3, 544.3, 544.4, 545.3, 545.4, 562.3, 562.4, 592.1, 592.2, 592.3, 592.4.
stock.adobe.com, Dublin: Anselm 23.3; bilanol 23.1; deagreez 1.1; Elnur 337.1; Ingo Bartussek 23.2; loraks Titel, 23.4; markus_marb 306.1, 306.2, 306.3, 306.4, 306.5; nsdpower 1.2; Sobolewski, Karol 312.1, 373.1; travelguide 463.2.
STORCH Malerwerkzeuge & Profigeräte GmbH, Wuppertal: 333.5.
Union Internationale des Entrepreneurs de Peinture (UNIEP), Brussels: 26.1.
VDE Verband der Elektrotechnik Elektronik Informationstechnik e. V., Offenbach, Offenbach: Kennzeichen der Prüfstelle Verband Deutscher Elektrotechniker" in „Prüfzeichen des VDE Instituts im Verband der Elektrotechnik (VDE)" 303.3.

Literaturverzeichnis

Titel	Autoren	Verlage
Das Meisterbuch Band 2 für das Maler- und Lackiererhandwerk	Michael Bablick Miriam Maier	Westermann Berufliche Bildung
1 000 Prüfungsfragen und Antworten	Michael Bablick Miriam Maier	DVA Deutsche Verlagsanstalt
1 200 programmierte Prüfungsfragen und Antworten	Michael Bablick Miriam Maier	DVA Deutsche Verlagsanstalt
VOB Gesamtausgabe 2019		Beuth
Kommentar ATV DIN 18 299 und DIN 18 350 Putz- und Stuckarbeiten	Markus Weißert Achim Bauer	Springer
Richtlinie zur visuellen Beurteilung beschichteter Oberflächen	Arbeitskreis der bayerischen Sachverständigen	Fraunhofer IRB Verlag
Vergolden	Hans Kellner	Verlag Biermann & Biermann
Grundlagen der Preisberechnung im Malerhandwerk	Bundesverband Farbe Gestaltung Bautenschutz	DVA Deutsche Verlagsanstalt
Abrechnung und Aufmaß: Handbuch für Maler und Lackierer	Eberhard Schilling	DVA Deutsche Verlagsanstalt
Auftragsabwicklung	Eberhard Schilling	DVA Deutsche Verlagsanstalt

Stichwortverzeichnis

Schwarze Seitenverweise = Band 1
Blaue Seitenverweise = Band 2

A

B

C

D

G

H

I

M

N

T

U

V

W

Z